中等专业学校教材

电子测量仪器

北　　　　京
无线电工业学校

魏岫崑
姜　邈　编
吴秀珍

天津科学技术出版社

图书在版编目(CIP)数据

电子测量仪器/魏岫崑,姜邈,吴秀珍编 .—天津:天津科学技术出版社,2005

中等专业学校教材

ISBN 7-5308-0341-7

Ⅰ.电... Ⅱ.①魏...②姜...③吴... Ⅲ.电子测量设备-专业学校-教材 Ⅳ.TM93

中国版本图书馆 CIP 数据核字(2004)第 091145 号

责任编辑:王定一

版式设计:雒桂芬

责任印制:张军利

天津科学技术出版社出版

出版人:胡振泰

天津市西康路 35 号 邮编 300051 电话(022)23332393

网址:www.tjkjcbs.com.cn

新华书店经销

河北省昌黎县第一印刷厂印刷

开本 787×1092 1/16 印张 25.75 字数 624 000

2005 年 1 月第 1 版第 14 次印刷

定价:32.00 元

出版说明

根据国务院关于高等学校教材工作分工的规定，我部承担了全国高等学校工科电子类专业课教材的编审、出版组织工作。从一九七七年底到一九八二年初，由于各有关院校，特别是参与编审工作的广大教师的努力和有关出版社的紧密配合，共编审出版了教材159种。

为了使工科电子类专业教材能更好地适应社会主义现代化建设培养人才的需要，反映国内外电子科学技术水平，达到“打好基础、精选内容、逐步更新、利于教学”的要求，在总结第一轮教材编审出版工作经验的基础上，电子工业部于一九八二年先后成立了高等学校《无线电技术与信息系统》、《电磁场与微波技术》、《电子材料与固体器件》、《电子物理与器件》、《电子机械》、《计算机与自动控制》、中等专业学校《电子类专业》、《电子机械类专业》共八个教材编审委员会，作为教材工作方面的一个经常性的业务指导机构。并制定了一九八二～一九八五年教材编审出版规划，列入规划的教材、教学参考书、实验指导书等共217种选题。在努力提高教材质量，适当增加教材品种的思想指导下，这一批教材的编审工作由编审委员会直接组织进行。

这一批教材的书稿，主要是从通过教学实践、师生反映较好的讲义中评选择优和从第一轮较好的教材中修编产生出来的。广大编审者、各编审委员会和有关出版社都为保证和提高教材质量做出了努力。

这一批教材，分别由电子工业出版社、国防工业出版社、上海科学技术出版社、西北电讯工程学院出版社、湖南科学技术出版社、江苏科学技术出版社、黑龙江科学技术出版社和天津科学技术出版社承担出版工作。

限于水平和经验，这一批教材的编审出版工作肯定还会有许多缺点和不足之处，希望使用教材的单位、广大教师和同学积极提出批评建议，共同为提高工科电子类专业教材的质量而努力。

电子工业部教材办公室

前 言

本教材系由中等专业学校电子类专业教材编审委员会无线电技术编审小组审定,并推荐出版。

本教材由北京无线电工业学校魏岫崑担任主编,天津大学刘鸿铨担任主审。编审者都是依据无线电技术编审小组审定的编写大纲进行编写和审阅的。

使用本教材的参考教学时数为150小时。本教材的主要内容是以信号发生器、CRT显示仪器和数字式仪器等三类通用电子测量仪器为主干,讲述各类仪器的工作原理和专用电路,并选择典型仪器为例,进行整机电路剖析,教材另设一篇《智能仪器与自动测试系统》,扼要介绍微处理器在电子仪器中的应用,和有关自动测试系统的基本知识,以便使学生对这项新技术有一个概括的了解。为适应中专的教学特点,在分析问题时着重阐明物理概念,并辅以必要的计算和数据。使用本教材时,各校可根据具体情况,开设有关电子仪器的原理和使用等方面的实验,或进行演示,以加深学生的感性认识。

本教材由吴秀珍编写1~4章及附录,姜邈编写5~10章,魏岫崑编写11~15章,尹立俊和徐东华绘制插图,魏岫崑统编全稿。在编写过程中刘鸿铨老师对本书提出许多宝贵的建设性意见,北京无线电工业学校二专科的许多同志给本书的编写以很大支持,这里,一并表示诚挚的感谢。由于编者水平有限,书中定会存在不少缺点和错误,殷切希望广大读者批评指正。

编　者

目 录

第一篇 信号发生器

第二篇 CRT显示仪器

第三篇 数字式测量仪器

第四篇 智能仪器与自动测试系统

第一篇　信号发生器

引　言

信号发生器是在电子测量中提供符合一定技术要求的电信号的仪器。可以用它测量元、器件的参数或测量无线电设备的幅、频特性。

信号发生器用途广泛,种类甚多。按用途分通用和专用二大类;按输出波形分正弦、脉冲、函数信号发生器;按工作频率分超低频、低频、视频、高频、超高频信号发生器;按调制方式分调频、调幅、调相、脉冲调制等各种信号发生器。

信号发生器的工作特性可以用以下指标概括描述。

1. 频率特性

各项指标均能得到保证的输出频率范围称为信号发生器的有效频率范围。频率准确度是指频率实际值对其标称值(刻度或标度)的相对偏差。频率稳定度是在一定时间间隔内,频率源的频率准确度的变化,它表征频率源维持工作于恒定频率的能力。对频率稳定度的描述往往引入时间概念,因此有长期、短期、瞬间频率稳定度之分。

2. 输出特性

信号发生器的输出阻抗视不同类型的信号发生器而异。低频信号发生器中一般有匹配变压器，故有 50Ω、600Ω、5kΩ 等各种不同输出阻抗；高频信号发生器一般只有 50Ω（或 75Ω）一种输出阻抗。输出电平是表征信号发生器所能提供的最大和最小输出电平调节范围，目前正弦信号发生器输出信号幅度采用正弦有效值（如 V、mV 或 μV）度量或用绝对电平（dBm、dB）度量。

3. 调制特性

在高频振荡中,振幅 A、角频率 ω_0 和初相角 φ_0 的三个基本参数中的某一个按照所需传递信息规律而变化的过程称为调制,因此可分为调幅、调频和调相。高频信号发生器中调幅的固定调制频率一般为 400Hz 或1 000Hz。调制系数表示高频电压振幅受调制信号控制所改变的程度,一般信号发生器调幅系数为 0～80%。在调幅过程中,调幅波的包络线应该和调制信号形状一致,否则,调制后会产生非线性失真,对于信号发生器而言,一般要求调制线性度在(1～5)%的范围内。

4. 波形特性

信号发生器的输出波形,有正弦波、脉冲波、三角波等,一般除考虑输出波形的频率、幅度以外,在正弦波输出时还必须考虑其失真度,标准信号发生器输出失真度为(0.1～0.5)%;普通信号发生器输出失真度为(1～5)%。当脉冲波输出时,还必须考虑脉冲宽度、上升时间、下降时间、上冲、下冲等指标,在三角波输出时,还必须考虑三角波的线性偏差。

本篇着重介绍应用最广泛,频率范围从低频到高频的通用信号发生器,这仅仅是信号发生器中极少的一部分。

第一章　低频信号发生器

§1－1　概　　述

低频信号发生器用来产生频率为20Hz～20kHz(或频率范围更宽)的正弦信号。除具有电压输出外,有的还有约几瓦的功率输出,当功率输出时常常配有匹配变压器,用以匹配各种负载阻抗。为了提供仪器本身检测和对外部电压测量,还常常带有电压表。

低频信号发生器用途十分广泛，可用于测量录音机、扩音机等设备以及其他各种设备中的低频放大器的频率特性、增益、通频带等，或者测量扬声器、传声器、滤波器的频率特性。

一般的低频信号发生器的主要性能指标有:工作频率范围为20Hz～20kHz(或更宽),连续可调;输出电压为0～10V连续可调;输出功率为0.5～5W连续可调;非线性失真为(0.1～1)%;频率稳定度(0.1～0.4)%/小时;频率准确度±(1～3)%;输出阻抗一般有50Ω、75Ω、600Ω、5kΩ;还可以平衡输出与不平衡输出。

低频信号发生器的组成方框图如图1-1-1所示。包括主振器、主振输出调节电位器、电压放大器、输出衰减器、功率放大器、阻抗变换器(输出变压器)和指示电压表。

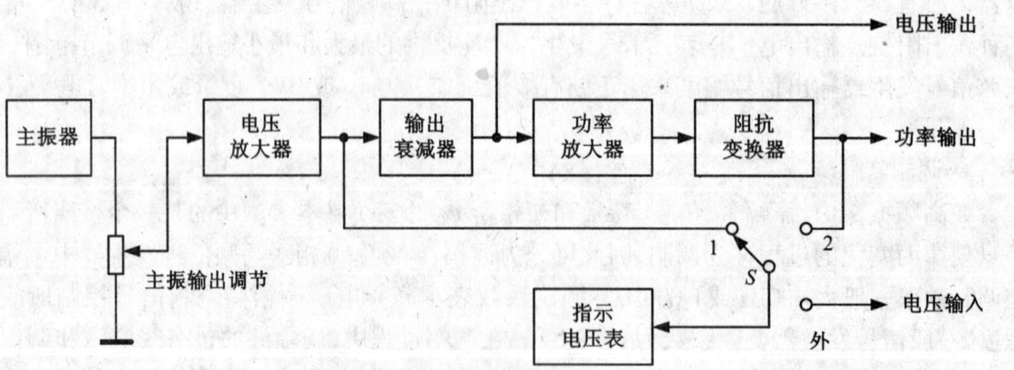

图1-1-1　低频信号器组成方框图

主振器产生低频正弦信号，经电压放大器放大达到电压输出幅度的要求，并用主振输出调节电位器调节输出电压的大小，此时负载能力很小，只能供给电压，故为电压输出。电压输出信号再经功率放大器放大，则为功率输出。采用输出变压器匹配输出阻抗，获得最大功率输出。指示电压表用开关“S”进行转换，当它置于“1”时，电压表测量输出电压幅度；当它置于“2”时，电压表指示功率输出电压幅度；当它置于“外”时，则对外部信号电压进行测量。

§1－2　低频信号发生器的基本电路

一、主振电路

低频信号发生器的主振电路常有差频式、RC 振荡式两类，现简单介绍如下。

1. 差频式低频信号发生器

差频式低频信号发生器方框图如图 1-2-1 所示。具有固定频率振荡器 f_2，可变频率振荡器 f_1，当 f_1 由 $f_{\min} \sim f_{\max}$ 变化时，与固定频率 f_2 差频后，可产生 $F_{\min} \sim F_{\max}$ 的低频差频信号，经低通滤波器得到的低频差频信号送至放大器、衰减器即得到所需要的低频信号。

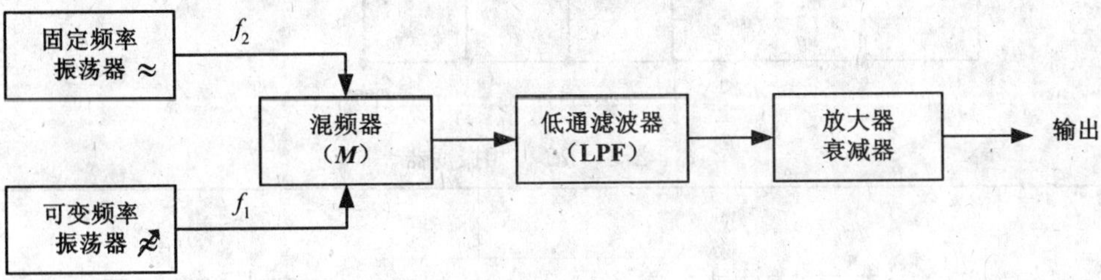

图 1-2-1　差频信号发生器方框图

差频式产生的低频正弦信号频率覆盖范围宽，但由于两个振荡器频率接近时极易产生频率牵引，因此不易得到很低的差频信号，在混频过程中也容易产生交调失真，频率刻度误差亦大。为了克服以上缺点，目前普遍采用 RC 振荡电路。

2. RC 振荡电路信号发生器

RC 振荡电路又可分为 RC 移相振荡器、RC 双 T 振荡器、RC 文氏电桥振荡器三种振荡电路。

(1) RC 移相振荡器　RC 移相振荡器，工作原理如图 1-2-2 所示。它是利用 RC 移相网络对某一特定频率 f_o 获得正反馈的晶体管放大器。三节 RC 移相网络在某一特定频率 f_o 产生 180°相移，放大器本身由基极输入反馈信号，集电极输出振荡信号，对频率 f_o 的信号电压的放大又产生 180°相移，只要基极偏置电阻 R_{b1}、R_{b2} 选择合适，使它具有一定的放大能力，因此就能满足振荡器幅度平衡与相位平衡的要求，即能产生振荡。RC 移相网路如图 1-2-3 所示。图 1-2-3(*a*)为超前移相网路，图 1-2-3(*b*)为滞后移相网路。一节 RC 电路最大移相不超过 90°，不能满足振荡条件，二节 RC 电路的最大移相可达 180°，但当 $\omega \leqslant \omega_0$ 时，超前移相电路中 $\frac{1}{\omega C} \geqslant R$，当 ω 愈低，$\dot{U}_2$ 的输出幅度愈小，当 ω 趋近于零时，φ 相移接近 90°，但 $\dot{U}_2$ 输出幅度趋近于零。同样，当 $\omega \geqslant \omega_0$ 时，滞后移相电路中，$\frac{1}{\omega C} \leqslant R$，$\omega$ 愈高 $\dot{U}_2$ 的输出幅度愈小，当 ω 趋近于无穷大时，φ 移相接近 －90°，但 $\dot{U}_2$ 输出幅度趋近于零。因此二节 RC 移相电路虽然移相可达 180°，但此时输出电压幅度接近于零，因此不能振荡。实际上必须有三节 RC 电路达到 180°，每节不足 90°，才能满足相位和振幅条件。此处第三节 RC 网路由 C_3 和 BG_1 输入电阻 r_i 组成。BG_2 为射极输出器，隔离负载变化对振荡器的影响，分析振荡器时可不考虑。

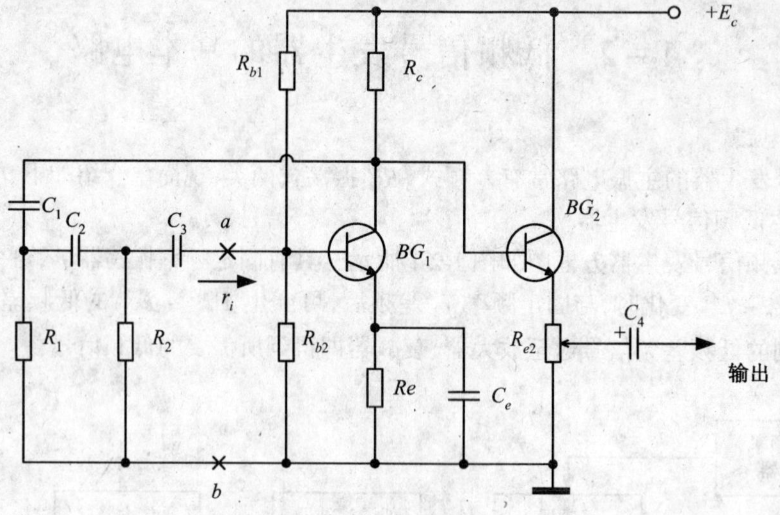

图 1-2-2　*RC* 移相振荡器

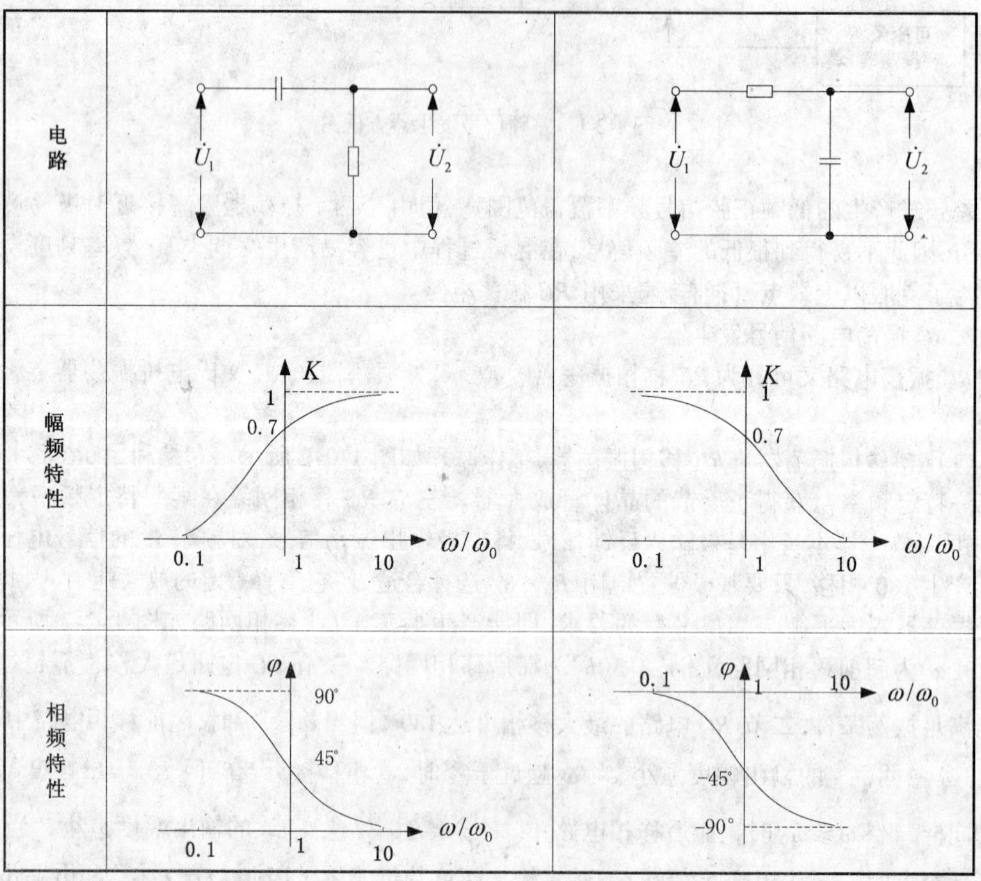

（*a*）超前移相网路　　（*b*）滞后移相网路

图 1-2-3　*RC* 移相网路幅频、相频特性

本电路结构简单,成本低,但振荡幅度、频率不够稳定,频率调节不便。

(2)双 T 选频网络振荡器　双 T 选频网络振荡器工作原理如图 1-2-4 所示。BG_1 为反相放大器,双 T 选频网络接入 BG_1 的基－集之间。双 T 选频网络的电路结构如图 1-2-5(a)所示。为分析简单,设双 T 网络的1、2端内阻为零,3、4端为空载时的选频特性。当 $\dot{U}_i$ 频率 $f\leqslant f_o$

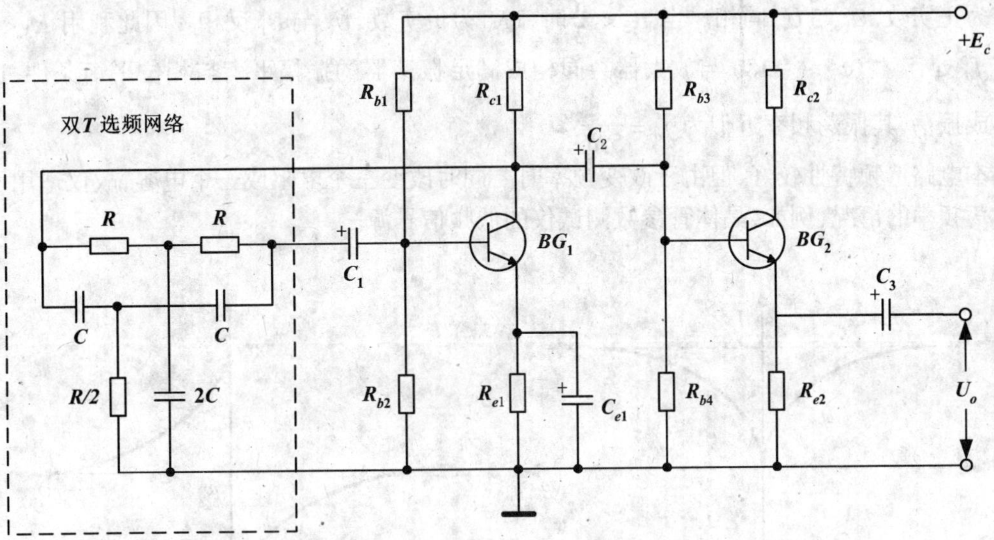

图 1-2-4　双 T 选频网络振荡器

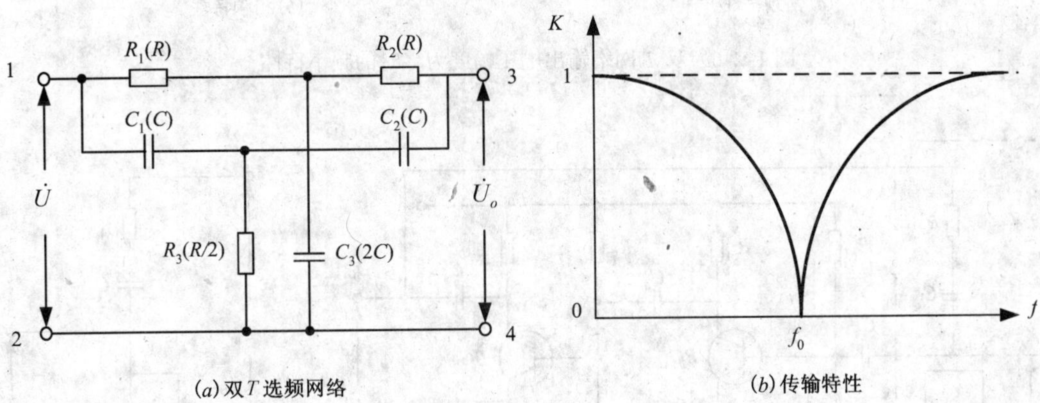

(a)双 T 选频网络　　(b)传输特性

图 1-2-5　双 T 选频网络及传输特性

时,C_1、C_2、C_3 的容抗很大(接近开路),设 $R_1=R_2=R$,$R_3=\dfrac{R}{2}$;$C_1=C_2=C$,$C_3=2C$。此时 1、2 端电压 $\dot{U}_i$ 主要通过 R_1、R_2 电阻串联传输到 3、4 端,此时 $\dot{U}_i\approx\dot{U}$,网络的传输系数 $\dot{K}=\dfrac{\dot{U}_o}{\dot{U}_i}$,$|\dot{K}|\approx1$,$\varphi_K\approx0$。当 $\dot{U}_i$ 的频率 $f\geqslant f_o$ 时,C_1、C_2、C_3 容抗很小(接近短路),则 $\dot{U}_i$ 主要通过 C_1、C_2 传输,此时 $\dot{U}_i\approx\dot{U}_o$,网络的传输系数 $\dot{K}=\dfrac{\dot{U}_o}{\dot{U}_i}$,也即 $|\dot{K}|\approx1$,$\varphi_K\approx0$。只有当 $\dot{U}_i$ 频率处于中频频段($0<f<\infty$)时,由于 $R_3=\dfrac{R}{2}$,$C_3=2C$ 的分流作用,即使 3、4 端空载,$|\dot{K}|$亦总小于 1。适当选择网络中的电阻、电容元件值,使在某一特定频率 f_o 处,$\dot{U}_i$ 自 1、2 端经过两个单 T 网

络传输到 3、4 端，电压大小相等，相位相反，则此时总的输出电压幅度为零，相位呈现 ±90°的突跳。双 T 网络输出幅度为零时频率特性如图 1-2-6 所示。由图可知：双 T 网络输出电压幅度为零时不能满足振幅平衡条件。只有当 $R_3 \neq \frac{R}{2}$ 时，网络传输系数不为零，当 $R_3 > \frac{R}{2}$ 时，$|\dot{K}_i|$ 为正实数，$\dot{U}_i$ 与 $\dot{U}_o$ 同相。当 $R_3 < \frac{R}{2}$ 时，$|\dot{K}|$ 为负实数，$\dot{U}_o$ 与 $\dot{U}_i$ 反相。因此利用 $R_3 < \frac{R}{2}$，偏离 f_o 处，产生 $\varphi_K \approx -180°$ 与放大器共同构成满足振荡器的振幅平衡与相位平衡条件，这样就形成振荡，其振荡频率近似为 $f_o = \frac{1}{5RC}$。

本电路选频特性较好，但由于改变频率时要同时改变三个电阻或三个电容，故仅适用于单一振荡频率的情况，例如，晶体管参数测试仪的低频信号源。

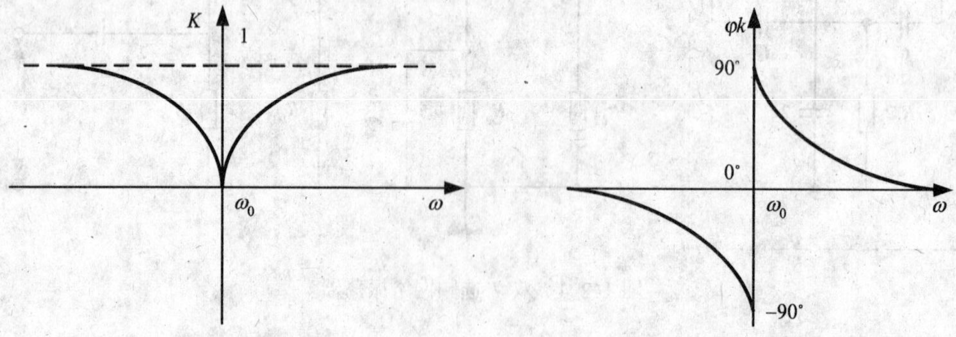

(*a*) 幅频特性　　(*b*) 相频特性

图 1-2-6　双 T 网络输出电压幅度为零时的频率特性

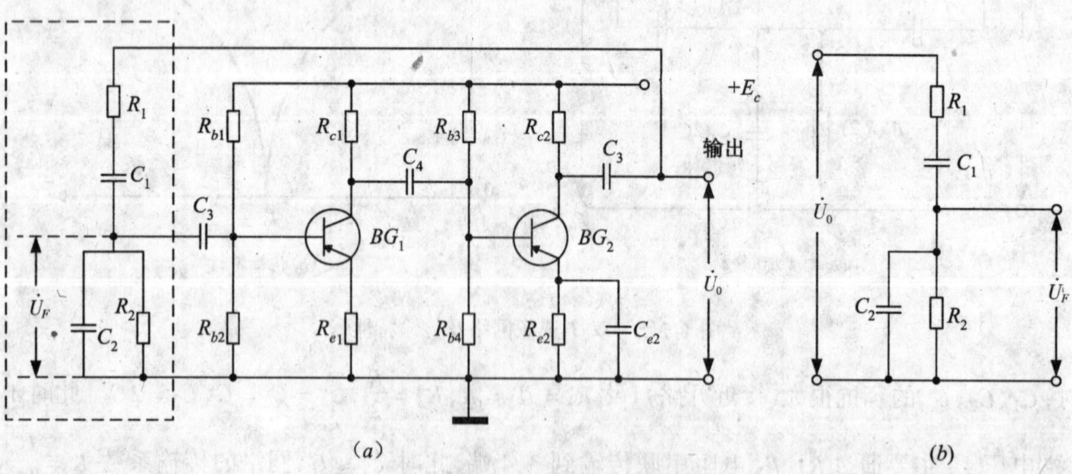

(*a*)　　(*b*)

图 1-2-7　*RC* 桥式振荡器

(*a*)文氏电桥振荡电路　(*b*)选频网络

(3) *RC* 桥式振荡器　*RC* 桥式振荡器电路如图 1-2-7 所示。R_1、C_1、R_2、C_2 为选频网络，BG_1、BG_2 构成同相放大器，当它接入选频网络后，在某一特定频率 f_o 处，总相移为零，选频网

络反馈系数 $\dot{F}=\frac{\dot{U}_F}{\dot{U}_o}$ 与频率有关（$\dot{U}_F$ 为反馈电压，$\dot{U}_o$ 为放大器输出电压）。为了达到振荡器的工作稳定，二级放大器之间引入负反馈电路，如图 1-2-8（*a*）所示。加负反馈电桥电路如图 1-2-8（*b*）所示。其中 R_t 是具有负温度系数的热敏电阻，其阻值随外界温度升高而减小。当振荡器输出电压幅度增大时，通过 R_t 电流加大，引起 R_t 温度升高，R_t 阻值减小，使负反馈加强，振荡器输出电压幅度减小，这样就可以达到稳幅的目的。

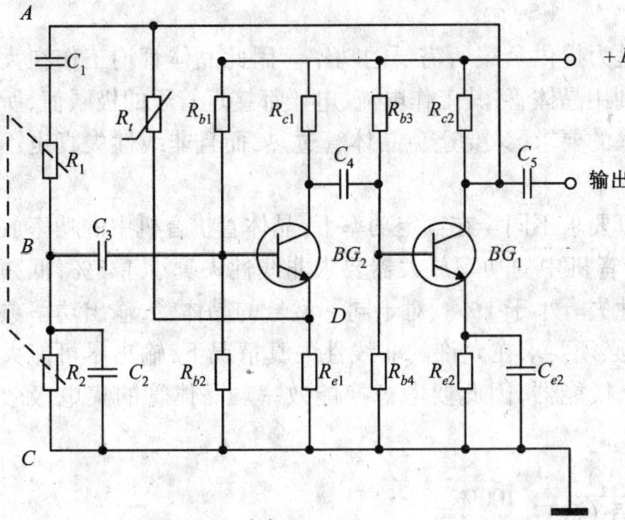

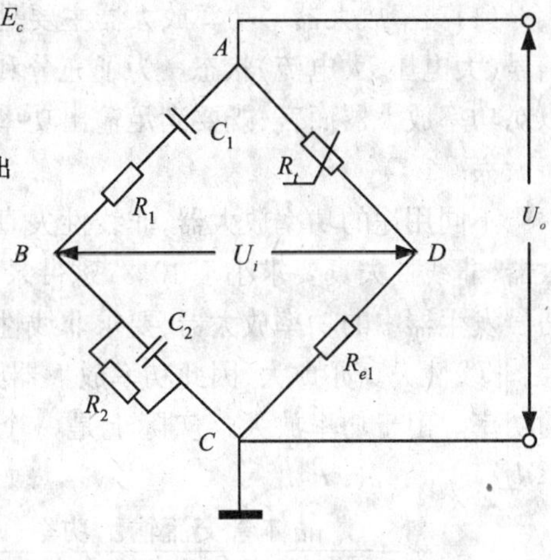

图 1-2-8　加热敏电阻负反馈桥式振荡器原理图

（*a*）文氏电桥振荡电路　（*b*）电桥电路

由于 *RC* 电桥振荡器波形非线性失真小，正弦波形好，因此在低频信号发生器中获得广泛的应用。

二、放大电路

放大电路包括电压放大器和功率放大器，现简述如下。

1. 电压放大器

（1）一般电压放大器　低频信号发生器的方框图如图 1-1-1 所示。为了使主振输出调节电位器的阻值变化不影响电压放大倍数，要求电压放大器的输入阻抗较高。低频信号发生器的工作频率范围较宽，要求电压放大器的通频带亦宽，并且波形失真小，工作稳定。电压放大器的后级是输出衰减器和指示电压表，为了在调节输出衰减器时，阻抗变化不影响电压放大器，要求电压放大器的输出阻抗低，有一定的负载能力。满足以上技术指标的放大器，才能用于低频信号发生器中。

（2）包含在主振器中的电压放大器　无论是差频式电路、*RC* 移相式电路、双 *T* 选频网络、桥式电路，为了满足振荡器的幅度和相位平衡条件，都必须要有放大器部分，一般可以采用一级放大器或二级放大器。例如：*RC* 移相振荡器中，利用三节 *RC* 电路移相达 180°，然后再利用一级放大器移相 180°，由三节 *RC* 电路和一级放大器组成正反馈，满足振荡器相位平衡条件。总之，根据不同振荡器对放大器的相位要求可采用一级或二级放大器。

（3）缓冲放大器　缓冲放大器主要用于阻抗变换，在低频信号发生器中，主振信号常首先经过缓冲放大器，然后再输入给电压放大器或连调衰减器，使衰减器阻抗变化或电压放大器输入阻抗变化时不影响主振器的工作。

2. 功率放大器

某些低频信号发生器要求有功率输出，例如：XD－1型低频信号发生器功率输出可达4W以上。这样，必然要有功率放大器。一般的低频功率放大器有如下指标要求：①输出额定功率；②失真小；③效率高；④负载匹配；⑤有足够宽的通频带。在低频信号发生器中，对功率放大器的主要要求是失真小，输出额定功率。

(1)功率放大器　功率放大器主要是为提供负载所需要的功率。因此晶体管均工作在大信号(大电压、大电流)状态。为了充分利用晶体管，其工作电流、电压都接近管子的极限值，所以对功率放大器而言，既要满足输出功率的要求，又要避免晶体管过热，而且非线性失真也不能太大。

不同用途的功率放大器，非线性失真要求不同。在额定功率下，晶体管扩音机中的功率放大器，非线性失真要求小于10%，磁带录音机中的功率放大器要求非线性失真小于5%，低频信号发生器中的功率放大器，要求非线性失真小于1%。对于同一型号的晶体管，输出功率愈大，非线性失真亦愈大，因此功率放大器必须要求在允许的非线性失真情况下，输出尽可能大的功率。由于功率放大器实际上是一个换能器，因此要考虑换能效率。晶体管的集电极效率为

$$\eta_o=\frac{\text{晶体管交流输出功率}(P_o)}{\text{晶体管集电极直流输入功率}(P_i)}\times 100\%$$

η_o 愈高，在一定的供给直流功率下换得的交流功率愈大。

(2)功放保护电路　前已述及，功率放大器工作在大信号状态下，晶体管往往在接近极限参数下工作，由于设计不当或使用条件变化，就容易超过极限范围导致晶体管损坏。因此在功率放大器电路中，常常加上保护电路。例如，利用负载短路信号切断输入信号或切断电源达到保护目的。或者用保护电路把功率管负载线限制在安全工作区之内，保护电路工作原理如图1-2-9所示。在单端推挽电路输出级 BG_3、BG_4 的激励端接入保护管 BG_1、BG_2。当 BG_3 输出电流足够大时，BG_2 导通，并使 BG_3 的激励信号分流，使输出管 BG_3 的动态工作电流限制在极限值之内。当输出信号为负半周时，BG_4 导通；BG_1 锗管的 $U_{eb1}\geq 0.3V$ 时，BG_1 导通，并使 BG_4 的激励信号分流，使其输出管 BG_4 的动态工作电流限制在极限值之内，这样就达到保护功率管的目的。在 BG_3、BG_4 中工作电流 i_e 小时，BG_1、BG_2 不起作用；而当功放管中 i_e 上升后，二极管 BG_5、BG_6 导通，当 i_e 再上升，由于二极管 BG_5、BG_6 的分流又起到保护 BG_2、BG_1 的作用。当负载短路等原因使功率管中电流、功耗超过极限运用范围时，亦可以采取切断电源的方法进行保护，例如XD－1型低频信号发生器中的功放保护电路，就是采取这种方法，其工作原理将在下面详述。

三、输出电路

输出电路主要包括衰减器、电压表。

1. 衰减器

低频信号发生器中的输出电压，常常可以步进调节和连续调节。为了步进调节电压，用步进衰减器按每挡的衰减分贝数逐挡进行，为了使主振输出电压连续可调，常常采用电位器作连调衰减器。例如：XD－1型低频信号发生器中的步进衰减器，衰减共分九级，每级衰减

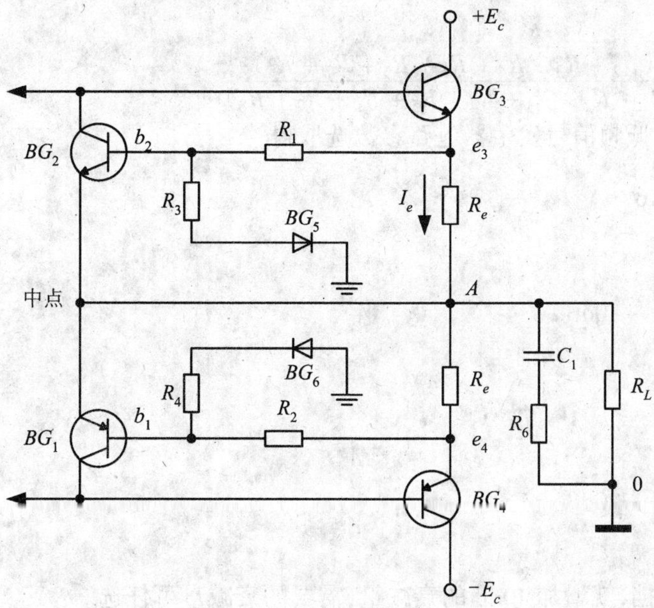

图 1-2-9　限制式保护电路

10dB，共 90dB。每级的衰减量根据输入、输出电压的比值取对数求出。衰减器原理如图 1-2-10所示。一般要求衰减器的负载阻抗很大，对衰减器而言近似为开路，这样负载变化对衰减系数影响较小，从而保证了衰减器精度。现以波段开关置于第二挡为例，根据下式计算衰减量为

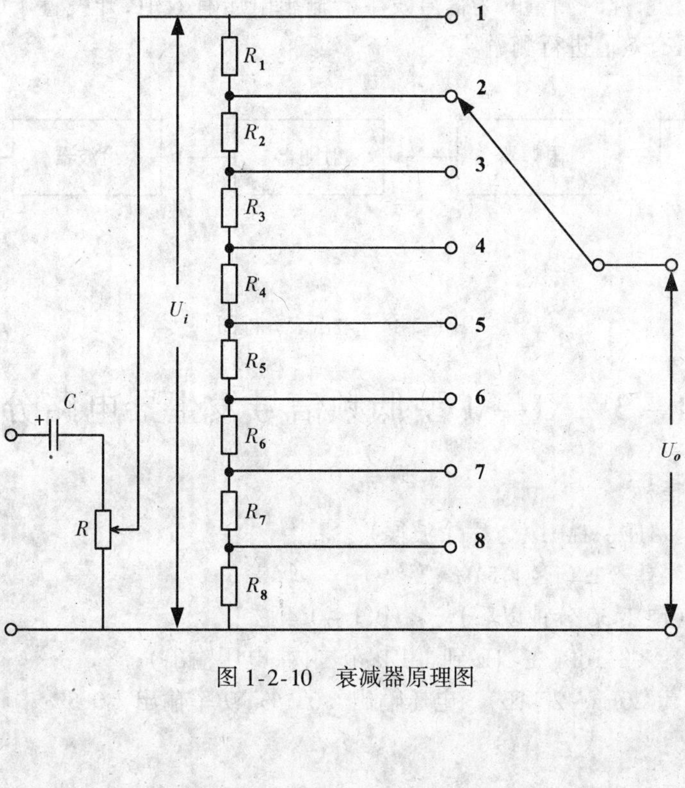

图 1-2-10　衰减器原理图

$$\frac{U_{o2}}{U_i}=\frac{I(R_2+R_3+R_4+R_5+R_6+R_7+R_8)}{I(R_1+R_2+R_3+R_4+R_5+R_6+R_7+R_8)}$$

根据 XD－1 型低频信号发生器电路参数选取得

$$\frac{U_{o2}}{U_i}=0.316$$

两边取对数

$$20\lg\frac{U_{o2}}{U_i}=-10\text{dB}$$

同理第三挡为

$$\frac{U_{o3}}{U_i}=0.1$$

$$20\lg\frac{U_{o3}}{U_i}=-20\text{dB}$$

$$\vdots$$

波段开关每增加一挡,就增加 10dB 的衰减量,需要的衰减量可任选。

2. 指示电压表

电压表组成方框图如图 1-2-11 所示。由分压器、限幅器、射极跟随器、检波器、表头校正电路组成。指示器用磁电式电流表指示,电压数值在表盘上刻度。电阻分压器根据电压表量程大小,用波段开关转换。为了防止输入信号过大,往往加上由二极管组成的双向限幅器。射随器隔离分压器阻抗变化对检波器的影响。可采用有效值检波器指示输出电压的有效值。为了校正表头灵敏度,在表头电路中接入校正电位器。当电压表用于信号发生器本身测量时,开关可置于"内测"位置,此时测量的为信号发生器输出电压有效值,开关置于"外测",电压表就可对一般外部电压有效值进行测量。

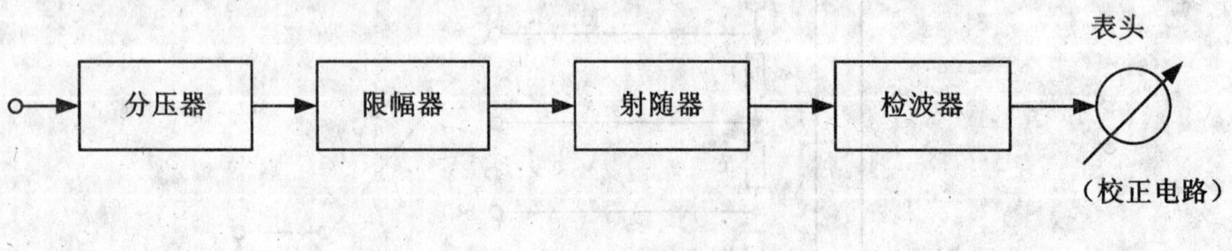

图 1-2-11　电压表方框图

§1－3　XD－1 型低频信号发生器电路分析

一、主要性能指标

(1)频率范围　1Hz～1MHz(分六个波段);

(2)频率基本误差　±(1～1.5)%;

(3)频率漂移(预热 30 分钟以后)　<(0.1～0.4)%;

(4)频率特性　< ±1dB(在 1Hz 到 1MHz 范围内,电压输出);

(5)非线性失真(20Hz～20kHz)　电压输出 <0.1%;功率输出 <0.5%;

(6)输出幅度　电压输出 > 5V;最大功率输出 > 4W;

(7)输出衰减　总衰减量为 90dB(可以每 10dB 分挡调节,亦可连续调节)。

二、XD－1 型低频信号发生器整机方框图

XD－1 型低频信号发生器方框图如图 1-3-1。它由 *RC* 文氏电桥振荡器、功率放大器、功放过载保护电路、交流电压表、直流稳压电源、两组衰减器和一组(共三个)匹配变压器组成。*RC* 文氏电桥振荡器产生正弦波振荡,经过衰减器(Ⅰ)后为电压输出,衰减器(Ⅰ)可控制输出电压的大小,并可用交流电压表进行监测,除了步进衰减外,还用电位器连续调节即为连调衰减器。主振器产生正弦振荡信号,经过衰减器(Ⅰ)之后,送至功率放大器放大,然后经衰减器(Ⅱ)、匹配变压器输出。输出变压器共三个:低频一个、高频两个,可与 50Ω、75Ω、150Ω、600Ω、5kΩ 的负载匹配,达到最大功率输出。

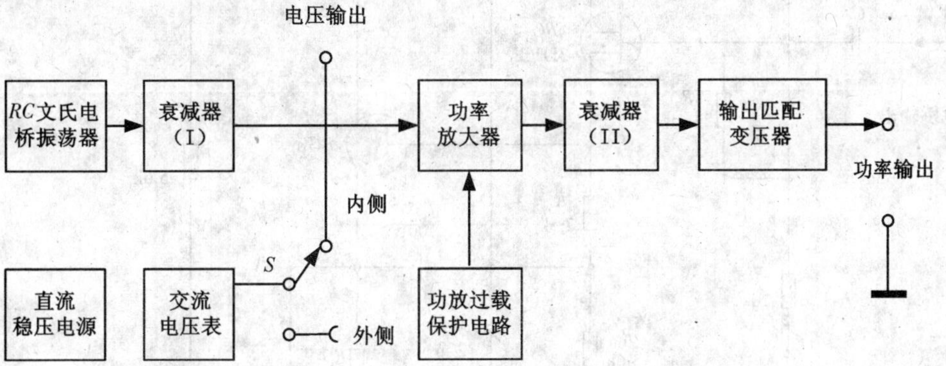

图 1-3-1　XD－1 型低频信号发生器方框图

衰减器（Ⅱ）有两个电阻，它不仅有 10dB 的衰减量，而且可使放大器内阻（输出阻抗）与负载匹配，稳压电源供给各部分电压和电流。交流电压表用于指示本身的振荡电压或功率输出电压，也可测量外部的交流电压。功放过载保护电路是防止功放级晶体管过载损坏而设置的。

三、电压放大器

1. 第一级电压放大器

XD－1 型低频信号发生器中的主振器为文氏电桥振荡器,除 *RC* 选频网络外还必须要有二级放大器,第一级放大器由 BG_1、BG_2、BG_3 组成,电路如图 1-3-2 所示。对本级要求:(*a*)本级输入和文氏电桥输出相连,*RC* 文氏电桥要求放大器的输入阻抗很高,因此本级的输入阻抗必须很高;(*b*)本级通频带应大于仪器工作频率范围 1Hz ~ 1MHz;(*c*)波形失真小,工作稳定;(*d*)有一定放大倍数。

(1)BG_1 源极跟随器　为了获得较高的输入阻抗,BG_1 采用本身输入阻抗高达 10MΩ 以上的结型场效应管 3DJ6F 以外,BG_1 栅极经 R_2 接 R_1、R_3 分压器,为 BG_1 提供一定的偏压和适当的静态工作点,其输入阻抗主要由 R_2(5.1MΩ)决定,如果 BG_1 管输入阻抗为 10MΩ,则 BG_1 源极跟随器的总输入阻抗高于 3.3MΩ,能满足要求。偏置电阻 R_1 的另一端未接到电源正极,而是接到 BG_2 的集电极,若把 BG_1、BG_2 看成组合放大器,BG_1 为源极跟随器,其输入、输出电压同相,BG_2 为共发放大器,输入、输出电压反相,因此从 BG_2 集电极通过电阻 R_1、R_3 串接 R_2 引入 BG_1 栅极为并联电压负反馈,R_1、R_2、R_3 电阻较大,负反馈很小,对输入阻抗影响也很小。

要求输入阻抗较高的原因主要是避免对文氏电桥电阻值 *R* 的影响,引起频率误差。采取

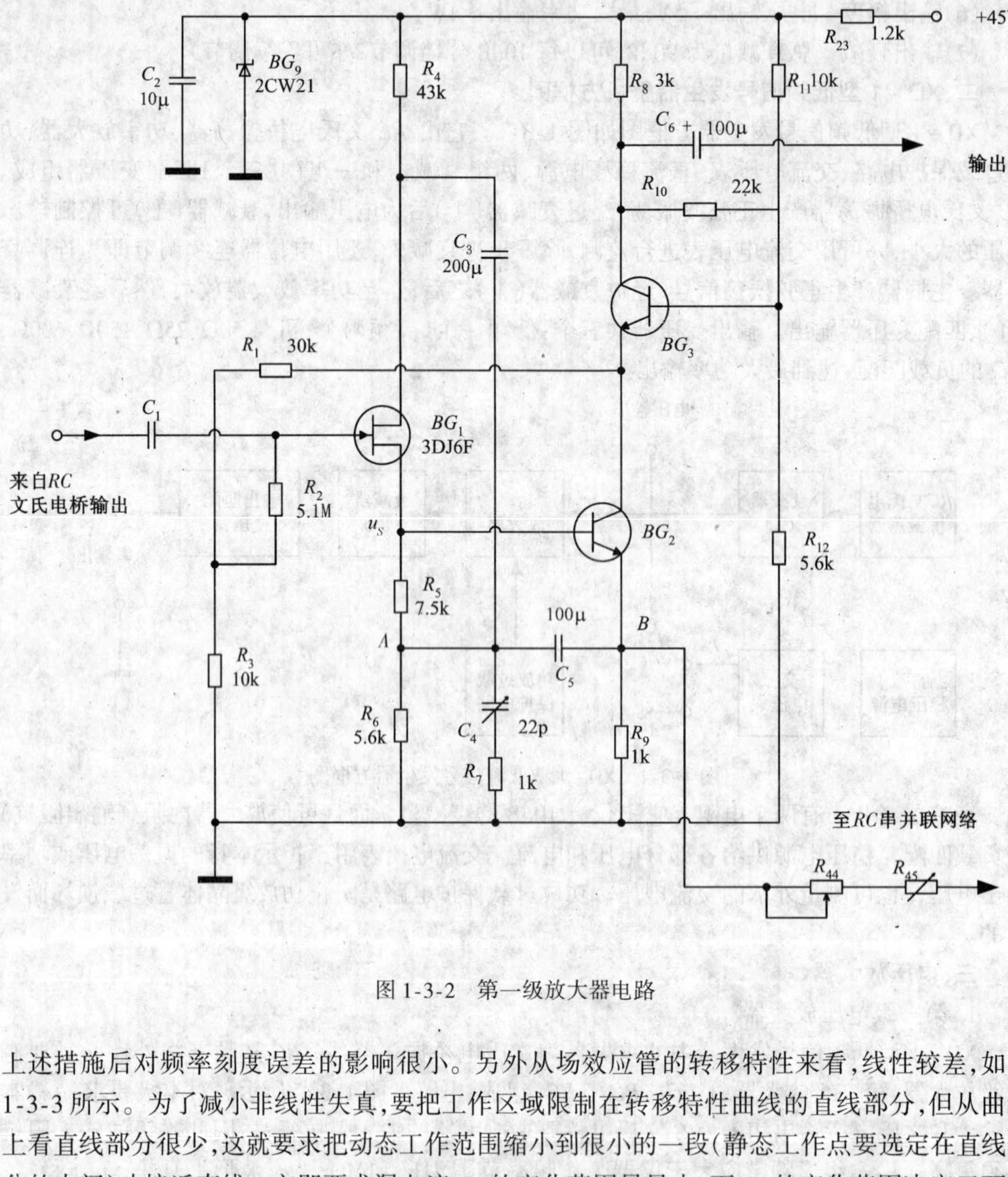

图 1-3-2 第一级放大器电路

上述措施后对频率刻度误差的影响很小。另外从场效应管的转移特性来看，线性较差，如图 1-3-3 所示。为了减小非线性失真，要把工作区域限制在转移特性曲线的直线部分，但从曲线上看直线部分很少，这就要求把动态工作范围缩小到很小的一段（静态工作点要选定在直线部分的中间）才接近直线。亦即要求漏电流 I_D 的变化范围尽量小，而 I_D 的变化范围决定于两个因素：①源极跟随器的输出电压（基本上等于它的输入电压）；②负载阻抗。因为只有增加负载阻抗，才能使 I_D 变化范围小，而源极跟随器的负载阻抗有两个：一个是 BG_2 的输入阻抗，它有较强的串联电流负反馈，其输入阻抗已经很高，另一个是源极跟随器本身的源极电阻。该电阻有两个作用：①决定静态工作点；②进行负反馈，达到稳定工作，展宽频带的目的。采用交流负反馈提高交流阻抗的方法（这种方法在测量仪器中是常用的），将源极电阻分成 R_5 与 R_6 串联，在其交点 A 从 BG_2 的射极 B 到 A 经电容 C_5 引入反馈电压，如图 1-3-4 所示。

若未从 BG_2 引入负反馈电压，电阻 R_5 上的交流电压大于源极交流电压 u_S 的一半以上，通过 R_5 的交流电流 i_{R5} 为

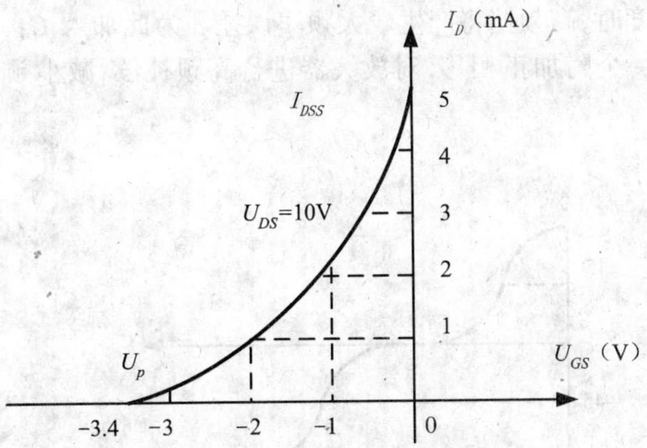

图 1-3-3　结型场效应管转移特性曲线

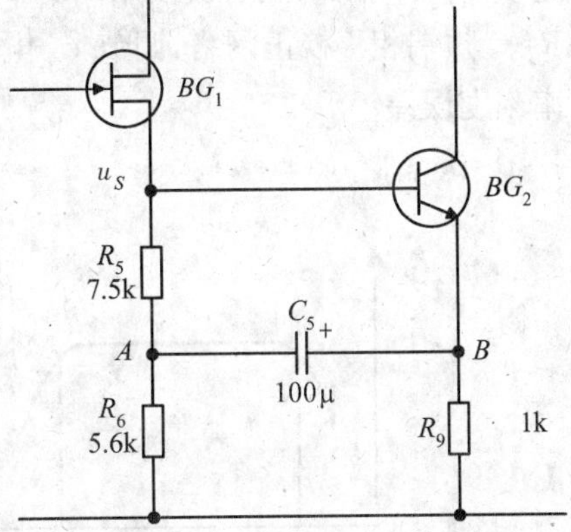

图 1-3-4　引入负反馈提高交流阻抗

$$i_{R5}=\frac{u_S}{R_5+R_6}=\frac{u_S}{13.1\text{k}}$$

若从 BG_2 引入负反馈，则 A、B 对交流而言可视为一点，$u_B\approx0.9u_S$，因此 $u_A\approx0.9u_S$，则

$$i'_{R5}=\frac{u_S-u_A}{R_5}=\frac{u_S-0.9u_S}{R_5}\approx\frac{0.1u_S}{7.5\text{k}}$$

以上两式比较，$i'_{R5}\approx\frac{1}{5}i_{R5}$，$R_5$ 上的交流电压只有 $0.1u_S$。

由此可知，BG_1 的输出交流电流减小即 I_D 变化范围减小，相当于 R_5 的交流阻抗提高。但是 R_6 所承受的交流电压增大为 $0.9u_S$，当然通过 R_6 的交流电流亦增大。此电流由 BG_2 射极供给，源极跟随器只供给 R_5 与 BG_2 的基极电流，该电流很小。

3DJ6F 源、漏之间的极限电压 BV_{DS} = 20V，而本级电源电压约为 30V，为了不超过 BG_1 的 BV_{DS}，BG_1 采用漏极电阻 R_4（43k）起降压作用。将 BG_1 直流漏极电压大约由 30V 降到 15V 左右。

(2) BG_2 与 BG_3 组成的宽带复合放大器　BG_2、BG_3 共射－共基电路组成宽带复合放大器如图 1-3-2 所示。放大器有如下特点。

(*a*) 共射放大级 BG_2 的集电极负载电阻是共基放大级 BG_3 的输入电阻，此电阻对小功率高频管来说只有几十欧姆。由于 BG_3 的输入电阻甚小，故共射放大级 BG_2 的集电极结电容内部反馈作用及对地的寄生电容的旁路作用在高频时仍然很小。因此虽然 BG_2 集电极电阻小而使电压放大倍数低，但通频带很宽，而且电流放大倍数亦大，$Ki\approx\beta$，故 BG_2 可视为电流放大级。

(*b*) BG_1 与 BG_2 采用直接耦合，不采用电容耦合，减小在低频时产生的失真。

(*c*) BG_2 的射极电阻 R_9 为电流串联负反馈，可以减少波形失真、扩展通频带、提高稳定性与输入阻抗。

(*d*) 共基放大器 BG_3 输入电流为 I_e，输出为集电极电流 I_c，$I_c=\alpha I_e$，要增加 BG_3 的电压放大倍数 K_V，必须提高 BG_3 的集电极电阻，才能得到较大的电压放大倍数。在 BG_3 的集电极与基极之间接入电阻 R_{10} 实现电压负反馈，使本级偏置稳定，进一步展宽频带，减小输出电阻。由于放大器极间电容、线间分布电容等作用，使放大器高频端相对于中频放大来说，其相频特性上造成了一个负相移，在幅频特性上高频端幅度下降，如图1-3-5所示。由于高频端负相移造成了频率偏低，当各波段用同一个度盘刻度时，高频挡将产生较大频率误差。为此加入 C_4、R_7 高频端相移校正网络，调节 C_4 电容产生一个附加正相移，对放大器进行高频补偿，减小频率刻度误差。

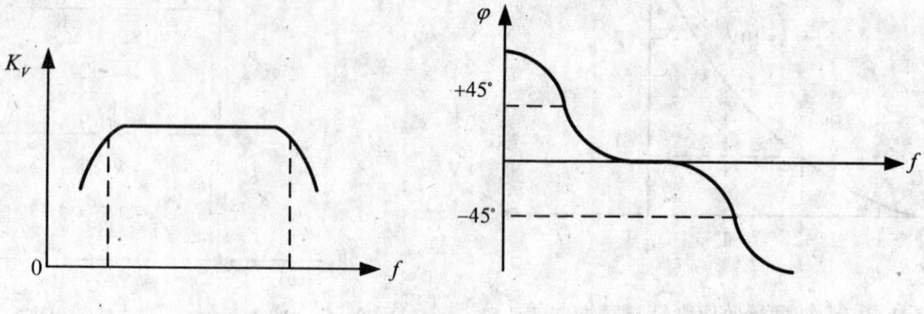

(a) 幅频特性 **(b) 相频特性**

图 1-3-5 放大器的频率特性

2. 第二级放大器

第二级放大器由 BG_4、BG_5、BG_6 组成。如图 1-3-6 所示。BG_4、BG_5 与第一级接法相同为共射-共基宽带放大器，只是 BG_5 的负载电阻换成晶体管 BG_6。现着重分析 BG_6 的作用如下。

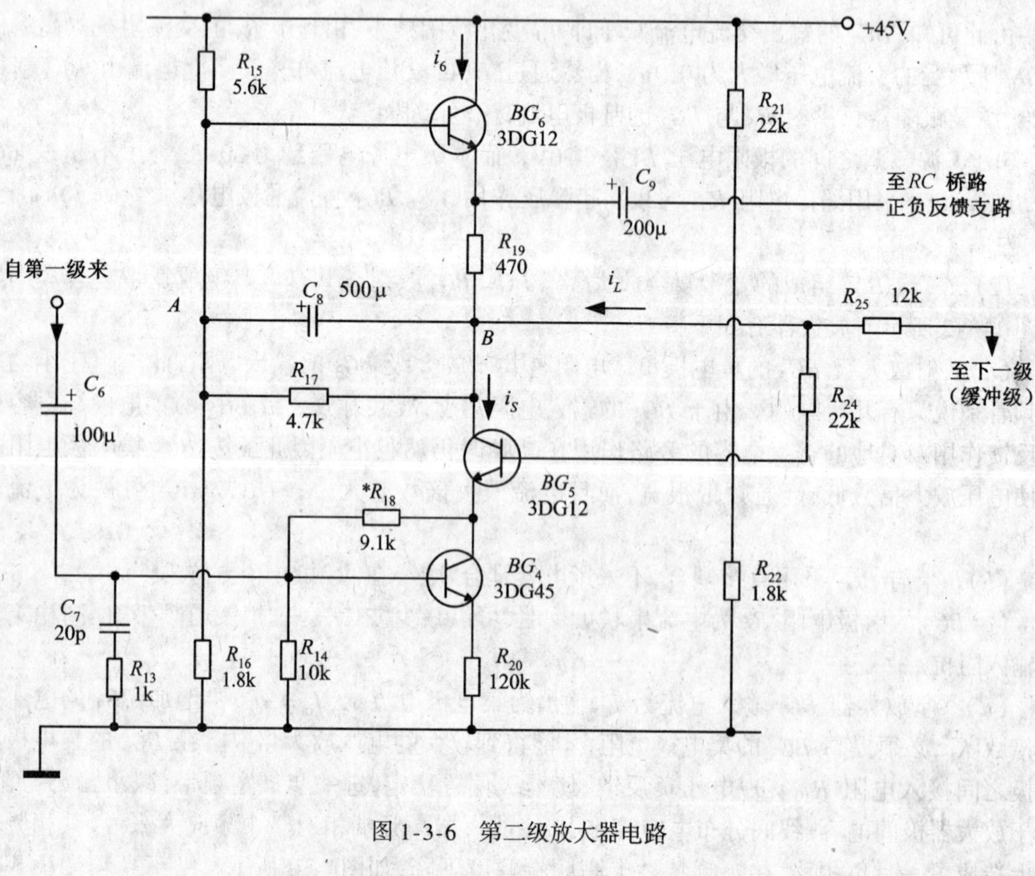

图 1-3-6 第二级放大器电路

(a)采用 BG_6 作为 BG_5 的集电极负载，可以提高 BG_5 集电极的交流负载电阻 $R_{\sim}$，从而提高 BG_5 共基极放大器的电压放大倍数。

如果采用普通电阻，在 E_c 额定电压下，BG_5 的集电极静态电位(工作点)低，限制了放大器的输出幅度，而采用普通电阻提高 R_c，会使这一级的输出电阻增加，因此采用普通电阻提高 R_c，不能同时既提高电压放大倍数又降低输出电阻的目的。采用晶体管作为 BG_5 的集电极负载电阻，由于晶体管的交流负载电阻 R 约为几兆欧或几百千欧(比晶体管的直流电阻大得多)，因此电压放大倍数可以增加。电压放大倍数太高可能引起寄生振荡，工作稳定性亦不易保证。同时由于集电极电阻增加，不能保证通频带宽度。为此在 BG_5 集电极与 BG_6 基极间连接一个大电容 C_8(C_8 为 500μF/15V)。使 BG_6 的偏置电阻 R_{15}和 R_{16}对交流而言成为 BG_5 的集电极负载电阻 R_{c5}的一部分，即 $R_{15}/\!/R_{16}=3.7\text{k}\Omega$，这个数值对保证频带宽度是合适的。当然 $R_{16}/\!/R_{15}$作为 BG_5 的主要集电极负载电阻，那么 BG_5 的电压放大倍数就比单纯只有 BG_6 作负载电阻时小。

(b)采用 BG_6 保证了 BG_5 与 BG_4 直流工作电流稳定，从而提高了工作稳定性。

图 1-3-6 所示，R_{15}、R_{16}、R_{17}是 BG_6 的偏置电阻，用来给 A、B 二点即 BG_6 的基极和 BG_5 的集电极提供了稳定的直流电压，A、B 二点之间交流电压由大电容 C_8 短路。则 BG_6 的发射极电流为

$$i_{e6}=\frac{u_{AB}-u_{be}}{R_{19}}$$

由于 u_{AB}是恒定的，u_{be}(BG_6 基、射间的导通电压)也是恒定的，所以 i_{e6}也是稳定的。BG_6 作为 BG_5 的恒流源负载，BG_4、BG_5 的直流工作电流也是稳定的。这样第二级放大器的工作稳定性得到提高。

(c)采用 BG_6 使 BG_5 的输出电阻降低　如果按图 1-3-6 所示 BG_5、BG_6 及负载上电流所示为正方向分析，则 $i_5=i_6+i_L$。当 i_5 上升时，R_{19}上的交流压降增大，由于 C_8 交流反馈使 BG_6 的基、射间交流电压 u_{be6}下降，则 i_6 下降。同样当 $i_5\downarrow\longrightarrow u_{be6}(\sim)\uparrow\longrightarrow i_6\uparrow$。由分析可知：$i_5$ 与 i_6 总是按相反方向变化的，即可把上面式子写成为

$$i_5=-|i_6|+i_L \qquad 则\ i_L=i_5+|i_6|$$

负载电流等于 BG_5、BG_6 两管供出的电流之和，这意味着 BG_6 经 R_{19}上交流压降的调正，让出一部分电流的变化供给负载。当信号电压输出为正半周时，$i_6{\uparrow}$，$i_5{\downarrow}$(此时 BG_5 的工作点沿负载线向下移动，管压降加大，电源减小，此点的等效直流电阻加大)，射随器 BG_6 的等效射极电阻加大，有足够电流向负载充电；当信号电压输出为负半周时，$i_5{\uparrow}$，$i_6{\downarrow}$。同样，BG_5 等效的集电极负载电阻加大，这时，BG_5 有足够的电流使负载通过它放电，这样就使信号的动态范围加大，当信号电压为正半周时，由于向负载提供的为 BG_5、BG_6 两管电流之和，使负载端电流加大；在一定的交流输出电压下，相当于输出阻抗减小。BG_6 的工作情况与一般射极跟随器相似，其集电极交流接地，从基极输入信号，射极输出信号，所不同的是它的射极电阻 R_{19}下端不是接地而是相当于接到基极，因此具有输出阻抗低的特点。

3. 输出级电路

输出级电路如图 1-3-8 所示，为复合跟随器。隔离了衰减器对振荡器的影响，保证振荡器工作稳定。普通射极跟随器电路如图 1-3-7 所示。射极电阻 R_E 提供了交、直流通路并保证了直流工作点。在普通射极跟随器中，由于忽略了晶体管的偏置电路，因此电路的等效输入电阻

R_i 和输出电阻 R_o 分别为

$$R_i = r_b + (1+\beta)(r_e + R_E)$$

$$R_o = \frac{r_b + r_1}{1+\beta} // (R_E + r_e)$$

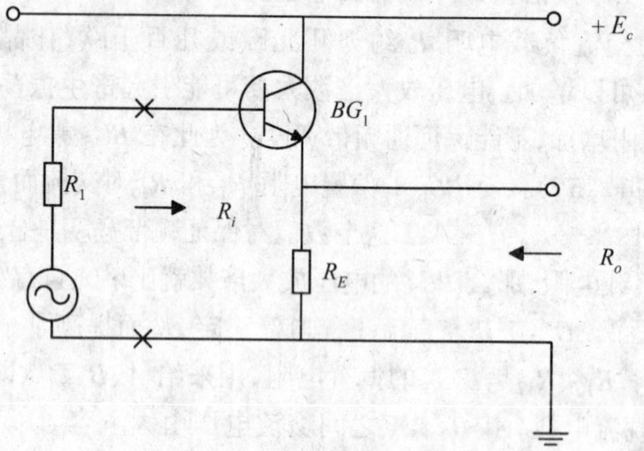

图 1-3-7　普通射极跟随器

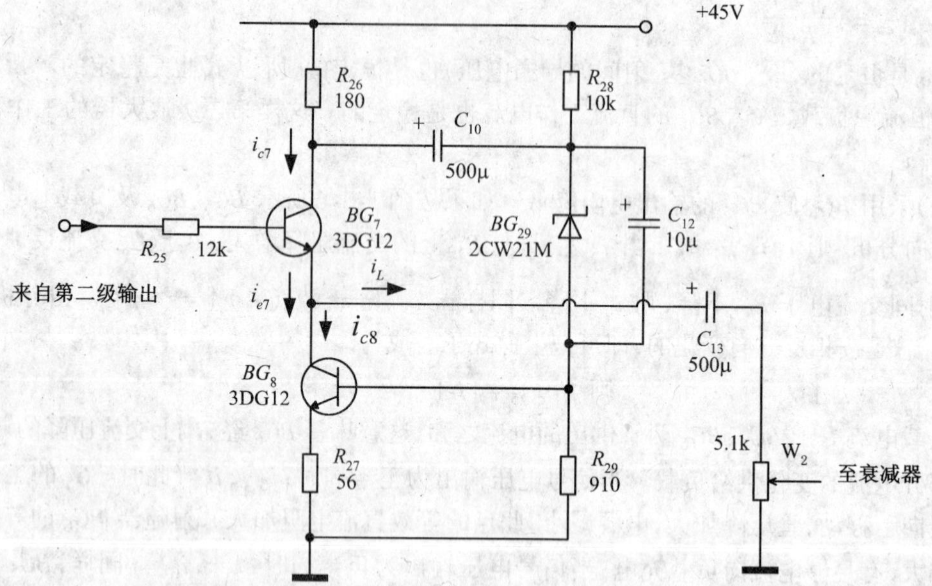

图 1-3-8　输出级电路

从以上 R_i 关系式中看出，为了提高跟随器的输入阻抗，增加 R_E 是有效的办法。但单纯增大电阻 R_E，如果不提高电源电压，将会使工作电流太小而产生较大非线性失真或者降低输出电压幅度。图 1-3-8 所示的输出电路中，BG_8 作为 BG_7 的等效射极负载电阻，BG_7 为射极跟随器。同时从 BG_7 集电极经电容 C_{10}反馈到 BG_8 的基极，使 BG_8 集电极电流 i_{c8}随基极信号而变，而 BG_8 集电极电流 i_{c8}和 BG_7 发射极电流 i_{e7}极性相反。当信号从第二级输入后，假设正信号增加，BG_7 的集电极电流 i_{c7}和射极电流 i_{e7}均增加，BG_7 的集电极电压 u_{c7}下降，由于 C_{10}的反馈作用使 BG_8 的基极电压 u_{b8}下降，BG_8 的集电极电流 i_{c8}下降，则负载电流 i_L 增加(因为

$i_L = i_{e7} - i_{c8}$),即 BG_8 向负载提供能量。反之,当信号从第二级输入后,假设正信号下降,则 i_{c7} 和 i_{e7} 均下降,BG_7 的集电极电压 u_{c7} 增加,BG_8 的基极电压 u_{b8} 增加,i_{c8} 增加,i_L 下降。这样 BG_8 有足够的电流给负载通过它放电,从效果上看,相当于把复合射随器的输出电阻进一步减小,使它带负载能力增加。

另外从图 1-3-8 中还可见,从 C_{10} 到 BG_8 的基极接有稳压管 BG_{29}(2CW21M)和电容 G_2(10μ),采用 BG_{29} 是为解决 C_{10} 的耐压问题。BG_7 的集电极与 BG_8 的基极电压差 40V 左右($E_c \approx 45V$),C_{10} 如采用 500μF50V 电解电容器体积太大,印刷电路板上无法安装,改用 500μF15V 电解电容器,耐压太小,故用 BG_{29} 降压 30V 左右的直流电压,而它对交流产生的压降很小。由于 BG_{29} 产生热噪音,因此并联接入电容 C_{12},消除影响。

四、功率放大器与功放保护电路

1. 概述

本仪器最大输出功率大于 4W,需要一个性能良好的功率放大器。由于仪器的频带宽,采用普通低频功率放大器中的变压器耦合方式,变压器特性太差,不适用,因此采用互补推挽电路并用三个匹配变压器分别转换和不同的负载阻抗匹配。

由于功率放大器的晶体管过载时(电压、电流、损耗功率超过)容易损坏,因此采用保护电路。信号发生器的负载变化很大,有时是电抗性负载,而电抗性负载使输出电压与电流之间产生相移,虽然电压、电流未超过极限值,但功耗超过极限值亦会使晶体管损坏。因此对于电抗性负载时功放管的保护,亦是本仪器的特殊问题。

2. 功率放大器

功率放大器电路如图 1-3-9(a)中的 e 点与图 1-3-9(b)中 e' 点互相连接,即为功率放大器电路原理图。它包括 $BG_9 \sim BG_{16}$ 共由四级组成。由于主振器输出电压较大(可达 5V 以上),为了防止电压过大而损坏第一级晶体管 BG_9,因此采用双向限幅器 BG_{30}、BG_{31}、BG_{32}、BG_{33}。输入信号经 R_{99}(5·1k)与 C_{35}(10μF)接入 BG_9 的基极,同时又经二极管 BG_{32}、BG_{33} 分别接到稳压管 BG_{30}、BG_{31} 一端。BG_{30} 为 2CW20 稳定电压为 13.5 ~ 17V,一般约取 15V。BG_{31} 为 2CW21M,它的稳定电压为 27 ~ 34.5V,一般约取 30V。这是相对电源正端来说的。若对地而言,A 点电位为 30V,即 $U_A = 30V$,B 点电位为 15V,即 $U_B = 15V$。若 BG_9 基极静态电位约 $U_b \approx 22.5V$,当输入信号电压有效值超过 $7.5/\sqrt{2}V = 5.3V$ 时,在信号正半周,使 BG_{32} 导通,U_A 限幅在 30V,在信号负半周,BG_{33} 导通,U_b 限幅在 15V,这样就限制了因输入信号过大而损坏晶体管。

(1)功放第一级放大器　功放第一级放大器 BG_9 为共射电路,基极输入,集电极输出。发射极电阻很大($R_{96} + R_{97} = 5k$),集电极电阻很小($R_{98} = 300\Omega$),一则 BG_9 与 BG_{10} 直接耦合,BG_{10} 基极电位要求不高;再则如果 R_{93} 加大,放大器开环增益加大会引起寄生振荡,而且本放大器增益要求不高(约 3 倍),但要求失真小,频带宽,因此加了很深的负反馈。反馈深度由 R_{97} 与 R_{99} 的比值决定。R_{96}、R_{97} 确定了 BG_9 的直流工作电流。C_{38} 把 R_{97} 和 R_{96} 的接点交流接地,使 R_{96} 只有直流反馈而无交流反馈。C_{38} 负端不接电源而接地,当开机时,使 BG_9 的电流从零慢慢增加,避免此时末级功率管中出现过大的瞬时冲击电流。R_{93}、R_{94} 是 BG_9 的偏置电路,为了提高 BG_9 的输入阻抗,接 R_{95} 后再接到 BG_9 基极,减小偏置电路对信号的旁路作用。电容 C_{37} 把 R_{95} 的一端与 BG_9 射极连接,使通过 R_{95} 中的交流电流下降,相当于交流阻抗提高。但 R_{95} 不能太大,太大会使 BG_9 基极电流太小而使工作点偏低而引起失真。

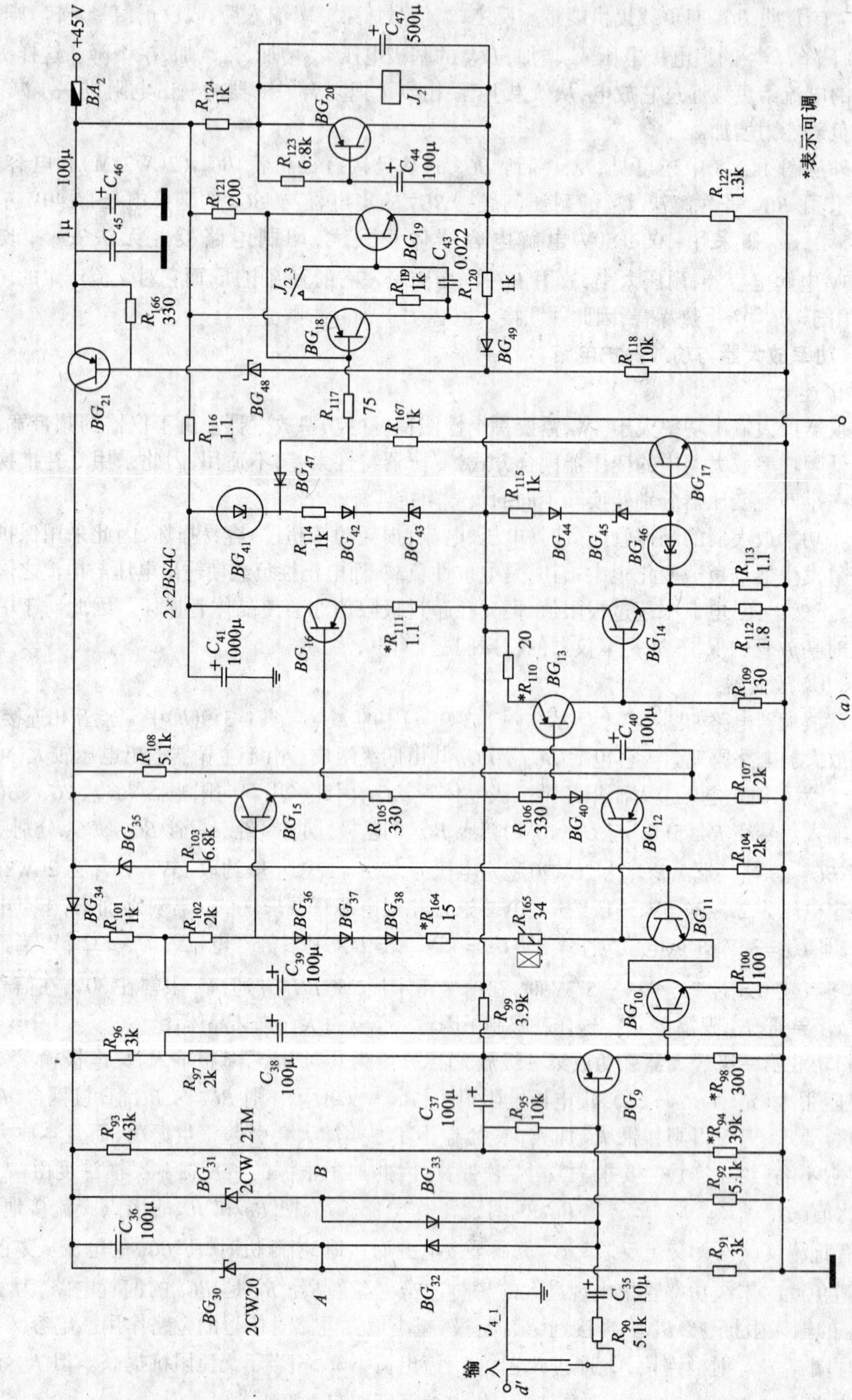

+45V
BA_2
C_{47} 500μ
J_2
R_{124} 1k
BG_{20}
R_{123} 6.8k
C_{44} 100μ
C_{46} 100μ
C_{45} 1μ
R_{121} 200
BG_{19}
C_{43} 0.022
R_{120} 1k
J_{2_3}
R_{19} 1k
R_{166} 330
BG_{18}
BG_{49}
R_{118} 10k
R_{122} 1.3k
BG_{21}
BG_{48}
R_{117} 75
R_{116} 1.1
R_{167} 1k
BG_{47}
BG_{41}
R_{114} 1k
BG_{42}
BG_{43}
R_{115} 1k
BG_{44}
BG_{45}
BG_{46}
BG_{17}
2×2BS4C
BG_{16}
*R_{111} 1.1
R_{113} 1.1
R_{112} 1.8
BG_{14}
C_{41} 1000μ
*R_{110} 20
BG_{13}
R_{109} 130
C_{40} 100μ
R_{108} 5.1k
BG_{15}
R_{105} 330
R_{106} 330
BG_{40}
BG_{12}
R_{107} 2k
BG_{35}
R_{103} 6.8k
R_{104} 2k
BG_{34}
R_{101} 1k
R_{102} 2k
BG_{36}
BG_{37}
BG_{38}
*R_{164} 15
R_{165} 34
BG_{11}
C_{39} 100μ
R_{100} 100
R_{99} 3.9k
BG_{10}
R_{96} 3k
R_{97} 2k
C_{38} 100μ
C_{37} 100μ
R_{95} 10k
BG_9
*R_{98} 300
R_{93} 43k
21M
BG_{31} 2CW
B
BG_{33}
*R_{94} 39k
R_{92} 5.1k
C_{36} 100μ
A
BG_{32}
R_{91} 3k
BG_{30}
2CW20
J_{4_1}
C_{35} 10μ
R_{90} 5.1k
输入
d'

(a)

*表示可调

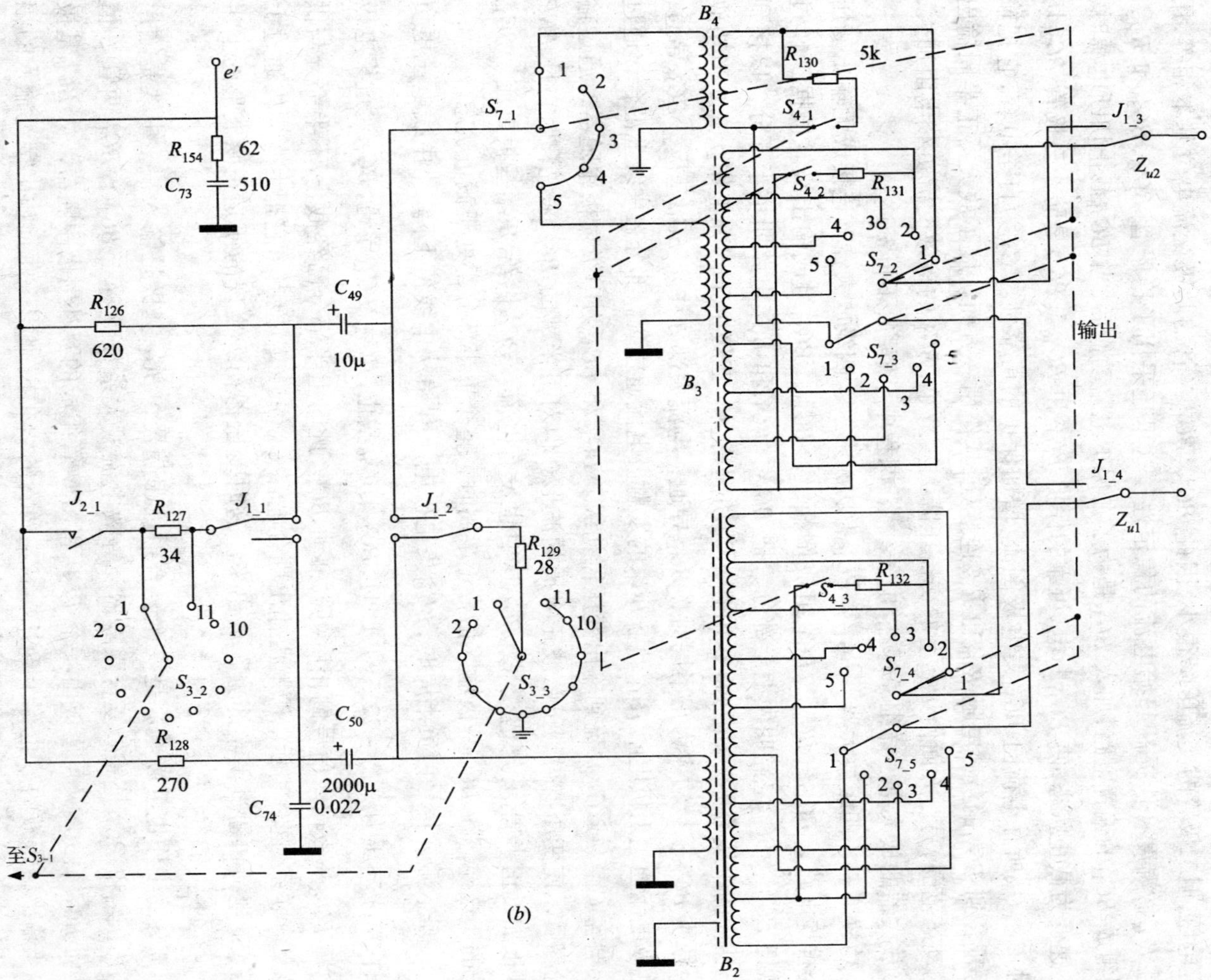

(b)

图 1-3-9 功率放大器电路

(2)功放第二级放大器　BG_{10}、BG_{11}构成功放第二级放大器,为了展宽频带,亦接成共射－共基串接放大器,电路原理已在 BG_2、BG_3 中作过详细分析。R_{100}是 BG_{10}的射极反馈电阻,R_{101}、R_{102}是 BG_{11}集电极负载。$BG_{36\sim38}$是三个顺向连接的二极管,与电阻 R_{164}、R_{165}串联的总压降为后面倒相级的偏置电压,这个电压的大小决定功率管 BG_{14}和 BG_{16}的无信号时起始电流的大小,由 R_{164}的阻值来调整。这里采用偏压的目的是克服由于晶体管的输入特性起始部分弯曲而产生的"交越"失真。$BG_{36}\sim BG_{38}$正向二极管有一定的直流压降,三个二极管串接就有一定的偏置电压,但二极管的交流压降很小,因此 BG_{15}、BG_{12}二管的基极交流电位基本相等,用热敏电阻 R_{165}做温度补偿提高起始电流的稳定性。这里还采用了稳压管 BG_{35},BG_{35}和 R_{103}、R_{104}共同组成 BG_{11}的偏置电路,加入 BG_{35}是为了在保护电路动作后,当 BG_{21}截止切断电源时,BG_{35}能迅速变为截止状态,使 BG_{11}断电,可靠的保护 BG_{14}和 BG_{16}。BG_{34}是防止三极管 BG_{21}切断电源时 C_{38}、C_{39}所存电荷向 BG_{15}集电极倒流,增加保护的可靠性。C_{39}为自举电容,它把输出端信号耦合到 BG_{11}的负载电阻 R_{101}和 R_{102}连接处,其作用一方面扩展了放大器正半周输出时信号的动态范围,另一方面使 R_{102}上的交流压降大大减小,BG_{11}的等效交流负载电阻加大,提高该级放大器的放大量。详细原理在"电子线路"课程中已解释,不再赘述。

(3) 功放第三、四级放大器　$BG_{12}\sim BG_{16}$为功放第三、四级放大器,连接成无输出变压器的乙类推挽电路,BG_{12}、BG_{13}、BG_{15}组成倒相级,BG_{14}、BG_{16}组成输出级。根据工作过程,可以把 BG_{16}、BG_{15}电路叫做上半部分,把 BG_{12}、BG_{13}和 BG_{14}电路叫下半部分,以接到输出变压器去的中线分界,如图 1-3-10 所示为功放第三、四级上半部分工作状态。当功放输入端信号使 BG_{15}基极输入为正半周时,BG_{15}导通,电流大部分注入 BG_{16}基极,BG_{16}导通,BG_{16}集电极电流通过射极电阻 R_{111},与 BG_{15}的发射极电流通过 R_{105}部分在中线上汇合,通过输出耦合电容 C_{49}(或 C_{50})流到输出变压器初级。BG_{15}和 BG_{16}为串级射极跟随器,通过输出耦合电容后,使变压器得到正弦波正半周的波形。但对下半部的 BG_{12}来说,因它是 *PNP* 型管,基极加了正半周信号截止,故 BG_{13}这时也没有电流。BG_{13}供给 BG_{14}基板电流,BG_{14}也是截止的。这样,在 BG_{15}基极输入信号正半周时,整个下半部分都处于截止状态。

当 BG_{15}基极输入信号为负半周时,BG_{11}集电极电压开始从中线值下降,比中线电压更负(无信号时,中线电压为$\frac{1}{2}E_c\sim 22.5V$),此时,BG_{15}、BG_{16}截止,BG_{12}、BG_{13}导通,BG_{13}通过集电极负载 R_{109}将 BG_{12}基极输入信号倒相后再去推动 BG_{14},此时上半部分已经截止,下半部分与供电电源也没有联系,这时实际电源就由输出耦合电容 C_{49}(或 C_{50})担当。它把上半周内通过上半部分充入的电荷再通过下半部分释放出来。这时变压器初级出现的便是正弦波形的下半周,如图 1-3-11 所示。

下半部分的工作也可以看成是一个复合射极跟随器,BG_{12}基极是输入端,中线是输出端,BG_{12}、BG_{13}和 BG_{14}是等效复合跟随器。等效电流放大系数 β 等于 BG_{12}、BG_{13}两管 β 值的乘积。而 BG_{13}、BG_{14}又可看成由一个 *PNP* 和 *NPN* 管组成的互补射极跟随器,从 BG_{13}基极输入,中级输出,等效的 β 也等于 BG_{13}、BG_{14}两管的 β 值的乘积,而且输出接近输入的幅度。综上所述,本电路上下两半部分都是射极跟随器的形式,因此自身失真小,输出阻抗低。同上半部分 BG_{16}一样,在下半部分供给负载功率的主要是 BG_{14}。图 1-3-9 (*a*) 中所示,R_{105}和 R_{111}分别是 BG_{15}、BG_{16}的射极电阻,在调整功率放大器失真度时,R_{111}是可调电阻。R_{106}是 BG_{12}的射极电阻,BG_{40}是起保护作用的二极管,防止 BG_{12}发射结反向击穿,

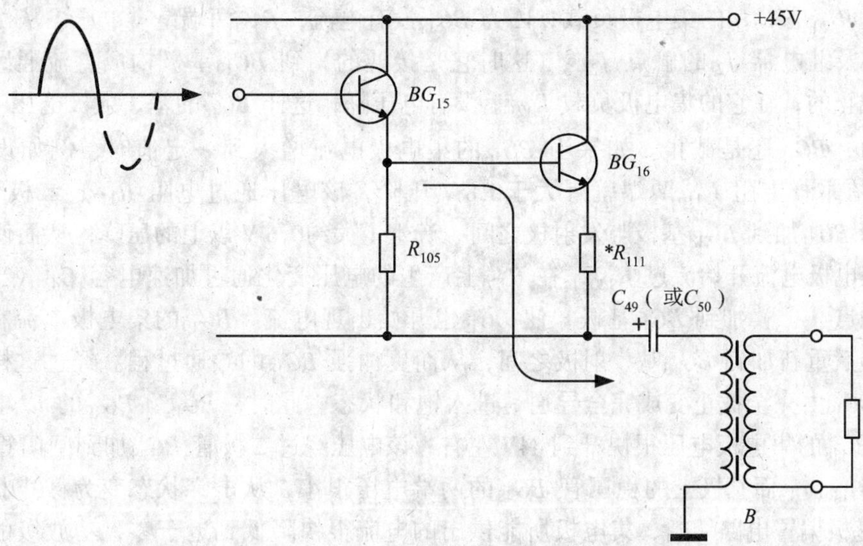

图 1-3-10　功放第三、四级上半部分工作状态

R_{107}、R_{108}组成分压电路，使 BG_{12}集电极直流电位提高，避免因直接接地而造成对管子过高的耐压要求，使 BG_{12}集电极与发射极之间保持一定直流电压。R_{110}是 BG_{13}的射极电阻，调失真度时可以调它。R_{109}是 BG_{13}的集电极电阻，把注入 BG_{13}基极的信号倒相后供给 BG_{14}基极。R_{111}与 R_{113}是 BG_{14}的射极电阻，C_{41}是防止功放自激加的退耦电容。

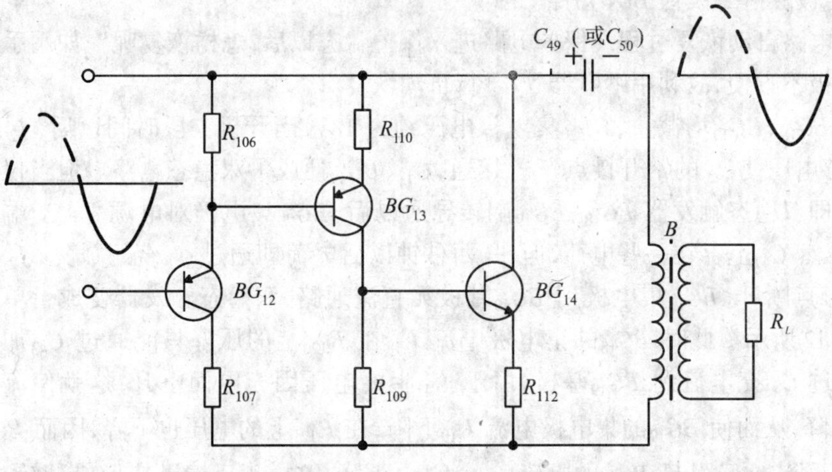

图 1-3-11　功放第三、四级下半部分工作状态

3. 功放保护电路

为了防止功放部分大功率管的损坏，设置了功放保护电路，现分析如下。

(1) 大电流工作时对功放管的保护　功放保护电路的核心部分是 BG_{18}、BG_{19}组成的双稳态触发器，如图 1-3-9（*a*）所示。该双稳态触发器为 *PNP*（BG_{18}）和 *NPN*（BG_{19}）组成的互补双稳态触发电路。它与一般所见到的双稳态触发器不同，工作在两个管子完全导通和完全截止两种状态。在功率放大器正常工作、保护电路未受到触发以前，双稳态触发器处于截止状态。R_{120}是 BG_{18}的集电极负载，因为 BG_{18}没有电流，R_{120}两端是零电压。从 BG_{18}集电极通过 R_{119}及继电器 J_2 的触点 J_{2-3}（这时它是接通的）到 BG_{19}基极构成直流通路，因此 BG_{19}亦是截止的，在它的集电极负载 R_{121}上没有电压降，这样 BG_{18}的基、射极电压 u_{be}很小，不可能导通，BG_{18}还是截止。如果当 BG_{16}的集电极电流增大到一定值时，例如设计大于800mA，则在取样电阻 R_{116}两端就有大于0.8 V 压降，该电压通过电阻 R_{117}、二极管 BG_{47}、隧道二极管 BG_{41}加到 BG_{18}基极与发射极之间，产生了大约0.6 V 以上的压降，从而使 BG_{18}导通，BG_{18}集电极电流开始流过 R_{120}，在 R_{120}上产生的电压变化通过加速电容 C_{43}（当然也通过 R_{119}、触点 J_{2-3}）加到 BG_{19}基极，使 BG_{19}也开始出现电流。BG_{19}的集电极电流在 R_{121}上的压降反馈后重新加到 BG_{18}基、射极之间，从而更加强 BG_{18}的导通过程。经过这样的反馈使 BG_{18}、BG_{19}由完全截止变成完全导通，进入饱和状态。此时，BG_{18}、BG_{19}的 u_{ce}电压降到1V 左右。BG_{18}的集电极电压很快升到 44V 左右，该电压经过二极管 BG_{49}加到闸门管 BG_{12}的基极电阻 R_{118}上，而基极上的稳压管 BG_{48}的两端电压很小，从击穿状态变为截止状态。闸门管 BG_{21}基极偏置电路切断，集电极所能供出的电流很快降低到近于零，功放级的前级供电被切断，功率管 BG_{16}受到保护。由于本电路工作于乙类状态，上、下两半轮流导通，仅仅保护 BG_{16}还不够，当电路下半部工作时，还可能出现过载电流，为此又增加 BG_{17}，把 R_{112}、R_{113}当作取样电阻。当 BG_{14}电流过大时，BG_{17}的 U_{ce}电压大于0.6 V，BG_{17}导通，BG_{17}集电极电流增大很多，该电流经过 R_{121}、R_{117}、R_{167}从电源取得，这当然使 R_{121}上电压增大，从而使双稳态触发器翻转导通，促使闸门管 BG_{21}截止，停止对前面推动级 BG_{10}、BG_{11}和倒相级 BG_{12}、BG_{13}、BG_{15}的供电。隔离二极管 BG_{47}是使 BG_{17}集电极电压降低以后，该电压变化加到 R_{117}上不至于被隧道二极管 BG_{41}短路。

(2)功放管保护电路自动恢复过程　保护电路进入保护状态以后,怎样恢复呢？如用手动恢复,对使用者来说极不方便,故利用继电器 J_2 进行自动恢复。

在正常工作时,BG_{18}、BG_{19}均截止,BG_{20}集电极电压约为 18V,当开机一段时间以后,J_2 继电器绕组两端有足够电压使 J_2 的常开接点 J_{2-3}接通,G_{18}、BG_{19}便成了双稳态电路。但当仪器工作于保护状态时,即双稳态触发器 BG_{18}、BG_{19}翻转导通以后,BG_{20}集电极对电源 + 45V 端的电压便剩不到 5V,虽然 C_{47}上存在一些电荷,但一、两秒钟以后电荷即通过 J_2 绕组放完,J_2 常开触点释放。J_{2-3}触点断开,BG_{18}集电极到 BG_{19}基极无直流通路,双稳态触发器变成了单稳态触发器,如图 1-3-12 所示。此时 BG_{18}的集电极电流 I_{c18}在 R_{120}上的压降只能通过 C_{43}加到 BG_{19}的基极,电流经过 C_{43}充电流到 BG_{19}基极,由于 C_{43}上的电压因充电而上升,这就使流到 BG_{19}基极电流 I_{b19}下降,从而使 BG_{19}的集电极电流 I_{c19}下降,在 R_{121}上的电压也下降,因而 BG_{18}的 U_{be18}下降,使 I_{c18}下降,这又引起 BG_{19}的电流 I_{b19}、I_{c19}再下降,这样正反馈迅速形成翻转,进入两管均截止的状态,这是单稳电路的稳定状态。

此时由于 BG_{18}与 BG_{19}均截止,使 R_{122}上的电流显著减小,从而使 BG_{19}的发射极电压又是18V 左右,经过一、二秒钟以后,继电器 J_2 两端电压比较大而使 J_2 触点 J_{2-3}又闭合,因此 BG_{18}、BG_{19}的电路又变成双稳态电路,此时两管均处于截止状态(等待状态)。

(3) 开机过程中对功放管的保护　功放输出级与变压器连接，其电路如图 1-3-13 所示。

当开机时,功放中线电压很快升到 24V 左右,此时就给输出耦合电容 C_{49}或 C_{50}(特别是 C_{50},它的容量很大,为 2 000μF)充电,且充电电流很大。此电流从电源正端经 BG_{16}可能超过

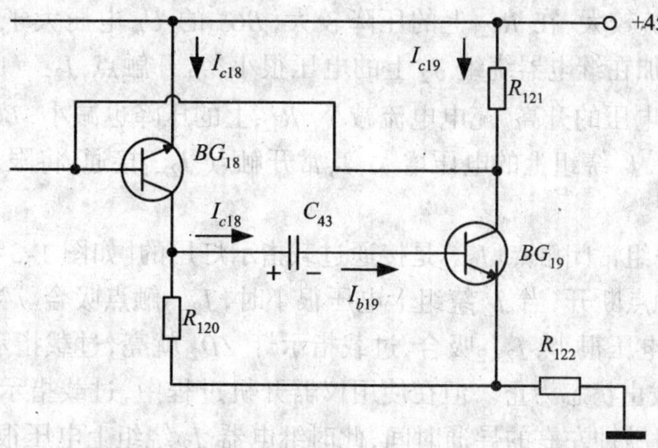

图 1-3-12　单稳态触发器电路

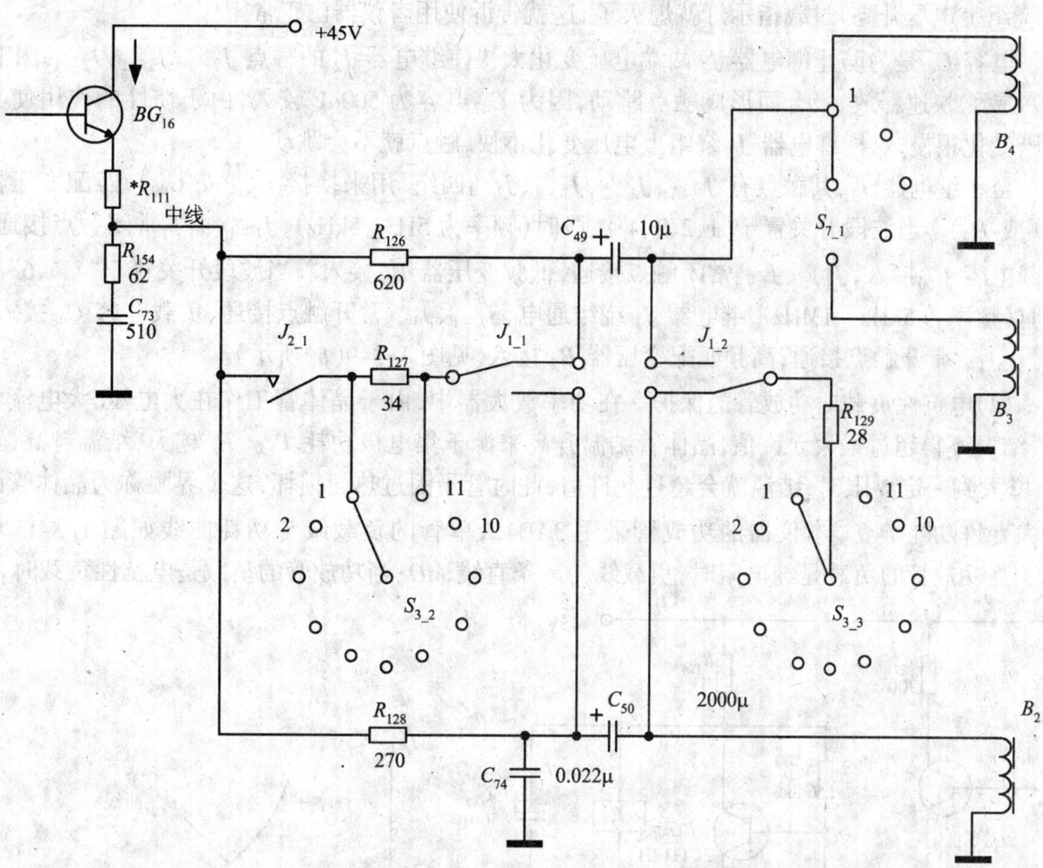

图 1-3-13　功放输出级与变压器连接图

BG_{16}的允许电流，如不加以限制，有可能一开机就把 BG_{16}损坏，因此在输出端分别给它们串联限流电阻 R_{126}(620Ω)和 R_{128}(270Ω)，从而防止充电电流过大，以保护 BG_{16}。但开机约五秒钟以后，C_{49}与 C_{50}充电完毕，不需要限流电阻，把限流电阻短接，这就由 BG_{20}与继电器 J_2 组成的延时继电器完成。

如图 1-3-14 所示，开机接通电源以后，电流从电源正端经过 R_{124}、R_{123}及 R_{122}，给电容 C_{44}

充电。开始时充电电流较大，在 R_{123}上的压降较大，BG_{20}的 U_{be}电压大于 0.6V，使 BG_{20}导通，BG_{20}的 U_{ce}电压很小，加在继电器绕组 J_2 上的电压很小，常开触点 J_{2-1}(图 1-3-13 所示)不能吸合；随着 C_{44}上充电电压的升高，充电电流减小，R_{123}上的压降也减小，BG_{20}由导通变成截止，于是 U_{ce20}电压就变大，J_2 绕组上的电压增大，其常开触点 J_{2-1}接通，将限流电阻 R_{126}(或 R_{128})(图 1-3-13 所示)短接。

继电器 J_2 的另一组常闭触点 J_{2-2}是接通过载指示灯用的〔如图 1-3-19(*c*)〕。当 J_2 绕组上电压较高时，J_{2-2}触点断开；当 J_2 绕组上电压很小时，J_{2-2}触点吸合。当过载保护电路动作时，继电器 J_2 绕组上电压很小，J_{2-2}吸合，过载指示灯 ZD_2 就亮，过载指示灯一直亮到排除故障，双稳态电路翻为截止状态为止。但在使用仪器开机过程中，过载指示灯亦要亮几秒钟，因为开机时，BG_{20}有约 5 秒钟左右的导通时间，此时继电器 J_2 绕组上电压很小，常闭触点 J_{2-2}是吸合的，过载指示灯接通亮几秒钟后，一旦 C_{44}上电压升高，充电电流减小，BG_{20}截止，继电器 J_2 绕组上电压升高，过载指示灯就熄灭了，这就告诉使用者仪器已正常工作。

电容 C_{47}是为防止继电器 J_2 两端电压变化太快使继电器 J_2 的触点 J_{2-1}、J_{2-2}、J_{2-3}(图 1-3-9 所示)快速释放、吸合而形成触点跳动，因为 C_{47}电容为 500μF 较大，由于惯性的作用使其电压变化很慢，这样继电器 J_2 绕组上电压变化不快，触点就不会跳动。

至于继电器 J_1，其触点有 J_{1-1}、J_{1-2}、J_{1-3}、J_{1-4}四组，用来换接 C_{50}(或 C_{49})，匹配变压器 B_2(或 B_3)。当波段开关置于"1、2、3、4"波段时(频率为 5Hz ~ 5kHz)，J_{1-1}、J_{1-2}常闭触点接通，负载电容 C_{50}接入，J_{1-3}、J_{1-4}常闭触点接通，低频变压器 B_2 接入。当波段开关置于"4、5、6"波段时(频率为 5kHz ~ 1MHz)，继电器 J_1 绕组通电，J_{1-1}、J_{1-2}常开触点接通，负载电容 C_{49}接入，J_{1-3}、J_{1-4}常开触点接通，高频匹配变压器 B_3 接入(见图 1-3-9(*b*)所示)。

(4)电抗性负载时功放管的保护　在功率放大器中，由于晶体管工作在大电压、大电流状态，结温不得超过最大允许值，晶体管结温升高来源于集电极功耗 P_c。P_c 越大，结温越高，当 P_c 增大到一定界限时，结温就会超过允许值，此时管子因过热而损坏，这个界限称为晶体管的最大允许功耗 P_{cM}。本仪器的功放管采用 3AD4C，单管的负载线与功耗曲线如图 1-3-15 所示。当功放管的负载是纯电阻时，负载线为一条直线 *MO*；当功放管的负载是电抗性负载时，

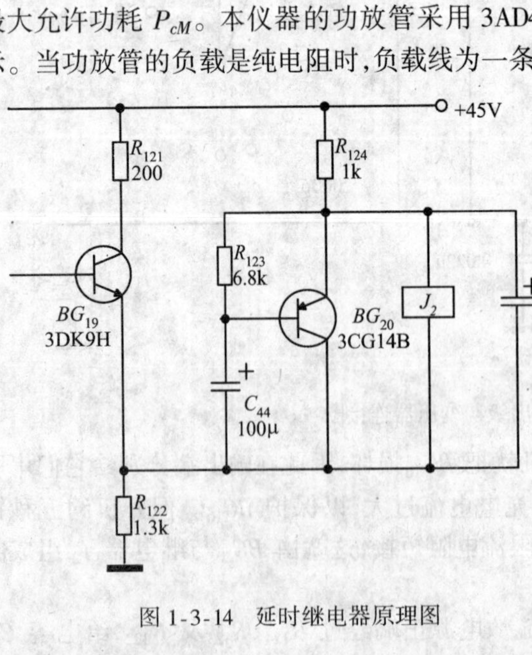

图 1-3-14　延时继电器原理图

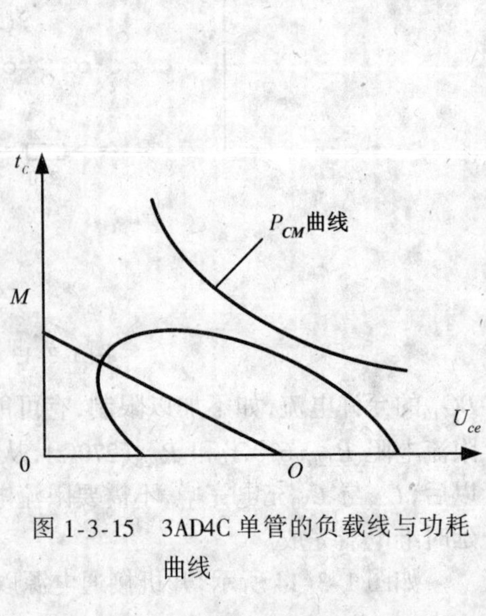

图 1-3-15　3AD4C 单管的负载线与功耗曲线

负载线为椭圆。在选取工作点时，必须考虑让其工作在 P_{cM}功耗曲线以下安全区，否则管子极易损坏。

在 XD－1 型低频信号发生器中，采用无变压器式乙类推挽功率放大器，当功率放大器的负载是纯电阻时，负载线是一条 *MON* 直线，如图 1-3-16 所示，图中横轴线以上部分代表乙类推挽放大器中 BG_{16}的工作区域，以下部分代表 BG_{14}的工作区域，图中还说明在信号上半周 *M* 点附近，虽然 BG_{16}的集电极电流 i_{c16}较大，但集电极电压 u_{ce16}却很小，而在 *O* 点附近或下半周，BG_{16}的集电极电压 u_{c16}虽然很大，但集电极电流 i_{c16}却很小，这就属于安全区。如果功率放大器的外负载是电抗(这种情况在匹配变压器空载或所接负载以电抗为主时，尤其在高频端或低频端最易出现)，整个负载线变成椭圆。在正弦波输入时，功率管中电流和电压间存在一个相角，工作点随着椭圆轨迹旋转，当工作点达到 *C*、*D* 点，就进入危险区。但已有的保护电路是按电流最大值超过 800mA 进行保护而设计的，为此必须增加电抗性负载保护电路。

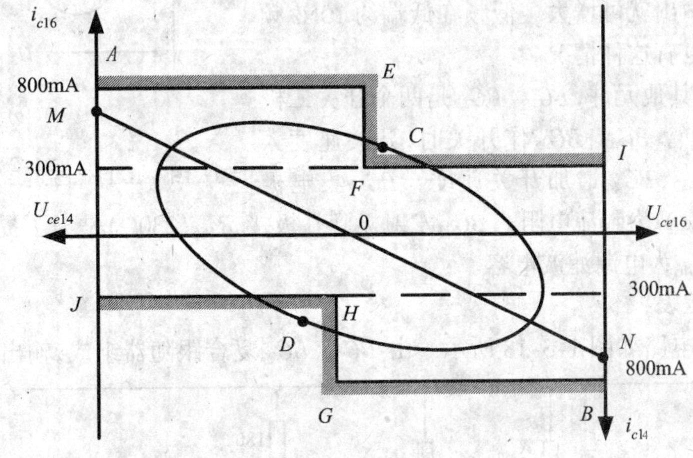

图 1-3-16　乙类推挽放大器的负载线和保护界限

电抗性负载保护电路也分上、下二部分：上面部分为 BG_{41}、R_{114}、BG_{42}、BG_{43}，下面部分包括 R_{115}、BG_{44}、BG_{45}、BG_{46}，如图 1-3-9(*a*)所示。先说上面部分：BG_{43}是稳压二极管，稳定电压约 20V，它大致等于中线直流电压与电源电压的差值，因此在信号上半周时，BG_{43}，两端电压小于击穿电压，BG_{43}处于反向截止状态，没有电流通过。此时上半部分保护界线如图 1-3-16 中的 *AE* 界线以上。但当信号进入下半部分时，BG_{43}击穿，电流开始从隧道二极管 BG_{41}、R_{114}、BG_{42}往下流，隧道二极管的特性曲线如图 1-3-17 所示。它的反向特性如一个很小的正向电阻。当电流越过某一峰值电流以后，出现一负阻区，电流降到谷值。当电压继续增加，电流再继续上升。当电阻 *R* 与隧道管串联并外加电压 *U* 时，其工作点在 *A* 点，当 U_1 增加到 U_2，工作点移到 *B* 点。在这以前隧道二极管的两端电压约为 0.1V 左右，称低压区。当电压超过 U_2 时，工作点就会从 *B* 点跳到 *C* 点，这时隧道管两端电压约为 0.5V，称高压区。隧道管 2BS4C 在 *B* 点的峰值电流约为 4mA，电阻 R_{114}为 1kΩ，因此当中线电压进入下半周时，比原直流电压再低 4V 左右时，BG_{41}进入高压区，它的两端呈现约 0.5V 电压，这个电压与 R_{116}上取样电压一齐加到 BG_{18}输入端，这时 R_{116}上的取样电压的保护界限由原来 0.8V 降到 0.3V，保护界限从 *AE* 降到 *FI*。因为已进入下半周，如果是纯电阻负载，上半周电流已经等于零。但当负载包含电抗成分时，上半周就可能仍有电流，这时保护就会提前，其保护界限变成了 *AEFI*。对于椭圆圆周上的 *C*

点，当未加电抗负载保护电路时，它并不引起保护电路动作，但此时保护电路动作了。为了下半部放大电路的安全，增加了下半部分保护电路 R_{115}、BG_{44}、BG_{45}、BG_{46}。隧道二极管 BG_{46} 在高压区的压降叠加到电阻 R_{112}、R_{113} 的压降上，在下半周时提前使 BG_{17} 导通，使保护电路动作，保护界限变成 *BGHJ*。增加电抗负载保护电路以后，对于电抗成分比较大的负载，或者说比较“胖”的负载线，保护动作就早，相应的输出电压亦小，为了使输出电压幅度提高，应使椭圆曲线变“瘦”一些，也就是多增加电阻成分。例如：在几百千赫以上频率，如果功放负载端开路，输出电压就小，为此可将内负载按钮按下，输出就可增大。低频在低端约 10Hz 频率处，功放输出也有这种情况。

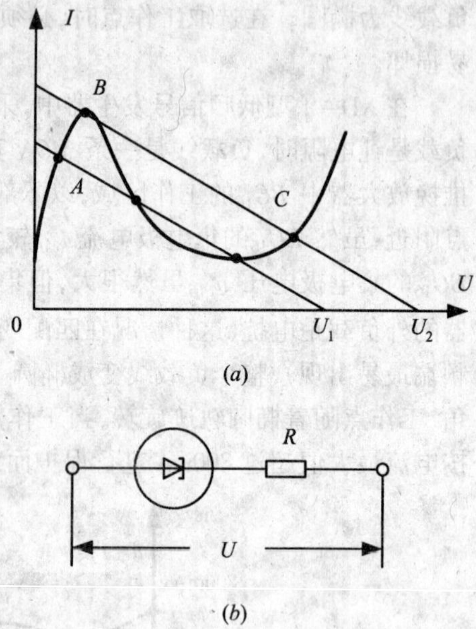

图 1-3-17　隧道二极管特性曲线

保护电路中其他元件，BG_{42}、BG_{44} 是两个开关二极管。当使用稳压管 BG_{43}、BG_{45} 作开关时，开关速度太低，为此串联 BG_{42}、BG_{44} 增加开关速度。BG_{17} 集电极连接负载 R_{167}（1kΩ）为限流电阻。BG_{21} 发射极到基极接 R_{166}（330Ω）是为了提高 BG_{21} 开关速度及耐压值，C_{45}、C_{46} 为电源滤波电容。

五、交流电压表

交流电压表电路如图 1-3-18 所示。由 BG_{22}、BG_{23} 复合跟随器组成，输出经 BG_{55}、BG_{56} 检

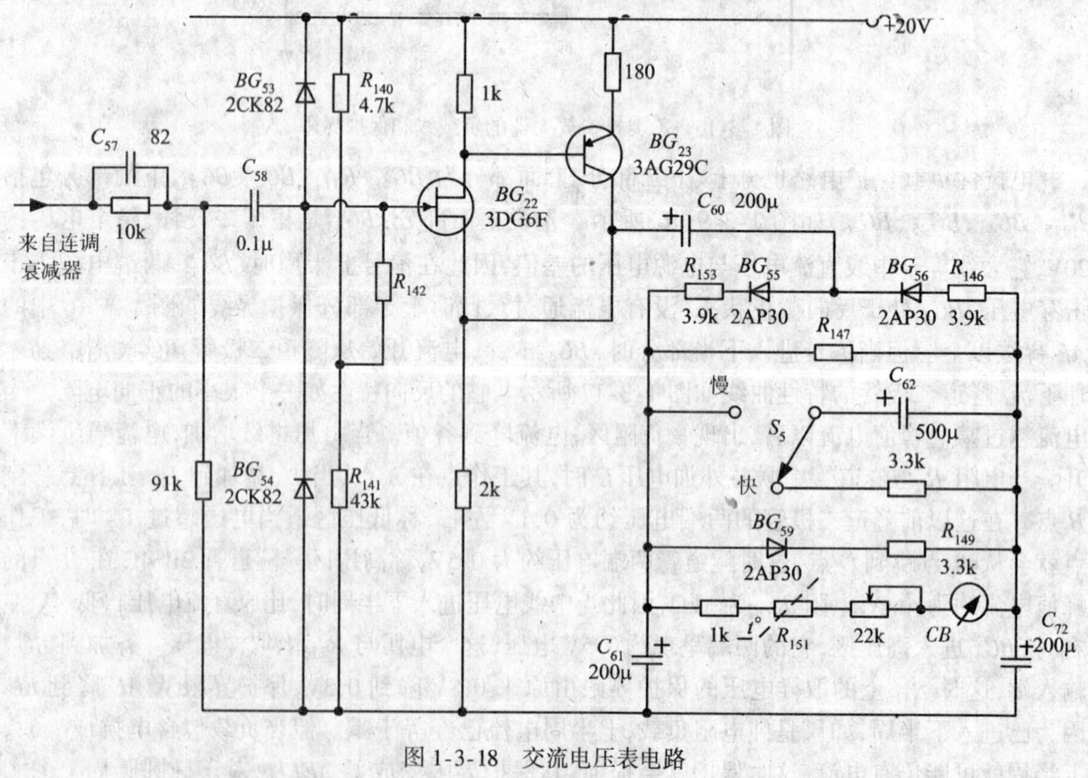

图 1-3-18　交流电压表电路

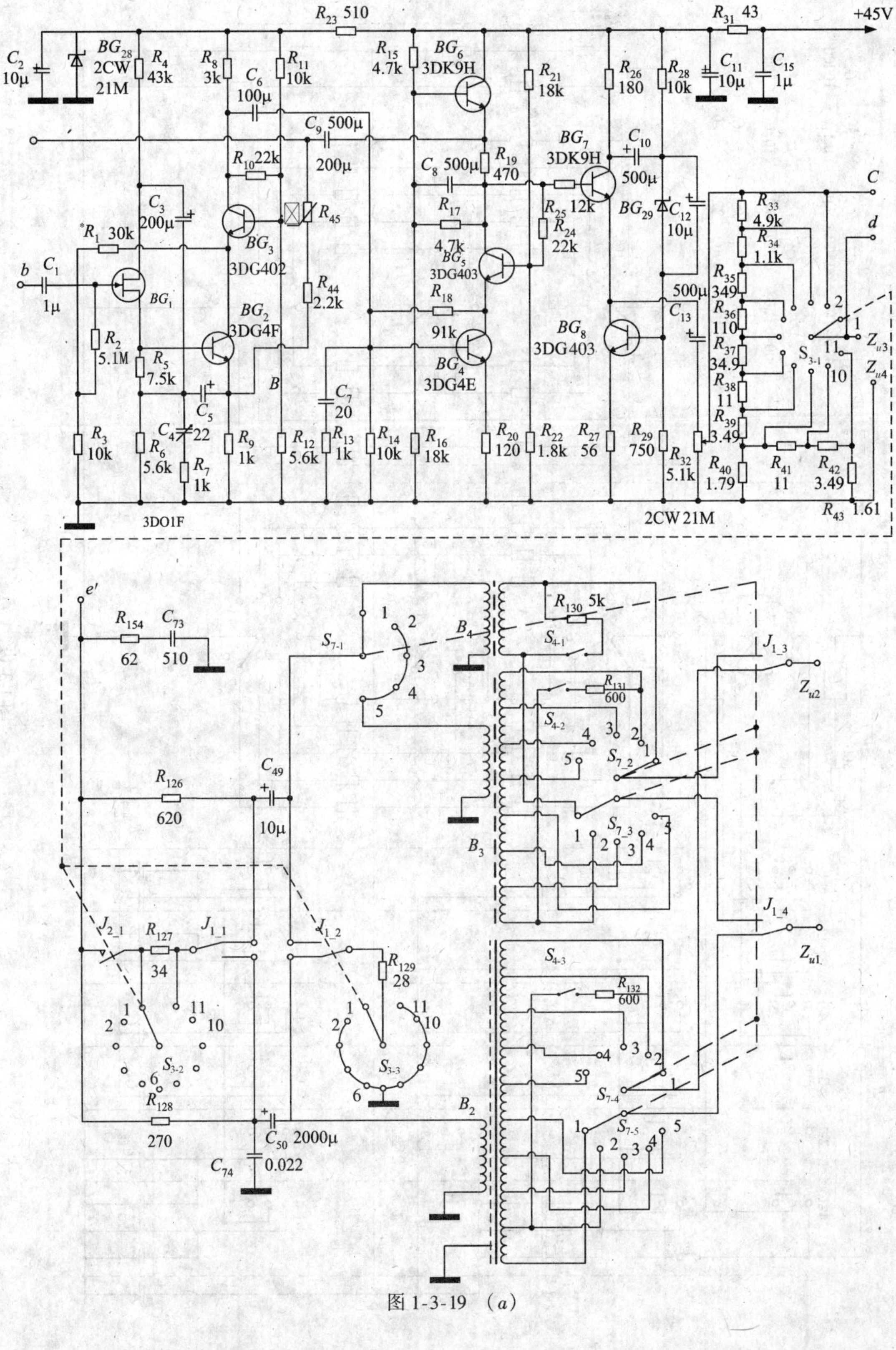
+45V
R23 510
R31 43
C2 10μ
BG28 2CW 21M
R4 43k
R8 3k
R11 10k
C6 100μ
R15 4.7k
BG6 3DK9H
R21 18k
R26 180
R28 10k
C11 10μ
C15 1μ
C9 500μ
200μ
R10 22k
R19 470
C8 500μ
BG7 3DK9H
C10 500μ
C
C3 200μ
R45
BG3 3DG402
R17 4.7k
R25 12k
R24 22k
BG29
C12 10μ
R33 4.9k
d
R1 30k
b
C1 1μ
BG1
BG5 3DG403
R34 1.1k
R44 2.2k
R18 91k
500μ
C13
R35 349
R2 5.1M
BG2 3DG4F
BG4 3DG4E
BG8 3DG403
R36 110
R37 34.9
S3-1
Zu3
Zu4
R5 7.5k
C5
B
C7 20
R38 11
C4 22
R39 3.49
R3 10k
R6 5.6k
R7 1k
R9 1k
R12 5.6k
R13 1k
R14 10k
R16 18k
R20 120
R22 1.8k
R27 56
R29 750
R32 5.1k
R40 1.79
R41 11
R42 3.49
R43 1.61
3DO1F
2CW 21M
e'
R154 62
C73 510
R130 5k
S7-1
B4
S4-1
J1_3
R131 600
Zu2
S4-2
S7_2
R126 620
C49 10μ
B3
S7_3
J2_1
R127 34
J1_1
J1_2
R129 28
J1_4
Zu1
S4-3
R132 600
S3-2
S3-3
S7-4
R128 270
B2
S7-5
C50 2000μ
C74 0.022

图 1-3-19 （*a*）

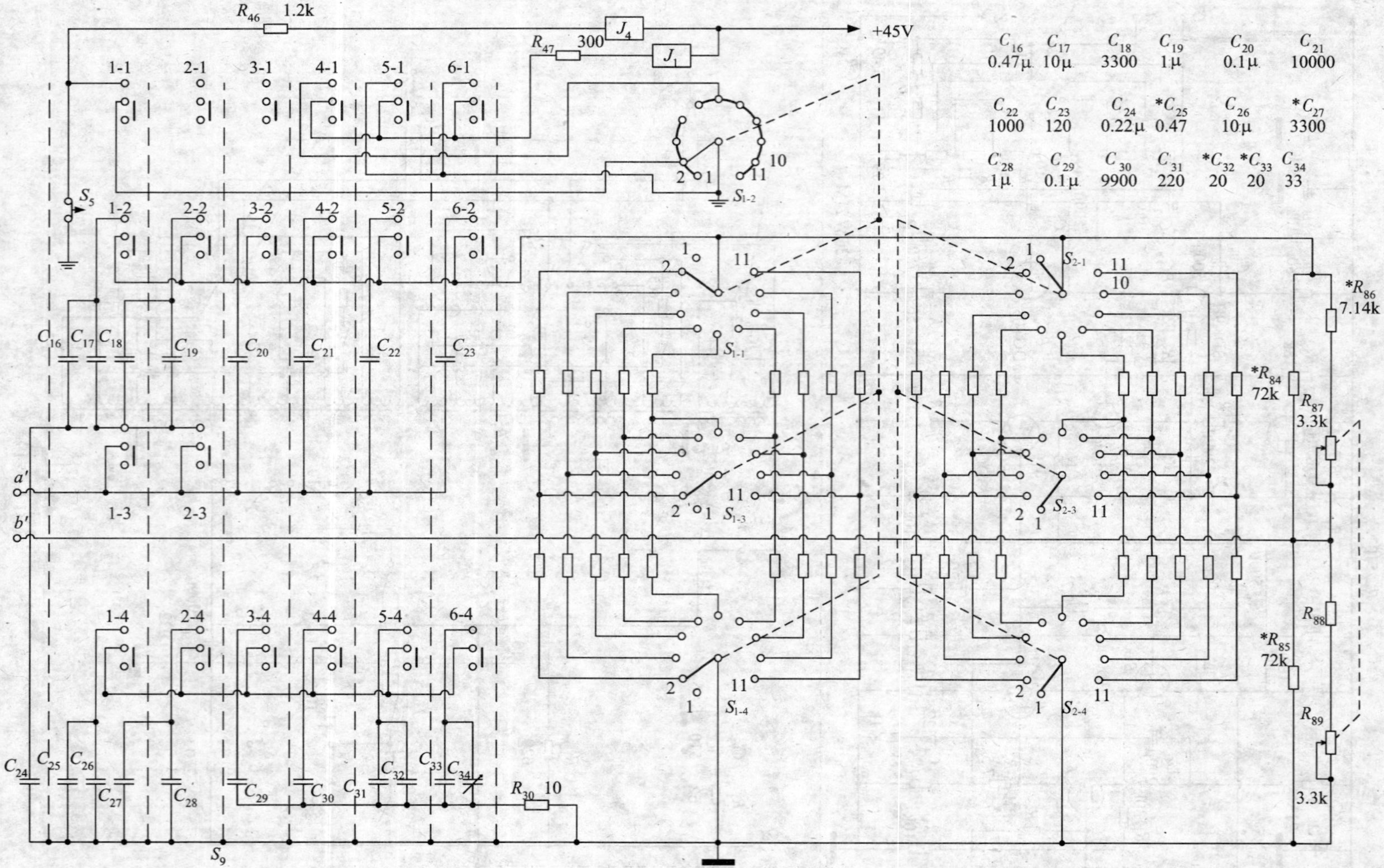
R_{46} 1.2k
J_4
J_1
R_{47} 300
+45V
S_5
S_9
S_{1-1} S_{1-2} S_{1-3} S_{1-4}
S_{2-1} S_{2-3} S_{2-4}
a′ b′
1-1 2-1 3-1 4-1 5-1 6-1
1-2 2-2 3-2 4-2 5-2 6-2
1-3 2-3
1-4 2-4 3-4 4-4 5-4 6-4
R_{30} 10
$^*R_{86}$ 7.14k
$^*R_{84}$ 72k
R_{87} 3.3k
R_{88}
$^*R_{85}$ 72k
R_{89} 3.3k
C_{16} 0.47μ C_{17} 10μ C_{18} 3300 C_{19} 1μ C_{20} 0.1μ C_{21} 10000
C_{22} 1000 C_{23} 120 C_{24} 0.22μ $^*C_{25}$ 0.47 C_{26} 10μ $^*C_{27}$ 3300
C_{28} 1μ C_{29} 0.1μ C_{30} 9900 C_{31} 220 $^*C_{32}$ 20 $^*C_{33}$ 20 C_{34} 33

图 1-3-19 （b）

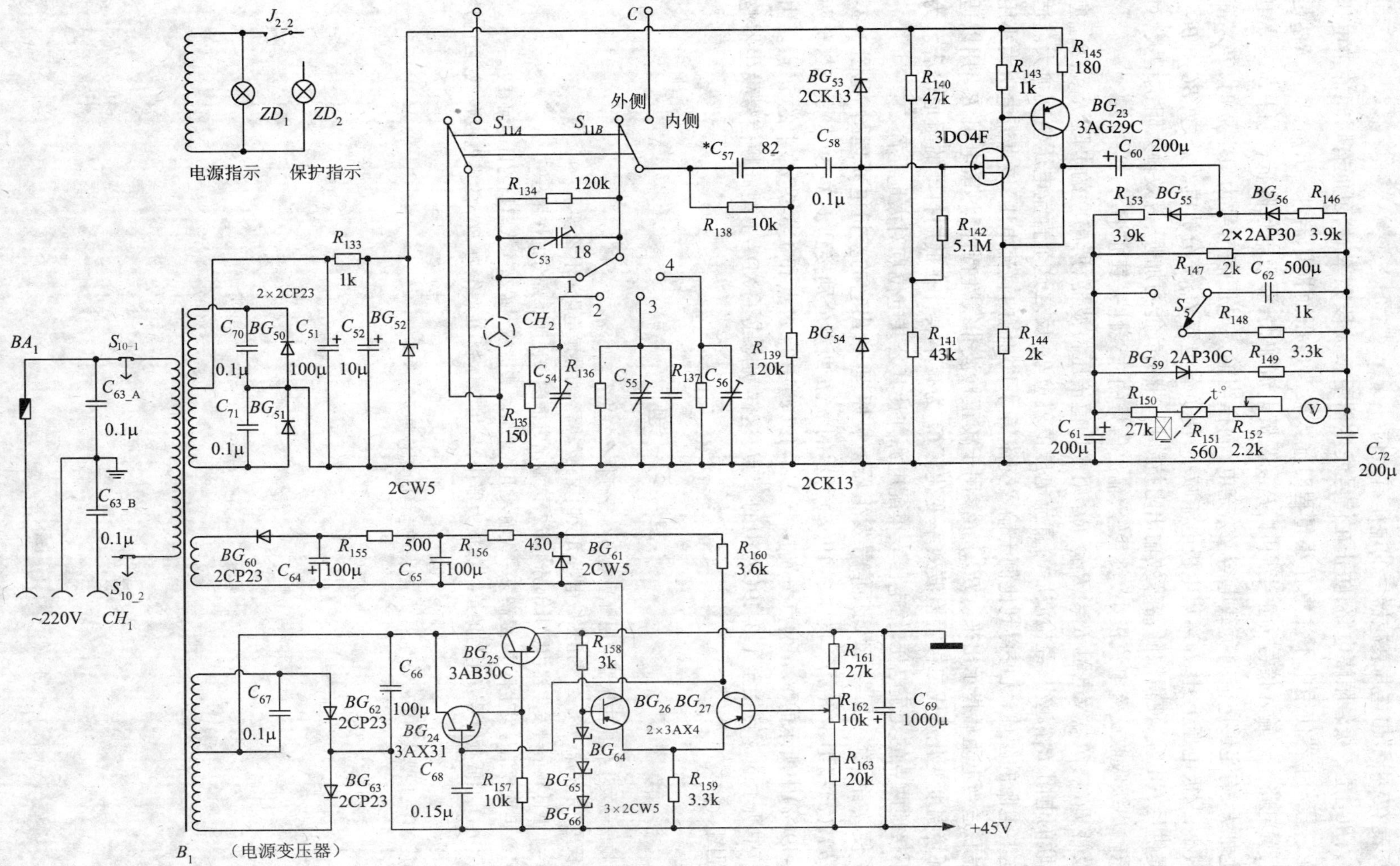

1-3-19 （c）

图 1-3-19　XD－1 型低频信号发生器整机电原理图

波由微安表 CB 指示出连调衰减器后的电压有效值。

BG_{53}、BG_{54}是二极管限幅电路，防止在信号发生器更换波段频率时，可能有瞬间冲击电压输入或在信号发生器使用中不注意在小量程时输入较高电压而损坏器件。R_{140}、R_{141}、R_{142}是BG_{22}的偏置电路。当输入信号为正半周时，BG_{22}漏极电流加大，漏极电位降低，使得 BG_{23}集电极电流也加大，有足够电流向负载电容 C_{60}充电；同样当输入电压表信号为负半周时，BG_{22}漏极电流减小，漏极电压上升，BG_{23}集电极电流减小，使负载电容 C_{60}充分放电。总之，BG_{22}、BG_{23}向负载提供足够电流，使得跟随器等效输出阻抗降低，带负载能力加强，等效输入阻抗增大，对前面电压输出级吸收交流电流极小，负载轻，输出信号的非线性失真亦小。

二极管 BG_{55}、BG_{56}及电阻 R_{153}、R_{146}、R_{147}组成均值倍压检波器，所串联的电阻 R_{153}、R_{146}愈大，所并联的电阻 R_{147}越小，经检波后的直流电压值就愈小，反之这个直流电压值就愈大。适当调配这些电阻的阻值，就可得到比例于输入交流信号平均值的直流电压，该直流电压大小用表头经串联适当电阻后指示出来。BG_{59}、R_{149}用于校正检波非线性特性，热敏电阻 R_{151}用以适当补偿环境温度变化造成二极管检波效率变化。C_{62}为减小表针在低周抖动的阻尼电容。为了测量不接地两点的交流电压，给电压表单配电源并让其公共电位点对大地浮置。

为了使读者了解 XD－1 型低频信号发生器整机原理，给出它的整机电原理图，见图 1-3-19(a)、(b)、(c)和 1-3-9(a)。图 1-3-19(a)所示的 a、b 两点分别接到 1-3-19(b)的 a'、b' 两点。1-3-19(a)中所示的 c、d 两点分别接至 1-3-19(c)中的 c' 点和 1-3-9(a)中的 d' 点。由 1-3-9(a)中所示的 e 点接至 1-3-19(a)中的 e' 点，这样就构成了 XD－1 型低频信号发生器整机电原理图。

复 习 题

1. 低频信号发生器中主振器采用哪些电路？各有什么特点？
2. 文氏电桥振荡器为什么采用热敏电阻负反馈支路稳幅？对热敏电阻有什么要求？
3. XD－1 型低频信号发生器由哪几部分组成？试画出方框图来说明每部分的作用。
4. XD－1 型低频信号发生器中，提高第一级输入阻抗采取哪些措施？提高输入阻抗的目的何在？
5. 在 XD－1 型低频信号发生器的第二级放大器中，采用晶体管 BG_6 作为 BG_5 的集电极负载，目的是什么？
6. 论述 XD－1 型低频信号发生器功放保护电路的工作原理。

第二章　高频信号发生器

§2-1　概　　述

高频信号发生器用来向各种电子设备和电路供给高频能量或标准信号。工作频率范围一般在100kHz~35MHz，主要用于测试各种电子设备及电路的性能指标，例如：电子线路的增益测量，非线性失真度测量以及接收机的灵敏度、选择性等参数的测量。按调制类型分调幅和调频两种。

高频信号发生器组成方框图如图2-1-1所示。主要包括主振级、调制级、输出级、衰减级、内调制振荡级、监测级和电源。

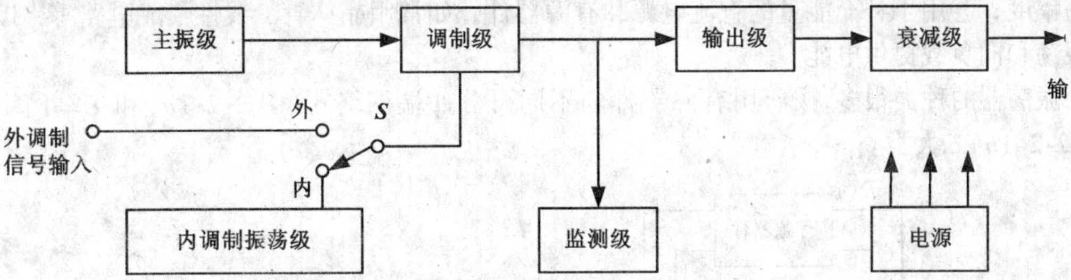

图2-1-1　高频信号发生器基本方框图

主振级产生高频正弦信号，该信号送给调制级作为幅度调制的载波，经调制（亦可以不调制）后送给输出级，再经适当衰减后输出。衰减级可以连续调节亦可以步进调节，其输出阻抗应满足要求。开关 S 置于"内"时，内调制振荡级供给调制级所需要的正弦调制信号，当开关 S 置于"外"时，可由外调制信号输入，供给调制级所需要的正弦调制信号，监测级监测输出信号的载波幅度和调制度。电源供给各部分所需要的电压和电流。

上述组成电路，虽具备高频信号发生器的基本功能，但作为实用的、性能完善的信号发生器，还须解决如下几个主要问题。

首先调制级输入阻抗较低，且在调制过程中是变化的，使得振荡器受牵引影响其频率稳定

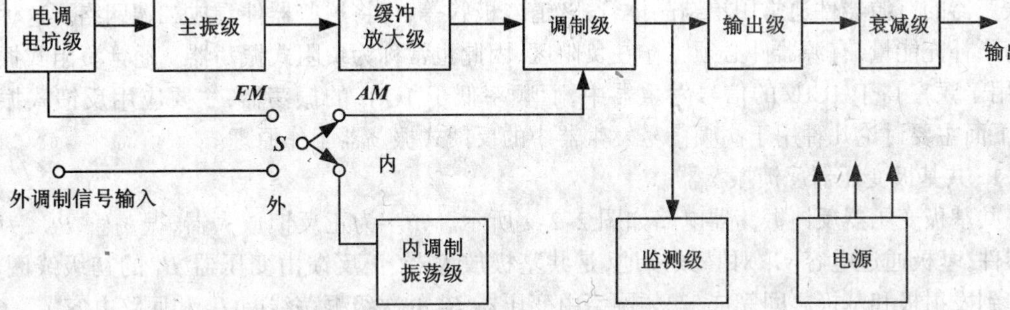

图2-1-2　完整的高频信号发生器方框图

度和产生寄生调频,因此在主振级和调制级之间必须加隔离级。其次,为了适合于调频接收机的调试,因此需要加入与主振级谐振回路相耦合的电调电抗级,控制谐振回路电抗的变化以获得调频信号。再次,为了展宽信号发生器的频率范围,获得较高的频率稳定度和准确度,在主振级后可加入倍频器、分频器、混频器等电路。这样就得到完整的高频信号发生器的方框图,如图 2-1-2 所示。

§2－2　高频信号发生器基本电路

一、主振级

高频信号发生器的主振级，通常采用连续可调的 LC 振荡器。为了产生某一频率的等幅振荡，振荡器组成必须包含以下三部分：①具有选频特性的储能元、器件，如 LC 谐振回路、石英晶体谐振器等，用以确定振荡频率和建立相互平衡；②控制能量补充的反馈控制网络，如变压器电路、电感或电容分压器，以及自动增益控制电路等，以建立振幅平衡并确定振荡幅度；③用于补充能量的直流电源和有源器件，如常用晶体管、线性集成电路等，以维持振荡和向负载提供电能。

振荡器的种类很多,按所用有源器件的不同可分四端网络式(图 2-2-1*a*)和二端网络式(图 2-2-1*b*)二大类。

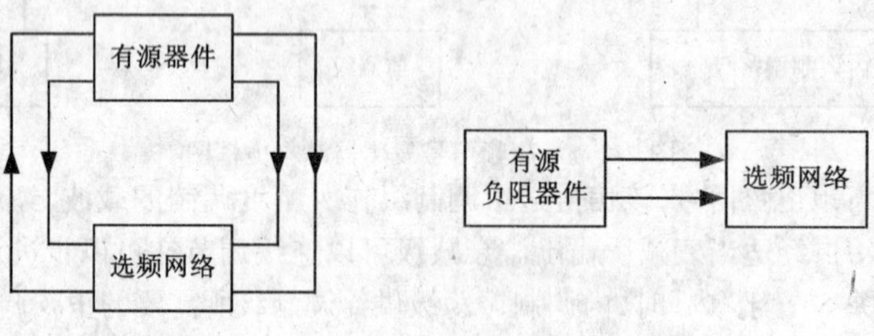

图 2-2-1　正弦振荡器的电路结构

图(*a*)所示振荡器的有源器件通常用晶体三极管、场效应管等,可将这些器件看成四端网络。这种电路,为了建立正反馈,必须具有反馈电路,因此也常称为反馈式振荡器。图(*b*)所示振荡器的有源器件通常用单结晶体管、隧道二极管等,可将这些器件看成二端网络。这种电路为了补充能量,有源器件必须工作在负阻区,因此也常称为负阻式振荡器。通常负阻式振荡器,用于频率高于 1GHz 的信号发生器中,而频率低于 1GHz 的振荡器,主要应用反馈式振荡器,下面主要讨论几种用于高频信号发生器中的反馈式振荡器工作原理。

1. 共基极变压器反馈振荡器

共基极变压器反馈振荡器电路如图 2-2-2 所示。BG_1 为正反馈放大器,振荡管 BG_1 为有源器件,基极通过电容 C_1 对高频接地,是共基极放大器,正反馈由变压器 B_1 的初级线圈 L_1 反馈到发射极和基极之间完成,选频网络由变压器 B_1 的次级振荡线圈 L_2 和回路电容 C_3、C_4、C_6 组成,不同波段可用按键－继电器系统转换振荡线圈。当某波段按键接通时,该波段的继电器将振荡线圈和电容接通，组成该波段的振荡回路。为了使主振级不同波段输出幅度平稳，除了在电路中改变各波段回路线圈之外，还在振荡管基极加入自动电平控制电压，用电位器 W_1 调节。

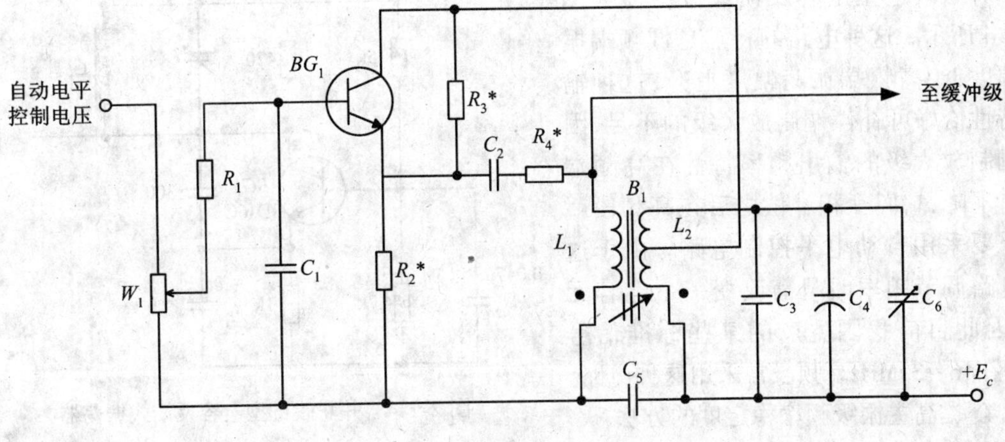

图 2-2-2　共基极变压器反馈振荡器

2. 场效应管推挽振荡器

场效应管推挽振荡器电路如图 2-2-3 所示。采用两只结型场效应管 3DJ4G 组成推挽振荡器，由于 C_2、C_3 接入电路，构成强烈正反馈使它很容易起振。各波段频率转换通过按键–继电器系统转换回路电感 L 来实现，波段内振荡频率调节可由双连电容 C_5 完成。与晶体管振荡器相比，场效应管振荡器具有噪声低、非线性失真小、频率稳定度高等优点，采用推挽电路可

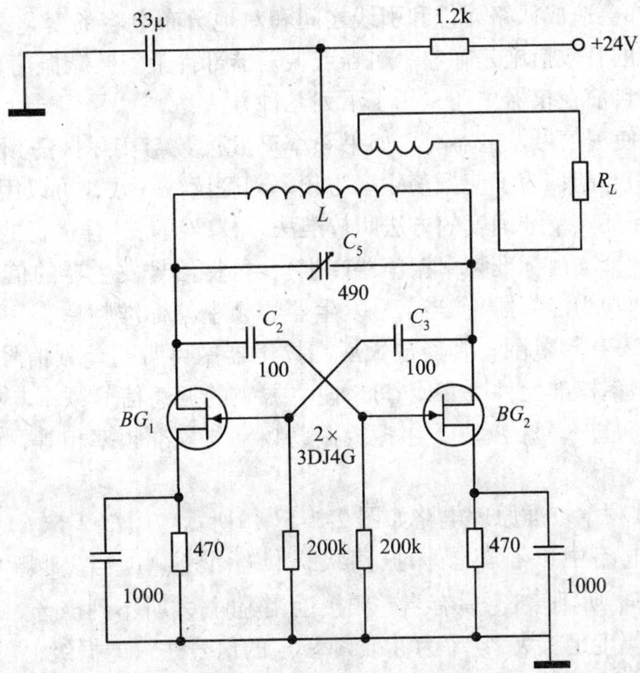

图 2-2-3　场效管推挽振荡器

抵消二次谐波，使非线性失真更小。推挽电路还具有易起振、稳定度高、输出功率大等优点，故应用十分广泛。

3. 并联改进型电容反馈式振荡器

并联改进型电容反馈式振荡器如图2-2-4所示。这种电路的特点是低频端振荡幅度低，高频端振荡幅度上升，这种输出特性恰好可补偿调制放大级的不足，因为调制放大级的输出频率特性在高频端略有下降，它们互相补偿之后在高频段就不需要采用自动电平控制电路。由于这种电路调节频率时只需改变一个电容元件，因此目前我国生产的某些标准信号器，在16～35MHz高频段常采用这种电路。

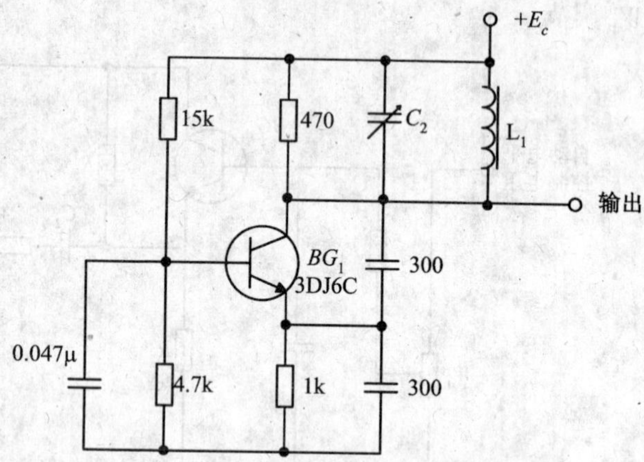

图 2-2-4　并联改进型电容反馈式振荡器

4. 提高主振级频率稳定度的方法

主振级的频率稳定度决定了高频信号发生器的频率稳定度，引起主振级频率不稳的原因有内、外二方面。内部因素来自晶体管参数和振荡回路参数的变化；外部因素主要是温度变化、电源电压不稳、负载变化以及干扰和振动等。为了提高主振级的频率稳定度，应该尽量选择 f_T 较高、结电容较小的晶体管。为了减小温度变化，最根本的措施是将振荡器的主要元件，甚至整个振荡器放在恒温槽中，保持温度恒定。电源电压变化将引起主振级工作状态变化，减小电源电压不稳的根本措施是采用高稳定度的稳压电源单独供给振荡器。负载阻抗变化会引起振荡回路 Q 值的变化，从而引起振荡频率的变化，加缓冲器是克服阻抗变化影响行之有效的方法。机械振动亦会造成回路元件和引线之间和对地分布电容的变化，从而引起振荡频率变化，减小机械振动的有效措施是在整个机器或振荡器部件上安装减振荡装置。另外，为了克服主振级频率不稳，目前在仪器中还采用了下列几种方法：

(1)校准法　在使用信号发生器时，如果频率刻度读数与实际振荡频率不一致，常是由于振荡器频率变化引起的，为了使振荡频率与频率刻度读数一致，可以用标准频率去校准振荡器的频率，这种保证频率准确度的方法叫校准法。校准法是这样进行的：将信号发生器的频率刻度对准标准频率（由标准频率振荡器产生），再将信号发生器的信号和标准频率信号一起送到比较器（通常为混频器），当信号发生器的频率与标准频率不一致时，即产生差频信号 F，如果 F 落入音频范围，则经放大后在扬声器中可听到差频信号 F 的声音。此时，如果调节主振级的频率校准元件（L 或 C），使主振级的振荡信号频率与标准频率接近，当扬声器中听不到声音时，表明 $F=0$，主振级振荡频率与校准频率相等，此时振荡频率就被校准频率所校准。

高频信号发生器频率校准原理电路如图2-2-5(a)所示。图2-2-5(b)为低频放大器输出电压 U_O 变化曲线。电路中以石英晶体振荡级提供标准频率。当差频频率高于10Hz低于16kHz时均能经扬声器听到声音，只有当差频接近相等时，才听不到声音。

(2)同步法　用幅度足够大，频率为标准频率 f_S 的信号注入主振级，强迫主振级振荡发生在振荡频率 f 等于标准频率 f_S 处，这种方法称为同步法。同步法原理如图2-2-6所示。当标准频率 f_S 与主振级自由振荡频率 f_o 相差较远时，主振级振荡频率 f 为其自由振荡频率 f_o，即

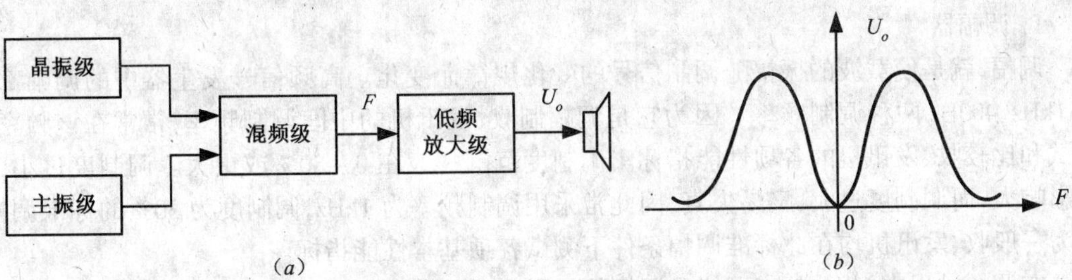

图 2-2-5　频率校准原理图

(a)校准法原理　(b)低频放大器输出电压

$f=f_o$,此时,与标准频率的差值 $F=|f-f_S|$ 的差频信号送到低频放大级放大,并由同步指示级

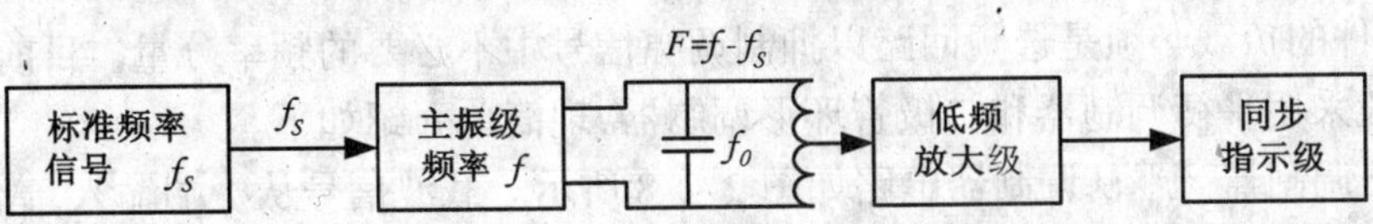

图 2-2-6　同步法校准频率原理图

指示出没有同步。如果调节标准频率 f_S，当 f_S 与 f_o 相距较近时，则振荡器的振荡频率 f 从自由振荡频率 f_0 立即跳变到与标准频率 f_S 相等，进入 $2\Delta f$ 同步区达到同步，如图 2-2-7(a) 所示。在同步区内，差频 $F=|f-f_S|$ 为零，主振级振荡频率 f 始终等于标准频率 f_S,如

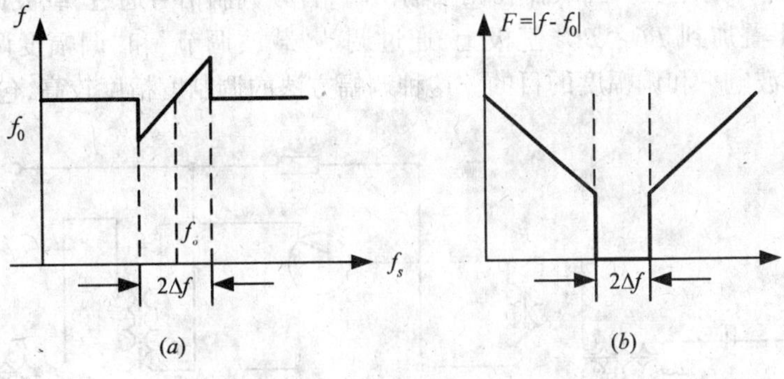

图 2-2-7　同步振荡器的频率关系

(a) f 与 f_S 的关系　(b) F 与 f_S 的关系

图 2-2-7(b)所示。由于主振级的频率决定于标准频率,因而主振级频率稳定度亦决定于标准频率的频率稳定度,而标准频率信号 f_S 可以取自频率稳定度较高的振荡器,因此主振级的频率稳定度亦相应提高。

(3)锁相法　锁相法是合成信号发生器的基本方法,在此不作介绍,将在合成信号发生器一章中再讨论。

二、调制级

为了测试接收机灵敏度、选择性等性能指标,必须用已调正弦信号,作为测试信号。要实现调制必须采用调制级。调制方式主要为调幅(AM)、调频(FM)和脉冲调制(PM)。调幅多用于 100kHz ~ 35MHz 的高频信号发生器中,调频主要用于 30MHz ~ 1 000MHz 的信号发生器中,脉冲调制多用于 300MHz 以上的微波信号发生器中。现仅就常用的调幅器和调频器基本原理作一介绍。

1. 调幅器

调幅,就是使载波的振幅随调制信号的变化规律而变化。高频信号发生器中的调幅都设有1kHz、400Hz两种调制频率。因为它是调幅制收、发讯机的中间调制频率,常常在该频率处测试和比较收、发讯机的各项性能指标。调制度范围一般在0~80%或更大。调制度过小,噪声影响大,而调制度过大,又易失真,因此常采用调制频率为1kHz,调制度为30%的标准调幅,因为一般收、发讯机均在此标准调幅条件下测试各项基本性能指标。

在调幅过程中,载波频率可能受调幅信号影响而随之变化,称为调幅时的载频偏移。载频随调制信号的变化而变化,称为寄生调频。为了减小调幅时的载频偏移和寄生调频,高频信号发生器中调幅,一般不在主振级中进行,而且以缓冲放大级将主振级与调制级隔开。

要实现调幅,必须具备两个条件:一是电子器件必须工作在非线性区域以产生调幅波形,二是电子器件的负载必须是选频回路以抑制调幅信号中不必要的频率分量。目前高频信号发生器中,一般采用平衡调制器和二极管环形调制器,现简单介绍如下。

(1)平衡调制器　平衡调制器电路如图2-2-8所示。载波信号从1端输入,音频调制信号从2端输入,已调制信号从3端输出。载波信号首先输入到BG_1、BG_2组成的平衡调制器。B_1、B_4为两个传输线式的平衡线圈,它由传输线绕在高磁导率低损耗的磁心上构成,不受漏感和分布电容影响,并能使阻抗匹配,使调制器的频带展宽。B_2、B_3是两个宽带倒相变压器,B_2将载波信号不平衡单端输入转换成平衡双端输出。音频调制信号从2端输入经过B_2次级中心端引入到BG_1、BG_2的基极。当仪器在调幅输出时,音频调制信号通过“载波调节”电位器抽头和基准直流电平叠加到BG_1、BG_2基极上,通过调节“载波调节”和“调幅度调节”旋钮电位器,可达到控制载波电平和调幅度的目的。这种调幅方法的调制度精度较高,包络失真小。

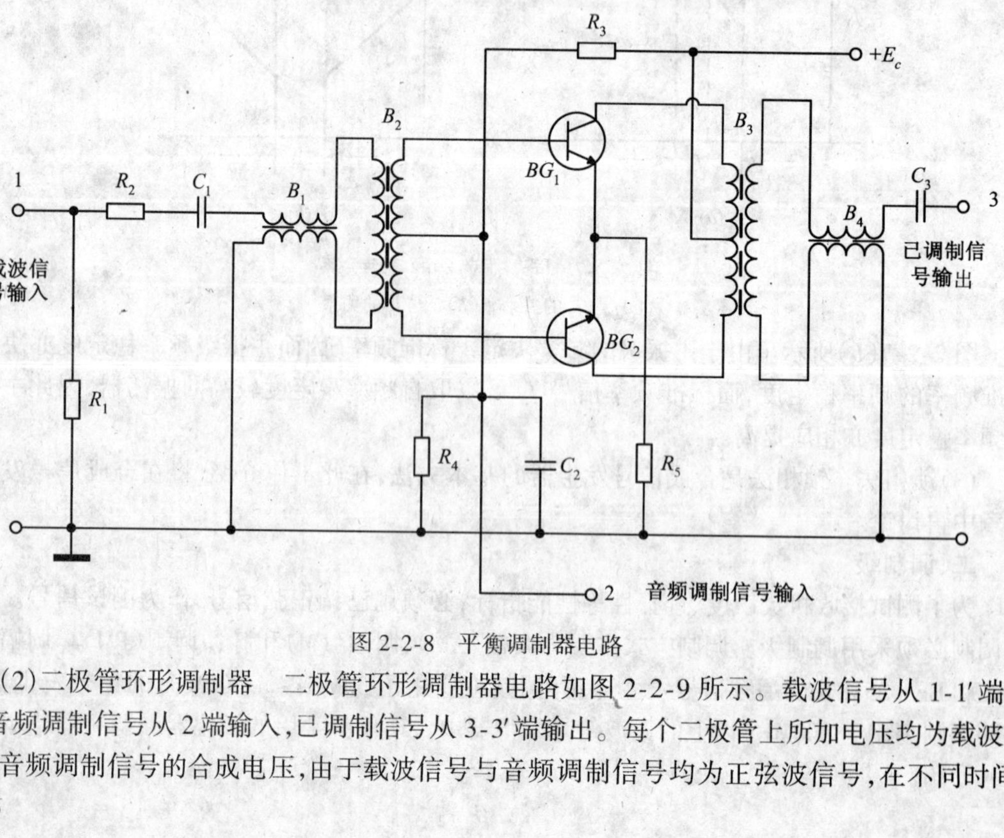

图2-2-8　平衡调制器电路

(2)二极管环形调制器　二极管环形调制器电路如图2-2-9所示。载波信号从1-1′端输入,音频调制信号从2端输入,已调制信号从3-3′端输出。每个二极管上所加电压均为载波信号和音频调制信号的合成电压,由于载波信号与音频调制信号均为正弦波信号,在不同时间,各二极管导通情况不同,但当信号幅度较小时,二极管工作区的伏-安特性近似为平方律特性,二极管中电流与它两端的电压呈平方律关系,环形调制器输出电压即为已调制电压。

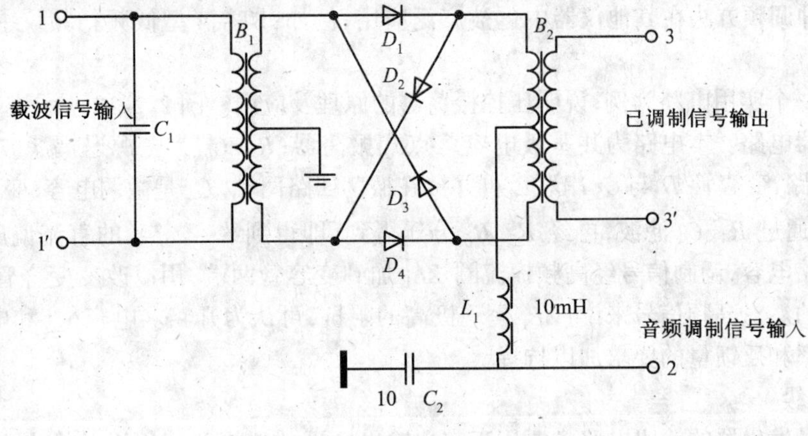

图 2-2-9　二极管环形调制器电路

2. 调频器

调频,就是使载波的频率随调制信号的变化规律而变化。在高频信号发生器中都是采用正弦调频,调制频率一般为 20Hz~100kHz,频偏为 0~1MHz,调制失真一般小于 1%,实现调频的方法很多,可归纳为两类:

(a)直接调频法　直接用调制信号控制高频振荡回路的某个电抗元件,使振荡频率随调制信号的振幅线性变化。

(b)间接调频法　利用调频与调相的相互关系,通过调相来实现调频。直接调频法得到的频偏较大,间接调频法频率稳定度较高。用于信号发生器中的调频,主要为直接调频法。

就调频原理来讲,凡是能直接影响高频信号振荡频率的元件或参数,都可完成直接调频任务。早期大多采用电抗管调频电路,目前普遍采用变容二极管实现调频。前已学过,变容二极管的 $P-N$ 结电容可随外加反向偏压而变化,故可将变容二极管视为可变电容器。变容二极管结电容 C_i 与反向偏压 U 之间的关系式为

$$C_i = \frac{C_o}{(1+\frac{U}{U_h})^{\gamma}} \tag{2-2-1}$$

式中　U_h——PN 结的接触电位差(硅管约 0.7V,锗管约 0.3V);

C_o——零偏时的结电容;

γ——电容变化指数,决定于 PN 结的杂质分布规律,超突变结变容二极管 $\gamma=1\sim5$。

由上式可知 γ 越大,C_i 随 U 的变化亦越大,调频宽度亦越大。由于变容管调频振荡器是一个 LC 振荡器,因此振荡频率 $f=\frac{1}{2\pi\sqrt{LC}}$,亦即 f 与 $\frac{1}{\sqrt{C}}$ 成正比,即 f 与 C 是非线性关系。还可从式(2-2-1)中看出:C_i 与 U 的关系亦是非线性的。若选取 $\gamma=2$,即 C_i 与 $\frac{1}{U^2}$ 成正比,则可得 f 与 U 成正比,此时振荡频率正比于外加电压,这就获得线性调频。实际电路中,变容管的电容仅作为振荡回路电容的一部分,等效 γ 值与振荡回路中其他电容有关,此外变容管工作点不同,γ 值亦不同,因此要根据具体条件合理选择变容管及工作区域,也就是说变容管的负

偏压要选得恰当，否则就很难得到 f 与 U 为线性关系。

用变容管组成的振荡器，其振荡频率随外加调制电压变化，因此它是一个压控振荡器（*VCO*）。这种调频方法在其他仪器中也被广泛应用，例如：BT－4 型低频扫频仪中，就采用了这种方法。

下面以一个实用电路为例，说明压控振荡器的原理及应用。图 2-2-10 所示为 90MHz 变容管调频振荡器电路。本电路为共基极电容三点式振荡器，R_4、C_7 为电源退耦滤波器，R_1、R_2、R_3 为偏置电路，变容管 D 与 C_5 串联后再并接在振荡回路两端，C_4 是微调电容，变容管直流偏压由 －9V 先通过 R_4、C_7 滤波，再经 R_5、R_6 分压得到（即得到约 －2.5V 的直流偏压）。C_1、C_2 组成反馈支路电容，调制信号经高频扼流圈 ZL_1 加到变容管两端，用以改变变容管的电容，达到调频的目的。对高频信号来说，ZL_1 呈现极高的阻抗，可认为开路。电容 C_2 和电感 L_1、L_2，根据振荡频率和反馈量的要求加以选择。

三、输出级

高频信号发生器的输出电路主要用于实现输出电平的选择和读出以及输出阻抗变换，常由放大器、滤波器、衰减器和电表指示电路等部分组成。为了适应不同应用条件，要求输出电平既能步进衰减，又能连续调节，而且衰减量能准确读出，输出端还应具有准确而固定的内阻，常用 50Ω、60Ω、75Ω，我国部颁标准规定 50Ω 为优选值。现着重介绍输出电路中的衰减器及阻抗匹配方案。

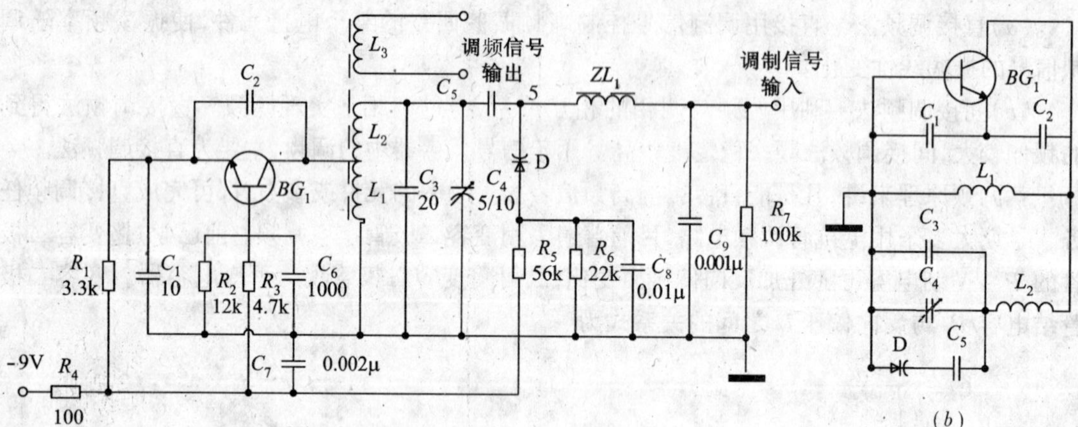

图 2-2-10　90MHz 变容管调频振荡器

（*a*）原理图　（*b*）高频等效电路

1. 衰减器

在高频信号发生器中普遍采用电阻衰减器，这种以电阻分压实现电平衰减的方式，频率范围宽，衰减系数准确、稳定，而且易于实现调节。实用中有连续调节式和步进调节式两种。现分别介绍如下。

（1）连续调节电阻衰减器　连续调节电阻衰减器如图 2-2-11 所示。它可视为连续可调的电位器，由图（*a*）可看出调节电位器抽头可得到 1～∞范围内的衰减系数。其频率特性主要受寄生电容 C_1、C_2 的影响，由于调节衰减量时 R_1、R_2 都变化，难以用电容补偿法改善频率特性，

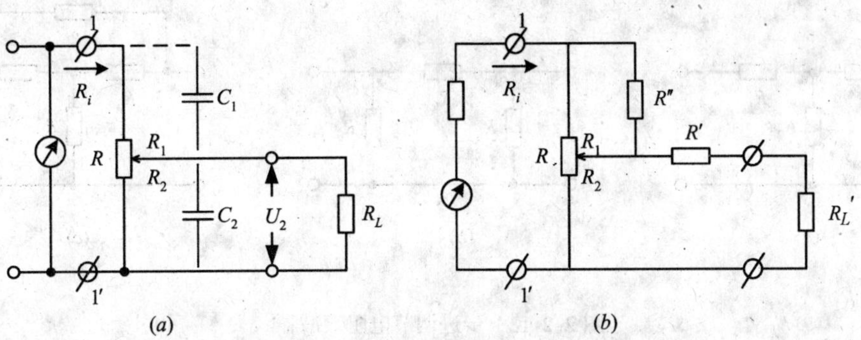

图 2-2-11　连续调节电阻衰减器

(a)输入电阻不固定　(b)输入电阻较固定

因此只能选用小阻值电位器且在设计衰减器结构时尽量减少寄生电容的影响，改善频率特性。在调节衰减系数时，从 $1-1'$ 向右看衰减器的输入电阻 R_i 是变化的，最小值为 $R /\!/ R_L$，最大为 R，为了使衰减器的输入电阻 R_i 保持恒定，可以在负载上串联电阻 R'，以加大衰减器的负载电阻，亦可在 R_1 上并联附加电阻 R'' 以减小 R_1 的阻值变化。如图 2-2-11(b)所示。此时 $R_L = R' + R_L'$ (R_L' 是衰减器的原负载电阻)。电阻 R'' 与电位器上侧电阻 R_1 并联，当选取 $R'' = R_L = R' + R_L'$ 时，则输入电阻 R_i 为

$$R_i = (R_1 /\!/ R'') + (R_2 /\!/ R_L) = \frac{R_1 \cdot R''}{R_1 + R''} + \frac{R_2 \cdot R_L}{R_2 + R_L} \tag{2-2-2}$$

此时电位器抽头调节可能出现两种极端情况：

(a)当电位器抽头调到最上端时，$R_1 = 0$，$R_i = \dfrac{R_2 \cdot R_L}{R_2 + R_L}$，式中 R_2 就是电位器的全部电阻，即 $R_2 = R$，则 $R_i = \dfrac{R \cdot R_L}{R + R_L}$。

(b)当电位器抽头调到最下端时，$R_2 = 0$ 时，$R_i = \dfrac{R_1 R''}{R_1 + R''}$，此时 R_1 为电位器的全部电阻，即 $R_1 = R$，则 $R_i = \dfrac{R \cdot R''}{R + R''}$。

由于选取 $R'' = R_L = R' + R_L'$，因此无论电位器抽头怎样调节，R_i 变动都不大。

(2)步进调节电阻衰减器　步进调节电阻衰减器如图 2-2-12 所示。一般采用 T 形、Π 形或桥 T 形四端网络，这样可以保证衰减器的输入电阻和输出电阻恒定、准确。为了调节衰减系数方便，在信号发生器中，常常采用对称四端网络链接。三种基本衰减电路中，桥 T 形在多级链接时调节方便，但其高频特性不佳，只适用于 1MHz 以下的频段。T 形衰减器所用电阻阻值较小，高频特性较好，常用于 30MHz 以上的频段，Π 形衰减器主要用于 1 ~ 30MHz 频段。

在高频信号发生器中，为了衰减器获得较好的频率特性，往往把多节固定衰减系数的衰减器链接起来再根据使用者对衰减系数的需要调节级数。如果已知衰减器的阻值，即可根据四端网络理论求得各种衰减器的特性阻抗 R_o 和电压衰减系数 N，这些公式可以表达如下。

(a)T 形衰减器　特性阻抗 R_o 为

$$R_o = R_1 \cdot \sqrt{1 + \frac{2R_2}{R_1}} \tag{2-2-3}$$

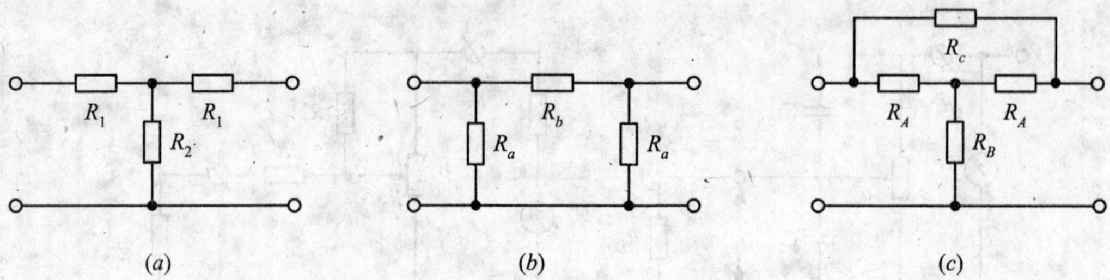

图 2-2-12　步进调节电阻衰减器

(a)T形衰减器　(b)Π形衰减器　(c)桥 T形衰减器

衰减系数 N 为

$$N = 1 + \frac{R_1}{R_2} + \sqrt{(\frac{R_1}{R_2})^2 + 2\frac{R_1}{R_2}} \tag{2-2-4}$$

式中　R_1——串臂电阻；R_2——并臂电阻。

(b)Π形衰减器

$$R_o = R_a\sqrt{\frac{1}{1+2R_o/R_b}} \tag{2-2-5}$$

$$N = 1 + \frac{R_b}{R_a} + \sqrt{(\frac{R_b}{R_a})^2 + 2\frac{R_b}{R_a}} \tag{2-2-6}$$

式中　R_a——并臂电阻；R_b——串臂电阻。

(c)桥 T形衰减器

$$R_o = R_A \tag{2-2-7}$$

$$N = 1 + \sqrt{\frac{R_C}{R_B}} \tag{2-2-8}$$

式中　R_A——串臂电阻；R_B——并臂电阻；R_C——桥臂电阻。

例如，XB－46 型标准信号发生器中，用两节 Π 型衰减器组成，已知 10dB 衰减器电路如图 2-2-13 所示，即 $R_a = 178\Omega$，$R_b = 30.5\Omega$，利用上面公式，可计算出每一节衰减器的特性阻抗和衰减系数。

$$R_o = R_a\sqrt{\frac{1}{1+2R_a/R_b}} = 178\sqrt{\frac{1}{1+2\times178/30.5}} \approx 50\Omega$$

$$N = 1 + \frac{R_a}{R_b} + \sqrt{(\frac{R_b}{R_a})^2 + 2\frac{R_b}{R_a}} \approx 1.78$$

如果以分贝数表示，则

衰减分贝数 = 20lg 1.78 ≈ 5dB

在图 2-2-13 中，为两节 Π 衰减器链接，由于每一节衰减器为 5dB，两节共 10dB。

20dB 衰减器亦为两节 Π 型衰减器，其电阻值如图 2-2-13 括弧中所示，可算出特性阻抗 R_o 亦为 50Ω，每一节 Π 型衰减器衰减 10dB，两节链接衰减共 20dB。

因此，在衰减器中，已知各电阻值时，都可计算出特性阻抗和衰减系数，根据衰减量需要进行多级链接。

2. 输出级的阻抗匹配

前述衰减器计算公式,是在所接负载阻抗与衰减器阻抗相等时,即输出负载阻抗匹配条件下得出的,因此,使用信号发生器一定要注意阻抗匹配,否则必将引入衰减器的误差,并会影响前级电路工作,致使信号发生器的输出功率减小。为了适应负载阻抗不等于内阻抗情况下,使信号发生器仍能匹配工作,可在发生器输出端与负载之间加入阻抗变换器。最简单的阻抗变换器为不对称四端网络(即 Γ 形网络),它的组成如图 2-2-14 所示。根据四端网络理论推导,可知它的特性阻抗为

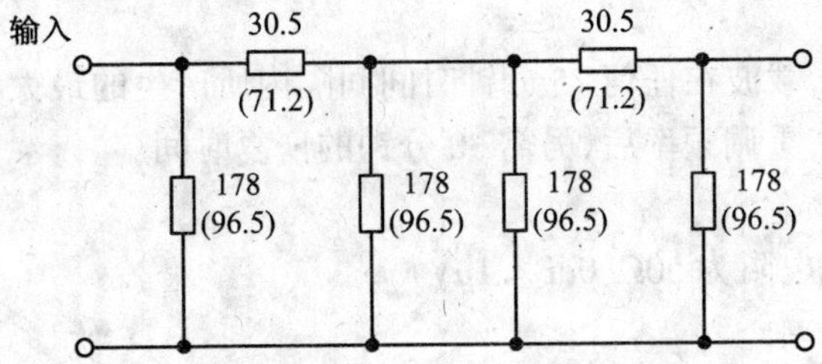

图 2-2-13　XB－46 型 10dBΠ 型衰减器

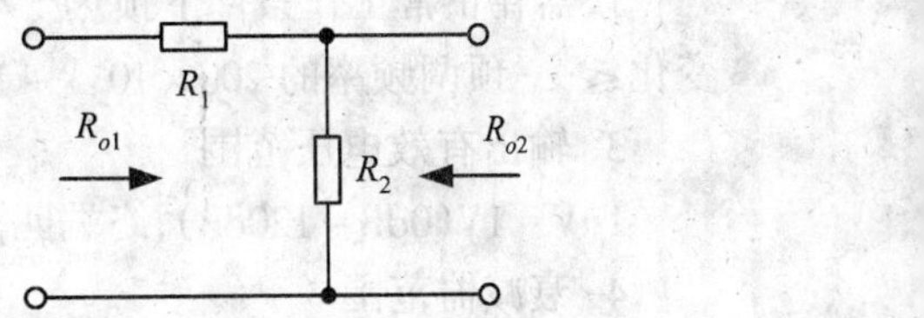

图 2-2-14　Γ 形网络

$$R_{o1}=\sqrt{R_1{}^2+R_1R_2}=R_1\sqrt{1+\frac{R_2}{R_1}} \tag{2-2-9}$$

$$R_{o2}=R_2\frac{1}{\sqrt{1+\frac{R_2}{R_1}}} \tag{2-2-10}$$

由于 $R_{o1}>R_{o2}$,因此,当用 Γ 形网络来匹配信号发生器时,需根据信号发生器的等效内阻 Z_S 和负载阻抗 Z_L 的大小来判断连接方式,若 $Z_S>Z_L$,则应采用如图 2-2-15(a)的连接方式,若 $Z_S<Z_L$,则应采用如图 2-2-15(b)的连接方式。由式(2-2-8)和(2-2-9)可得出选择 R_1、R_2

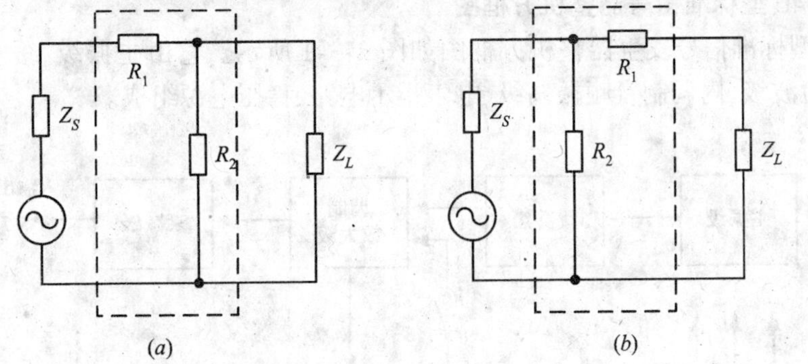

图 2-2-15　Γ 形网络阻抗变换

的计算公式:

$$R_1=R_{o1}\sqrt{1-\frac{R_{o2}}{R_{o1}}} \tag{2-2-11}$$

$$R_2=R_{o2}\frac{1}{\sqrt{1-\frac{R_{o2}}{R_{o1}}}} \tag{2-2-12}$$

§2－3　XB－46型标准信号发生器电路分析

一、主要性能指标

1. 频率范围

0.1MHz～35MHz(分七个波段)。

2. 载波频率稳定度

仪器在正常工作条件下预热1小时后,载波在任何15分钟时间间隔内所产生的最大频率变化≤±(预调频率的200×10^{-6}+150Hz),重调频率后,另需30分钟的恢复时间。

3. 输出有效电压范围

1μV～1V(0dB～120dB),终端匹配负载电阻为50Ω(0dB＝1μV)。

4. 衰减器范围

(1)×10dB挡　0～90dB分10挡;

(2)×1dB挡　0～10dB分11挡;

(3)外接衰减器　20dB。

5. 信号源内阻抗

50Ω。

6. 内调制信号频率

400Hz和1 000Hz。

7. 调幅系数范围。

M＝30%和M＝60%两挡。

二、XB－46型标准信号器整机方框图

XB－46型标准信号发生器整机方框图如图2-3-1所示。它由主振级、缓冲级、调制放大级、衰减级、检波级、内调制音频振荡级、电表指示电路、稳压电源组成。

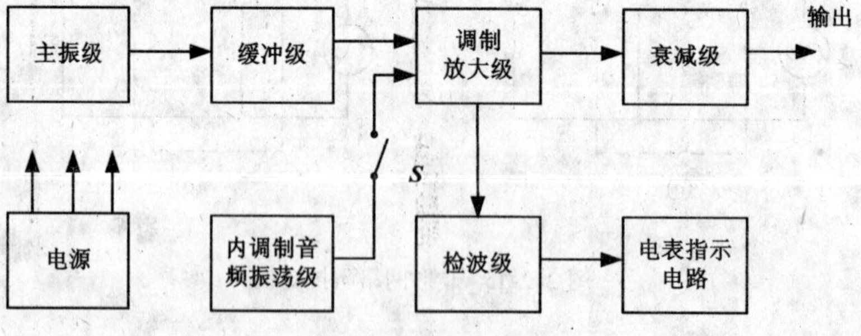

图2-3-1　XB－46型标准信号器方框图

主振级为两只结型场效应管组成的推挽振荡器,其振荡电压输出供给缓冲级,缓冲级隔离主振级和调制放大级之间的相互影响,有利于提高主振级的频率稳定度,减少调幅时产生的寄生调频。调制放大级由调制器、输出放大器组成。经过调制放大后的信号电压,一部分经过电阻送到衰减级,另一部分信号送给检波二极管,检波后的信号送到电表指示电路,指示载波电压的大小。另有一部分信号送到比较级和“载波调节”电位器抽头提供的直流电平进行比较,

得到差值电压，再经直流放大级放大后作为自动增益控制电压，去控制调制级的增益，使放大器输出电平平稳(见图 2-3-3 调制放大器方框图)。

当仪器在调幅工作状态时，平衡调制器的调制信号也是由"载频调节"电位器的抽头注入到比较放大级基极，因此调制信号就叠加在直流基准电压上，并经比较放大级和直流放大级一起加到平衡调制级的两只三极管基极。所以在调幅工作状态时，信号发生器的整个频率范围内，其载波电平仍然保持不变，同时达到调幅和自动电平调整的目的。

衰减器由 9 个 10dB 衰减挡、10 个 1dB 衰减挡和 1 个外接 20dB 衰减器组成共 120dB 衰减器并用继电器控制。

电表指示电路用于指示输出电平的大小，当信号发生器工作时，"载波调节"旋钮电位器，使电表指示在 0dB 基准电平刻度线上。

内调制音频振荡级是一个文氏电桥式的 *RC* 振荡电路。它可以产生频率为 400Hz 和1 000 Hz 的正弦信号，频率转换由按键开关，通过改变 *RC* 元件值实现，调制深度的改变由按键开关和电位器改变音频电压输出值完成。

本仪器用 + 30V 和 – 24V 两组带有放大环节的直流稳压电源。

三、主要电路分析

1. 主振级

主振级电路如图 2-3-2 所示。由二只结型场效应管 3DJ4G 组成推挽振荡器，图中所示为第七波段，其余各波段通过面板上一组"波段"开关，转换七组振荡线圈完成七个波段的频率转换。1 ~ 6 波段的载频电压通过电位器分别调整输出幅度大小，使输出幅度满足调制放大级的要求。第七波段采用串联一只电容器 C_{10}输出，波段内频率微调采用改变双连电容器 C_7 来实现。

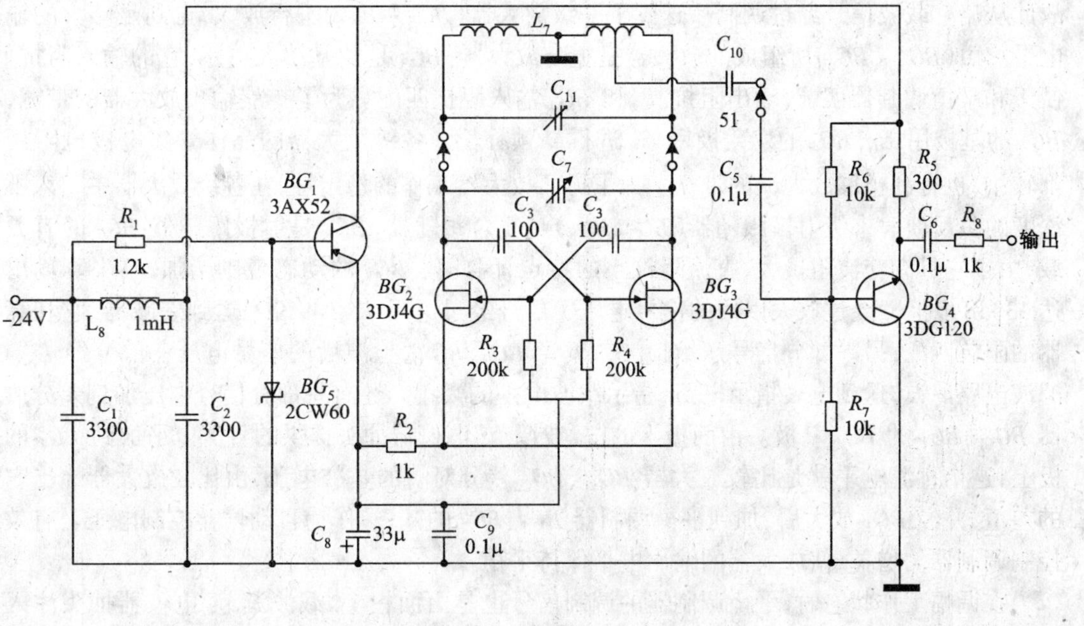

图 2-3-2 主振级电路

采用三极管 BG_1 和稳压管 BG_5 组成的电路，可起到降压作用以满足主振级直流供电电压不宜过高的要求，由电源电压 -24V 通过稳压管 BG_5，使三极管 BG_1 基极电压下降，供给振荡管 BG_2、BG_3 约 -12V。此外，稳定的供电电压也利于提高主振级的频率稳定度和为主振级提供低阻电压源并与主电源隔离。

采用 BG_4 缓冲器以及缓冲器输出电路中串联电阻 R_8 作衰减器，目的在于隔离主振级与调制级之间的相互影响，有利于提高主振级的频率稳定度和减少调幅时带来的寄生调频。

为了防止主振级的高频寄生辐射，影响其他电路工作，电源输入加 C_1、L_8、C_2Ⅱ 型滤波器。

2. 调制放大级

调制放大级由调制级、输出放大级、检波级、比较放大级、直流放大级等部分组成。方框图如图 2-3-3 所示。电路如图 2-3-4 所示。现分析电路如下。

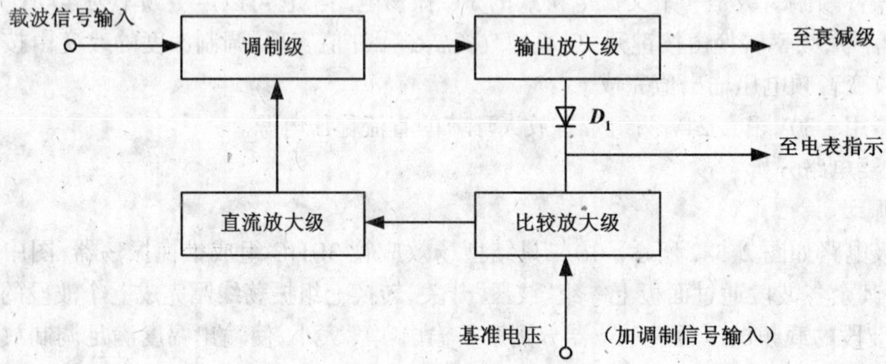

图 2-3-3　调制放大级方框图

由射极跟随器来的载波信号，首先输入到 BG_1、BG_2 组成的平衡调制器，其原理已如前述，故此从略。载波信号经过调制后送到下一级放大器（$BG_3 \sim BG_6$）进行放大，得到足够大的输出电平。由（$BG_3 \sim BG_6$）所组成的放大器是宽带放大器，BG_3 是共基放大电路，它的输入阻抗低，便于和平衡调制器匹配，输出阻抗高，和 BG_4 输入阻抗匹配。为了扩展输出放大器的带宽，在 BG_3 的基极用 C_6，BG_4 的发射极用 C_9 进行高频补偿。各级放大器的晶体管集电极电阻用得都较小，也有利扩展放大器的带宽。为了提高放大器工作的稳定性，在各级放大器中引入不同深度的负反馈。末级射极跟随器（BG_7、BG_8）是复合跟随器，BG_8 是射极跟随器 BG_7 的有源负载，由于它具有交流阻抗大、直流阻抗小的特点，因此使 BG_7 的动态范围增加，不失真输出可达 130dB 以上。经过放大以后的信号电压一部分经过电阻 R_{29}（49.9Ω）送到衰减器，它和衰减器的阻抗匹配；另一部分信号送给检波二极管 BG_9、BG_{10}，检波后的信号电压一部分经 L_3、C_{30} 滤波电路滤波，送到电表指示电路，指示载波电平的大小。还有一部分信号电压加到差分放大器 BG_{11}、BG_{12}的 BG_{11}基极。由面板上的"载波调节"电位器抽头提供的直流电平加到 BG_{12}的基极上，这个直流电平就是比较放大器 BG_{11}、BG_{12}差分对管的基准电压，由比较放大器检出它们的差值，并经 BG_{13}放大后，加到平衡调制器 BG_1、BG_2 的基极，作为自动增益控制电压。有效地控制调制器的增益，使放大器的输出电平保持平稳。

在调幅工作状态时，平衡调制器的调制信号也是由面板上"载波调节"电位器抽头注入到比较放大器 BG_{12}基极，调制信号就叠加在直流基准电平上，并经比较放大器 BG_{12}、BG_{11}检出差值经直流放大器 BG_{13}放大后一起加到平衡调制器两只晶体管 BG_1、BG_2 基极上。所以在调幅

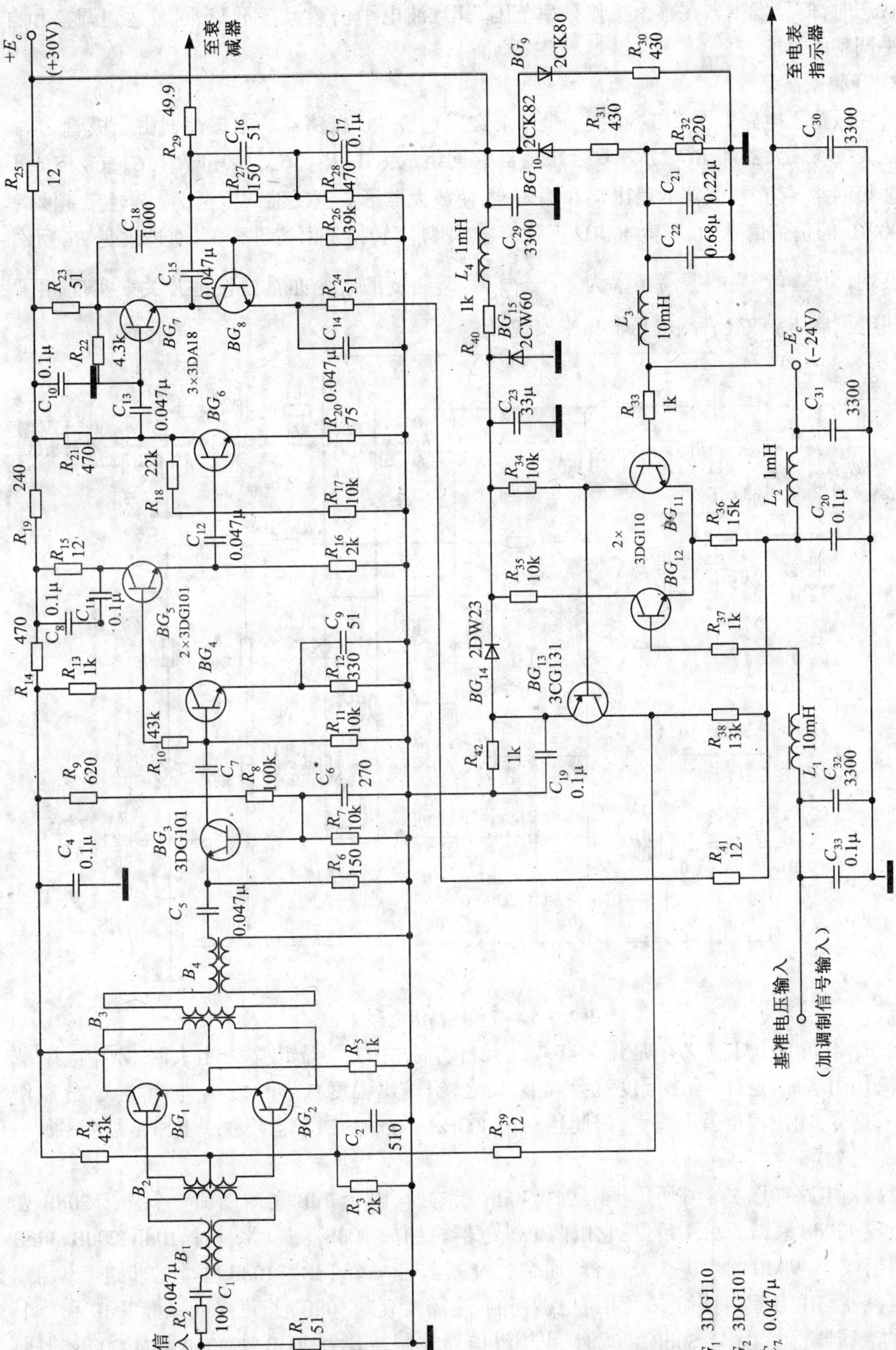

图 2-3-4 调制放大级电路

工作状态时，信号发生器在整个工作频率范围，其载波电平仍然保持不变，同时达到调幅和自动电平调整的目的。

3. 音频振荡级

音频振荡级电路如图 2-3-5 所示，是一个文氏电桥 *RC* 振荡器。本振荡器由三极管 BG_1、BG_2 二级级联放大器和 BG_3、BG_4 复合跟随器共同组成。由 R_{12}、C_4、C_5 和 R_{13}、C_8、C_9 构成正反馈选频网路，接在放大器的输出端和输入端，使放大器形成正反馈产生振荡。产生音频频率为 1 000Hz 的正弦信号，如产生 400Hz 正弦信号，则频率转换是由按键开关，通过改变 *RC* 元件值来实现，由这样产生的振荡频率为 $f=\frac{1}{2\pi RC}$。调制度的改变亦是由按键开关来实现，用调节旋钮电位器 W_2 改变音频电压输出来实现。

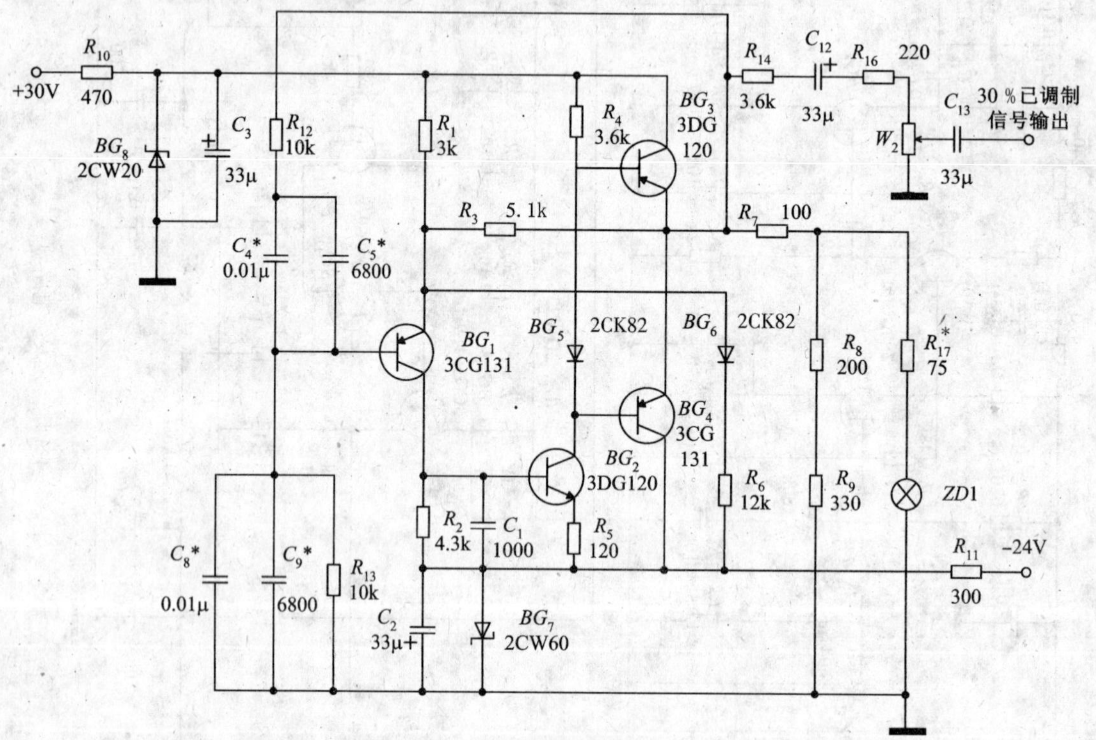

图 2-3-5　音频振荡级电路

与 R_{17} 串联的小灯泡 ZD_1 是作为非线性元件分流用的，当输出幅度增大时，ZD_1 电阻减小，分流作用增加，这样，输出幅度就会减小，反之，当输出幅度减小时，ZD_1 电阻增大，分流作用减小，这样，输出幅度就会增大，因此达到在 400Hz、1 000Hz 二个音频频率上输出幅度平衡。

4. 衰减器

衰减器电路如图 2-3-6 所示。由 9 个 10dB 衰减挡、10 个 1dB 衰减挡和一个外接 20dB 衰减器组成 120dB 衰减。由图可见：它由两个继电器控制的 30dB 衰减器，一个 10dB、20dB、30dB 衰减器组成 0～90dB 的十进位衰减器，而个位衰减器是一个 1dB～10dB 独立的步进衰减器。每个衰减器均由 Ⅱ 型电路组成。用继电器控制，当需要衰减 50dB 时，可接入一个 20dB 和一个 30dB 的衰减器，而当需要 80dB 衰减时，可用继电器控制使其为 20dB 加 30dB 再加 30dB，当衰减器需要 100dB 以上时，则必须外接一个 20dB 衰减器。通过继电器控制组合，从 0～120dB 各

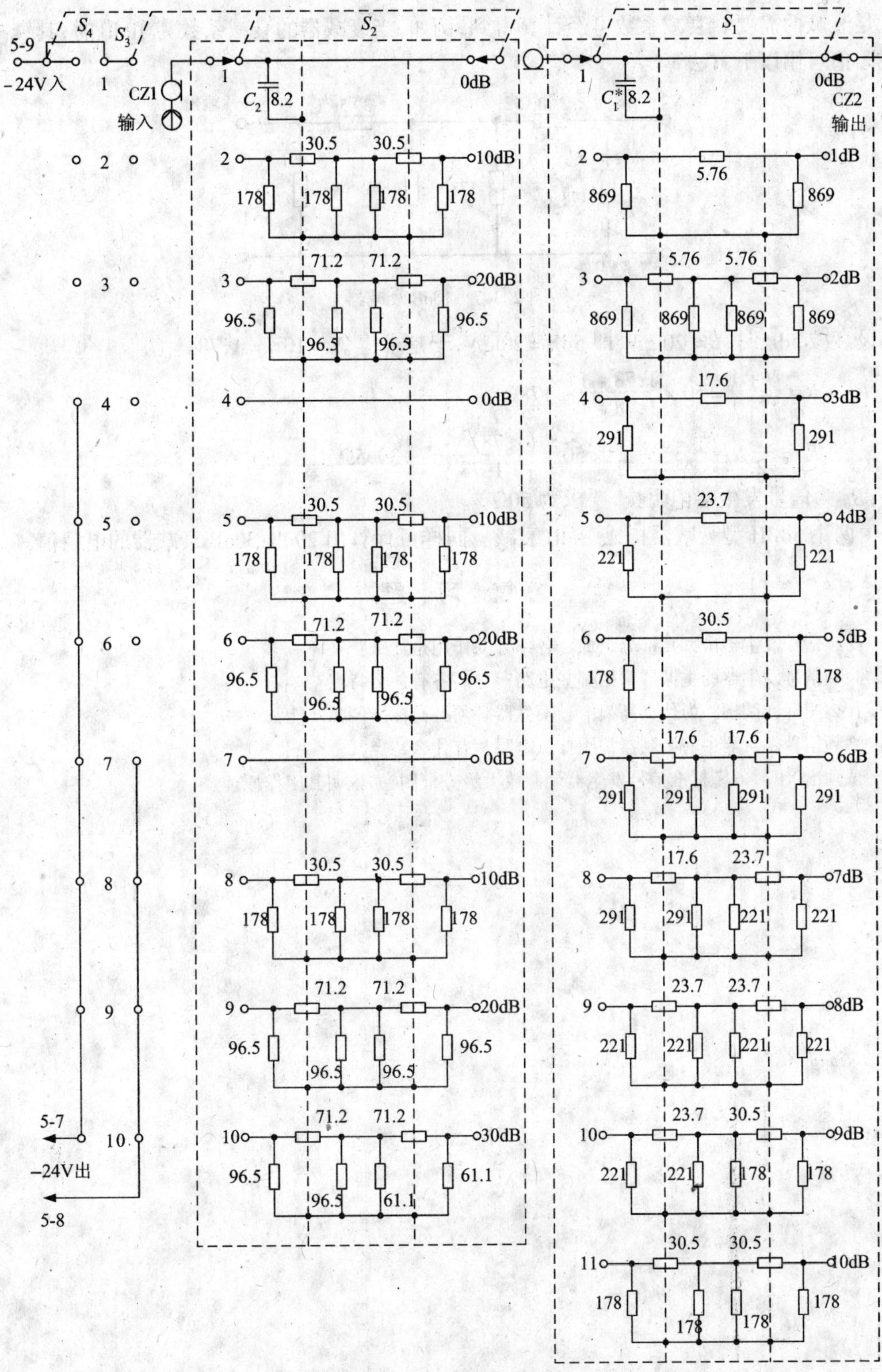

5-9
−24V入
S_4
S_3
S_2
S_1
CZ1
输入
CZ2
输出
C_2 8.2
C_1^* 8.2
0dB
10dB
20dB
30dB
1dB
2dB
3dB
4dB
5dB
6dB
7dB
8dB
9dB
5-7
−24V出
5-8
30.5
71.2
178
96.5
61.1
5.76
869
17.6
291
23.7
221

图 2-3-6　衰减器电路

挡满足衰减的需要。衰减系数可经计算得到，例如，当衰减器的衰减系数为 10dB 时，其衰减器的电阻值可用以下方法算出。

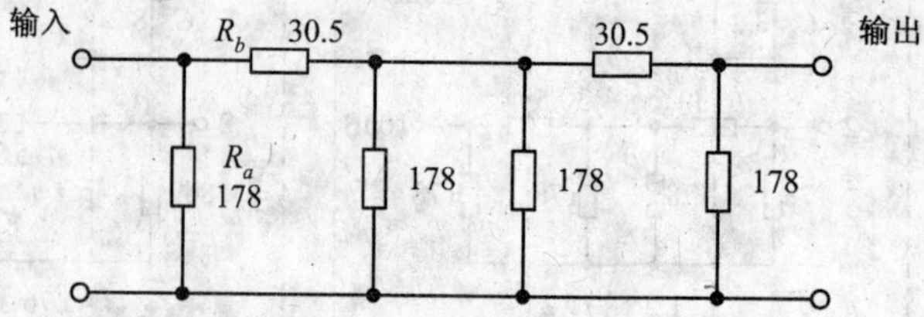

图 2-3-7　10dB 衰减器

设衰减 5dB 时，$\beta = 20\lg N$，即 $5\text{dB} = 20\lg N$，于是求得 $N = 10^{\frac{5}{20}} = 1.78$。

所以 $R_a = R_o \cdot \dfrac{N+1}{N-1} = 50 \times \dfrac{1.78+1}{1.78-1} \approx 178\Omega$

$$R_b = \frac{1}{2} R_o \frac{N^2 - 1}{N} = \frac{1}{2} \times 50 \times \frac{(1.78)^2 - 1}{1.78} \approx 30.5\Omega$$

式中，R_o 为信号发生器内阻抗，要求为 50Ω。

由两个 5dBΠ 型衰减器构成 10dB 衰减。同样可计算出 20dB、30dB 衰减器的电阻值。

复　习　题

1. 高频信号发生器由哪几部分组成？各部分的作用是什么？
2. 高频信号发生器的主振器常用哪些电路？它们各有什么特点？
3. 什么叫标准调幅？为什么高频信号发生器必须具有标准调幅功能？
4. 高频信号发生器中的调制器常用什么电路？有什么特点？
5. 试画出 XB－46 型标准信号发生器调制放大级方框图，并说明其工作原理。

第三章 合成信号发生器

§3-1 概 述

普通的信号发生器,主振级均由可调谐的 LC 振荡器或 RC 振荡器组成。这种信号发生器的频率稳定度与准确度都不够高,频率覆盖范围亦不够宽。随着电子科学技术的发展,要求信号发生器的频率稳定度、准确度愈来愈高,要求频率覆盖范围要宽,因此产生了采用频率合成技术的信号发生器亦称合成式信号发生器。

合成式信号发生器,是通用的电子测量仪器,其输出电平、工作频率范围均可调节,常常还具有调制工作特性,而且输出频率间隔较密(如:10Hz、1Hz 或更小)。在某些专用设备,例如:接收机的本振频率,可采用频率合成技术,这样得到的本振频率其稳定度、准确度高,但没有调制工作特性,工作频率范围亦不很宽,用于这种专用设备的频率合成技术的频率源称为频率合成器或频率综合器。

目前频率合成技术在通信、雷达、电视、电子测量、自动测试中获得了广泛的应用。

§3-2 频率合成的基本原理

把一个或几个稳定度高的基准频率(或叫参考频率),对它们采用分频(除法)、倍频(乘法)、混频(加、减法)等方法组合成一系列所需要的信号频率,这种技术称做频率合成技术。频率合成技术能产生频率间隔很小且稳定度高的一系列信号频率。按照产生合成频率的方法,可分为两大类:一是直接合成法,二是间接合成法。

所谓直接合成法,就是对基准频率经过谐波发生器产生一系列谐波频率,而后将它们进行加、减、乘、除运算,产生所需要的频率。通常有谐波法、连续混频法和连续混频-分频法。

所谓间接合成法就是利用锁相技术进行加、减、乘、除运算,使输出频率与基准频率之间保持整数或分数关系的方法。锁相环路是间接合成法的基本电路。按照环路的形式,间接合成法通常可分为混频锁相环、倍频锁相环(脉冲控制环、数字倍频环)、分频锁相环和组合锁相环等数种。

按照上述的分类方法,分别介绍它们的工作原理如下。

一、直接合成法

1. 谐波法

谐波法的原理方框图如图 3-2-1 所示。基准频率 f_i 输入至谐波发生器(如施密特电路),产生具有一系列谐波的窄脉冲,由窄带滤波器选出所需要的某次谐波信号 nf_i($n=1$、2、3、4…),如果需要产生 n 个信号频率,则需要 n 个窄带滤波器,或具有一个中心频率可调的窄带滤波器(每调一次中心频率,只能输出一个信号频率)。因此这种方法,只能产生少数信号频率,否则需要大量窄带滤波器,这样一来,设备复杂,成本很高。

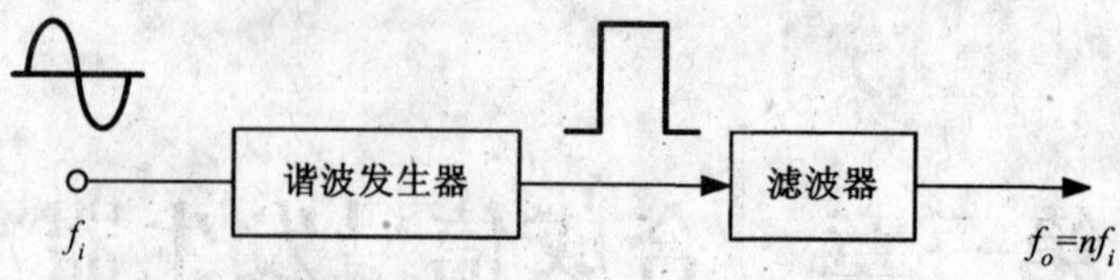

图 3-2-1 谐波法的工作原理

2. 连续混频法

连续混频法频率合成器的原理方框图如图 3-2-2 所示。它由多组振荡器、多个混频器和滤波器组成。多组振荡器输出多个频率间隔不同的基准频率，进入混频器混频后产生组合频率，再经带通滤波器选取所需要的频率。例如要获得最小频率间隔 $\Delta f=0.1\text{kHz}$，频率范围为 $f=(3\sim6.9999)\text{MHz}$ 的信号频率，可用五个振荡器、四个混频器和五个带通滤波器组成。其频率关系如图 3-2-2 所示。这个频率合成器能产生间隔为 100Hz 的 40 000 种频率信号。这种连续混频法不易得到频率间隔很小的频率，而且各个振荡器、滤波器、混频器均不相同，因此电路结构复杂，成本亦高。

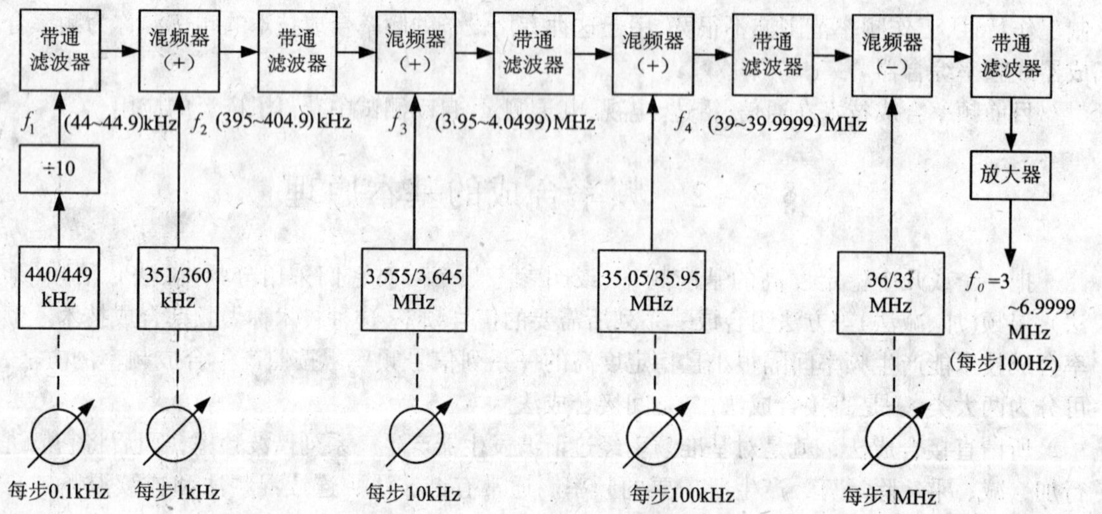

图 3-2-2 连续混频法实例

3. 连续混频 - 分频法

连续混频 - 分频法的工作原理方框图如图 3-2-3 所示。由基准频率石英晶体振荡器的 1MHz 信号频率，经谐波发生器产生 1～10MHz 的十个信号频率，分别由四个选频开关选取所需要的频率，例如：当需要输出 3.856MHz 频率时，此时四个选频开关分别置于“3”、“8”、“5”、“6”频率上，分别经过分频、混频、滤波即可得到。

这种频率合成方法，所用的合成频率只由一个标准频率石英晶体振荡器和谐波发生器产生。每位数所需要的混频、带通滤波、分频电路亦基本相同，这样输出频率稳定度可以提高，而且电路结构比上述方法简单，成本降低。

上述几种，直接合成法具有频率转换速度快、工作可靠等优点，但它的电路结构复杂，成本较高，不宜采用集成电路，因此近年来的合成式信号发生器一般均采用间接合成法。

二、间接合成法

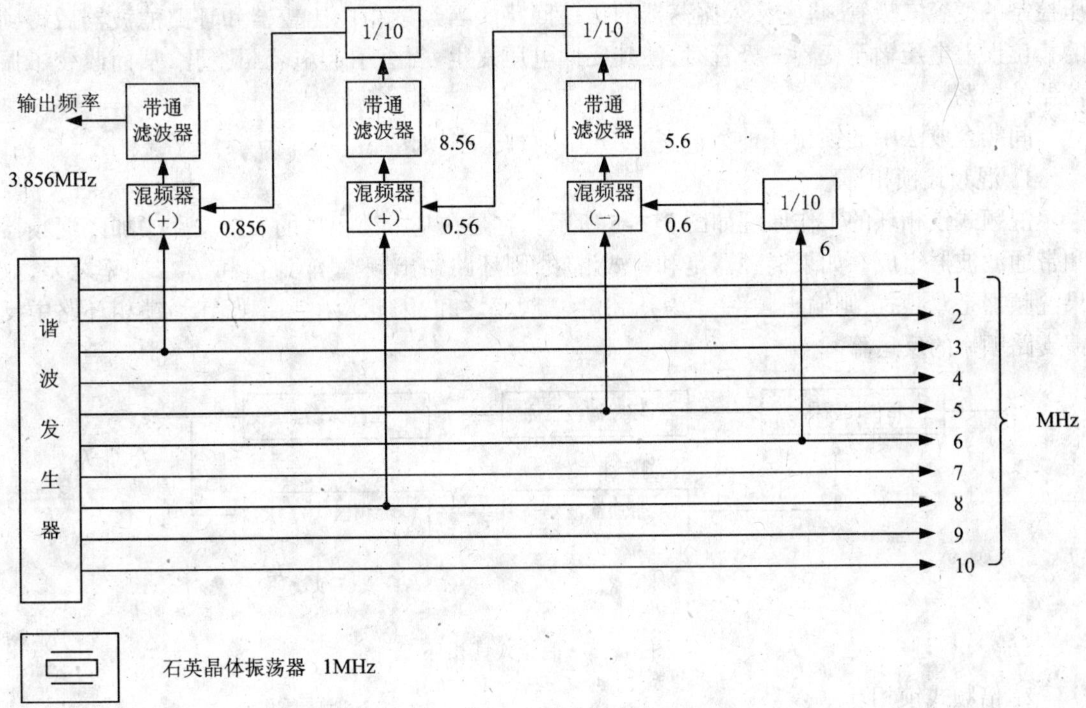

图 3-2-3 连续混频 – 分频法实例

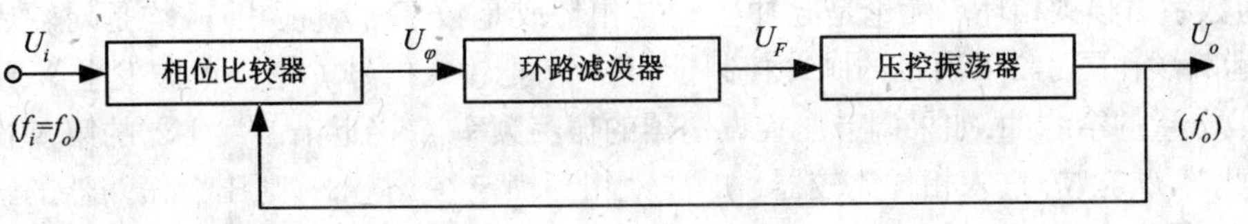

图 3-2-4 基本锁相环

间接合成法利用锁相技术实现合成。这种合成法的基本电路是锁相环路,如图 3-2-4 所示。锁相环路的工作原理如下:输入信号 U_i 与压控振荡器的输出信号 U。在相位比较器中进行相位比较,相位比较器的输出电压 U_φ 经过环路滤波器,在滤波器中滤除高频分量和噪音,滤波器输出电压 U_F 去控制压控振荡器的回路元件,使压控振荡器的振荡频率随之改变,则输入信号 U_i 与压控振荡器输出信号 U_o 之间的相位差减小,当环路锁定以后,输入信号频率 f_i 恰巧等于压控振荡器振荡频率 f_o。利用锁相环的这一基本特性,把压控振荡器的输出频率稳定在基准频率上。压控振荡器的输出频率稳定度可提高到基准频率同一量级,这就是锁相合成法的基本原理。

一个基本锁相环,必须具有相位比较器(*PD*)、环路滤波器(*LPF*)、压控振荡器(*VCO*)几部分。

相位比较器亦叫鉴相器,是鉴别相位关系的电路。当两个输入信号电压经过相位比较器比较之后,其输出电压为该两个输入信号的相位之差的函数,这个电压称为相位误差电压。

环路滤波器用来滤除相位比较器输出电压中的高频成分和噪音,避免这些成分对压控振荡器产生寄生调相引起相位抖动。提高系统工作稳定性。

所谓压控振荡器是振荡器的输出频率受电压控制的振荡器。通常被控元件是电容量受电压控制的变容二极管,将它接入振荡器的振荡回路。当经过相位比较器和环路滤波器后得到的相位误差电压输至变容二极管时,使其反偏电压发生变化,引起电容量变化,从而改变了振荡器的振荡频率。

间接合成法中的锁相环种类很多,现介绍几种基本锁相环。

1. 混频式锁相环

混频式锁相环的工作原理如图 3-2-5 所示。它是在基本锁相环的反馈支路中加入混频器和带通滤波器组成。如果混频器是和频式混频,则环路输出频率 f_o 为 f_{i1} 和 f_{i2} 二频率之差,如果混频器是差频式,则输出频率 f_o 为 f_{i1} 和 f_{i2} 二频率之和,因此输出频率始终为锁相环路中反馈支路频率的反运算。

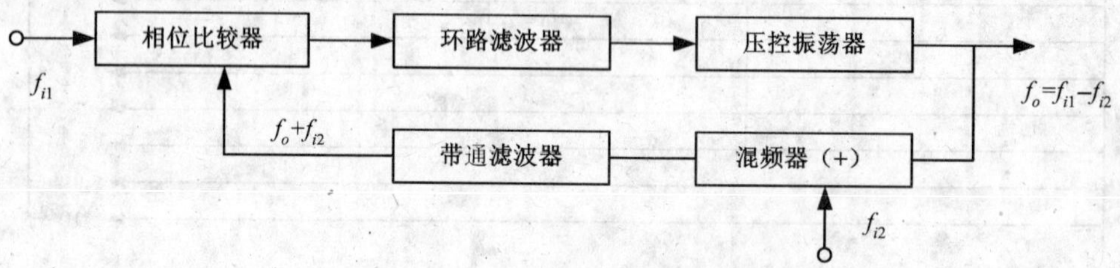

图 3-2-5 混频式锁相环

2. 倍频式锁相环

倍频式锁相环的工作原理如图 3-2-6 和图 3-2-7 所示。图 3-2-6 为脉冲控制锁相环,图 3-2-7 为数字倍频锁相环。无论是脉冲控制锁相环或是数字倍频锁相环,均是对输入信号进行乘法运算。在图 3-2-6 所示的脉冲控制锁相环中,把输入信号 f_i 送至谐波发生器,形成含有丰富谐波分量的窄脉冲,如果调节压控振荡器的振荡频率 f_o 接近谐波发生器的第 N 次谐波分量 Nf_i,此时 f_o 与 Nf_i 进入相位比较器,f_o 被锁相环锁定在 Nf_i 上,则压控振荡器的输出频率 $f_o = Nf_i$,这样就达到输出频率 f_o 是输入频率 f_i 的 N 倍的目的。调节压控振荡器的振荡频率 f_o 就可改变倍频系数 N,即改变输出频率 f_o。

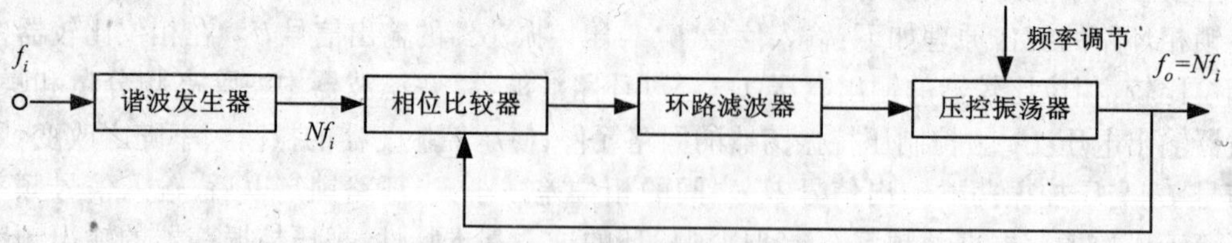

图 3-2-6 脉冲控制锁相环

图 3-2-7 所示的数字倍频环,是在锁相环的反馈支路中加入数字分频器,调节压控振荡器的振荡频率 f_o 和分频系数 N,当环路锁定以后,其锁相环的输出频率为 $f_o = Nf_i$,亦达到输出频率 f_o 为输入频率 f_i 的 N 倍的目的。改变反馈支路中分频器的分频系数 N,也就改变了锁相环输出频率 f_o 为输入频率 f_i 的倍频次数。

以上两种锁相环均有频率范围宽、调节方便的优点。

3. 分频式锁相环

分频式锁相环工作原理如图 3-2-8 (a)、(b) 所示。这种锁相环是在环路的反馈支路中加入倍频器或谐波发生器。在图3-2-8(a)中,压控振荡器的振荡频率 f_o 加给谐波发生

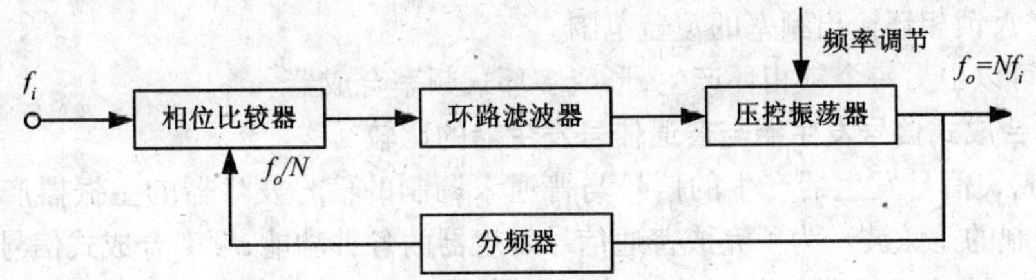

图 3-2-7　数字倍频锁相环

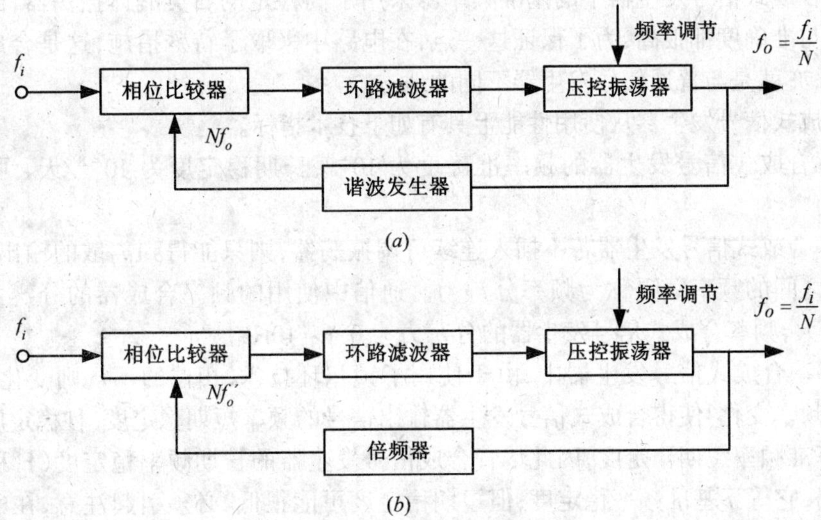

图 3-2-8　分频式锁相环

器，使其输出丰富的谐波分量。当 N 次谐波 Nf_o 与输入信号 f_i 在相位比较器中比较，环路锁定时即 $f_i=Nf_o$，因此，环路输出信号频率 $f_o=\frac{f_i}{N}$，输出信号频率 f_o 与输入信号频率 f_i 为分频关系。

在图 3-2-8(b)中，是在锁相环的反馈支路中插入倍频器 N，如果锁相环锁定时，输入信号频率 $f_i=Nf_o$，即 $f_o=f_i/N$，环路输出频率 f_o 与输入信号频率 f_i 为分频关系。改变反馈支路中的倍频器的倍频系数 N，就是改变环路输出信号频率 f_o 相对输入信号的分频次数。

4. 组合式锁相环

如果要求锁相环的输出频率范围很宽，仅仅采用一个锁相环是不够的，因此必须几个环路组合起来，形成组合式锁相环，工作原理如图 3-2-9 所示。这种锁相环就是在环路的反馈支路中加入混频器、分频器、带通滤波器等。在环路锁定时，锁相环输出频率 $f_o=Nf_{i1}+f_{i2}$，如果改

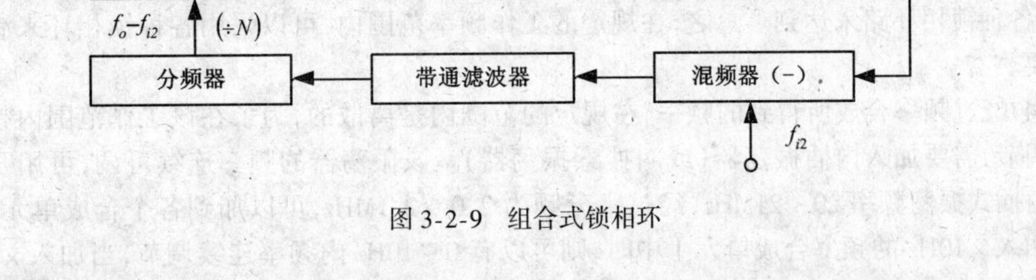

图 3-2-9　组合式锁相环

变 f_{i2},就可增大锁相环输出频率的覆盖范围。

这样 f_{i2}可以由另一个锁相环产生,形成多环式频率合成器。

三、频率合成式信号发生器与普通信号发生器的比较

频率合成式信号发生器产生的信号与普通未调制的信号发生器的主振器产生的信号一样,均是未调制的正弦波。为了完成普通信号发生器的各种功能,频率合成式信号发生器总体结构上也与普通信号发生器一样具有内调制振荡器、调制放大器、监测器、衰减器、输出器等部件。但由于合成式信号发生器中的基准频率源采用了高稳定的石英晶体振荡器,因此其输出频率稳定度与准确度都很高,为了保证这一点,在电路中采取了特殊措施,这是合成式信号发生器的特点,亦就是与普通信号发生器不同的地方。

频率合成式信号发生器从使用性能上具有如下技术指标。

(1)频率合成式信号发生器的频率准确度为 10^{-8},长期稳定度为 10^{-8}/天,可作标准频率源。

(2)频率合成式信号发生器若不插入连续可调振荡器,则只能得到离散的输出信号频率,而相邻频率之间的频率间隔称为频率分辨力。通信中使用的频率合成器的分辨力为 100 或 1 000Hz或更大,频率合成式信号发生器的分辨力为 0.1 ~ 10Hz。

(3)在频率合成式信号发生器中,由于使用了锁相环技术,相位的不规则变化(称相位噪音),将引起频率变化,使得合成式信号发生器输出信号的频率短期稳定度(秒稳定度或毫秒稳定度)低于基准频率短期稳定度,因此尽管合成信号发生器的长期频率稳定度(日稳定度或周稳定度)很高,它等于基准频率稳定度,但短期稳定度可能很低,必须引起注意,在电路设计时应考虑尽可能降低相位噪音。

四、频率合成式信号发生器的总体方框图

在本章§3－3图3-3-1所示的PO－12型频率合成器总体方框图中,可以看出一般的频率合成信号器的总体方框图内,必须包括下列部分。

(1)具有稳定度与准确度较高的石英晶体振荡器,它的振荡频率作为标准频率,为了使该石英晶体振荡器的频率稳定度与准确度高,可将它置于恒温槽中,PO－12 型的石英晶体振荡器标准频率为 5MHz。

(2)具有产生辅助基准参考频率的谐波发生器,该谐波发生器把标准频率进行倍频、分频……各种组合运算,产生若干辅助参考频率,PO－12 型的辅助参考频率为 15MHz、100MHz、2MHz、100kHz。

(3)为了完成规定工作频率范围内的频率合成,需要数个低频合成单元,它的个数决定于低频频率范围。PO－12 型低频频率范围为 10Hz ~ 10MHz,因此采用了六个相同的低频合成单元Ⅰ串级连接,完成×10Hz、×100Hz、×1 000Hz、×10kHz、×100kHz、×1MHz 的六挡频率步进调节。低频合成单元Ⅱ,完成×10MHz 的频率合成。至于高频的工作频率范围,可以由频波发生器、各种锁相环路来达到。总之,在规定的工作频率范围内,可以采用各种锁相环来满足它的需要。

(4)经过频率合成所得到的频率,在规定的范围内是离散的,为了在该工作范围内频率可连续调节,需要加入内插振荡器(或叫搜索振荡器)。该振荡器的频率连续可调,可用开关控制。内插式振荡频率 20 ~ 21MHz,经过十分频为 2.0 ~ 2.1MHz,可以加到各个合成单元中去,如果加入×10Hz 的频率合成单元Ⅰ中时,则可以有 0 ~ 10Hz 内频率连续调节,当加入×100Hz

内频率连续可调时,则就可能有100Hz的连续调节范围……。总之,当连续调节振荡器的频率加入任何低频合成单元中时,其相应频率范围即可连续调节,连续调节振荡器的频率加入哪一个频率合成单元,可用开关控制,十分方便。

(5)合成式信号发生器中的频率显示,均采用数字显示,PO－12型采用8位数字十进制显示。输出频率一般采用数字键盘,按使用者需要的输出频率,用电子开关转换,但亦可用BCD8421码进行遥控。

关于该仪器的工作原理,将在下面介绍。

§3－3 PO－12型频率合成信号发生器简介

一、概述

PO－12型频率合成信号发生器其频率范围为100kHz～500MHz的宽频差带拍信号发生器。步进频率间隔为10Hz(分辨力)。当插入连调振荡器以后,其最高分辨力为0.5Hz。当加入适当的外部扫频电压时,也可在一定可变的带宽内扫频,输出电平可在－60～＋10dB_m的范围内变化。

仪器的输出频率不仅可以用面板上的频率按键进行手控,而且也可以由外部程控信号进行遥控。

仪器可在实验室或生产、科研单位作为信号源,用它调试各种接收机、放大器、传输设备,也可用于测试晶体及晶体滤波器。由于仪器的标准频率为石英晶体振荡器,长期频率稳定度(日波动)优于5×10^{-9}/天,故可用做次级频率标准源去测试电子计数器的晶振频率等。此外,在自动化测试系统中,该仪器作为可程控信号源,用BCD8421码进行遥控。

二、主要技术指标

PO－12型频率合成信号发生器的频率调整方式为步进调节时,用十进制八位数码管显示。连续调节时,在10MHz以下各挡,均可插入连续调节振荡器,插入不同位置,调节频率范围即可变化。

本仪器的频率稳定度,在晶振工作48小时后,日波动优于5×10^{-9}/天。输出电平范围为－60～＋10dB_m。可步进调节或连续调节,源内阻抗为50Ω(不对称L_{1b}型插座)。

三、PO－12型频率合成器总体方框图

PO－12型频率合成器总体方框图如图3-3-1所示。它包括十三部分:①晶振与谐波发生器;②低频合成单元Ⅰ,共有六个都是相同的,完成10Hz～1MHz位的频率合成(即×10Hz、×100Hz、×1 000Hz、×10kHz、×100kHz、×1MHz共六挡);③低频合成单元Ⅱ,完成10MHz位的频率合成(即×10MHz挡);④200～210MHz十倍频锁相环;⑤2.0～2.1GHz信号产生器,完成第二次十倍频;⑥高次谐波发生器,产生1.6、1.7、1.8、1.9、2.0GHz五个频率,决定100MHz位的频率;⑦微波混频器及低通滤波器,2.0～2.1GHz信号分别与1.6、1.7、1.8、1.9、2.0GHz信号混频(差频),经低通滤波器后,给出500MHz以下的频率合成信号;⑧500MHz宽带放大器及自动增益控制电路;⑨输出衰减器;⑩连续调节振荡器,可插入各挡(用插入按键完成)代替低频合成单元Ⅰ,使频率连续变化;⑪频率校准部分:可在短期内校准连调振荡器的频率并用电平指示;⑫频率控制部分:用面板上的数字键控盘,选择所需要的频率,如果更改某一位的频率,按下更改位按钮,即可更改所需要的频率;

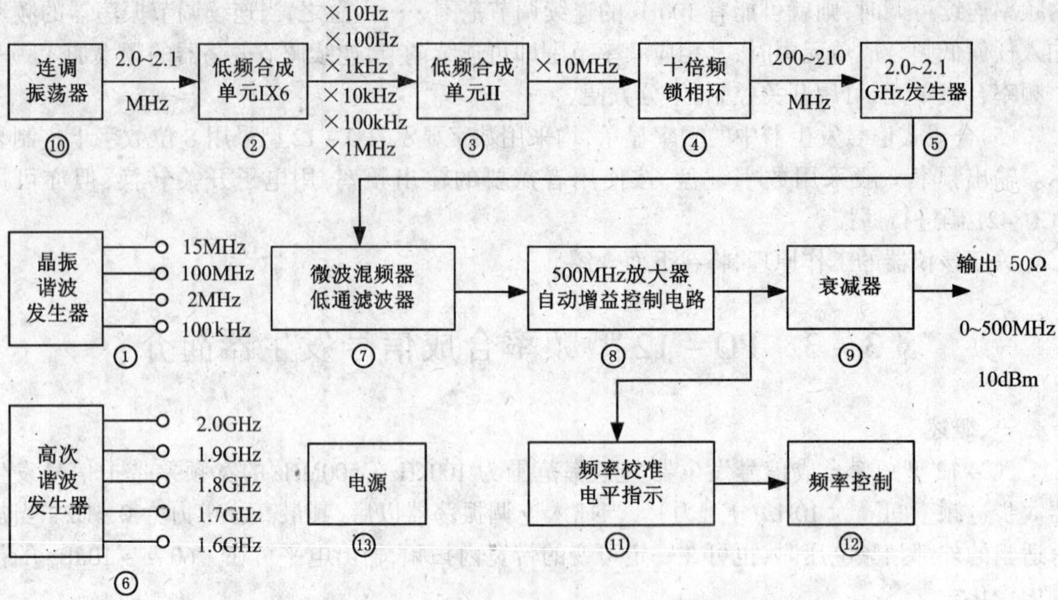

图 3-3-1 PO－12 型频率合成器总体方框图

⑬电源部分。

在此仅对电路方框图作简单介绍和说明。

1. 晶振及谐波发生器

晶振及谐波发生器如图 3-3-1 中的（1）部分，它的详细方框图如图 3-3-2 所示。有一个高稳定度与高准确度的石英晶体振荡器，产生标准频率为 5MHz，当开关 S_1 置于“内”时，则对 5MHz 的标准频率进行乘、除等各种运算，可以得到 15MHz、100MHz、2MHz、100kHz 四个辅助参考频率。如果开关“S_1”置于“外”时，则由外部送进 5MHz 标准频率代替内部石英晶振的频率，然后对该 5MHz 标准频率进行乘、除运算，同样可以得到上述四个辅助参考频率。

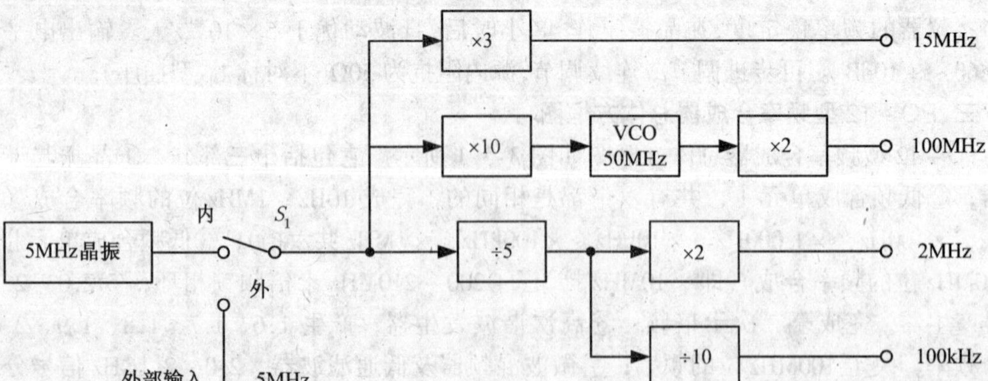

图 3-3-2 晶振及谐波发生器方框图

2. 低频合成单元(Ⅰ)

低频合成单元Ⅰ的原理方框如图 3-3-3 所示。由图可见：它由两级双平衡混频器进行频率相加运算，两个带通滤波器、一个压控晶体振荡器、十分频器、低通滤波器以及二极管开关电路组成。辅助参考频率 2MHz 加入混频器(Ⅰ),与辅助参考频率 15MHz 进行相加,则在混频器(Ⅰ)中输出频率为 17MHz,该 17MHz 信号频率经过带通滤波器滤波后加入混频器(Ⅱ),然后再和压控振荡器的振荡频率 3.0~3.9MHz,步进为 100kHz 的信号频率进行混频,压控振荡器的频率被来自基准频率发生器的 100kHz 信号锁相。在混频器(Ⅱ)中输出和频 20~21MHz,经带通滤波器、再经十分频器,最后输出为 2~2.1MHz 的信号频率。六个低频合成单元Ⅰ均相同,可以重复使用,通过它们的连接,可以达到 10Hz 位到 1MHz 位的六挡输出频率。

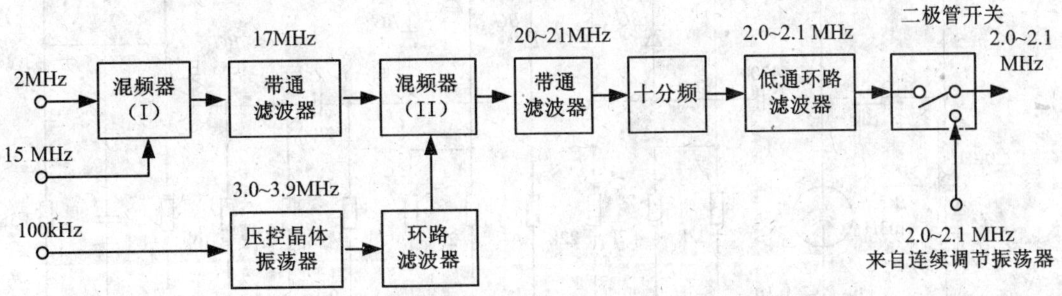

图 3-3-3　低频合成单元(Ⅰ)方框图

在本单元中,对下列几个主要方框图工作原理,加以简要说明。

(1)压控振荡器　电路工作原理如图 3-3-4 所示。如果使控制端⑧接地时,二极管 BG_{32}导通,频率为 3MHz 的晶体 SJTI 接入 BG_{42}的集-基之间,此时,压控振荡器振荡的输出信号频率为 3.0MHz 信号。此振荡信号加到鉴相器去,与来自基准频率发生器的 100kHz 信号脉冲鉴相,其相位差变换成直流电压,经直流放大器放大,加到变容管 BG_{31}并改变变容二极管的偏压,使振荡频率与 100kHz 脉冲频率的整数倍 3.0MHz 同步,从而完成压控晶体振荡的过程。

压控振荡器输出信号经过放大器、低通滤波器改善波形失真,然后加到混频器(Ⅱ)去。同理由控制端⑨~⑰中选取任一引脚接地,可输出相应的 3.1~3.9MHz 的任一频率。

(2)环形混频器　环形混频器电路如图 3-3-5 所示。B_1、B_4 是传输线式变压器,它与电容的作用是改善平衡特性、扩展频带、滤除高频组合的无用频率成分。

当 f_1 和 f_2 两个频率加到混频器时,由于混频器中二极管的非线性,得到一系列新的频率分量,其中 $f_1 \pm f_2$ 是需要的,而 $mf_1 \pm nf_2$ 其他频率成分都是不需要的杂散分量,必须设法滤除,例如加带通滤波器就是此目的。

(3)二极管开关电路　二极管开管电路工作原理如图 3-3-6 所示。在图中使用了 BG_1、BG_2、BG_3 三只二极管。当控制端接到(A)时,正电压(+24V)加到 BG_1、BG_2 的连接点,故 BG_1、BG_2 导通,BG_3 截止,则此开关置于导通状态,输入信号通过开关达到输出端。

当控制端接到(B)时,负电压(-12V)加到 BG_1、BG_2 的连接点,故 BG_1、BG_2 截止,BG_3 导通,输入信号被 BG_1、BG_2 和 BG_3 分压衰减,在输出端几乎就没有输入信号出现。每位输出都有一个用三个二极管组成的工作方式选择开关,用来步进或(插入连调振荡器)连续改变输出频率。工作方式选择开关如图 3-3-7 所示。该图表示输出频率是步进式的,如果需要连续调节输出频率,则需要按下"插入"按钮,二极管通、断条件相反,输出频率就变成连续调节了。同时,步进输出频率还加到频率校准电路,用差频法比较低频合成单元Ⅰ(或Ⅱ)的输出频率和连续调节振荡器的输出频率,取得差频频率校准标志。

3. 低频合成单元(Ⅱ)

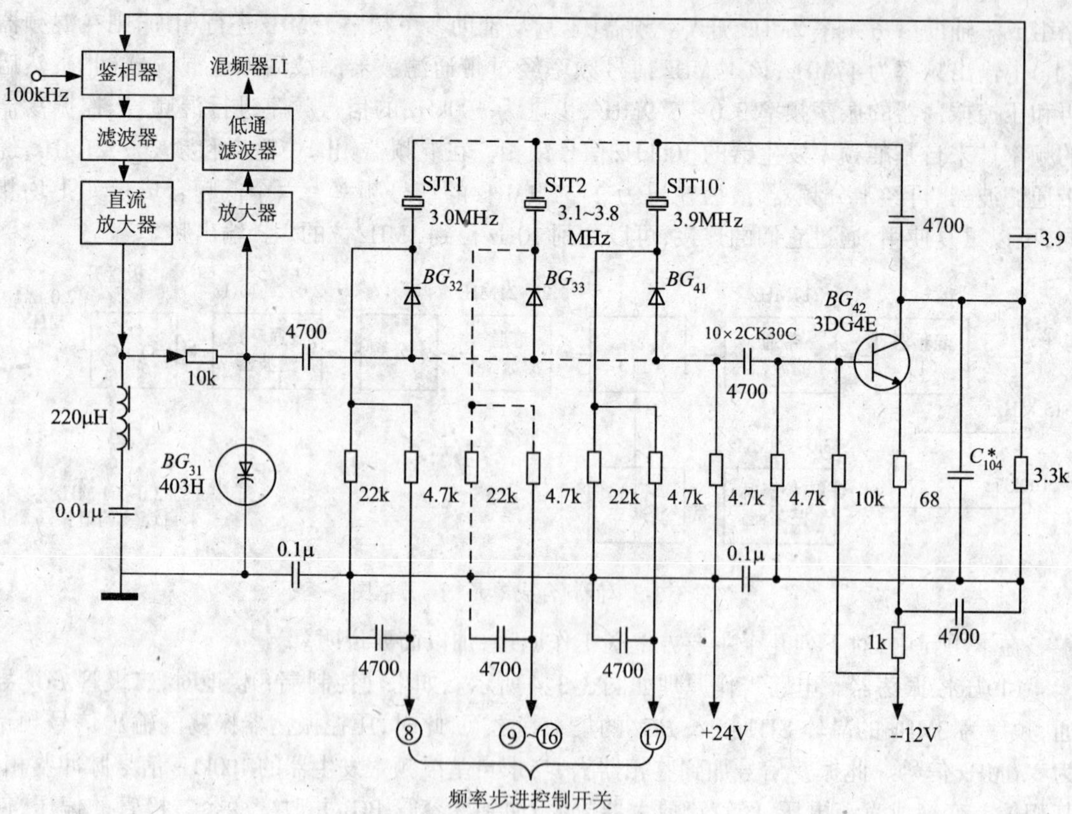

图 3-3-4 压控晶体振荡器电路

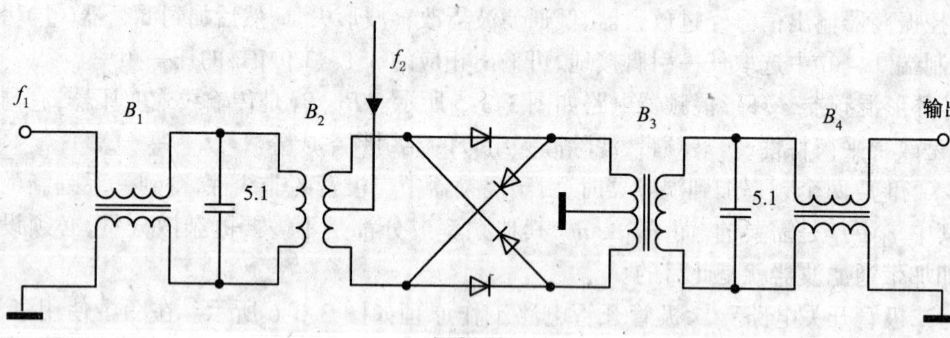

图 3-3-5 环形混频器电路

低频合成单元(Ⅱ)的电路与低频合成单元(Ⅰ)的电路十分相似,只是去掉十分频器和低通滤波器,保留 20~21MHz 的带通滤波器,因为它的输出频率为 20~21MHz。

4. 200~210MHz 锁相环路

200~210MHz 的锁相环路工作原理如图 3-3-8 所示。这一锁相环路的作用是把低频合成单元(Ⅱ)的输出信号 20~21MHz 再十倍频为 200~210MHz 信号。压控振荡器的输出频率为 200~210MHz,经十分频后得 20~21MHz,再反馈加入鉴相器(相位比较器)中,与来自低频合成单元(Ⅱ)的 20~21MHz 信号进行相位比较,比较后的输出误差电压加到压控振荡器的变容二极管上,使环路锁定。

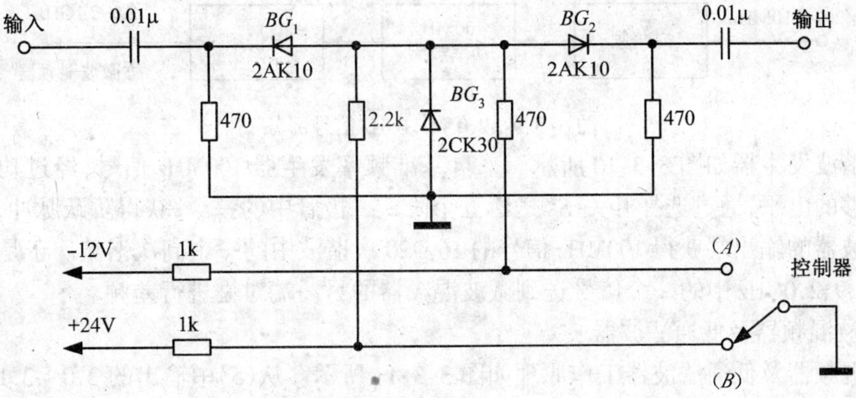

图 3-3-6　二极管开关电路

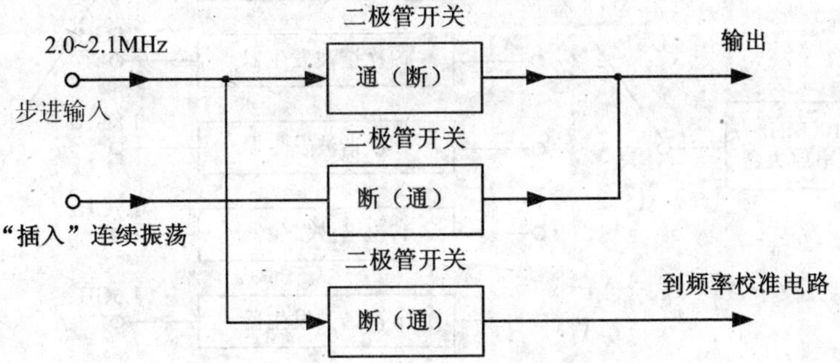

图 3-3-7　工作方式选择开关

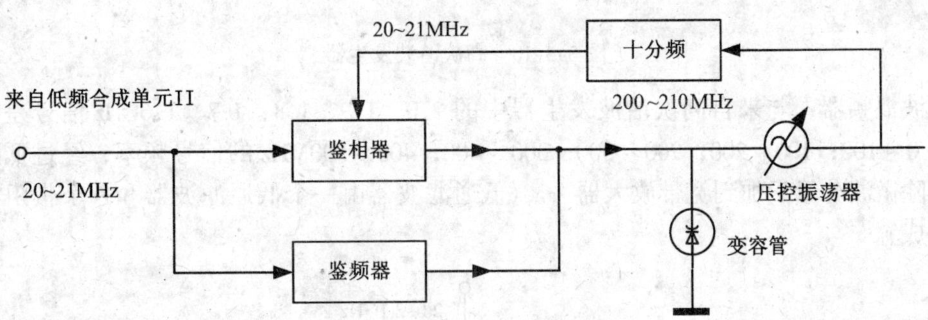

图 3-3-8　200～210MHz 锁相环

另外来自低频合成单元(Ⅱ)的信号频率 20～21MHz,还送给鉴频器,鉴频器的输出信号电压与鉴相器的输出误差电压是串联叠加的,这样,加在压控振荡器中的变容二极管上的偏压随输入频率的变化而变化的范围就增加了,当它的频差较小时,锁相环路的锁定就比较方便。

5. 2.0～2.1GHz 信号部分

2.0～2.1GHz 的信号部分的工作原理如图 3-3-9 所示。从(4)中过来的 200～210MHz 信号先经过 2 倍频为 400～420MHz,再经过带通滤波器滤除不需要的分量,送至功率放大器放大到足够电平,加到阶跃二极管上,经过五倍频得到 2.0～2.1GHz 信号,送到微波混频器的一个端对去,与 2.0、1.9、1.8、1.7、1.6GHz 信号差频,即得所需要的信号。

6. 高次谐波发生器

图 3-3-9 2.0~2.1GHz 信号部分

高次谐波发生器如图 3-3-10 所示。来自基准频率发生器 100MHz 信号,经过功率放大器放大到足够的电平,通过选择开关 S_2 送给五个阶跃二极管中的一个,获得阶跃脉冲,并在相应的带通滤波器的输出端获得 100MHz 信号的 16~20 次谐波中的一个高次谐波。于是得到 1.6、1.7、1.8、1.9、2.0GHz 中的一个信号送到微波混频器的另一端对去进行差频。

7. 微波混频器及低通滤波器

微波混频器及低通滤波器工作原理如图 3-3-11 所示。从(5)中输出的 2.0~2.1GHz 信号

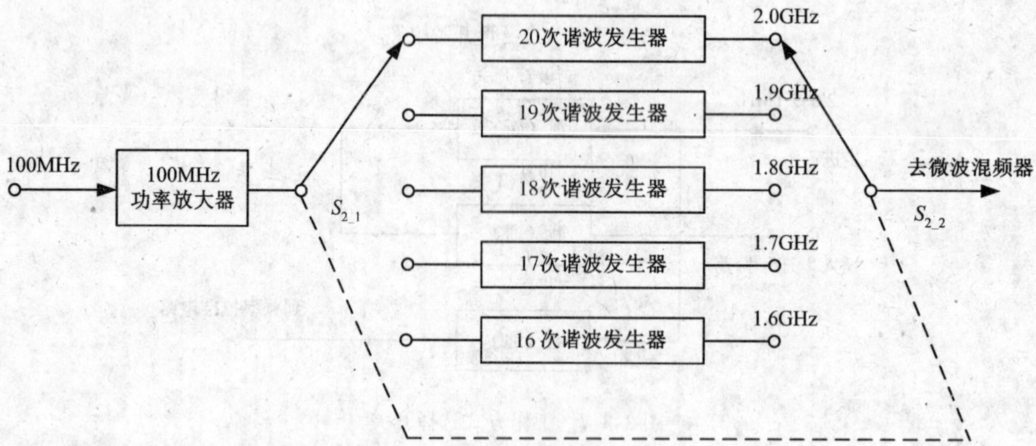

图 3-3-10 高次谐波发生器

送入微波混频器，与来自高次谐波发生器中的 2.0、1.9、1.8、1.7、1.6GHz 信号差频，分别得到 0~100；100~200；200~300；300~400；400~500MHz 的信号频率，经过低通滤波器，滤除微波分量后加到宽带放大器去。(低通滤波器由一个低通滤波器和一个带阻滤波器串联组成)。

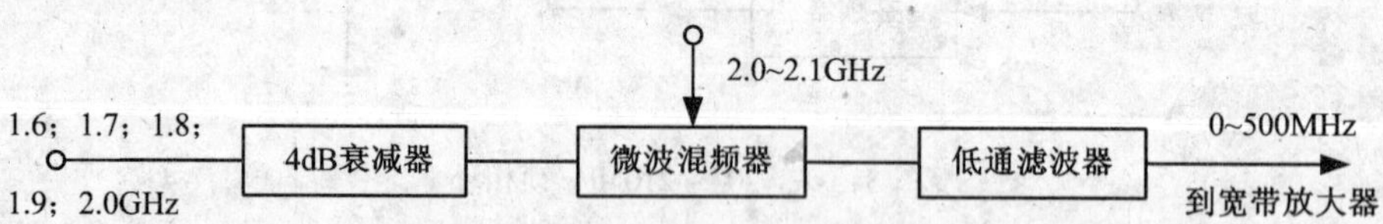

图 3-3-11 微波混频器及低通滤波器

8. 500MHz 宽带放大器及自动增益控制电路

500MHz 宽带放大器及自动增益控制电路工作原理如图 3-3-12 所示。在这些放大器中,每级放大器接成共发电路,集电极到基极之间加入负反馈。前置放大器共用四只晶体管,输出放大器使用两只晶体管,放大器输出分成两路:一路是经过特性阻抗 R 为 50Ω 的可变衰减器到仪器的输出端,另一路送至检波和自动增益控制电路。二极管组成倍压检波器,放大器输出信号的电压大小被检波器转换成直流电压,并由电表指示输出电平,该电压同时加到差分放大

器与一直流参考电平进行比较后，再以负反馈的形式加给相当于一个可变电阻的二极管上，控制通过它的 100MHz 信号大小实现自动增益控制。

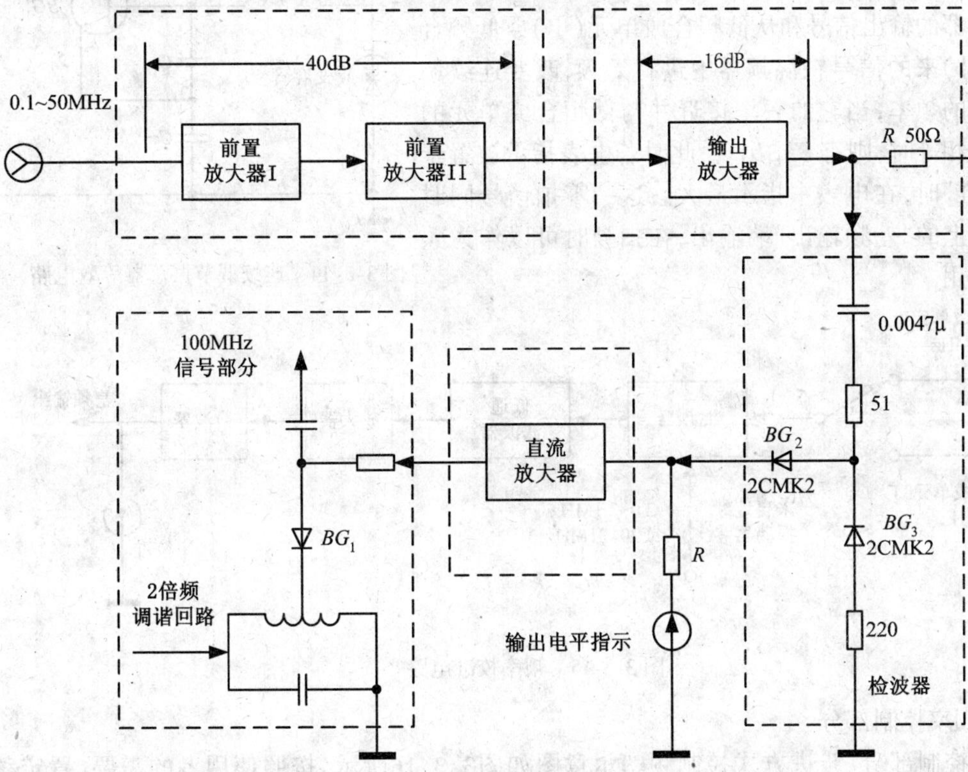

图 3-3-12 500MHz 宽带放大器及自动增益控制电路

9. 输出衰减器

输出衰减器分成八节，串联使用。分别为 1、2、2、5、10、10、20、20dB 共 70dB。特性阻抗为 50Ω，每节均为 T 型电路，差别仅是元件参数不同。

10. 连续调节振荡器

连续调节振荡器工作原理如图3-3-13所示。它由连续调节振荡器、十分频器、低通滤波器组成。

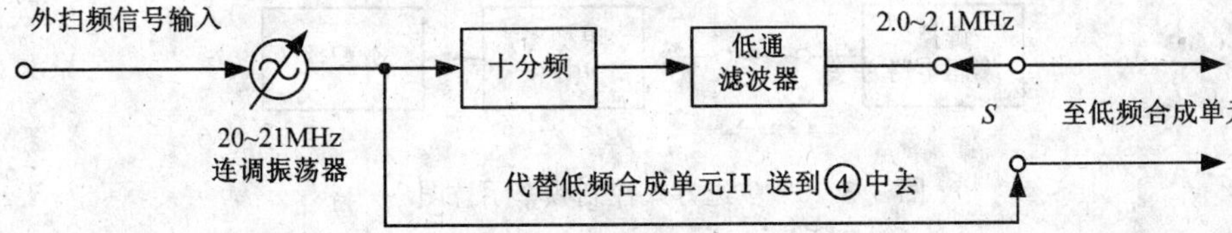

图 3-3-13 连续调节振荡器

器组成。该振荡器为电容三点式振荡器，用电位器改变变容二极管偏压（图中未画出），即可改变变容二极管的电容量，亦即改变频率，其等效电路如图 3-3-14 所示。连续调节振荡器的频率变化范围为 20 ~ 21MHz，可代替合成单元（Ⅱ）的输出加到 200 ~ 210MHz 锁相环去，将其十分频得叫 2.0 ~ 2.1MHz 信号，通过电子开关可插入任意一挡代替低频合成单元（Ⅰ），使频率可调。另一路加到频率校准电路去比较频率。

11. 频率校准部分

频率校准部分工作原理如图 3-3-15 所示。从连续调节振荡器的输出信号和从低频合成单元(Ⅰ)或低频合成单元(Ⅱ)来的信号在混频器中进行差频,改变连续调节振荡器的频率,当它的频率接近并与低频合成单元的输出频率相等时,则有零拍出现,此时若电表指示被置于"频率校准"时,在电表中指示最大。这一零拍信号同时从后面板上的"差频输出"端输出,在扫频时可以作为频率标志使用。

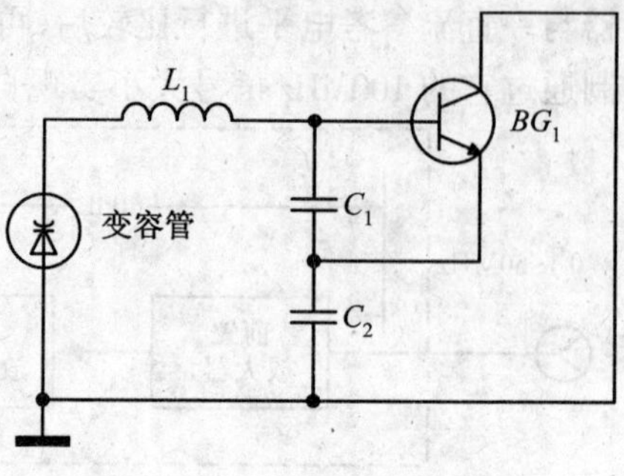

图 3-3-14　连续调节振荡器等效电路

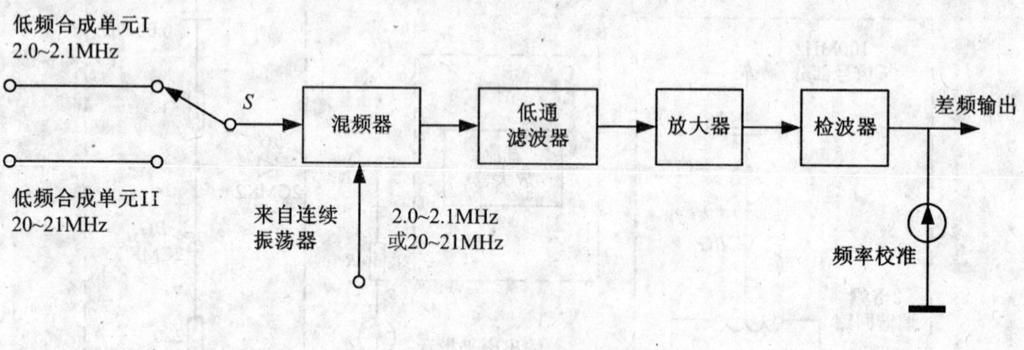

图 3-3-15　频率校准电路

12. 频率控制部分

频率控制部分,步进方式控制频率示意图如图3-3-16所示。按照使用者的需要,置定整

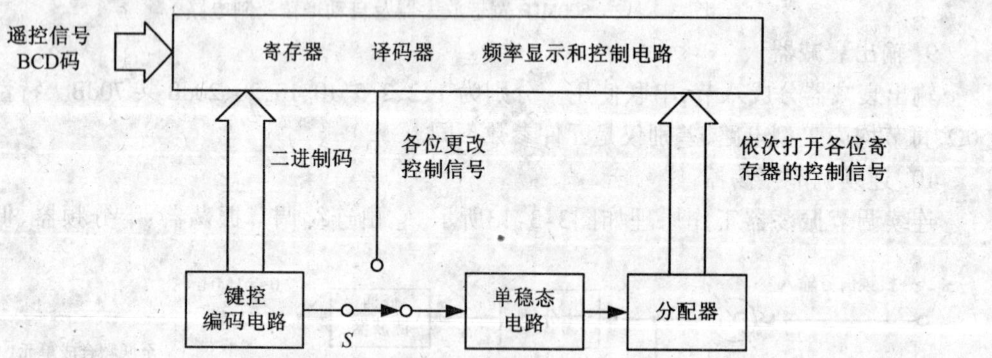

图 3-3-16　步进方式控制频率示意图

机信号输出频率,这里又可分为步进方式控制改变频率和连调方式改变频率(插入连调振荡器)。在图 3-3-16 中所示为步进方式改变频率示意图。每按一次频率数字键盘,键控编码电路就将十进制数变成二进制码,并联地加到八位寄存器输入端,同时,触发单稳态电路,给出一正脉冲,使分配器工作,依次给出打开各位寄存器的控制信号。于是,寄存器把表示频率的二进制码,存贮下来。

当需要更改某位步进频率时,可按下对应的"更改"按钮,则控制信号不经单稳态电路,直接开启寄存器,使二进制码存入寄存器,达到独立更改频率的目的,而不需要全部清零后再输入频率。

13. 电源部分

直流稳定电压有 + 24V、+ 12V、- 12V、+ 5V 以及 + 18V 共五种，其中 + 18V 专门供给晶体振荡器使用。其余四种供整机相应部分使用，五种电源电路中都采用了具有高增益的运算放大器做放大环节，而且都加有过载短路保护电路，因而有稳定度高、温度性能好并且可靠等优点。

复习题

1. 什么叫频率合成？它在现代电子科学领域中的作用如何？
2. 简述频率合成的各种方法及优缺点。
3. 基本锁相环有哪些组成部分？作用如何？
4. PO – 12 型频率合成信号发生器方框图中共有几部分？
5. PO – 12 型频率合成信号发生器方框图中各部分的作用如何？

第四章　函数信号发生器

§4－1　概　　述

函数信号发生器是产生多波形的正弦波、方波及三角波等函数波形的仪器。其基本方框图如图 4-1-1 所示。当触发选择开关 S_1 置于“内”时，内触发脉冲发生器给施密特触发器一个触发信号。当触发信号达到施密特触发器阈值电平时，施密特触发器翻转产生矩形脉冲(脉冲宽度、幅度可调)，此矩形脉冲送至放大器放大，即输出方波。由施密特触发器产生的矩形脉冲，送至积分器，积分器的积分时间常数 *RC* 选择合适，就可得三角波信号。把三角

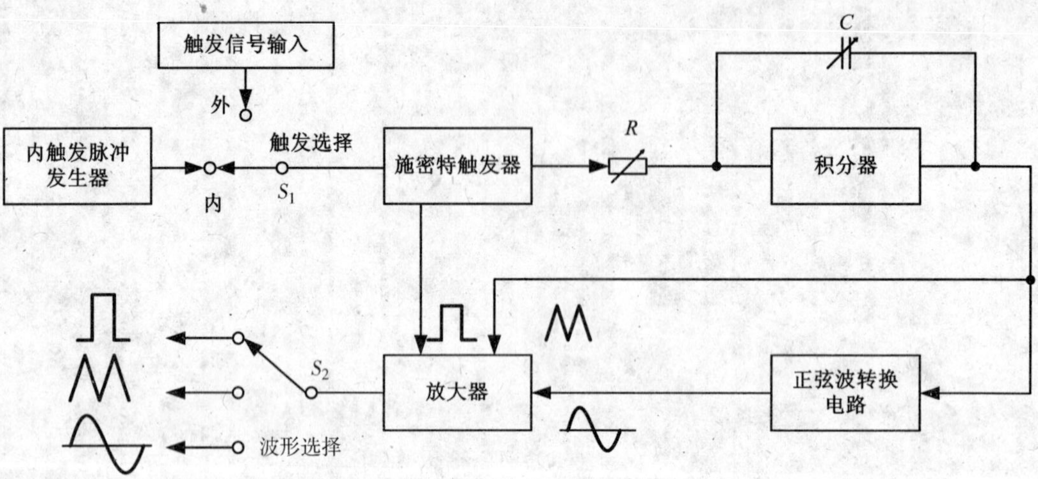

图 4-1-1　函数信号发生器基本方框图

波信号再送至正弦波转换电路(例如,二极管正弦波转换电路)将三角波信号转换成正弦波,然后将各种信号送至放大器放大。可采用同一输出电路用波形选择开关 S_2 选择需要波形,亦可用独立的输出电路同时输出三种波形。

§4－2　函数信号发生器的基本原理

函数信号发生器为了产生各种输出波形，可以采用各种不同电路。现简单介绍下列几种。

一、方波、三角波产生电路

1. 施密特触发器和线性积分器组合电路　施密特触发器和线性积分器组合电路,工作原理如图 4-2-1 所示。当触发信号输入电平达到施密特触发器的阈值电平时,施密特触发器翻转,输出矩形脉冲信号,此脉冲信号再送到积分器积分。积分器采用密勒积分电路,*R* 为积分电阻,*C* 为积分电容。改变 *RC* 积分时间常数,即可改变积分器的积分速度,也就改变了积分

器输出的三角波的斜率。于是输出三角波的幅度也随之改变,因此达到调节三角波幅度、线性的目的。

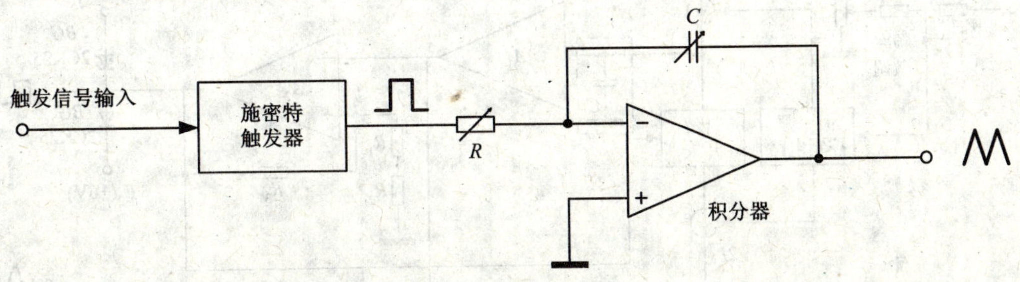

图 4-2-1 施密特触发器和线性积分器产生的方波、三角波电路

2. 运算放大器组合电路

运算放大器的方波、三角波产生电路的工作原理如图 4-2-2 所示。A_1 为积分器、A_2 为零电平比较器,当电路闭环以后,就构成正反馈振荡回路。若 A_1 积分器输出的三角波幅度不能达到 BG_1、BG_2 击穿电压时,则 A_2 比较器输出为某一饱和电位。如果 A_1 积分输出的三角波幅度使 BG_1、BG_2 中的一只稳压管击穿,则 A_2 比较器输出以零电平为对称的方波。输出方波 U_{o2} 的幅度,决定于 BG_3、BG_4 的击穿电压,因为 BG_3、BG_4 为 A_2 比较器输出端的钳位二极管。调节 R_1、C_1,则可改变三角波与方波的频率,BG_1、BG_2 的击穿电压,决定了三角波的输出幅度。

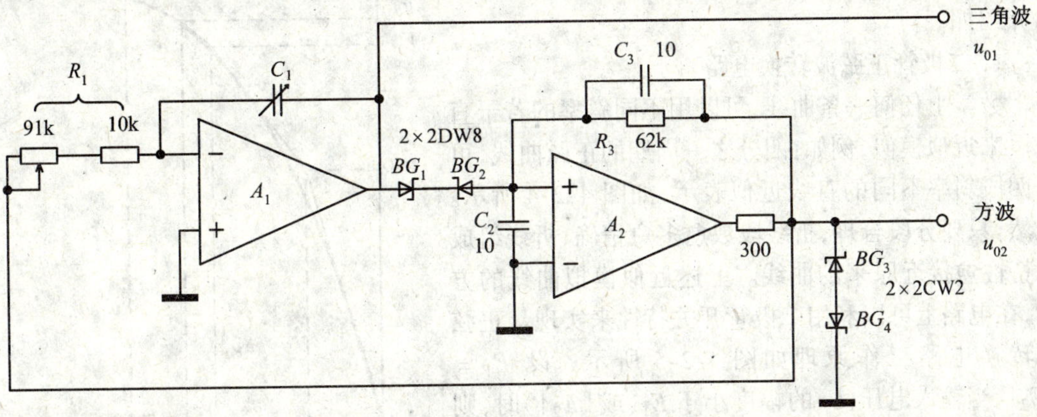

图 4-2-2 运算放大器的方波、三角波产生电路

在图 4-2-2 所示电路中,若取 $C_1 = 500\text{pF} \sim 100\mu\text{F}$,经调节 R_1C_1,方波、三角波的重复频率可为 0.01Hz ~ 100kHz。R_3 上并联电容 $C_3 = 10\text{pF}$ 为正反馈加速电容,它有助于比较器 A_2 可靠闭锁,A_2 输入端与地之间电容 $C_2 = 10\text{pF}$,为高频旁路电容,防止频率较高时产生虚触发。

3. 恒流源对电容充、放电组合电路

恒流源对时间电容充、放电组合电路工作原理如图 4-2-3 所示。A_1 为放大器,A_2 为电平比较器。由于恒流源对时间电容 C 的充、放电,在电容 C 上产生线性变化电压,在放大器 A_1 输出端得到三角波。此三角波送至 A_2 电平比较器,在 A_2 输出端得到方波,该方波反馈控制二极管开关电路,决定恒流源对时间电容充电还是放电。当上恒流源对 C 充电时,三角波电压线性上升;当下恒流源对 C 放电时,三角波电压线性下降。为了保证三角波的对称性,设计上

恒流源电流为 I,下恒流源电流为 $2I$,这样就保证了恒流源对时间电容 C 充电、放电的平衡。

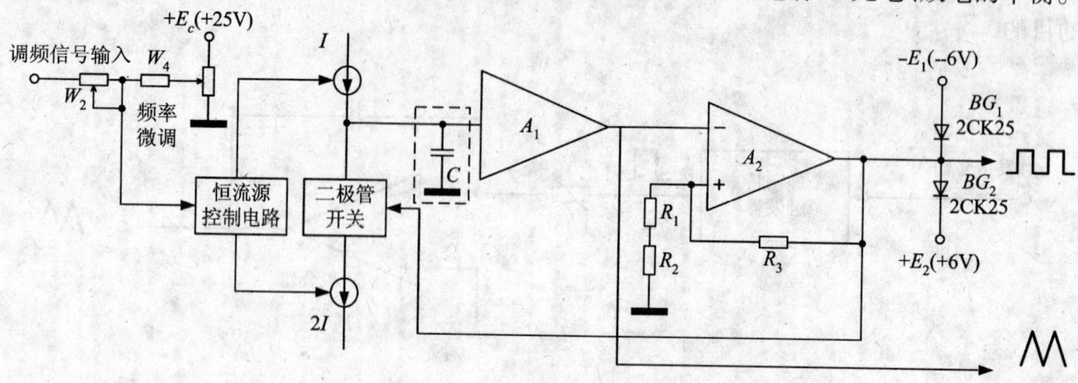

图 4-2-3　恒流源控制的方波、三角波产生电路

为了改变各波段的频率,可以用改变时间电容 C 的办法来实现。调节电位器 W_4,改变恒流电路的供电电压 E_c,亦即控制恒流源电流的大小,调节恒流源电流对时间电容 C 充、放电的快慢,从而达到波段内频率调节。

当调频信号输入时,调节电位器 W_2,即改变调频信号幅度,使恒流源电流大小按调频信号的幅度规律变化,这样就得到调频信号。

二、正弦波转换电路

正弦波转换电路种类很多,现在把典型的两种电路介绍如下。

1. 二极管正弦波转换电路

数学上任何一条曲线,可以用不同斜率的若干直线段来近似模似,例如:四分之一周期的正弦曲线,可用四段斜率不同的直线近似表示,如图 4-2-4 所示。显然,只要分段合理,折线段数愈多愈精确,折线组成的特性愈接近原来的曲线。上述近似模拟曲线的方法,在电路上可以利用二极管开关特性来实现。正弦波转换电路工作原理如图 4-2-5 所示。设 $E_1 = |E_2|$,当输入电压 U_i 的幅度小于 E_1(或 $|E_2|$)时,则二极管 D_1、D_2 截止,U_i 输入信号直接经过电阻 R_1 输出,此时输出电压 $U_o = U_i$。当 U_i 的电压幅度大于 E_1(或 $|E_2|$)时,二极管 D_1(或 D_2)导通,此时输出电压 $U_o = U_i(\frac{R}{R_1 + R})$($R$ 为 A 点对地的等效电阻)把 $D_1 \cdot R_2$ 和 $D_2 \cdot R_3$ 并联起来,每增加一个二极管导通,就使 R 等效电阻下降一数值,U_o 相对于 U_i 之间的斜率就相应下降一数值。因此二极管的逐个导通,相当于控制 A 点对地接入等效电阻 R 的大小,亦即改变 U_o 相对于 U_i 的斜率。实际的正弦波转换电路如图 4-2-6 所示。A 输入为三角波,B 输出为正弦波。当 A 输入三角波的幅度很小时,所有的二极管均截止,则 B 输出信号电压等于 A 输入信号电压,此时,U_o 相对于 U_i 的斜率最大。随着 A 输入的三角波正半周电位逐渐上升,二极管 D_{1A}、D_{2A}、$D_{3A}\cdots D_{6A}$ 逐个导通,等效电阻 R 逐渐减小,输出电压相对于

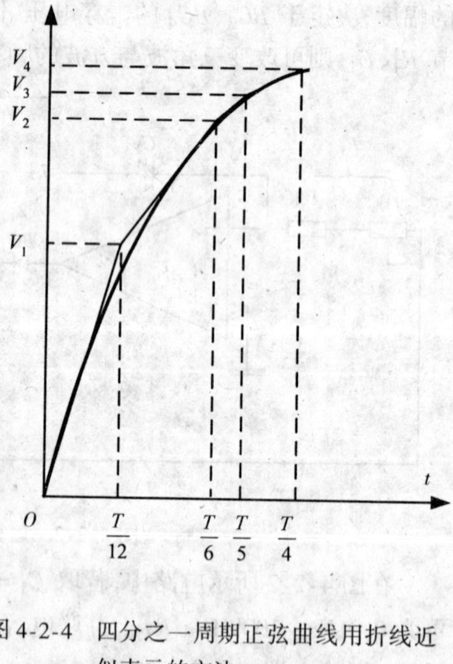

图 4-2-4　四分之一周期正弦曲线用折线近似表示的方法

输入电压的斜率逐渐下降，最后斜率趋近于零，这就完成了正弦波前$\frac{1}{4}$周期的转换。当 A 输入的三角波正半周电位逐渐下降，二极管 $D_{6A}\cdots D_{3A}$、D_{2A}、D_{1A}逐个截止，其斜率从零又逐渐增大，完成正半周正弦波后$\frac{1}{4}$周期的转换。到此，三角波正半周就转换成接近正弦波的正半周。当三角波的负半周电位逐渐上升时，二极管 D_{1B}、$D_{2B}\cdots D_{6B}$逐个导通，等效电阻 R 逐渐减小，输出电压相对于输入电压的斜率(负方向)逐渐下降，最后斜率(负向)趋近于零，完成了负半周前$\frac{1}{4}$周期正弦波转换。当三角波的负半周电位逐渐下降，二极管 $D_{6B}\cdots D_{2B}$、D_{1B}逐个截止，等效电阻 R 增加，其斜率负向增大，这样就使三角波负半周的后$\frac{1}{4}$周期转换成接近负半周的正弦波。这样，三角波变化一周就完成转换一周的正弦波。

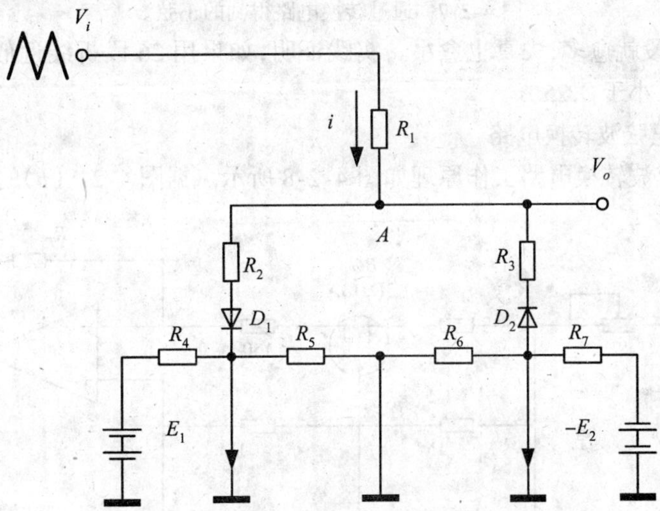

图 4-2-5　正弦波转换电路

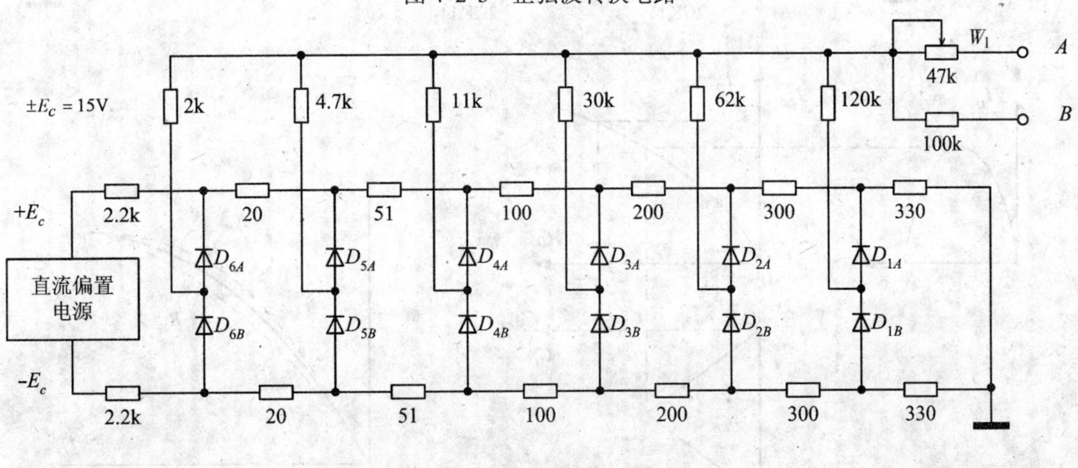

图 4-2-6　实际的正弦波转换电路

A. 三角波输入　*B*. 正弦波输入　二极管均为 2AP11

图 4-2-7(a)所示为用六段折线来逼近$\frac{1}{4}$周期的正弦曲线，调节 W_1 会影响正弦波的幅度。在 B 得到的正弦波如图 4-2-7(b)所示。这种三角波转换成正弦波的方法，二极管开关的个数

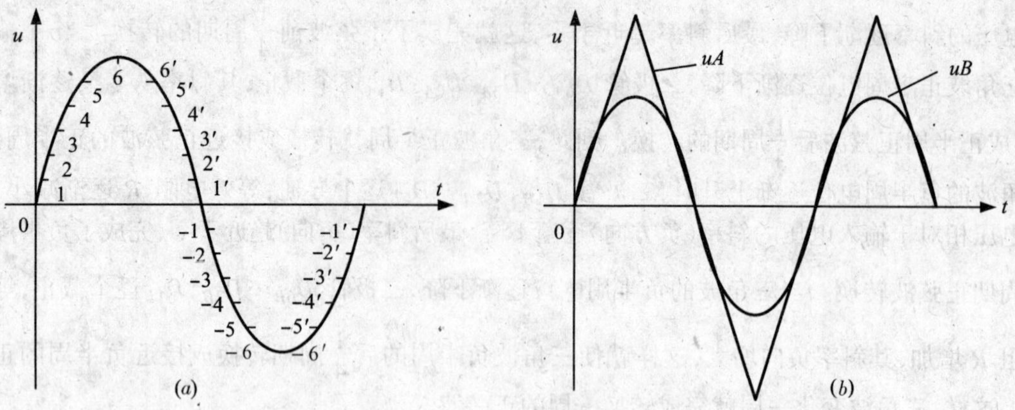

图 4-2-7　通过转换电路得到的正弦波

用得愈多,折线线段就愈多,失真也愈小。实践证明,如果用 26 段折线近似表示正弦波,则正弦波的失真程度可小于 0.25%。

2. 场效应管正弦波转换电路

场效应管正弦波转换电路工作原理如图 4-2-8 所示。据图 4-2-8(*b*)的场效应管 U_{DS}与 I_D

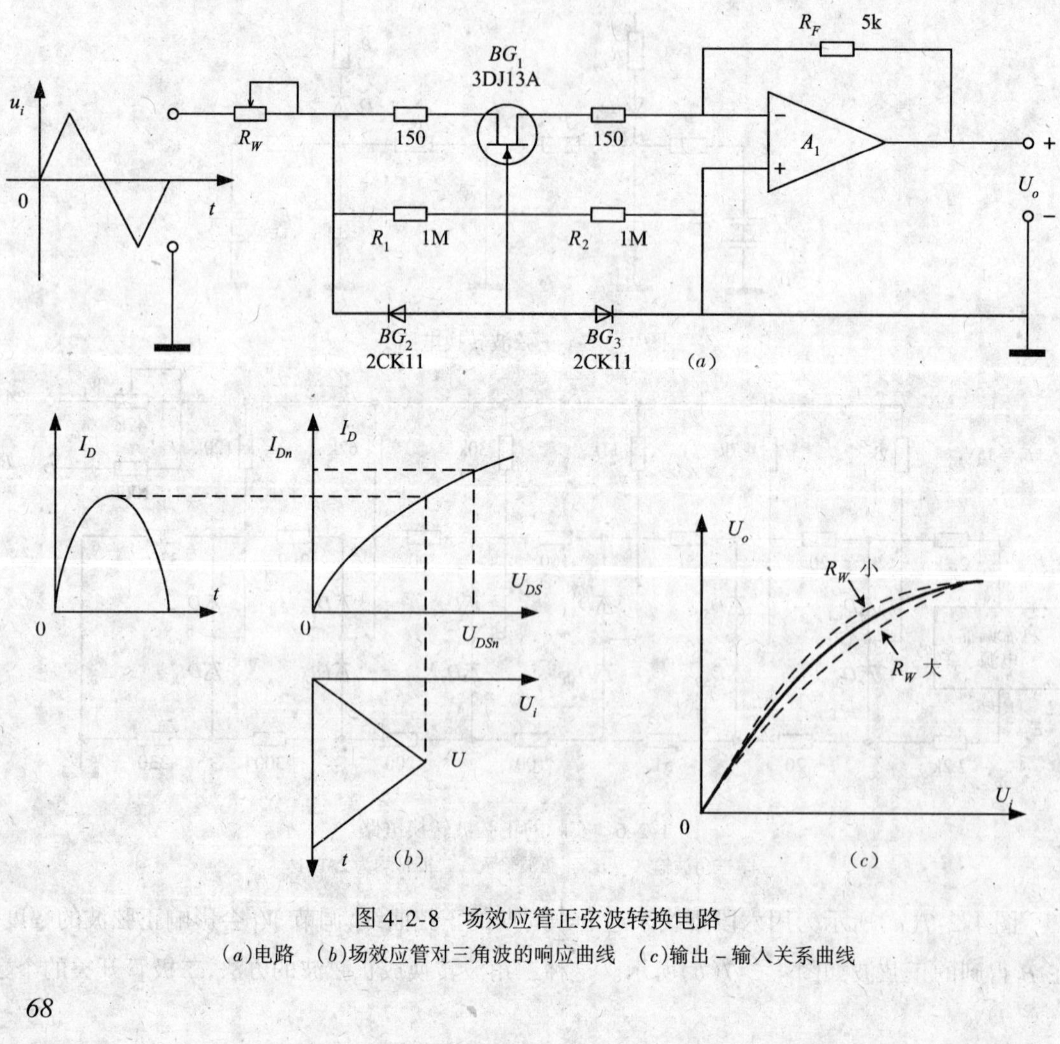

图 4-2-8　场效应管正弦波转换电路

(*a*)电路　(*b*)场效应管对三角波的响应曲线　(*c*)输出 – 输入关系曲线

关系曲线可知,在 $0 \sim U_{DSm}$ 曲线区域中,U_{DS} 与 I_D 之间有正弦函数关系。图中 A_1 为运算放大器,其反相输入端为虚地点,因此当电位器 R_W 阻值为零时,U_i 可视为结型场效应管的 U_{DS},而且全部加给 R_1、R_2、BG_2、BG_3 栅极电位分配器上。当三角波 U_i 为负时,BG_2 导通,源、栅电压等于 BG_2 正向压降。当三角波为正时,BG_3 导通,栅、漏电压等于 BG_3 的正向压降,由于场效应管源极、漏极之间可以互换,并且源、栅与漏、栅之间完全对称,当输入 U_i 为三角波,并且工作在 $I_D - U_{DS}$ 曲线的 $0 \sim U_{DSm}$ 区域,在 A_1 的输出端 U_o 为正弦波。调节电位器 R_W,可改变三角波的输入幅度,亦即改变正弦波输出波形,可达到对正弦波的校正,如图 4-2-8(*c*)所示。实际调整时,将 R_W 滑动端置于中间位置,先调整输入三角波的幅度,使 A_1 输出接近正弦波,然后再调节 R_W,使正弦波失真减小,如此反复调节,使正弦波失真达到最小。

三、用微处理机构成函数信号发生器

用微处理机构成函数信号发生器的方法是把波形参数(实时计算出来或者预先计算好存入存贮器)通过并行输入/输出接口(PIO),加给数/模(D/A)转换器的输入端,数码在 D/A 中转换成模拟电压,然后经过滤波、放大、衰减即可得到预期的波形。其工作原理方框图如图 4-2-9 所示。

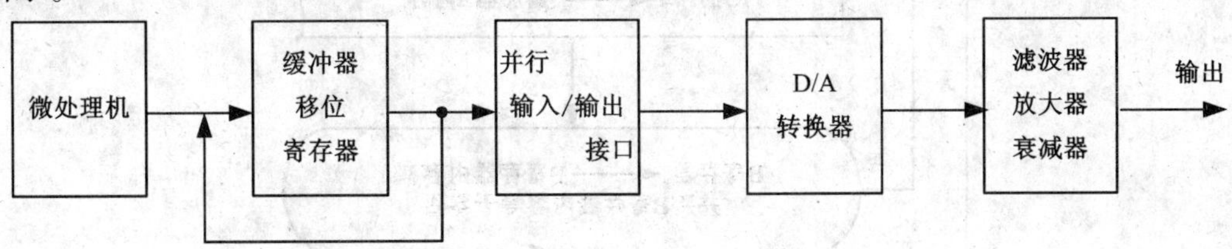

图 4-2-9 用微处理机构成函数信号发生器

例如,Z80 系列微处理机的 PIO 有两个独立双向输入/输出口——A 口和 B 口,每个端口都是 8 位。假定用程序将 A 口设置成输出口(当然也可将 B 口设置成输出口),并由 A 口向 D/A 送数,当加给 D/A 片的数码为 11111111 时,D/A 片的输出电压最低(例如 DAC - IC8BC 电路,此时输出 - 5V)。接着逐次将输出到 D/A 的数码减 1(或减去其他常数值),直到输出数码为 00000001,此时,D/A 片的输出逐渐增大到接近 0V。重复上述过程,则可得锯齿波,同样道理亦可以得到其他波形,只需改变程序即可。

产生锯齿波的程序流程图如图 4-2-10 所示。可知,其中包含一个小循环和一个大循环。小循环是每次换一个数,锯齿波逐次上升,大循环是一个锯齿波结束又开始另一个锯齿波。

根据上述方法,也可产生方波(占空比可任选)、三角波、正弦波等。不过为了快速,产生正弦波的数码不必由微处理机实时计算,而是预先按理论算好,存入存贮器,CPU 只须逐次将此数码取出送入 PIO 即可。

用微处理机构成的函数信号发生器,具有如下特点:

(1)电路简单,只需用几块大规模集成电路即可构成主要部分。

(2) 改变波形比较方便,只要改变软件(程序),而硬件基本不变。例如,改变程序(指令条数或延迟时间)很容易改变小循环的周期,即改变输出波形的周期。再如,不在 00000000——11111111 的满刻度内循环,仅在满刻度的一部分上循环,就可在一定范围内改变 D/A 变换的输出幅度。

(3)波形的精确度取决于 D/A 的输入位数,一般 PIO 和 D/A 都是 8 位,即波形实质上是由

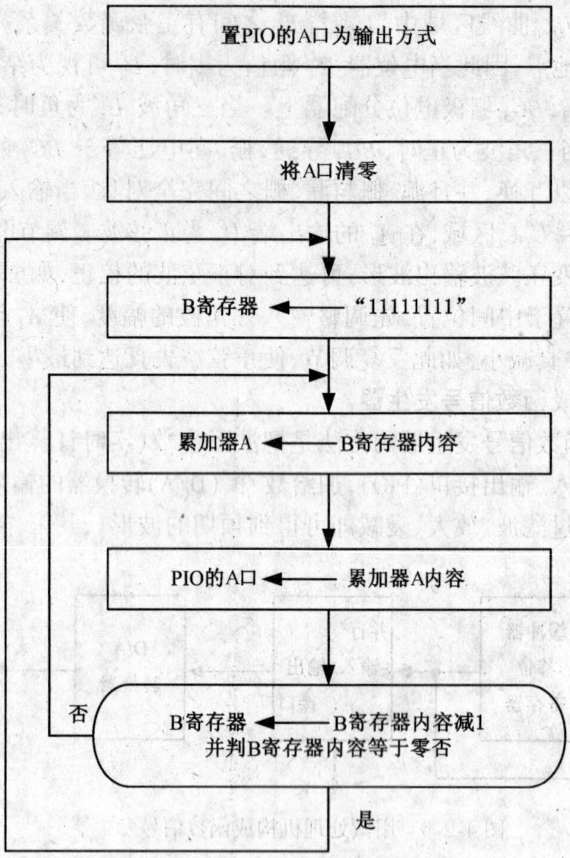

图 4-2-10　产生锯齿波的程序流程图

多个台阶构成，D/A 满幅输出为 2^8，每个台阶等于 $\frac{1}{2^8}=\frac{1}{256}$。若要提高波形精确度，可以采用 10 位或 12 位 D/A 转换器，相应地要用 2 片 PIO 并行工作。注意：用这种方式产生的波形没有用一般模拟方法产生波形的非线性失真问题。

(4)波形的重复频率受微处理机速度的限制。

(5)可以用中断的方式实现外触发同步。

§4－3　XD－17 型宽频带函数信号发生器简介

一、概述

XD－17 型宽频带函数信号发生器可输出正弦波、三角波、方波三种波形。工作频率为 0.000 1Hz～1MHz，包括了高频低端、中频、低频以及超低频全部范围。仪器具有线性电压控制频率(VCF)特性。因此除了可作一般调频(FM)信号源外，还可对窄带和宽带系统进行频率扫描，确定系统的频率特性。

本仪器可作为压控振荡器，配合适当的鉴相器，容易构成锁相环(PLL)对外脉冲信号同步，因此用途十分广泛。

二、整机方框图

XD－17 型宽频带函数信号发生器，方框图如图 4-3-1 所示。通过恒流源控制电路控制电流对时间电容 C 的充、放电、产生线性变化电压，从而产生三角波。改变时间电容 C 的大小，可改变三角波波段间的频率转换；调整电位器 W_4，改变恒流源电流大小可完成波段内频率微调。产生三角波经波形选择开关 S_1，如果 S_1 选择三角波信号，则三角波信号经过幅度调节电位器 W_1，调节输出幅度的大小，然后经过输出放大器放大，再经过匹配电阻 600Ω（或 50Ω）为 1 路输出；或再经过 0～80dB（每 20dB 为一档，共分四档衰减）为 2 路输出。为了使仪器在低频段最低频率达到 0.000 1Hz，必须要有一个一百万微法的时间电容充、放电，而这样大的电容难以找到，因此采用模拟电容倍增器的方法使模拟电容达到一百万微法。三角波信号经过正弦波转换电路转换成正弦波，此处正弦波转换电路也是利用二极管开关特性，用多段折线近似法转换成正弦波，原理已如前述。三角波信号经过电平比较器的转换得到方波，电平比较器由运算放大器加正反馈组成。方波获得以后，如果波形选择开关 S_1 置位于选取方波，此方波同样输给输出放大器放大，然后由 1 路或 2 路输出。同时电平比较器输出的方波还用于控制二极管开关使恒流源对时间电容充电或放电。在上述电路中，

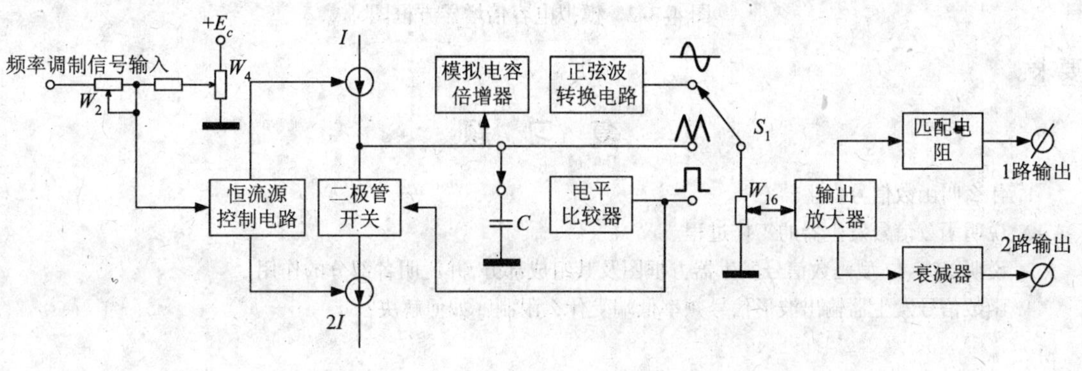

图 4-3-1　XD－17 型宽频带函数信号发生器方框图

只有模拟电容倍增器是比较特殊的电路，在此做一简单介绍。

模拟电容倍增器方框图如图 4-3-2 所示。A_1、A_3 为两个放大器，它们共放大 $K=3\times4$ 倍。当三角波信号经过 A_1、A_3 以后，设 A_1 输入端为 U_i，则 A_3 输出端电压为 KU_i。设 A_4 为理想运算放大器，则 A_4 二输入端电压相等，即 $R_{65\sim70}$ 上电压等于 R_{63} 上电压。而 $R_{65\sim70}$ 上的电压为流过 C_{20}、C_{21} 上的电流与 $R_{65\sim70}$ 电阻的乘积；R_{63} 上的电压应该为流过 R_{63} 的电流与 R_{63} 电阻的乘积。根据 A_4 为理想运算放大器的特性，$R_{65\sim70}$ 上的电压等于 R_{63} 上的电压，因此

$$R_{65\sim70}\cdot C_{20}\cdot C_{21}(K-1)\frac{\mathrm{d}U_i}{\mathrm{d}t}=C_{模拟}\cdot\frac{\mathrm{d}U_i}{\mathrm{d}t}\cdot R_{63}$$

所以　$$C_{模拟}=C_{20}\cdot C_{21}(K-1)\frac{R_{65\sim70}}{R_{63}}$$

采用模拟电容倍增电路后，当频率倍乘开关置于最低频率挡时，则 $C_{20}+C_{21}=20\mu\mathrm{F}$，电阻 $R_{63}=4.42\mathrm{k}\Omega$，电阻 $R_{70}=22.1\mathrm{M}\Omega$，$A_1$ 与 A_3 总放大倍数 $K=3\times4=12$，于是得

$$C_{模拟}=10^8\mu\mathrm{F}$$

相当于在 A_1 输入接有一个容量为一百万微法的时间电容，满足了低端频率为 0.000 1Hz 的

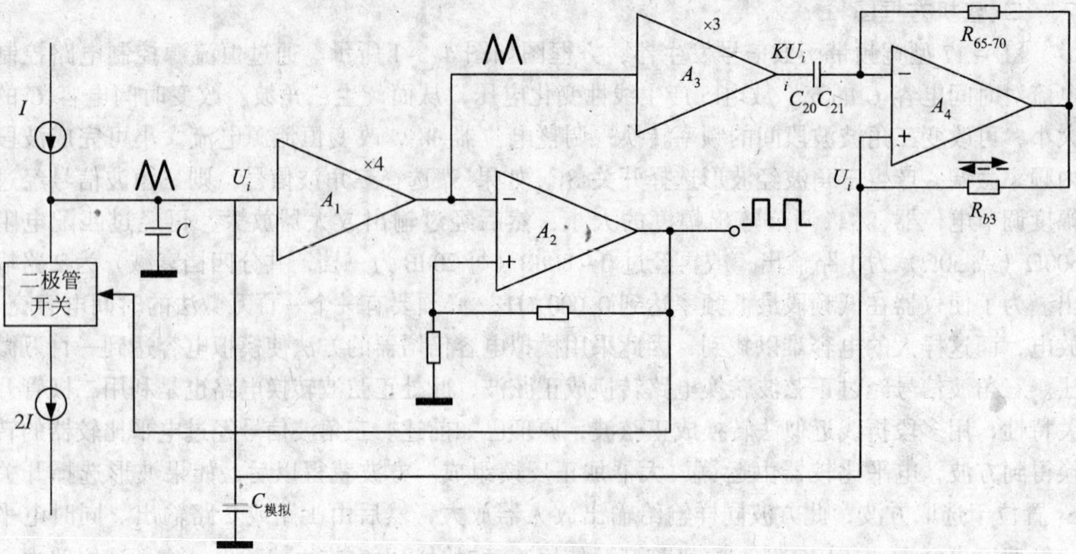

图 4-3-2　模拟电容倍增器方框图

要求。

复　习　题

1. 什么叫函数信号发生器?
2. 说明函数信号发生器的工作过程。
3. 说明 XD－17 型函数信号发生器方框图及其组成部分,并说明各部分的作用。
4. 函数信号发生器输出波形信号频率低端受什么限制? 如何解决?

第五章　脉冲信号发生器

§5－1　概　　述

广义地讲非正弦信号均可称为脉冲信号，通常脉冲信号指具有瞬变特性的电流或电压，形状可以是多种多样的。如尖脉冲、三角形脉冲、矩形脉冲、钟形脉冲等等，这些信号一般是周期性的，并且脉冲周期远大于脉冲宽度。由于各种形状的脉冲信号之间可以通过整形电路进行波形变换，因此作为标准的信号源来说，脉冲信号发生器提供的脉冲信号为矩形波。方波发生器输出方波（脉冲持续期和间歇期相等）可以看成是矩形脉冲的特例。

实际的矩形脉冲并不是理想的矩形，上升和下降需要一定的时间，顶部也不是完全平坦的，实际波形如图 5-1-1 所示。据此可确定矩形脉冲有如下参数。

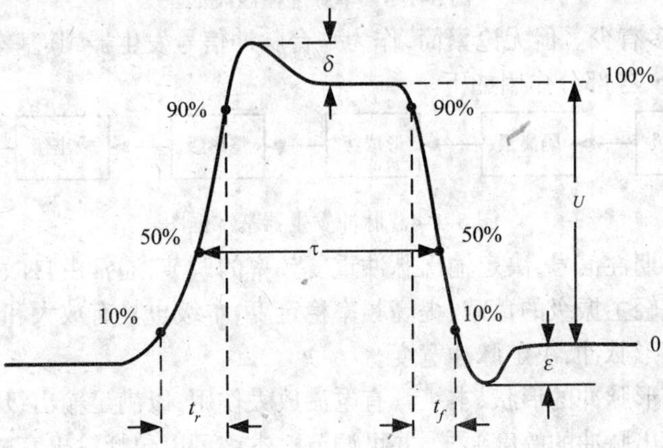

图 5-1-1　矩形脉冲

重复频率 f：每秒时间内脉冲出现的个数。

幅度 U：从零上升到 100% 所对应的电压值。

宽度 τ：电压上升到 50% 至下降到 50% 所对应的时间间隔。

上升沿 t_r：电压从 10% 上升到 90% 的时间。

下降沿 t_f：电压从 90% 下降到 10% 的时间。

上冲量 δ：上升超过 100% 部分的幅度。

反冲量 ε：下降到零以下部分的幅度。

偏移 E：矩形脉冲通常以水平 0 轴为基准，有些脉冲发生器输出脉冲可在零轴上下平移，其平移的幅度称为偏移。

脉冲信号发生器在工厂和实验室中作为脉冲信号的来源，用于测试脉冲电路和数字电路的动态特性，如限幅器的限幅特性，钳位电路的钳位特性，触发器的触发特性等，以及用作锯齿波和阶梯波发生器的输入信号。在数字电路中测试门电路的转换特性和延迟时间、开关电路的开关速度等，以及用于数字集成电路和计算机电路的研究、示波器瞬态特性研究等。

脉冲信号发生器输出脉冲有单脉冲和双脉冲两种，双脉冲信号波形如图 5-1-2 所示。脉

宽 τ、幅度 U、周期 T 和双脉冲间隔 $t_{d-\tau}$ 可以调节。双脉冲信号可用于双稳态触发器计数和时间间隔测量。两种脉冲均可以经倒相器和引入直流分量形成正脉冲、负脉冲、正倒置和负倒置四种输出波形，以单脉冲为例如图 5-1-3 所示，分别用 +、-、+′和 -′表示。

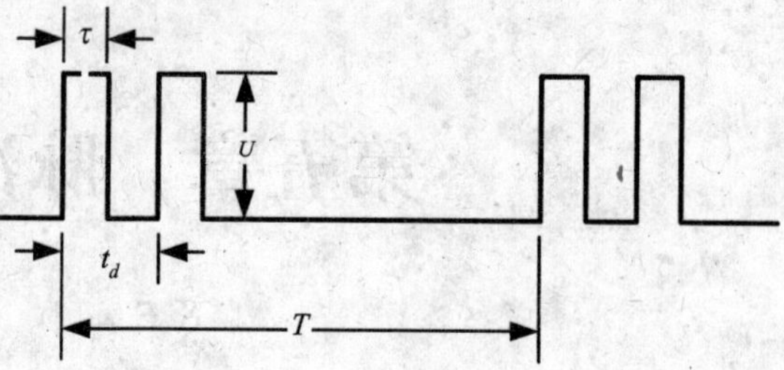

图 5-1-2　双脉冲信号

国产脉冲信号发生器型号繁多性能不一，除了重复频率、脉冲宽度和幅度不同外，

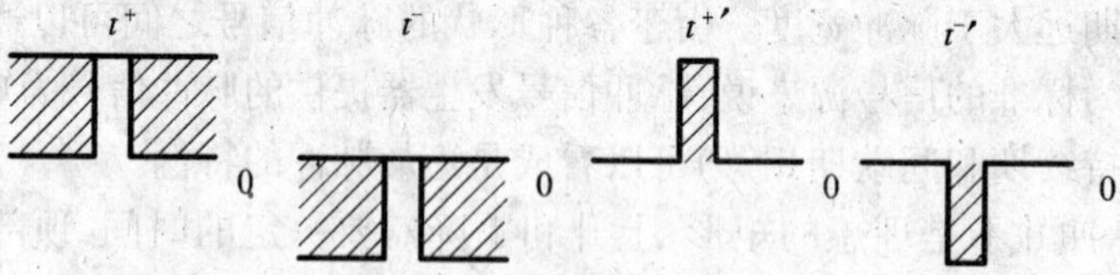

图 5-1-3　单脉冲输出波形

输出波形种类也有多有少。但无论繁简，作为一台脉冲信号发生器，其基本组成至少应包括图 5-1-4 所示的几部分，各部分作用如下。

图 5-1-4　脉冲发生器基本框图

主振级：形成周期性信号，决定输出脉冲重复频率的调节，通常由自激振荡器构成。

隔离级：用于减轻主振级的负载，提高频率稳定度，本级也具有放大和整形作用。

形成级：形成矩形脉冲，决定脉冲宽度。

整形级：改善矩形脉冲的形状，本级具有电流放大作用，以满足输出级的激励要求。

输出级：完成输出脉冲的幅度要求，并可调节。本级可以包括输出衰减器。

以上各级电路均采用开关电路，采用饱和开关或非饱和开关。输出级要输出大电流供给低阻抗负载(通常为 75Ω 或 50Ω)时则应采用功率开关电路。

§5-2　基本电路原理

一、主振级

脉冲信号发生器主振级可以采用多谐振荡器、间歇振荡器，或者采用正弦振荡器获得正弦信号后整形为方波，当要求频率稳定度高时采用晶体振荡器，经分频器后获得一系列频率稳定的信号，也可以采用锁相环路稳定频率。通常主振级多采用多谐振荡器，其优点是电路简单，频率连续可调。

多谐振荡器基本上分为集基耦合双电容定时和射极耦合单电容定时两种，前一种是基本形式，电路如图 5-2-1 所示，电路对称，频率固定，输出方波信号。本电路与双管多谐振荡器比较多了两级射极跟随器 BG_3、BG_4，优点是跟随器的高输入阻抗低输出阻抗，可减小 BG_1、BG_2 直接连接时低输入阻抗的互相影响，因而提高了 BG_1、BG_2 两级增益，可加速雪崩过程改善输出波形。本电路的缺点是频率调节不方便。

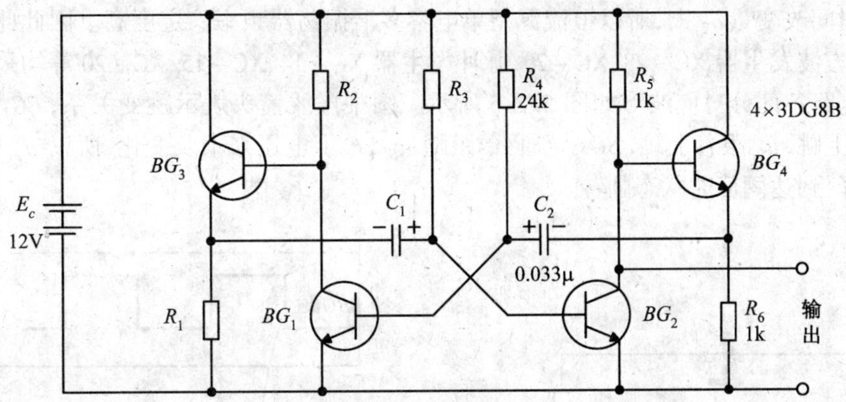

图 5-2-1　多谐振荡器

频率调节方便、波形良好的单电容多谐振荡器电路如图 5-2-2 所示。电路对称，输出方波信号。振荡原理如下：信号从 BG_1 基极到集电极放大并倒相 Π，经 BG_3 耦合到 BG_2 基极不产生相移，从 BG_2 基极到集电极放大并再倒相 Π，然后经 BG_4 耦合到 BG_1 基极，形成正反馈环，由于稳压管上没有信号压降，所以正反馈十分强烈，一管导通将迫使另一管截止，形成两种状态，由于电容 C 的存在，到一定时刻则引起状态的反转。振荡过程如下：电源接通后产生 i_b、i_c，电路虽然对称，两管电流不可能绝对平衡，设 BG_1 导通增强，其集电极电位下降，经 BG_3 耦合使 BG_2 基极电位下降导通减弱，其集电极电位上升使 BG_1 基极电位上升，BG_1 导通更强，这是一个强烈的正反馈过程，电路"雪崩"进入 BG_1 饱和 BG_2 截止状态，这是电路的第一种状态。BG_1 饱和压降约零点几伏，BG_2 集电极电压 $u_{c2}=E_c-I\cdot R_{c2}$，I 是稳压管工作电流。BG_1 射极电流分为两路，一路经 Re_1 到地，另一路经 C、Re_2 到地，C 上电压积分数值指数加大，BG_1 基极电位 $u_{b1}=u_{c2}-U_W=E_c-I\cdot R_{c2}-U_W$，稳压管电压 U_W 恒定，I 基本不变，所以 u_{b1} 恒定，BG_1 导通时射极电位被基极钳位，$ue_1=u_{b1}-0.7\text{V}$，所以 ue_1 也是恒定的。C 被充电时左端电位恒定右端电位将按指数规律下降。下降到阈值时 BG_2 开始导通，由于电路具有强烈的正反馈作用，BG_2 一旦导通立即雪崩，BG_2 饱和 BG_1 截止，这是电路的另一种状态。BG_2 饱和后其电流的一部分将对 C 反向充电，C 上电压反向变化，其右端被钳位，左端电位指数下降，到达阈值时 BG_1 重新导通，如此循环下去。根据以上分析可知，晶体管由截止进入导通是主动的，由导通进入截止是被动的。何时翻转决定于电容充电速度，即振荡频率决定于时间常数$(Rc+Re+r_s)C$，r_s 为晶体管饱和内阻，更换 C 可粗调频率。

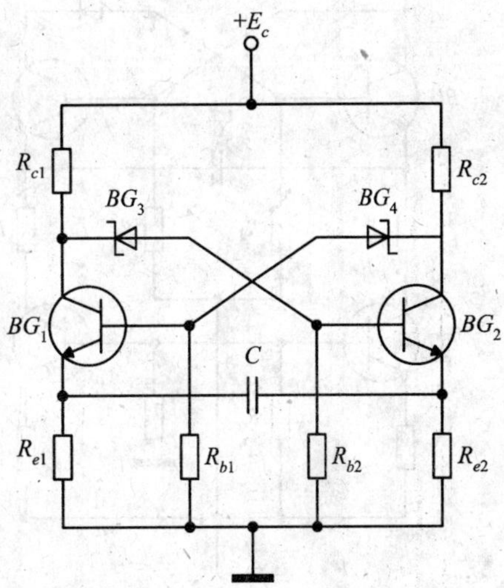

图 5-2-2　单电容定时多谐振荡器

为了提高频率稳定度，射极电阻 R_{e1}、R_{e2}可改用恒流源，电路如图 5-2-3 所示，电路对称，BG_5、BG_6 为恒流源。采用恒流源时 C 上电压按直线规律变化，抵达阈值 Th 时变化比较尖锐，采用 R_e 时 C 上电压抵达阈值变化比较缓慢，如图 5-2-4 所示。由于电源或温度变化等原因阈值发生变化时，采用恒流源引起的触发时间改变量 δ_1 小，即振荡周期变化小，而采用 R_e 时引起的触发时间改变量δ_2大，所以恒流源型单电容多谐振荡器频率稳定度高。因此此种电路应用较广，如方波发生器 XC－28、XC－29，脉冲发生器 XC－14、XC－15、XC－20 等均采用此种主振电路。电路各部分对应波形如图 5-2-5 所示。图中虚线箭头表示跳变关系，BG_1进入截止状态时u_{c1}上跳，u_{b2}跟着上跳，BG_2导通u_{e2}跟随u_{b2}，C上电压来不及变化，所以u_{e1}也上跳，然后直线下降，到达阈值时状态翻转。

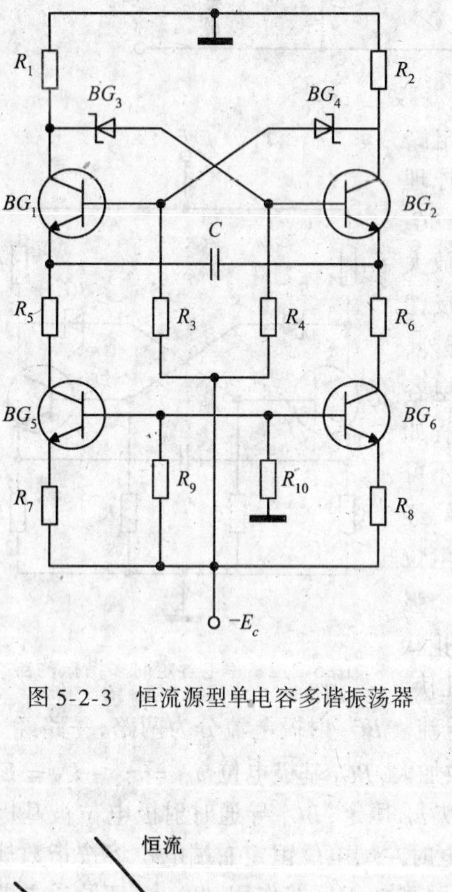

图 5-2-3　恒流源型单电容多谐振荡器

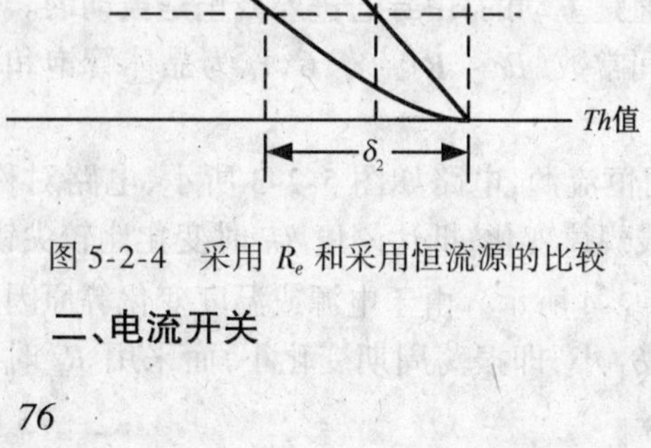

图 5-2-4　采用R_e和采用恒流源的比较

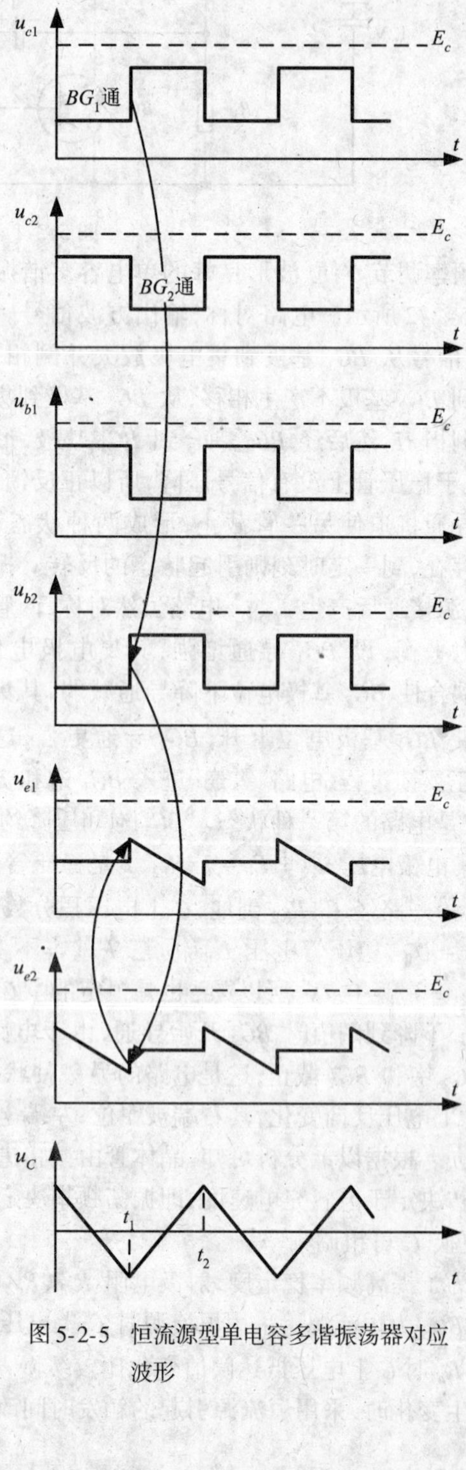

图 5-2-5　恒流源型单电容多谐振荡器对应波形

二、电流开关

电流开关是一种非饱和型开关,它可以用于隔离、放大和整形,其输出矩形波前后沿极小,所以广泛应用于脉冲信号发生器中。电流开关是在克服饱和型开关缺点后发展而成。饱和型开关的基本形式是单管倒相器,其缺点是晶体管有存储效应,使输出波形前后沿变差,特别在退出饱和时时间上滞后,开关速度降低较多。为什么不限制在非饱和区呢?工作在放大区和截止区时,输出幅度 $U_o = I_e \cdot R_c$, $I_c = \beta I_b + I_{ceo}$, β、I_b 和 I_{ceo} 均受温度影响大,使 I_c 随温度上升而加大,则 U_o 不稳定。电流开关克服了此缺点,基本电路如图 5-2-6 所示,电路对称,BG_1、BG_2 特性一致,取 $R_{c1} = R_{c2} = R_c$。从电路形式上看电流开关与差分放大器相同,实际上工作状态不同,差分放大器工作于小信号线性状态,电流开关工作于大信号非线性状态(放大区和截止区)。输入信号 u_{b1}、u_{b2}大小相等极性相反,使一管导通另一管截止,两管导通电流相等 $I_{c1} = I_{c2} = I_e = \dfrac{E_e - |u_e|}{R_e}$,当满足 $E_e \gg |u_e|$ 时,$I_e \approx \dfrac{E_e}{R_e}$数值恒定。输出幅度 u_{c1}、u_{c2}极性相反,幅度 $|u_{c1}| = |u_{c2}| = I_e \cdot R_e$ 恒定,与晶体管参数和输入信号无关。输出幅度大小可通过 I_e 调节。实际 u_e 值与输入信号有关,u_e 由导通管钳位 $u_e = u_b^{+} - 0.7$V,使输入信号高电平 $u_b^{+} \approx 0.7$V 时,$u_e \approx 0$,不等式可以很好满足。输入信号低电平 u_b^{-} 不影响输出幅度,只影响截止管截止深度,截止浅则抗干扰能力差,所以 u_b^{-} 值大一些好,通常取 $u_b^{+} - u_b^{-} > 1.4$V 为宜,保持 $u_e \approx 0$ 和使截止管 be 结有 0.7V 的反偏电压。

为了避免晶体管工作到饱和区,应满足非饱和条件 $u_b^{+} < u_c^{-}$, $u_c^{-} = E_c - I_c \cdot R_c$,所以 I_c、R_c 和 u_b^{+} 不能取值过大。

为了保证两管输出幅度一致,两管参数要一致,所以采用"对管"最佳。

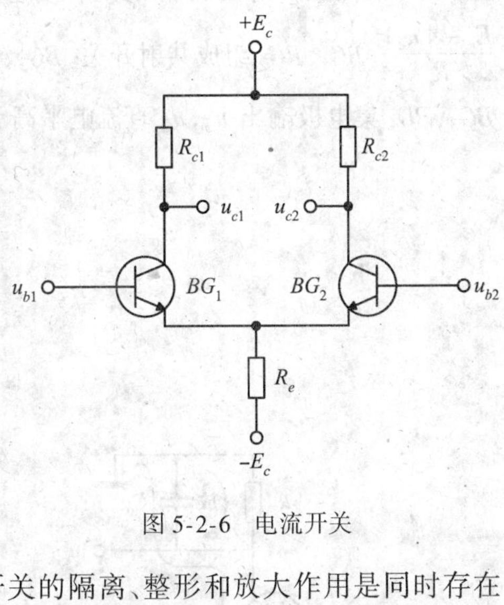

图 5-2-6 电流开关

保证输出幅度恒定的最好办法是采用恒流源代替 R_e,这就是恒流源型电流开关,简化电路如图 5-2-7(a)所示(集电极电路省略),此时不必考虑不等式,I_e 决定于 R_1、R_2、R_3 和 $-E_e$,与晶体管参数和输入信号无关。R_2 若改用稳压管代替则稳定性更好,电路如图 5-2-7(b)所示,此时 $I_e = \dfrac{U_W - 0.7}{R_3}$。集电极负载 R_c 上端接 $+E_c$ 或地;两种接法均要注意非饱和条件。通过以上分析可知,电流开关工作于非饱和区而输出幅度恒定,是一种性能优良的电路。

"电流开关"转换后电流不变,如同单刀双掷开关一样,如图 5-2-7(c)所示,名称因此而得。电流开关的隔离、整形和放大作用是同时存在的,随使用场合不同,可突出其某一方面,隔离作用用于自激振荡器后级,稳定振荡频率,整形作用用于改善矩形波前后沿,放大作用用于提高输出幅度。电流开关由于工作于非饱和状态,晶体管导通和截止快,所以输出波形好,当然输出幅度要比饱和开关小一些。电流开关晶体管截止时集电极输出上升沿,在晶体管 f_T 足够大时,上升沿大小决定于分布电容 C_o 通过 R_c 的放电速度,如图 5-2-8 所示。时间常数 R_cC_o 越小放电越快,上升沿越小,所以减小 R_c 可改善上升沿。C_o 充电时决定下降沿,晶体管导通越快和导通电流越大时,C_o 充电越快,下降沿越小。输出幅度为 $I_e \cdot R_c$,可见提高 I_e 既可改善波形又可加大幅度。电流开关具有电压、电流和

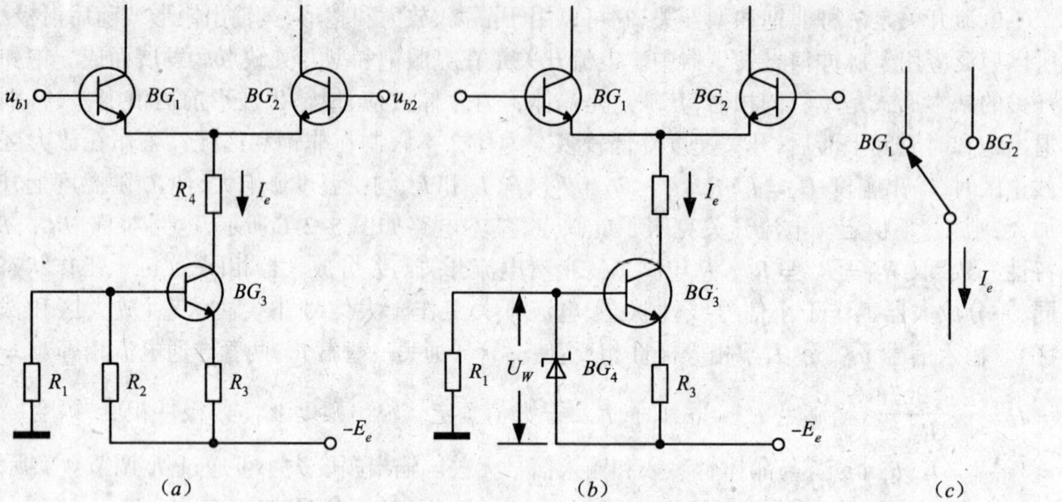

图 5-2-7　恒流源型电流开关

功率放大作用，在电压幅度足够时，用电流开关放大电流同时减小 R_c 可改善波形。脉冲发生器中常采用多级电流开关，逐级放大 I_e，减小 R_c，使波形逐级改善。电流开关的缺点是功耗较大输出电压幅度较小，晶体管对称性要求高。

串接电流开关是电流开关的一种特殊形式，它可以实现两路输出。电路如图 5-2-9 所示。BG_1 与 BG_3、BG_2 与 BG_4 串接，串接管同时导通和截止，两组状态相反，工作电流 $I_e = \frac{E_e - |u_e|}{R_e}$，$BG_1$、$BG_2$ 组成共射开关，BG_3、BG_4 组成共基开关。从 BG_1、BG_2 集电极输出 u_2，从 BG_3、BG_4 集电极输出 u_3，u_3 直流电平高于 u_2，但信号幅度基本相等。串接管截止时，u_3 高电

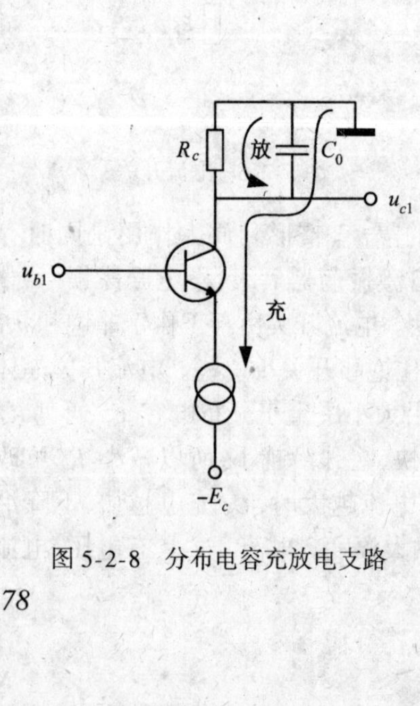

图 5-2-8　分布电容充放电支路

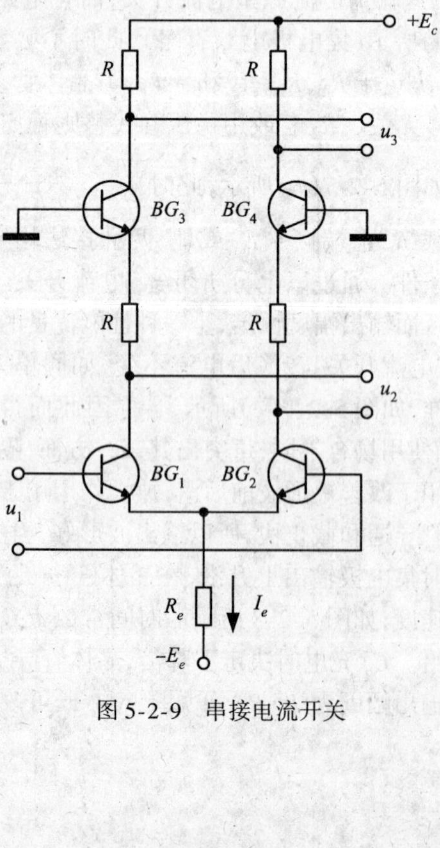

图 5-2-9　串接电流开关

平为 E_c，u_2 高电平为 0V。串接管导通时，u_3 低电平为 $E_o - I_e \cdot R$，u_2 低电平为 $-0.7 - I_eR \approx -I_eR$，所以信号幅度为 I_eR。

为保持 I_e 恒定，R_e 也可采用恒流源。

三、脉冲形成级

矩形脉冲的形成通常采用单稳态触发器和脉冲加、减电路。单稳态触发器电路形式较多，基本电路已在脉冲课程中讲过，这里不重复。脉冲发生器中采用各种改进的单稳电路，图 5-2-10 是两种常见形式，(a)图电路稳态时 BG_2 饱和 BG_3 截止，BG_1 为跟随器，输入方波信号经跟随器低阻抗输出，信号低电平触发 BG_2 截止，BG_3 导通，这是暂稳态，此期间 C 通过 R_1、R_2 充电，使 BG_2 基极电位上升，达到一定值后 BG_2 重新导通，状态反转。BG_4、BG_5 用于钳位，避免晶体管饱和。从 BG_2 集电极输出矩形波，对应关系如图 5-2-11(a)所示。脉冲宽度决定于时间常数$(R_1 + R_2)C$，所以更换 C 实现脉宽粗调，R_1 为脉宽细调。图 5-2-10(b)单稳电路，稳

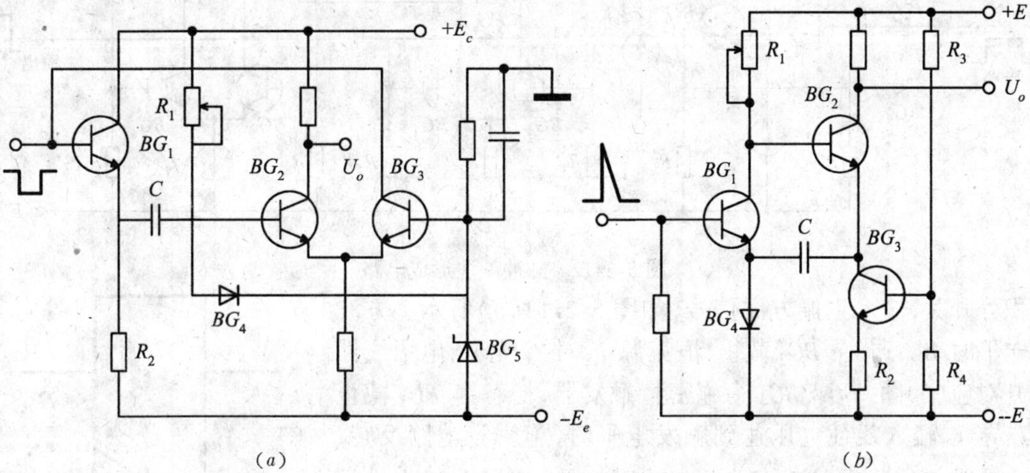

图 5-2-10 改进型单稳电路

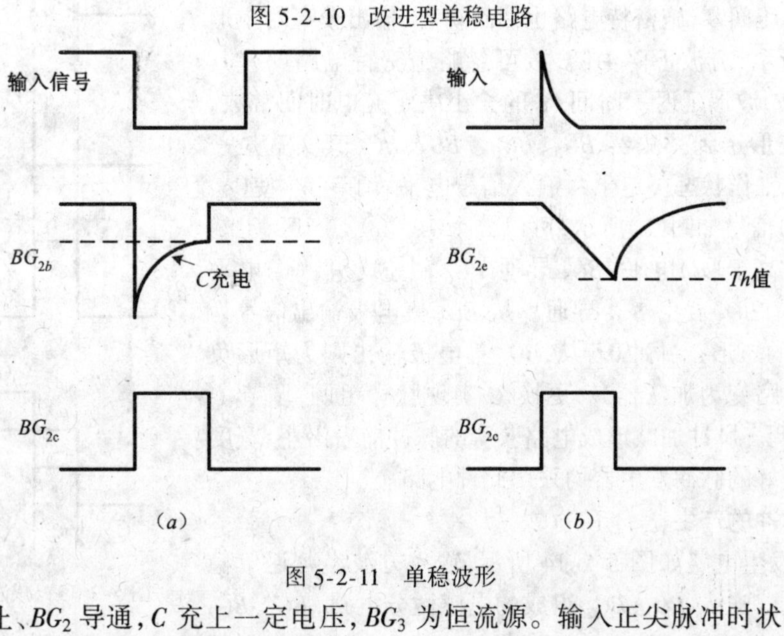

图 5-2-11 单稳波形

态时 BG_1 截止、BG_2 导通，C 充上一定电压，BG_3 为恒流源。输入正尖脉冲时状态反转，BG_1

导通、BG_2 截止，这是暂稳态，C 通过 R_1、BG_1 和 BG_3 恒流放电，由于 BG_4 导通起钳位作用，使 C 左端电位恒定，C 放电即右端电位直线下降，到一定值 Th 时 BG_2 重新导通。导通电流值决定于恒流源电流 I_{c3}，$I_{c3}=\frac{2R_4\cdot E}{R_3+R_4}\cdot\frac{1}{R_2}$，适当选取电阻值可控制晶体管工作于非饱和区。采用恒流源的目的在于提高稳定度。更换 C 粗调脉宽，R_1 为脉宽细调，对应波形如图 5-2-11(b)所示。

脉冲减法形成电路采用两个宽度不等的矩形波相减，以获得所需矩形窄脉冲。电路包括积分电路、施密特触发器和减法器三部分，如图 5-2-12 所示。基本电路是电流开关，BG_1、BG_2

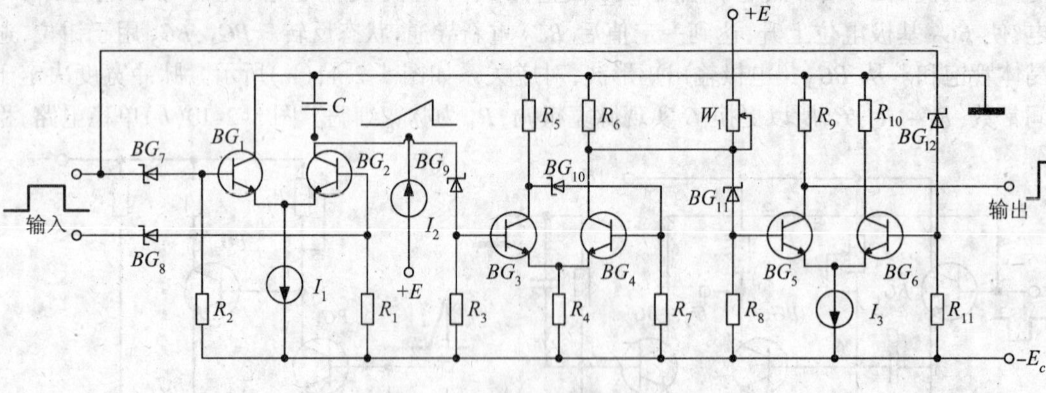

图 5-2-12　脉冲减法形成电路

为积分开关，输入主振方波信号，如图 5-2-13(a)所示。方波高电平时 BG_1 导通、BG_2 截止，恒流源 I_2 对 C 充电，电压线性上升对应(b)图，BG_3、BG_4 为施密特触发器，初态为 BG_3 截止 BG_4 导通，输入线性电压达到触发电平时，施密特电路反转，BG_3 导通 BG_4 截止，BG_4 集电极输出高电平。输入方波电平下降时，线性电压回零，施密特电路也回到初态，输出较窄的矩形波如图(c)所示（方波下降沿陡，故可忽略施密特电路回差）。(c)相对于(a)波形延迟 τ 时间，τ 的大小决定充电时间常数。将(a)(c)波形送到减法器 BG_5、BG_6。BG_5、BG_6 其实就是一个电流开关，工作状态决定于两输入信号电平，调节 W_1 使(c)信号高于(a)信号如图(e)所示，可以分为①②③④四区，①③④区(c)电平高于(a)电平，BG_5 导通 BG_6 截止，②区(c)电平低于(a)电平，BG_5 截止 BG_6 导通。从 BG_5 集电极输出信号为宽度等于 τ 的矩形正脉冲（若从 BG_6 集电极输出则为矩形负脉冲，此时电路变为加法器）。更换 C 实现脉宽粗调，调节 I_2 完成脉宽细调。脉冲加减形成电路获得的脉冲前后沿小，宽度易调，所以较好的脉冲发生器均采用此种电路。

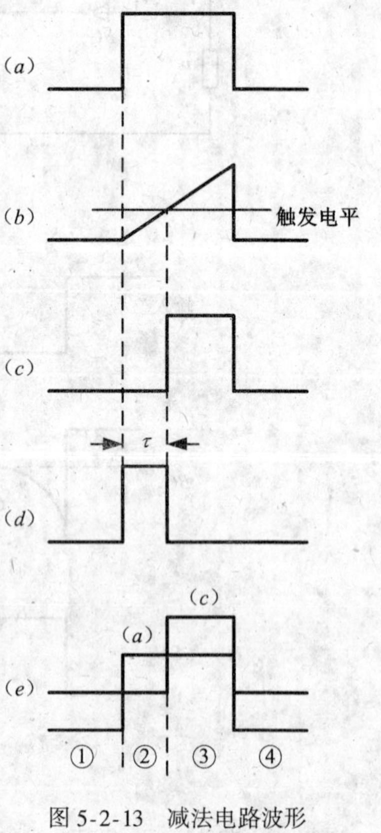

图 5-2-13　减法电路波形

四、双脉冲的产生

双脉冲发生电路如图 5-2-14 所示，输入方波经延迟单稳变换为矩形波，送入 BG_1、BG_2 组成的电感微分电路，BG_1、BG_2

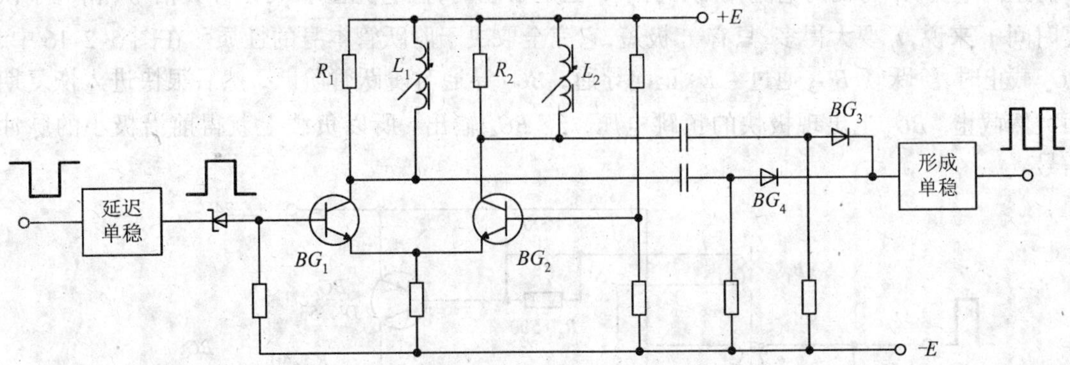

图 5-2-14　双脉冲发生电路

本质上也是一个电流开关，单端输入双端输出，两管交替工作，集电极负载由 R、L 并联而成，当某管突然截止时，电感和分布电容激起自由振荡，如图 5-2-15(a)中虚线所示，由于电阻的阻尼作用，实际振荡迅速衰减形成尖脉冲，如图(a)中实线所示。其作用与 RC 微分电路一样，所以称为电感微分电路。初态时 BG_1 截止，BG_2 导通，从延迟单稳送来矩形波，上升沿 BG_1 导通、BG_2 突然截止，其集电极输出正尖脉冲，下降沿 BG_1 突然截止，也输出正尖脉冲，两个脉冲通过或门开关 BG_3、BG_4 去触发形成单稳，产生两个矩形窄脉冲，这就是双脉冲信号，如图 5-2-15(b)所示，调节延迟单稳脉冲宽度，即调节双脉冲的间隔，双脉冲的脉宽由形成单稳调节。

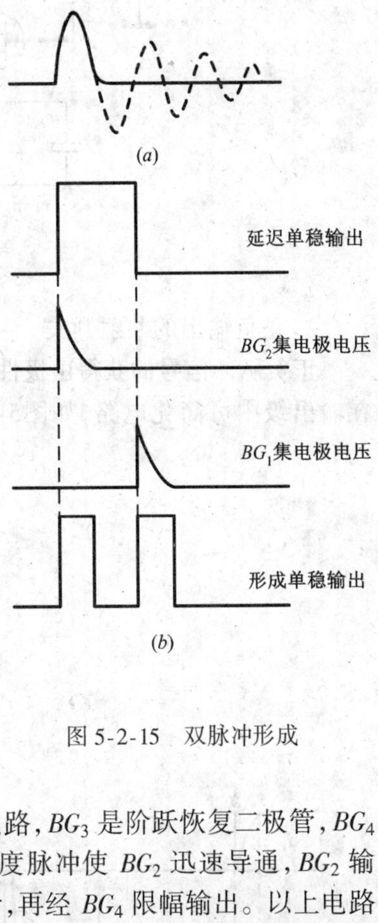

图 5-2-15　双脉冲形成

五、输出级

脉冲信号发生器有单路输出和双路输出两种，何种输出由输出级决定。输出脉冲信号供给外负载，外负载如果是高阻抗，则本级输出电压信号，功率很小，通常外负载为 75Ω 或 50Ω，此时输出级要提供足够大的电流，而且脉冲沿要很小，输出级需采用高速大电流开关电路，常用电路不外乎采用共集、共射和共基开关。

1. 射极跟随开关

电路如图 5-2-16 所示，BG_1 为间歇振荡器，BG_2 为输出电路，BG_3 是阶跃恢复二极管，BG_4 为热载流子二极管。输入正脉冲触发间歇振荡器，输出大幅度脉冲使 BG_2 迅速导通，BG_2 输出矩形脉冲幅度大、前沿小，加到阶跃二极管进一步减小前沿，再经 BG_4 限幅输出。以上电路是脉冲发生器 XC32 的输出级，E_1 取 24V、E_2 取 16V 时，输出正脉冲 5～10V。关于阶跃恢复二极管的特性作如下说明：阶跃恢复二极管又叫做电荷存储二极管。其上加上正向电压时有一个正向导通电流，然而瞬时加上反向电压，由于正向导通时 PN 结附近有电荷存储，所以加入反向电压后首先抽出存储电荷，形成较大的反向电流，这个反向电流一直持续到电荷抽完为止，这一段时间称为存储时间，约在 ns 数量级，接着以几十 ps 的高速度截止，这就是恢复时间。阶跃恢复二极管正是利用了这一极快的电流变化来完成整形作用。波形如图5-2-17所示。

I_f 为正向电流，I_r 为反向电流，阶跃时间 t_j 也是很短的，但它完全取决于开关信号，相对于恢复时间 t_t 来说，t_j 要大得多，只有 t_t 极短，它完全取决于阶跃管本身的性质。在图 5-2-16 中，BG_2 截止时，阶跃管 BG_3 通过 $-E_2$ 正向导通，BG_2 导通时阶跃管阶跃，然后很快进入恢复期而突然截止，BG_3 上出现极快的正跳电压，经 BG_4 输出。所以负载上获得前沿极小的脉冲信号。

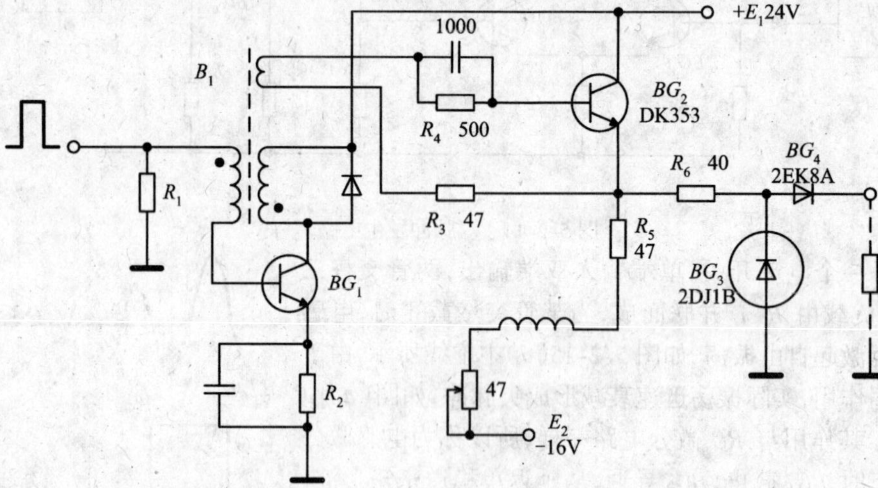

图 5-2-16　射极跟随开关

2. 正负输出的共射开关

正负脉冲信号的获得由极性转换开关完成，极性开关通常接在形成级之后，这里将开关安在输出级中可简化电路，如图5-2-18所示。S_1转换正负电源，S_1向左时，$+E$接入电路，$-E$

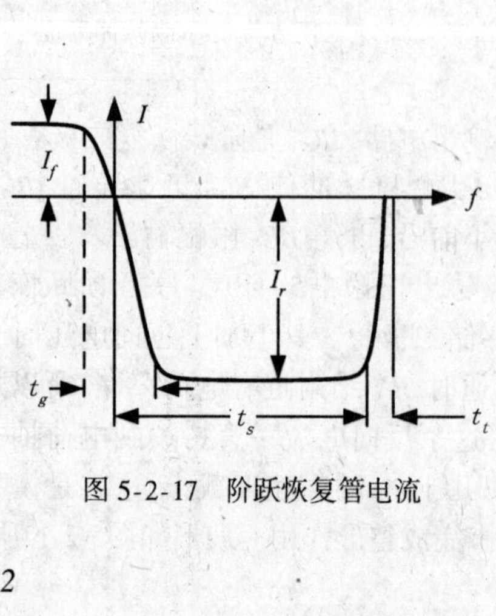

图 5-2-17　阶跃恢复管电流

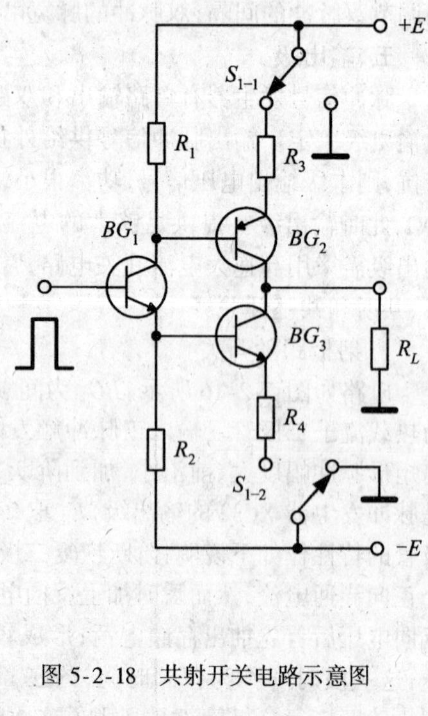

图 5-2-18　共射开关电路示意图

接地，共射电路 BG_2 工作输出正脉冲。S_1 向右时，$-E$ 接入电路，$+E$ 接地，BG_3 工作输出负脉冲。BG_1 为前置整形器。取 $R_1=R_2$，电压放大量$\leqslant 1$，有电流放大作用。BG_2、BG_3 为共射输出开关，采用功率管以保证大电流输出，外负载 R_L 即集电极负载。

3. 恒流源共基开关

简化电路如图 5-2-19 所示。恒流源 I_1、I_2 大小可调节或断开。输入信号 U_i 控制输出管的状态。将 I_2 断开($I_2=0$)，输入信号低电平时 BG_1 截止，输出 $U_o=0$，信号高电平时 BG_1 导通，I_1 向内负载 R_L 提供正电流，形成正脉冲输出，电压幅度近似 I_1R_L。要求输出负脉冲时，输入信号 U_i 倒相，并且取 $I_1=I_2$。U_i 高电平时 BG_1 导通，电流 I_1 注入 I_2，R_L 中电流为零，所以 $U_o=0$。U_i 低电平时 BG_1 截止，I_2 向内负载提供负电流，形成负脉冲输出，幅度等于 $I_2\cdot R_L$。通常 R_L 为 50Ω 或 75Ω 低阻，所以要获得较大电压，I_1 要足够大。BG_1 采用大功率开关管或多管并联以满足电流要求。

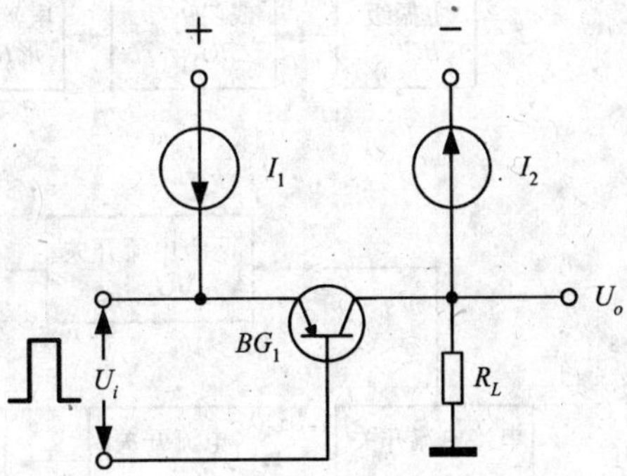

图 5-2-19　共基开关简化电路

§5－3　XC－15 型脉冲信号发生器电路分析

为了建立完整的具体的概念，下面分析 XC15 型整机电路。XC15 型是高重复频率毫微秒脉冲发生器，性能比较完善。

一、XC－15 型主要性能参数

重复频率　1kHz ~ 100MHz

脉冲宽度　5ns ~ 300μs

脉冲幅度　150mV ~ 5V

延迟时间　5ns ~ 300μs

上升、下降沿$\leqslant$2ns

上、下冲$\leqslant$20%

输出阻抗　50Ω

波形　正、负脉冲；正、负倒置脉冲

同步脉冲　－1V 方波

偏移　±1V

二、整机方框图

XC－15 型方框如图 5-3-1 所示。主振级产生 100kHz ~ 100MHz 的方波，幅度约 2V，送到或门电路。外触发信号可以代替主振信号，输入负脉冲或主弦波，经双向限幅和施密特整形后，也送到或门电路。转换开关打到“外触发”时使主振级停振，所以或门仅输出一种信号。外触发信号要求幅度在 1.5 ~ 5V 之间，频率范围 50Hz ~ 60MHz，输入阻抗 50Ω，输入负脉冲占空比$\leqslant$50%(占空比 $Q=\dfrac{T}{\tau}$)，采用“外触发”可将脉冲发生器用作整形器，而且在低端扩展了频带。

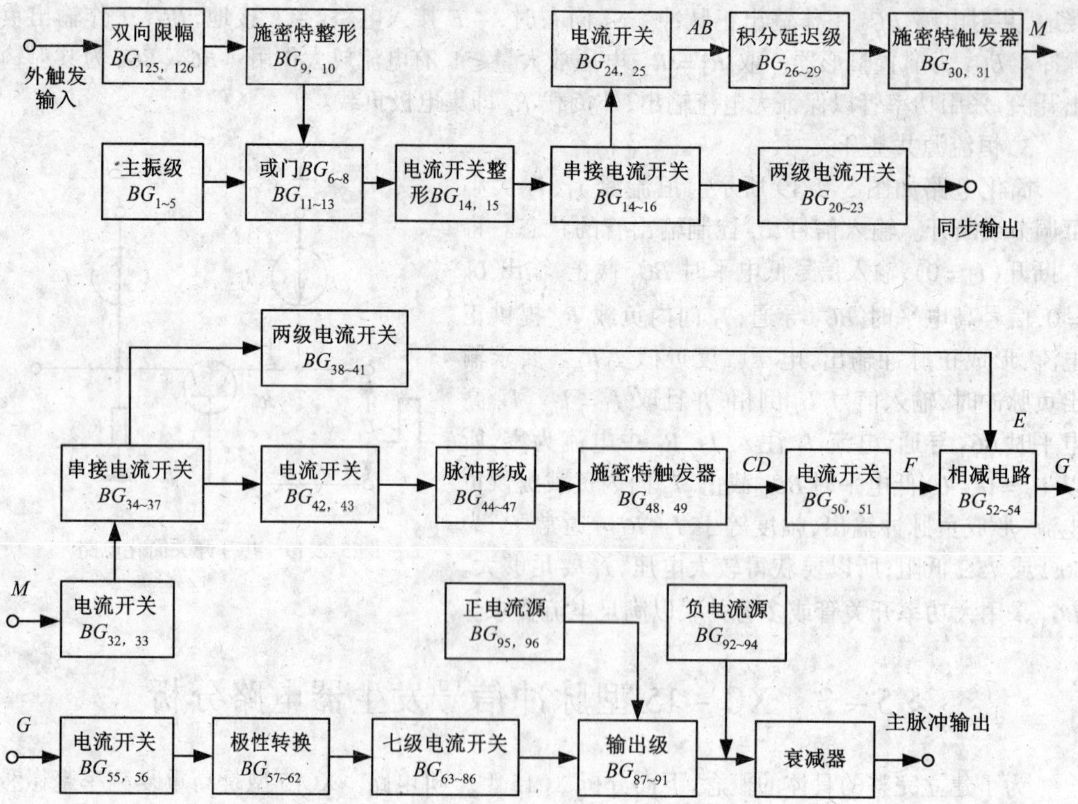

图 5-3-1　XC－15 型方框图

或门输出信号经电流开关整形后送到串接电流开关，完成两路输出，上一路再经两级电流开关整形作为同步信号，它是－1V 方波。下一路去形成主脉冲。主振方波信号经电流开关隔离和整形后去延迟级延迟 t_d，延迟级由积分电路和施密特触发器构成，对应波形关系如图 5-3-2 中上部五个波形所示，施密特电路输出脉冲 M 的前沿相对于同步脉冲后沿延迟了 t_d 时间，控制积分速度即可调节 t_d 的大小。M 信号经一级电流开关整形后进入串接电流开关，再分为两路信号，以便产生被减数信号和减数信号。上一路信号经整形后作为被减数，用 E 表示。下一路信号整形后到脉冲形成级，形成级与延迟级电路相同，它将 M 信号延迟 τ，然后由施密特触发器产生减数信号 F，E、F 信号在减法器中相减，输出脉宽为 τ 的窄脉冲，这就是主脉冲信号，形成及相减过程对应于图 5-3-2 中下部四个波形。调节形成级积分时间常数，即可调节主脉冲宽度。这里主脉冲只有一种波形，而且前后沿不够小，输出幅度不大，因此再经整形级后进入极性转换电路，变换为负脉冲和负倒置信号，这两种信号经七级电流开关逐级整形和电流放大，最后控制输出管完成功率输出，并且在输出级注入正电流，实现正脉冲和正倒置输出。

三、主振、外触发和同步输出电路

电路如图 5-3-3 所示。

1. 主振级

主振级由 BG_1 ~ BG_4 四个晶体管组成射极耦合单电容定时多谐振荡器，电路对称输出方波信号。BG_1、BG_2 为振荡管，BG_3、BF_4 为恒流源，恒流电流。

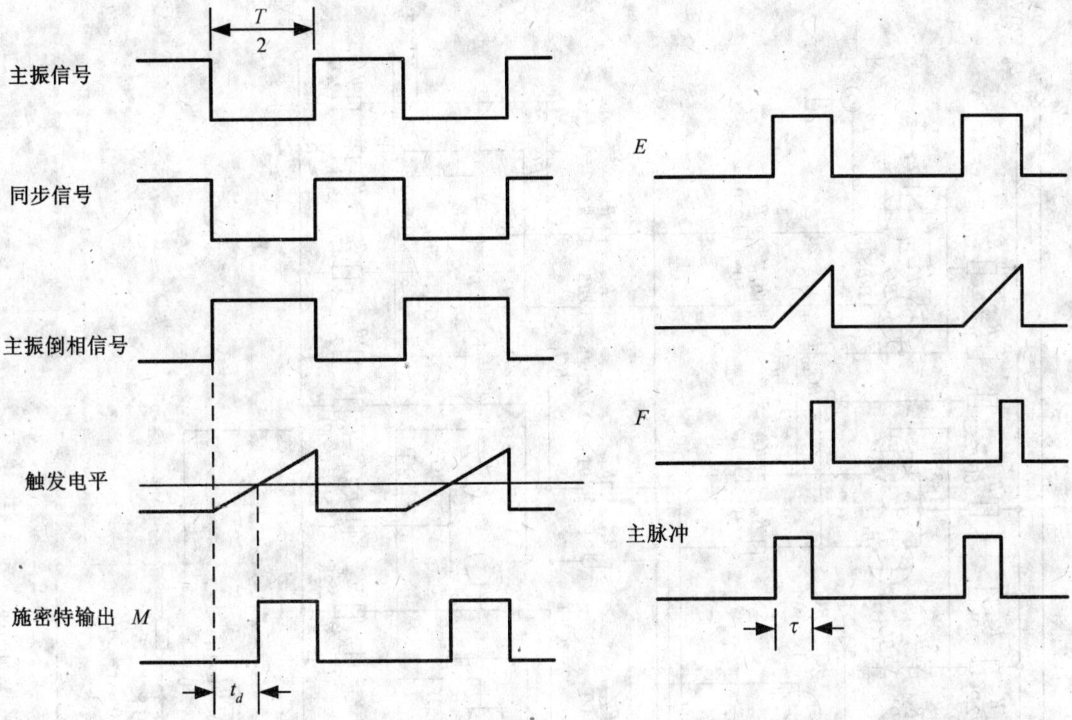

图 5-3-2　延迟及主脉冲形成

$$I=\frac{\frac{R_6}{R_6+R_7}Ee-U_{be}}{R_5}=28\text{mA}$$

$C_1\sim C_{11}$为定时电容，又起射极耦合作用，稳压管 BG_{123}、BG_{124}将振荡管之间集基耦合，从而形成正反馈环。设 BG_1 导通，则 BG_2 截止，BG_2 集电极高电平数值决定于稳压管工作电流和集电极负载，根据简化电路图 5-3-4 计算，稳压管 BG_{123}取 2CW1，工作电压 $U_W=8\text{V}$，工作电流

$$I_5=\frac{E_e-U_W}{R_2+R_{11}+R_{13}}=13\text{mA}（忽略\ BG_1\ 基流）$$

$$U_{c2}=0-I_5\cdot R_2=-2\text{V}$$

$$U_{b1}=U_{c2}-U_W=-10\text{V}$$

BG_1 导通，其集电极为低电平，数值由钳位二极管 BG_{121}、BG_{122}和三极管 BG_5 决定。即

$$U_{b5}=\frac{W_1+R_{16}}{W_1+R_{16}+R_{17}+R_{18}+R_{19}}\cdot(-E_e)=-(0.1\sim7.25)\text{V}$$

$$U_{c1}=-U_{b5}-2U_{be}=-1.5\sim-8.65\text{V}$$

U_{c1}等于 -1.5V 将比高电平还高，这是不正常的，这表明 W_1 不能调得太小，U_{c1}应低于 -2V，通常调在 -4V，即保持方波幅度为 2V。此时 $U_{b2}=-U_{c1}-U_W=-12\text{V}$，稳压管 BG_{124}工作电流 $I_6=\frac{U_{b2}-(-E_e)}{R_{12}+R_{14}}=10.3\text{mA}$，导通管 BG_1 电流 $I_{c1}=I_e$，I_e 为两个恒流管电流之和，为 56mA，其中一半电流对 C_1 充电。选取大电流充电的目的是可以减小集电极负载，因而可改善输出波形前后沿，BG_1 导通时，R_1 提供电流 $I_1=\frac{U_{c1}}{R_1}=26\text{mA}$，还有 30mA 的电流由 BG_5 提供。

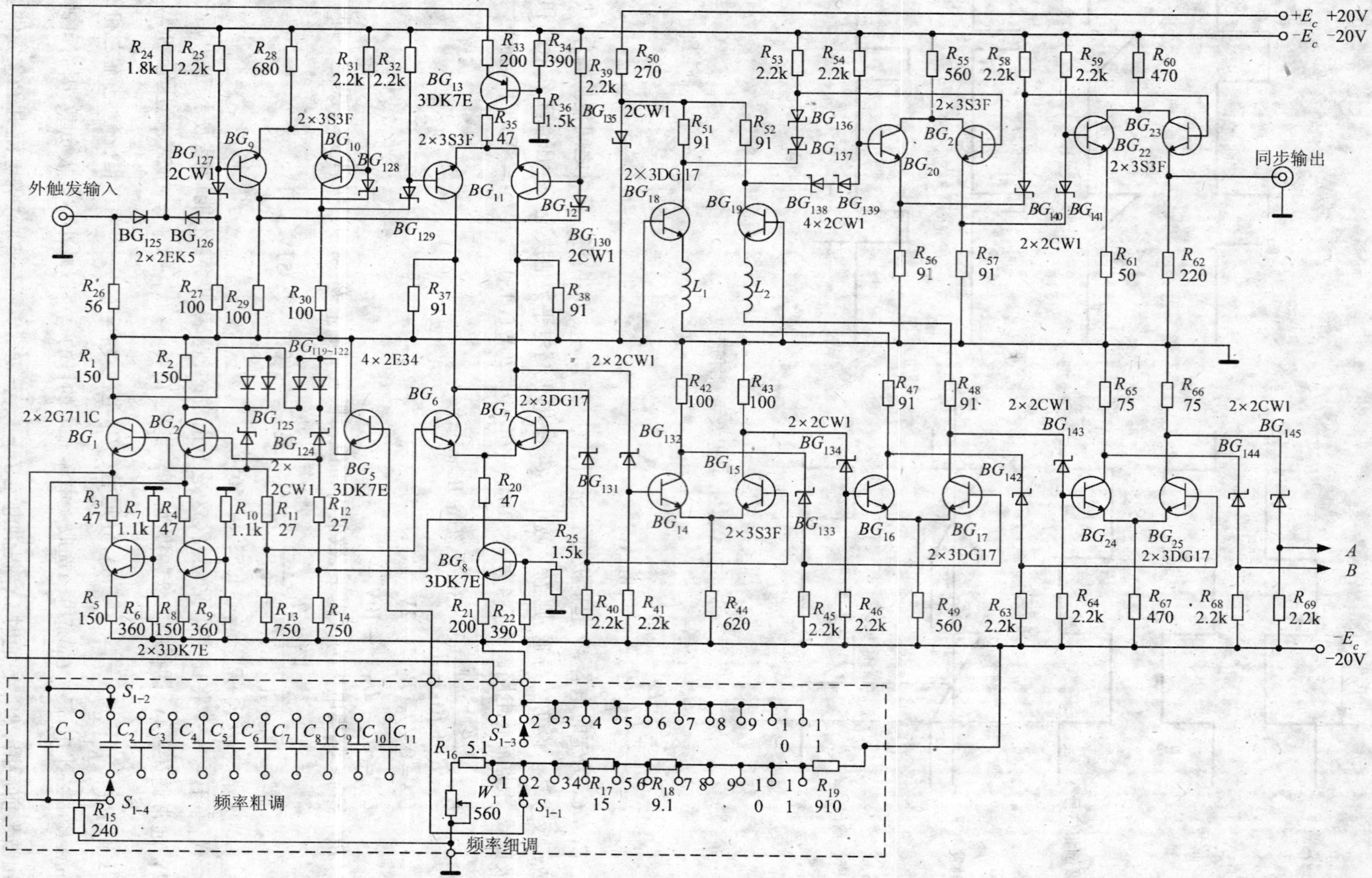

图 5-3-3　主振、外触发和同步输出电路

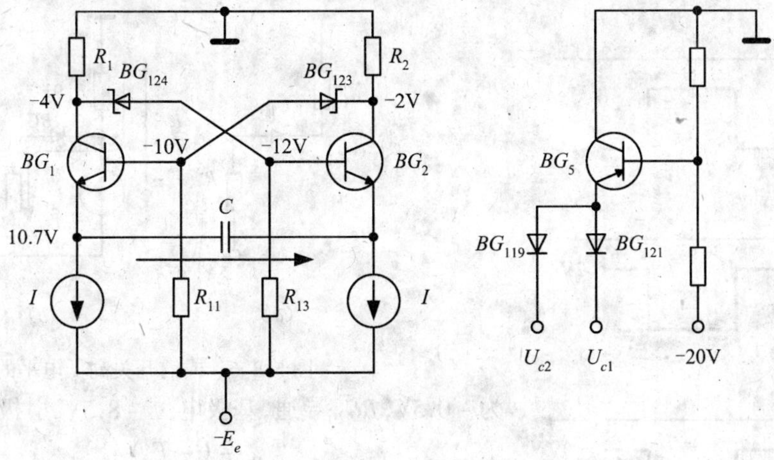

图 5-3-4　简化电路示意图

钳位二极管 $BG_{119} \sim BG_{121}$ 正端电压为 $-3.3V$，$U_{c2} = -2V$，所以 BG_{119}、BG_{120} 不通，BG_5 对截止管无作用，只影响导通管的电流。BG_1 射极电位 $U_{e1} = -10V - 0.7V = -10.7V$，此值在 C_1 充电时不变，所以 C_1 另一端 U_{e2} 直线下降，达到 $-12.7V$ 时，BG_2 开始导通，由于电路具有强烈的正反馈作用而发生雪崩，BG_1 截止、BG_2 导通，以后周期性重复下去。对应波形如图 5-3-5 所示。上部六图为振荡管电极电压，最后一图为定时电容 C_1 上电压。定时电容 $C_1 \sim C_{11}$ 由开关 S_{1-2} 更换，完成十挡频率粗调，电容越大充电越慢，则频率越低。W_1 调节 BG_5 基极电位，可调节充电电流，实现频率细调。此种频率细调方法的缺点是调节频率时影响幅度，主振幅出幅度应大于 1.5V，为此，用 S_{1-1} 和 $R_{16} \sim R_{18}$ 对不同挡校正。钳位管使用砷化镓二极管，优点是开关时间极短，可小于 1ns。主振信号由基极输出，方波幅度与集电极相同，而直流电平低，便于和下级配合。为了减小下级输入电阻对主振的影响，加了小电阻 R_{11}、R_{12} 进行隔离。

2. 外触发电路、或门

外触发电路包括限幅器和整形器两部分，输入外触发信号经二极管 BG_{125}、BG_{126} 进行双向限幅，以免信号过大损坏晶体管，限幅后的信号波形较差，特别是外触发信号为正弦波时更是如此，因此需要通过 BG_9、BG_{10} 组成的施密特触发器整形。

晶体管 $BG_6 \sim BG_8$ 与 $BG_{11} \sim BG_{13}$ 组成或门电路，它是公用负载 R_{37}、R_{38} 的两个恒流源型电流开关。由手动开关 S_{1-3} 控制，使其中电流开关工作。或门电路相当于一只双刀双掷开关，采用电子开关可避免信号通过机械触点时波形变差，并且可起缓冲作用和进一步整形作用。恒流管 BG_8、BG_{13} 射极经开关 S_{1-3} 接负电源，恒流电流 $I_1 = 17mA$。电流开关截止管输出高电平 U_H，此时负载上有稳压管电流，根据图 5-3-6(a)计算，$I_W = \dfrac{-E_e + U_W}{R_1 + R_2} = -5.2mA$，所以 $U_H = I_W \cdot R_1 = -0.47V$。导通管输出低电平 U_L，根据图 5-3-6(b)计算可得，$I_2 = 4.56mA$，所以 $U_L = -(I_1 + I_2) \cdot R_1 = -1.96V$，即输出方波幅度为 $U_H - U_L \approx 1.5V$。

3. 电流开关

本仪器中电流开关用得很多，如 BG_{14}、BG_{15}，BG_{20}、BG_{21}，BG_{22}、BG_{23}，BG_{24}、BG_{25} 等都是基本型电流开关，此外还有恒流源型电流开关、串接型电流开关等。下面分析一下串接型电流开关 $BG_{16} \sim BG_{19}$ 的工作电流。设前级 BG_{15} 输出高电平，稳压管工作电流 5mA，则负载 100Ω 上压降

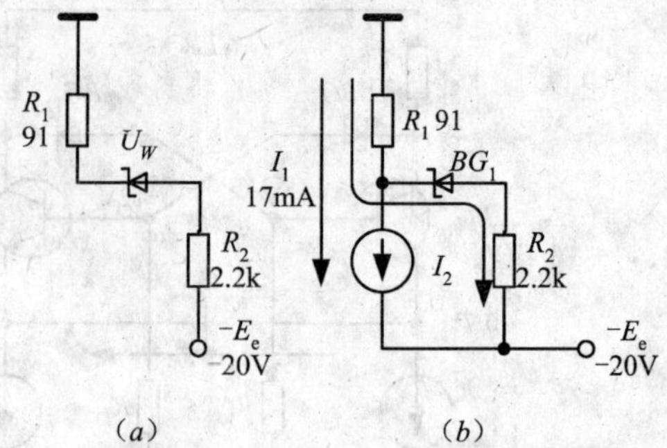

图 5-3-6　或门开关高低电平的计算

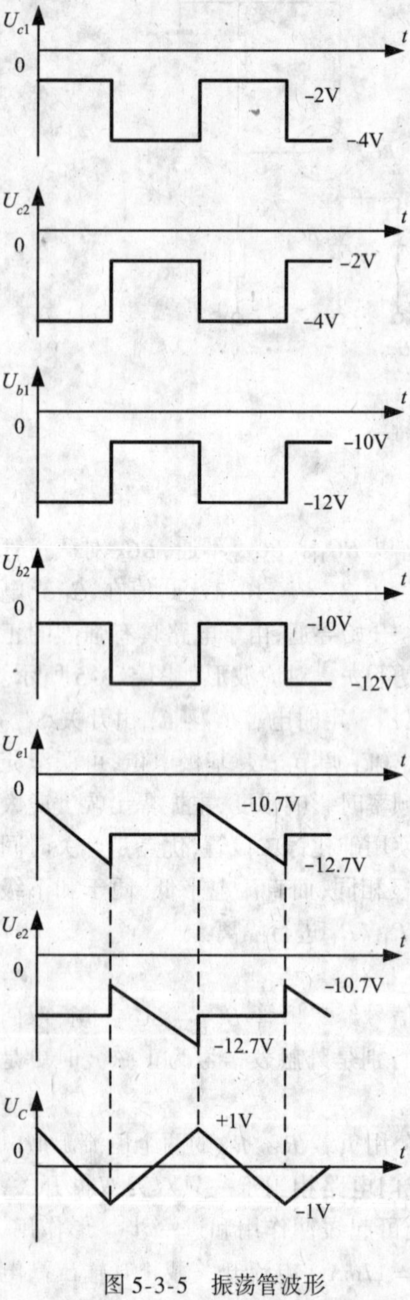

图 5-3-5　振荡管波形

为 - 0.5V，BG_{16}导通，基极电位 - 8.5V，射极电位 - 9.2V，本级工作电流 $I = \dfrac{U_{e16} - (-E_e)}{R_{49}} = 19.3\text{mA}$。实际电路中正电源是稳压管 BG_{135} 提供的 + 8V，为使下级电流开关 BG_{20}、BG_{21} 工作电流也是 19.3mA，采用稳压管 BG_{136} 和 BG_{137}、BG_{138} 和 BG_{139} 串接进行耦合。串接电流开关上部为共基电路，频带宽，下部为共射电路，频带窄，为一致起见，加了并联补偿电感 L_1、L_2。

电流开关还有很多特殊形式，如或门电路、积分延迟电路、积分调宽电路、相减电路等，甚至主振级也可以看成是一种自激型的电流开关。因此这些电路在分析和计算时要应用基本电流开关的概念和方法。

四、积分延迟和积分调宽电路

电路如图 5-3-7 所示。左边是延迟电路，右边是调宽电路，中间是电流开关。

1. 延迟电路

延迟电路包括三部分，第一部分为积分电路，由改进型电流开关 $BG_{26} \sim BG_{28}$ 组成，集电极负载为积分电容，因此输出信号是输入信号的的积分，用 S_2 更换积分电容 $C_{12} \sim C_{20}$ 即改变了电容充电速度，可进行延迟时间粗调。第二部分为 $BG_{146} \sim BG_{149}$ 构成的双向限幅器及恒流源 BG_{29} 组成的延迟时间细调，调节 W_2 可调节 BG_{29} 工作电流，也就改变了电容充电电流。所以可进行细调。第三部分为 BG_{30}、BG_{31} 组成的施密特触发器。BG_{29} 和 R_{75} 提供正的充电电流，在 BG_{27} 截止时向积分电容充电，电容上电压对地达到 1.4V 时二极管 BG_{148}、BG_{149} 钳位。BG_{29} 电流值

$$I_{c29} = \frac{\dfrac{R_{77}}{R_{77} + R_{78} + W_2}(E_c + E_e) - U_{be}}{R_{76}} = 8.75 \sim 1.25\text{mA}$$

I_{c29} 是充电电流的可调部分，通过 R_{75} 的电流是充电流的固定部分。BG_{28} 为负电流源，它形成积分电容的放电支路，负电流值

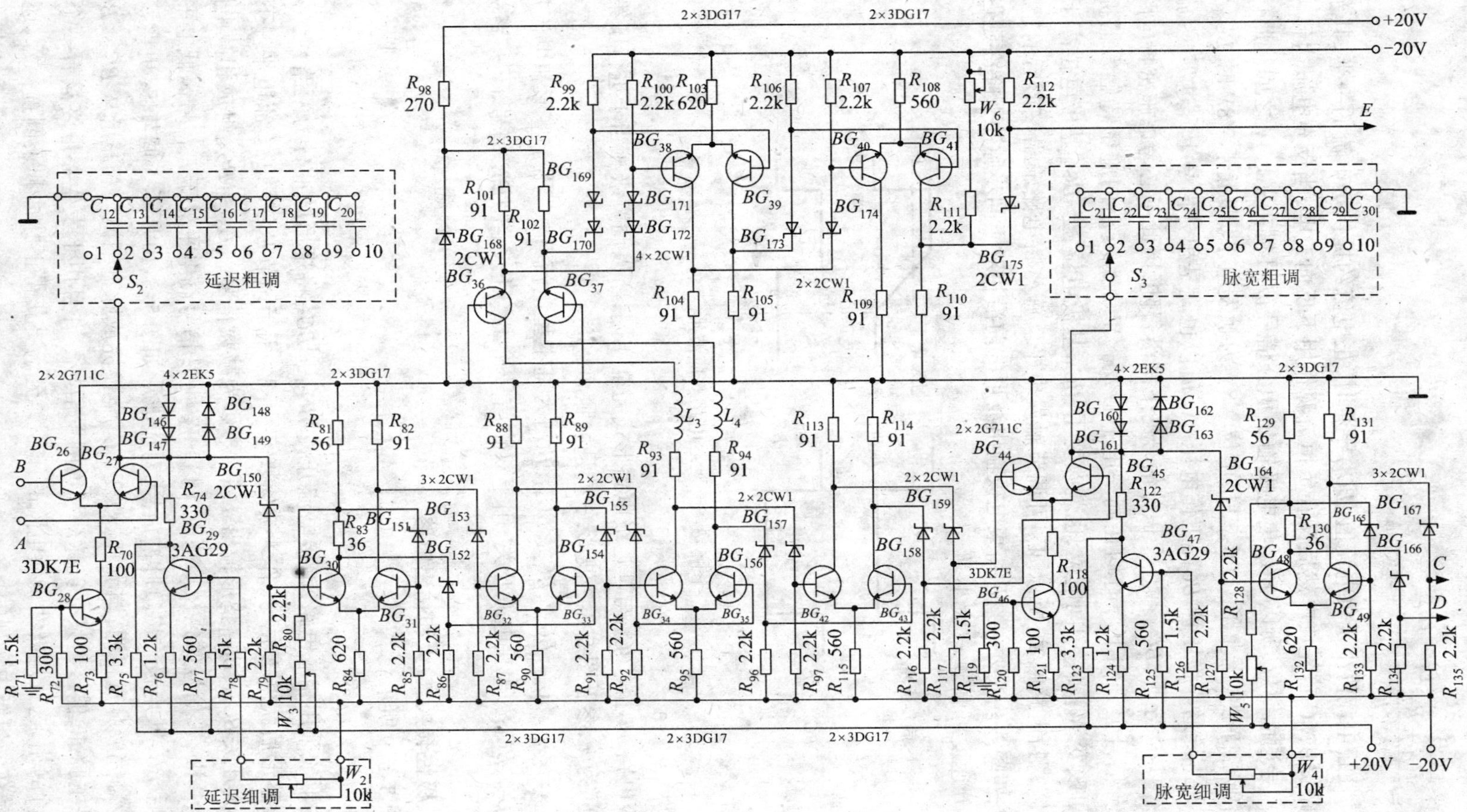

图 5-3-7　积分延迟和积分调宽电路

$$I_{c28}=\frac{\frac{R_{72}}{R_{71}+R_{72}}E_e-U_{be}}{R_{73}}=26\text{mA}$$

电路设计使正电流值小于负电流值，BG_{27}导通时，正电流约提供负电流的一半，其余部分由 C 放电支路提供，C 首先放电然后又在负恒流源作用下反向充电，当反充电压达到 -1.4V 时 BG_{146}、BG_{147}导通而钳位，所以 BG_{27}集电极输出积分信号被限制在 ±1.4V 之间。此信号送到 BG_{30}、BG_{31}施密特触发器整形。BG_{30}基极电位 -8V 为触发电平，即低于 -8V 时 BG_{30}截止，高于 -8V 时 BG_{30}导通。稳压管 BG_{150}工作电压 8V，所以也就是积分信号上升过零时，施密特触发器翻转，使 BG_{30}导通、BG_{31}截止。积分信号的下降沿很陡，因此不必考虑施密特电路的回差，而认为积分信号上升和下降时均在同一电平触发。W_3、R_{80}支路向施密特触发器提供电流，调节 W_3 可改变 R_{81}、R_{83}中间电位，也就改变了 BG_{31}基极电位，当 BG_{30}基极电位高于 BG_{31}基极电位时，施密特电路触发，所以 W_3 可调节触发电平。施密特电路输出整形后的矩形波，各级对应波形如图 5-3-8 所示。BG_{31}集电极输出波形的前沿相对于同步脉冲下降沿延迟了 t_d 时间，调节积分速度可调节 t_d 大小。

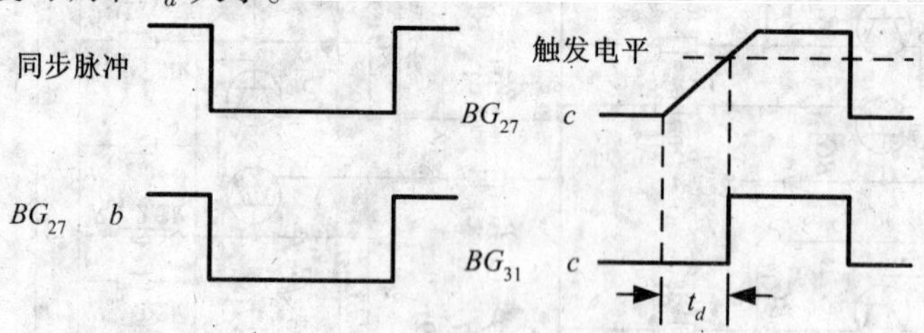

图 5-3-8　延迟电路对应波形

2. 调宽级

脉冲调级电路 BG_{44} ~ BG_{49}与延迟级电路形式完全相同，所以调宽级相当于进行了第二次延迟，延迟时间为 τ，参看图 5-3-2 波形，τ 就是主脉冲宽度。

BG_{32}、BG_{33}；BG_{42}、BG_{43}；BG_{38}、BG_{39}；BG_{40}、BG_{41}为基本型电流开关，用于整形和电流放大。BG_{34}、BG_{35}、BG_{36}、BG_{37}为串接电流开关，用于双路信号输出。上一路为 E 信号，下一路为 CD 信号。

五、相减、极性转换、放大和输出电路

电路如图 5-3-9 所示。

1. 相减电路

主脉冲的形成采用相减电路，串接电流开关 BG_{34} ~ BG_{37}将矩形脉冲分为两路，上一路经两级电流开关整形后获得 E 信号，作为被减数信号，W_b 用于调节 E 信号的直流电平。下一路 CD 信号经电流开关 BG_{50}、BG_{51}整形输出 F 信号，作为减数信号，BG_{52} ~ BG_{54}组成相减电路，E 信号送到 BG_{53}基极，F 信号送到 BG_{52}基极，调节 W_6 使 E 信号高电平处于 F 信号高低电平之中间值，相减之后 BG_{52}集电极输出负脉冲信号，对应波形如图 5-3-10 所示。调节 S_3 更换积分调宽电容 C_{21} ~ C_{30}完成脉宽粗调，调节 W_4 改变 BG_{47}电流完成脉宽细调。相减后从 BG_{52}、BG_{53}集电极输出就是主脉冲，但这里只有负脉冲和负倒置信号。并且由于发生器最终只有一个输出端，因此需进行倒相，这就是极性转换电路的任务。至于要获得正脉冲和正倒置信号，还需要有正电源，这是在输出级中实现的。

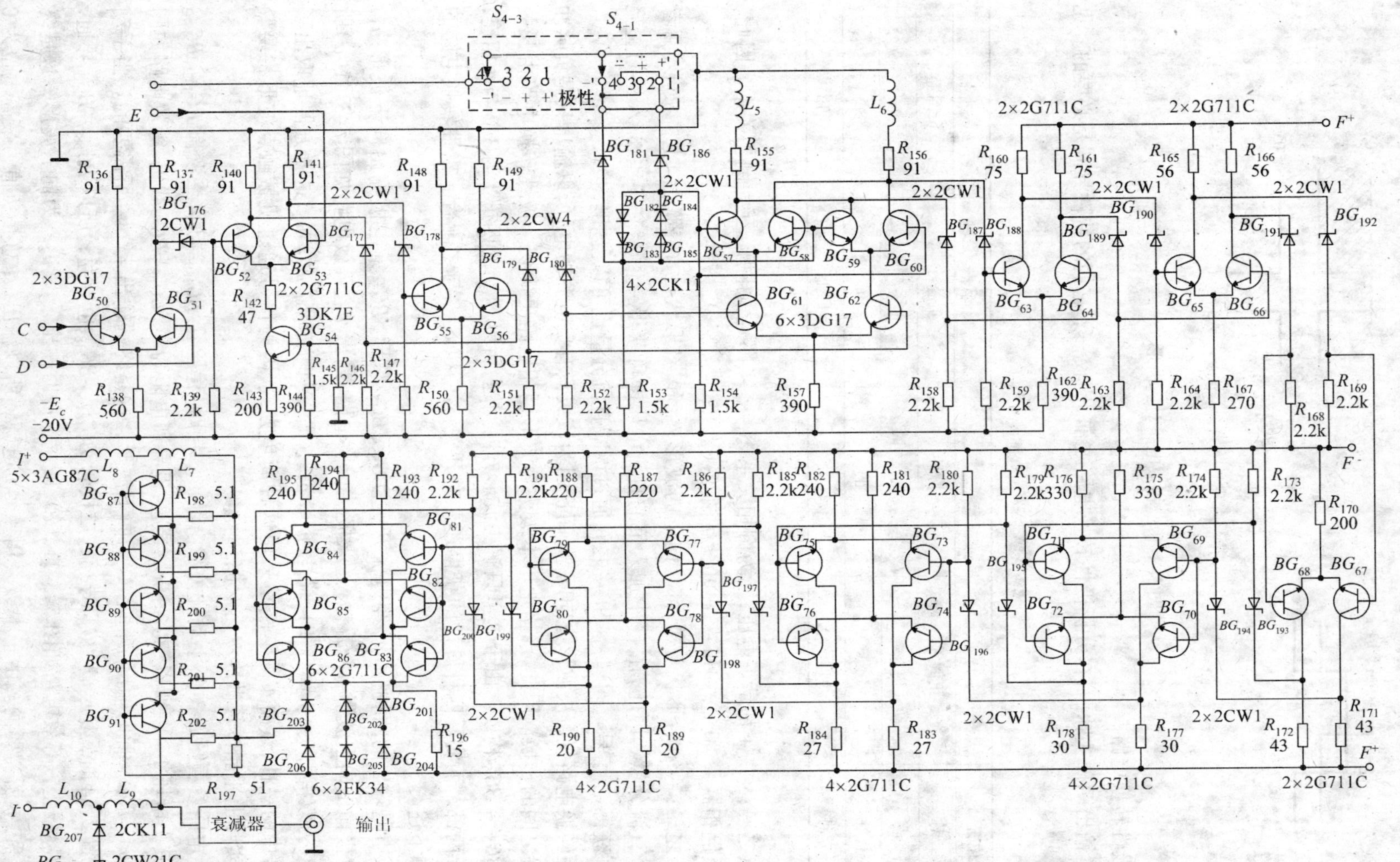

图 5-3-9 相减、极性、放大和输出电路

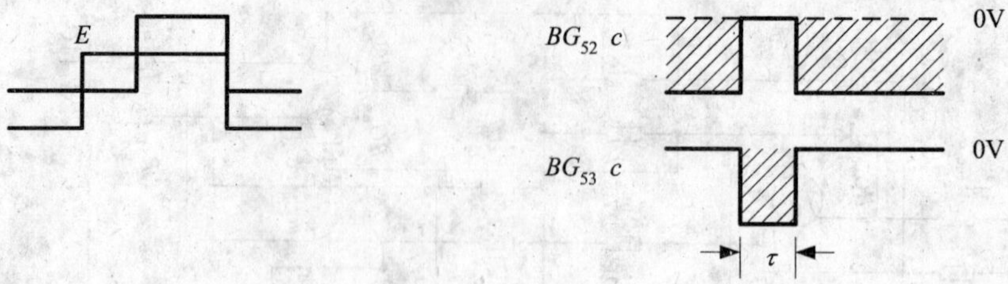

图 5-3-10　相减电路对应波形

2. 极性转换电路

为了输出四种主脉冲,在分析极性转换电路之前,比较一下它们的特性异同是必要的。见表5-3-1。

表 5-3-1

S_4 位置	1	2	3	4
名　称	正倒置	正脉冲	负脉冲	负倒置
符　号	+′	+	–	–′
电压极性	正	正	负	负
波形方向	向下	向上	向下	向上

特点之一:+′、+都是正电压,互为倒相关系。–、–′都是负电压,互为倒相关系。因此,通过一级倒相器+′和+;–和–′就可以互相变换。

特点之二:+′和–形状一样,都是向下的波形;+和–′形状一样,都是向上的波形,两者仅差一个直流分量。因此,在+′中加入负的直流电压即可获得–信号;在–中加入正的直流电压即可获得+′信号。同理,+和–′之间通过增减直流分量也可以互相转换。

极性转换电路仅解决波形方向问题,而且因为该级只有负电源馈电,所以输出只是负脉冲和负倒置之间的转换。因此,严格地讲本级称为波形倒相电路更确切。极性转换电路由开关 S_{4-1}和 BG_{57} ~ BG_{62}构成。由于这里只解决波形方向问题,所以 S_{4-1}的四掷1与3、2与4相连,只相当于两掷。而实际四种脉冲的获得还要有开关 S_{4-2}和 S_{4-3}与之配合。极性转换电路的原理将如下述。

相减电路输出的两种脉冲,经电流开关 BG_{55}、BG_{56}整形,BG_{56}集电极输出向下波形 u_1,BG_{55}集电极输出向上波形 u_2,u_1、u_2送入极性转换电路,输出 u_3,等效电路如图 5-3-11(a)所示,S 为双刀双掷开关,S 置“1”时,输出 $u_3=u_1$,S 置“2”时,输出 $u_3=u_2$,这就方便地取出了两种信号中的一种,然而实际电路不采用这种简单方式,因为信号通过机械触点波形将要变差,所以实际上用晶体管做成双刀双掷开关。

实际电路参看图 5-3-9,手动开关 $S_{4\text{-}1}$置1、3挡时,稳压管 BG_{186}导通,二极管 BG_{182}、BG_{183}也导通,其上电压1.4V,所以 BG_{57}、BG_{60}导通,设导通电阻为零,BG_{58}、BG_{59}截止,等效电路如图5-3-11 (b) 所示。此时输出 $u_3=u_1$,为向下波形,这是终端输出+′、–所需要的。当手动开关 $S_{4\text{-}1}$置2、4时,稳压管 BG_{181}导通,二极管 BG_{184}、BG_{185}也导通,所以 BG_{58}、BG_{59}导通,BG_{57}、BG_{60}截止,等效电路如图 5-3-11 (c) 所示。此时输出 $u_3=u_2$,为向上波形,这是终端输出+和–′所需要的。由于本级采用–20V电源,所以输出 u_3 总是负值,最高电位为0

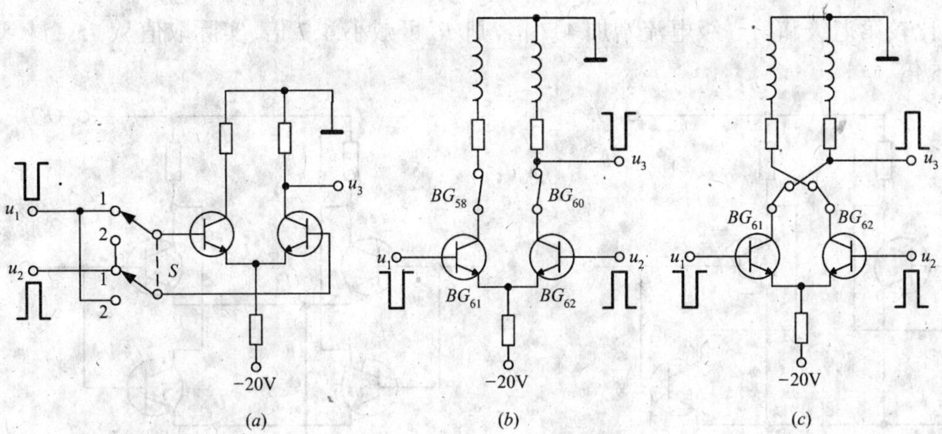

图 5-3-11　极性转换等效电路

电平，要获得正输出应考虑开关 $S_{4\text{-}2}$，$S_{4\text{-}2}$的作用将在恒流源电路中介绍。输出 u_3 的幅度估算如下：转换级工作电流

$$I_{R157}=\frac{\frac{R_{152}}{R_{152}+R_{149}}(E_e-U_W)-U_{be}}{R_{157}}=27.7\text{mA}$$

BG_{62}、BG_{58}截止时 u_3 输出高电平 -0.47V，BG_{62}、BG_{58}导通时 u_3 输出低电平为 $I_{R157}\times R_{156}=-2.52$V，所以 u_3 幅度为 $-0.47-(-2.52)=2.05$V。

3. 七级电流开关

极性转换级输出脉冲幅度 2V，电压数值不算小，但输出电流幅度不大，不足以推动输出管，另外转换级输出波形前后沿不够小，特别在高重复频率时前后沿更差。因此要采用七级电流开关进行电流放大和整形，各级射极电阻依次减小，则工作电流 I_e 逐级加大，因此后级要采用功率更大的晶体管，或采用多管并联，如图 5-3-12(a)所示。每管电流为$\frac{I_e}{2}$，总的流过 R_e 的电流仍为 I_e，电压 $U_e=I_e\cdot R_e$。实际电路多接成图 5-3-12(b)的形式，(b)图采用两个射极电阻，阻值为 $2R_e$，其上电压 $U_{e1}=U_{e2}=\frac{I_e}{2}\cdot 2R_e=I_e\cdot R_e=U_e$，所以图($a$)、($b$)效果及计算方法相同。第七级电流开关工作电流 I_e 最大，所以由六只晶体管组成。

下面计算首尾两级电流：第一级

$$I_{e1}=\frac{\frac{R_{159}}{R_{156}+R_{159}}(E_e-U_W)-U_{be}}{R_{162}}=27.7\text{mA}$$

要计算第七级电流，首先要计算第六级 BG_{79}、BG_{80}截止时 R_{191}上压降，F^+ 与 F^- 之差为 19.2V。因为

$$U_{R191}=\frac{19.2-U_W}{R_{191}+R_{190}}\cdot R_{191}=11.1\text{V}$$

所以
$$I_{e7}=\frac{U_{R191}-U_{be}}{R_{193}/\!/R_{194}/\!/R_{195}}=130\text{mA}$$

各级电流 I_e 逐级加大，而信号幅度保持在 2V，则 R_C 可逐级减小，因而波形可不断改善(前

后沿减小)。比较第七级和第一级电流增加 4.7 倍,则 R_C 可减小 4.7 倍,实际取值从 75Ω 减到 15Ω,改变了 5 倍。

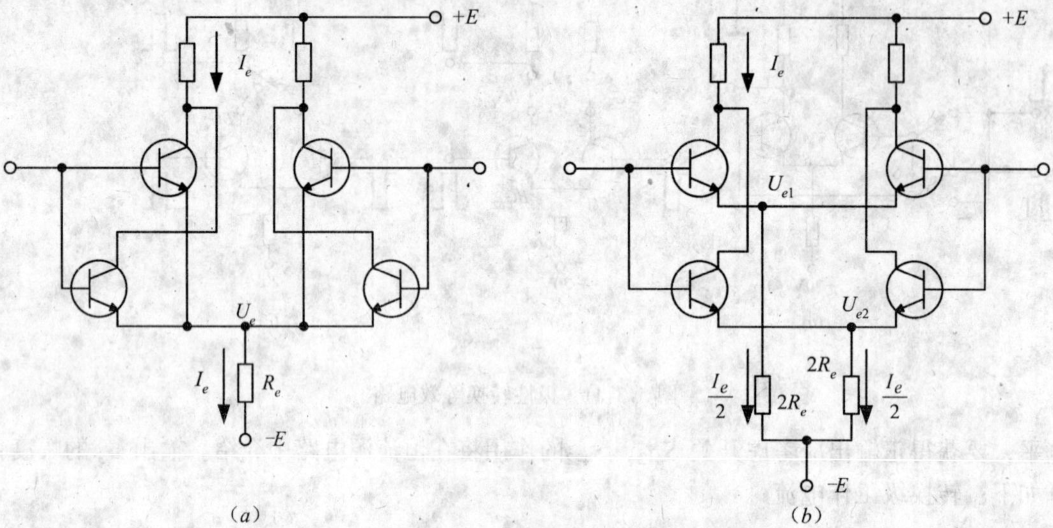

图 5-3-12　多管电流开关

七级电流开关未改变波形方向,这可以逐级进行分析,规则是电流开关一管基极与集电极波形反相,一管基极与另一管集电极波形同相。由于工作点的需要,七级电流开关及输出级采用浮置电源 F。F^+ 为 8.9V 和 4.8V,F^- 为 - 10.3V 和 - 14.4V,F^+ 与 F^- 之间保持 19.2V。七级电流开关第一级电源采用过渡形式,低端仍接 - 20V,高端接可变的 F^+,由于 I_{e1} 决定于前级高电平,所以与 F^+ 无关,即信号幅度不变。后六级的 I_e 也是决定于 F^+ 与 F^- 之差值,而与 F^+ 及 F^- 的绝对值无关,这可以从 I_{e7} 的计算看出,只要维持 F^+ 与 F^- 之差不变,就可以保证各级脉冲输出幅度不变。七级电流开关各级数据如表 5-3-2 所示。

表 5-3-2

参量 \ 级	一	二	三	四	五	六	七	单位
R_c	75	56	43	30	27	20		Ω
R_e	390	270	200	165	120	110	80	Ω
I_e	27.7	37.5	51	62.3	86.2	94.2	130	mA
U_{min}	0.37	0.27	0.21	0.15	0.13	0.10		V
U_{max}	2.45	2.38	2.41	2.02	2.46	1.98		V
U_c	2.08	2.11	2.20	1.87	2.33	1.88		V

R_c 上最小电压 U_{min} 和最大电压 U_{max} 根据图 5-3-6 类似方法计算,输出脉冲幅度 $U_o = U_{max} - U_{min}$。电流开关第七级为单边输出,情况与前六级不同,放在下面输出级中讨论。

4. 输出级

输出级由 PNP 锗管 $BG_{87} \sim BG_{91}$ 五管并联构成共基极开关,$R_{198} \sim R_{202}$ 为发射极负反馈电阻,可平衡五管电流。I^+ 为正恒流源,向输出管注入电流,I^- 为负恒流源,从输出管抽出电流（不考虑偏移），电路可等效为图 5-3-13。BG_3为输出 *PNP* 锗管，BG_1、BG_2为第七级电流 开关，它的输出信号就是输出管的激励信号 u_i，输出电压 u_o与u_i同相。$I_e=130\text{mA}$，$R_3=$

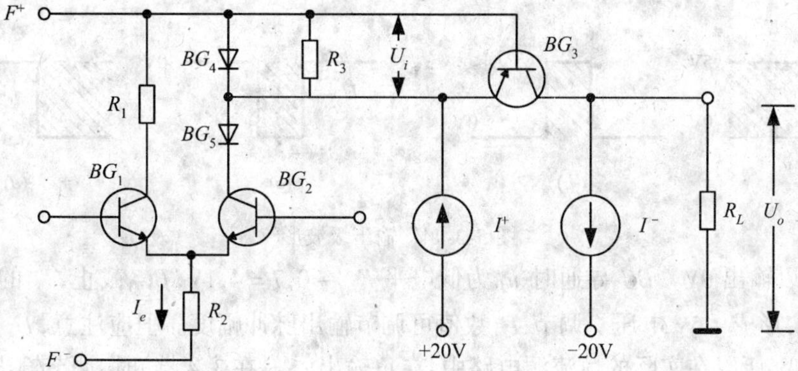

图 5-3-13　XC-15 输出级

51Ω，u_i 低电平为 $F^+-0.7\text{V}$（以 F^+ 为参考点，BG_2、BG_4、BG_5导通时 u_i 为低电平）。此时通过 R_3的电流为$\frac{0.7}{51}=13.7\text{mA}$，所以通过 BG_4的电流为 $130-13.7=116\text{mA}$，为了满足功率要求，BG_4和 BG_5分别由三只二极管并联。BG_4导通时，BG_3输入端为 0.7V 的反偏电压，所以 BG_3截止。前级输入信号使 BG_2截止时，BG_4、BG_5也截止，u_i 为高电平，I^+注入输出管 BG_3使其导通。设导通电平为 0.3V，则通过 R_3的电流为$\frac{0.3}{51}\approx 6\text{mA}$，此电流注入 F^+。下面按两类四种信号进行具体分析。设输出脉冲为最大幅度 5V，外负载 $R_L=50\Omega$，暂不考虑偏移问题（0 偏移）。

(1)正输出　此时开关 $S_{4\text{-}3}$处于 1、2 挡（$S_{4\text{-}3}$在直流电源部分），使浮置电源 $F^+=8.9\text{V}$，$F^-=-10.3\text{V}$，开关 $S_{4\text{-}2}$处于 1、2 挡，使恒流源 $I^+=106\text{mA}$，$I^-=0$。

(*a*)正倒置开关 $S_{4\text{-}1}$处于第一挡，U_i为向下波形，BG_2截止时 u_i 为高电平 $F^++U_{be}=8.9+0.3=9.2\text{V}$（相对于地），$BG_3$导通，$I^+$的 106mA 中，6mA 通过 R_3，100mA 注入 BG_3流入负载 R_L，所以 $u_o=5\text{V}$。BG_2导通时 I^+注入 BG_2，不足部分（24mA）由 BG_4、R_3提供，所以 u_i 被BG_4钳位在 $8.9-0.7=8.2\text{V}$，这是低电平。此时 BG_3截止，所以输出 0 电平。对应输入输出波形如图 5-3-14(*a*)所示。

(*b*)正脉冲　开关 $S_{4\text{-}1}$处于第二挡，U_i 为向上波形，U_i 低电平被钳位在 8.2V，BG_3截止，输出 0V。BG_2截止时 BG_3导通，U_i 高电平被BG_3输入端钳位在 9.2V，正恒流源 I^+中的 100mA 流过负载 R_L，所以输出 5V，对应波形如图 5-3-14(*b*)所示。调节 I^+数值即可调节输出脉冲幅度。I^+不能调到 0 值至少应大于 6mA 以维持 R_3上的压降，保证 BG_3可靠地导通，为使最小输出幅度为 0.15V，I^+最小调到 9mA。

(2)负输出　此时开关 $S_{4\text{-}3}$处于 3、4挡，使浮置电源 $F^+=4.8\text{V}$，$F^-=-14.4\text{V}$。开关 $S_{4\text{-}2}$处于 3、4 挡使 $I^+=106\text{mA}$，$I^-=100\text{mA}$。

(*a*)负脉冲　开关 $S_{4\text{-}1}$处于第一挡，U_i 为向下波形，BG_2截止时 U_i 为高电平 $F^++U_{be}=4.8+0.3=5.1\text{V}$，$BG_3$导通，$I^+$中的 6mA 流过 R_3，100mA 通过输出管 BG_3流入 I^-，流过负载的

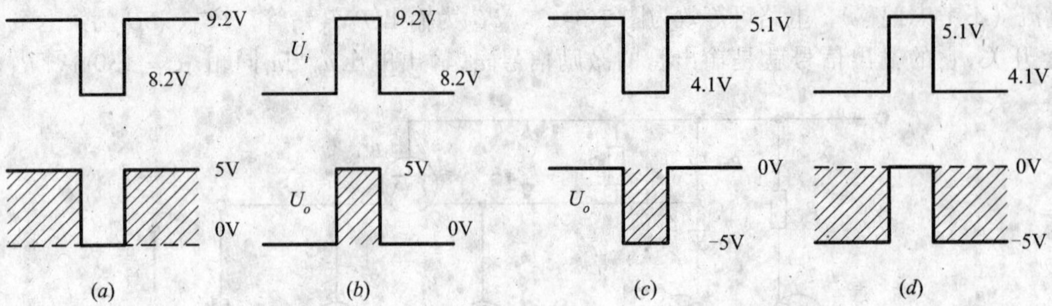

图 5-3-14　输出级波形

电流为 0,所以输出 0V。BG_2导通时 u_l 为低电平 $F^+ - 0.7 = 4.1V$,BG_3截止,I^-的 100mA 电流流过负载 R_L,形成 - 5V 电压。调节 I^-数值可调节输出脉冲幅度。但应注意,I^-调节时 I^+也要作相应改变,所以在实际的恒流源电路中,在负输出($S_{4\text{-}2}$在 3、4 挡)时,调节输出幅度电位后 I^-、I^+均改变。负脉冲输出对应波形如图 5-3-14(*c*)所示。

(*b*)负倒置　开关 $S_{4\text{-}1}$处于 4 挡,U_i 为向上波形,U_i 低电平被二极管钳位在 4.1V,BG_3截止,I^-流过负载形成 - 5V 输出。当 BG_2截止时 u_i 为高电平 5.1V,BG_3导通 I^+流入 I^-,负载中电流为 0,所以输出 0 电平,对应波形如图 5-3-14(*d*)所示。调节 I^-则调节输出幅度,I^+同时作相应改变。

现在考虑偏移问题,偏移为直流分量,数值可手动调节,它不受输出管控制,所以偏移电流可加在 I^-中,I^-中有 - 20 ~ + 20mA的可调量,则输出偏移 ± 1V,正输出时 $I^- = -20 \sim +20mA$ 可调,负输出时 $I^- = -80 \sim -120mA$ 可调。

实际输出电路中,BG_4、BG_5为砷化镓二极管,可减小开关时间改善脉冲前后沿,BG_4除起钳位作用外,还可保护输出管发射结,避免击穿。BG_5可保护 BG_2。

关于输出管的最大功率可作如下估算。

正输出时,BG_3截止则 $P_c = 0$,BG_3导通时 $I_c = 100mA$,$U_{ce} = 9.2 - 4$(考虑偏移 - 1V,则负载上最高电平为 4V) = 5.2V,所以 $P_c = 520mW$。

负输出时,BG_3截止则 $P_c = 0$,BG_3导通时 $I_c = 100mA$,$u_0 = 0$ 则管压 $U_{ce} = 5.1V$。考虑输出可偏移 - 1V,则 $U_{ce} = 6.1V$,因此 $P_c = 610mW$。可见负输出时功耗比正输出大,这正是负输出时 F^+要降低的原因。如果不降低 F^+保持 8.9V,则 $I_c = 100mA$,U_{ce}可达到 $9.2 - (-1) = 10.2V$,最大功耗将达到 1 020mW。

输出管采用 3AG87C,P_{cm}标称值 300mW,I_{cm}标称值 50mA,最大功耗 610mW,则采用三管并联即可满足要求,并且有一定富裕。实际电路采用五管并联,这样安全系数更大,以免偶尔出现负载短路或电抗性负载时功耗更大。例如正输出时,BG_3导通电流 100mA,负载短路则 $U_{ce} = 9.2V$,功耗 $P_c = 920mW$,此时就需要四管并联才可避免烧毁。

采用浮置电源的根本原因在于输出管的功率要求。至于浮置值的选取还要满足输出管工作于非饱和状态的要求。对 *PNP* 管而言应使 U_b 低电平 > u_c 高电平,u_c 即输出电压 u_0,u_b 即 F^+。正输出时,考虑偏移 + 1V,则 u_c 最高 + 6V,所以取 F^+应大于 6V,本仪器取 8.9V,离饱和区较远。负输出时,考虑偏移时 u_c 最高电平 1V,则取 F^+应大于 1V,现取 4.8V,也离饱和区较远。F^-的取值应保持 F^+和 F^-之差恒定,设计值为 20V,19.2V 为实测值。

输出级恒流支路中电感 $L_8\sim L_{11}$用于稳定电流，BG_{207}、BG_{208}用于保护输出管，负输出时如果出现空载，负电流要从输出管抽出，负电流相当大，有可能使输出管过载。加了稳压管 BG_{208} 则可从它获得电流。

六、恒流源电路

恒流源的获得利用晶体管的输出特性，工作在放大区时，静态线是水平线，基极电流取定时，改变负载电阻或电源电压，工作点在静态线上移动，对应的集电极电流 I_c 基本不变。

XC-15 型的恒流源电路如图 5-3-15 所示。输出电流（正电流）I^+ 由 BG_{96}输出，它由直

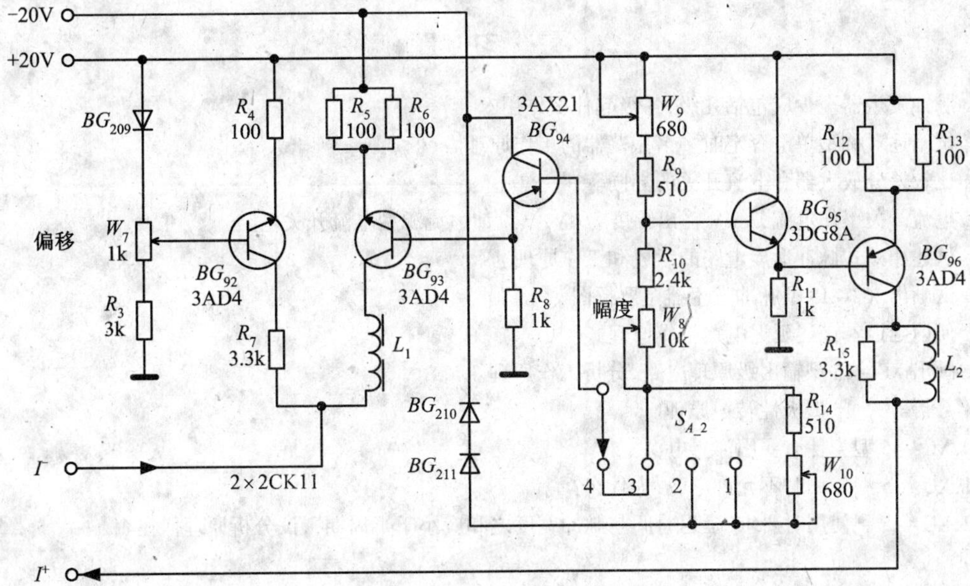

图 5-3-15　恒流源电路

流跟随器 BG_{95}推动。I^+的大小决定于 BG_{95}基极电位，即决定于 R_9、R_{10}、R_{14}、W_9、W_{10}和 W_8、W_9、W_{10}为校正电位器，可将 I^+调到 106mA（W_8 处于中间位置），W_8 调节 I^+的大小即调节主脉冲输出幅度。电流 I^-由 BG_{92}、BG_{93}共同提供，BG_{92}提供正电流 I_{c92}，BG_{93}提供负电流 I_{c93}，总电流 $I^-=I_{c92}+I_{c93}$。I_{c93}的大小与开关 $S_{4\text{-}2}$位置有关，主脉冲正输出时，$S_{4\text{-}2}$处于 1、2 挡，BG_{94}基极电位 -18.6V，射极电位 -18.3V，BG_{93}射极电位 -19V，所以 $I_{c93}=\dfrac{-20-(-19)}{50}=-\dfrac{1}{50}=-20\text{mA}$。$I_{c92}$的大小与偏移有关，主脉冲无偏移时，$I^-=0$，所以 $I_{c92}=-I_{c93}$，即 BG_{92}应能向 BG_{93}提供 20mA 电流。主脉冲有 ±1V 偏移时，I^-应能提供 ±20mA电流，即偏移电位器 W_7 调节时 I_{c92}应能在 0~40mA 之间变化，实际变化范围大于此值。主脉冲负输出时，$S_{4\text{-}2}$处于 3、4 挡，BG_{94}基极电位升高，射极电位跟随，所以 BG_{93}导通加强，I_{c93} 加大，数值应达到 -120mA，使 $I^-=-100\text{mA}$，考虑偏移时 I^-在 -80 ~ -120mA之间变化。调节 W_8 时 I^+和 I^-同时改变。

七、结构特点

XC-15 型脉冲发生器工作频率高达 100MHz，脉冲前后沿可小到 ns 级，因此引线电感和分布电容要力求最小，这是结构上要特别注意的问题。XC-15 型的脉冲发生部分做在同一块

印制板上，板上有七排高频瓷架，元器件全装上高频瓷架上，相互间直接连接，不通过印制板铜皮，以保证结构紧凑引线最短。印制板仅用于直流馈电，印刷电路做成梳形，使各级馈电路程最短,印刷铜条很宽,并镀上银层,使电阻极小,因此各级需公用电源仍可不用退耦电路。印制板背面敷铜板接地有屏蔽作用。

电源和恒流源因为是直流,引线长一些关系不大,所以做在另两块较小的印制板上。

仪器内部有金属骨架,各印制板装在骨架上,便于调机。仪器有两层面板,各电位器和波段开关装在内层板上,主印制板与面板平行使引线最短,外层板仅作标记和装饰之用。仪器用内部风扇散热。仪器扁平形,上下盖板可拆卸,便于维修。

复 习 题

1. 脉冲发生器至少应包括几级,各级起什么作用?
2. 试阐述对称型单电容定时多谐振荡器的工作原理。
3. 比较差分放大器和电流开关的异同。
4. 电流开关工作电流 20mA,输出幅度为 4V,试设计恒流源型电流开关电路。
5. 试述相减式脉冲形成电路的组成和工作原理。
6. 试画出 XC－15 型脉冲发生器主要框图。
7. 何谓延迟? 试述延迟电路工作原理。
8. 画出 XC－15 型输出级原理电路,分析工作原理。
9. 分析 XC－15 型极性转换原理。
10. XC－15 型为什么要用浮置电源?
11. XC－15 型使用时不允许空载,为什么?
12. XC－15 型使用时要求“延迟时间与脉冲宽度之和应小于半周期”,试分析原理何在。

第二篇　CRT 显示仪器

引　　言

CRT(Cathod ray tube)是阴极射线管,顾名思义,CRT 显示仪器就是在荧光屏上直接显示电量的测量仪器。

无线电技术中大量存在各种电量的函数关系,例如电压、电流和时间的关系;放大倍数和频率的关系;电压电流相互关系等等。这些关系是肉眼看不到的抽象过程,如能直接显示出来,对于理解事物的本质是十分有利的。直接显示电量的函数曲线是 CRT 显示仪器的最大优点和特点,不仅如此,通过一定的变换器件还可以将温度、压力、重量等非电量转换为电量,因而 CRT 显示仪器也可以完成非电量的显示。

CRT 显示仪器主要研究和解决电压、电流、时间、频率之间的关系。据此可以分为三类,一类称为时域测量仪器,水平轴代表时间(时基),它显示电压或电流随时间的变化曲线,例如显示正弦信号或脉冲信号形状。其典型仪器为通用示波器,此外还有取样示波器、时域反射计等。第二类称为频域测量仪器,水平轴代表频率,它显示电量对频率的关系,用于观察四端网络的频率特性曲线、分析信号的频谱,这样的仪器有扫频仪、频谱仪等。第三类称为伏安特性测量仪器,用于测量元器件的静态特性,其典型仪器是晶体管特性图示仪。此外,还有一类显示仪器称为数域测量仪器,其典型产品是逻辑分析仪,分为状态分析和定时分析两种形式,状态分析可以把二进制逻辑状态“1”和“0”字符以真值表形式显示出来,定时分析可以显示对某个阈值的高低电平状态波形。

以上四类仪器均采用 CRT,包括示波管或显像管(主要是示波管),示波管为电压控制器件,显像管为电流控制器件。一切物理量的一元单值函数只要能转换成电压之间或电流之间的关系,均可采用 CRT 显示。考虑到图形亮度可由电压控制,CRT 仪器甚至可以显示二元函数曲线,用亮度作为 Z 坐标。

由于 CRT 显示仪器具有直观、响应快、频带宽、灵敏度高、输入阻抗高等一系列优点,60 余年来发展十分迅速,种类繁多功能齐全,应用极其广泛,成为无线电电子学领域中不可缺少的工具,就是在科研、生产、交通和医药等部门,应用也日渐普遍。

第六章　通用示波器

§6-1　概　　述

随时间变化的电压或电流称为电信号,电信号可以是随机信号、周期信号或单次信号。无线电技术是研究电信号的产生、放大、变换、传输和传播的技术,示波器用于观测电信号,因而成为无线电技术的基本测试设备,它是电子测量仪器中保持产量最大产值最高的重要产品。

一、电子示波器的基本原理

1. 示波管

示波管是示波器的核心。示波管由电子枪、偏转板和荧光屏三部分组成,如图 6-1-1 所示。电子枪的作用是形成电子射线,它包括灯丝、阴极、调制极、第一阳极和第二阳极。灯丝的作用是加热阴极,使阴极热电子发射,调制极的作用是控制电子射线的强度,即调节光点亮度,阳极的作用是加速电子,使电子向荧光屏方向运动,同时还要使电子形成一束细线,即第一、二阳极还起聚焦作用。各电极均做成圆筒形。垂直偏转板 Y_1Y_2 和水平偏转板 X_1X_2 做成平行板,信号加在偏转板上,板间形成电场,电子束受电场力作用而偏转,从而在荧光屏上画出图形。后加速阳极 a_3 是锥体内壁的石墨涂层,它进一步加速电子以提高亮度,并且可吸收从荧光屏打出的二次电子。普通示波管除 a_3 从锥体引出外,其他电极从管脚引出。荧光屏的作用是在高速电子轰击下激发可见光,发光强度决定于电子数量、速度和荧光质,荧光质还决定色调和余辉时间,示波管多采用中余辉和长余辉,中余辉时间 0.01 秒至 0.1 秒,长余辉大于 0.1 秒。常用中余辉荧光质为硅酸锌等。

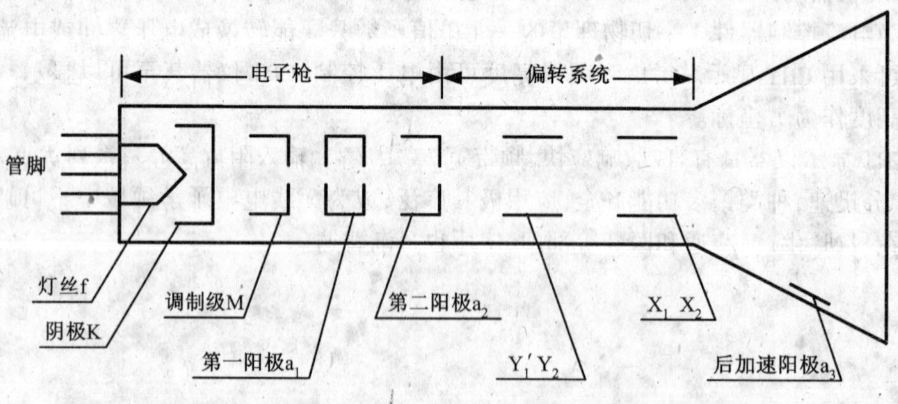

图 6-1-1　示波管结构示意图

示波管的工作原理包括聚焦原理、偏转原理和波形显示几方面:

电子束的聚焦是特殊形状的电场形成的,这种特殊电场称为静电透镜,最简单的形式是两个电位不等的圆筒,如图 6-1-2(a)所示。图中 a_2 电位高于 a_1,电力线由 a_2 指向 a_1,电子由左向右以初速 v_0 运动,到达 A 点时受电场力作用产生加速度 a,a 与 V_o 合成使电子向轴线靠拢,如(b)图中虚线所示。同理到达 B 点的电子也向轴线靠拢,此作用相当于光线通过会聚透镜。但是，当电子到达 C 点时情况就不同了，电子受力 F' 是向外的，相当于发散透镜。不过，由于电子从 A 到 C 的过程中从电场获得能力而加速 $V > V_0$，因而会聚作用强于发散作用，总的效果仍然是会聚的，发散作用只是延长了焦距。电子透镜作用不仅存在于 a_2、a_1 间，而且存在于整个电子枪中，电子枪中的聚焦过程和光学透镜对比如图 6-1-3 所示。总的可看成两组透镜，改变 a_1、a_2 电位则改变了场强，因而可进行聚焦调节。

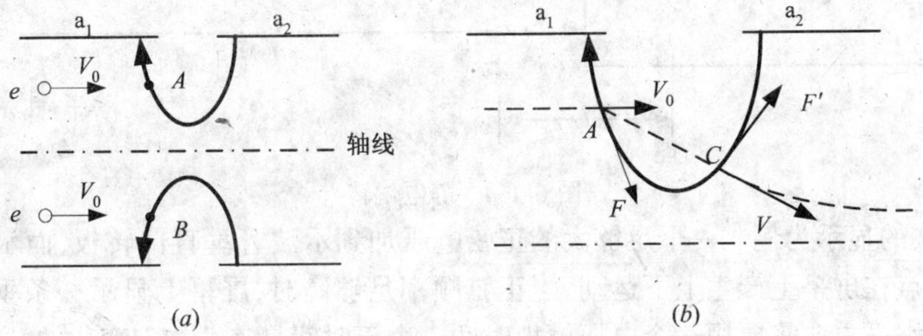

图 6-1-2　静电透镜

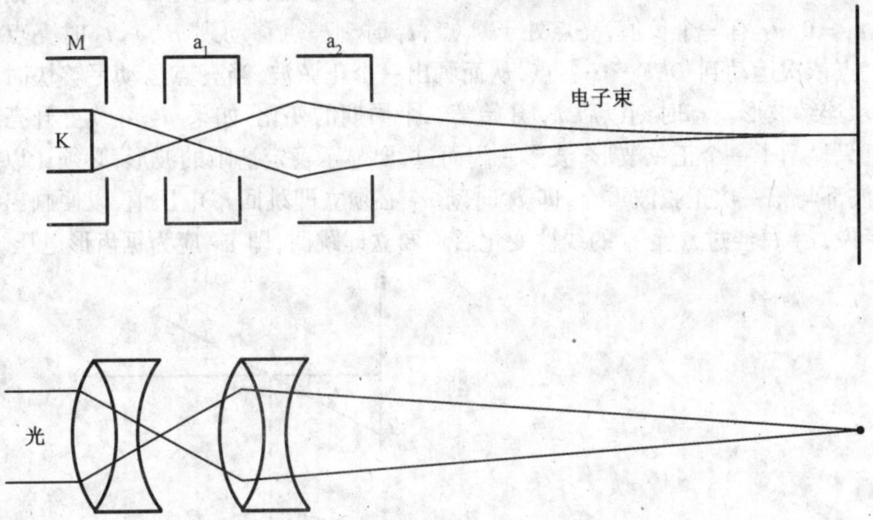

图 6-1-3　电子透镜与光学透镜对比

电子进入偏转区后是一条很细的射线，偏转板上无信号时，电子束打在荧光屏中心形成亮点，偏转板上有信号时亮点偏移。偏转板性能根据图 6-1-4 分析，偏转板为矩形，长度 l，间距 d，L 为偏转板中心到屏幕的距离，加电压 U_d 后产生偏移量 D，偏转作用的强弱用比值 U_d/D 衡量，称为偏转因数 D_d，近似公式为

$$D_d = \frac{D_d}{D} = 1.74\,\frac{\mathrm{d}U_{a2}}{lL} \tag{6-1-1}$$

式中，U_{a2} 为第二阳极到阴极的电位差；D_d 单位为 V/cm，它表示屏幕上亮点移动 1 厘米时所需加的电压，此值越小表示偏转灵敏度越高；L 越大灵敏度越高，这就是示波管较长的原因。因为两组偏转板的 L 不等，所以灵敏度不等，靠近电子枪的偏转灵敏度高，用作垂直偏转板，加待测信号，另一组加机内扫描电压。为了减小偏转误差，偏转板要求对称供电，无论是直流和交流均如此，否则偏转板与第二阳极之间的电场不对称，将造成电子束上下偏转量不等。

2. 波形显示原理

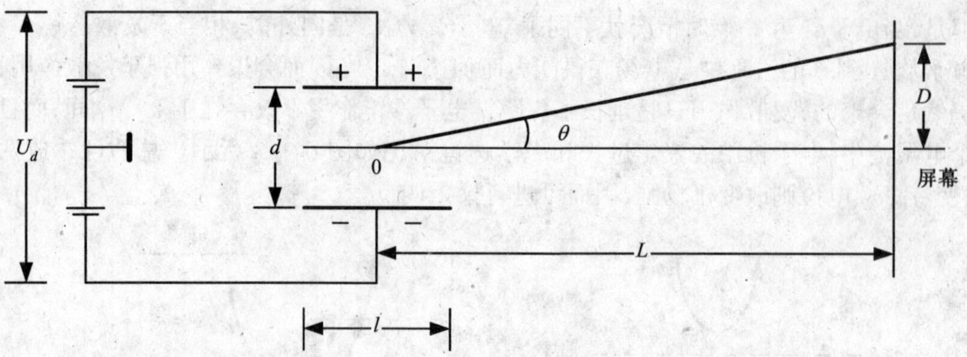

图 6-1-4　静电偏转

以正弦波的显示为例。一个足够大的正弦电压加到示波管垂直偏转板，而水平偏转板不加电压时，亮点在屏幕上产生上下运动，当正弦频率足够高时，屏幕上显示一条垂直线。要将正弦波展开，水平方向需要用一个电压模拟时间。由于时间是连续均匀变化的，所以加到水平偏转板的应为直线电压，用描点法分析，如图 6-1-5 所示。垂直偏转板电压 u_Y，水平偏转板电压 u_X，t_0 时 $u_Y=0$，u_X 有一个负值，亮点处于 A 点，t_1 时刻亮点移动到 B 点，t_2 时亮点移动到 C 点……，亮点依次运动到 DEF……各点，从而画出一个正弦波，当亮点运动足够快时由于余辉作用而显示连续波形。t_8 时刻以后 u_Y 开始第二个周期的变化，如果 u_X 继续上升亮点将移出屏幕，而且只显示了一个正弦波形，波形一闪而过，要显示稳定清晰的波形，必须让以后各次画出的正弦波都与第一次正弦波重合，即 t_8 时刻 u_X 必须立即跳回 t_o 电压值，以便画出第二个正弦波，或者说，u_X 每经过 t_o 至 t_8 的线性变化后均要立即跳回，即 u_X 应为锯齿形电压。

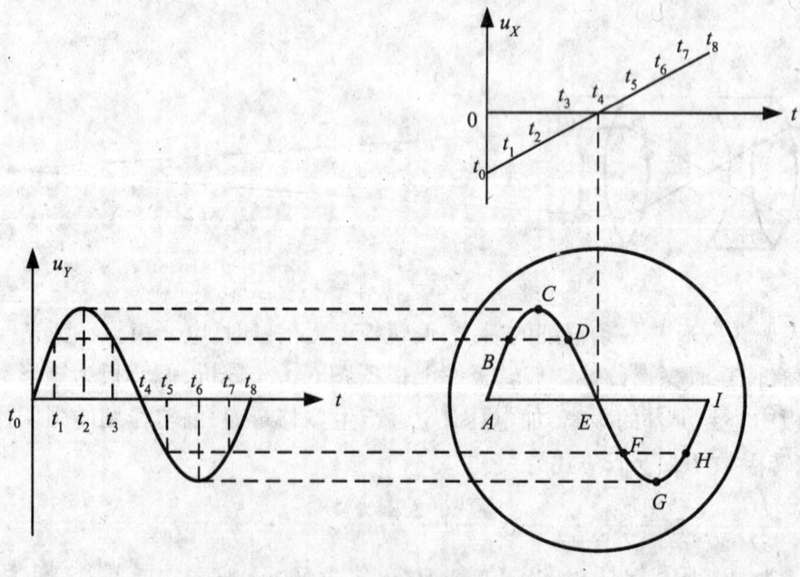

图 6-1-5　描点分析显示波形

至此，可得稳定显示一个波形的条件：第一，待测信号 u_Y 为频率 f_Y 稳定的周期性信号。第二，u_X 为频率 f_X 稳定的锯齿波电压，称为扫描电压，锯齿电压线性变化时显示波形，为正扫期，锯齿电压迅速跳回时为回扫期。第三，f_X 和 f_Y 要严格相等。如果 $f_Y \neq f_X$，情况如何呢？若 f_Y 略大于 f_X，即周期 $T_Y < T_X$，于是在一个 T_X 时间内显示一个正弦波多一点，如图6-1-6所示。

第二个 T_X 时亮点从 A 跳到 B，画出第二个正弦波后从 C 跳到 D……如此，我们将看到波形向左移。反之若 f_Y 略小于 f_X，波形将向右移动。但是，若 $f_Y = 2f_X$，即 $2T_Y = T_X$，则 T_X 时间内显示两个正弦波，并且第三、四个波形与之重合，波形仍是稳定的。由此推论：$f_Y = nf_X$（n 为正整数）时，波形都是稳定的。满足 $f_Y = nf_X$ 关系称为同步，它依靠同步电路进行自动调节。同步有三种方式，用待测信号去控制扫描频率称为内同步。用 50Hz 市电去控制扫描频率称为电源同步，显然，此时待测信号频率应与电源有关。用与 f_Y 有关的第三个信号去控制 f_X 称为外同步。

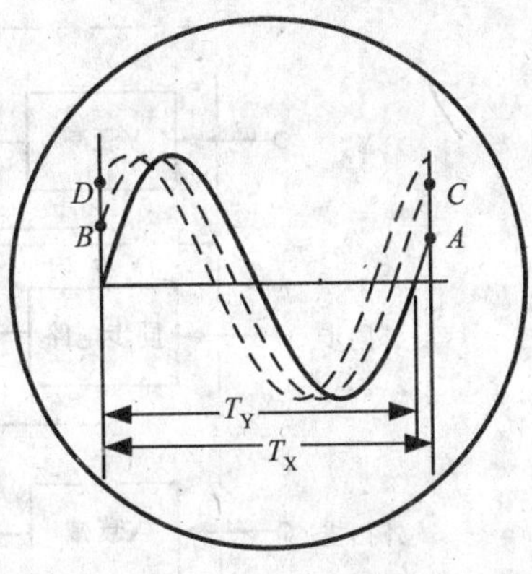

图 6-1-6　不同步波形

关于回扫仍需说明，回扫尽管很快也需要一定时间，所以，回扫时也会显示波形。例如正扫时间若为回扫的四倍，正扫显示四个波形，回扫将显示一个波形，如图 6-1-7 中虚线所示。回扫波形影响观测应予消隐，可用与回扫对应的负脉冲去截止示波管，或用与正扫对应的正脉冲使示波管增辉。

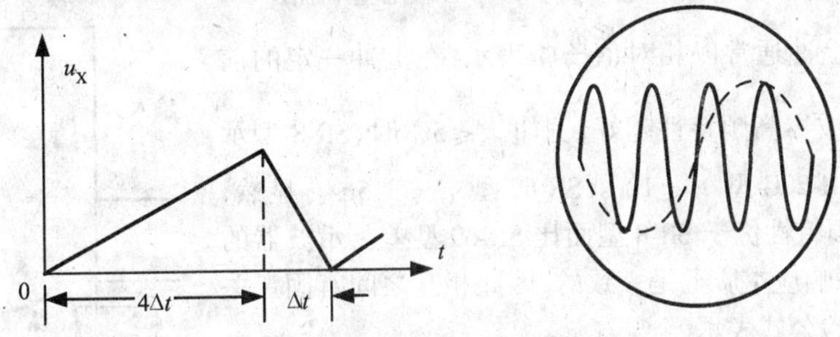

图 6-1-7　回扫影响

扫描正程要考虑线性，线性不佳将影响波形疏密，扫得快处波形扩展，扫得慢时波形压缩。

3. 示波器的一般组成

示波器由主机、Y 偏转系统和 X 偏转系统三部分组成，基本方框如图 6-1-8 所示。主机包括示波管及其供电电路、高低压电源和校准信号源。高压供给示波管，低压及校准信号供给偏转系统。Y 偏转系统主要是衰减器和差分放大器，以扩大示波器量程，跟随器用于提高输入阻抗和负载能力。X 偏转系统包括同步电路、扫描发生器、消隐电路和 X 轴放大器等。跟随器用于阻抗变换，示波器采用内部扫描电压时称为内扫描，也可由机外提供扫描电压，称为外扫描，外扫描电压可以是锯齿波也可以是正弦波等。

二、示波器的主要参数

1. 频率响应（带宽）

这是示波器频率特性的稳态表示法。示波器的带宽就是其 Y 系统工作频率范围，或直接指 Y 放大器带宽，通常以 -3dB 定义，即相对放大量下降到 0.707 时的频率范围。宽带示波器的频率响应低端常常从零开始，所以频带越宽，高频特性越好。

2. 瞬态响应

这是示波器频率特性的瞬态表示法。它指输入理想矩形波后，示波器显示波形的脉冲参数，如图 6-1-9 所示，包括上升时间 t_r、上冲 δ、平顶跌落 Δ、下降时间 t_f、反冲 ε 等。其中尤以

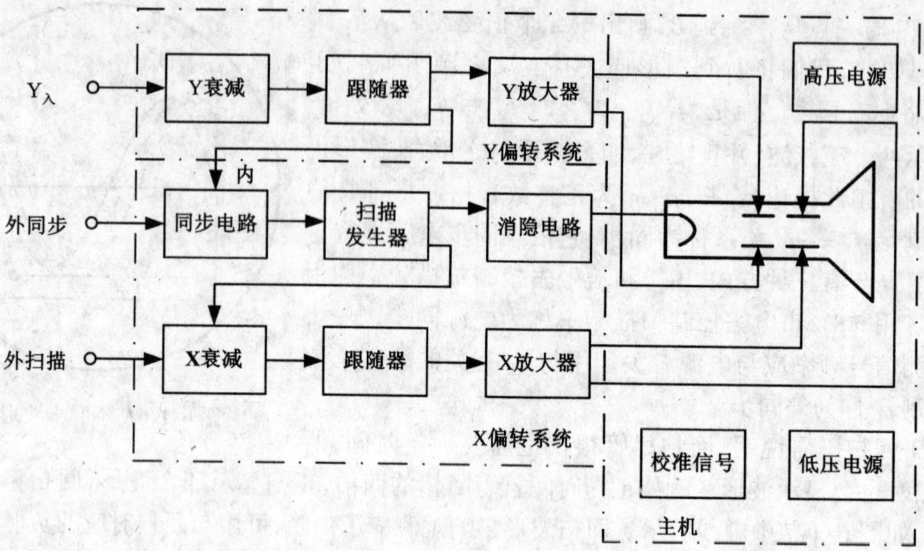

图 6-1-8 示波器基本框图

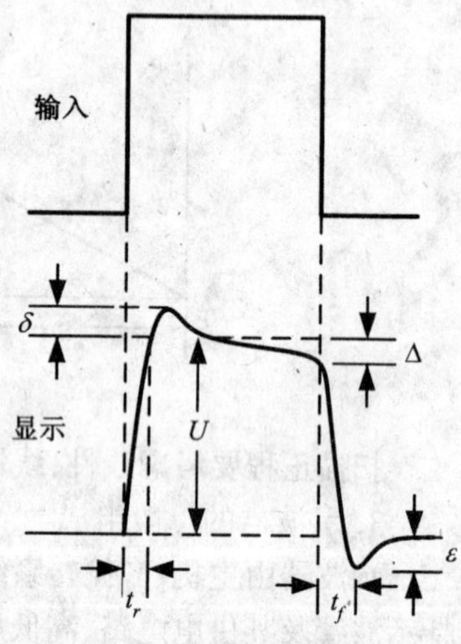

图 6-1-9 瞬态响应

t_r 和 δ 最重要，上冲通常以相对值 $\frac{\delta}{U}\%$ 表示，在上冲一定的前提下，t_r 越小示波器高频特性越好，例如 $\frac{\delta}{U} \leqslant 5\%$ 时，SR-8 型示波器 $t_r \leqslant 24$ns，SR-20G 型 $t_r \leqslant 12$ns，SR-69 型 $t_r < 3.5$ns。显然，SR-20G 型的高频特性优于 SR-8 型而比 SR-69 型差。示波器的稳态响应和瞬态响应本质上是一致的，因此相互之间有固定关系，可用如下经验公式表示

$$\frac{\delta}{U} < 5\% \text{时} \quad t_r \cdot \Delta f = 0.35(\mu s \cdot MHz)$$

$$\frac{\delta}{U} > 5\% \text{时} \quad t_r \cdot \Delta f = 0.45(\mu s \cdot MHz)$$

Δf 为示波器带宽。由此可见 t_r 越小则 Δf 越大，即高频特性越好。

3．输入阻抗

即 Y 放大器的输入阻抗，包括输入电阻 R_{in} 和输入电容 C_{in}。电子工业部规定示波器 R_{in} 为 1MΩ ± 5% 而 C_{in} 应随示波器带宽的加大而减小，如下表所示。

宽带(MHz)	5	15	30	60	100	200
C_{in}(pF)	< 40	< 35	< 30	< 25	< 20	< 15

4．偏转因数

示波器输入电压与亮点 Y 方向偏移量的比值，单位 mV/div。度(div)指荧光屏刻度 1 大格，1 度等于 1cm 或 0.8cm，随管型而异。

偏转因数值可表示灵敏度，数值越小灵敏度越高，每一种示波器有一个最高灵敏度。一般示波器最高灵敏度对应于 5mV/div 或 10mV/div。当 Y 系统接入不同衰减器时偏转因数值改

变，一般示波器偏转因数在 10 挡左右，按 1-2-5 顺序排列，如 10mV/div、20mV/div、50mV/div 等等。

5. 延迟时间

从扫描线开始出现到波形上升或下降到基本幅度的 10% 所经过的时间。延迟时间的存在有利于观察脉冲沿，这是示波器 *Y* 系统中接入延迟线的结果。延迟时间固定或可调随机型而异。

6. 扫描速度

单位时间内亮点在 *X* 方向的偏移量称为扫速。反之，亮点在 *X* 方向偏移 1cm 或 1div 所经过的时间称为时基因数，单位 μs/div。通常用时基因数表示扫速，时基因数越小扫速越高。时基因数按 1-2-5 顺序排列。

三、示波器的优缺点

示波器的第一个优点是直观，响应快。由于电子质量极小，几乎是无惯性的，在信号作用下偏转极快。荧光屏的发光是电子轰击下激发荧光质内层电子的跃迁而辐射光子，这不是温升引起的发光，所以速度也很高。

第二，示波器频带很宽。由于电子几乎无惯性，高速运动的电子在不太强的电磁场作用下就可以发生显著的偏转，即控制电子的运动状态简便快速，所以可测试很高频率的信号。目前直接显示的正弦信号频率可达 1GHz，通过取样技术间接显示的正弦信号频率可达 18GHz。频率低端通常从 *DC* 开始，具体数值视余辉时间而定，余辉越长可观测的信号频率越低。示波器还可以显示单次信号，附设照相机则可进行摄影记录。

第三，输入阻抗高，因而测量时对待测电路的影响很小。

第四，灵敏度高，量程大。示波器中可接入高增益放大器，因而可观测很微弱的信号，即偏转因数很小，最小可达 μV/cm 级。示波器中可接入高衰减量衰减器，因而可观测数百伏乃至数千伏的强信号。

此外，还可通过变换器完成各种非电量的测量，从而扩大了示波器功能。

示波器的主要缺点是测量精度低，从荧光屏上只能读出两三位有效数字，因而主要适用于定性分析，检查电路故障等。为了提高精度，已将示波器与数字仪器结合制成数字式示波器，既可观察波形，又可从数码管上精确读出电压和时间值（脉冲幅度、宽度等）。

四、宽带示波器的特点

宽带示波器是比较高级的示波器，它不仅频带宽，而且各种性能均有较大改进，电路结构上有很多特点。

1. 高灵敏度示波管

普通示波管 *Y* 偏转因数约为 10～40V/cm，灵敏度低，要保证示波器高灵敏度则要求 *Y* 放大器增益足够高，例如要求示波器的 *Y* 偏转因数达到 10mV/cm，则 *Y* 放大器应放大 10^3 以上。由于放大器的增益与通频带是矛盾的，宽带示波器的 *Y* 放大器频带宽则增益难以做得很高。此种情况下采用高灵敏度示波管是必要的，高灵敏度示波管 *Y* 偏转因数约 2V/cm，*X* 偏转因数约 7V/cm。

2. 高频高压电源

为了提高亮度，高灵敏度示波管的后加速极电压很高，常在 10kV 以上。这么高的直流电压，由市电直接升压并经整流和滤波获得，原理上虽属可行，实际上由于市电频率太低，直接升压时要保持变压器的效率，其匝数必须很大，这样变压器体积和重量大，漏感严重。其次，滤波电容器的容量也要很大，于是更加大了体积和重量。大变压器和大电容器又使费用提高，第三，后加速极电压要求高稳定性，这么高的电压采用串联电子稳压器进行稳压是困难的，而且这么高的电压意外触电时容易发生人身危险。采用“高频高压”方式这些问题基本可解决，高频高压方框图如图 6-1-10 所示，首先产生高频振荡，然后再升压就容易了，再经整流或倍压整流，最后滤波输出高压。此高压经取样电路取出误差信号，经高倍直流放大后去控制振荡器电源电压，或直接控制振荡管基流，以改变振荡的强弱。整个闭环系统是负反馈环，当输出高压加大时，负反馈使振荡减弱，反之同理，从而使高压稳定。

3. 优质的 Y 轴放大器

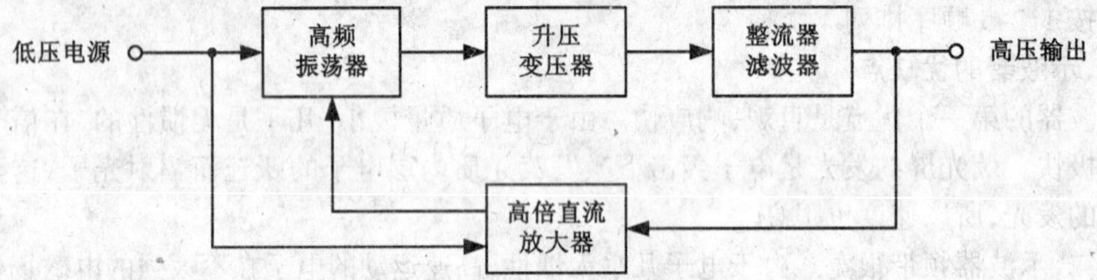

图 6-1-10 “高频高压”框图

示波器主要参数如灵敏度、通频带、输入阻抗等都决定于 Y 放大器，所以 Y 轴放大器性能要求高。宽带示波器带宽在 30MHz 以上，放大倍数在数百至数千之间，通常低频端从 DC 开始。所以 Y 放大器是一个宽带直流放大器。Y 放大器输出信号送到 Y 偏转板，为了满足偏转板上电压的对称要求，Y 放大又是一个优质的差分放大器。为了在屏幕上同时显示两个不同的输入信号，采用两个 Y 通道，经电子开关转换输入信号，轮流到达 Y 偏转板，这叫做“双踪显示”。所谓电子开关就是一个双稳态触发器，由扫描发生器提供触发信号。当双稳态触发器处于一个稳态时，将一个通道阻塞则成为单踪显示。目前通用示波器多采用双通道电路，称为双踪示波器或双通道示波器。

输入阻抗决定于 Y 放大器的首级，为了提高输入阻抗，常采用场效应管源极跟随器。Y 放大器的带宽主要决定于晶体管，应选用 f_T 高的晶体管。f_T 足够高时电路可用一般的电阻负载共射放大器，如 f_T 不够高则要进行高频补偿或采用共基电路。

4. 触发扫描和延迟线

示波器采用连续扫描时只适宜于观测连续信号，用于观测占空比大的窄脉冲就会出现问题。取扫描频率和脉冲重复频率相等时，显示的脉冲很窄，如图 6-1-11(b)所示，(a) 图为待测信号，为了将脉冲信号展开显示需提高扫速，这里只有提高扫描频率，如图 (c) 所示，高频扫描很多周期内碰不到信号，如图中的 2、3、4、5 周期，此时只扫出水平线，只有少数周期如图中的 1、6 显示波形，结果波形暗而水平线很亮，而且不易同步，因此用连续扫描观察脉冲信号是不太适宜的。应该在有待测信号时才扫描，这就是触发扫描，脉冲信号到来时触发扫描发生器输出扫描信号，没有信号时则不扫描，扫描电压为零值，如图 6-1-12 所示。但这样做出现一个新问题，由于扫描发生器必须等到待测脉冲上升到足够幅度时才能触发，于是脉冲信号前沿将有一部分显示不出来。X 偏转板上的扫描信号应比 Y 偏转板上的待测信号出现早一些，可以让待测信号首先触发扫描发生器产生扫描，然后经延迟线后到达

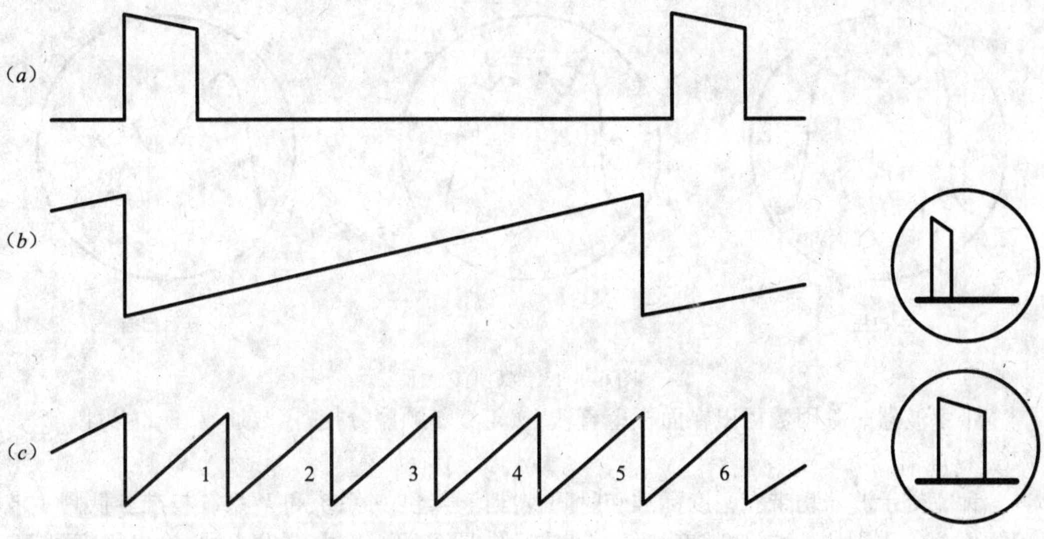

图 6-1-11　连续扫描观测窄脉冲

图 6-1-12　触发扫描

Y 偏转板，延迟线加到 Y 放大器中，它应能无失真的延迟信号，并且有足够的延迟量。触发扫描也可观察连续信号。

5. 高速扫描与“双时基”

为了观测窄脉冲，扫描速度要足够高，而且扫描线性要好，脉冲越窄其高频分量越丰富，因此频带越宽的示波器其扫描发生器的最大扫速越高。此外还要求扫描电压幅度恒定和扫速档次足够多，所以宽带示波器的扫描电路比较复杂。为了兼顾连续信号的观测，扫描发生器既可工作于触发扫描状态，也可工作于连续扫描状态。

更高级的宽带示波器还采用“双时基”，有两个扫描系统，称为主扫描和延迟扫描。主扫描扫速低，可以显示整个待测信号（或脉冲串），当水平工作选择开关打到第二挡——“延迟加亮”时，可以加亮待测信号的任一部分（或脉冲串中的某一脉冲）。再打到扫速更高的“延迟扫描”挡时，则展开显示加亮部分波形，如图 6-1-13 所示，便于观察波形的细节。为了同时显示主扫描和延迟扫描波形，水平系统中也可以采用电子开关转换，称为“自动双时基”。此时如果 Y 系统为双通道（输入 A、B 两个信号），则屏幕上可以同时显示四个波形：A 信号整体、A 信号加亮部分、B 信号整体、B 信号加亮部分。此种示波器称为双通道四踪示波器。

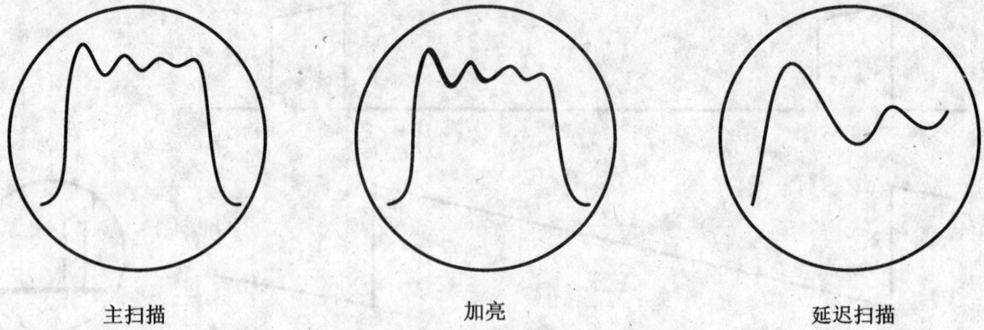

图 6-1-13　双扫描显示

宽带示波器时基因数可以在面板上直读，按 1-2-5 顺序分挡，挡数通常在 20 以上。

6. 校准信号

各种宽带示波器均带有幅度标准和时间校准信号，供 Y 系统和 X 系统校准。低频示波器采用市电分压作为校准信号，精度甚低。宽带示波器采用标准方波发生器，输出幅度可调，数值由度盘直读或用表头指示。幅度校准信号用于校准 Y 系统的放大量和衰减量刻度，也可用于比较法测输入信号幅度。时间校准信号(简称时标)有两种形式，一种是频率稳定的正弦信号或整形后的尖脉冲，利用其恒定的周期作为标准时间，将它送入 Y 系统显示波形，从而和扫描刻度比较。例如时基因数在 5μs/div 挡，尖脉冲周期 10μs，则屏幕上每两大格应出现一个尖脉冲，否则应微调校正扫速。另一种形式是将稳定度高的高频振荡信号加到示波器 Z 轴，则显示波形出现明暗条纹，每一明一暗为一个周期，周期数值已知，因此可校正扫速和进行待测信号的时间参数测量。

五、宽带示波器典型框图

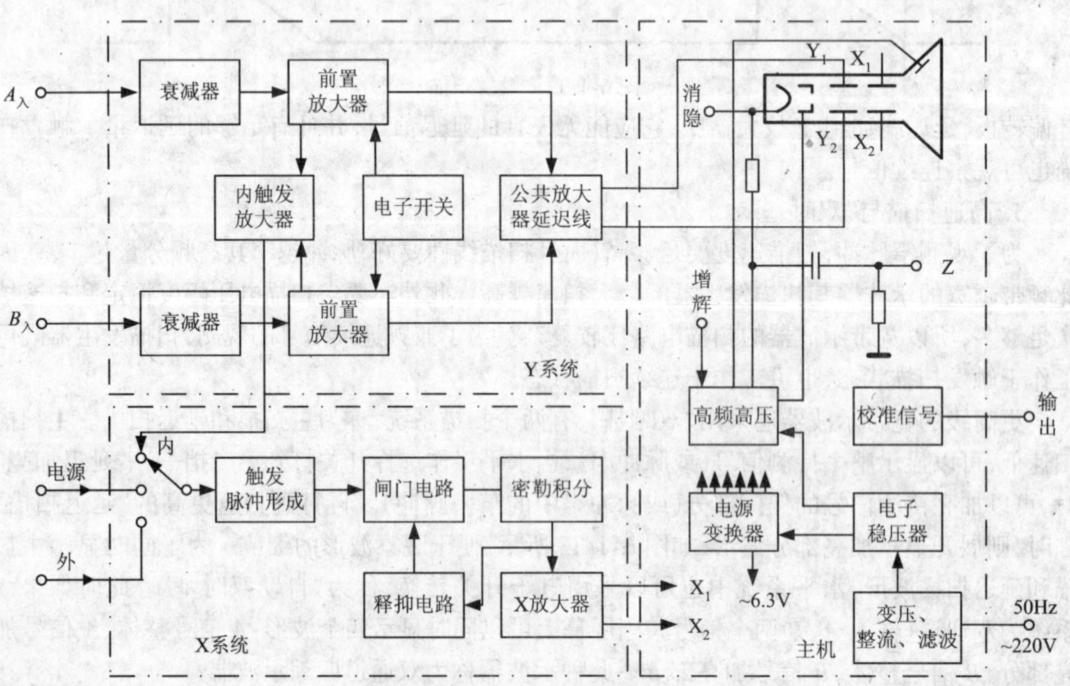

图 6-1-14　宽带示波器典型框图

宽带示波器典型框图如图 6-1-14 所示。这是一个双通道单时基示波器，其 Y 系统有 AB 两输入端，信号分别经衰减器和前置放大器后进入公共放大器，延迟线在公共放大器中。两前置放大器受电子开关控制，因而可实现单踪或双踪显示。从前置放大器中取出一部分信号经触发放大器放大后送去 X 系统，作为内触发信号。

X 系统将内、外或电源信号在触发脉冲形成电路中变换为尖脉冲，作为闸门触发信号，闸门电路是一个触发器，它在触发脉冲作用下置位，密勒电路开始积分(形成扫描正程)，当积分幅度足够大时通过释抑电路使闸门复位，积分电容迅速放电(形成扫描回程)。输出锯齿电压经 X 放大器放大后送到 X 偏转板。

主机包括高灵敏度示波管及其供电电路，高低压电源及标准信号源。市电经变压、整流和滤波变为直流低压，再经电子稳压器输出稳定电压，一路供给高频高压电路获得直流高压，另一路经电源变换器变为一系列直流低压。

§6-2 主　　机

一、高灵敏度示波管

高灵敏度示波管在结构上作了很多改进，首先在 a_2 后加 a_3，a_3 与 a_1 相连，三电极组成单电位透镜，有利于使电子束细长，可减小“球面像差”。为了提高灵敏度，根据偏转因数公式可知，应减小 d 和 U_{a2}，加大 l 和 L。但 U_{a2} 太小将影响聚焦，且速度减小使亮度下降。减小 d 和加大 l，电子很易打到偏转板上，为此将偏转板做成喇叭形。L 加大是有的，但它决定示波管的长度，而且 L 太大了也影响聚焦和亮度。高灵敏度示波管适当选取这四个量。宽带示波器主要用于观察高速脉冲，电子扫过荧光屏的时间很短，为了保证足够的亮度，后加速极电压应尽量取高，通常在 10kV 以上。电子在后加速电场内只是加速不再偏转，为此后加速电场应与电子运动方向相反，电场分布成辐射形。将后加速电极做成几圈或做成螺旋电阻带，电压逐步上升，可形成辐射形电场，此时电阻带两端为 a_4 和 a_5。荧光屏采用发光效率高的中余辉材料，并在内表面蒸发一层容许高速电子穿透的铝膜，铝膜与后加速极相连。铝膜作用有四：一是阻挡管内残余气体电离形成的负离子轰击荧光屏，形成“离子斑”；二是避免荧光屏累积电子形成阻滞电场，有了高压铝膜会把电子带走，保持荧光屏电位恒定，则亮度不变；三是吸收二次电子，以免光点产生“光晕”；四是阻挡内部杂散光并将向内的荧光反射出来，有利于提高亮度和对比度。XY 偏转板之间存在寄生电容，工作频率高时会形成交叉干扰，引起波形畸变，为此，在 Y 偏转板外加一套筒屏蔽网，并外接正负可调电压，可调节 Y 方向波形枕形和桶形畸变，在 X 偏转板外加屏蔽网调节 X 方向畸变，统称为几何图形校正。X 屏蔽网还可避免后加速场侵入偏转区。为了减小寄生电容，各偏转板电极由玻壳侧面引出。

二、示波管供电电路

示波管工作时要求阳极电位高于阴极电位，后加速阳极电位更高，调制极电位低于阴极电位。原则上讲阴极应接零电位，调制极接负电位，各阳极均接正电位。实际上由于 a_2 靠近偏转板，若 a_2 接正高压，电场将侵入偏转区影响偏转性能，为此将 a_2 接零伏左右，阴极接负的高压，调制极电压更负，后加速极仍接正高压。示波管供电电路比较简单，具体形式随管型有所差异，基本形式如图 6-2-1 所示。后加速极电压很高而电流很小，由一路高压电源供给。屏蔽极 P_1P_2 接零伏左右，W_4、W_5 图形几何校正，W_3 辅助聚焦，第一阳板 a_1 接几百伏负压，由 W_2

调节聚焦，调制极电压低于阴极，W_1 调节亮度，并可通过 C_1 输入增辉脉冲。阴极接负高压，灯丝接～6.3V，灯丝与阴极间用电阻 R_1 连接，防止其间高压击穿。

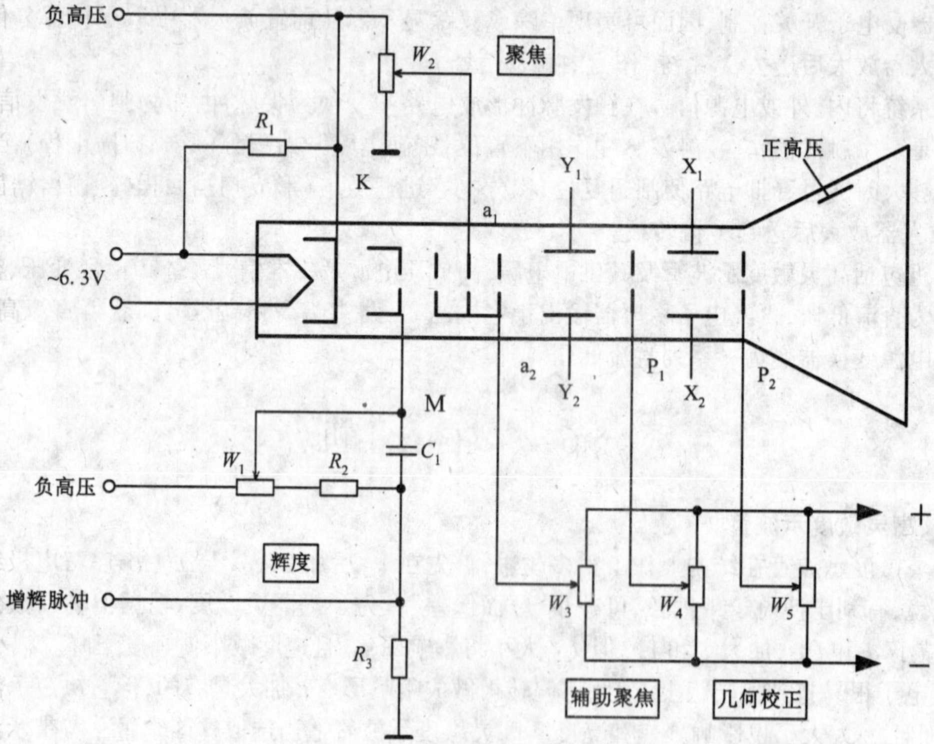

图 6-2-1 示波管供电基本电路

三、高压电源

高压电源包括一路正高压两路负高压，电路采用“高频高压”方式，基本形式如图 6-2-2 所示。图中省略了一路负压。BG_1、L_1、L_2 和 C_1 组成高频振荡器，振荡信号在 L_3、L_4 上升压，经 C_3～C_7、BG_7～BG_{11}五倍压整流，R_1、C_{10}滤波后输出正高压供给后加速阳极。倍压整流的特点是负载特性差，但这里负载很轻。BG_6 半波整流，C_8、C_9 和 $R_2\pi$ 型滤波，获得负压供给阴极。正负高压在示波管上串接使用，其“电压和”要求稳定，为此从负高压取样，误差信号经 BG_2～BG_5 直流放大后控制 BG_1 基极，这是一个负反馈环，可实现高压稳定。例如当负高压数值加大时，取样后 BG_5 基极电位下降，经 BG_5 跟随 BG_4 和 BG_2 两次倒相，使振荡管 BG_1 基极电位下降，基流减小则振荡减弱，这就阻止了高压数值的加大，反之同理。高压的变动是由于负载（即电子流）改变产生的，调节辉度时，若无稳压电路电子束流加大将使高压减小，结果电子数量加大而动能减小，这就会阻止辉度的提高，所以高压应稳定，不随负载而变。

四、低压电源

主机低压电源供给 Y 系统差分放大器和 X 系统扫描发生器、X 轴放大器等。差分放大器要正负电源，扫描发生器电源要多路不同数值，所以低压电源的输出路数较多。这些直流电压由一个稳定电压经电源变换器而得。稳压采用一般的串联电子稳压器，某些高级示波器有采用开关稳压电源的。电源变换器将稳定直流电压变为交流再变为多路直流输出，电路形式与“高频高压”类似，但振荡频率和输出电压均低，且无稳压电路，所以电路简单，基本形式如图 6-2-3 所示。为提高输出功率，由 BG_1、BG_2 和 B_1 组成推挽振荡器，L_1、L_2 绕向相反使两管交替工作，L_4、C_1是串联谐振电路，谐振时正反馈最强，所以在此频率产生正弦振荡。振荡信号经B_2变压后多路整流滤波输出，这里采用全波整流和π型滤波。图中只画了四路。

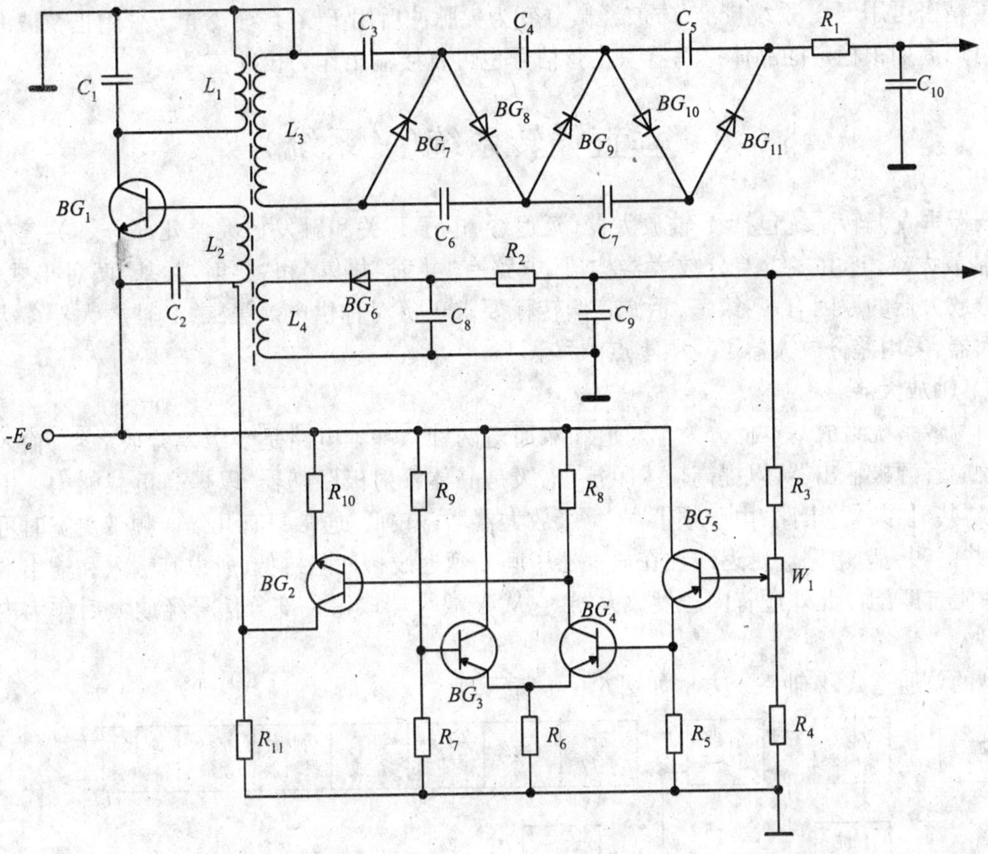

图 6-2-2 "高频高压"基本电路

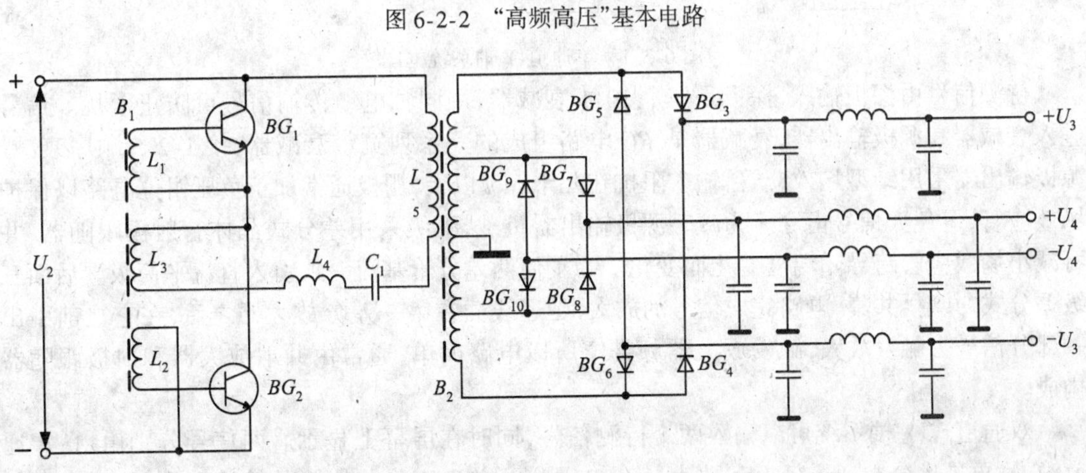

图 6-2-3 电源变换器

五、校准信号发生器

示波器采用方波发生器提供校准信号，方波信号的幅度和宽度都较精确，信号可在机内送到 Y 系统和 X 系统，也可引出机外。

校准发生器电路基本上有两种形式，一种采用多谐振荡器，经跟随器和衰减器后输出。另一种用正弦振荡器产生正弦波，经放大和双向限幅后变为方波，再经跟随器和衰减器后输出。方波幅度精密可用于 Y 系统校准，方波经微分变为尖脉冲后用于 X 系统校准。采用正弦波的优点是可用周期很稳定的晶体振荡器。正弦信号也可直接输出作为校准信号。

§6-3 垂直偏转系统（Y 系统）

示波器垂直偏转系统包括 Y 轴放大器、延迟线、电子开关和触发放大器几部分。关键部分是 Y 轴放大器，它由多级差分放大器构成，电路有“共射-共集”和“共射-共基”两种形式。采用差分放大器的原因有二：第一，示波管偏转板要求正负对称供电。第二，Y 轴放大器多为直流放大器，采用差分放大器可克服零点漂移。

一、Y 轴放大器

Y 轴偏转系统组成基本上分为单通道和双通道两种。基本电路是多级差分放大器，输入级是场效应管源极输出器，以提高输入阻抗，末级是晶体管射极跟随器，以提高负载能力。中间是多级“共射-共集”电路，由于频带宽，每级放大器增益较低，通常只有几倍。频带更宽时可以采用“共射-共基”电路。延迟线插在放大器中间。延迟线特性阻抗低，所以其输入和输出端均要考虑阻抗匹配。此外还有内触发放大器，它从 Y 放大器取得一部分信号经放大后作为内触发信号。

典型的单通道式 Y 轴系统方框如图 6-3-1 所示。

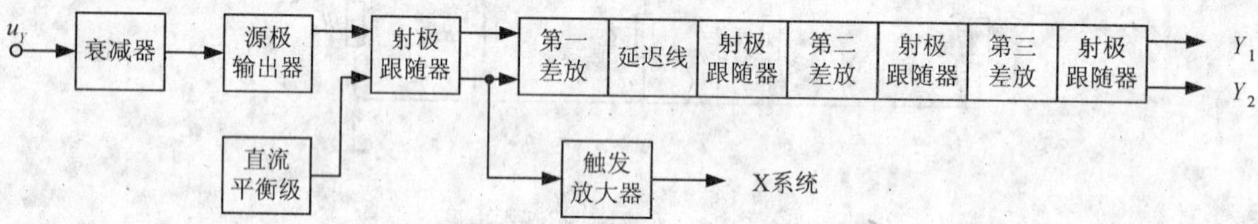

图 6-3-1　单通道 Y 轴系统框图

待测信号由探极输入，探极是一个 10∶1 衰减器，用同轴电缆传输信号可防止干扰。信号进入衰减器和源极输出器，衰减器是 RC 电路组成的一系列宽带衰减器，接 1-2-5 顺序衰减。源极输出器采用结型场效应管，输入阻抗在几十 MΩ 以上，栅极通常加正负压钳位电路以保护场效应管，避免大信号击穿。为减轻源极输出器负载，下级采用差分式晶体管射极跟随器，并可减小场效应管跨导随温度变化而变化。为了使两差分管基流一致引入直流平衡级。后面三级差分式“共射-共集”电路完成信号的放大，延迟线插在第一差分放大器之后，在它之前引出一部分信号去触发放大，触发放大器频带窄所以电路简单，通常由共射放大器和射极跟随器构成。

双通道式 Y 轴系统可以输入两个待测信号，同时在屏幕上显示。两信号分别由 A、B 通道输入，再进入公共通道延迟和放大。A、B 通道可单独工作或快速的输流工作，状态由电子开关控制。所以电路上与单通道比较多了一个前置通道、电子开关和门控电路，门电路级联在前置通道中，由电子开关决定前置通道的畅通和阻塞。

二、延迟线

示波器 X、Y 系统均存在固有延迟。X 系统频带窄延迟量大，约在 150ns 左右，Y 系统频带宽延迟量小，约在 50ns 左右。因此要使 Y 信号比 X 信号晚到达偏转板，则延迟线的延迟量应在 100ns 以上，通常取 100～200ns 之间某固定值。延迟量精确度要求不高，但要稳定和无失真，其次，为了有效地传输信号应有良好的匹配。同轴线可以无失真地延迟信号，但传输速度为光速，要得到足够的延迟量，导线体积太大，只用于要求延迟量较小的带宽 200MHz 以上的示波器中。10MHz 以下的示波器采用仿真线，仿真线由 m 导出式低通滤波器链接而成。10～200MHz 之间的示波器采用对称螺旋线(平衡延迟线)，其结构如图 6-3-2 所示。两根导线以相反方向交叉密绕在直径 3 毫米的聚乙烯芯柱上，两线间介质既有聚乙烯又有空气(间隙)，所以称为半空气介质，线外可以加屏蔽导体，也可不加屏蔽，只用塑料管保护。加屏蔽后分布电容加大，而特性阻抗 $Z_o=\sqrt{\dfrac{L}{C}}$，L、C 为单位长度的电感量和电容量，电容加大则阻抗下降，不利于阻抗匹配，所以通常不加屏蔽。螺旋线的延迟时间 $t_d=l\sqrt{LC}$，l 为螺旋线长度，由 Z_o 和 t_d 两式可知，加大 L 有利于提高特性阻抗和延迟时间，或在满足延迟时间的情况下减小螺线长度。所以采用密绕结构，并在中心加上高介电系数的聚乙烯。螺旋线电感和电容分布均匀，电感具有集总特性而电容具有分布特性，所以螺旋线是介于仿真线和直线之间的一种延迟线，其特性阻抗、延迟时间和截止频率也介于两者之间。常用螺旋线 $Z_o=300\Omega$，每米延迟时间 50ns。

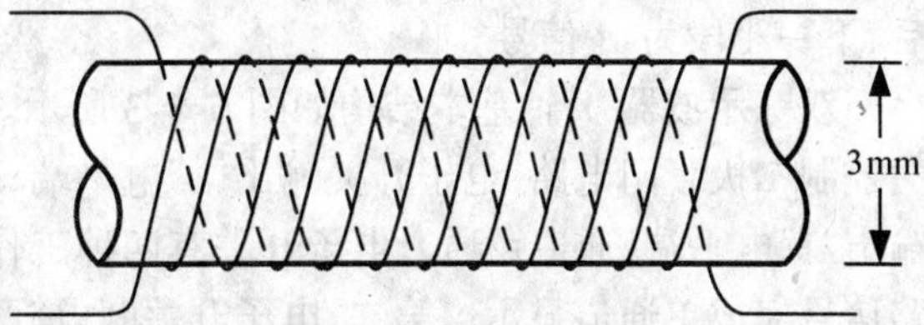

图 6-3-2　对称螺旋线结构示意图

三、双踪显示原理

1. 特点

电子示波器能同时显示两个待测波形，将给测量工作带来很大方便，其主要特点如下：

(1)便于比较两个有关信号的形状、相位和幅度关系，例如测量传输线、滤波器、衰减器和放大器等四端网络的输出和输入信号。

(2)便于将待测信号与标准信号比较，在生产中为了保证产品性能的一致性，这种比较常常是需要的。

(3)能显示两个信号的代数和，即可以显示两个信号的相加和相减结果。代数和显示可以提高信噪比，从而提高测量精度，方法是将带干扰的待测信号与倒相的干扰信号相加，将干扰信号抵消掉。

(4)一次可以测量两个信号，使工作量减少一半，工作效率提高一倍。

2. 工作方式

同时显示两个波形的示波器有两种，一种称为双线示波器，它采用双线示波管，这种示波管相当于把两个单线示波管做在同一个玻壳内。双线示波器有两个独立的 Y 轴偏转系统，公用一个 X 轴系统。双线示波器的优点是通道之间的交叉干扰小，可以方便的调节一个波形的亮度、聚焦和位置等，示波器频带宽，波形明亮、连续，测量误差小。缺点是示波管结构工艺复杂，示波器电路复杂，元件多造价高，因此目前产品较少。

另一种是采用电子开关的双踪示波器，它克服了双线示波器的缺点，性能也比较完善，因此目前应用很广，产品型号很多。双踪示波器 Y 系统有四种工作方式，由手动开关转换。

(1)A 通道或 B 通道单独工作，这时和单通道示波器一样。

(2)显示两个待测信号的代数和,A 通道信号 ± B 通道信号。

(3)"交替"显示,前一个扫描周期显示 A 通道信号后一个扫描周期显示 B 通道信号。

(4)"断续"显示,两个波形均由断续的亮段组成,在一个扫描周期中,A 信号出现一小段后,下一小段为 B 信号。

双踪示波器 Y 轴基本结构如图 6-3-3 所示。前一部分分成两路,后一部分公用。电子开关控制二极管门电路,电子开关输出"0"电平端,二极管导通将信号短路,通道阻塞。电子开关输出"1"电平端,通道畅通。电子开关有四种工作方式:第一,工作于双稳的一个稳态,阻塞一路信号完成单通道显示。第二,电子开关断电,两输出端都是"1",两通道均畅通,A、B 信号在公共放大器中得代数和。第三,电子开关处于受触发双稳状态,这是交替转换方式。第四电子开关处于自激多谐振荡状态,这是断续转换方式。

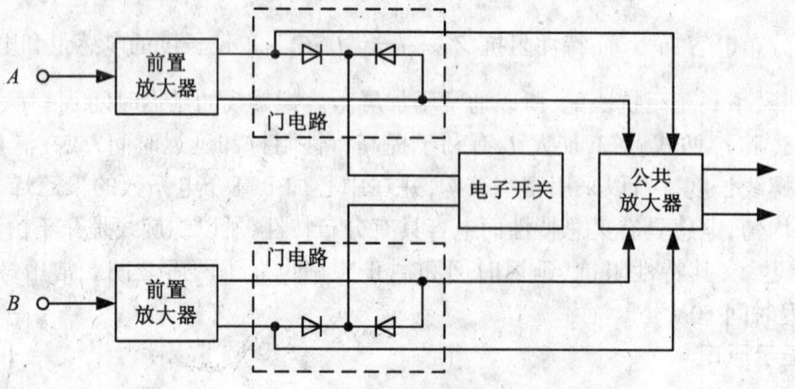

图 6-3-3　双踪示波器 Y 轴基本结构

3. 电子开关转换方式

(1)交替　本方式的特点是开关转换频率与扫描频率相等,$f_k = f_s$。电子开关在每一次扫描结束时转换,若第一个扫描周期显示 A 波形,则第二个扫描周期显示 B 波形,第三次又显示 A 波形……如此交替进行,当待测信号频率和扫描频率足够高时,荧光屏上稳定显示 A、B 波形,为了便于比较和观测,A、B 波形应能重叠和分开,因此 A、B 通道输出直流分量应能分别调节。第二,要波形稳定,所有奇次显示波形要重合,所有偶次显示波形也要重合,因此信号频率 f_A、f_B 和扫描频率 f_S 要保持正整数关系。即 $f_A = mf_s$,$m = 1$、2、3……;$f_B = nf_s$,$n = 1$、2、3……。所以有 $\frac{f_A}{f_B} = \frac{m}{n}$,这说明显示的两个波形应该是有关系的,若待测信号频率不是整数比时,用其中一个信号触发扫描发生器,此信号可以稳定,而另一个信号不同步,波形不稳。以上原理如图 6-3-4 所示。(a)图为转换电路示意图,U_1、U_2 为不同直流分量。(b)图为待测信号,以全波整流器输入和输出波形为例。(c)图是交替显示波形,虚线表示回扫线,它可以消隐掉。这里频率关系为 $m = 1$、$n = 2$。由于电子开关的转换频率与扫描频率始终相等,因此此种方式也称为"同步转换"方式。交替转换方式的优点是显示的波形是连续的,转换在回扫时进行,并且回扫线可被消隐掉,因此电子开关对待测信号的干扰很小,波形清晰。存在的问题是,待测频率很高时,根据 $f_k = f_s$ 的关系,电子开关转换速度要足够高,需要采用高性能的高速开关。在待测频率较低时,由于同一波形两次显示之间的时间间隔比较长,因此闪烁比单踪显示严重,单踪显示的间隔时间为一次回扫时间,而双踪显示的间隔为两次回扫一次正扫时间,因此双踪显示的信号最低频率受到较大限制。交替显示应普遍，它适用于频率较高的信号。

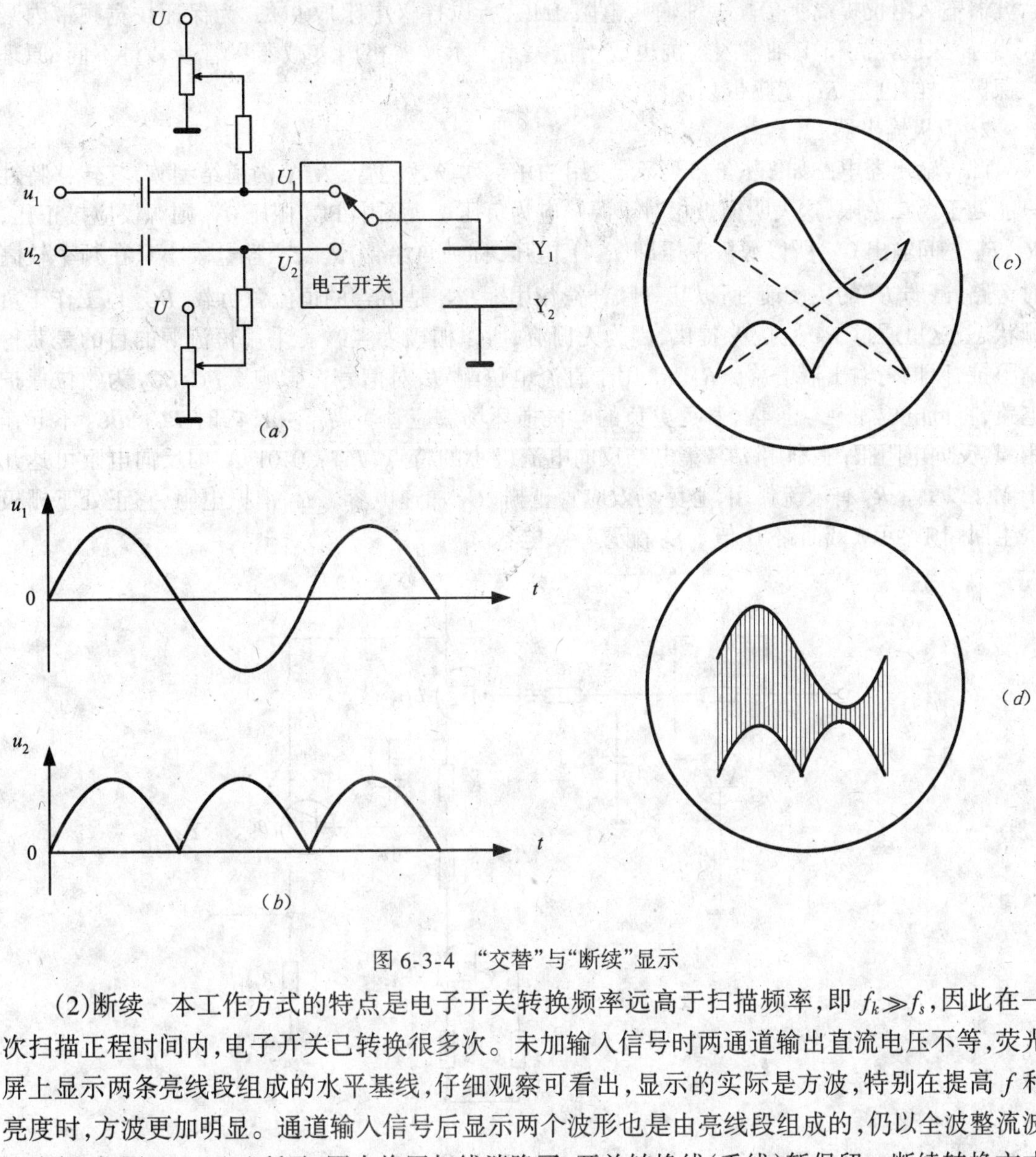

图 6-3-4 “交替”与“断续”显示

(2)断续　本工作方式的特点是电子开关转换频率远高于扫描频率，即 $f_k \gg f_s$，因此在一次扫描正程时间内，电子开关已转换很多次。未加输入信号时两通道输出直流电压不等，荧光屏上显示两条亮线段组成的水平基线，仔细观察可看出，显示的实际是方波，特别在提高 f 和亮度时，方波更加明显。通道输入信号后显示两个波形也是由亮线段组成的，仍以全波整流波形为例，如图 6-3-4(d)所示，图中将回扫线消隐了，开关转换线(垂线)暂保留。断续转换方式的优点是电子开关不影响低频特性，即可以测量的最低频率与单踪相同。缺点是显示信号波形不连续，开关频率越高波形连续性越好，但 f_k 越高亮度越低，所以 f_k 不能取得太高。第二，因为要满足 $f_k \gg f_s$ 的关系，而 f_s 与 f_y 相差不大，则应有 $f_k \gg f_y$ 的关系，由于 f_k 不够大，这就限制了 f_y 的加大，所以断续显示只适用于测量频率较低的信号。开关转换线的存在成为背景干扰，有损于清晰度和亮度，所以实际示波器中也消隐掉。断续方式的电子开关频率与扫描频率无确定关系，所以此种方式也称为“非同步转换”。

四、Y 系统基本电路

1. 探极和衰减器

探极的作用一是防止外信号的干扰,二是和 Y 轴输入阻抗串在一起组成 10:1 衰减器,使示波器输入阻抗提高十倍。Y 轴输入电阻 1MΩ,所以探极电阻取 9MΩ,为保证在宽频带内衰减相等,探极容抗和 Y 轴输入容抗也成十倍关系。示波器机内衰减器尽管衰减量不同,原理与探极一样,也是 RC 宽频带衰减器。

2. 极极输出器

源极输出器电路如图 6-3-5 所示,采用 3DJ 系列场效应管,为 N 沟道结型管,其转移特性只能处于第二象限,这表明栅极相对于源极应为负压。现图中 BG_3 栅压 0V,则源极应接正压,R_3、R_4 之间输出 0V,所以源极正压即 R_3 上电压,称为自给偏压。C_3 容量较小只在频率较高时旁路,减弱 R_3 的负反馈,所以起高频补偿作用。BG_4 是 BG_3 的恒流源负载,BG_4 也工作于负栅状态,这里通过 R_5 和 -9V 提供,因为无栅流,所以栅极为 -9V。采用恒流源的目的是获得高阻抗,以提高输出器增益。R_4、R_6 用于直流电位配置,对信号无影响。BG_1BG_2 为钳位保护电路,将低电位钳在 -1.4V,避免更负的电位损坏场效应管。高于 -1.4V时 BG_1、BG_2 不起作用,其反向电阻很高,利用 BG_1 集电结反向电流极小的特点,$I_{cbo} < 0.01\mu A$,即反向电阻可达几十 MΩ 以上。R_1 有限流作用,避免场效应管正栅,C_1 加速电容。R_2 消振电阻,它正处于栅极寄生回路中,可减低回路 Q 值。C_2 配置输入电容。

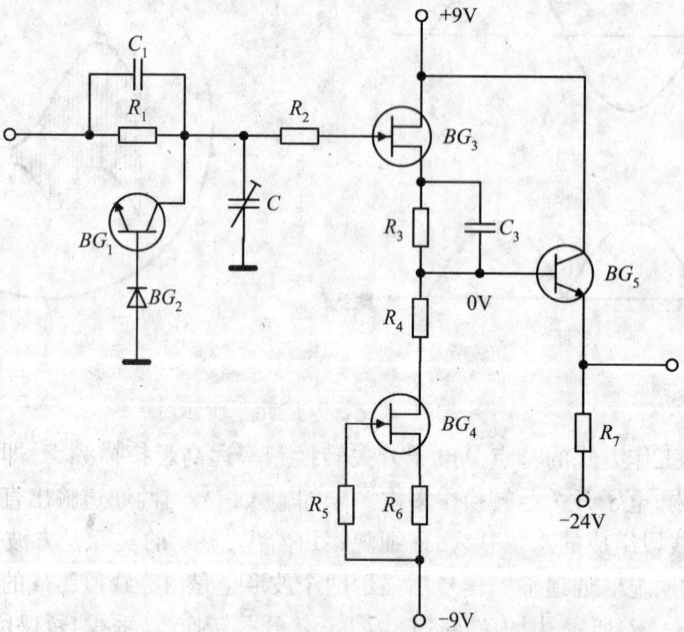

图 6-3-5　源极输出器

3. 差分放大器

典型的差分放大器为差分输入差分输出形式,示波器中 X、Y 放大器都采用此种形式,其射极电路比较复杂。"共射-共集"电路如图 6-3-6 所示。差分管 BG_1 与 BG_2、BG_3 与 BG_4 特性一致,其 f_T 应足够高以满足通频带要求。集电极负载 $R_3 = R_4$,为扩展频带,负载取值较小常在 1kΩ 以下,R_1 为交流负反馈电阻,它对增益的影响较大,R_5、R_6、W_1 和 -12V 为直流馈电电路,W_1 调节直流平衡。通常有 $R_5 + R_6 + W_1 \gg R_1$ 的关系,则直流电路对增益影响不大,若不满足此关系,则它们与 R_1 并联,使负反馈减弱增益加大。共射差分放大器增益与单边放大器相同。共集电路即射极跟随器，增益为 1，它起隔离作用。由于信号差分两管射极电位对称变化，所以 R_1 中点为浮置零电位，因此单边放大器射极电阻为$\frac{R_1}{2}$，放大倍数

$$K=\frac{u_2}{u_1}=\frac{u_2/2}{u_1/2}=\frac{\beta R_3}{(1+\beta)(r_e+R_1/2)}$$

$$\approx\frac{R_3}{r_e+R_1/2}$$

$$r_e=\frac{26(\mathrm{mV})}{I_e(\mathrm{mA})}$$

当工作点电流 I_e 较大时，则 r_e 较小，如果 R_1 取值较大，则 r_e 可忽略，$K\approx\frac{2R_3}{R_1}$，若考虑直流电路影响，R_1 可用 R_1' 代替，$R_1'=R_1/\!/(R_5+R_6+W_1)$。$R_2C_1$ 为高频补偿电路，为了进一步扩展频带，高频补偿电路可能有多条。更换 R_1 可改变增益，或在 R_1 上并联电阻进行"倍率"调节，常用的是 ×5 倍率。

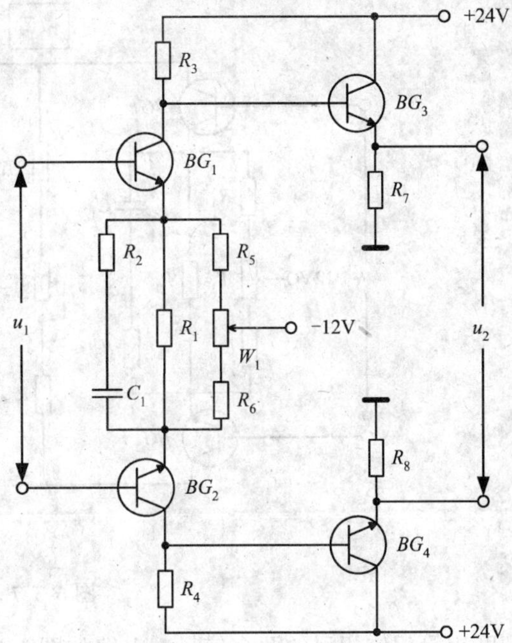

图 6-3-6 "共射-共基"式差分放大器

频带更宽的示波器(例如 100MHz)除了可采用"共射-共集"电路外，还常采用"共射-共基"串接电路，众所周知，晶体管共基截止频率 f_α 远高于共射截止频率 f_β，$f_\alpha=(1+\beta)f_\beta$，这表明对于同一个晶体管共射电路不能放大的高频信号，共基电路可以放大，也就是说共基电路对晶体管高频特性要求较低。共基电路电压增益与共射电路差不多。共基电路的缺点是输入阻抗甚低，需要的信号功率较大。这一点有时也成为优点，由于输入端低阻抗，接入转换开关、电位器等元件后，引入的分布电容影响较小。"共射-共基"串接电路如图 6-3-7 所示。电路上下对称，BG_1、BG_2 共射电路，BG_3、BG_4 共基电路，BG_1 与 BG_3、BG_2 与 BG_4 串接，共基电路输入电阻 r_i 为共射电路负载，R_3、R_4 为共基电路负载，$R_5\sim R_8$ 为偏置电路，$(R_{11}+R_{12}+W_2)/\!/(R_{13}+R_{14}+W_3)/\!/2r_i$。由于 r_i 甚小，所以另两支路对增益影响小，仅作增益校正和微调用。放大器增益可按单边计算，校正与微调支路可不考虑。即

$$\frac{u_2}{u_1}=\frac{u_2/2}{u_1/2}=\frac{r_i}{R_1/2}=\frac{2r_i}{R_1}$$

$$\frac{u_3}{u_2}=\frac{u_3/2}{u_2/2}=\frac{\alpha R_3}{r_i}$$

故 $$K=\frac{u_3}{u_1}=\frac{2r_i}{R_1}\cdot\frac{\alpha R_3}{r_i}\approx\frac{2R_3}{R_1}$$

由此可见，本电路总增益和以 R_3 作负载的共射电路增益相同。增加一级共基电路的作用有二，一是减小输入输出之间跨路电容的影响，扩展了频带，二是级间插入微调和校正元件后不影响频带。

4. 倒相器与直流平衡级

示波器 Y 系统单端输入，而典型差分放大器要求双端输入，所以需用一级倒相器，提供幅

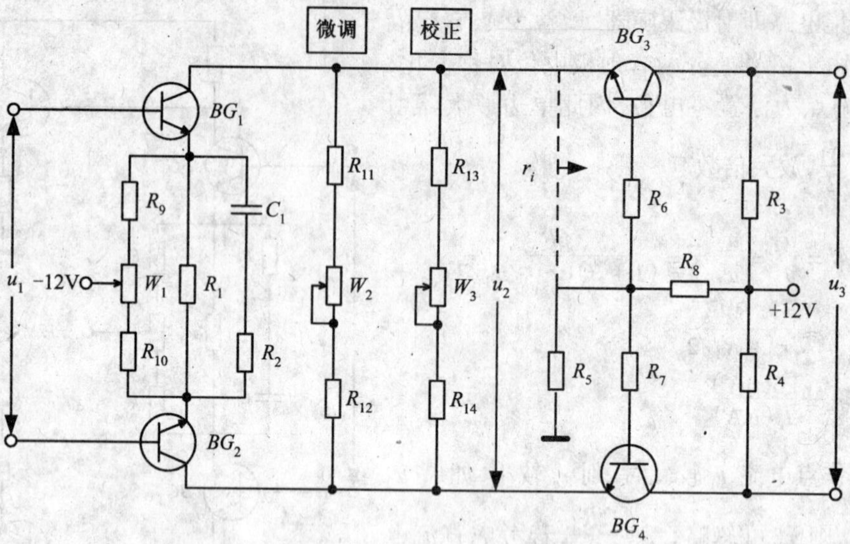

图 6-3-7 “共射-共基”电路

度相等相位相反的两个信号。电路如图 6-3-8 所示，电路对称，BG_3、BG_4 组成相位器，它实际上是一级单端输入差分输出的差分放大器，两管基极直流电位相等，BG_1 为跟随器，它除了输出信号外还向 BG_3 提供直流电位，为此用 BG_2 向 BG_4 提供同样电位，BG_2 为直流平衡级，它是一个直流跟随器，调节 W_1 可调节平衡。

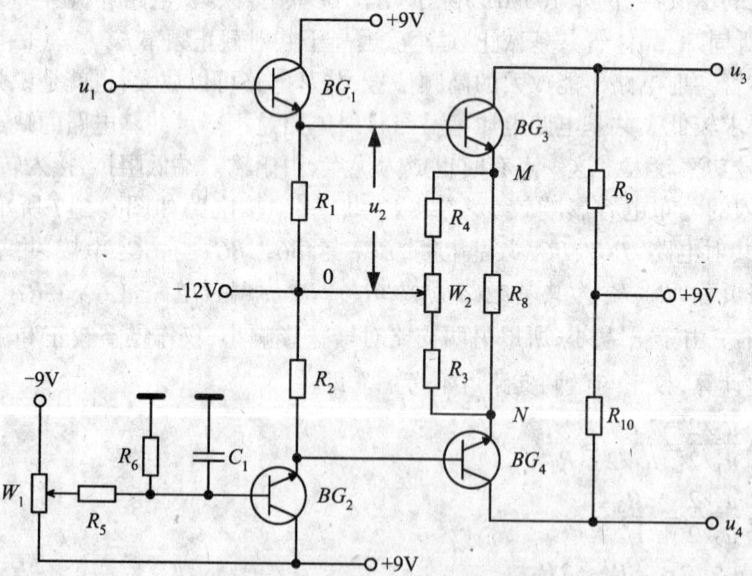

图 6-3-8 倒相器与直流平衡级

倒相器可等效为图 6-3-9，△形电路 R_3、R_4、R_8 和 W_2 可变换为 Y 形电路，设 W_2 处于中心位置，则有 $R' = R_3 + \frac{W_2}{2} = R_4 + \frac{W_2}{2}$，由于△形电路上下对称，则 Y 形电路也是上下对称的，即

$$R_M = R_N = \frac{1}{2}(R_8 /\!/ 2R') = \frac{R_8 R'}{R_8 + 2R'}$$

$$R_O + R_M = R' // (R_8 + R')$$

$$\therefore \quad R_O = \frac{R'(R' + R_8)}{R_8 + 2R'} - R_M$$

$$= \frac{R'(R' + R_8)}{R_8 + 2R'} - \frac{2R'R_8}{2(R_8 + 2R')}$$

$$= \frac{R'^2}{2R' + R_8}$$

∵ 实际电路中 $R' \gg R_8$

$$\therefore \quad R_M = R_N \approx \frac{R_8}{2}$$

$$R_O \approx \frac{R'}{2}$$

根据以上关系，在讨论倒相原理时 R_M、R_N 可暂不考虑。

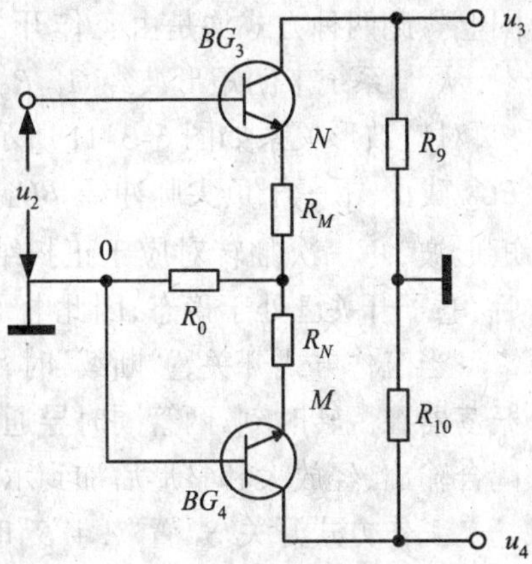

图 6-3-9 倒相器等效电路

u_2 倒相放大为 u_3，放大倍数 $K_3 = \frac{u_3}{u_2} = -\frac{R_9}{R_M + R_O} = -\frac{2R_9}{R_8 + R'}$，由于 R' 取值较大所以本级增益不大，R_O 上信号 u_0 跟随 u_2，由射极输入 BG_4，所以 BG_4 是共基放大器，u_4 与 u_0、u_2 同相，即 u_3 与 u_4 反相。BG_3 的输入电阻为 h_{ie}，BG_4 的输入电阻为 h_{ib}，它与 R_o 并联，总阻 $h_{ib}' = R_o // h_{ib}$，当 R_o 较大时 $h_{ib}' = h_{ib}$，它通过 BG_3 等效为信号源 u_2 的负载，等效阻抗为 $(1+\beta)h_{ib}$，有关系式 $h_{ie} = (1+\beta)h_{ib}$，可见对信号源 u_2 而言，两管输入电阻相等，即信号平分给两管，所以有 $|u_3| = |u_4|$。本电路也称为射极耦合式自动平衡倒相器。

5. 电子开关

常用电子开关有两种电路，一种是晶体管电路，另一种是与非门集成电路。晶体管电子开关如图 6-3-10 所示，BG_1、BG_2 组成双稳态触发器，R_3、R_4 为耦合电阻，加速电容 C_1、C_2 提高翻转速度改善波形，偏置电阻 R_5、R_6 接 -12V，保证一管可靠截止。C_3、R_7、R_8 为射极耦合电路，使电路自激振荡，BG_3、BG_4 为交替触发引导电路。工作方式开关 S_1 置"A"挡时，-12V 送到 F 点再送到 B 通道，使 B 通道阻塞，触发器因未接电源而不工作，E 点 0 电平送到 A 通道，使 A 通道畅通。S_1 置"B"挡时，作用相反而原理

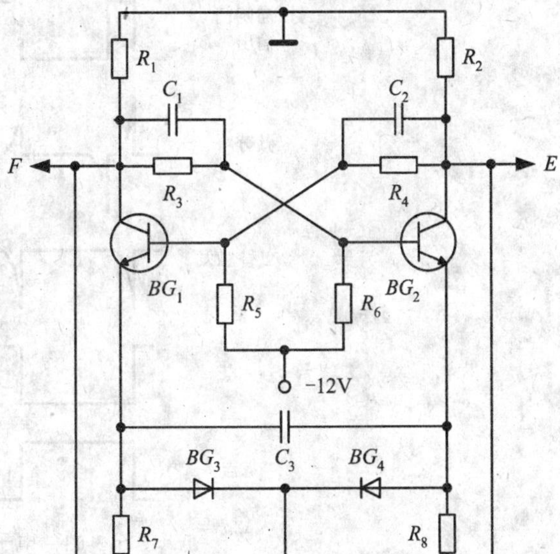

图 6-3-10 晶体管电子开关

同上。此两种方式均是由工作开关直接控制的。当 S_1 置“交替”挡时，触发器工作于双稳状态，从 X 系统来的矩形波经 C_4、R_9 微分和 BG_5 限幅后，负尖脉冲通过 BG_3、BG_4 引导触发器翻转，对应波形关系如图 6-3-11 所示，设 BG_1 截止 BG_2 导通，负尖脉冲经 BG_3 触发使 BG_1 导通，BG_2 截止，下一个负尖脉冲经 BG_4 引导 BG_2 导通，BG_1 再截止，如此循环下去，F 和 E 点输出矩形波，每一次翻转对应于正扫结束回扫开始时刻。所以说翻转发生在回扫期间，正扫开始后，电子开关已处于稳态，因此电子开关翻转时产生的干扰信号不干扰待测波形。

当工作方式开关置“断续”时，电子开关变为自激多谐振荡器，BG_3、BG_4、BG_5 不工作，多谐振荡器在翻转时刻，两管同时导通出现一个电流尖峰，此电流峰可用作消隐信号，电流峰经 B_1 耦合输出，经放大和整形后加到示波管，使示波管截止，因而可消隐开关转换垂直亮线。

工作方式开关 S_1 置“$A+B$”时，这是空挡，电子开关不供电，BG_1、BG_2 均截止，E、F 点高电平，A、B 通道均畅通，所以两路信号在放大器公共负载上叠加，示波管显示 A + B 信号。在 B 通道中有一个倒相开关，将 B 信号倒相，则显示 A – B 信号。

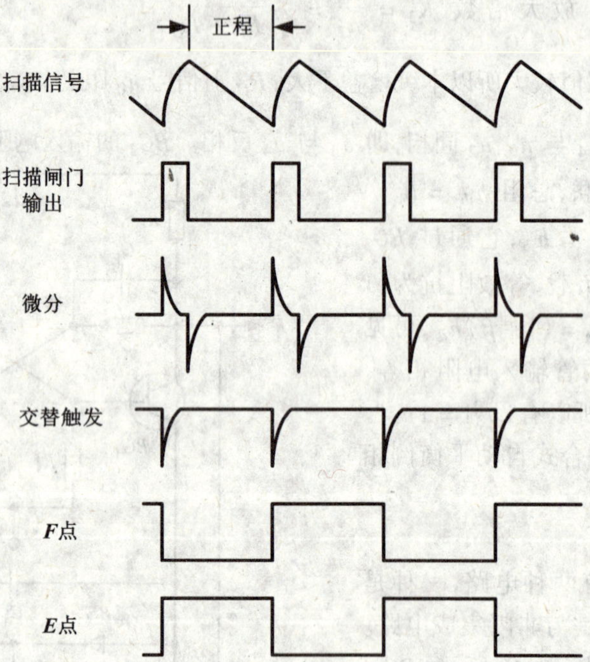

图 6-3-11　电子开关工作波形

采用与非门集成电路的电子开关如图 6-3-12 所示，这是 60MHz 示波器 ST19 的电子开关。工作方式开关 S_1 是五位琴键开关，为避免同时按下多健使状态紊乱，采用开关串接形式，只能一种方式工作，电路由 JK 触发器 IC_1、四与非门 IC_2 和单端输入的电流开关 BG_4、BG_5 等构成。

开关置“A”则，JK 触发器置位端 $S=0$(接地为低电平)，复位端 $R=1$(浮空)，则输出端 $Q=1$，与非门Ⅳ输出为 0，开关管 BG_6 截止，电流开关 BG_5 截止，BG_4 导通，E 输出低电平去 A 通道，F 输出高电平去 B 通道，由于本机通道门控二极管与图 6-3-3 中反向，所以低电平时二极管截止，A 通道畅通，高电平时二极管导通，B 通道阻塞。开关置“B”时原理同上而状态相反。按“交替”键后，JK 触发器 S、R 端均为“1”，Q 点状态由时钟信号决定。这里，时钟信号就是 X 系统送来的交替脉冲，经与非门Ⅲ驱动、与非门Ⅰ、Ⅱ组成 RS 触发器整形后送到 CP 端，根据 JK 触发器特性可知，CP 端下降沿触发，交替脉冲是矩形波，下降沿对应于回扫开始时刻，以一次回扫和一次正扫为一个扫描周期，若前一个扫描周期 Q 为高电平，则下一个扫描周期必为低电平，为此交替，Q 点信号经与非门Ⅳ和开关管 BG_6 去推动电流开关，E、F 交替输出高低电平。"断续"工作只适用于扫速低于 1ms/div 的情况下。按下"断续"键，电阻 R_{17}、R_{18}、R_{27}接地，它与与非门Ⅰ、Ⅱ构成多谐振荡器，振荡频率决定于 C_6、C_7、R_{17}、R_{18}，这里为 500kHz，经 JK 触发器分频为 250kHz，然后经与非门Ⅳ、开关管 BG_6 及电流开关整形，输出去控制 AB 通道。与非门Ⅰ同时输出一个消隐信号去消隐电子开关转换垂线。按下"A ± B"键后工作于 A ± B 方式，此时 R_8 接地导致 BG_3、BG_2 截止，BG_1 与 BG_2 为差分对，则 BG_1 导通，它为 AB 通提供一个工作电流，由于 BG_2 截止，BG_4、BG_5 均截止，EF 点都是 0 电平，使 A、B 通道门控二极管截止，A、B 通道畅通，所以两输入信号在公共通道中叠加求和。通过 B 通道极性开关转换实现 $A-B$ 显示。

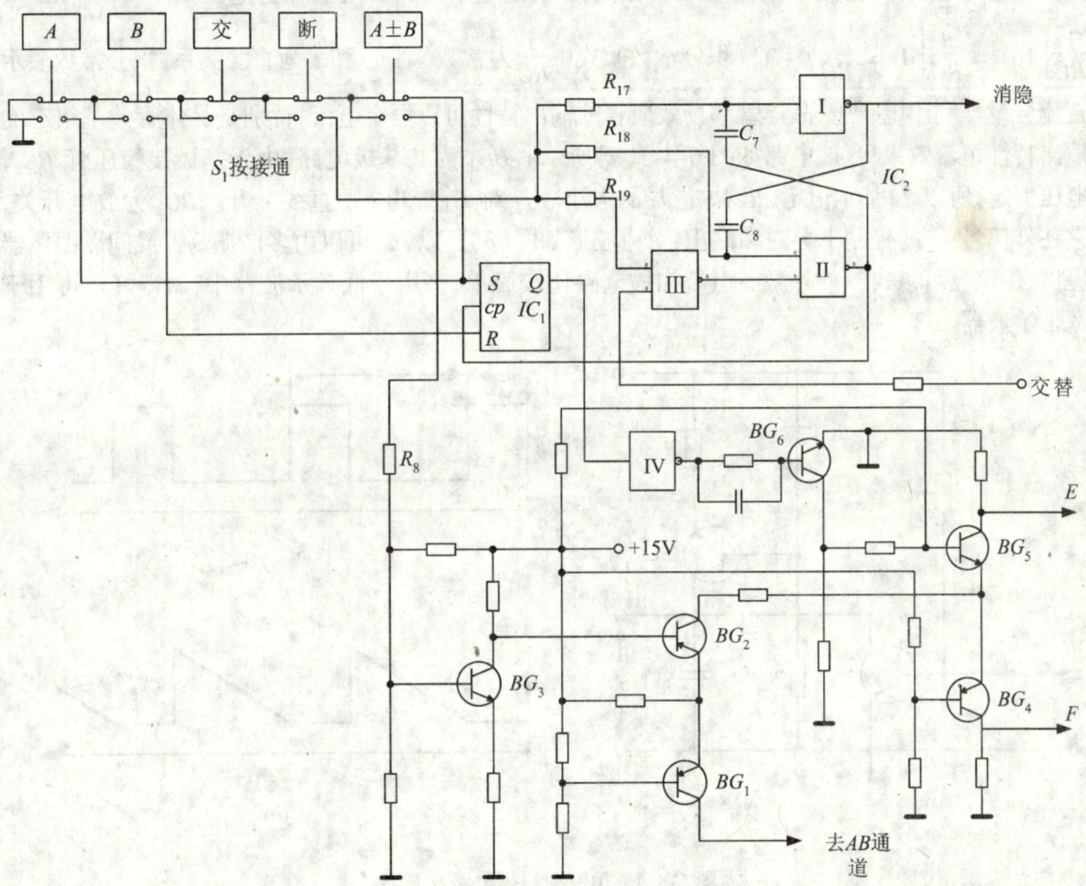

图 6-3-12　集成电子开关

§6-4　水平偏转系统

. 水平偏转系统由触发脉冲形成电路、扫描发生器、增辉电路和 X 轴放大器等主要部分构成，有些示波器中还有单次扫描电路。水平偏转系可提供多种扫速不同的线性锯齿电压，经 X 放大器后加到 X 偏转板，产生时间基线。

水平偏转系统通常分为单时基系统和双时基系统两类。

一、单时基系统

1. 扫描原理

示波器的水平轴代表时间，时间是均匀变化的连续量，因此要用电压模拟时间，电压应该是线性变化的，这在荧光屏上即亮点在水平方向均匀扫描，电压不能无限加大，所以要分段重复性模拟，这样采用的是锯齿形扫描电压。

扫描电压的获得有多种方法，基本原理是利用电容的充放电，基本形式是 *RC* 积分电路。由于 *RC* 电路扫描线性差，实际采用各种改进电路。

(1)恒流源扫描电路　*RC* 充电线性差的原因是随着充电电压的上升，充电电流指数下降，如能保证充电电流恒定，则可保证电压线性变化，充电电流 $i = \mathrm{I}$，则电容上电压 $u_c = \frac{1}{RC}\int i\mathrm{d}t = \frac{1}{RC}\int I\mathrm{d}t = \frac{I}{RC}\int \mathrm{d}t = \frac{I}{RC}t + C$（积分常数），式中$\frac{I}{RC}$为常数，则 u_c 和 t 为直线关系，积分常数表示直流分量。利用电子管、晶体管和场效应管的输出特性可以恒定电流，特别是晶体管共基组态的输出特性恒流效果更佳，电路如图 6-4-1(*a*)所示。BG_1 为共基极电路，由于基极接稳压管 BG_2，电压恒定，所以 I_e 基本恒定，R_1 决定 I_e 的大小。I_e 对 C_1 充电，u_c 直线上升。BG_3 为放电开关，它在外信号 u_i 的控制下导通和截止，对应波形如图(*b*)所以，u_i 可以由多谐振荡器或间歇振荡器提供，振荡器可以自激或外激。恒流扫描电路比较简单，多用于低频示波器中，做得好也可用于宽带示波器。

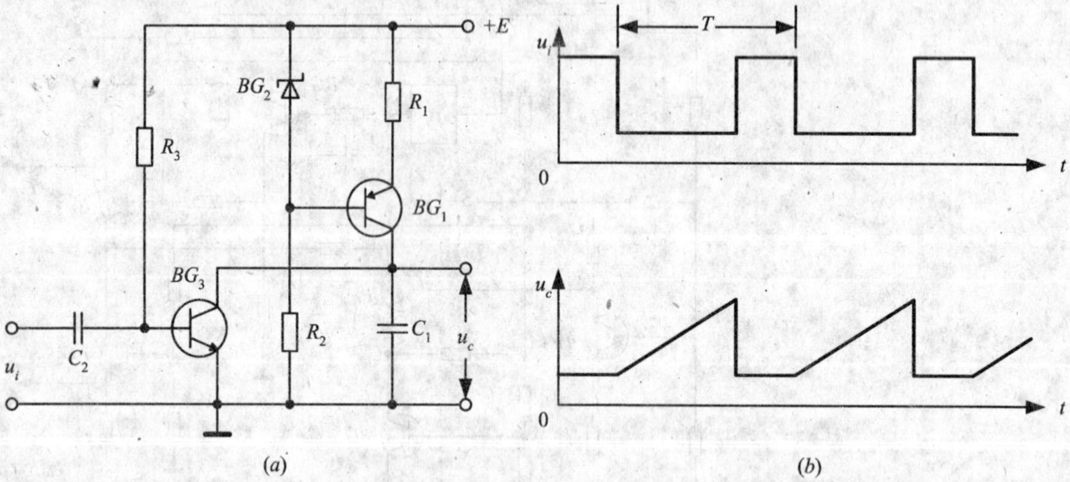

图 6-4-1　恒流源扫描电路及波形

(2)自举式扫描电路　由于晶体管的恒流特性并不理想，充电电流仍会减小，人们又想出采用反馈办法改善线性。自举电路利用正反馈，把扫描电压反馈到充电电路，随着扫描电压的上升，充电电源也上升，所以称为“自举”，电路如图 6-4-2 所示。*S* 为放电开关，实际上用晶体管开关。*C* 为积分电容，*BG* 为射极跟随器，C_o 为存储电容，其容量很大，*D* 为隔离二极管。工作原理如下：*S* 接通时 $u_c = 0$，*BG* 截止，输出 $u_o = 0$。接通电源后，*E* 向 C_o 充电，使 C_o 上电压充电到 *E*。将 *S* 断开，*C* 充电 u_c 上升，超过晶体管门限电压后，u_o 跟随上升。由于 C_o 容量很大其上电压基本不变，*A* 点电压为 $u_A = E + u_o$，u_o 一上升，则 u_A 超过电源 *E*，使 *D* 截止，u_A 成为充电电源，u_c

始终跟随 u_c，所以 u_c 上升时充电电源也上升，流过 R 的电流 $I=\frac{u_A-u_c}{R}=\frac{E+u_0-u_c}{R}\approx\frac{E}{R}$，因此 I 恒定，线性得到改善。自举电路及其改进电路应用于通用示波器中。

(3)密勒积分电路　自举电路中，u_0 总是略小于 u_c，C_o 上电压在 C 充电时又不可能完全恒定，所以线性度仍不够高。很多宽带示波器采用密勒积分电路，其指导思想也是利用跟踪于 u_c 的补偿电势来维持充电电流的恒定，但它采用的是负反馈跟踪、原理如图 6-4-3 所示。开关电路 S 控制积分的起止时刻，积分电容 C 跨接于反相放大器的输出与输入之间，反相放大器应满足条件，①放大倍数 $K_V=\frac{u_o}{u_i}\gg 1$，②输入阻抗 $Z_i\longrightarrow\infty$，③输出阻抗 $Z_o\longrightarrow 0$。电路工作原理如下：S 接通时 C 短路，$u_o=u_i$，$K_V=1$。S 断开后积分，E 通过 R 和 Z_o 对 C 充电，充电支路如图(b)所示。随着充电的进行，u_i 电压上升，倒相放大为 u_o、u_o 电压下降，$u_o=-K_Vu_i$，$u_c=u_i-u_o=-\frac{u_o}{K_V}-u_o=-\frac{u_o+K_Vu_o}{K_V}=-\frac{1+K_V}{K_V}u_0$，因为 $K_V\gg 1$，所以 $u_o\approx u_c$，即 u_o 跟随 u_c，并且 K_V 越大跟随越紧。充电时间常数为$(R+Z_O)C\approx RC$，充电电势等效为 $E+u_0$，u_0 正好提供了补偿电势，补偿了 u_c 加大引起的充电电流下降，因为放大器 $Z_i\longrightarrow\infty$，所以充电电流 $i=\frac{E-u_c+u_o}{R}=\frac{E}{R}$，$E$、$R$ 取定则 i 恒定。由于 K_V 和 Z_o 可以做得很大，所以 u_c 与 u_o 十分接近，因此补偿比较完全使线性度很高。u_o 即输出电压，这里为负向锯齿电压。考虑反相放大器的三个条件满足得不好将影响线性，为此，放大器输入级采用射极跟随器以提高 Z_i，甚至采用复合管射极跟随器或场效应管源极输出器。输出级也采用射极跟随器以降低 Z_o，放大器采用共射放大器，增益在几百以上即可。常见通用示波器中采用首尾两级射极跟随器为一级共射放大器。密勒积分电路性能好但电路较复杂，在宽带示波器中应用较普遍。

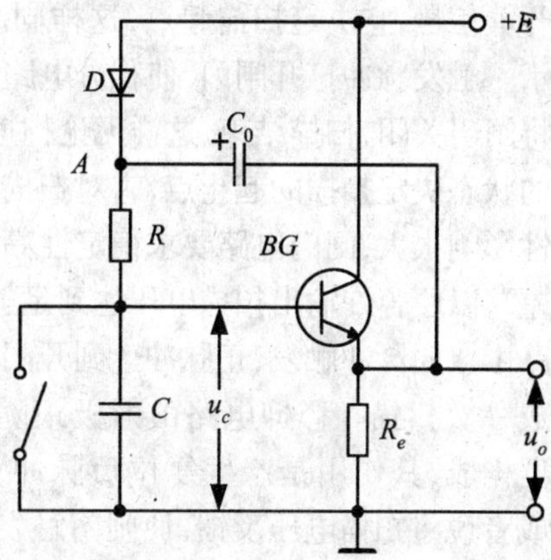

图 6-4-2　自举电路

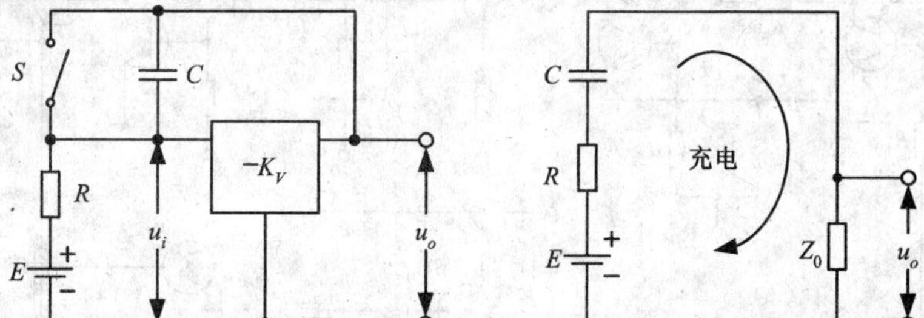

图 6-4-3　密勒积分原理图

2. 扫描发生器电路

要获得幅度恒定扫速不同的锯齿电压，只有积分电路还不够，从上面分析可知至少还要有开关电路，但从图 6-4-1 可看出，如果扫描电压的起止点都由开关信号决定，那么改变扫速(锯齿波斜率)时幅度将要改变。扫速不同时要使幅度恒定，应当用幅度决定扫描终点，开关信号只决定扫描的起点。为此，扫描发生器由闸门电路、积分电路和释抑电路三部分组成，用触发信号代替开关信号，它决定扫描起点，这样同时满足了触发扫描的要求。扫描发生器方框如图6-4-4所示。触发脉冲打开闸门，使积分电路开始积分，输出电压线性变化，当达到某值时通过释抑电路将闸门关闭，扫描结束，这样无论扫速如何，输出幅度总是恒定的，所以称为定幅反馈。闸门电路的状态决定扫描的起止点，它对扫描线性和扫描速度没有影响，但对扫描发生器的稳定性、可靠性影响很大，闸门电路要求稳定性高、开关特性好。此外还要求开门电平和关门电平不等(有回差)，以便容许输出扫描电压达到足够的幅度。闸门电路采用施密特触发器，它有几伏的回差，电路由双向脉冲触发，正脉冲达到开门电平时触发器置位，负脉冲达到关门电平时触发器复位，完成一次扫描。释抑电路由射极跟随器构成，其作用是产生复位负脉冲，或者说将扫描电压反馈，使闸门触发器复位，显然释抑电路是负反馈支路，若用触发正脉冲将闸门触发器置位，扫描开始，则反馈的是负向锯齿波，电压足够低时将闸门触发器复位，扫描结束。释抑电路中有释抑电容与积分电容对应统调，释抑电路的时间常数较大，有滞后作用，保证积分电容充分放电后再发生第二次扫描，这样可提高扫描信号幅度稳定性。

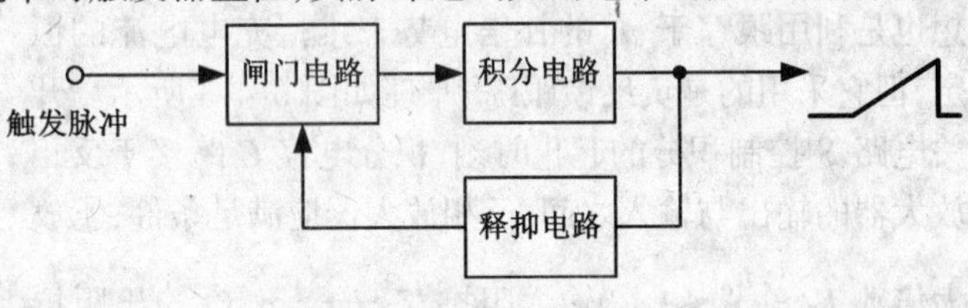

图6-4-4　扫描发生器框图

典型的扫描发生器电路如图6-4-5所示。BG_1、BG_2组成施密特触发器，BG_3是起开关作用的跟随器，BG_4开关二极管，BG_5～BG_7组成反相放大器、BG_6是放大量很大的共射放大器。BG_5、BG_7射极跟随器获得高输入阻抗低输出阻抗，C为积分电容，$+E$和R为充电支路，更换CR可改变扫速。BG_8、BG_9为释抑电路，C_h为释抑电容，它和CR同步调节，W_1调节输出幅度。电路上采用了不同的正负电源以配置各级直流工作点。

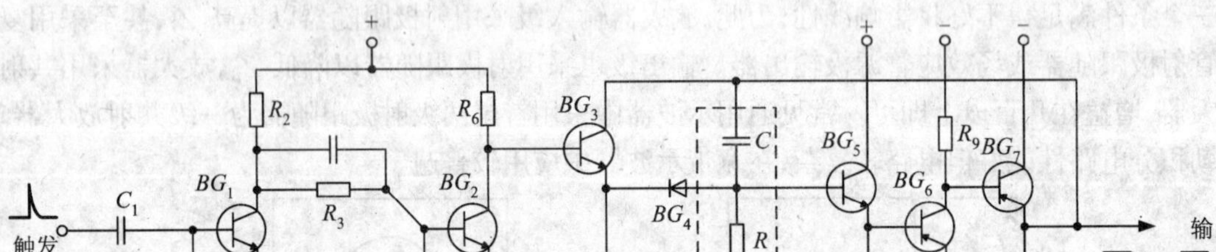

图6-4-5　典型扫描发生器电路

电路处于待触发状态时，施密特触发器复位，BG_1截止BG_2饱和，BG_2集电极低电平使BG_3、

BG_4 导通，积分电容通过 BG_3、BG_4 迅速放电，C 上保留很低电压(约 1V)，此时 BG_5、BG_7 弱导通，BG_6 临界饱和，BG_7 射极高电平，BG_8、BG_9 均处于弱导通状态。当通过 C_1 输入正触发脉冲后，闸门触发器翻转，BG_1 导通 BG_2 截止，BG_3、BG_4 跟随截止，积分电容充电，BG_5 基极电位线性上升，经反相放大后 BG_7 射极电位直线下降，这就是输出扫描电压。经 W_1、R_{11} 分压后，BG_8、BG_9 射极电位跟随下降，即释抑电容 C_h 上原来充上的正压通过 BG_9 放电而直线下降，BG_1 基极电位也跟着下降，当低到一定值时触发器复位，闸门关闭，于是一次扫描结束，对应波形如图 6-4-6 所示。输入正脉冲①将闸门打开，扫描开始，BG_7 射极电位线性下降，第②③个脉冲到来时闸门仍然开

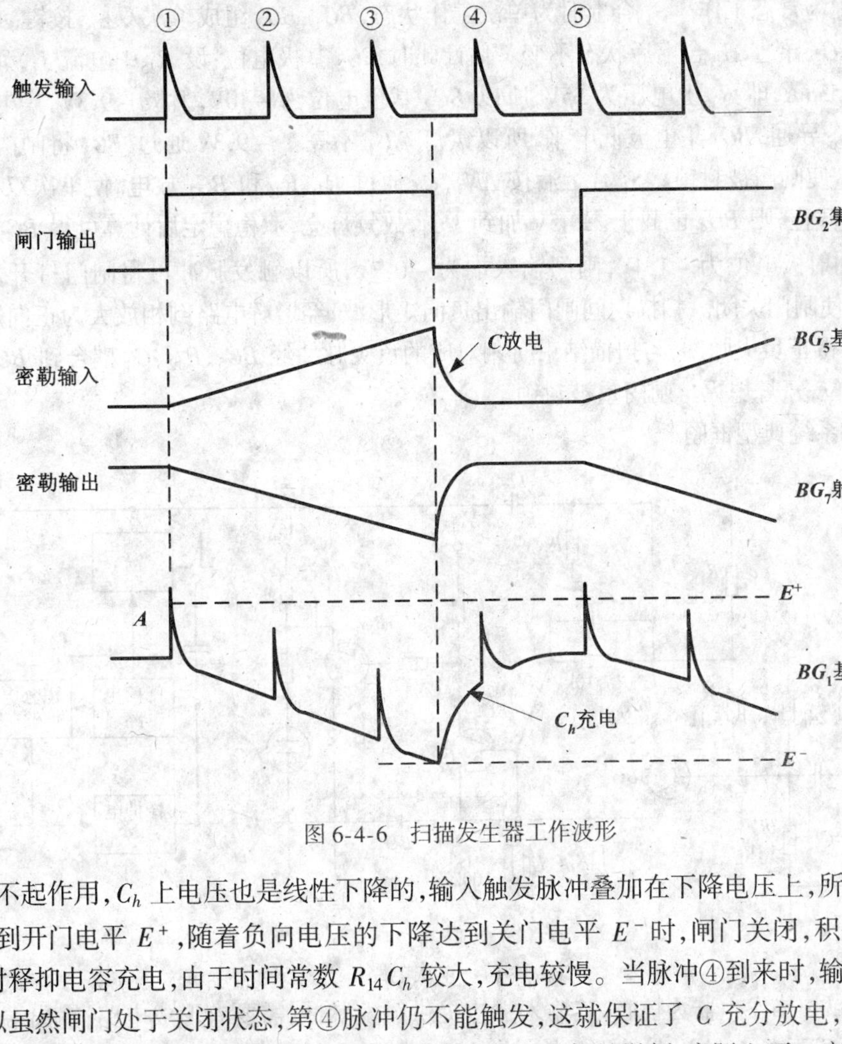

图 6-4-6　扫描发生器工作波形

着所以不起作用，C_h 上电压也是线性下降的，输入触发脉冲叠加在下降电压上，所以②③实际上也达不到开门电平 E^+，随着负向电压的下降达到关门电平 E^- 时，闸门关闭，积分电容迅速放电，同时释抑电容充电，由于时间常数 $R_{14}C_h$ 较大，充电较慢。当脉冲④到来时，输入端电位仍较低，所以虽然闸门处于关闭状态，第④脉冲仍不能触发，这就保证了 C 充分放电，直到一切恢复初态，第⑤脉冲到来时才能发生第二次扫描。脉冲①～⑤仅是举例，实际上不一定是五个。更换 RC 调节扫速时，C_h 也相应改变，使每一挡 C_h 的充电时间常数均大于 C 的充电时间常数，这样每次充电均从同一数值开始。释抑电路具有使 C 放电(释放)和延迟触发(抑制)作用，因此而得名。W_2 称为稳定度调节，它调节 C_h 上的直流电位，也就改变了 BG_1 基极电平，电平越高，触发就越稳定可靠。当 W_2 中点电位最高时，将达到开关电平 E^+，此时不需要触发脉冲，闸门也能打开，电路进入自激状态，称为连续扫描或自动扫描，此时输入触发脉冲可提前开门，即触发脉冲起同步作用。

单次扫描，这是扫描发生器的特种工作状态。在日常生活中，单次现象经常可见，如继电器触点接通、开关闭合、高压放电、爆炸、闪光灯闪光等，要观察这样的瞬变过程需要采用单次扫描，并且通常要照相记录以便研究和保存。单次扫描由手动按键控制，在开关按下时进行一次扫描。单次电路的核心是一个双稳电路，它锁住闸门使触发脉冲不起作用，手动触发使双稳翻转后才解除封锁，此时再来触发脉冲就能打开闸门使扫描开始，扫描输出电压达到一定幅度时通过释抑电路反馈将闸门关闭，扫描结束，同时利用闸门输出信号将单次双稳复位，重新封锁闸门，只有再按单次开关时才能再一次扫描。单次电路如图 6-4-7 所示。双刀开关 S_1 断开时，单次电路与扫描发生器无关，称为常态工作。S_1 合上时为单次工作状态，BG_1、BG_2 组成单次双稳，按键 AN_1 未按前 BG_1 截止 BG_2 导通，S_1 合上后状态不变。估计此时 BG_2 基极电位：设 R_{15} 中电流 I_1，列方程计算可得 $I_1=0.55\text{mA}$，即 R_{15} 上电压为 55V，所以 BG_2 基极电位为 -10V，射极 -9.3V，集电极电位高，使 BG_4、BG_6 导通，BG_4 集电极低电平，所以氖灯 NG_1 不亮。-9.3V 通过 BG_3 将闸门输入端钳位在 -8.6V，使闸门被封锁。S_1 合上后按 AN_1，C_3 通过 R_1、R_{16} 和 BG_1 放电，使单次双稳置位，BG_1 导通 BG_2 截止，则 BG_4 也截止，±45V 加到 NG_1，故氖灯亮，双稳稳定后计算可得 BG_1 基极电位为 -2.1V，则射极电位为 -1.4V，闸门输入端为 -0.7V，所以触发脉冲可将闸门打开，扫描开始。释抑电路使闸门关闭。扫描期间闸门输出负向矩形波，经增辉电路倒相放大为正向矩形波，经 C_6、R_{13} 微分得正负尖脉冲，与扫描结束时刻对应的负尖脉冲经 BG_5、R_{12}、C_4 耦合到 BG_2 基极，使单次双稳复位，氖灯熄灭。闸门重被封锁。

3. 单时基系统典型框图

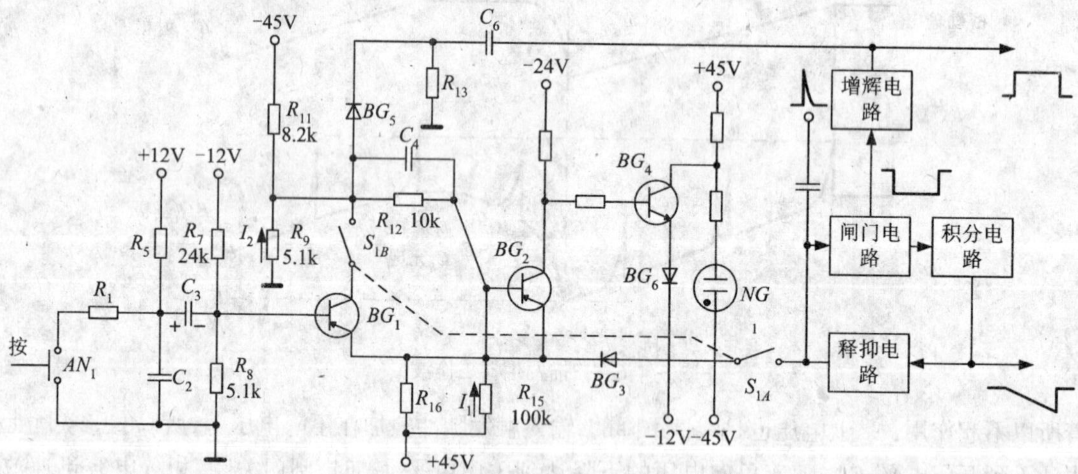

图 6-4-7 单次电路

时基系统以扫描发生器为核心，其输入端应提供触发脉冲，需要有形成电路，输出端锯齿电压幅度不够大，还要有 X 轴放大器。此外，从闸门电路取出矩形波送到示波管，使正扫增辉（即回扫消隐），同时将此矩形波送到 Y 系统作为电子开关的交替触发脉冲。有些示波器还有单次电路，因此单时基系统典型方框如图 6-4-8 所示。外触发信号经源极跟随器输入，电源触发信号由电源变压器取得，内触发信号由触发放大器送来，三种信号经 S_1 转换，S_2 为耦合方式转换，有 DC、AC、AC'（低频抑制）和 HF 四种，S_3 触发极性转换，W_1 触发电平调节，触发脉冲形成电路包括差分放大器，隧道管整形器和电感微分电路。输出正尖脉冲即触发脉冲，触发扫描发生器，闸门电路输出矩形波在增辉电路中经隧道管整形和晶体管放大，然后送去示波管和 Y 系统。扫描发生器输出锯齿波去 X 放大器，供水平扫描用，同时经跟随器去面板以供他用。

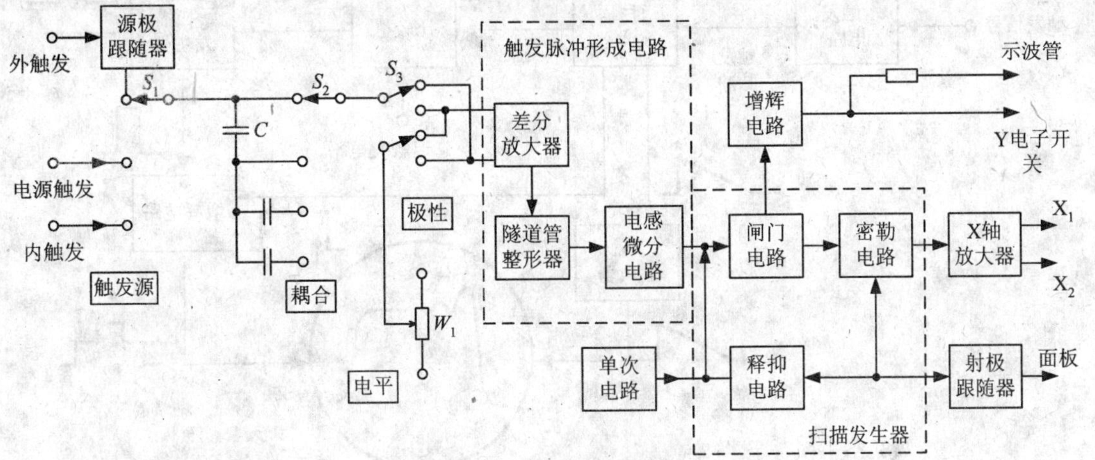

图 6-4-8　单时基系统典型框图

二、双时基系统

双时基示波器的水平偏转系统包括 A、B 两套触发电路和 A、B 两种扫描，A 扫描和 B 扫描可以是两套独立的电路，也可将两种扫描合在一起由 *AB* 扫描电路完成，其中 *B* 扫描是不独立的，这样可简化电路，下面我们将介绍此种方式。双时基系统借助于控制开关可进行 *A* 扫描、*B* 加亮 *A* 扫描、*A* 延迟 *B* 扫描、*AB* 组合扫描四种水平系统工作方式的选择，从而能显示整个波形(或脉冲序列)、加亮波形中的某一部分和扩展显示加亮部分(或脉冲序列中的某一脉冲)，也可以将波形的后一部分(右边)扩展。

此外，双时基示波器还有 $X-Y$ 工作方式，此时内部扫描部分不工作，将外扫描信号送入 *X* 放大器，此种方式可显示李萨育图形等。

五种工作方式中第一种方式 *A* 扫描，原理与单时基相同，第五种方式 $X-Y$ 原理比较简单，很好理解，需要阐述的主要是其他三种方式。

1. 双时基工作原理

(1)*B* 加亮 *A* 扫描　输出到 *X* 偏转板的是 *A* 扫描信号，扫速较低。但是由 *B* 扫描信号变换后对波形一部分加亮。“*B* 加亮 *A*”电路组成如图 6-4-9 所示，触发信号经 *A* 触发电路在 t_0 时刻形成正向触发脉冲，触发 *A* 扫描发生器，输出低速扫描信号，经水平放大器后加到示波管 *X* 偏转板，当 *Y* 偏转板有待测信号时，则在荧光屏上显示整个波形。同时 *A* 扫描输出锯齿波送到电子比较器与延迟触发电平比较，当锯齿波上升到等于大于延迟触发电平时(t_1 时刻)，则产生一个正向触发脉冲，此脉冲延迟了 $t_d=t_1-t_0$ 时间，延迟脉冲触发 *B* 扫描发生器产生高速扫描信号。调节触发电平可调节延迟时间 t_d，称为延迟倍率调节。两个扫速发生器输出宽度不等的增辉脉冲，*B* 增辉脉冲相对 *A* 增辉脉冲延迟 t_d 时间，两增辉脉冲在增辉电路中叠加后去控制波形的亮度，因此在 *B* 扫描时刻内波形被加亮，称为“*B* 加亮 *A*”，调节 t_d 可使加亮部分左右连续移动，图 6-4-10 是“连续扫描”的对应波形。(*a*)为待测信号，内触发时它就是触发信号。(*b*)为到达 *Y* 偏转板的待测信号。(*c*)为 *A* 触发信号。(*d*)为 *A* 扫描信号。(*e*)为 *A* 增辉信号。(*f*)为 *B* 触发脉冲。(*g*)为 *B* 扫描信号，(*h*)为 *B* 增辉脉冲，(*i*)为加亮脉冲。(*j*)为显示波形，在 t_1t_2 之间波形被加亮。

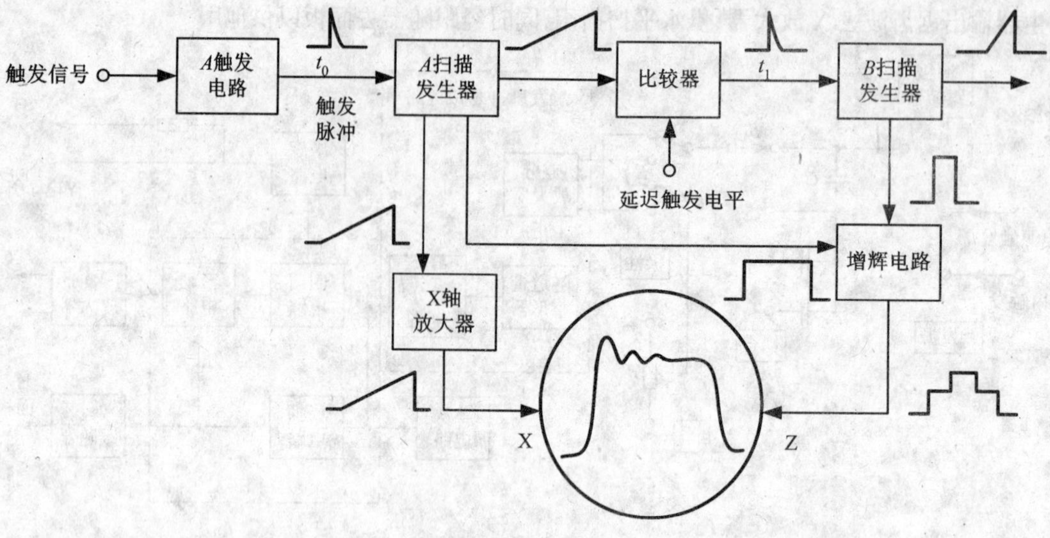

图 6-4-9　*B* 加亮 *A* 扫描原理图

当 A、B 触发电平受到电源电压、纹波、电路噪声和外部干扰影响时，触发时刻会有所变动，结果会引起 t_d 的晃动，特别是 *B* 触发电平的影响大，因为 *A* 扫描速度低，*B* 触发电平变动时引起的时间改变量大，而待测信号前沿小，*A* 触发电平变动时引起的时间改变量小，所以整个波形的晃动很小，而加亮波形的晃动则大一些，不过由于加亮波形很小，电路上又采取了稳定措施，所以晃动问题不大。

(2)"*A* 延迟 *B*"扫描　输出到 *X* 偏转板的是 *B* 扫描信号，由 *A* 扫描控制 *B* 扫描的起点，即 *A* 扫描起延迟作用，所以称为"*A* 延迟 *B*"，电路组成如图 6-4-11 所示。触发信号经 *A* 触发电路在 t_o 时刻形成正向触发脉冲，触发 *A* 扫描发生器，输出低速扫描电压，它与延迟触发电平比较，在 t_1 时刻产生 *B* 触发脉冲，触发 *B* 扫描发生器，输出高速扫描电压，经水平放大器放大后送到 *X* 偏转板，将加亮部分波形扩展显示在整个荧光屏上，调节延迟触发电平可连续改变延迟时间 t_d，则可连续观测整个波形的不同部分。以上也是工作于"连续延迟"的情况，现在延迟时间的晃动问题严重了，因为现在是高速 *B* 扫描，加亮部分被扩展，水平晃动也被扩展了，这就使波形晃动显著，特别是两种扫速之比很大时，波形晃动更严重，甚至可达几毫米，这就造成了观测的困难。或者反过来说，延迟晃动限制扩展倍数的提高，特别是限制了高速脉冲前沿的观测。此种缺点说明"*A* 延迟 *B*"工作方式不适宜采用连续延迟，为此，电路安排了另一种延迟方式称为"等待延迟"，由手动开关进行两种方式的转换。在连续延迟挡工作时，*B* 触发电路不需要，此时将 *B* 触发电路电源断开，因此图 6-4-11 中用虚线表示。在等待延迟挡工作时，*B* 触发电路工作，同时电压比较器改变工作状态，使得 *A* 扫描电压等于大于延迟触发电平时(t_1 时刻)并不产生触发脉冲，而必须等待 *B* 触发电路送来触发脉冲时(t_1' 时刻)，*B* 扫描电路才能被触发，这情形就像"*A* 扫描电压大于触发电平"和"*B* 触发脉冲的出现"是"与门"的两输入端一样。由于 t_1' 时刻 *B* 触发脉冲的同步作用，使延迟晃动显著减小，从而克服了 *A* 延迟 *B* 扫描方式采用连续延迟的缺点。即 *A* 延迟 *B* 扫描时应采用等待延迟。等待延迟也可用于 *B* 加亮 *A* 扫描，但调节延迟量时，加亮波形是跳动的，这样做并无好处，所以 *B* 加亮 *A* 扫描还是用连续延迟为宜。

(3)*AB* 组合扫描　采用 *AB* 组合扫描时，荧光屏上水平基线由 *A* 扫描和 *B* 扫描两部分组合而成，先是低速的 *A* 扫描，后是高速的 *B* 扫描，所以待测波形右部分被扩展。此种方式适宜于观

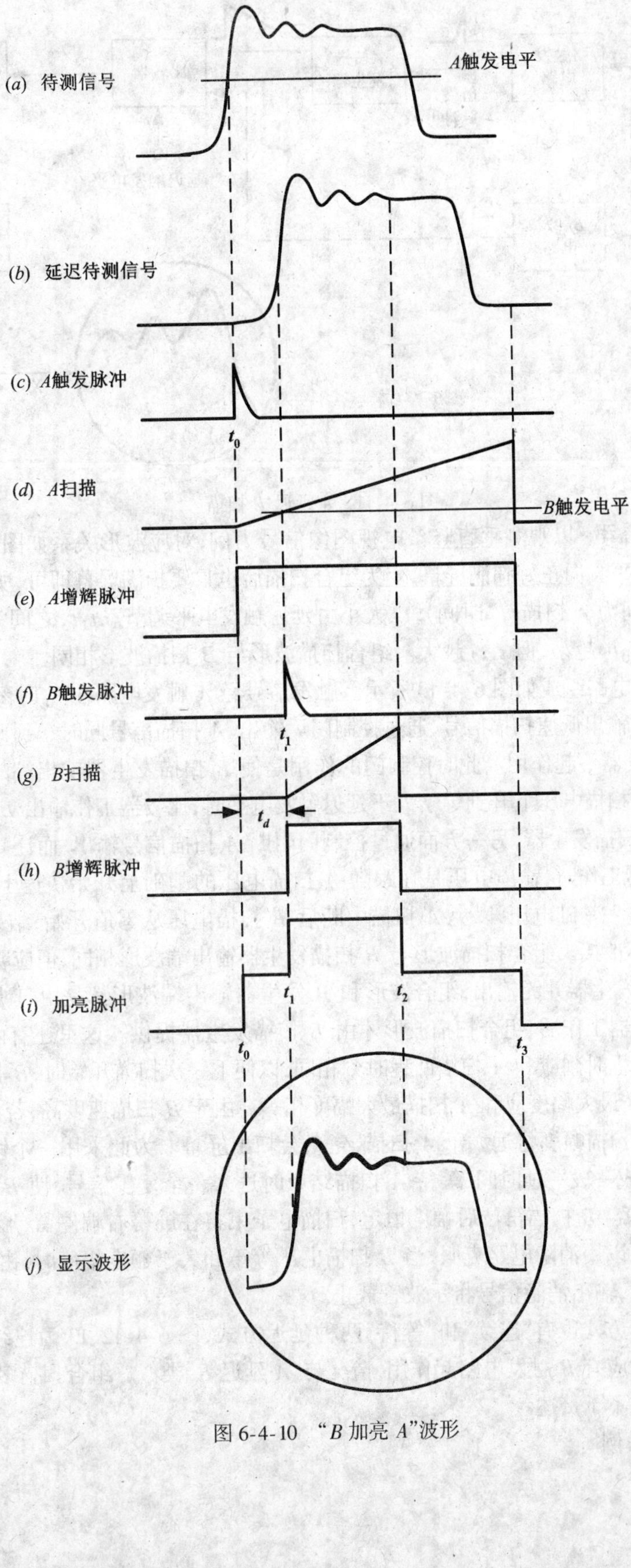

图 6-4-10 “B 加亮 A”波形

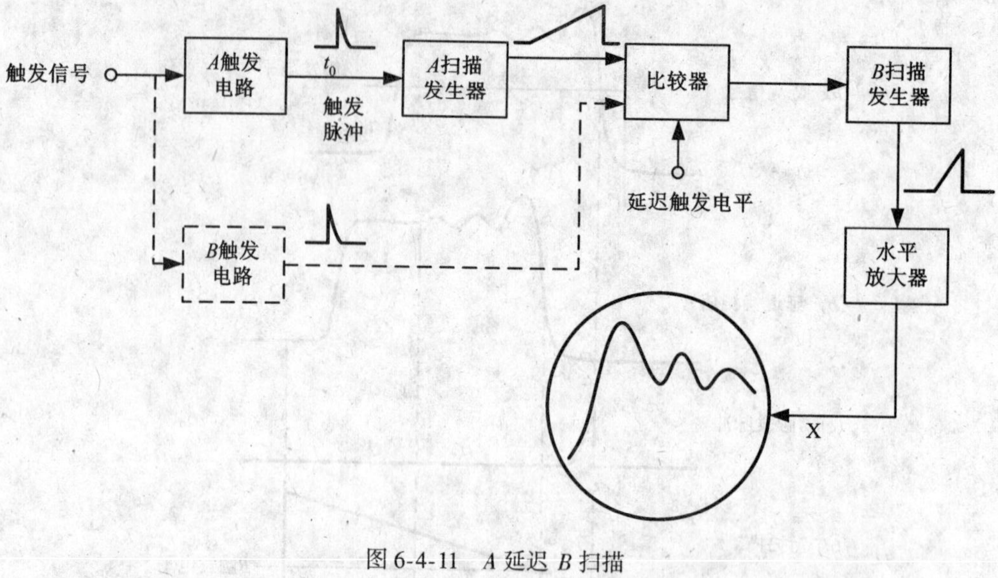

图 6-4-11　A 延迟 B 扫描

测复杂的脉冲串信号。以观测垂直竖条电视图像信号为例,对应波形关系如图 6-4-12 所示。A 扫描幅度 U,在水平方向正好扫满屏幕,变为组合扫描后也只要扫满屏幕即可,所以幅度也是 U。组合扫描 t_0t_1 之间为 A 扫描(t_d 时间),t_d 大小由延迟触发电平调节。t_1t_2 之间为 B 扫描。t_d 越小总的扫描时间 t_0t_2 越小,但 t_1t_2 越大。组合扫描波形与 B 扫描波形相同。

AB 组合扫描电路组成如图 6-4-13 所示。触发信号经 A 触发电路在 t_0 时刻得到触发脉冲,触发 A 扫描电路,输出低速扫描信号,通过控制门后输出,A 扫描信号同时送到比较器,在低于延迟触发电平时比较器不起作用。此时控制门的作用是使 B 扫描发生器输出端的电压跟随 A 扫描电压上升,当 A 扫描电压上升到等于大于延迟触发电平时,比较器工作输出 B 触发脉冲,此脉冲一方面触发 B 扫描发生器,另一方面通过控制门阻断 A 扫描信号输出,而让高速的 B 扫描输出。B 扫描发生器工作时,输出电压是在跟随 A 扫描电压的基础上开始快速上升的,跟随的目的正是为了获得这一基础电压,以免 A 扫描中断后 B 扫描电压从零值开始,结果造成组合扫描电压的两种扫速不衔接。组合扫描波形与 B 扫描发生器输出端波形相同,但应明确在 B 触发脉冲产生前,B 扫描发生器并无输出,组合波形和 B 发生器输出端波形都是由 A 扫描发生器提供的,在 B 扫描发生器工作后,组合扫描波形才由 B 扫描发生器提供。这里还有两个问题需要说明,一是 B 扫描回程时刻应和 A 扫描回程时刻相同,以便下一次扫描开始时,B 扫描正好跟随 A 扫描。二是 B 扫描最大幅度应和 A 扫描最大幅度相等。由于 B 扫描速度高,若保持两种扫描回程时刻相同,则 B 扫描幅度将远大于 A 扫描,亮点会扫出屏幕。为此采用一个钳位二极管将 B 扫描幅度锁住,造成一段平顶时间,等待 A 扫描结束时送来一个复零信号,使 B 扫描进入回程,A、B 扫描同时结束。B 扫描箝位后幅度恒定,扫描电子束将在屏幕右端停留,形成很亮的点,易损坏荧光屏。这可以用消隐电路克服,当 B 扫描电压等于和大于额定幅度时,钳位管工作,同时启动过压消隐电路,输出消隐信号将示波管截止。

组合扫描工作方式也有“连续”和“等待”两种延迟方式,图 6-4-12、13 为连续延迟情况。采用等待延迟方式时应有 B 触发电路起作用,情况与“A 延迟 B”类似。组合扫描多采用连续延迟,因此等待延迟方式不予赘述。

2. 电路分析举例

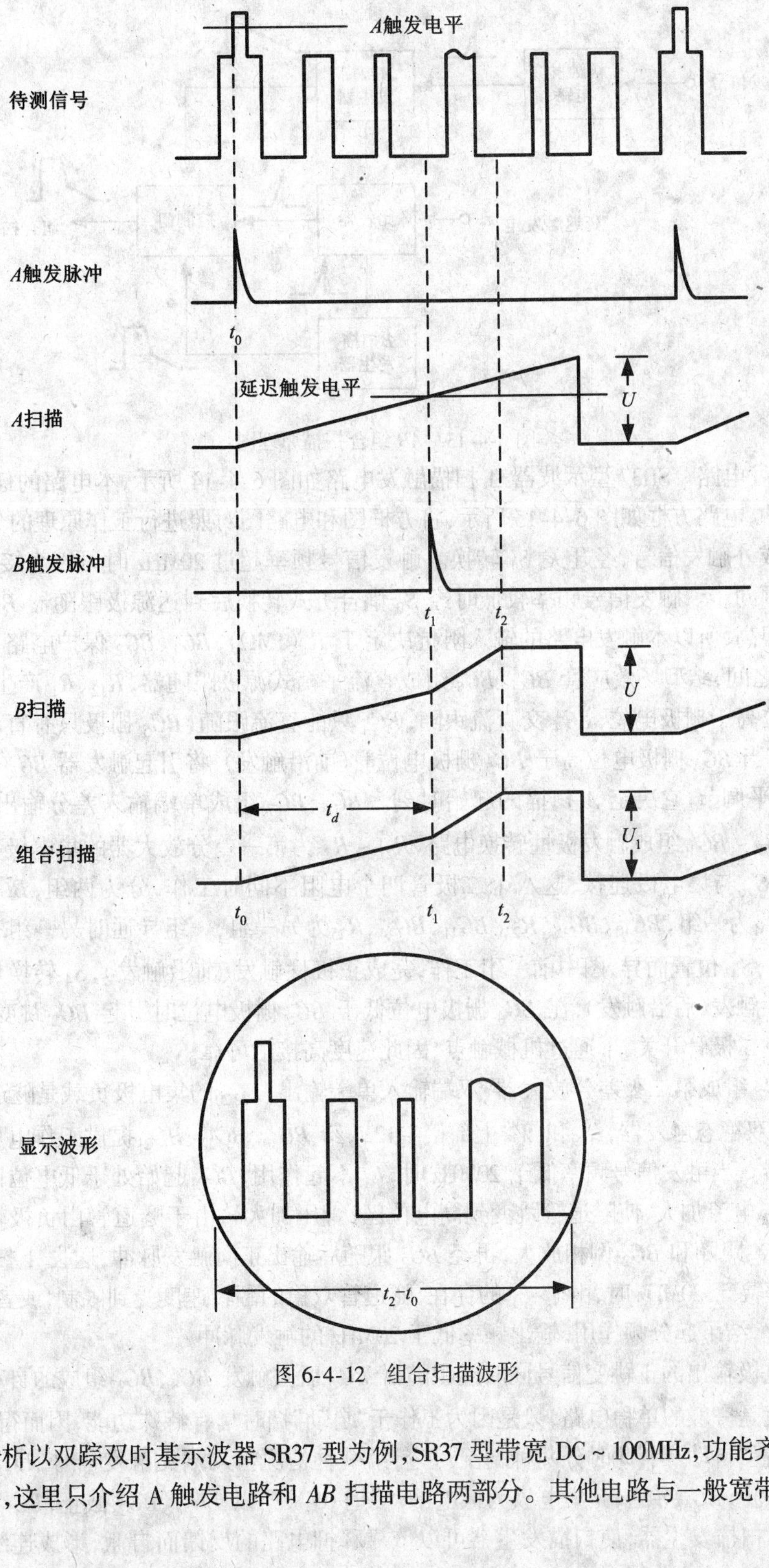

图 6-4-12　组合扫描波形

电路分析以双踪双时基示波器 SR37 型为例，SR37 型带宽 DC ~ 100MHz，功能齐全，是比较高级的示波器，这里只介绍 A 触发电路和 *AB* 扫描电路两部分。其他电路与一般宽带示波器类似，不再细说。

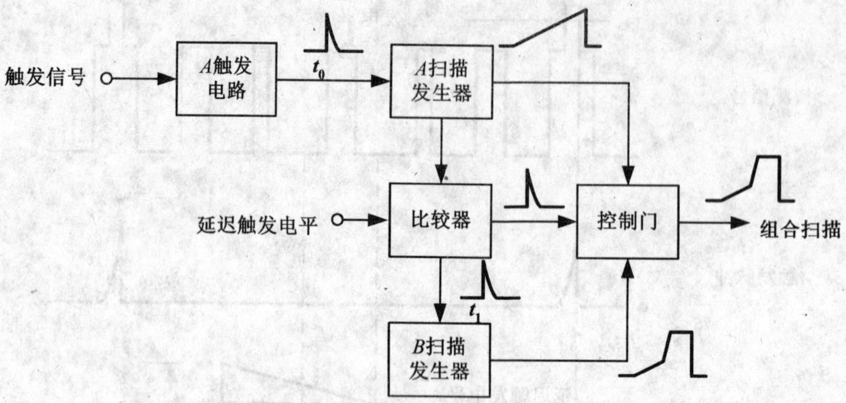

图 6-4-13　AB 组合扫描原理图

(1)A 触发电路　SR37 型示波器 A 扫描触发电路如图 6-4-14 所示,本电路的任务是产生 A 扫描触发脉冲,电路方框如图 6-4-15 所示,将方框图和电路图对照进行工作原理的分析。

输入内或外触发信号,经开关 S_1 转换。触发信号频率超过 20MHz 时可以直接送到 A 扫描电路进行高频同步。触发信号频率较低时经 S_3 耦合方式转换后到达源极跟随器 BG_4,源极跟随器输入阻抗很高,所以本触发电路的输入阻抗决定于 R_1(1MΩ),BG_1、BG_2 保护电路,将输入信号限制在 ±3V 之间,结型场效应管 BG_4、BG_5 组成直流平衡式源极跟随器,R_{12}、R_{13}产生自给偏压以保持源极电位高于栅极电位,BG_4 交直流跟随,BG_4 只能直流跟随,BG_5 栅极只有直流电位,大小由 W_1 控制。当 BG_4 栅极电位高于 BG_5 栅极电位时(前沿触发),将引起触发器 BG_{21}的跳变,所以 W_1 为触发电平调节,它决定 A 扫描的起始时刻。BG_6、BG_7 组成单端输入差分输出的第一级差分放大器,BG_9 ~ BG_{16}组成触发极性转换电路,R_{22} ~ R_{25}为第一差分放大器的集电极负载,通过二极管 BG_9 ~ BG_{16}与集电极连接,这八个二极管四个电阻不同时工作,分为两组,BG_9、BG_{13}、R_{23}、BG_{12}、BG_{16}、R_{24}为一组,BG_{10}、BG_{15}、R_{22}、BG_{11}、BG_{14}、R_{25}为另一组,一组导通时另一组截止,具体情况随开关 S_{4a}、S_{4b}位置而异,图中前一组工作,完成正极性触发(前沿触发),S_4 转换后,后一组工作变为负极性触发(后沿触发),在 BG_4 栅极电位低于 BG_5 栅极电位时引起 BG_{21}跳变。此种转换方式信号通过二极管开关,不通过机械触点,因此速度高接触可靠。

BG_{19}、BG_{20}组成第二级差分放大器,双端输入单端输出,BG_{20}的集电极负载是隧道管 BG_{21}、L_1 和 R_{26}组成的双稳态触发器,R_{39}和 W_3 上部接 -12V,给 BG_{19}、BG_{20}、BG_{21}提供工作电压,此三管组成触发分频器。当触发信号频率低于 20MHz 时,L_1 不起作用,BG_{21}起始处于低电位区,在触发信号到来时 BG_{20}电流加大,使隧道管跳变到高电位区(管压加大),由于隧道管由负极输出,所以是负跳变,经 BG_{23}跟随和 BG_{24}倒相放大,再经 BG_{25}跟随后输出正向触发脉冲,送去 A 扫描电路。当触发信号频率高于 20MHz 时,由于 L_1 的存在,隧道管双稳的翻转速度受到限制,或者说跟不上触发信号的变化,结果起分频作用,输出频率低于 20MHz 的触发脉冲。

BG_{24}集电极输出的正跳变信号同时经跟随器 BG_{26}后去触发 BG_8、BG_{17}组成的自动单稳电路,由图可见它就是一般的单稳电路,只是因为工作于"自动"挡时具有特殊功能,因而得名。将触发方式开关 S_2 置"自动"挡,此时分两种情况讨论,第一种情况输入端无触发信号,BG_8 因 R_{14}上端电源断开而截止,BG_{17}导通,其集电极为低电平(接近 0V),所以 BG_{18}、BG_{22}截止,BG_{22}集电极输出高电平送到A扫描发生器,使扫描发生器可以依靠释抑电路的反馈而自激,形成连续扫描,亦称

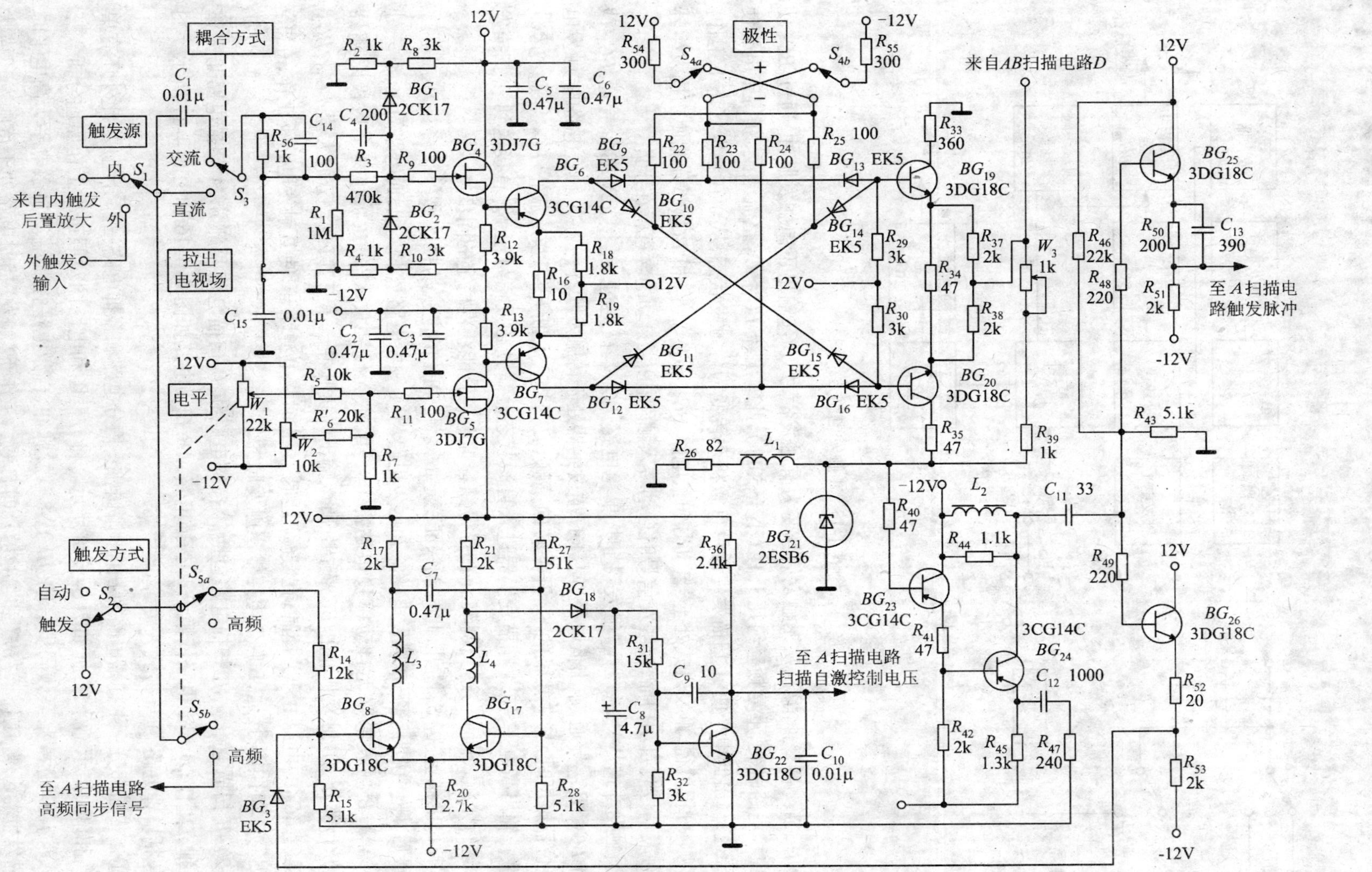

图 6-4-14　A 扫描触发电路

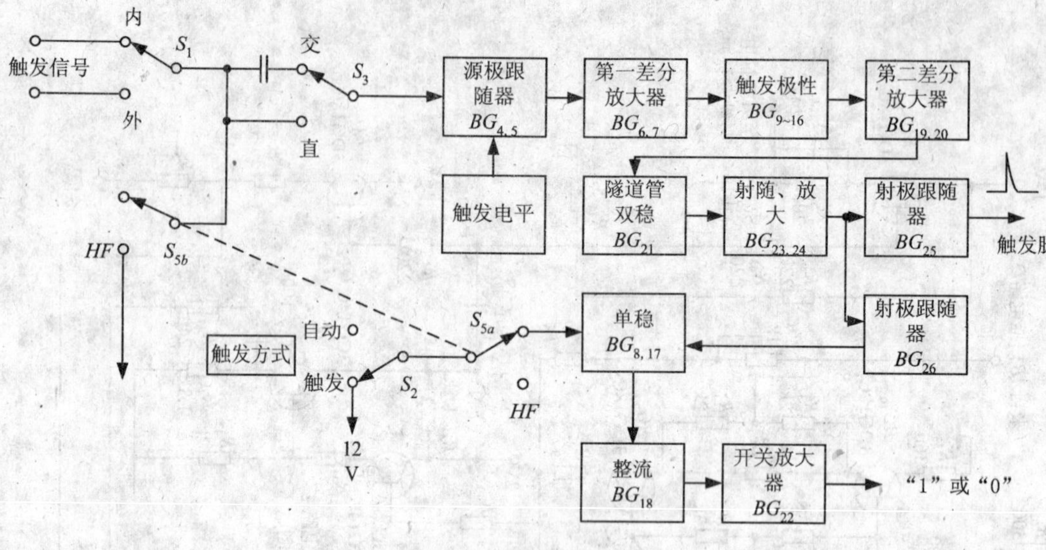

图 6-4-15 A 触发电路方框图

为自动扫描。第二种情况,从无触发信号变为有触发信号,BG_{26}输出正向触发脉冲,通过 BG_3 使自动单稳电路跳变,重复频率约几十 Hz(小于 50Hz),此输出经 BG_{18}、C_8 整流滤波,获得正电平使 BG_{22}导通,输出低电平使 A 扫描发生器由自激状态转变为待触发状态,从而在触发状态下工作。总结以上分析可得,触发方式处于"自动"挡时,电路 BG_8、BG_{17}、BG_{18}和 BG_{22}部分能使扫描发生器在无触发信号时自动扫描,有触发信号时自动转入触发扫描,自动的含意就在于此。

当触发方式开关 S_2 处于"触发"挡时,单稳电路 BG_8 基极通过 R_{14}接 12V,BG_8 导通 BG_{17}截止,则 BG_{18}、BG_{22}导通,输出低电平,使 A 扫描发生器处于待触发状态。将 A 触发电路的"触发电平"电位器旋足时,与它共轴的 S_5 开关转向高频(HF)挡,S_{5a}断开使 BG_8 截止 BG_{17}导通,BG_{18}、BG_{22}截止输出高电平,使 A 扫描发生器进入自激状态。高频触发信号经 S_{5b}直接送到 A 扫描发生器,进行分频式同步。适当调节 A 扫描电路释抑电容就能获得稳定的同步。

"拉出电视场"将 S_6 断开,此时能保证稳定的观测 50Hz 的电视场频信号。

最后,顺便说明一下 B 触发电路。B 触发电路与 A 触发电路基本类似,而电路简化,有三处不同:第一,B 触发电路无自动单稳电路部分。第二,无倒相放大器 BG_{24}和两个射极跟随器 BG_{25}、BG_{26}部分。B 触发脉冲由 BG_{23}输出,所以输出为负脉冲。第三,第二差分放大器 BG_{19}、BG_{20}和隧道管 BG_{21}的电源由开关控制,在"连续延迟"方式时将电源断开,使 B 触发电路不工作;在"等待延迟"方式时电源接通,B 触发电路输出触发脉冲。

(2)AB 扫描电路　AB 扫描电路包括 A 扫描电路和 B 扫描电路两部分,A 扫描电路是完整的,可独立工作;B 扫描电路依赖于 A 扫描电路,AB 扫描电路如图 6-4-16 和图 6-4-17 所示。图中还包括增辉电路、工作方式开关等:

①A 扫描部分　A 扫描电路由扫描闸门电路、积分电路和释抑电路三部分组成,此外还有单次电路和单次指示部分,方框如图 6-4-18 所示。将方框图和电路图对照进行工作原理分析。三个输入端有三种信号:高频同步信号(HF)、A 触发脉冲、自激电平控制端。自激电平为高电平时 A 扫描发生器自激,工作于"HF"和"自动"挡时自激。工作于"触发"挡时电路处于待触发扫描状

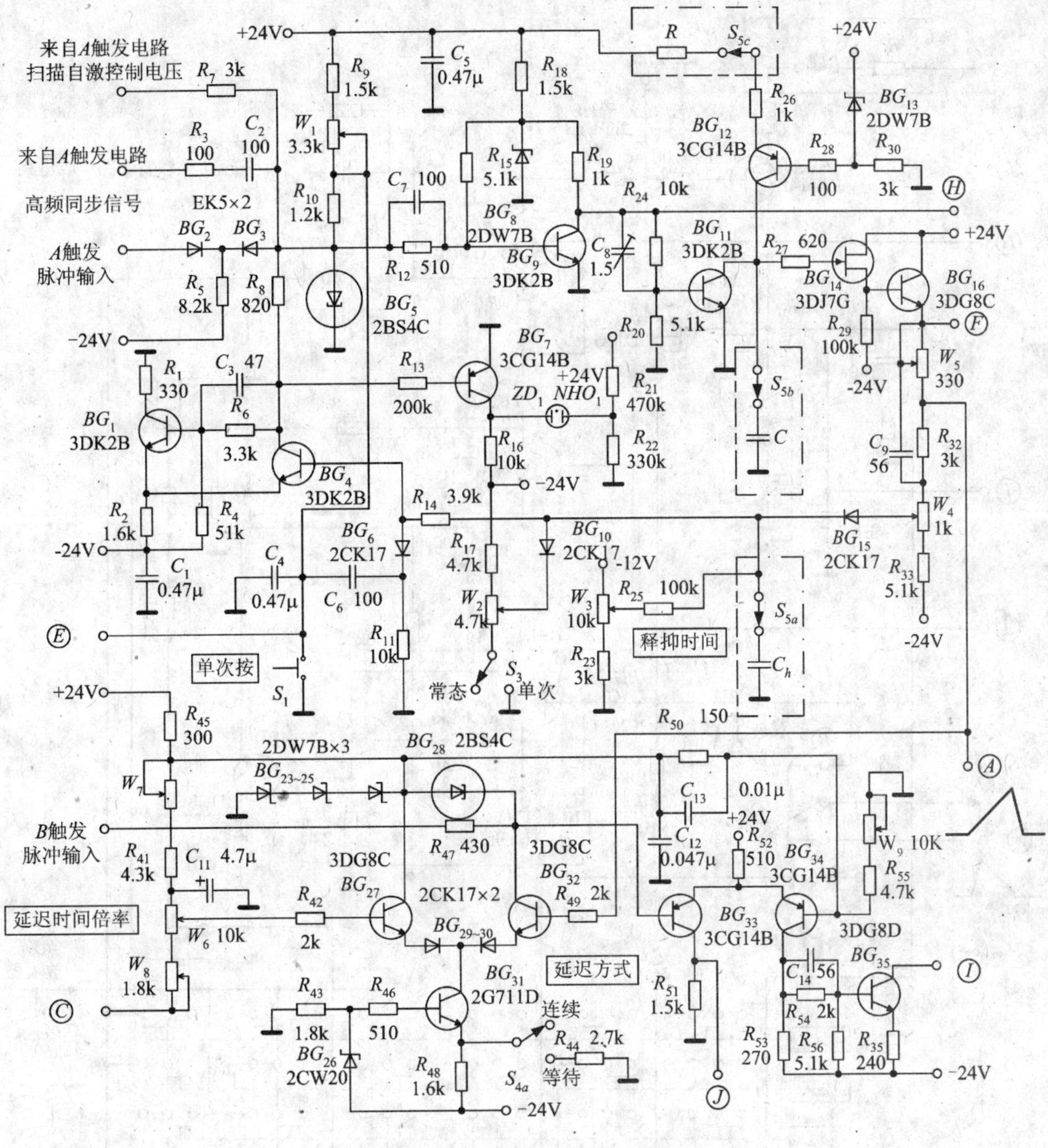

图 6-4-16　*AB* 扫描电路前部

态。下面以触发扫描为例分析电路原理和工作过程。

BG_5、BG_9、BG_{11}组成闸门电路，BG_5 为隧道管双稳触发器，BG_9 倒相器，BG_{11} 放电开关。输入 *A* 触发脉冲经 BG_2、BG_3 双向限幅，限幅的目的是避免输入信号过大损坏隧道管，BG_5 在触发前处于低电压区，倒相器输出高电平使开关 BG_{11} 导通，积分电容 *C* 处于放电状态，此时无扫描输出。

当触发脉冲到来时，隧道管跳变到高电压区，输出高电平使 BG_9 导通 BG_{11} 截止，于是恒流源 BG_{12}向积分电容 *C* 充电，电压线性上升，经源极跟随器 BG_{14}和射极跟随器 BG_{16}输出，BG_{14}高输入阻抗可避免积分电容分流，BG_{16}低输出阻抗可提高负载能力。输出锯齿电压送到 Ⓕ和 Ⓐ点，同时经 W_4 取样反馈到释抑电容 C_h，C_h 上电压跟随上升，此电压经 R_{14}加到门控双稳 BG_4、BG_1。

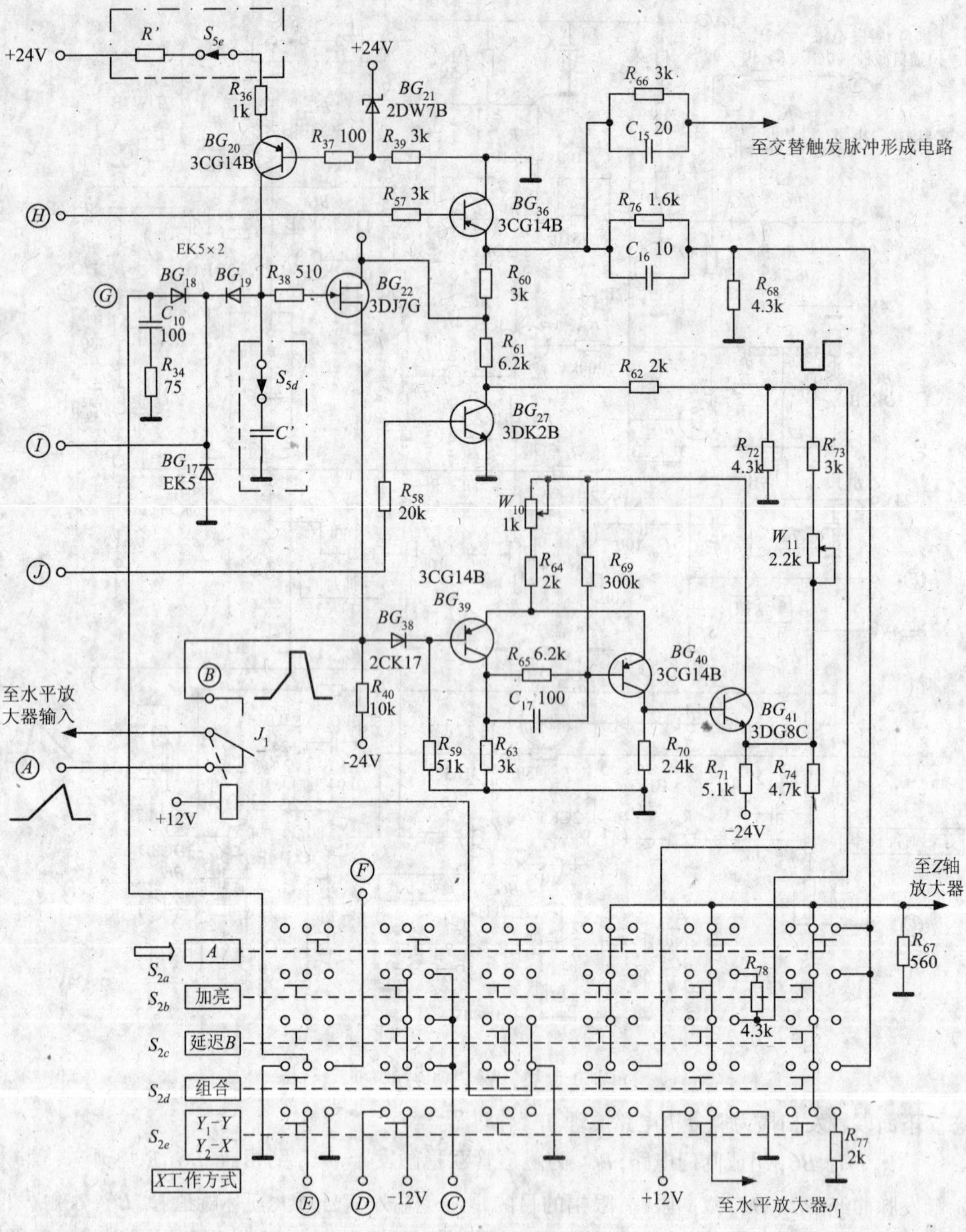

图 6-4-17　AB 扫描电路后部

C_h 上电压达到一定数值时，门控双稳翻转，BG_4 由截止变为导通，流过电阻 R_9、R_{10}、W_1 的压降加大，隧道管 BG_5 上电压减小而跳回低电压区，于是 BG_9 截止 BG_{11} 导通，积分电容迅速放电，形成扫描回程。在回程时 W_4 中点电压迅速下降，隔离二极管 BG_{15} 截止，释抑电容通过 R_{25}、R_{23}、W_3 和 −12V 放电，所以 W_3 可调节释抑时间，C_h 同时通过 R_{14}、BG_4 放电维持 BG_4 导通，使隧道二极

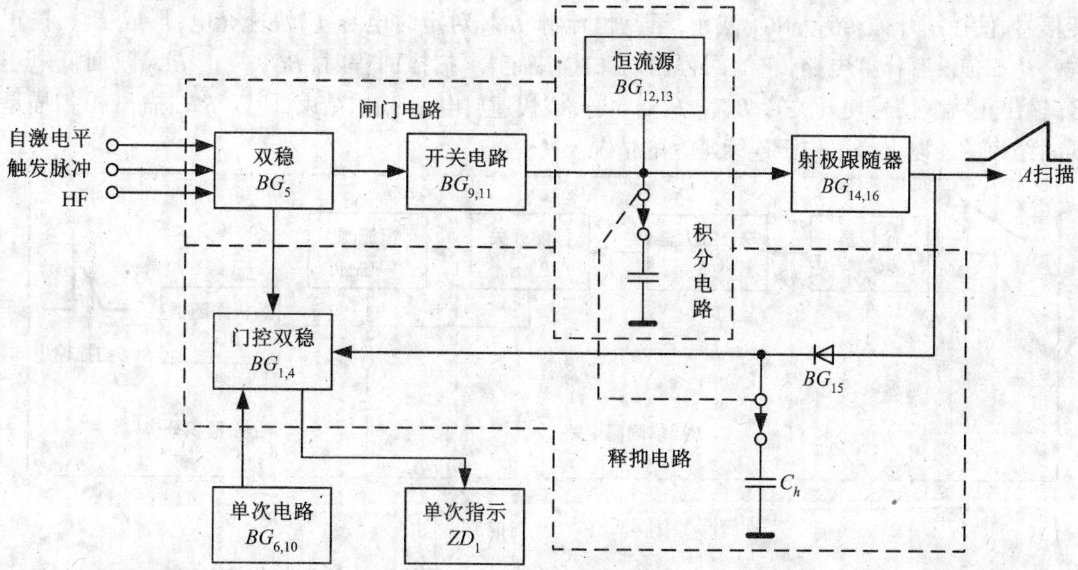

图 6-4-18　A 扫描框图

管 BG_5 几乎截止，此时有触发脉冲也不足以引起隧道管翻转，因此维持了一定的释抑期。当 C_h 放电到一定程度时，BG_4 不能维持导通，门控双稳翻转 BG_4 截止，隧道管重新回到待触发状态。这样完成了一次扫描过程，然后再在触发脉冲作用下第二次扫描，如此循环下去。

由 BG_1、BG_4 构成的射极耦合双稳态触发器，除了完成释抑作用外，还兼作单次扫描的控制电路，当"单次－常态"开关 S_3 置于单次时，由于 BG_{10} 支路的作用使释抑电容上的电位不能下降到 BG_4 的截止值，而控制在某一特定电位，此电位值的大小可通过 W_2 调节到最佳范围。当单次按键 S_1 按一下后 C_6 放电，R_{11} 上获得负脉冲使 BG_6 导通然后耦合到 BG_4 基极使 BG_4 截止，双稳态触发器 BG_1、BG_4 翻转，BG_4 截止后使 BG_5 回到待触发状态。此时来一个触发脉冲隧道管则跳变，BG_9 导通 BG_{11} 截止，扫描开始。C_h 上电压跟随上升到一定值时，门控双稳翻转隧道管回到低电压区，BG_{11} 导通积分电容放电，于是实现了一次扫描。此后 C_h 上电压维持在特定值，电路处于静态，隧道管不能被触发，除非再按 S_1。

在扫描期间 BG_4 截止，其集电极高电位使 BG_7 截止，氖灯 ZD_1 上获得 ±24V 电压而点亮，扫描结束时熄灭，所以起到扫描指示作用。

②B 扫描电路　B 扫描电路由 B 扫描闸门和 B 扫描积分电路组成，它不能单独工作，必须在 A 扫描工作的情况下才能驱动 B 扫描，驱动信号由电压比较器提供。B 扫描电路方框如图 6-4-19 所示，对照电路图 6-4-16、17 分析，电压比较器由差分放大器和隧道管触发器组成，BG_{27}、BG_{32}为差分管，BG_{29}、BG_{30}为保护二极管，可提高差分管的前向击穿电压，BG_{31}为恒流源，稳压管 BG_{23}、BG_{24}、BG_{25}为差分放大器提供稳定的正电源，隧道管 BG_{28}工作于双稳状态，作为差分放大器的集电极负载，即 BG_{32}集电极电流直接驱动隧道管。BG_{27}的基极电位由精密多圈电位器 W_6 连续可调，它提供延迟触发电平(延迟时间倍率)。A 扫描电压由 ④点加到 BG_{32}基极，当 A 扫描触发电平低于延迟触发电平时，BG_{27}导通 BG_{32}截止，隧道二极管 BG_{28}处于低电压区。当 A 扫描电压上升到等于大于触发电平时，BG_{32}导通 BG_{27}截止，BG_{32}导通电流触发隧道管 BG_{28}跳到高电压区。由于隧道管负端输出所以输出负跳变信号，经 BG_{33}、BG_{34}放大整形，从 BG_{34}集电极输出负跳

变信号，使控制开关 BG_{35}、BG_{19}截止，于是恒流源 BG_{20}对定时电容 C'快速充电，形成 B 扫描正程。B 扫描没有释抑电路，它的回程由 A 扫描决定，A 扫描回程时，BG_{32}截止 BG_{28}跳回低电压区，输出正跳变信号使开关管 BG_{35}、BG_{19}导通，C'快速放电 B 扫描结束，所以 B 扫描和 A 扫描是同时结束的。以上是工作于连续延迟的情况。

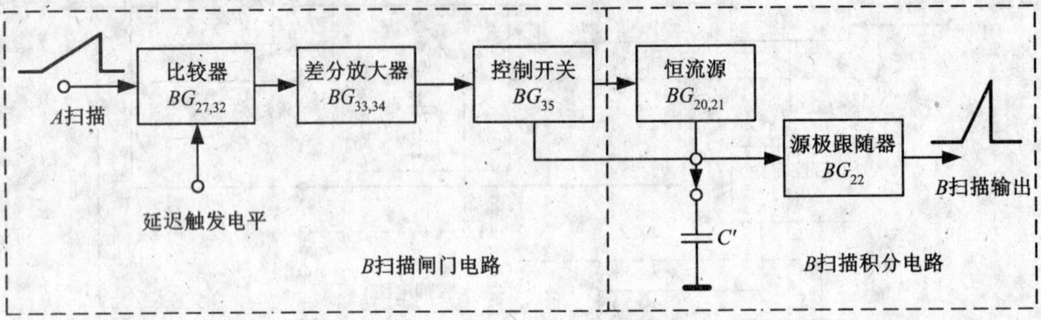

图 6-4-19　B 扫描方框图

工作于“等待”延迟时，开关 S_{4A}将电阻 R_{44}接通，BG_{31}射极电位升高使恒流管 BG_{31}的恒流电流减小。因此在比较时刻，尽管 BG_{32}导通其集电极电流仍不足以驱动隧道管，只是将工作点提高，即提高了隧道管的触发灵敏度，等待 B 触发电路提供负向脉冲触发隧道管负端时，隧道管才跳变到高压区，于是 B 扫描开始。在开关 S_{4A}接通时共轴开关 S_{4B}也将 B 触发电路电源接通。

③增辉电路与消隐电路　增辉电路由 A 扫描增辉电路、B 扫描增辉电路和 B 扫描过压消隐电路三部分构成。

A 扫描增辉电路由射极跟随器 BG_{36}构成。信号来自 A 扫描闸门电路 BG_9集电极，A 扫描正程期间 BG_9 导通，其集电极输出负向矩形波，经 BG_{36}两路输出，一路去 Y 系统电子开关，作为交替触发信号。另一路输出到 X 工作方式开关，然后经 Z 轴放大器倒相成正向矩形波，作为增辉信号加到示波管调制极。

B 扫描增辉电路由脉冲放大器 BG_{37}构成。信号来自 B 扫描闸门电路 BG_{33}的集电极，B 扫描期间隧通管跳变到高压区，负端输出负向矩形波，经 BG_{33}、BG_{37}两次倒相输出送到 X 工作方式开关，再经 Z 轴放大器倒相放大成正向矩形波，作为 B 增辉信号，与 A 增辉信号叠加后输出。

B 扫描过压消隐信号由施密特触发器 BG_{39}、BG_{40}和跟随开关 BG_{41}构成。不扫描时 BG_{39}导通 BG_{40}截止，跟随开关输出低电平。B 扫描时当扫描电压足够高，即亮点扫到屏幕右端时，施密特双稳翻转，跟随开关输出高电平，形成 B 扫描过压消隐脉冲，通过 R_{73}、W_{11}将消隐脉冲与 B 扫描增辉脉冲叠加，产生实际的增辉消隐信号(此处低电平，高电平消隐)，对应波形如图 6-4-20 所示。B 增辉信号加到 X 工作开关 S_{2C}第五刀，B 消隐信号通过 R_{74}加到 X 工作开关 S_{2D}第四刀，专用于“组合”工作状态，完成过压消隐任务。

④X 工作方式开关　X 工作开关 S_2 是五位琴键开关，每一位按下时实现一种工作方式。计有 A 扫描(S_{2A})、B 加亮 A 扫描(S_{2B})、A 延迟 B 扫描(S_{2C})、AB 组合扫描(S_{2D})、$\begin{matrix}Y_1-Y\\Y_2-X\end{matrix}$五种方式。每一位是一组六刀二掷开关，图中从左至右为第一刀至第六刀。按下某一种工作方式时这一位的六把刀均右掷，其他位不变。

图 6-4-17 中已按下 S_{2A}，示波器工作于 A 扫描，前六刀空头，第六刀将 A 扫描增辉脉冲送去

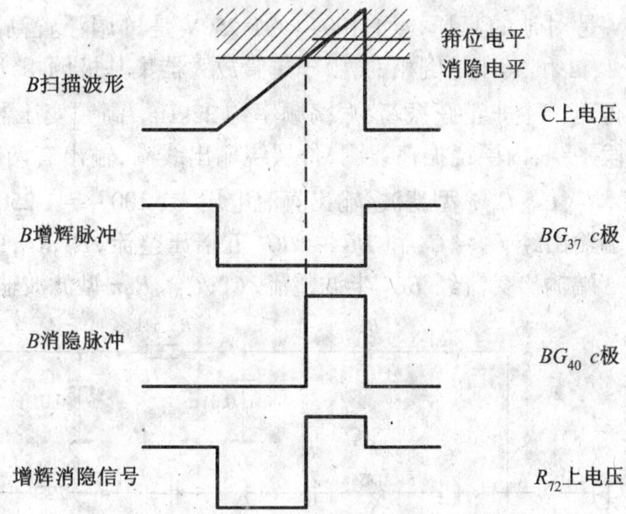

图 6-4-20　增辉消隐信号

Z 轴放大器。跟随器 BG_{16}输出 A 扫描信号 Ⓐ,通过继电器 J_1 常闭触点去水平放大器。

当按下 S_{2B}时,示波器工作于"加亮"方式,S_{2B}右掷(S_{2A}左掷),第一、三、四刀空头,第二刀将 Ⓒ点接地,使比较器复位处于待比较状态。第五刀将 B 扫描增辉消隐信号送到 Z 轴放大器。第六刀将 A 扫描增辉脉冲送 Z 放大器。

当按下 S_{2C}时,示波器工作于"延迟 B"方式,S_{2C}右掷,第一、四、六刀空头,第二刀将 Ⓒ点接地,使比较器处于待比较状态,第三刀接通继电器 J_1,常开触点闭合将 B 扫描信号 Ⓑ送去水平放大器。第五刀接入 B 扫描增辉信号。

当按下 S_{2D}时,示波器工作于"组合"方式,S_{2D}右掷,第一刀将 Ⓒ、Ⓕ点短路,使 A 扫描电压直接去启动 Ⓑ扫描;第二刀将 Ⓒ接地使比较器处于待比较状态;第三刀接通 J_1 使 Ⓑ信号输出去水平放大器;第四刀接入 B 扫描过压消隐脉冲;第五刀空头;第六刀接入 A 扫描增辉脉冲,消隐及增辉脉冲均送入 Z 轴放大器。

当按下 S_{2E}时,示波器工作于$\frac{Y_1-Y}{Y_2-Y}$方式,即 Y 系统输入 Y_1 信号,X 放大器输入 Y_2 信号,内扫描电路不工作。S_{2E}右掷后,第一刀将 Ⓔ点接地,使 BG_5 不能被触发,A 扫描电路不工作;第二刀将 Ⓓ点断开,使 A 触发电路中第二差分放大器和隧道管断电,因此 A 触发电路也不工作;第三、四刀空头;第五刀使水平放大器中的继电器 J_{14-1}工作,触点闭合将外扫描信号 Y_2 送入水平放大器;第六刀将 R_{77}接入 Z 轴放大器输入端(与 R_{76}并联),使该端低阻接地,以免干扰,此时 Z 轴放大器另有两输入端,一个输入消除"断续"垂线的消隐信号,另一端可用作 Z 轴外输入调辉信号。

§6－5　双踪宽带示波器电路分析举例

一、SR－20G 型主机电路

1. 高压电源

SR－20G 型示波器高压电源如图 6-5-1 所示。高压电源采用"高频高压"方式,输出三路高压，+ 10 kV和 – 1 000V 是对地的高压，– 1 100 ~ – 1 250V 是可调浮置高压。高频振荡器由 BG_1 和 B_1 构成，绕组 1、2 和 3、4 是倒相的，由于单管放大器集基极倒相，因而形成正反馈、控制反馈量到足够强时即可产生非正弦振荡，振荡频率约 22kHz，高频变压器 B_1 采用铁氧体芯 E_{17}，高强度漆包线分段平绕，内层绕振荡线圈，外层绕输出线圈，输出有两组，5、7 组输出交流电压经 BG_8 半波整流，R_7、C_9、C_{12}π 型滤波，输出直流电压 – 1 100 ~ – 1 250V，具体数值由外负载调节。另一组 6、9 端输出经 C_3 ~ C_7 和 BG_3 ~ BG_7 五倍压整流，R_8、C_{11}Γ 型滤波，输出直流 10kV。中心头 8 端和 6 端输出交流经 BG_2 半波整流，C_8、C_{10}、R_9π 型滤波输出 – 1 000V 高压。

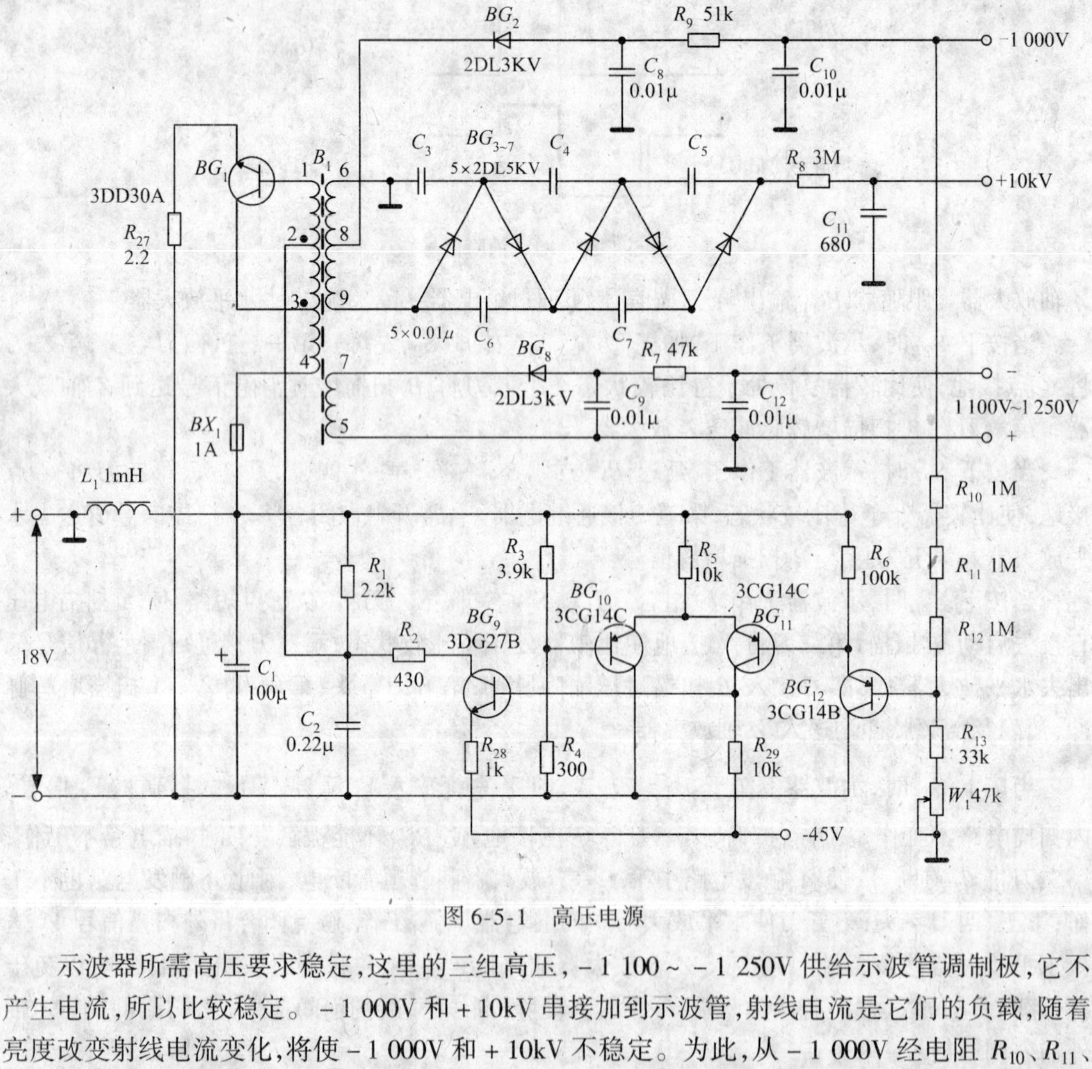

图 6-5-1　高压电源

示波器所需高压要求稳定，这里的三组高压，– 1 100 ~ – 1 250V 供给示波管调制极，它不产生电流，所以比较稳定。 – 1 000V 和 + 10kV 串接加到示波管，射线电流是它们的负载，随着亮度改变射线电流变化，将使 – 1 000V 和 + 10kV 不稳定。为此，从 – 1 000V 经电阻 R_{10}、R_{11}、R_{12}、R_{13}、W_1 取样，经 BG_{12} 跟随器电流放大，再经差分放大器 BG_{10}、BG_{11} 放大和 BG_9 单管放大后，去控制振荡管基流，这是一个负反馈环，可使振荡强弱自动补偿。设 – 1 000V 数值减小（同样原因 + 10kV 也减小），则 BG_{12} 基极电位上升，BG_{11} 集电极电位下降，BG_9 集电极电位上升，使振荡管基流加大振荡加强，从而补偿了高压数值的减小。反之同理。因此 – 1 000V 和 + 10kV 在负载改变时基本恒定。由于采用多级放大器，并且 BG_9、BG_{11} 由较高电压供电，所以总增益很高，另外，BG_9、BG_{11} 是差分放大器，其温度稳定性高，因此输出高压足够稳定。

2. 显示电路

示波管显示电路如图 6-5-2 所示。13SJ50J 为高灵敏度示波管。灯丝用 W_5 组成平衡电桥可以抗市电干扰,并提供直流电位避免灯丝与阴极间高压击穿。Z 为外调辉输入端,它通过 C_{17}、R_{23}控制阴极电位,R_{22}为隔离电阻,避免调辉信号通过 −1 000V 交流接地。阴极经 R_{23}、R_{22}接 −1 000V,通过 R_{23}、R_{22}的射线电流仅几十 μA 所以压降甚小,使阴极电位接近 −1 000V。C_{14}、C_{15}交流滤波稳定直流电压。分压电路 R_{15} ~ R_{17}、W_3 输出约 −700V 接示波管 5 脚供给聚焦阳极,所以 W_3 为聚焦调节。示波管 1 脚为调制极,通过限流电阻 R_{18}获得低 −1 000V 的负压,R_{14}、R_{20}、W_2、W_4 为分压电阻,W_4 调节调制电压实现辉度调节。浮置高压通过 R_{21}、R_{25}接地,R_{25}是增辉脉冲源的负载,增辉脉冲经 C_{16}加到调制极。示波管 7、8 脚是 α_1、α_3,它接 W_6 中点,电位 ±150V 之间,W_6 实现辅助聚焦。10、11 脚为屏散极,W_7 是 Y 方向图像校正,W_8 为 X 方向图像校正。C_{18}、C_{19}、C_{20}交流旁路电容稳定直流电压。后加速极 α_4、α_5 等电位接 +10kV 高压。

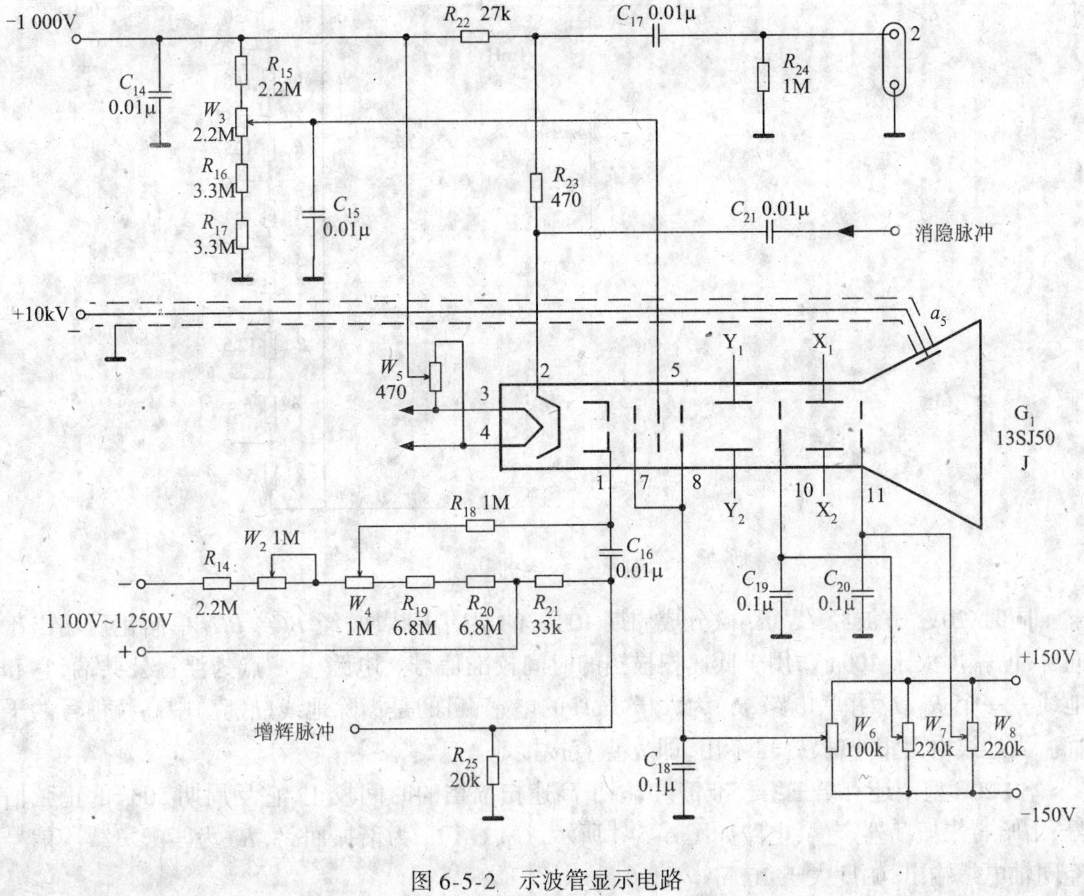

图 6-5-2 示波管显示电路

3. 校准电路

SR-20G 型的校准信号比较齐全,它有 10kHz 方波信号,输出按 1-2-5 顺序由 0.02V 至 5V,共九挡,作为幅度校准信号。同时将此方波微分和限幅成正尖脉冲,周期 100μs,用作时间校准信号。电路如图 6-5-3 所示。BG_1 组成考毕兹振荡器,L_2、C_1 ~ C_3 组成谐振回路,R_1、R_2、R_3 为偏置电路,由 R_3 上输出正弦信号。BG_2 为 RC 放大器,用于放大和限幅,W_1 调节占空比保证输出方波信号，此信号经整形器 BG_3 改善波形。输出信号幅度决定于供电电压，此处采用稳压管 BG_5、BG_6 串接对 BG_3 供电，可使输出幅度大而稳定，并通过分压电位器 W_2 校准输出幅度，使跟随器输出方波等于 $20V_{pp}$，采用跟随器可提高负载能力。方波经 $R_{13} \sim R_{22}$分压实现 1-2-5 顺序输出。

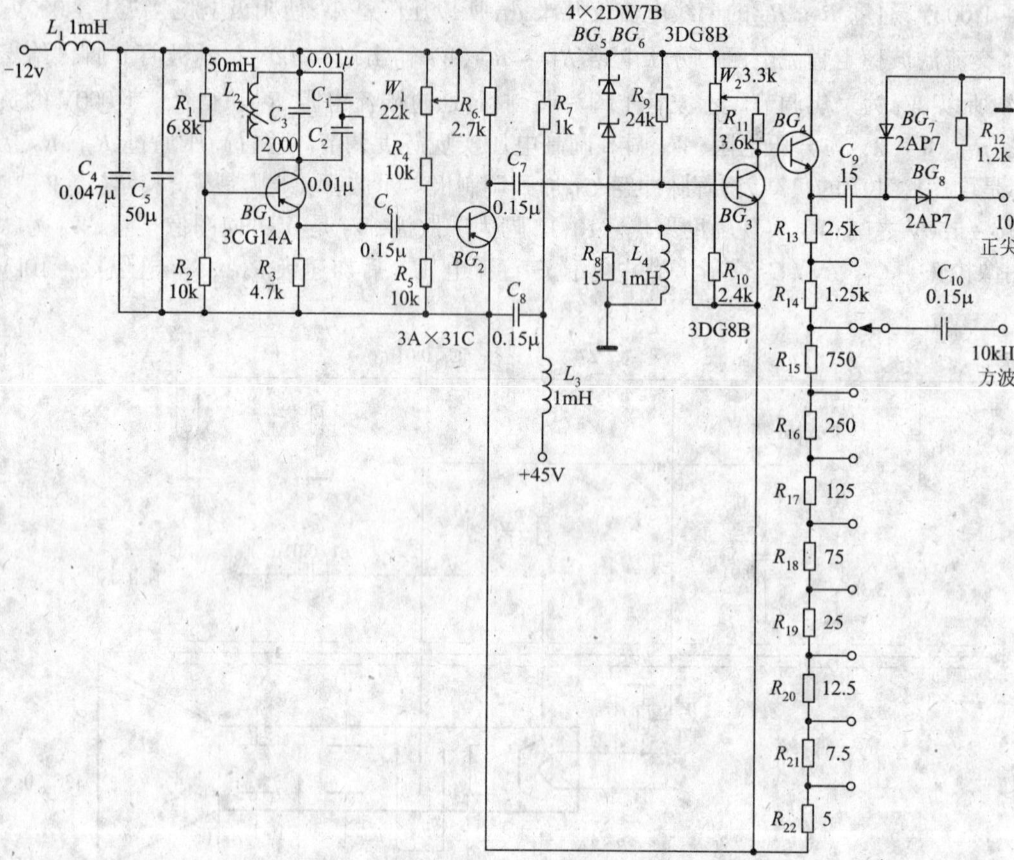

图 6-5-3　校准电路

同时，$20V_{pp}$方波经 C_9、R_{12}微分成周期 100μs 的双向尖脉冲，经 BG_7、BG_8 单向化后输出正向脉冲，幅度大于 100mV，用于低速扫描挡的时间校准信号。电路中 α 点为浮置公共端，它和地线差一个 R_8、L_4 并联电路，L_4 为大于 1mH 的电感，目的是消除地线（底壳）中高频信号的干扰。当地线电阻很小时 L_4 可不用，即 α 点直接接地。

SR-20G 型中还有第三组校准信号，用于高速扫描挡的时间校正，它是周期 50ns 的正弦信号，由哈特来振荡器产生，电路如图 6-5-4 所示，C_2、C_3、L_1 为谐振回路，R_4 为匹配负载。信号经同轴电缆输出，幅度大于 100mV。

二、SR-20G 垂直偏转系统

1. 框图

SR-20G 型示波器 Y 系统方框如图 6-5-5 所示。A、B 通道电路相同，只在 B 通道中多了一个极性开关。前置放大器包括差分倒相器和门电路两部分，门电路的状态由电子开关控制，电子开关工作方式由手动开关调节，电子开关还输出"断续"消隐信号。从源极输出器输出部

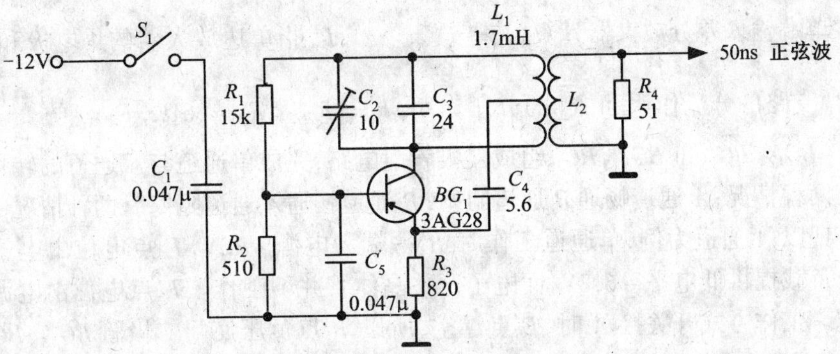

图 6-5-4　高速扫描校准信号源

分信号经跟随器隔离和触发放大器放大后去 X 系统，作为内触发信号。

公共放大器由多级共射差分放大器和差分式射极跟随器构成，延迟采用螺旋平衡延迟线完成。

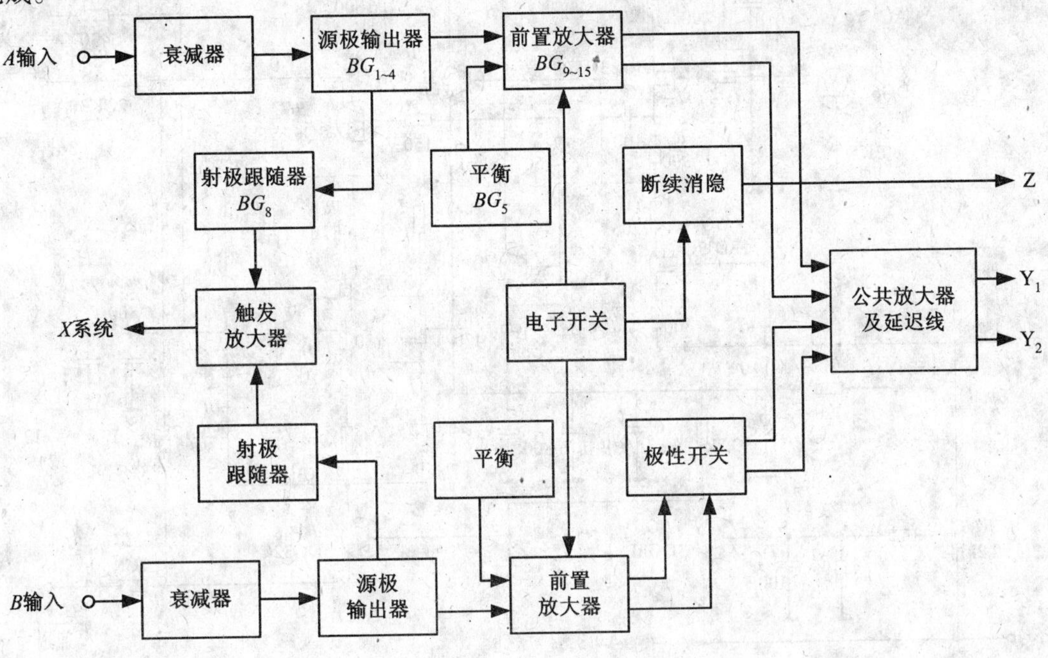

图 6-5-5　SR－20G 型 Y 通道框图

2. A 通道电路

A、B 通道电路相分析一路即可。电路如图 6-5-6 所示。待测信号从 A 端输入，经 DC/AC 转换，DC 信号通过 R_1，AC 信号通过 C_1，经衰减器后进入源极输出器。它由 $BG_1 \sim BG_4$ 组成，信号通过跟随器 BG_7 后分为两路，一路进入 BG_9、BG_{10}组成的自动平衡倒相器。另一路经 BG_8 跟随后去触发放大器。BG_5 部分为直流平衡级，它为 BG_{10}提供基极电位使与 BG_9 基极电位相等。R_{29}为消振电阻，R_{15}、R_{16}、W_2 为倒相器射极直流供电电路，W_2 为 Y 移位电位器，它调节荧光屏亮点垂直位置，R_{18}、R_{19}、W_3、W_4 为射极交流负载，W_3、W_4 微调校正 Y 放大器增益。R_{20}、C_{14}为高频补偿电路，BG_{11}温度补偿。倒相级最大增益估算如下，先将 W_3、W_4 调到零，倒相器增益按单端输入差分放大器计算，$K=\frac{1}{2}\cdot\frac{R_c}{R_e}$，$R_c$、$R_e$ 指单边放大器的集电极和射极负载，忽略 R_{15}、R_{16}支路的分流作用和 R_{22}的分压作用，$R_c=R_{26}//R'=361\Omega$，$R_e=\frac{R_{18}+R_{19}}{2}=180\Omega$，所以 $K\approx1$。BG_{12}、BG_{13}和 BG_{14}、BG_{15}组成二极管门电路，完成单通道与双通道的转换。单通道工作时分为两种情况：A 通道畅通 B 通道阻塞；B 通道畅通 A 通道阻塞。两种情况的电路工作原理相同。现以 A 通道为例，单通道工作时 R' 一端为电源 +12V，F 点电位由电子开关的电源和集电极负载提供低电平 -6.8V，而电子开关晶体管并不工作。E 点电位由电源和手动开关位置决定。工作方式开关接 A 时，E 点浮空，所以 F 点负压使门二极管 BG_{12}、BG_{13}截止，差分管 BG_9、BG_{10}正常工作，其集电极电位低于 9V，所以门二极管 BG_{14}、BG_{15}导通，A 通道畅通，此时 B 通道阻塞。

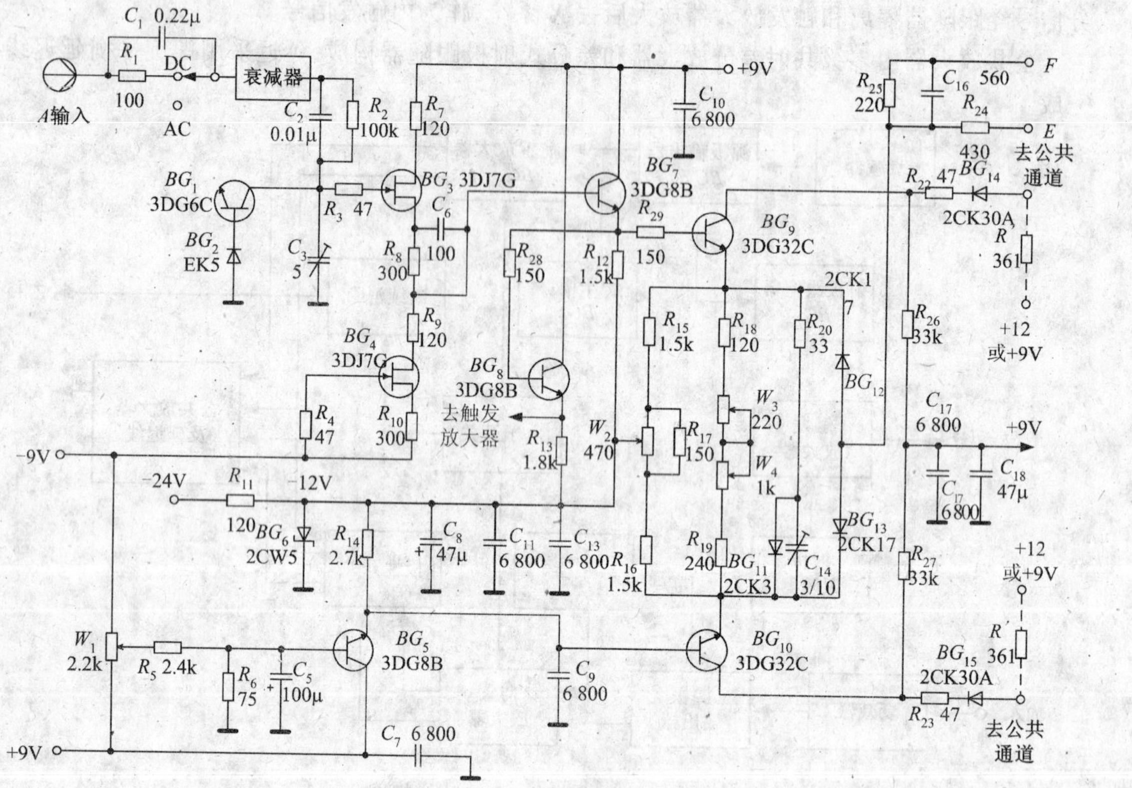

图 6-5-6　A 通道电路

当工作方式开关接 B 时，B 通道畅通，原理同上，此时 A 通道因为手动开关使 E 点接 +12V，F 点电位不变，所以 BG_{12}、BG_{13}导通，将 BG_9、BG_{10}射极电位提升到高于基极电位，则 BG_9、BG_{10}截止，同时 BG_{14}、BG_{15}也基本上截止，因此 A 信号不能通过，A 通道阻塞。这种使差分管截止的办法比用二极管旁路信号的办法效果更好。

图中与电源相关的电容 C_{17}、C_{18}等为退耦电容，采用大小电容并联是因为大容量电解电容器高频特性差，需另接小容量的非电解电容器完成高频旁路作用。

3. 电子开关

SR-20G 型示波器的电子开关如图 6-5-7 所示，BG_1、BG_2 组成双稳态触发器。它和图 6-3-

10所示的基本电路很类似,只是管型由 NPN 管改为 PNP 管,并且用 R_1、R_3 和 R_2、R_4 组成等效集电极负载 R_c,$R_1=R_2$,$R_3=R_4$,根据戴文宁定理,$R_c=R_1/\!/R_3=R_2/\!/R_4$,等效电源 $E_c=\frac{R_4}{R_2+R_4}(-12)V$。当工作方式开关 S_{3c} 置"A"时,+12V 电源送到 G 点,G 在 B 通道中,+12V 电源去阻塞 B 通道。当 S_{3c} 置"交替"时,+12V 电源供给 BG_5,增辉脉冲经 C_7、R_{12} 微分得到双向尖脉冲,由于 BG_5 零偏置,所以跟随输出负尖脉冲作为交替触发信号,双稳输出端 F、D 输出极性相反的矩形波,其高电平使 Y 放大器截止,低电平时 Y 放大器导通。F、E 点接到 A 通道,D、G 点接到 B 通道,从而使两通道信号输流送到公共放大器,实现波形交替显示。当工作开关 S_{3c} 置"断续"挡时,S_{3c} 将 +12V 电源送到 R_9、R_{10} 中点,BG_1、BG_2 成为自激多谐振荡器,振荡频率几十千赫,同时,S_{3D} 将 +45V 电源供给 BG_6,振荡器翻转时的电流峰,经同相变压器 B_1 耦合输出负尖脉冲,经 BG_6 倒相放大为正尖脉冲作为断续消隐信号。当开关 S_{3C} 加到"$A+B$"挡时,电子开关 +12V 电源断开,F、D 点输出低电平,A、B 通道门二极管 BG_{12}、BG_{13} 截止,A、B 通道畅通,所以输出 $A+B$ 信号。当井关 S_{3C} 置于"$A-B$"时,+12V 电源通过 M 点加到 B 通极性转换继电器,使续电器吸合,B 信号经继电器触点反相,所以输出 $A-B$ 信号。

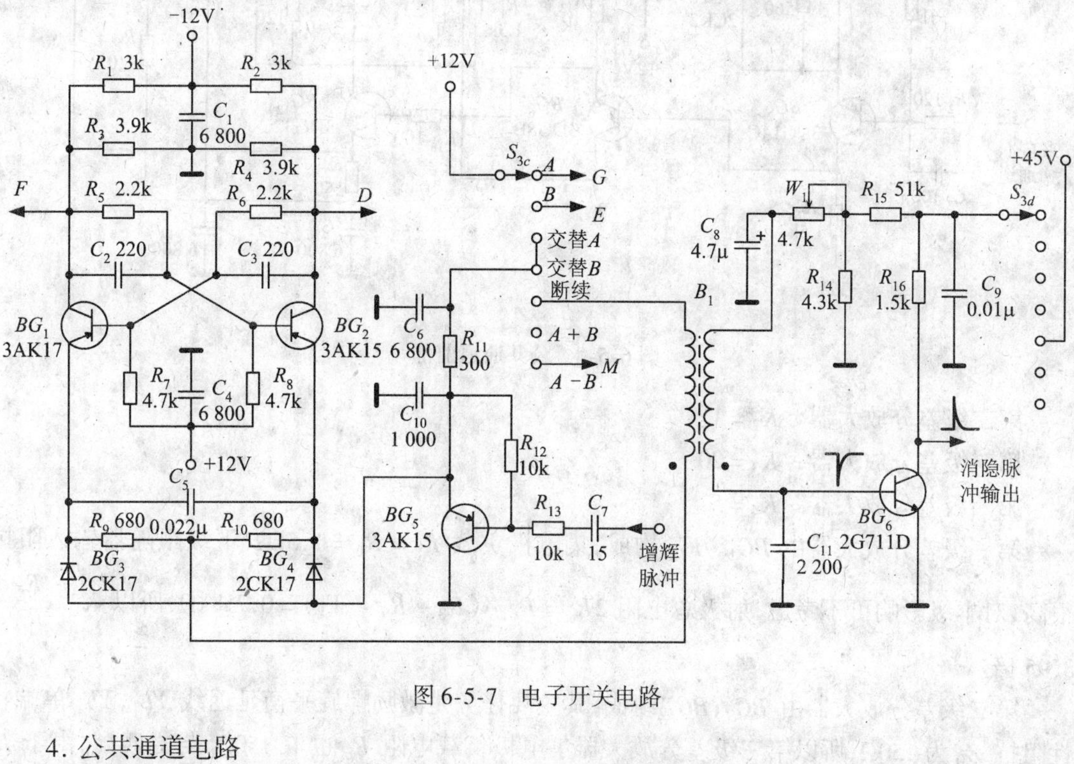

图 6-5-7 电子开关电路

4. 公共通道电路

公共通道电路如图 6-5-8 和 6-5-9 所示。由四级共射差分放大器、四级差分射极跟随器和延迟线构成,差分放大器完成放大作用,跟随器完成隔离和阻抗变换作用。示波器的偏转因数为 5mV/cm,示波管的 Y 偏转因数为 2V/cm,所以 Y 放大器总增益 $K=\frac{2\,000}{5}=400$ 倍,各级放大器增益分配及实际增益估算如下。

前置放大器 $K_o\approx1$

公共通道第一级差分放大器 $K_1=4$

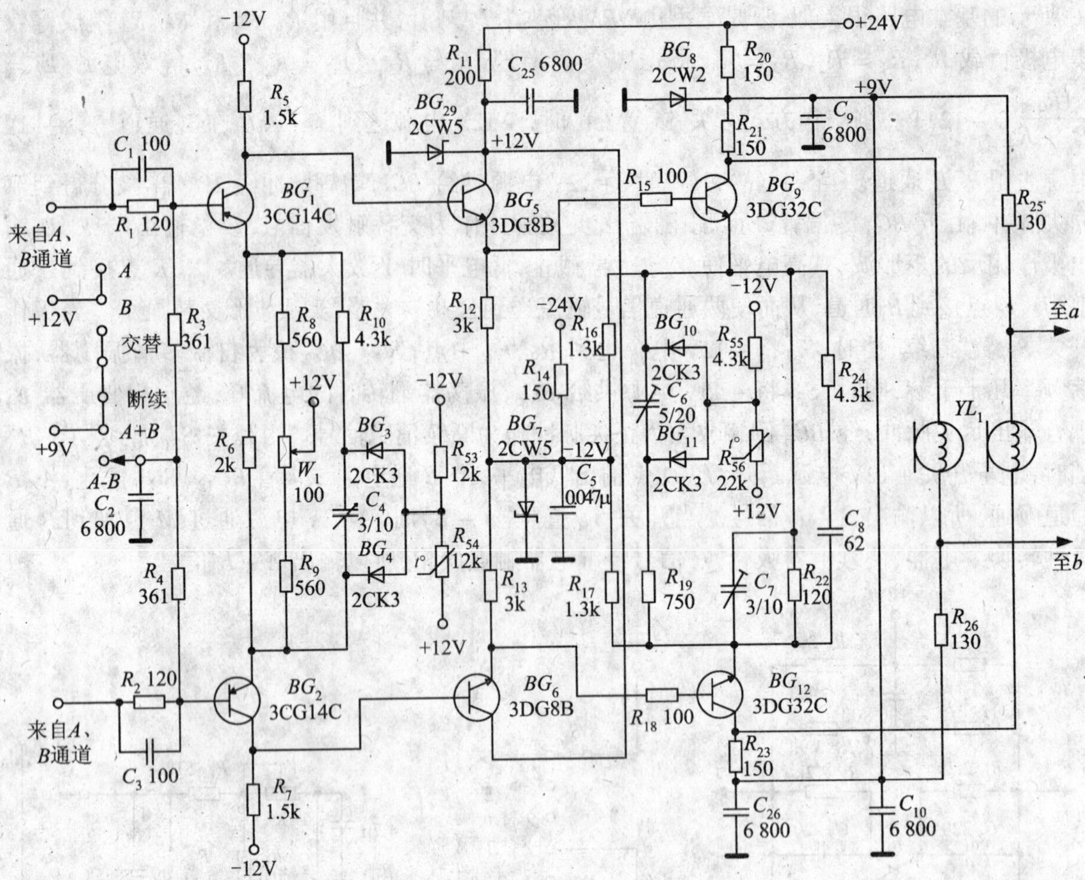

图 6-5-8　公共通道前部

第二级差分放大器　$K_2 = 1$

第三级差分放大器　$K_3 = 20$

第四级差分放大器　$K_4 = 5$

第一级差分放大器由 BG_1、BG_2 构成,集电极负载 $R_5 = R_6 = 1.5\text{k}\Omega$,下级跟随器输入阻抗很高,对本级影响可不考虑,射极总电阻 $2R_e = R_6 // (R_8 + R_9 + W_1) = 0.758\text{k}\Omega$,所以 $K_1 \approx \frac{R_c}{R_e} = 3.95$ 倍。

第二级差分放大器由 BG_9、BG_{12}组成,其主要任务是激励螺旋平衡延迟线 YL_1,YL_1 单端特性阻抗 Z_0 为 150Ω,所以第三级差分放大器集电极负载电阻 R_c 也取 150Ω,与之匹配,由于 R_c 取值小,所以本级增益低。$R'_c = R_c // Z_0 = 75\Omega$,射极总电阻 $2R_e = (R_{16} + R_{17}) // R_{22} = 120\Omega$,所以 $K_2 \approx \frac{R'_c}{R_e} = 1.25$ 倍。

第三级差分放大器由 BG_{17}、BG_{18}组成,下级为跟随器,则 $R'_c = R_c = 1.2\text{k}\Omega$,射极总电阻 $2R_e = R_{33} // (R_{35} + R_{36} + W_2) = 130\Omega$,所以 $K_3 \approx \frac{R'_c}{R_e} = 18.5$ 倍。

第四级差分放大器由 BG_{21}、BG_{22}组成,下级为跟随器,$R'_c = R_c = 1.5\text{k}\Omega$,射极总电阻 $2Re =$

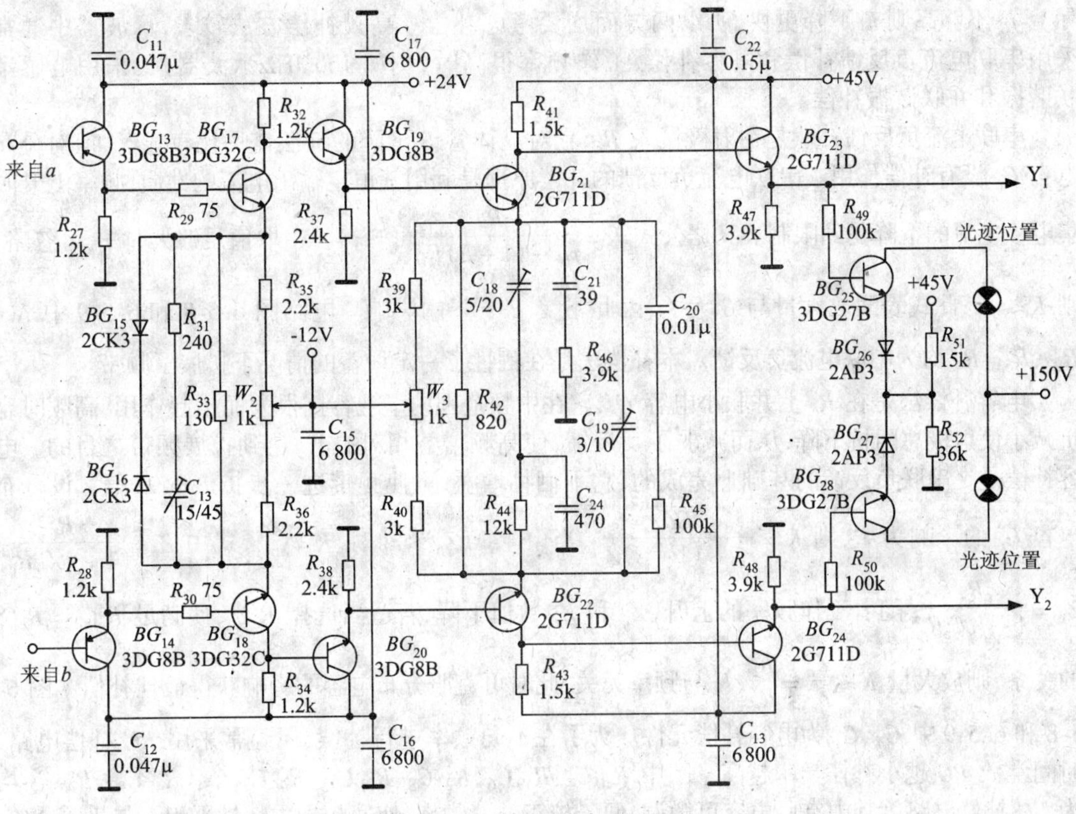

图 6-5-9　公共通道后部

$R_{42} // (R_{39} + R_{40} + W_3) = 0.73\text{k}\Omega$，所以 $K_4 = \dfrac{R'_c}{R_e} = 4.1$ 倍。

总增益 $K = K_o \cdot K_1 \cdot K_2 \cdot K_3 \cdot K_4 = 374.5$ 倍。

估算值比设计值略低，这可以用更换各级射极电阻的方法进行修正。

关于 Y 放大器的通频带，设计值要求达到 30MHz，现由五级差分放大器构成，各级跟随器的通频带很宽可不考虑，五级差分放大器如果晶体管相同、增益平均分配，则各级带宽相同，五级放大器的压缩系数为 0.39，则每级带宽应达到 30MHz ÷ 0.39 = 77MHz，实际上各级晶体管不同(f_T 不等)，增益也不相等，增益最大的级通频带最窄，它将对总的通频带起决定性作用。各级放大器均需要引入一定的补偿，才能满足通频带的要求。放大器的高频放大倍数下降的原因有两点，一是晶体管存在内部电容，工作频率高时 β 下降，有关系式 $\beta = \dfrac{\beta_o}{1 + j\dfrac{f}{f_\beta}}$；$f_\beta = \dfrac{1}{2\pi(C'_{be} + C'_{bc})}$，$C'_{be}$ 为晶体管"内基极"和发射极之间的电容，C'_{bc} 为内基极和集电极之间的电容，晶体管取定时 f_β 为常数，β_0 为晶体管低频 β 值，因此要保持 β 不下降，在共射电路中应有 $f \ll f_\beta$ 的条件。另一个原因是级间分布电容 C_c 的影响，分布电容 C_c 与负载 R_c 并联，工作频率高时 C_c 起分流作用使总阻抗下降，总阻抗 $Z_c = R_c // \dfrac{1}{j\omega C_c} = \dfrac{R_c}{1 + j\omega C_c R_c}$，电阻负载的共射放大器，放大倍数 $K = \dfrac{\beta Z_c}{r_{be}}$，若晶体管 f_β 取得很高，f 上升时 β 不变，由于 Z_c 的下降 K 也要减小。实

际上 f_β 不够高则 K 下降更快，所以两方面均要考虑补偿。高频补偿方法较多，示波器中通常采用串联电流负反馈补偿和电容补偿，工作频率很高时（例如 100MHz 示波器）也采用电感串联谐振和并联谐振补偿。

串联电流负反馈补偿是在射极接入 R_e，它对晶体管 β 下降的补偿作用比较显著，但对分布电容 C_c 没有补偿作用。串联电流负反馈的补偿原理是利用其恒定输出电流的性质，频率上升时集电极电流的下降受到限制。又据公式 $K=\frac{\beta R_c}{r_{be}+(1+\beta)R_e}$ 可知，当 R_e 取值足够大时 r_{be} 可忽略，则 $K\approx\frac{R_c}{R_e}$，此式表明放大量与 β 无关，因此不受 β 下降的影响。电路图 6-5-8 和 6-5-9 中 R_6、R_{22}、R_{33}、R_{42} 均为串联电流负反馈。本补偿法是在牺牲了一定增益的情况下扩展了频带。

电容补偿法是在 R_e 上并联小电容 C_e，它在中频范围内呈现容抗很大而不起作用，高频时容抗减小使射极总阻抗下降，从而减弱了负反馈，使高频增益相对提升，达到扩展频带之目的。电容补偿是在串联负反馈的基础上完成的，它不牺牲增益，可使频带进一步扩展 1.73 倍。设分布电容 C_c 的影响为主，则 $\dot{K}=\frac{\beta\dot{Z}_c}{r_{be}+(1+\beta)\dot{Z}_e}$，当 $(1+\beta)Z_e\gg r_{be}$ 时，$\dot{K}=\frac{\dot{Z}_c}{\dot{Z}_e}$，式中 $\dot{Z}_c=\frac{R_c}{1+j\omega C_cR_c}$，$\dot{Z}_e=\frac{R_e}{1+j\omega C_eR_e}$，随着工作频率的上升，$Z_c$ 和 Z_e 数值下降，若适当选择 R_eC_e，使满足 $R_eC_e=R_cC_c$ 的关系，则放大量 $K\approx\frac{\dot{Z}_c}{\dot{Z}_e}=\frac{R_c}{R_e}$，$K$ 与频率无关，此时可克服分布电容的影响获得最佳补偿。图 6-5-8 和 6-5-9 中 C_7、C_{19} 为电容补偿元件。为了在不同频率进行补偿，还经常采用 RC 补偿电路，时间常数 RC 越小补偿频率越高。图中 $R_{10}C_4$、$R_{19}C_6$、$R_{24}C_8$、$R_{31}C_{13}$、$R_{44}C_{18}C_{34}$、$R_{45}C_{20}$、$R_{46}C_{21}$ 均为 RC 补偿电路。其中有些电容可微调，便于校正补偿频率，使通频带内特性平坦。二极管 BG_3、BG_4、BG_{10}、BG_{11}、BG_{15}、BG_{16} 和热敏电阻用于温度补偿，二极管工作于反偏状态，利用其反向电阻的温度敏感性实现温度补偿。

晶体管 $BG_{25}\sim BG_{28}$ 为寻迹电路，BG_{25} 和 BG_{28} 集电极经氖灯接 150V。在 Y 放大器终端 BG_{23}、BG_{24} 直流输出平衡时，BG_{25}、BG_{28} 处于截止状态，两氖灯不亮。当放大器输出不平衡时，例如 BG_{23} 输出电平升高，则 BG_{25} 基极电位升高而导通，相应串接的氖灯发光，且 BG_{25} 导通越强，相应的氖灯越亮。另一边氖灯不亮，因此氖灯可指示光迹偏移方向。

三、SR-20G 型示波器水平偏转系统

1. 触发脉冲形成

SR-20G 型 X 通道的触发脉冲形成及输入电路如图 6-5-10 所示。BG_1 为场效应管源极跟随器，用于提高输入阻抗，减轻外触发源的负载。并以低阻抗输出，对触发信号经加速电路 R_4、C_{23} 后加到栅极，BG_2、BG_3 保护 BG_1，将输入信号限制在 +12.7V 和 -11.3V 之间。BG_{10} 也起保护作用，它提高 BG_1 的耐压。BG_1 为 N 沟道结型管，应工作于反偏状态。R_5、W_1 自给偏压，R_3 为栅漏电阻，电源触发采用 ~6.3V、50Hz 市电，经 R_1、R_2 分压隔离。内触发信号来自 Y 系统触发放大器。三挡信号经 S_{1A} 转换，通常内触发信号应用最多，采用电源触发必须待测信号与电源有关，例如看整流电源波形。内触发不稳时可采用外触发，外触发信号必须与待测信号有关。

触发信号经触发（耦合）方式 S_{2A} 转换，DC 直接通过，AC 经 C_1 隔直后通过，AC' 经 C_1、C_2 串联后通过，由于电容减小，所以可抑制低频信号，HF 经 C_1、C_3 串联后通过，由于 C_3 很小所以只能通过高频信号。通常待测信号在 10MHz 以上时采用 HF 触发，这是因为频率高时同步

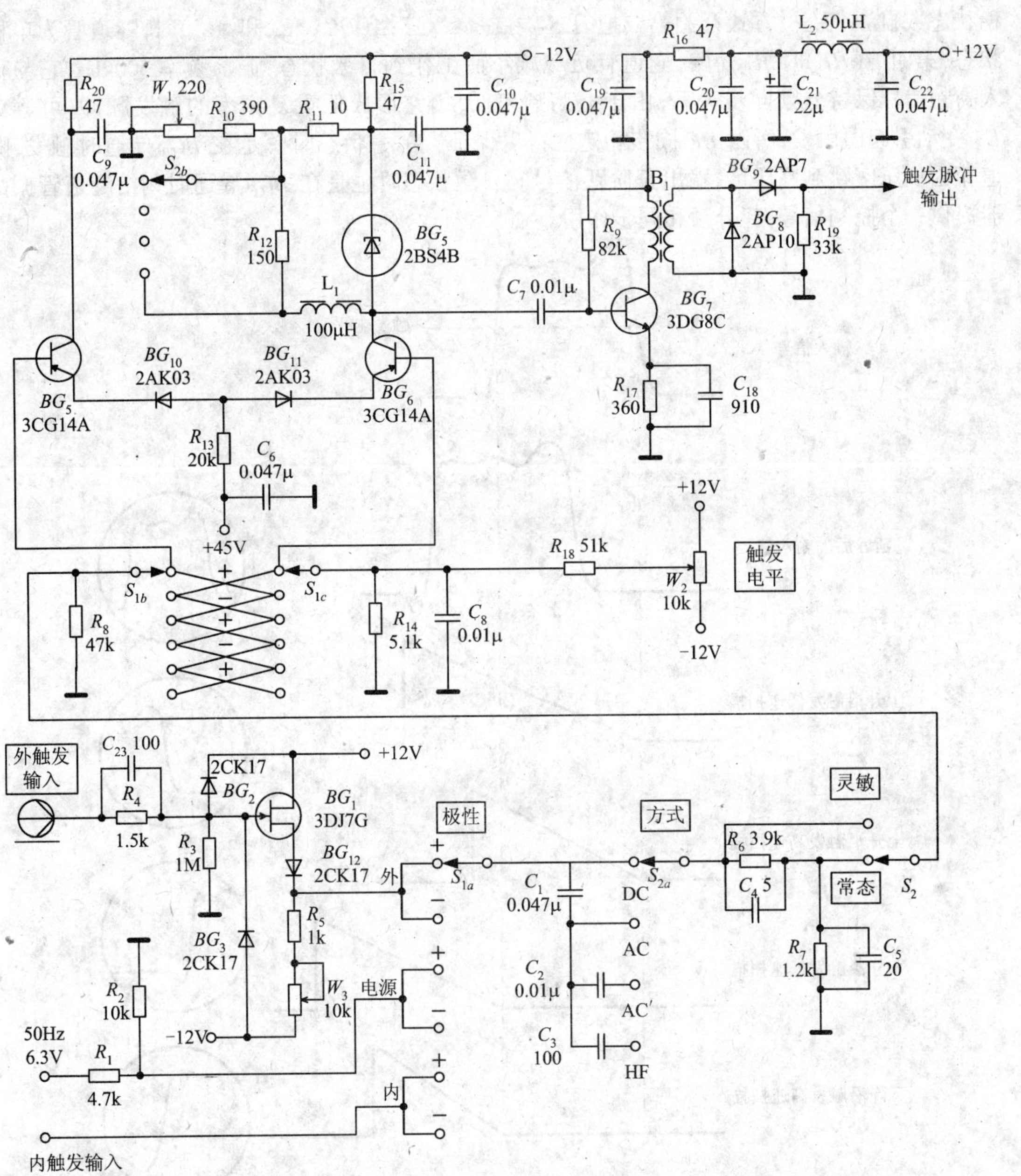

图 6-5-10　触发脉冲形成电路

稳定性下降,理由可从图 6-4-6 看出,频率高时④⑤之间的脉冲数增多,E^+ 变动时很易引起误触发,*HF* 稳定原理以后再说。S_3 为"灵敏 - 常态"开关,"灵敏"时信号直通,常态时经 R_6、R_7、C_4、C_5 宽频带衰减器衰减五倍。下一级为 BG_4、BG_6 组成的单端输入单端输出差分放大器,它是一个比较器,将输入信号与触发电平比较,输出阶跃信号。同时它还起隔离、放大作用和极性转换作用,通过极性转换开关 S_{1B}、S_{1C},使加到 BG_4、BG_6 的信号与触发电平可以互换,信号加到 BG_4 基极时输出信号与它同相,信号加到 BG_6 时输出信号与之反相。触发电平是 OV 左右的基准,它加到差分放大器另一管。BG_6 集电极负载是一个隧道管触发器,它可以工作于单稳状态或自激状态。方式开关第二把刀 S_{2B} 在一、二、三挡（DC、AC、和 AC'）时，隧道管为单稳状态，第四挡（HF）时 R_{12} 短路，隧道管负载减小而工作到自激状态，振荡频率 500kHz，它与输入高频信号保持分频同步关系，由于振荡频率低，用它形成低重复频率的触发脉冲，可避免 E^+ 变动引起误触发，所以 HF 同步稳定性得以保证。单稳状态时总是在 BG_6 导通时触发，隧道管由低压区跳到高压区，输出正阶跃信号。自激状态时也是在 BG_6 导通时刻给隧道管振荡器提供一个控制信号，起分频和同步作用。

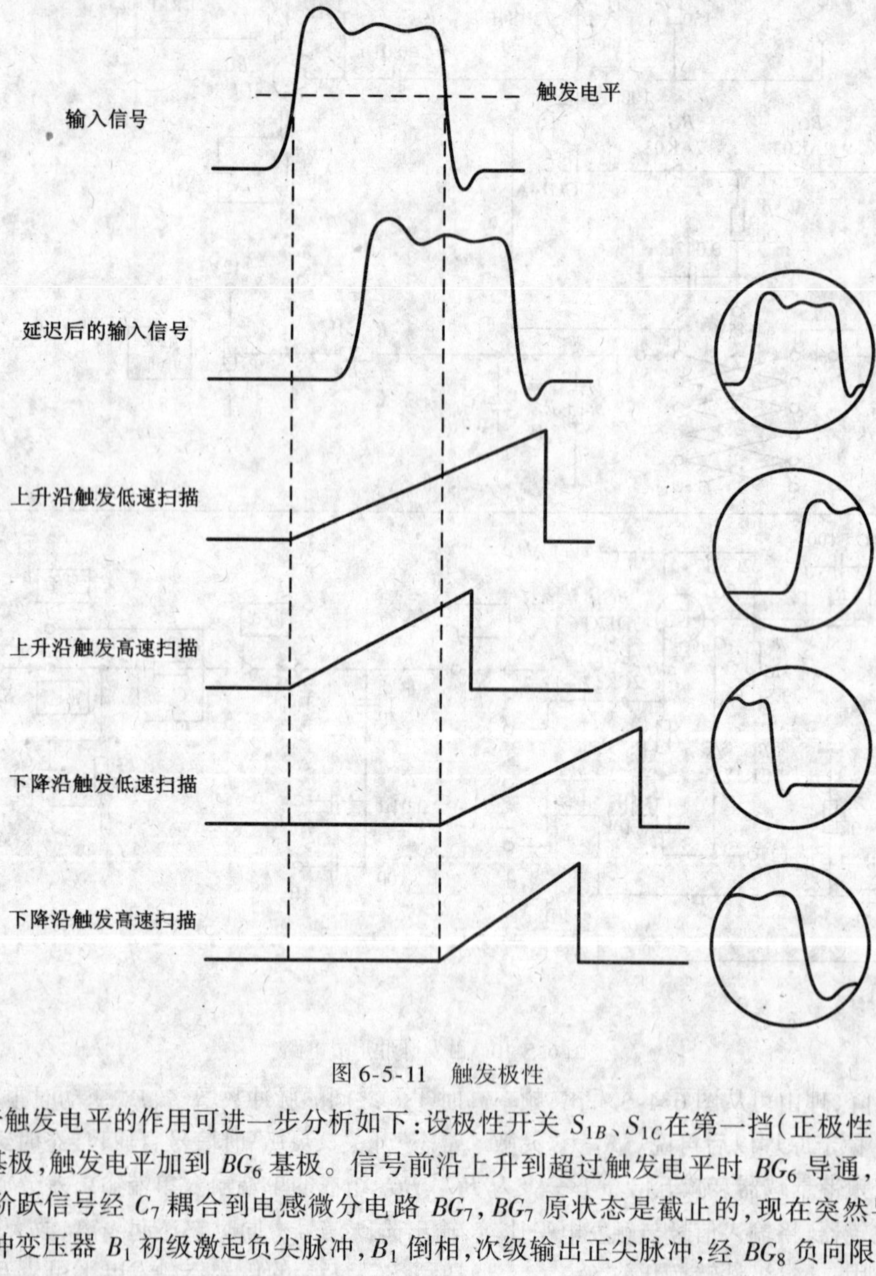

图 6-5-11　触发极性

关于触发电平的作用可进一步分析如下：设极性开关 S_{1B}、S_{1C} 在第一挡（正极性），信号加到 BG_4 基极，触发电平加到 BG_6 基极。信号前沿上升到超过触发电平时 BG_6 导通，触发 BG_5 跳变，正阶跃信号经 C_7 耦合到电感微分电路 BG_7，BG_7 原状态是截止的，现在突然导通出现 I_C，在脉冲变压器 B_1 初级激起负尖脉冲，B_1 倒相，次级输出正尖脉冲，经 BG_8 负向限幅和 BG_9 单向化，这就是输出触发脉冲，其幅度大于 3V 宽度约 30ns。以上是上升沿触发情况，对应波形如图 6-5-11 所示。

当开关 S_{1B}、S_{1C}打到第二挡(负极性)时,触发电平加到 BG_4 基极,信号加到 BG_6 基极,信号下降沿低于触发电平时,BG_6 由截止变为导通,触发 BG_5,经 BG_7 ~ BG_9 后输出触发脉冲,对应波形也画在图 6-5-11 中,由此可见,上升沿触发为正极性,它适于观察上升沿信号,下降沿触发为负极性,它适于观察下降沿信号。改变触发电平可实现触发,并可微调频率(触发提前后推迟),所以有一定的同步作用。

2. 扫描发生器

SR-20G 型示波器的扫描发生器电路如图 6-5-12 所示,施密特触发器 BG_1、BG_2 为闸门电路,BG_3、BG_4 跟随开关,BG_5 ~ BG_9 组成反相放大器,BG_5、BG_6 为源极跟随器,BG_6 是其恒流源负载,BG_7 共射放大器,完成放大和倒相作用,其集电极负载 R_{16}取值较大,因此放大倍数可达 400 倍,BG_9 跟随器降低输出阻抗提高负载能力,C 为密勒积分电容。BG_{10}、BG_{11}两级射极跟随器组成释抑电路,C_5、C_h 为释抑电容,C_h 和积分电路 RC 共轴改变,以便调节扫速,图中以虚线框表示,扫速分为 22 挡。W_1 调节输出锯齿波幅度,正常值应调到 $20V_{pp}$,锯齿波由积分电容输出(即 BG_9 射极)去时基开关,同时经跟随器 BG_{18}输出去面板。W_2 为稳定度调节,BG_{17}为隔离二极管,W_2 调到 0V 时 BG_{17}截止,扫描发生器电路自激。W_2 向上调时电位下降,最低为 -10V,此时触发灵敏度最低。触发扫描时应将触发灵敏度调到最高(而又不自激)。图中 R_1、R_{27}、R_5、R_6、R_{32}为集电极负载,C_1R_2、C_2R_7、C_4R_{20}为加速电容和耦合电阻,R_3 为射极耦合电阻,R_4、R_{21}为偏置电阻,R_9、R_{10}配置 BG_4 负端电位,R_8、R_{17}、R_{39}、R_{22}、R_{23}为限流电阻,W_1R_{18}、R_{24}、R_{38}、R_{33}为跟随器负载。

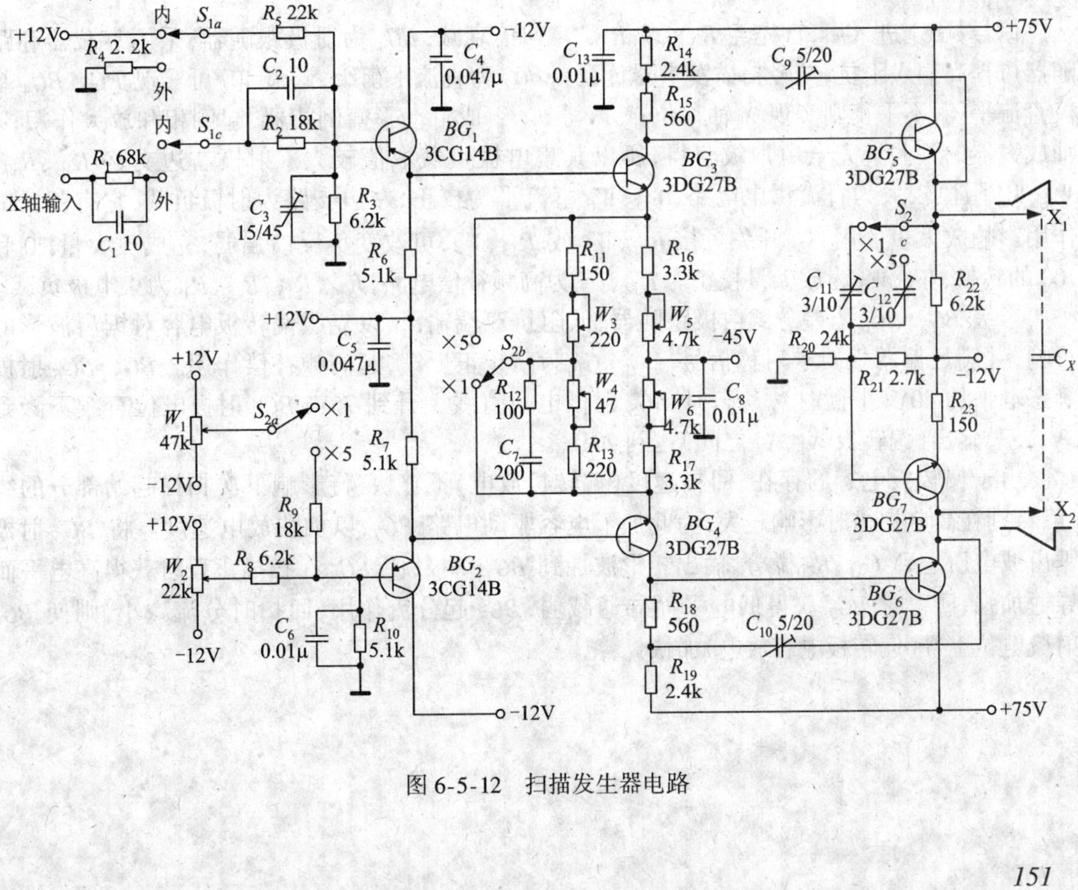

图 6-5-12 扫描发生器电路

$BG_{13} \sim BG_{16}$为增辉电路，从 R_1、R_{27}之间输出负向矩形波，经 C_8、R_{30}微分后获得正负尖脉冲触发隧道管 BG_{16}，BG_{15}为反向二极管起电位提升作用，BG_{16}起整形作用。整形后的矩形波经 BG_{14}倒相放大和 BG_{13}跟随，输出正向矩形波送到 Y 系统电子开关作为"交替"触发信号，同时送到示波管栅极完成增辉任务。

关于扫描发生器的同步问题需分几种情况说明。工作于触发扫描时，扫描信号在触发脉冲的作用下产生，显然，两者是同步的。但触发脉冲的产生有两种情况，第一种是低频触发（非 HE 挡），触发脉冲是在触发信号的作用下由单稳触发器产生的，此时触发信号与扫描信号同步。而触发信号无论来自内触发，或者来自与待测信号有关的外触发和电源触发，均能保证待测信号与扫描信号同步。第二种是高频（HF）触发，触发脉冲是在触发信号作用下由自激振荡器产生，此时具有一定的同步作用，但效果较差。此外，扫描发生器处于连续扫描时，"触发"也分为低频触发和高频（HF）触发，显然，HF 触发连续扫描时同步效果最差。

3. X 轴放大器

高灵敏度示波管 X 偏转板偏转因数约为 7V/cm，屏幕直径 10cm 需要 $70V_{pp}$的锯齿电压才能扫满，现在扫描发生器输出仅 $20V_{pp}$，因此必须放大 X 轴放大器电路如图 6-5-13 所示。X 轴放大器有两种输入信号，一种来自机内扫描发生器，由 S_{1C}"内"挡引入，称为内扫描。另一种由仪器面板 X 端输入，经 R_1、C_1 耦合，S_{1C}置"外"挡，称为外扫描。

X 轴放大器由三级放大器组成。开关 S_2 处于"$X1$"挡时，放大量约 20 倍，频带仅 500kHz，S_2 处于"×5"挡时，称为扫描扩展（提高扫速），放大量约 100 倍，频带更窄。末级输出幅度大于 $70V_{pp}$。

信号从 S_1 进入后，首先经 R_2、C_2、R_3、C_3 四倍衰减，BG_1 为射极跟随器，采用衰减器和跟随器可提高输入阻抗，减轻扫描发生器负载。BG_2 为直流平衡级，调节 W_2 可实现 BG_3、BG_4 基极直流平衡，不平衡则实现 X 轴移位。BG_3、BG_4 组成自动平衡倒相器，起倒相和放大作用，X 轴放大器的放大量完全由本级获得，所以其集电极负载取值较大。射极右边支路 R_{16}、R_{17}、W_5、W_6 阻值较大为直流供电电路，W_5、W_6 直流平衡校正，左边支路为射极负载，它有负反馈作用影响放大量。用 S_{2B}开关短接 R_{11}、W_3 或 R_{13}、W_4，可改变负反馈强弱，完成放大量 20 和 100 的转换，W_3、W_4 为放大量校正。R_{12}、C_7 为高频补偿电路，R_{14}、R_{15}、R_{18}、R_{19}为集电极负载。

末级 BG_5、BG_6 为差分式射极跟随器，低阻抗双端输出，以克服偏转板电容对锯齿波形的影响，并满足偏转板要求对称信号。C_9、C_{10}为高频正反馈，起高频补偿作用。BG_5、BG_6 射极静态电平约 40V（平衡时），动态时 BG_5 射极电位直线上升到 75V，BG_6 射极电位直线下降到 5V，使总输出（偏转板 X_1、X_2 之间）达到 $70V_{pp}$。

由于偏转板电容的存在，回扫速度（偏转板放电）不够快，将影响下次扫描起始部分的线性，特别在高速扫描时影响较大，为此加了电容驱动电路 BG_7，以加快放电速度。将 BG_5 射极锯齿波电压送到 C_{11}、R_{20}微分，输出矩形波加到 BG_7 基极，使 BG_7 在扫描正程时获得高电平而导通加强，回程时 BG_7 获得低电平而导通减弱，BG_7 起分流作用，回扫时分流减小，则使 BG_6 射极电位上升（偏转板电容放电）加快。

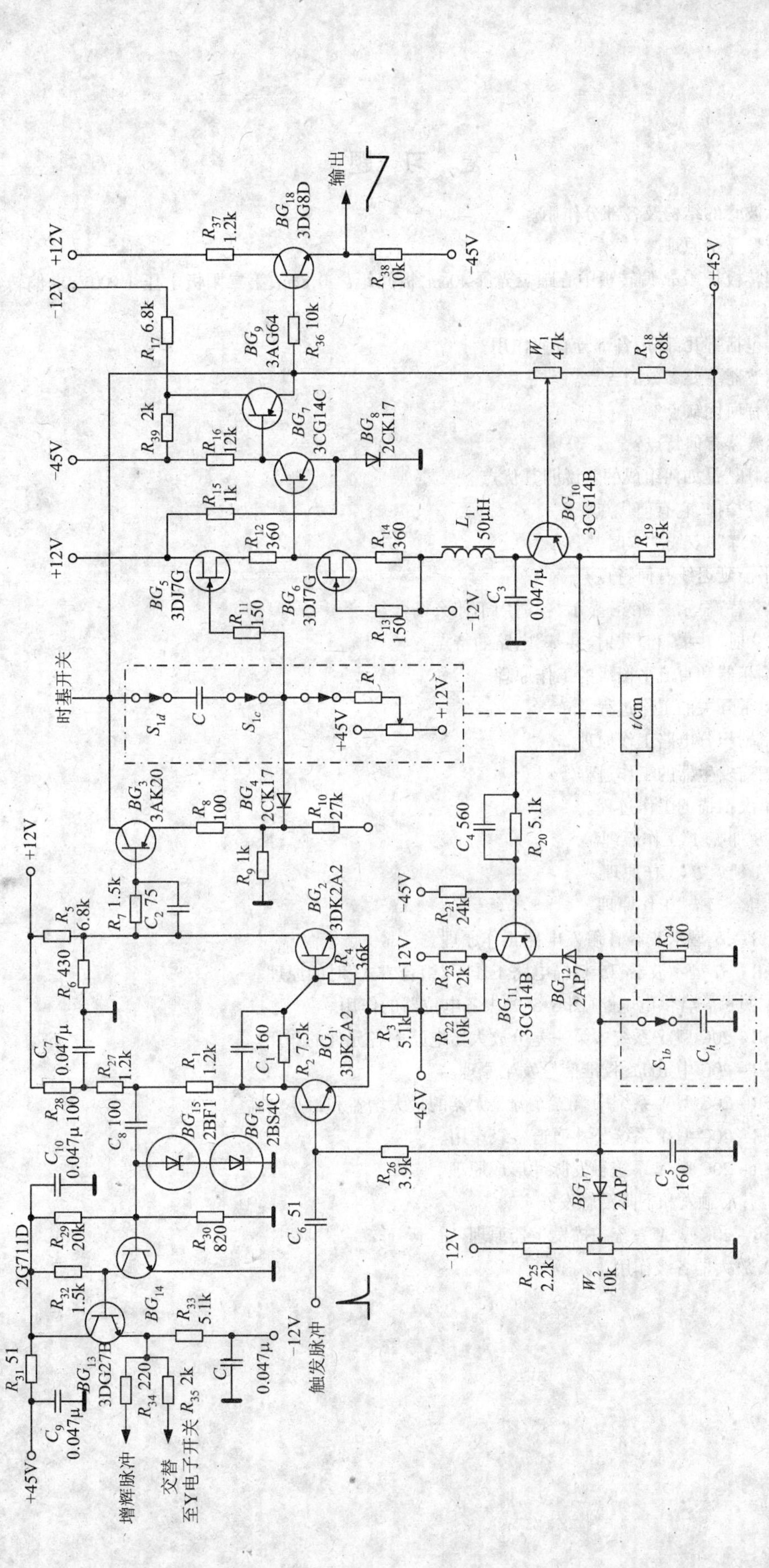

图 6-5-13 X 轴放大器电路

复　习　题

1. 说明示波管的结构及各部分作用。

2. 分析波形显示原理。

3. 已知偏转板长 4cm，偏转板中心距荧光屏 40cm，板间距离 0.8cm，第二阳极电压 1 000V，求偏转板偏转因数。

4. 示波器包括哪几部分，各部分有何作用？

5. 说明示波器主要参数的含意。

6. 示波器有何优缺点？

7. 宽带示波器有何特点？

8. "高频高压"是如何组成的？说明其优点。

9. 何谓触发扫描，它有何优点？

10. 何谓"双踪""双线""双时基"？

11. 螺旋平衡延迟线有何特点？

12. 何谓"交替"显示、"断续"显示，各适用于什么场合。

13. 比较"共射-共集"和"共射-共基"电路的特点。

14. 说明倒相器和直流平衡级的工作原理。

15. 分析电子开关的工作过程。

16. 说明密勒积分电路工作原理。

17. 说明扫描发生器的工作过程。

18. 说明单次扫描的工作过程。

19. 说明"*B* 加亮 *A*"工作原理。

20. 说明"*A* 延迟 *B*"工作原理。

21. 说明"组合扫描"工作原理。

22. 分析 SR－37 型示波器 *A* 触发电路工作原理。

23. 分析 SR－37 型示波器 *AB* 扫描电路工作于"组合方式"时的原理。

24. 列表说明示波管供电电路(图 6-5-2)中各电位器的作用。

25. 分析 SR－20G 型 *Y* 系统中第一差分放大器电路中各元件的作用。

26. 分析 SR－20G 中 100μs 校准信号发生原理。

27. 估算 SR－20G 型 *Y* 系统中第二差分放大器的最大增益和最小增益。

28. 分析 SR－20G 型 *Y* 系统公共通道各级作用。

29. 分析 SR－20G 型 *X* 系统触发脉冲形成原理。

30. 何谓上升沿触发和下降沿触发？

31. 分析 SR－20G 型 *X* 系统扫描发生器原理。

32. 说明 *X* 放大器各级作用。

第七章　取样示波器

§7-1　概　　述

一、取样技术原理

随着科学技术的迅速发展,需要观察几 GHz 乃至几十 GHz 的高频信号和 ns 乃至 ps 的高速脉冲。实时示波器尚做不到这一点,目前 1GHz 以上的示波器均采用取样技术。

取样技术是一种时间变换技术,它将高频或高速信号变换为波形相似的低频或低速信号。它利用信号周期性特点,取出不同周期内信号的不同部分,再将这不同部分拼凑在一起,即可获得与原信号形状相同的信号,而时间上则大大的延长了。取样技术原理如图 7-1-1 所示。

取样门平时是关闭的,来一个取样脉冲就取出一部分信号。然后用低频电路将信号组

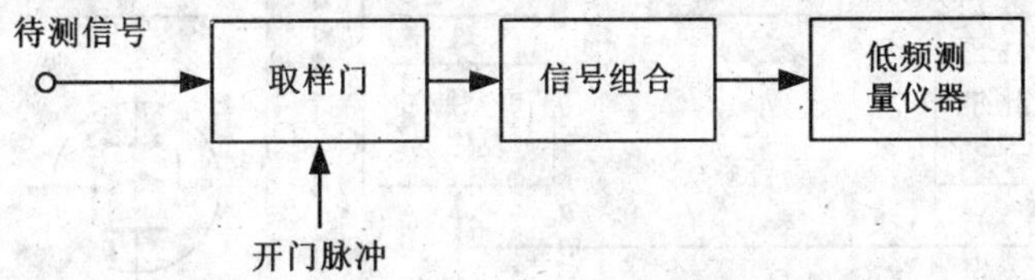

图 7-1-1　取样技术示意图

合,由低频测量仪器测出结果。常用的取样方式称为触发式取样,分为外触发取样和内触发取样两种。

取样过程如图 7-1-2 所示,从图上可以看出取样脉冲周期要比待测信号周期略大,$T = T$

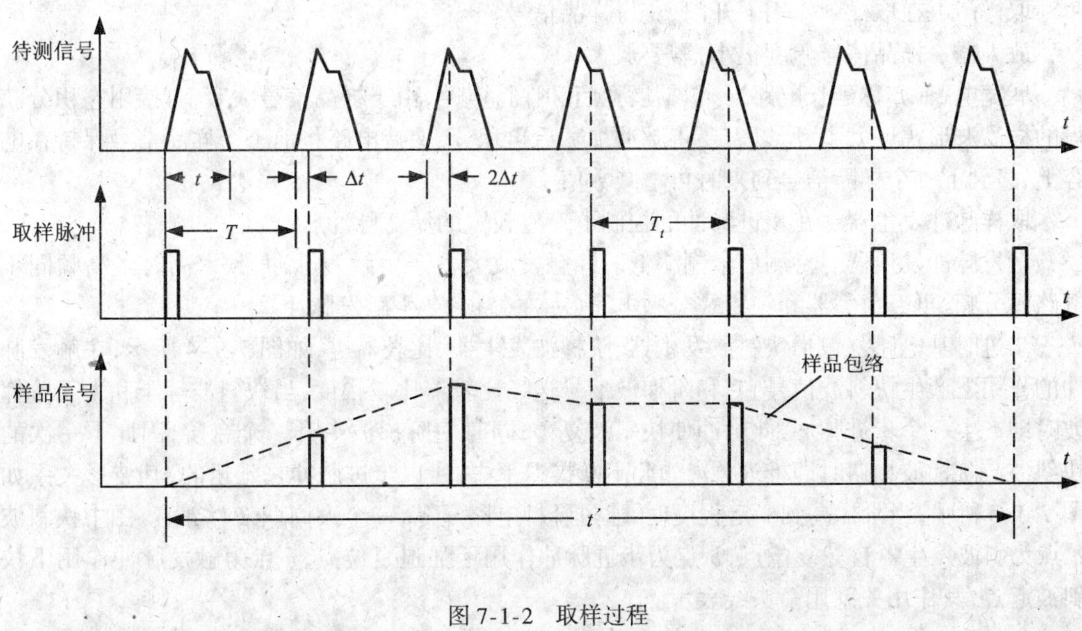

图 7-1-2　取样过程

$+\Delta t$,设取样脉冲与待测信号两者第一次相遇时是信号起点,则第二次相遇时延迟 Δt,第三次相遇时延迟 $2\Delta t$……因而能顺序取出待测信号的不同部分,样品信号幅度等于待测信号的瞬时值,宽度等于取样脉冲。样品信号的幅度变化规律(包络)是和待测信号一致的,显然待测信号被大大地展宽了。并且 Δt 越小展得就越宽。

当低频测量部分为不同仪器时,则得到不同的取样仪器,所以取样仪器有取样示波器、取样频率计、取样电压表等多种形式,应用最广的是取样示波器。

二、触发式取样示波器原理

触发式取样示波器中,取样脉冲及扫描信号都是在待测信号触发下产生的,因而是严格同步的。

取样示波器和实时示波器一样由主机、垂直系统、水平系统三大部分组成。其中主机部分和实时示波器基本一样,垂直和水平系统则颇为不同,需要着重讲解,外触发式取样示波器大方框图如图 7-1-3 所示,各方框的作用说明如下。

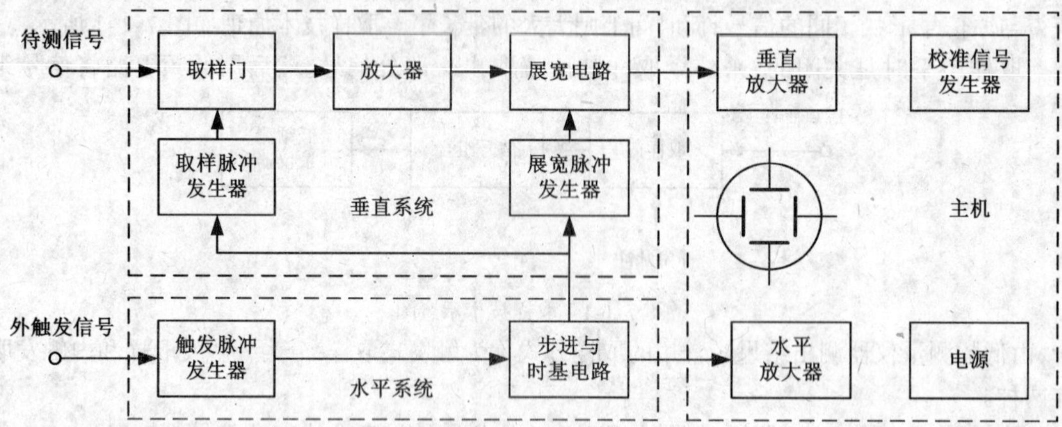

图 7-1-3　取样示波器大方框图

取样门　在取样脉作用下开门,获得样品信号。

放大器　样品信号幅度很小,需要放大。

展宽电路(亦称延长电路)　包括展宽门和保持电路,由于样品信号太窄,直接用它积分获得的样品波形幅度太小,所以需要将脉冲加宽后再积分,保持电路将前一个样品信号保持在电容上,直到下一个样品信号到来时再增减数值。

取样脉冲发生器　在步进脉冲的控制下产生较宽的展宽脉冲。

触发脉冲发生器　待测信号频率低时经触发放大器产生触发脉冲,频率高时经高频同步电路预分频,再经放大器和锁相式分频电路(m 次分频)产生触发脉冲。

步进时基电路　包括快斜波发生器、阶梯波发生器、比较器等,如图 7-1-4 所示,在触发脉冲的作用下产生快斜波信号,它和阶梯波信号送入比较器比较幅度,当快斜波等于和大于阶梯波时即产生一个步进脉冲,此脉冲使快斜波复零,同时使阶梯波上升一个台阶,因此下一次的快斜波与阶梯波相遇时即推迟 Δt,如此不断推迟下去,所以步进脉冲是延迟的,其波形关系如图 7-1-5 所示,当阶梯高到一定程度时,通过释抑电路复零,一个大周期 T'结束。图中快斜波 a 点为斜波发生器自然复位点,b 点为步进脉冲作用下强迫复位点,c 点为触发脉冲作用下快斜波起点,其作用关系用箭头线表示。

步进脉冲输出到 Y 系统，阶梯波送到水平放大器作为示波器扫描信号，用阶梯波进行扫描，亮点水平跳动，所以显示波形由密集的亮点组成。

三、取样示波器主要技术指标

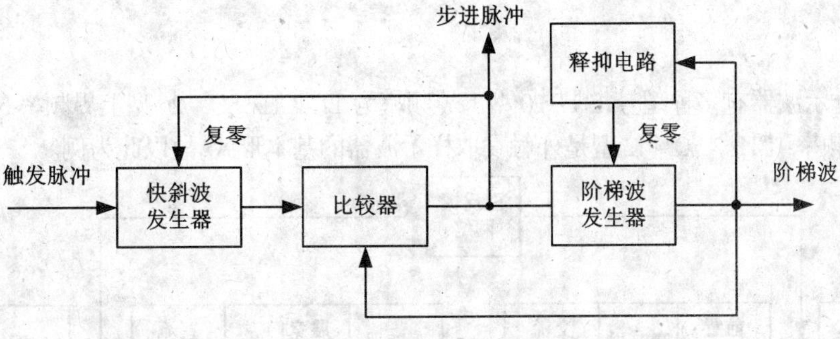

图 7-1-4　步进时基电路框图

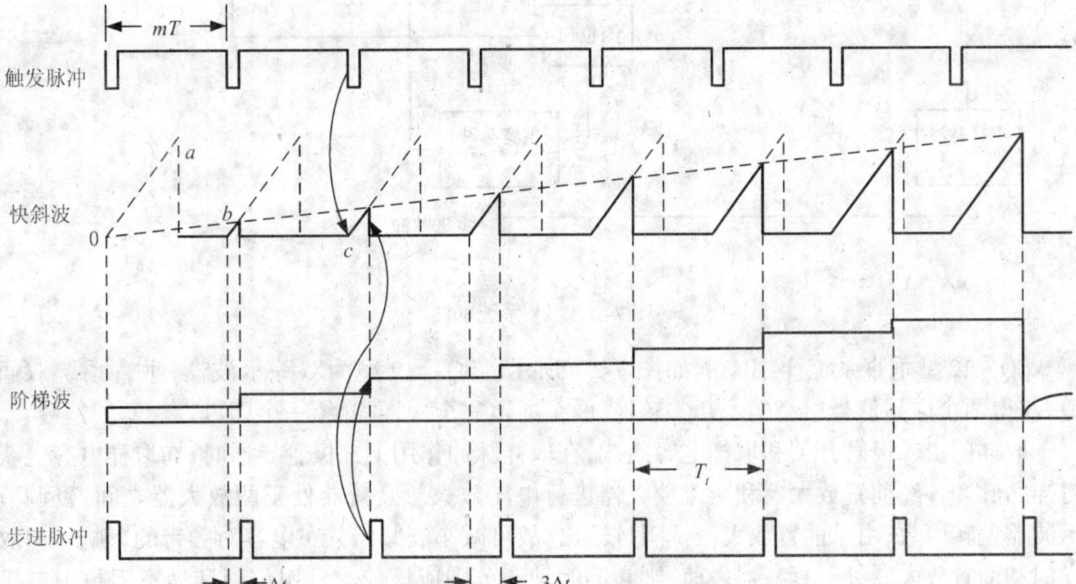

图 7-1-5　步进时基波形关系

取样示波器除了具有实时示波器参数外，还有几个特有的参数。

取样密度 M　屏幕上水平方向单位长度内的亮点数目称为取样密度。显然，延迟时间 Δt 越小时，步进脉冲越密，则取样密度越大。

等效扫速　取样示波器显示的是样品波形，扫速是低速的，但它却代表了待测波形，因而相对于待测波形来说，水平方向单位长度所代表的时间是很短的，所以，此值越小，等效扫速越高。

扫描延迟时间 Δt_d，图 7-1-5 中分析问题时认为第一个步进脉冲正好对应于快斜波和阶梯波的起点(零电平)，如果在阶梯波上附加一个直流电平，就改变了阶梯波的起始电平，此时，第一个步进脉冲输出时间就会延迟 Δt_d，这就是扫描延迟时间。

§7-2 垂直系统

一、框图

国产取样示波器有多种型号，SQ－20 型上界频率为 12.4GHz，SQ－26 型上界频率 5GHz，SQ－10、12、27 型上界频率 1GHz。SQ－12 型是外触发取样示波器的基本形式，故以此为例。

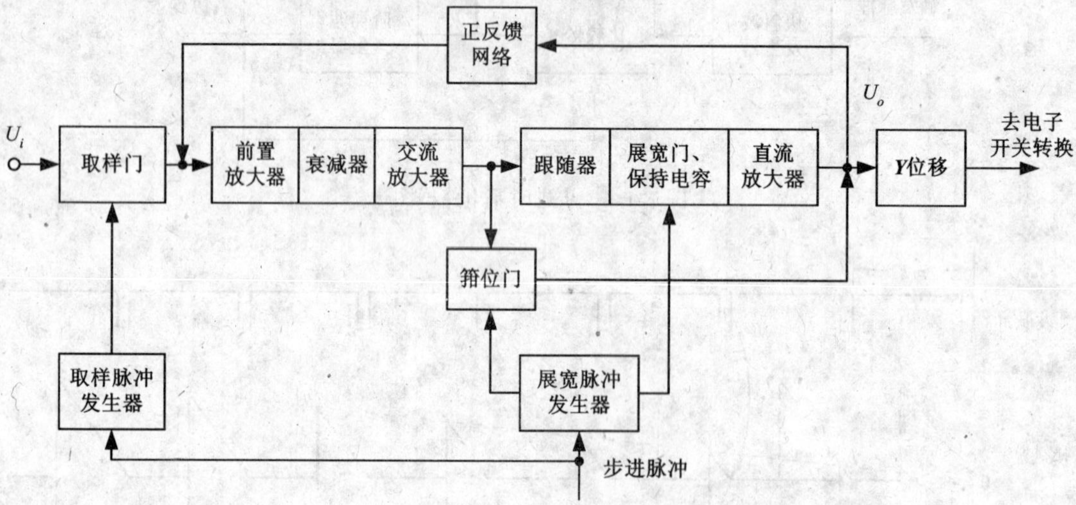

图 7-2-1 Y 系统框图

SQ－12 型垂直系统详细方框如图 7-2-1 所示。SQ－12 型为双踪示波器，垂直系统双通道，获得两个样品信号后经电子开关转换，两个通道完全一样，介绍一个即可。

取样门由二极管开关和取样电容组成，在取样脉冲作用下二极管导通时，在取样电容上获得样品脉冲。经前置放大器和交流放大器进行电压放大。衰减器处于两放大器之间，以调节示波器偏转因数，由于前置放大器低阻抗输出，故可减小衰减器分布电容对频带的影响。但取样门和前置放大器处于衰减器之前，则它们的动态范围应该较大。钳位门和展宽门也由二极管开关构成。取样门、钳位门和展宽门都是在步进脉的作用下动作的，取样门和展宽门同时开门，取样门先关闭。钳位门和展宽门的工作状态相反，平时钳位门二极管导通，因而将其后级跟随器钳位在输出电平上，这样可减小噪声干扰。而展宽门二极管平时截止，只在取样时刻导通，让信号通过。钳位门及展宽门示意如图 7-2-2，图中 S_1 为钳位门，S_2 为展宽门，S_1、S_2 相当于双刀开关，C_1 为保持电容，取样时刻有四个门控脉冲作用到钳位门和展宽门，使它们状态反转，则展宽的样品脉冲对保持电容充电或放电，从而获得样品包络，这就是时间变换后的待测信号。以上过程可参看图 7-2-3 波形。Y 系统引入正反馈以提高输出幅度，各放大器本身则分别引入负反馈以提高稳定性。末级直流放大器引入很强的电压负反馈以实现低阻抗输出。

外触发取样示波器使用时，需要有外触发信号，通常由待测信号或与其有一定频率关系的信号担任。内触发取样示波器在取样门前加延迟电缆和触发提取电路提取一部分待测信号电流，经放大后作为内触发信号送到水平系统，提取电路包括触发开关和缓冲放大器等，可选取 A 通

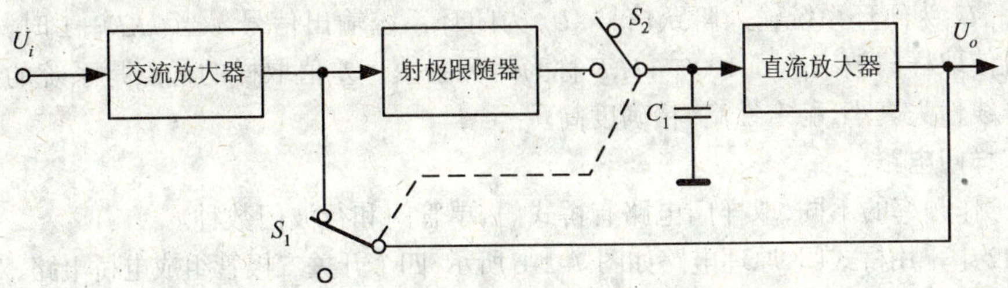

图 7-2-2 展宽门和钳位门示意图

道或 B 通道信号。延迟电缆的作用是使待测信号延迟到达 Y 偏极,以便测出待测信号的前沿。内触发取样示波器使用方便,所以后期产品有一些采用它,如 SQ－10、27 型等。

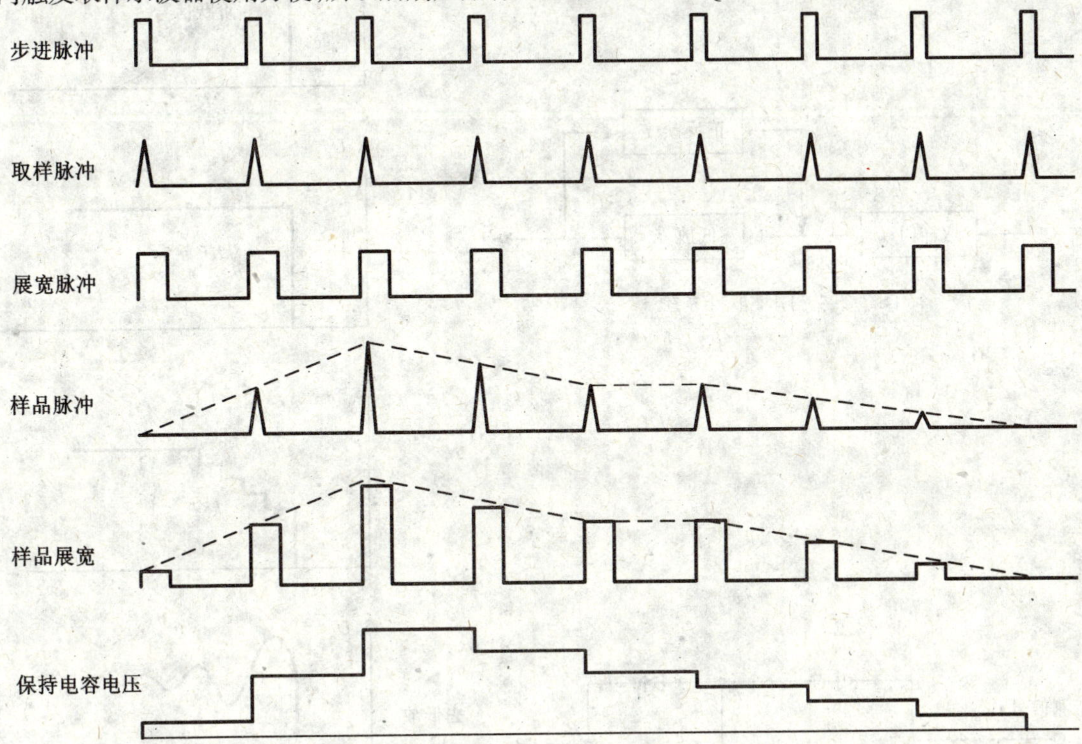

图 7-2-3 Y 系统波形关系

二、闭环取样系统

目前取样示波器均采用正反馈闭环垂直系统,方框图如图 7-2-4 所示。

图中,F 为反馈系数,k 为取样门效率,它是取样电容上电压与待测信号之比。K 为低放总增益。样品信号保存在保持电容上不放掉 ,等待下一次取样。将保持电容上信号反馈到放大器输入端,这样本次取样就和上一次取样值比较,获得的是差值,所以此种方法称为差值取样。例如输入信号 $U_i = 2V$,取样门传输系统 $k = 0.1$,则经取样门后为 0.2V,若 $K = 20$,则 $U_o = 4V$,若 $F = 0.5$,则反馈到放大器输入端的信号为 2V,与输入信号相等,这是取理想的情况,也是调整时要力求达到的状态,即满足 $kKF = 1$。图 7-2-5 给出 kKF 不同值时的输出波形,通常应使 $kKF \leqslant 1$,$kKF < 2$ 尚可工作,但有上冲,输出波形失真,若 $kKF > 2$ 则系统进入自激状态而无法工作。U_i 为闭环系统输入阶跃信号，U_o 为闭环系统输出信号。当 $kKF=1$ 时，输出信号无失真，且使取样门效率达到100%，kKF 称为闭环系数。差值取样的优点是系统的动态范围小，所以非线性失真小，稳定性高，精确度高。

三、取样门电路

根据工作频率的不同，取样门电路有桥式门、单管门和行波门数种。

SQ－12中采用桥式门，原理电路如图7-2-6所示，四个开关二极管组成电桥电路，对角线 a、b 输入取样脉冲 $\pm U_g$，平时二极管由 $\pm E_D$ 反向偏置。C_s 为取样电容，R_1 为输入电阻，B_1 为脉冲

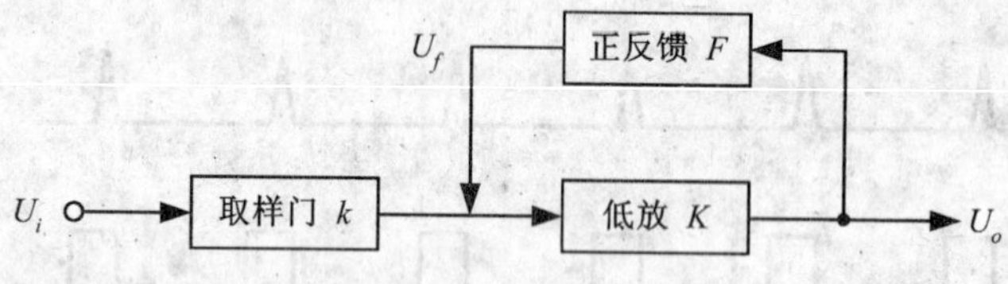

图7-2-4 闭环取样系统

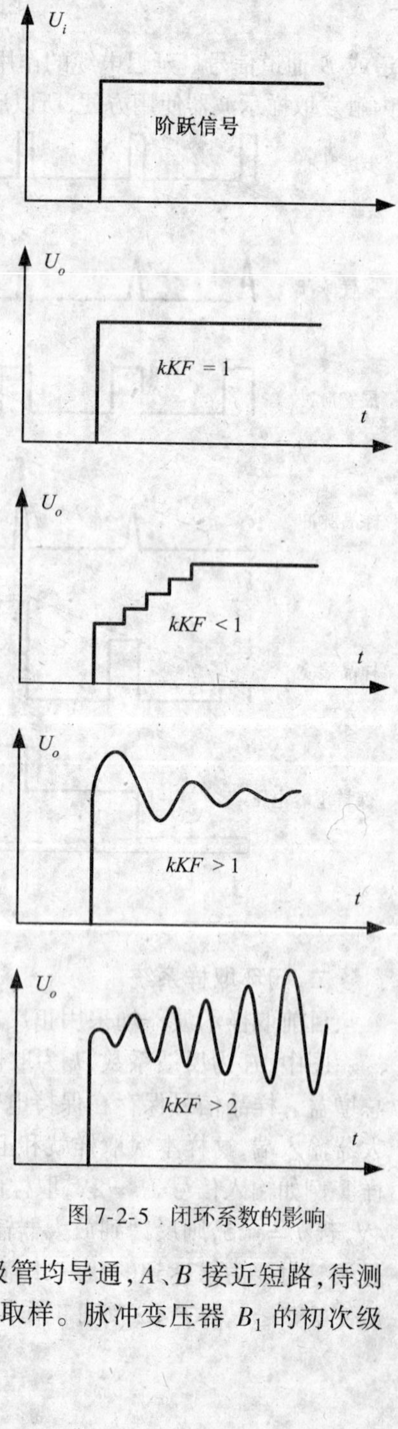

图7-2-5 闭环系数的影响

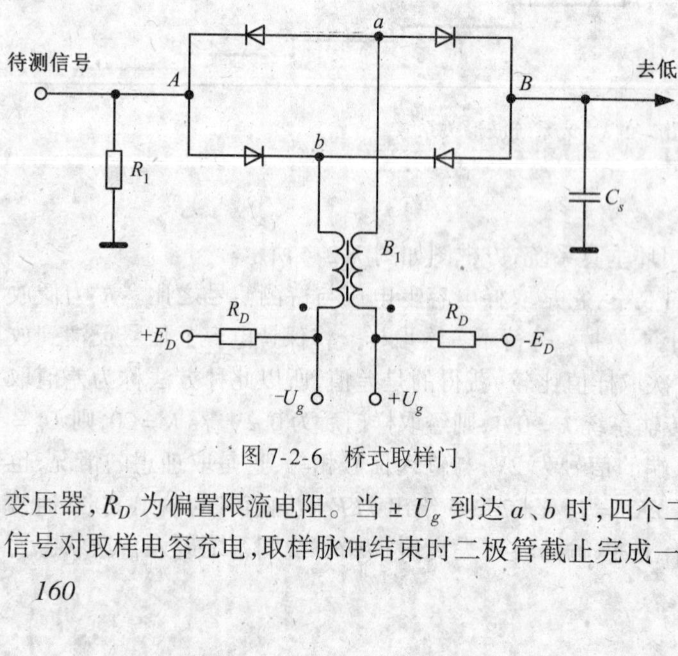

图7-2-6 桥式取样门

变压器，R_D 为偏置限流电阻。当 $\pm U_g$ 到达 a、b 时，四个二极管均导通，A、B 接近短路，待测信号对取样电容充电，取样脉冲结束时二极管截止完成一次取样。脉冲变压器 B_1 的初次级

匝数相等绕向相同，它为极性相反的取样脉冲提供低阻通路并抵消两取样脉冲的不对称部分，取样脉冲的对称部分在 B_1 中产生的磁通互相抵消而阻抗接近为零，所以对称信号畅通无阻，不对称信号磁通不能抵消，阻抗较大，使不对称信号受到衰减。对输入信号来说，在 a、b 两点是同相的，使得 B_1 中的信号电流磁通加强而阻抗最大，B_1 起扼流作用。

桥式门的优点是待测信号与取样信号相互之间无影响，提高了系统的信噪比。其次是 B_1 对待测信号呈现高阻抗，所以输入阻抗决定于 R_1，R_1 可以取得较高，因此桥式门为高阻取样门。桥式门只在电桥完全平衡时才存在，因而缺点是元件和工作电压要求很对称。另外，要用双路取样脉冲，则取样脉冲发生器负载重，导致取样脉冲波形变差，直接影响示波器的带宽。

由于取样脉冲实际上是三角波，取样门也不理想，因此导通电阻不是常数，加上分布参数的影响，使取样系统的性能变差，取样效率下降。

四、取样脉冲发生器

要产生亚纳秒的取样脉冲，一般的脉冲振荡器是不行的，取样脉冲决定取样示波器带宽，由于它的重要性，它应满足幅度和宽度的要求，并与待测信号同步，还要有双路对称输出，为此，可分为两步进行。第一步解决脉冲幅度和同步问题，由于发生器是由步进脉冲触发的，所以同步不成问题，主要是产生大幅度脉冲，且脉宽足够窄。第二步解决脉宽进一步窄化和双路输出问题。大幅度较窄脉冲的发生目前有三种方式：①高速三极管放大整形；②外激间歇振荡器整形；③雪崩三极管整形。此种方式质量最好，因为雪崩管导通的速度极高。雪崩管取样脉冲发生器的原理电路如图 7-2-7(a)所示，U_i 为步进脉冲，E_c、C_o 数值足够大，R_c 并联 R_L 为交流负载。电源接通后，C_o 充电，集电极电压上升，如图 7-2-7(b)所示。(b)图虚线右上方为雪崩区，左下方为放大区。雪崩管到达 Q 点时仍处于截止区，但电压已超过 BV_{ceo}，当输入正脉冲时，i_c 一旦出现，立即以 ns 的雪崩速度沿着交流负载线进入饱和区，状态从 Q 点达到 F 点，雪崩的同时 C_o 通过雪崩管放电，放电电流的减小使 i_c 和 u_c 减小，状态由 F 点向 P 点运动，运动速度决定于时间常数 $R_L \cdot C_o$，速度较低，到达 E 点即到达击穿边缘，再一减小则不能维持击穿，状态迅速由 E 到 G，这段速度也是极快的，雪崩管截止后，C_o 再充电，充电速度较慢，时间常数 $(R_o + R_L)C_o$ 是较大的。状态回到 Q 后即静止了，等待下一个脉冲再触发，波形如图 7-2-8 所示。U_i 前沿达到足够大时产生雪崩，U_o 为电容 C_o 上电压，输出电压 $U_o = U_{co} - U_{ce}$ 为快速下降的负脉冲。

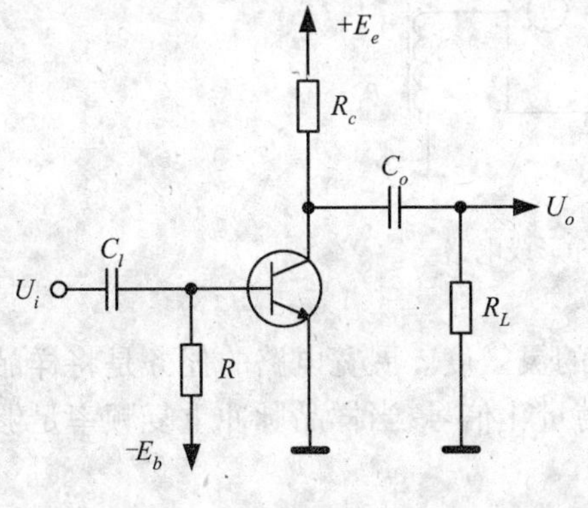

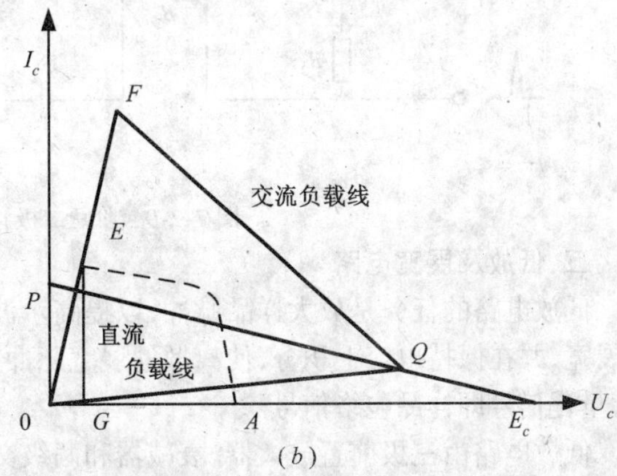

图 7-2-7　雪崩管电路及负载线

一次雪崩过程中，恢复最慢的是由时间常数$(R_c+R_L)\cdot C_o$决定的充电速度，所以由它决定步进脉冲最小周期$T_{\min}$，即应有：$T_{\min}>(R_c+R_L)C_o\approx R_cC_o$，通常取$T_{\min}>3R_cC_o$，所以$R_c<\frac{T_{\min}}{3C_o}$，脉冲顶宽主要决定于放电时间常数$R_LC_o$，根据顶宽的要求可确定$C_o$值。

由雪崩管产生的脉冲信号在进一步变窄的同时解决双路输出问题，通常采用阶跃恢复二极管窄化。阶跃二极管取样脉冲形成电路如图7-2-9所示，R_3、R_4、E为阶跃管S_D提供正偏，R_4调节正向电流I_f值也就是调节存储时间t，B_1为耦合变压器，B_2为推挽变压器，起平衡作用。

R_1C_1、R_2C_2微分电路，驱动信号U_X经B_1耦合到次级，在A、B两点产生极性相反的对称脉冲，加到阶跃二极管两端，对阶跃二极管来说，相当于一个负脉冲，所以二极管阶跃，产生反向电流，经一定存储时间后快速截止（恢复时间为50ps），在它的两端产生反极性高速跳变电压，将它微分获得底宽1.2ns（对应偏压4V），幅度约6V，正负对称的取样脉冲。二极管的"阶跃"是雪崩脉冲造成的，阶跃速度相对较慢，而二极管"恢复"跳变极快，所以微分后恢复沿有足够幅度的脉冲产生，而阶跃沿的微分值是较小的，因此输出只有恢复沿形成的窄脉冲。SQ－27型取样示波器其驱动信号由高频三极管整形获得，SQ－12型示波器其驱动信号U_x由外激间歇振荡器整形获得，SQ－10型示波器其驱动信号U_x由雪崩管整形获得，它们的窄化电路均采用阶跃恢复二极管。

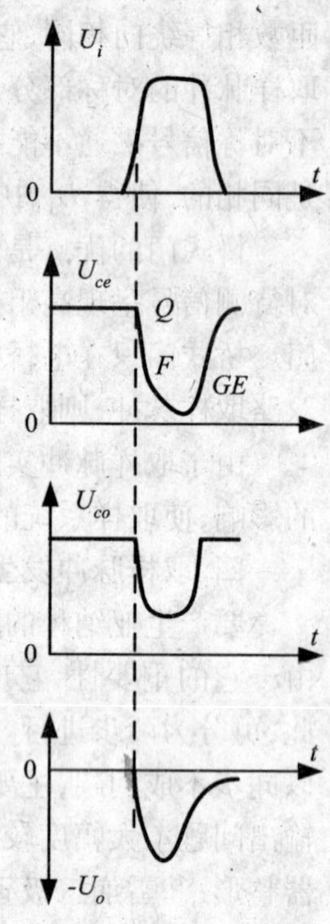

图7-2-8　雪崩管工作波形

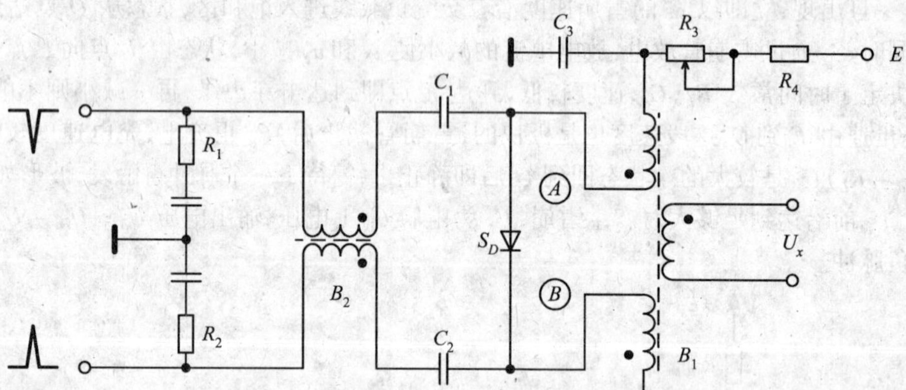

图7-2-9　阶跃二极管脉冲形成电路

五、低放及展宽电路

低放电路的任务是放大样品脉冲，以提高示波器的灵敏度。展宽电路的任务是将样品脉冲展宽，并在保持电容上积分，使离散的展宽脉冲变为量化信号，当样品脉冲重复频率足够高时，量化信号即样品包络信号。

低放电路由三极前置放大器、衰减器和两级交流放大器组成，展宽电路由钳位门、展宽门、保持电容和直流放大器组成。

SQ－12型低放和展宽电路如图7-2-10所示。

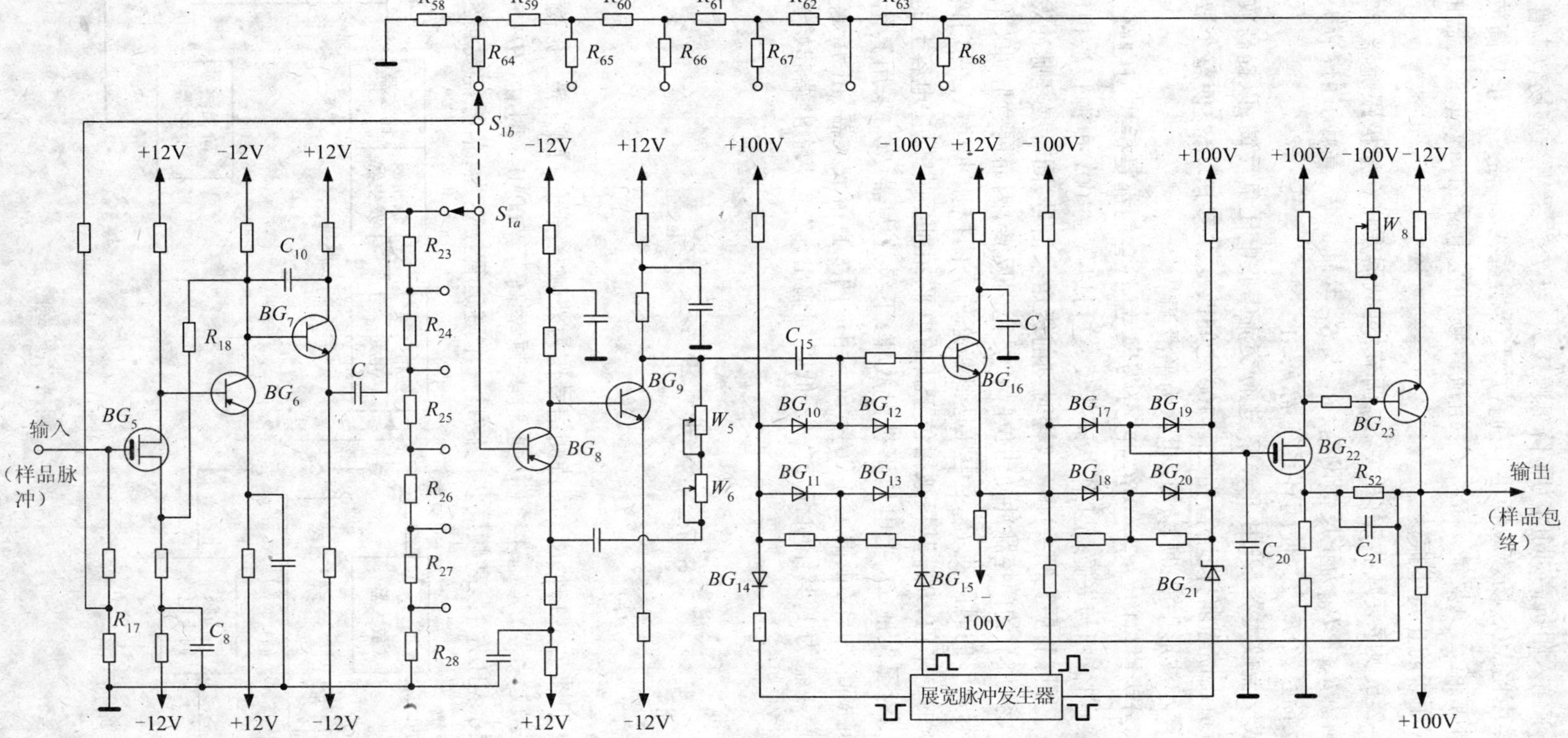

图 7-2-10　低放和展宽电路

$BG_5 \sim BG_7$ 组成前置放大器，对输入样品信号进行脉冲放大，为了避免取样电容上的信号被泄放，前置放大器要求输入阻抗高，同时为了降低噪声，首级 BG_5 采用结型场效应管 3DJ7G，其输入阻抗足够高而噪声比 MOS 场效应管小。前置放大器增益约 30 倍。为了提高放大器的稳定性，采用 R_{18}进行串联电压负反馈。R_{17}、C_8 组成高频补偿电路，以改善放大器的频率特性。C_{10}为高频负反馈，用于防止寄生振荡。

$R_{23} \sim R_{28}$为 1-2-5 顺序衰减器，由开关 S_{1a} 调节，衰减器安排在射极跟随器 BG_7 之后，可减小分布电容的影响。$R_{58} \sim R_{68}$为正反馈网络，R_{1b}与 S_{1a} 共轴调节，衰减大时（放大器总增益 K 小）则反馈量大（反馈系数 F 大），使闭环系统 $kKF = 1$。

BG_8、BG_9 组成交流放大器，采用 W_5、W_6 进行交流串联电压负反馈，以提高放大器的稳定性，W_5、W_6 可调节负反馈强弱，使增益在 20～100 之间改变，应调节增益使整个取样系统处于最佳状态，输出噪声小波形平滑，所以 W_6 也称为平滑调节。

$BG_{10} \sim BG_{15}$部分为钳位门，$BG_{17} \sim BG_{21}$部分为展宽门，它们都是桥式门电路，工作原理与取样门相同。注意，钳位门与展宽门工作状态相反，这可以从 ±100V 电源接法相反看出，常态（非取样时）时钳位门开门，展宽门关闭。取样时刻前级送来信号，同时展宽脉冲发生器提供四个宽度约 0.3μs 幅度约 8V 的门控脉冲使钳位门和展宽门反转，因而展宽脉冲对保持电容 C_{20} 充电（或放电），并有足够的时间使 C_{20}上电压达到稳态值。门控脉冲消失后两门恢复常态，C_{20} 上电压则保持在新的电平值，BG_{16}基极被钳位于新的电平，由此可见保持电容上的电压是量化的（非连续变化）。为了保证 C_{20}上电压不被泄放掉，下级放大器 BG_{22}采用氮化硅场效应管 3SN1G，其输入阻抗很高工作又很稳定。BG_{22}、BG_{23}组成两级直流放大器，由于 R_{52}、C_{21}引入很强的负反馈，两级总增益为 1，其作用有二，一是低阻抗输出，二是使输出端起始为 0 电平，W_8 为输出直流电平调节。

§7-3 水平系统

一、方框图

水平系统方框如图 7-3-1 所示。用待测信号作为外触发信号，待测信号频率低于 300MHz 时，灵敏挡经触发放大器，常态挡直接通过。频率高于 300MHz 时由 HF 输入经高频同步电路分频到100MHz左右。高频同步电路是一个隧道管振荡器，信号需要再经锁相分频，

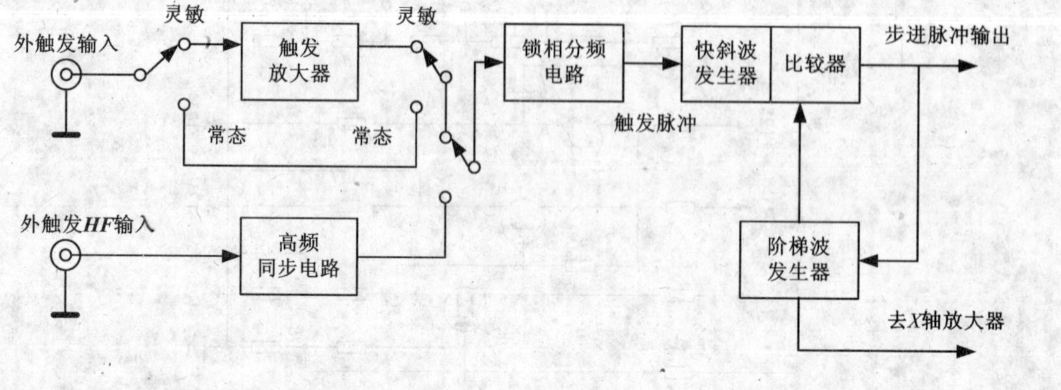

图 7-3-1　水平系统框图

使触发脉冲频率降到 50kHz 以下，触发脉冲触发快斜波发生器使快斜波上升，它与阶梯波比较，产生步进脉冲，此步进脉冲一方面使快斜波复零，另一方面触发阶梯波发生器产生阶梯波，同时步进脉冲送到 Y 系统。

二、分析几个参数

1. 取样密度

阶梯波在持续期 T_s 内(一次扫描正程)有 n 个台阶，则快斜波与阶梯波进行了 n 次比较，产生 n 个步进脉冲，也就是对待测信号进行了 n 次取样，示波管屏上出现 n 个亮点，亮点数等于台阶数。关系式为

$$T = nT_t = n(T_F + \Delta t)$$

式中 T_t——步进脉冲周期；

T_F——快斜波周期，即触发脉冲周期；

Δt——步进延迟时间。

根据定义，取样密度 $M = \dfrac{n}{l}$，l 为屏幕水平扫线长度，则

$$M = \frac{1}{l}\cdot\frac{T_s}{T_t} = \frac{1}{l}\cdot\frac{T_s}{T_F + \Delta t} \approx \frac{1}{l}\cdot\frac{T_s}{T_F}$$

由此可见，取样密度与触发脉冲周期成反比，与阶梯波持续期成正比，通常用调节 T_s 的方法调节取样密度。T_F 取定下若要 M 大则 T_s 要大，即水平扫描频率降低。此值太低波形将出现闪烁。

2. 等效时基因数

屏幕上水平方向单位长度对应于待测信号的时间。例如宽度 1ns 的脉冲，在屏幕上显示出 2cm 宽，则每厘米相当于 0.5ns，这就是等效时基因数。

信号经取样变换后，每隔 Δt 取样一次，出现一个亮点，一个扫描正程如果由 n 个亮点组成，则总的时间为 $n\Delta t$，扫描线宽度为 $l$cm，则等效扫速

$$t'_s = \frac{n\Delta t}{l}$$

根据阶梯波与快斜波比较波形图 7-3-2，每个台阶幅度为 ΔE_s，快斜波的最高幅度为 U_F，周期 T_F，阶梯总幅度为 E_s，应有 $E_s = n\Delta E_s$，根据 Δabc 与 ΔABC 有相似关系，可知

$$\frac{\Delta E_s}{\Delta t} = \frac{U_F}{T_F}$$

所以，步进延迟时间为

$$\Delta t = \Delta E_s\cdot\frac{T_F}{U_F} = \frac{E_s}{n}\cdot\frac{T_F}{U_F}$$

等效扫速为

$$t'_s = \frac{n\Delta t}{l} = \frac{E_s}{l}\cdot\frac{T_F}{U_F}$$

t'_s 与 E_s 成正比，与快斜波的斜率 $\dfrac{U_F}{T_F}$ 成反比，在实际取样示波器中用改变斜率的方法改变等效扫速，t'_s 越小表示扫速越快，则要斜率 $\dfrac{U_F}{T_F}$ 越大，斜率太大时制造有困难，此时则用减小 E_s 的办法调节 t'，减小 E_s 则实际上减小了亮点数。

3. 扫描延迟时间 Δt_d

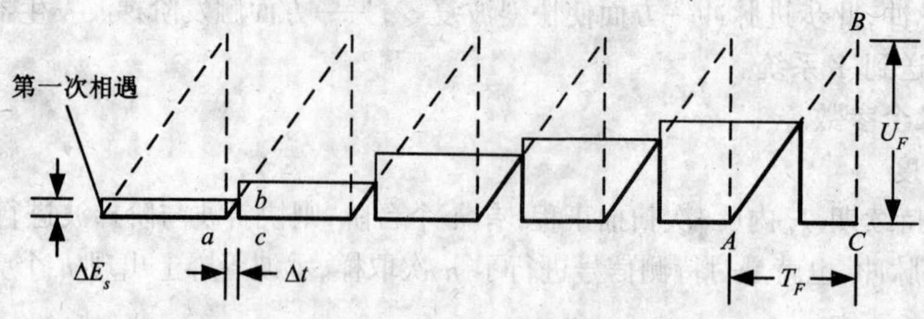

图 7-3-2　阶梯波与快斜波比较

图 7-3-2 中，阶梯波与快斜波第一次相遇正好在原点（0 点），这是一种特殊情况，若阶梯中有一直流分量 E_o，即台阶是从 E_o 开始上升，那么阶梯波与快斜波第一次相遇时将不在原点处而是延迟 Δt_d，如图 7-3-3 所示。

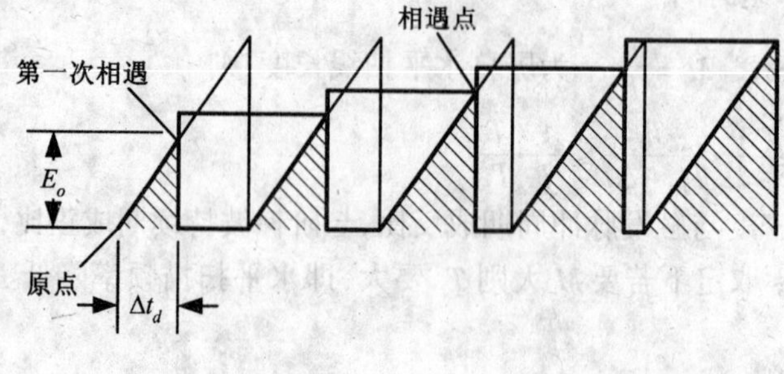

图 7-3-3　扫描延迟时间

根据相似三角形关系

$$\frac{E_o}{\Delta t_d}=\frac{U_F}{T_F}$$

故　$\Delta t_d = E_o \dfrac{T_F}{U_F}$

第一次相遇点就是扫描起点，第一次相遇点推迟，则水平的扫描就延迟了，因此可以用调节 E_o 的方法调节 Δt_d。改变快斜波斜率 U_F/T_F 时，对延迟也有影响。即调节等效扫速时将影响延迟时间。

三、触发脉冲的产生

由触发放大或高频同步来的信号频率在300MHz以下或100MHz左右，仍然太高了，不能作为触发信号，必须进一步分频到50kHz以下，分频比很大，为了保证分频的稳定性，采用锁相分频方法。由于脉冲很窄而重复频率很高，所以不能采用晶体管触发器分频，而要采用隧道管分频电路。锁相分频方法如图 7-3-4 所示。

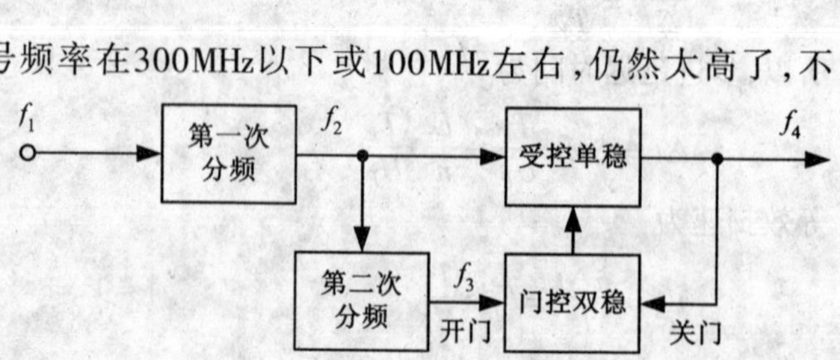

图 7-3-4　锁相分频原理框图

信号 f_1 经第一次分频后变为 f_2，分频比不大，相位基本稳定，f_2 送到受控单稳电路，但不能使单稳电路翻转，单稳电路被门控双稳锁定。f_2 同时送去进行第二次分频，分频后的信号

f_3 经微分后去置位门控双稳(开门),双稳翻转后解除对单稳的封锁,使单稳处于"等待"状态,此时再来 f_2,单稳则工作输出脉冲信号 f_4。f_4 后沿将门控双稳复位,重新锁定单稳电路,必须再有 f_3 信号来时才会再输出一个 f_4 信号,可见 f_4 与 f_3 频率是一致的,但 f_4 并非 f_3,f_4 是从 f_2 中取出的信号,f_4 不是 f_2 直接分频的结果,而是在解除相位封锁时才能完成分频作用,这就叫锁相分频,f_4 与 f_2 之间相位是稳定的,f_2 分频为 f_3 可以有相位晃动,输出信号 f_4 的初相决定于 f_2,f_3 只起置位(开门)作用,f_3 的相位晃动并不影响 f_4,对应波形如图 7-3-5 所示。(a)为输入信号,频率 f_1,分频和微分后得 f_2,如(b)图,分频比在 10 左右,f_2 分频并微分后得 f_3,如图(c),分频比约 200,f_3 触发门控双稳后输出如图(d),门控双稳解除对单稳的封锁,单稳进入"等待",此时 f_2 触发单稳使单稳跳变,输出如图(e),这就是 f_4 信号。显然 f_3 变动只改变了等待期 ΔT 的大小,而不改变 f_2 触发 f_4 的位置,所以 f_4 与 f_2 是严格同步的。图中波形之间用箭头线表示触发关系。

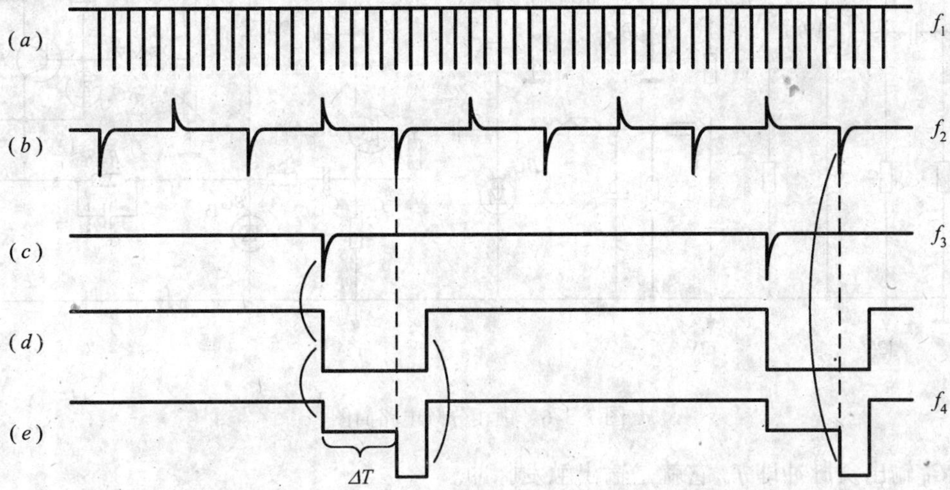

图 7-3-5 锁相分频波形

SQ-12 锁相分频电路如图 7-3-6 所示,实际电路组成比原理框图复杂,一是两级分频器后均有微分和放大电路,二是原理框中的单稳现在由双稳、单稳和放大三部分组成。输入信号 f_1 由 C_1 输入至 BG_1 基极,经放大后送到 BG_2、BG_3 组成的双向限幅器,成为有一定幅度的信号加到隧道二极管 BG_4,BG_4、L_1 组成单稳或自激振荡器,具体工作状态决定于 W_1 的调节,W_1 大时工作在单稳状态,此时输出信号与输入信号频率相同,此时适用于输入信号频率低的情况。当 W_1 调小时,电路工作到自激状态,振荡频率约 10MHz,此时适用于输入信号频率高的情况,电路完成分频式同步。此输出信号经 C_6 和 BG_5 的输入电阻微分,然后经 BG_5 放大输出负脉冲,这就是信号 f_2。f_2 分两路输出,一路经 C_{11} 耦合到双稳电路 BG_8,此双稳平时处于锁定状态,不能被 f_2 触发。f_2 另一路经 R_{14}、C_8 耦合到 BG_6,BG_6、L_4 是自激振荡器,振荡频率约 50kHz,因此 f_2 对它进行分频式同步,但因为分频比 $\frac{10\text{MHz}}{50\text{kHz}}=200$ 太大,因此同步效果不佳,50kHz 信号经 C_9、BG_7 输入电阻微分放大,输出负脉冲信号即 f_3,f_3 经 C_{13}、R_{18}送到 BG_{10},BG_{10} 为门控双稳电路,平时处于低态,注意 BG_{10}和 BG_8都是反接的,即隧道管正端接地,低态时隧道管上负压值较小,因此使 BG_9 截止,f_3 触发 BG_{10},使 BG_{10}跳到高态(负值大),则 BG_9导通,使双稳 BG_8由"低态"转到"等待"(仍为低态,但负值加大)工作点接近峰点,解除封锁,此时 f_2 一

来就可使 BG_8 跳到高态(下跳),此信号经 R_{20}、C_{14}延迟后耦合到单稳 BG_{11},BG_{11}输出负脉冲,经 BG_{12}倒相放大为正脉冲,此正脉冲的上升边经 R_{23}、C_{20}触发 BG_{10},使 BG_{10}回到低态(负值小),于是 BG_9截止,BG_8重新回到锁定状态(低态)。

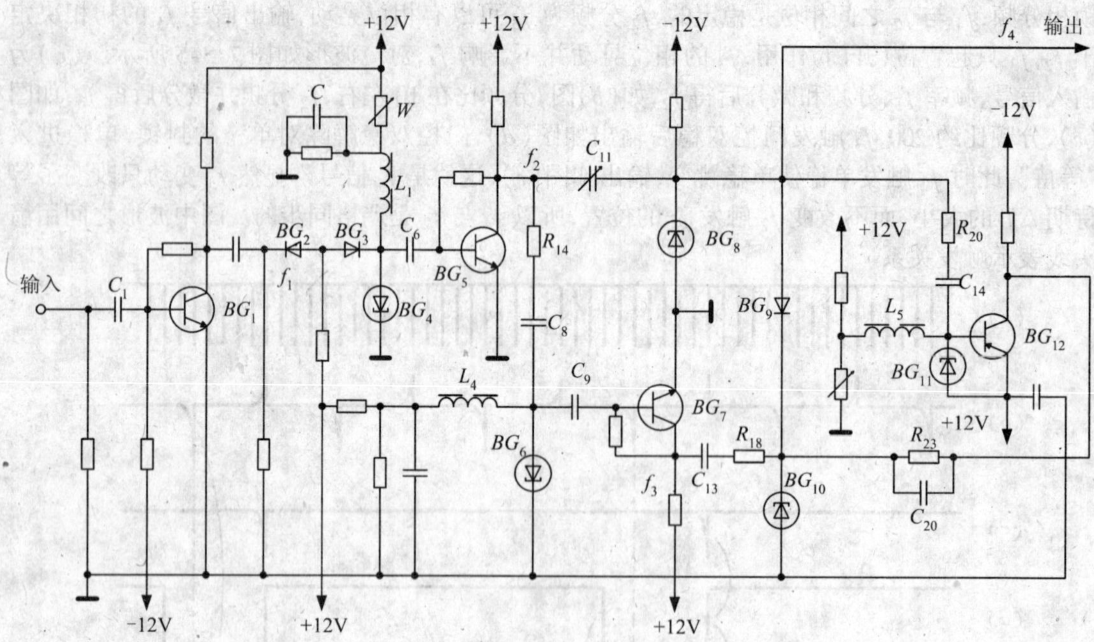

图 7-3-6　锁相分频电路简图

BG_8^* 输出负脉冲即 f_4,它就是输出触发脉冲。

四、快斜波发生器、比较器

快斜波发生器和比较器电路简图如图 7-3-7 所示,快斜波的上升边是利用高压电源对时间常数小的 RC 电路快速充电形成的,其下降边是 C 的放电和反向充电形成的,充电支路固定连接,放电支路则由开关电路控制,在触发脉冲作用下放电支路断开,此时开始快速充电,快斜波上升到高于阶梯波时,比较器输出步进脉冲使放电支路接通,则快斜波回零。图 7-3-7 中触发负脉冲输入后,隧道管双稳 BG_{24}翻转,BG_{23}饱和,推动 BG_{22}饱和,BG_{22}射极电位上升,使开关管 BG_{13} 截止,此时电源 + 250V 通过 R_{26}、W_5、C_{18} 充电,C_{18} 上电压快速上升,经 BG_{14}耦合到比较器 BG_{17}的基极。阶梯波经射极跟随器 BG_{27}、BG_{26}隔离后,送到比较器 BG_{17}的射极。当基极电位比射极电位高0.7V时,集电极电流加大,由于 BG_{17}集电极接双稳电路 BG_{19},电流大到一定程度时,BG_{19}跳到高态,BG_{20}饱和,集电极输出高电位,经 BG_{21}耦合到 BG_{24},使 BG_{24}回到低态,BG_{23}截止,BG_{22}也截止,BG_{13}导通,电容 C_{18}经 BG_{13}和 R_{31}和 - 12V 放电,快斜波复零。BG_{17}截止,则 $BG_{19}BG_{20}$均截止,BG_{20}集电极输出低电位。在这一过程中,BG_{20}集电极输出正脉冲,经 C_{30}、R_{44}微分输出正尖脉冲,这就是步进延迟脉冲,随着阶梯的逐级上升,快斜波数值加大,因而比较后输出的正尖脉冲是逐级延迟的。

为了保持适当的触发灵敏度,采用 W_7 调节隧道管双稳 BG_{24}的工作点,W_6 用于调节输出步进脉冲的幅度。

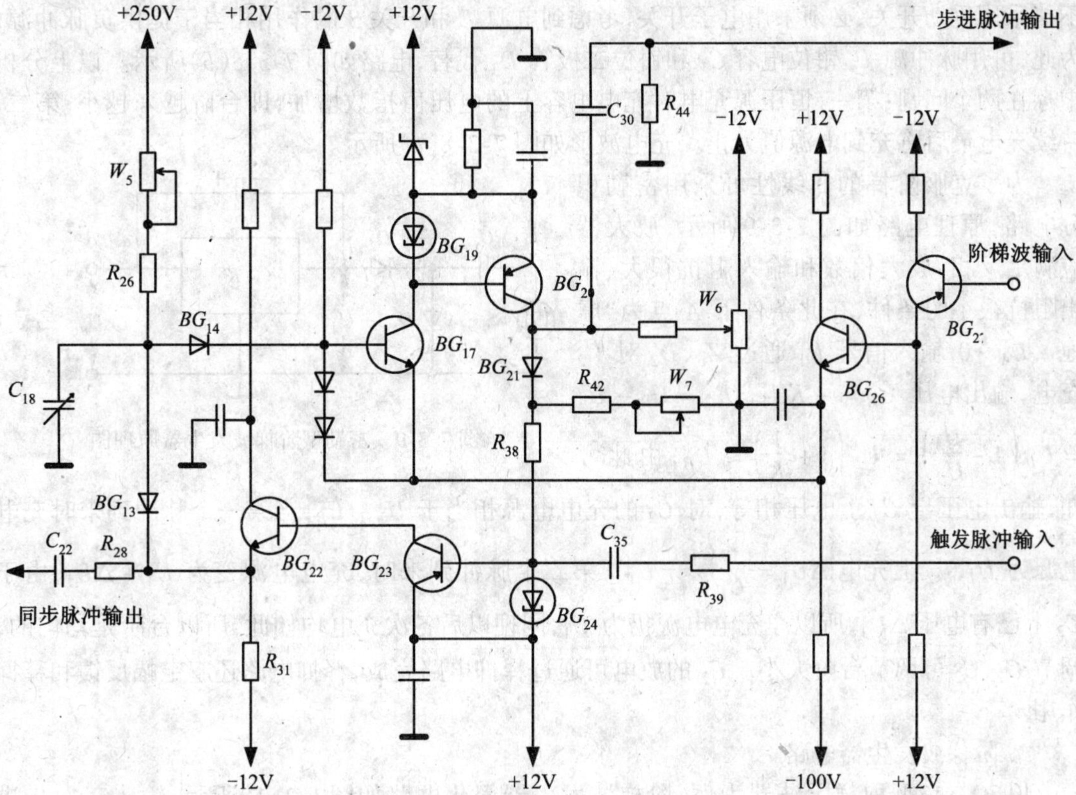

图 7-3-7　快斜波发生和比较器简图

步进延迟脉冲输出到阶梯波发生器,同时经间歇振荡器整形后送去 Y 系统。

五、阶梯波发生器

阶梯波是在步进脉冲的作用下,电容充电形成一级一级的上升台阶,为了保持台阶上升的线性(均匀),采用密勒积分电路,当台阶上升到足够高以后通过释抑电路使电容放电而回零。

1. 阶梯波发生原理

原理电路如图 7-3-8 所示,(a)图中手动开关 S 暂短闭合一下立即断开,E 迅速对 C 充一次电,S 断开后 C 上电压保持在一定值,S 第二次暂短闭合,C 又充一次电,电压上升一个台

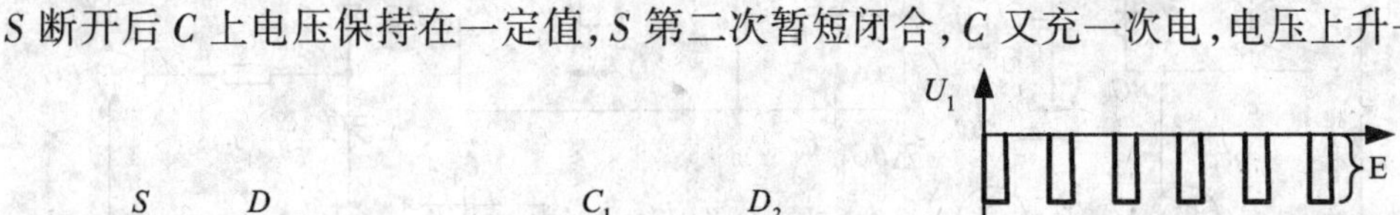

图 7-3-8　阶梯波发生原理

阶,如此持续下去可得一系列台阶,D 的作用为单向化,使 C 只能充电,而泄放不了。实际上

不能采用手动开关,必须采用电子开关,考虑到电源 E 和开关 S 的作用相当于提供负脉冲源,为此,可用脉冲源 U_i 钳位电容 C_1 和钳位二极管 D_1 代替,电路如图 7-3-8(b)所示。以上分析中存在两个问题:第一,恒压源充电时充电电容上的电压值指数增加,即台阶越来越小;第二,持续充电最后将充到电源值为止。充电波形如图 7-3-8(c)所示。

为了克服阶梯的非线性可采用密勒积分电路,原理电路如图 7-3-9 所示,放大器应满足反相、放大倍数和输入阻抗很大、输出阻抗很小的条件,在此条件下 A 点为“虚地”,$U_A \to 0$,输入信号 U_1 通过 Z_o、D_2 对 C_2 充电,输出电压 $U_B = -KU_A$,$U_{C2} = U_B - U_A = U_B\left(1 - \dfrac{U_A}{U_B}\right) = U_B\left(1 + \dfrac{1}{K}\right) \approx U_B$,由此可知,输出电压与 C_2 上电压相等,对 C_2 的充电电源相当于 $U_1 + U_B$,当第一个脉冲到来时充电电源为 U_1,C_2 上充电 $\Delta U_1 = \dfrac{C_1}{C_1 + C_2} U_1$。第二个脉冲到来时,充电电源变为 $U_1 + \Delta U_1$,由于 C_2 上已有电压 ΔU_1,所以净充电电源仍为 U_1,同理以后各次充电均如此,所以台阶是均匀的,调节 C_1、C_2 可调节台阶大小。C_2 的放电可通过释抑电路完成,释抑电路还起定幅反馈和释抑作用。

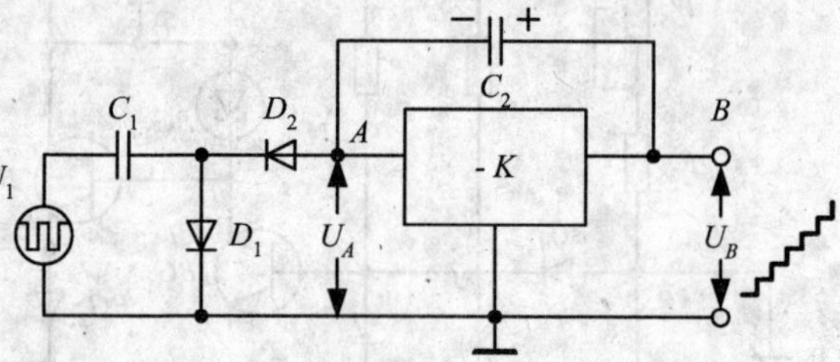

图 7-3-9　密勒型阶梯波发生器原理图

2. 阶梯波发生器电路

以SQ－12型取样示波器为例,阶梯波发生器简化电路如图7-3-10所示。输入正向步进

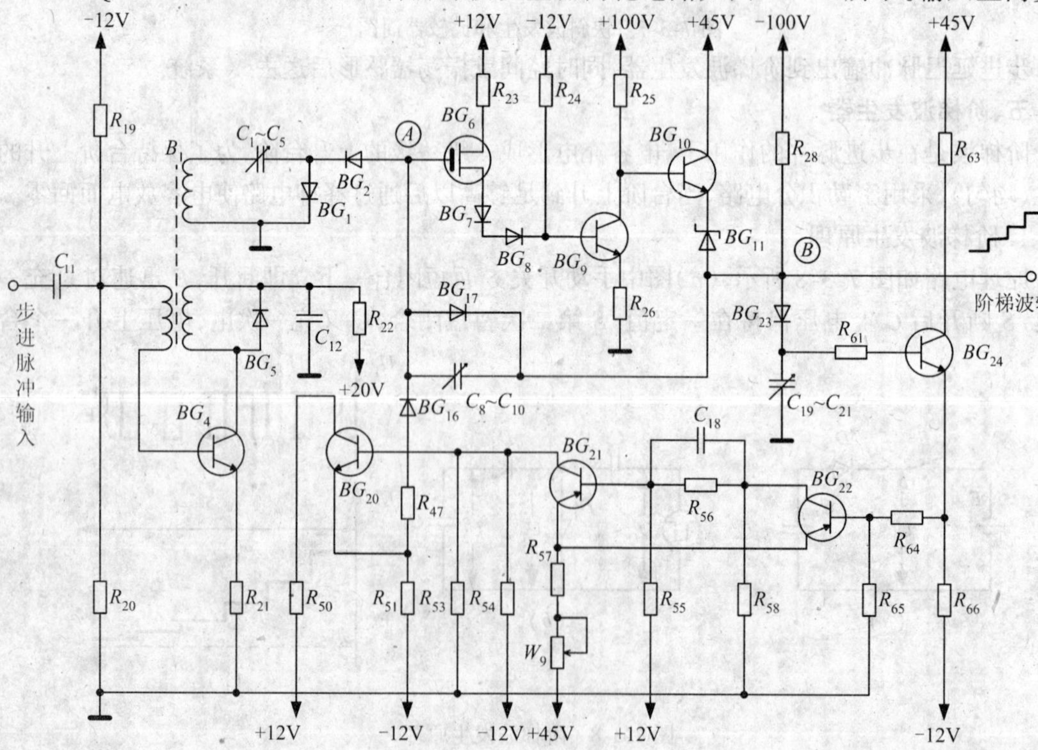

图 7-3-10　阶梯波发生器简化电路

脉冲，经间歇振荡器 BG_4 整形倒相，输出负脉冲。$C_1 \sim C_5$、$C_8 \sim C_{10}$相当于原理图中的 C_1、C_2，更换电容值可调节取样密度。BG_1、BG_2 相当于原理图中的 D_1、D_2、$BG_6 \sim BG_{11}$组成高增益反相放大器，首级采用氮化硅场效应管跟随器，输入阻抗很高而且工作稳定。BG_7、BG_8、BG_{11}用于直流移位，实际的反相放大作用由 BG_9完成，由于 R_{25}取值很大，所以增益很高。BG_{10}跟随器输出阻抗很低。$BG_{20} \sim BG_{24}$组成释抑电路，BG_{21}、BG_{22}为施密特触发器，$C_{19} \sim C_{21}$为释抑电容。电路工作过程如下：步进脉冲经 BG_4整形输出负脉冲，经 $C_1 \sim C_5$、BG_1 和 BG_2 微分和限幅后，对积分电容 $C_8 \sim C_{10}$充电，Ⓑ点输出正向阶梯波，幅度足够大（约 30V）时，通过隔离电路 BG_{23}、BG_{24}使施密特电路翻转，BG_{22}截止 BG_{21}导通，跟随器 BG_{20}射极电位上升，使开关管导通，$C_8 \sim C_{10}$放电，阶梯回零。BG_{17}起钳位作用，避免积分电容充上反压。

取样示波器偏转系统主要电路已如上述，主机电路与通用示波器类似，不予赘述。

复　习　题

1. 何谓步进脉冲，它是如何产生的？
2. 说明波形取样原理。
3. 何谓等效扫速、取样密度、扫描延迟时间？它们是如何调节的？
4. 取样示波器最高工作频率取决于什么因素？
5. 画出桥式取样门电路，说明各元件作用。
6. 说明雪崩三极管的工作过程。
7. 说明展宽门和钳位门的作用。
8. 何谓闭环取样系统，它有哪些优点？
9. 说明锁相分频的工作原理。
10. 说明阶梯波发生原理，分析阶梯波发生器电路。

第八章　频率特性测试仪

§8-1　概　　述

频率特性测试仪用于测量四端网络的幅频特性,简称扫频仪。使用扫频仪可以测试多种无线电部件,例如宽频带放大器、雷达接收机中频放大器和高频放大器、收音机中频放大器、电视机图像通道,以及滤波器、衰减器等有源和无源四端网络的幅频特性,还可以测量鉴频器的鉴频特性,或用来作为调谐指示器等。

扫频仪主要参数如下:

(1)中心频率 f_o 及其可调范围　通常分为几个频段,它表示扫频仪的工作范围。

2)扫频频偏 Δf　表示调频信号在 $f_o \pm \Delta f$ 范围内连续改变,Δf 应该是可调的。Δf 也称为绝对扫频宽度,$\frac{2\Delta f}{f_o}$称为相对扫频宽度。

(3)扫频线性　指扫频信号频率变化规律与预定的扫频规律之间的吻合程度,例如锯齿形扫频信号,正程时频率是否是直线变化的;正弦形扫频信号,其频率变化规律是否是良好的正弦波。

(4)频率标记　在幅频特性曲线上同时显示表示频率值的标记,便于 f_o 及 Δf 等直接读出。

(5)扫频信号幅度　扫频仪输出扫频信号是等幅信号,等幅信号的最大值。

§8-2　扫频仪基本原理

一、幅频特性曲线显示原理

测量放大器幅频特性曲线的原始方法是点频法。输入不同频率的等幅波,用电压表测出一系列放大倍数 K,然后在直角坐标纸上逐点描出 $K \sim f$ 曲线,此种方法显然很麻烦。比如调整电视机图像中频放大器,幅频特性要求特定的形状,需要调整的元件比较多,采用点频法反复测试和描绘曲线,工作量很大。其次,点频法测得的是静态频率特性,实际上电路工作于动态,所以点频法测出的结果是不准确的。

要在示波管上直接显示幅频特性曲线,首先要有一个幅度恒定频率连续变化的信号作为输入信号 U_i,此种信号称为扫频信号,然后用带检波头的示波器测出输出电压 U_o。以调谐放大器的测试为例,测试图和对应波形如图 8-2-1 所示。扫频信号其实就是用某种规定波形进行调制的调频信号,这里规定波形采用锯齿波。U_i 为锯齿波扫频信号,f_o 为中心频率,扫频范围 $f_1 \sim f_2$,频偏 $\Delta f = f_2 - f_o = f_o - f_1$。在一段范围内频率直线变化,有 $f = bt$ 关系,b 为比例常数,即 f 与 t 成正比关系。等幅调频波 U_i 经调谐放大器放大后,输出 U_o 变为调幅调频波,经检波器获得包络信号 U'_o,送到示波器显示。调谐放大器放大倍数 $K = \frac{U_o}{U_i}$,检波器效率 $\eta =$

$\frac{U'_o}{U_o}$所以$K=\frac{U'_o}{\eta U_i}=\alpha U'_o$，$\alpha=\frac{1}{\eta U_i}$为常数，则关系式 $U'_o\sim t$ 可写作$\frac{K}{\alpha}\sim\frac{f}{d}$，由于 a、b 均为常数因此 $U_o'\sim t$ 波形即表示 $K\sim f$ 曲线。此种测试方法称为扫频测量法，它测出的是动态频率特性，与电路实际工作情况相一致。动态特性与静态特性对比如图 8-2-2 所示，动态曲线右移，并且幅度下降频带加宽，扫频信号重复频率越高右移量越大频带越宽，这是由于待测电路的惯性造成的。

直线性扫频信号的获得并不困难，采用锯齿波电压进行调频即可，国产扫频仪有不少采用此法，如 PTC－2 型、PTC－3 型、BT－4 型、BT－9 型、BT－10 型等。其实扫频仪中的扫频信号不一定非用锯齿波不可。只要扫频

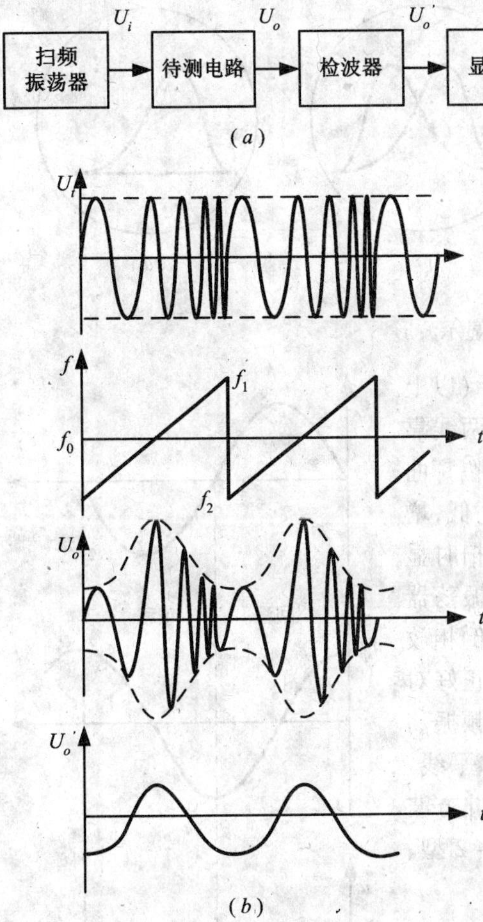

图 8-2-1　幅频特性测试

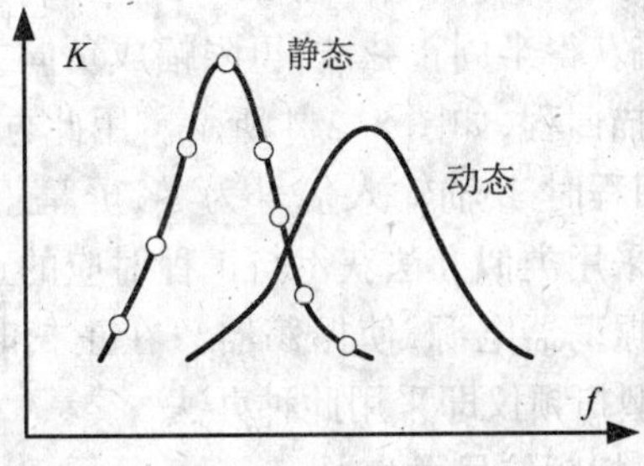

图 8-2-2　静态与动态幅频特性

信号的频率变化规律与示波器水平扫描电压的变化规律完全一致，就可以不影响幅频特性曲线的形状，这就相当于点频法测量时输入信号频率不均匀的取值，只要所取频率足够多，不管是否均匀，描出的曲线是相同的。实际上点频法测量时，为了精确地获得曲线，在曲线变化激烈处是要多测几个点的。在扫频仪中，用水平扫描电压作为调制电压去进行线性调频，水平扫描只要是周期性电压即可，因此最省事的办法是直接采用市电，扫描电压的幅度应满足水平方向扫满荧光屏的要求。采用市电作为调制信号，功率无论多大均易满足要求。国产扫频仪 BT－2 型、BT－3 型、BT－7 型等均采用此法。正弦波扫频的缺点是扫频线性较差，优点是电路十分简单。无论是采用正弦波扫频还是锯齿波扫频，回程都经历一定时间。因此，扫频信号正程和回程时都显示出幅频特性曲线，那么，回程幅频特性曲线与正程幅频特性曲线能否重合呢？只有点频法测量时才是重合的，扫频法测量时，由于待测电路的惰性，两条曲线是不重合的。

采用锯齿波扫频信号，显示波形如图 8-2-3(a)所示。因为锯齿波正程时间长，扫频速度低，显示曲线接近于静态曲线，即曲线偏左，回扫时扫速高曲线偏右而低。对于正弦波扫频，虽然正扫和回扫速度相同，但因为耦合变压器采用铁磁材料，其磁滞回线面积不可能为零，实际工作在一个小回线上，如图 8-2-3(b)所示。因此正扫时 f 先增加慢后增加快，回扫时 f 先减

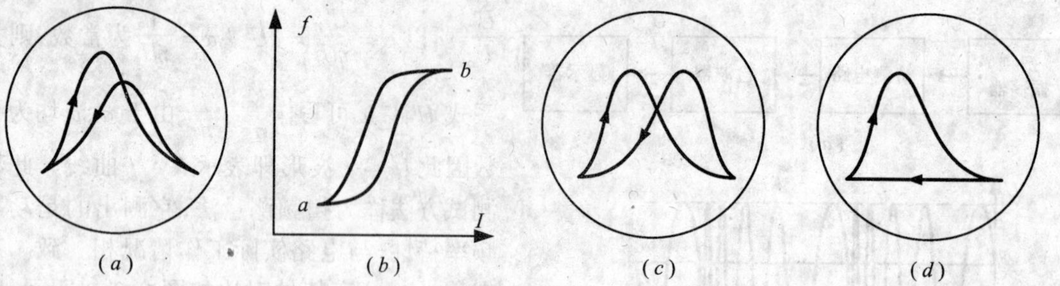

图 8-2-3　正扫与回扫显示波形

小慢后减小快，这样对应幅频曲线如图 8-2-3(*c*)所示(以上三图为清晰起见均夸大了)。此种曲线不利于观测，两线靠近时波形清晰度下降。另一方面，如果屏幕上只显示幅频曲线而不知道水平轴的位置，就不能判断幅频曲线的高低，增益测量不便。为此，扫频仪只在正扫时测试曲线，回扫时显示水平轴，如图 8-2-3(*d*)所示。通常采用回扫时使振荡器停振的办法获得零线。在 BT－3 型中将调制电压 u_s 倒相放大，整流获得半周正弦波，再限幅成负向方波，此方波正好对应于扫描回程，如图 8-2-4 所示。用此方波去截止扫频振荡器，则回程时 *Y* 轴输入信号为零，屏幕上得到一条水平线。也可以采用类似办法获得与正程对应的正向方波，用此方波去控制振荡器电源，使振荡器只在正扫时起振。BT－2 型、BT－5 型扫频仪即采用此种办法。

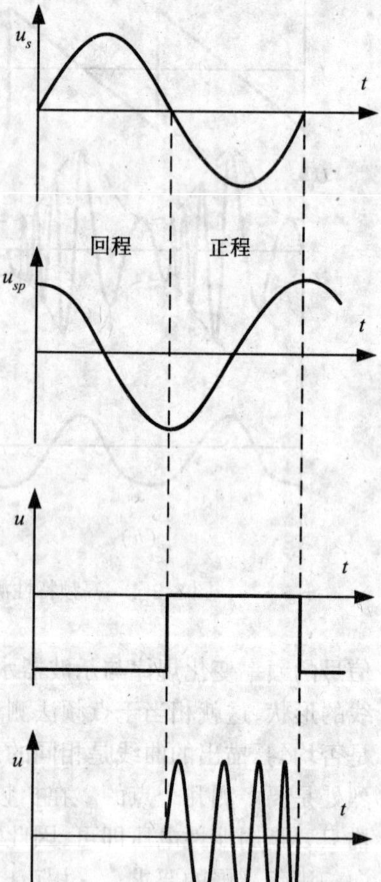

图 8-2-4　扫频振荡器回扫停振

二、扫频信号发生器

扫频信号发生器是扫频仪的关键部分。首先讨论信号产生，扫频信号用调频方法产生，调频方法有多种，目前主要采用变容二极管调频和非线性电感调频两种方法。其次还要考虑中心频率调节及信号幅度稳定等问题。

1. 变容管调频电路

变容管调频原理已在第二章中作了介绍，扫频仪中的变容管调频电路如图 8-2-5(*a*)所示。这是一个改进型考毕兹振荡器(也称为西拉振荡器)。其等效谐振回路如图(*b*)所示。电路中采用两只变容管 BG_2、BG_3 并联可降低频率值和扩大可调范围，振荡频率由 L_1、$C_2 \sim C_5$ 和变容管结电容 C_i 决定。$f=\dfrac{1}{2\pi\sqrt{L_1 C}}$；$C=C'+2C_i+C_5$；$\dfrac{1}{C'}=\dfrac{1}{C_2}+\dfrac{1}{C_3}+\dfrac{1}{C_4}\approx\dfrac{1}{C_4}$。频率稳定度通常约 $10^{-4} \sim 10^{-5}$。变容管以 2CCIE 为例，其 C_i 实测值如表 8-2-1 所示。由此表可见，在反向电压值较大时电容量线性变化，但变化量较小，不易满足扫频宽度要求，而且电压过高变容管易击穿。在反向电压较小时电容量变化很大，但为非线性变化，另外反压过小易进入正压区，将使 *Q* 值严重下降导致振荡器停振。因此实际扫频仪中变容管工作在 －15～－2V 之间 。图 8-2-5(*a*)中

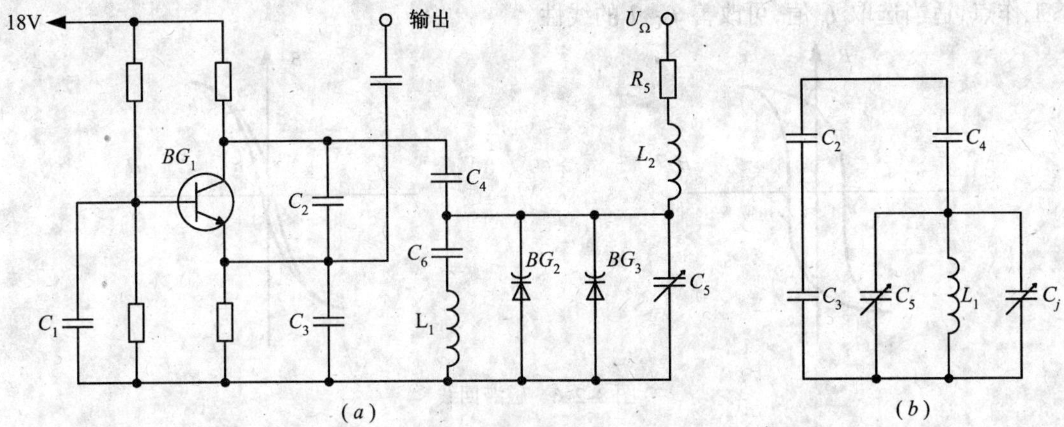

图 8-2-5 变容管扫频振荡器

晶体管接成共基组态，C_1 高频短路，R_5、L_2 隔离电阻，用于提供反压和耦合调制信号 u_Ω，又避免振荡信号短路。改变调制锯齿信号的斜率可调节扫频速度，改变调制电压幅度可调节扫频宽度。C_6 为隔直电容，C_5 用于中心频率校正。为提高频率稳定度，电源由稳压管供给，并尽量提高电感的 Q 值、改善结构和提高温度稳定性。由于变容管所需调制信号较小，所以调制信号多采用锯齿电压，此外变容管适合与晶体管（很少用电子管）配合组成振荡器。

表 8-2-1

反向电压(V)	-20	-18	-16	-14	-12	-10	-8	-6	-4	-2	0
C_i 值(PF)	6	8	10	12	14	17	22	29	41	63	144

2. 磁调电感调频

磁调制扫频是利用非线性电感（饱和电抗器）的调频方法。它具有寄生调幅小、相对扫频宽度大（寄生调幅小于 5% 时，$\frac{2\Delta f}{f_o}$可达 30% ~ 40%）、电路简单等优点，因此应用广泛。缺点是需要的调制功率大，因此主要采用电子管电路，并且采用市电作为调制信号。

磁调制扫频过程是：调制电流 $I \longrightarrow$ 调制磁场强度 $\longrightarrow$ 改变磁芯交变导磁率 $\mu \longrightarrow$ 改变磁芯线圈电感量 $L \longrightarrow$ 改变振荡频率 f。

振荡频率 $f=\frac{1}{2\pi\sqrt{LC}}$，可见 f 与 L 的平方根成倒数关系。电感量 $L=\frac{\mu\omega^2 S}{l}$，式中 ω 为线圈匝数，S 为线圈端面积，l 为线圈长度。线圈取定时 ω、S 和 l 均为常数，则 L 与 μ 成正比。导磁率 $\mu=\frac{\mathrm{d}B}{\mathrm{d}H}$，$H$ 为磁场强度，B 为磁感强度，B、H 关系即磁滞回线。因此 μ 表示回线某点的斜率。这里要求磁芯材料的涡流及磁滞损耗极小，则磁滞回线可看成面积为零的一条曲线，如图 8-2-6 所示。H 正比于电流 I，在回线一小段范围 ab 内，μ 与 I 可近似看成平方律倒数关系，$\mu=\frac{A}{I^2}$，A 为常数，于是得 $L=\frac{\omega^2 S}{l}\cdot\frac{A}{I^2}$，则 $f=\frac{1}{2\pi\sqrt{C}}\cdot\frac{\sqrt{l}}{\omega\sqrt{AS}}\cdot I=DI$，$D$ 为常数，所以 f 正比于 I。因此，可用改变 I 的方法进行线性调频。当 I 取正弦电流时，f 亦正弦变化，即获得正弦扫频信号。$\mu \sim I$ 关系及 I 与 f 对应波形如图 8-2-7(a)(b) 所示。图中初始电流 I_o 相当于静

态工作点,适当选取 I_o 值,可改善 $f \sim I$ 的线性。

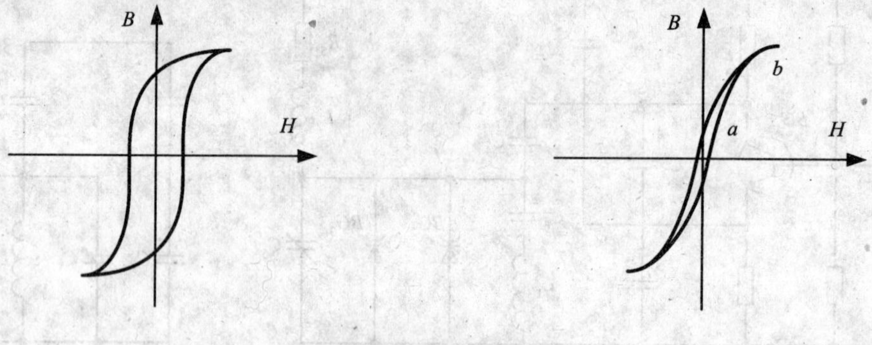

图 8-2-6 磁滞回线

磁芯材料不仅要求损耗小,而且要求 μ 值大、品质因数 Q 大和 μ 的温度系数 T_μ 小,μ 大即 $B \sim H$ 曲线的斜率大,这样能用较小的调制电流获得较大的频偏 Δf。加大调制电流也可加大 Δf,但将引起较大的非线性失真。提高 Q 值有利于扫频振荡器起振,而且可提高频率稳定度。但 Q 值的加大与 μ 值的加大是矛盾的,因此要适当取值。T_μ 小有利于频率稳定。BT-2、BT-3 型采用镍锌铁氧体 NQ-20 型磁芯,其初始导磁率 $\mu_\alpha \geqslant 20$, $T_\mu \leqslant 4 \times 10^{-4}/℃$, $Q \geqslant 35$。

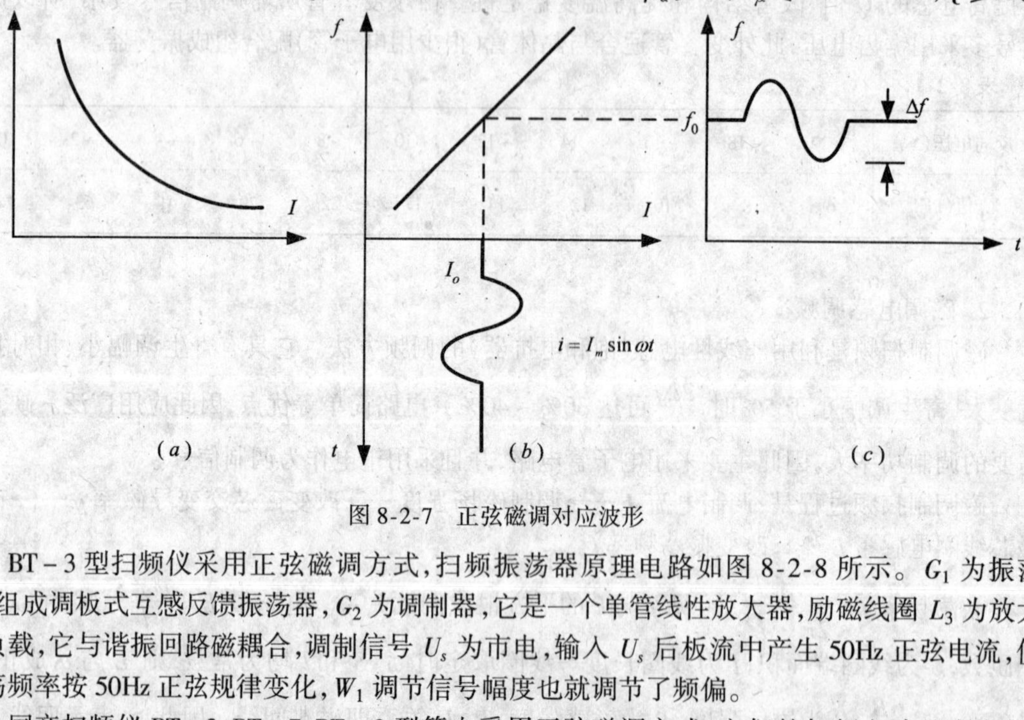

图 8-2-7 正弦磁调对应波形

BT-3 型扫频仪采用正弦磁调方式,扫频振荡器原理电路如图 8-2-8 所示。G_1 为振荡管,组成调板式互感反馈振荡器,G_2 为调制器,它是一个单管线性放大器,励磁线圈 L_3 为放大器负载,它与谐振回路磁耦合,调制信号 U_s 为市电,输入 U_s 后板流中产生 50Hz 正弦电流,使振荡频率按 50Hz 正弦规律变化,W_1 调节信号幅度也就调节了频偏。

国产扫频仪 BT-2、BT-7、BT-8 型等也采用正弦磁调方式,它们的扫频电路基本类似,如图 8-2-9 所示,这是一个考毕兹式振荡器,由电感 L_1 和双联电容器 C_1、C_2 组成谐振回路,调节 C_1、C_2 可改变中心频变。调制系统由线圈 L_2、L_3 绕在低频 C 型磁铁上构成,L_2 接直流电源,W_1 调节工作点电流 I_o,实现中心频率和扫频线性校正。u_s 为市电,它送到 L_3 产生调制电流 I。回路电感 L_1 绕在圆柱形高频铁氧体磁芯上,嵌在 C 形磁铁缺口中进行磁耦合。改变 u_s 幅度可调节频偏 Δf。图中 R_1 为并联供电扼流电阻,W_2、R_2 分压供电,调节 W_2 可改变扫频信号幅度。本电路的优点是回路电感不要抽头,反馈量由 C_1、C_2 比值决定与高频磁芯参数无关，因而幅度比较稳定。

3. 宽带扫频

变容管调频和磁调电感调频的扫频宽度均不够大，称为窄频带扫频。加大调制电压幅度虽然可以提高扫频宽度，但使扫频线性严重变差。因此宽频带扫频采用差频法实现，所谓差频法即扫频振荡器在较高频率上产生窄频带扫频信号，然后通过混频器与固定频率信号差频，使扫频信号频率下降而相对扫频宽度加大。方框如图 8-2-10 所示。扫频信号频率 $f_1 \pm \Delta f$，固定频率 f_2，混频后通过低通滤波器取出差频信号，频率为 $(f_1 - f_2) \pm \Delta f$，显然有相对扫频宽度 $\frac{2\Delta f}{f_1} < \frac{2\Delta f}{f_1 - f_2}$，若取 $f_1 = f_2$，则差频信号频率范围为 $0 \sim \Delta f$（因为频率无负值），此范围应写作 $\frac{\Delta f}{2} \pm \frac{\Delta f}{2}$，即中心频率与绝对频偏相等，此时相对扫频宽度

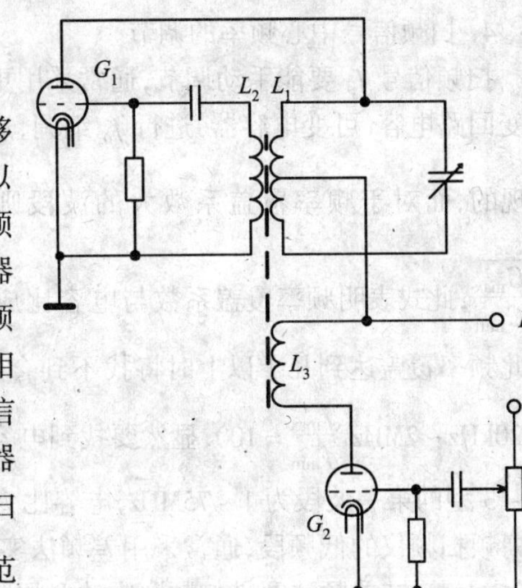

图 8-2-8　正弦磁调扫频电路之一

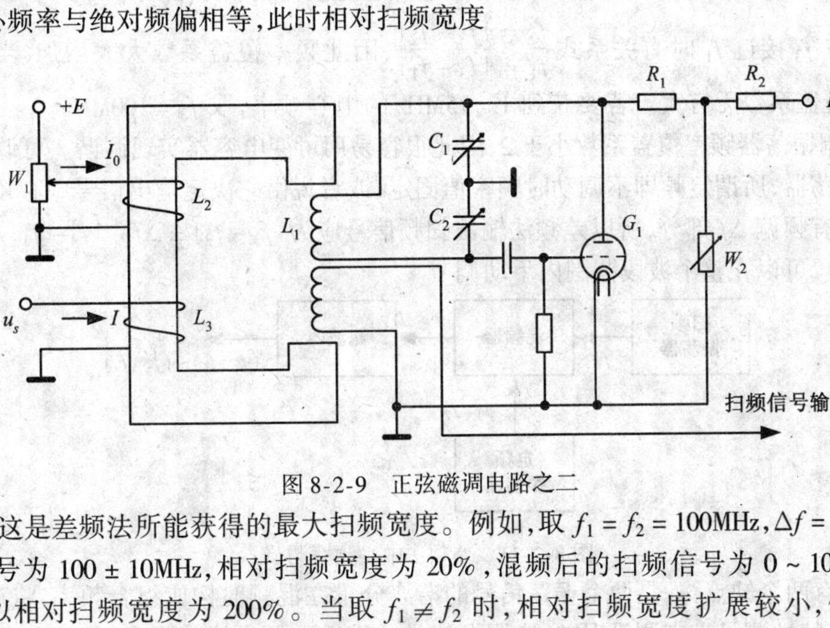

图 8-2-9　正弦磁调电路之二

为 200%，这是差频法所能获得的最大扫频宽度。例如，取 $f_1 = f_2 = 100$MHz，$\Delta f = 10$MHz，混频前扫频信号为 100 ± 10MHz，相对扫频宽度为 20%，混频后的扫频信号为 0 ~ 10MHz，即 5 ± 5MHz，所以相对扫频宽度为 200%。当取 $f_1 \neq f_2$ 时，相对扫频宽度扩展较小，例如取 $f_1 =$ 100MHz、$f_2 = 120$MHz、$\Delta f = 10$MHz。则混频前相对宽度为 20%，混频后 $(f_1 - f_2) \pm \Delta f = 20 \pm$ 10MHz，则相对宽度为 100%。由此可知 f_1、f_2 数值越接近扩展越大，f_1、f_2 数值越远扩展越小，f_1 与 f_2 相差二倍以上时则起不到扩展作用。

差频法适用于全景扫频仪。差频法中的扫频振荡器仍采用变容管调频和磁调电感调频，调制波有锯齿波和正弦波两种。通常变容管调频时调制波采用锯齿波，磁调电感调频时调制波采用正弦波。

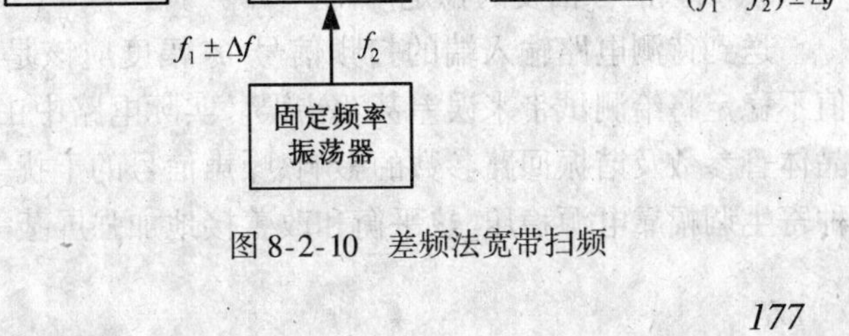

图 8-2-10　差频法宽带扫频

4. 扫频信号中心频率的调节

扫频信号 f_0 要能手动调节,通常采用更换振荡器的办法进行 f_0 粗调(波段调节),用连续改变回路电容(可变电容器)进行 f_0 细调,这种细调方式对于频率覆盖系数较小的波段是容易实现的,而对于频率覆盖系数大的波段则难予实现。频率覆盖系数 $\frac{f_{\max}}{f_{\min}}=\frac{1/2\pi\sqrt{LC_{\min}}}{1/2\pi\sqrt{LC_{\max}}}=\sqrt{\frac{C_{\max}}{C_{\min}}}$,此式表明频率覆盖系数与电容比成平方根关系,即频率变化二倍,电容应变化四倍。因此频率覆盖达到几十以上时将找不到合适的电容器。例如低频扫频仪 BT－4 型的第Ⅱ波段 20kHz～2MHz,$\frac{f_{\max}}{f_{\min}}=100$,显然要找到电容比为 100^2 的电容器是不可能的。又如高频扫频器 BT－3 型的第一波段为 1～75MHz,电容比为 $75^2=5\,625$,这也是无法实现的,因此低频扫频仪或高频扫频仪的低频段,通常采用差频法实现中心频率调节。注意此处的“差频法中心频率调节”与上节的“差频法宽带扫频”,方法和原理类似而目的不同,因而含意各异。差频法中心频率调节如图 8-2-11 所示。首先由可调振荡器(手动调频率)产生覆盖系数较小的高频信号 $f_1\sim f_2$,然后与中心频率 f_3 的扫频信号混频,通过低通滤波器输出中心频率 $|f_3-f_1|\sim|f_3-f_2|$ 的信号,当取 f_3 接近 f_1 时有关系式 $\frac{f_2}{f_1}<\frac{|f_3-f_2|}{|f_3-f_1|}$,因此频率覆盖系数大大增加,当取 $f_3=f_1$ 时,理论上覆盖系数无穷大。若要获到 1～75MHz 的中心频率,取 $f_3=100$MHz、$f_1\sim f_2=101\sim175$MHz,可调振荡器频率覆盖系数小于 2,因此很容易用可变电容器实现调谐。可调振荡器也称为定频振荡器,所谓定频即不调动时频率值固定,或者说由它决定输出信号中心频率。由于扫频信号还有频偏 Δf 部分,所以差频法输出扫频信号应为 $|f_3-f_2|\pm\Delta f\sim|f_3-f_1|\pm\Delta f$,也就是说扫频位置可以在整个波段范围内手动调节。

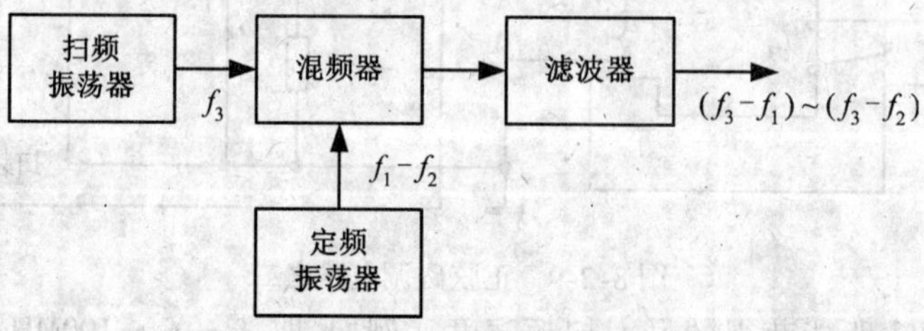

图 8-2-11　差频法中心频率调节

差频法有两个缺点:一是两个振荡信号的谐波分量在混频时构成组合频率,将产生“组合干扰”给频率特性测量带来测量误差,克服办法是适当选取两个振荡频率,使其组合频率在有用频率范围之外。第二个缺点是所谓“频率牵引”,即两个频率接近或相等时,一个信号将影响另一个信号的频率值,结果使低端频率标记(例如 BT－3 型的 1～5MHz)改变或消失,给观测带来困难。克服办法是适当选取两个信号的幅度可减弱“牵引”现象。

5. 扫频信号幅度的稳定

送到待测电路输入端的扫频信号 u_i 幅度应该是稳定的,只有频率作周期性变化。若 u_i 值不稳定将给测试带来误差甚至错误。实际电路中由于电源电压的波动、温度及机械振动对晶体管参数及谐振回路参数的影响、噪声信号的干扰等原因,将使扫频信号产生寄生调幅。这种寄生调幅靠电源稳压、热平衡和改善接地加强屏蔽等抗干扰措施仍不能完全克服,而必须采用自动电平控制(ALC)电路进行幅度稳定。稳定方式有两种,一种是直接稳定振荡器输出幅度,另一种是自动调节输出放大器增益,方法和电视机 AGC 一样。这里只介绍第一种,方框如图 8-2-12 所示,它是一个负反馈环。扫频振荡器输出信号经峰值检波后变为直流信号,经直流放大后去控制电源调整管,当振荡加强时直流信号加大,它使调整管管压加大,则振荡器电源 E'_a 下降,从而制止了振荡的加强,反之,振荡减弱时,直流负反馈使振荡器电源加大,从而制止了振荡的减弱,因此稳定了振荡器输出幅度。直流放大器增益越高,这种自动控制作用越强,则输出幅度越稳定。因此通常采用多级直流放大器。

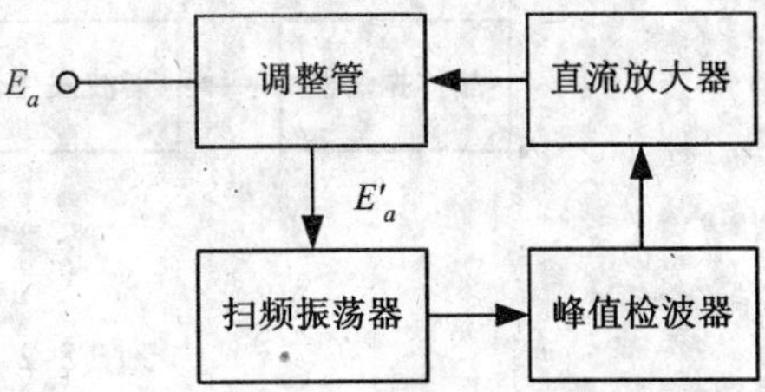

图 8-2-12　自动稳定振荡幅度

三、频率标记

扫频仪水平轴代表频率,为了直接读出调谐放大器谐振曲线的中心频率和频带宽度,以及宽带放大器的上下界频率、滤波器的截止频率等,水平轴要有频率标记表明频率值,就好像坐标刻度一样。水平扫描电压幅度取定,它保证水平方向扫满屏幕,此水平线的正中心所代表的频率决定于"波段选择开关"及"中心频率调节旋钮"的位置,水平线左右端点所代表的频率决定于"频偏调节旋钮"的位置。在旋钮位置度盘上作刻度,不但比较困难而且读数不方便。采用某种形状的频率标记直接显示在幅频曲线上,既直观又方便。常用频率标记有菱形频标和针形频标两种。菱形频标形成原理如下:原理方框如图 8-2-13 所示。晶体振荡器产生标准频率的正弦波,经谐波发生器产生大量谐波,所谓谐波发生器实际上是一个脉冲形成器,它将正弦波整形成窄脉冲,脉冲越窄谐波分量越丰富。若晶体振荡器产生 1MHz 信号,经谐波发生器后不仅输出 1MHz 基波信号,而且输出 2、3、4……MHz 的一系列谐波信号,将此谐波与扫频信号混频,然后经窄频带带通滤波器输出。高频扫频仪中滤波器带通范围约为几 kHz 至几十 kHz,因此输出的只能是谐波值附近的差频信号。比如扫频信号是 20 ± 3MHz 的信号,即扫频频率从 17MHz 连续变化到 23MHz,它与各次谐波差频,扫频信号与小于 17MHz 和大于 23MHz 的谐波差出的信号频率均大于几十 kHz,因此不能通过滤波器,只有与 17、18、19……23 次谐波差频,才能获得几十 kHz 以下的差频信号,因此可以通过滤波器。以 18MHz 谐波为例,如图 8-2-14 所示。(a)图为差频信号波形,中心点对应于 18MHz 扫频信号与 18MHz 谐波信号差出的零频,右边是大于 18MHz 的扫频信号与 18MHz 谐波的差频,左边是小于 18MHz 的扫频信号与 18MHz 谐波的差频,所以频率从零频向两边越来越大如图(b)所示。若带通滤波器具有理想的矩形滤波特性,则滤波器输出矩形波,设通为 10 ~ 100kHz,则对应波形如图(c)所示,实际滤波特性为钟形的,所以滤波器输出双菱形波如图(d)所示,这个双菱形波在 18MHz 两边,正好可以作为扫频信号 18MHz 的指示。同理在 19、20…22MHz 处也获得双菱形波,至于 17MHz 和 23MHz 处严格的讲应为单菱形。将这些菱形信号与待测信号一起送去 Y 偏转板,则在屏幕上同时显示幅频曲线和频标波形如图(d)所示。频标宽度相对于频标间隔是较小的,所以远看好像是单菱形。在屏幕上频标间隔和宽度不仅决定于频率,而且与频偏大小有关,调节频偏旋钮减小频偏时,幅频曲线被扩展,此时会看到明显的双菱形频标。回扫时由于扫频振荡器停振,扫频信号消失,频标不能产生,所以显示一条水平零线。

频标数值决定于晶体振荡器频率,显然,观看低频或窄带曲线时,要求频率分度细,则应采用频率低的晶体振荡器,或将晶体振荡信号分频后作为标准信号。当观看高频或宽带曲线时,

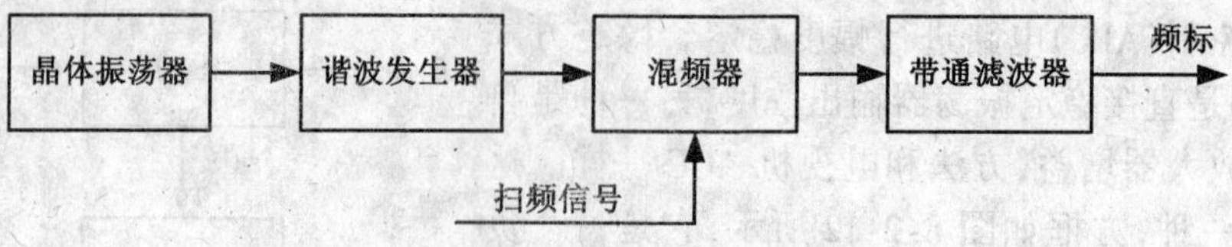

图 8-2-13 菱形频标形成电路框图

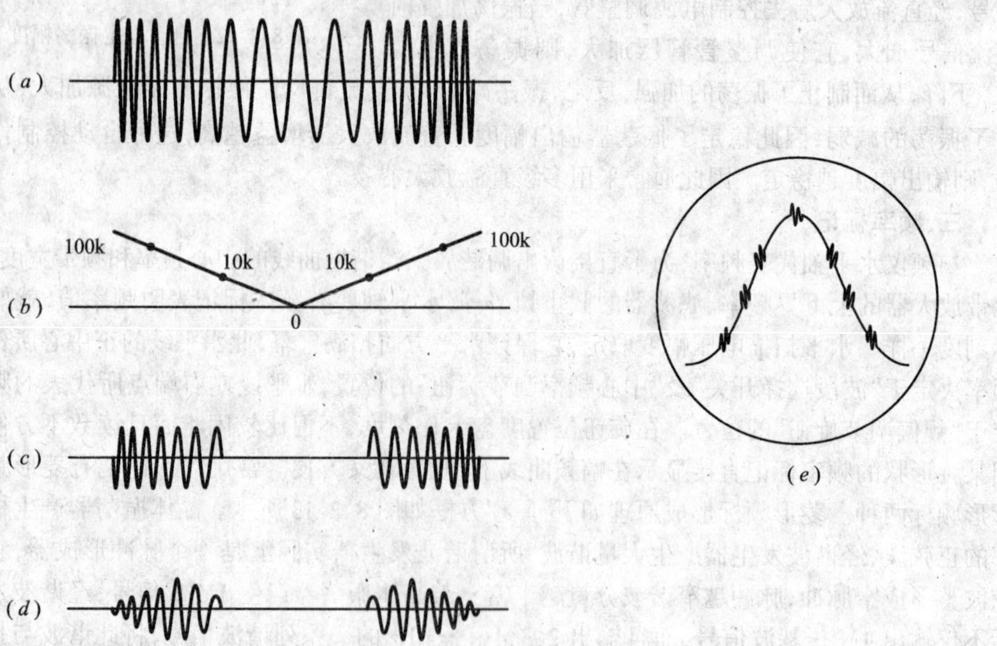

图 8-2-14 菱形频标信号的形成

则要求晶体振荡频率高,或经倍频后作为标准信号。通常扫频仪中安排了高低两种频率的晶体振荡器,如果两种仍不合用,还可采用外接频标,即外部输入频率更高或更低的标准信号。菱形频标的缺点是波形较宽,这就降低了分辨力和读数精度,特别对于低频扫频仪来说问题更严重。此时应减小带通滤波器的截止频率,不过过分接近零频则频标波形稀疏也是不利的,因此最好改用针形频标。

针形频标由菱形频标变换而来,因此其工作原理和电路与菱形频标类似,首先获得菱形频标信号,用它触发单稳态触发器产生窄脉冲,经整形电路后将窄脉冲信号送到显示电路与待测波形叠加。这样在幅频特性曲线上出现针形频标,由于针形频标在曲线上所占宽度小,故可提高分辨力和读数精度。低频扫频仪 BT－4 型即采用此种方式。

无论菱形频标或针形频标均可显示一系列均匀的频率标记,因此也称为频率标尺。

频标信号除了直接和待测波形叠加外,还可用电子开关进行双踪显示,此时频标信号叠加在水平零线上,此种方式的优点是频标不影响幅频曲线的形状,缺点是不如直接叠加法读数精确和电路简单,而且叠加法也可以将频标调到零,只观察幅频曲线,所以叠加法应用广。

此外,还有第三种频标方式,称为吸收式频标,扫频信号通过一组高 Q 值的陷波电路,如图 8-2-15(a)所示。当扫频信号频率变到等于某一个陷波电路的吸收频率时,信号将被吸收,使幅频曲线在这一点出现一个凹口,而成为频率标记。每一个吸收回路由一个开关控制,可以

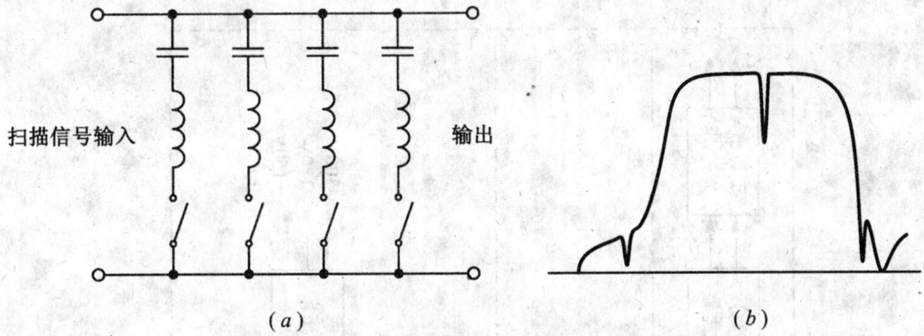

图 8-2-15　吸收式频标

接入或断开。吸收频率可以预置,特别是预置在某些特定频率上,例如电视机中频。此种方式适用于大批量的重复性测量,比如测量电视机图像中频放大器,将吸收回路分别预置在中心频率 34.5MHz、伴音中频 30.5MHz、图像中频 37MHz 等处,则测量非常方便,波形如图 8-2-15(*b*)所示。曲线是否正确一目了然。

§8-3　BT－3 型扫频仪电路分析

国产扫频仪有 PTC－1、2、3 型,BT－2、3、4、5、7、8、9、10、12、20 型等多种型号,其中大多数是电子管仪器,少数是晶体管仪器。BT－3 型是电子管仪器,由于频带宽,性能稳定,目前仍广泛应用,因此下面以此为例分析其主要电路。

BT－3 型适用于电视、短波收音机、调频接收机、雷达接收机中频放大器等设备或部件的调试。

一、BT－3 型主要参数及方框图

中心频率范围　1～300MHz,分为三个波段连续可调;

绝对扫频宽度 ±0.5～ ±7.5MHz,连续可调;

扫频信号最大幅度 $0.1V_{rms}$;

频标 1MHz、10MHz 两种。

BT－3 型扫频仪电路方框如图 8-3-1 所示。分为主振、调制和稳幅、频标、显示、电源五部分。主振部分产生 1～300MHz 的振荡信号,分为三个波段,第Ⅰ波段采用差频式电路,由扫频振荡器Ⅰ、定频振荡器、混频器和带通放大器构成。输出中心频率 1～75MHz 的扫频信号。第Ⅱ波段由扫频振荡器Ⅱ输出 75～150MHz 的扫频信号。第Ⅲ波段用倍频器将第Ⅱ波段信号倍频,输出 150～300MHz 扫频信号。三个波段信号经波段转换电路转换,再经衰减器输出到面板,用作测试信号。

稳幅电路包括检波器、直流放大器和电源调整管。一部分扫频信号经检波器变为直流信号,经直流放大后控制调整管,使输入 300V 直流电压变为可自动调节的输出电压(约 200V 左右)供给扫频振荡器Ⅰ和Ⅱ。调制器将 50Hz 市电信号倒相放大后送到磁调电感,完成正弦扫频作用。频标部分采用典型的菱形频标产生电路。

显示器部分包括放大器和示波管,待测信号与频标信号混合后经差分放大和钳位电路,最后到达 *Y* 偏转板。电源部分除了包括典型的整流、滤波和稳压器外,还有桥式移相器和整形器,移相器将市电信号 90°移相后作为水平扫描信号。整形器将市电信号整形成负脉冲,使扫频振荡器在显示器回扫期间停振。

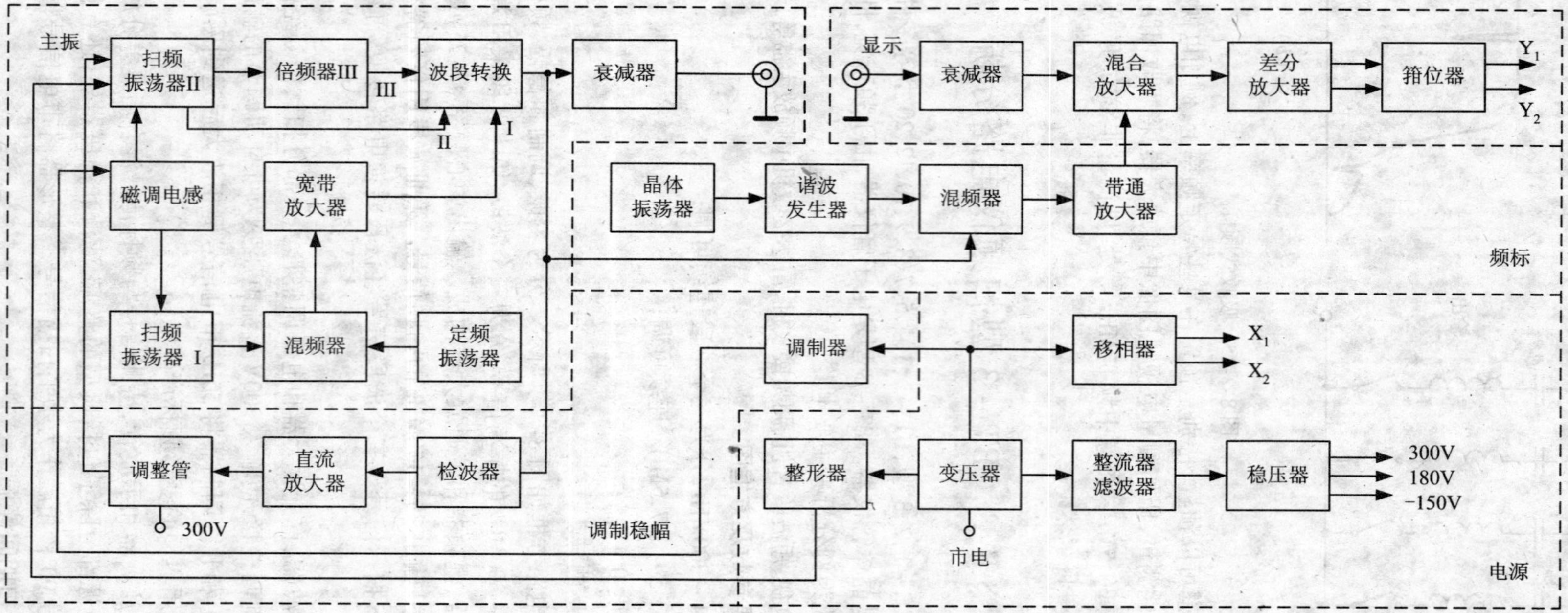

图 8-3-1　BT－3 型扫频仪框图

二、主振电路

主振电路如图 8-3-2 所示，为简明起见，图中未画电子管灯丝及供电。三个波段电路工作原理分述如下。

1. 第Ⅰ波段

工作频率 1～75MHz，采用差频式电路，G_2 组成中心频率 290MHz 的克拉普式振荡器。由于工作频率高，而回路电感又不能取得过小，以免降低回路 Q 值，因此回路电容由电子管极间电容和电路分布电容构成，电路及等效电路如图 8-3-3 所示。C_2 为克拉普电容，R_4 为并联馈电的扼流电阻，R_5 为栅漏电阻，R_6 接负脉冲源，完成回扫停振。振荡信号经耦合环 L_6（电感）耦合输出去混频器。图 8-3-2 中 G_6 部分为定频振荡器，它也是克拉普振荡器，L_{10}为谐振回路电感，回路电容由蝶形可调电容 C_{14}和分布电容构成，C_{15}为克拉普电容。可调电容 C_{14}左旋时振荡频率由 290MHz 连续下降到 215MHz。信号经耦合环 L_9 耦合到混频器。G_4 组成混频器，G_4 是双三极管，三极管混频增益较低，但噪声小频率牵引小。双三极管的两个栅极分别输入信号，u_1 是 $290 \pm \Delta f$MHz 的扫频信号，u_2 是 290～215MHz 的定频信号，根据电子管的性质，板流 $i_a = (u_g + Du_a)^{3/2}$，式中 $u_g = u_1$；$u_a = u_2$；D 称为渗透率是电子管参数。经 3/2 次方后则在板流中产生 u_1、u_2 相乘信号，根据三角函数和差化积公式，可得“和频”、“差频”及高次谐波信号，这些信号电流在负载 R_{14}上形成电压，经低通滤波器输出差频信号。L_5、C_7～C_9 是三节 T 型常 K 式滤波器，其截止频率约 100MHz，R_{15}、R_{16}是匹配电阻，C_6、C_{10}是隔直电容，由于 C_{10}容量小，它决定下界频率约 1MHz，因此总的组成 1～100MHz 的带通滤波器。G_5 为宽频带放大器，混频器输出差频信号频率为$(290 \pm \Delta f) - (290 \sim 215) = (0 \sim 75) \pm \Delta f$MHz，经滤波器后到达 G_5 栅极的信号为$(1 \sim 75) \pm \Delta f$MHz，要放大这样宽的信号，除了应采用高跨导管外，本级负载（包括下级输入电阻）较小，因此本级增益不高。为了满足频带要求，加了串联补偿电路 L_8、R_{20}，利用 L_8 和下级输入电容形成串联谐振，可将放大器通频带扩展 1.7 倍。第Ⅰ波段信号送到继电器 J_2 触点进行转换。

2. 第Ⅱ波段

第Ⅱ波段中心频率 75～150MHz，由 G_1 组成变压器耦合推挽式调板振荡器，其工作原理与推挽放大器类似，只是增加了正反馈部分，它相当于两个单管调板振荡器公用一个谐振回路、公用反馈变压器和栅漏电阻，两管栅压相差 180°，因此两管轮流工作。推挽电路有不少优点：电路简单，输出功率大，公用电源中无基波及奇次谐波，电源损耗小，谐振回路中无偶次谐波，所以输出波形纯度高，推挽振荡器中两管极间电容是串联关系，使总电容小，因此对振荡频率和工作状态的影响小，更换电子管时产生的偏差小。电路中振荡管 G_1 为双三极管，L_1 为反馈线圈，L_2 为振荡线圈，它们绕在高频铁氧体磁芯上，放在两块 E 形磁铁相对的间隔处，在磁调电感 ZUL_1 作用下进行扫频。回程负脉冲通过 R_3 加到一个栅极，再通过 L_1 加到另一栅极，使振荡器在扫描回程时停振。推挽振荡器振荡幅度大，因此不必放大，可由耦合环 L_7 直接输出大于 $0.1\mathrm{V_{rms}}$的扫频信号，送到继电器 J_1、J_2 触点进行输出转换。第Ⅱ波段可调电容 C_1 与第Ⅰ波段可调电容 C_{14}共轴，这样可公用中心频率微调度盘。两波段的电容变化方向不同，因为Ⅰ波段混频输出，Ⅱ波段直接输出。要使度盘左旋时频率加大，则 C_1 在左旋时容量应减小，而 C_{14}在左旋时应加大，定频频率减小，混频输出的第Ⅰ波段信号频率加大。

3. 第Ⅲ波段

第Ⅲ波段中心频率 150～300MHz，采用倍频器完成。通常的倍频器是调谐放大器，电路工

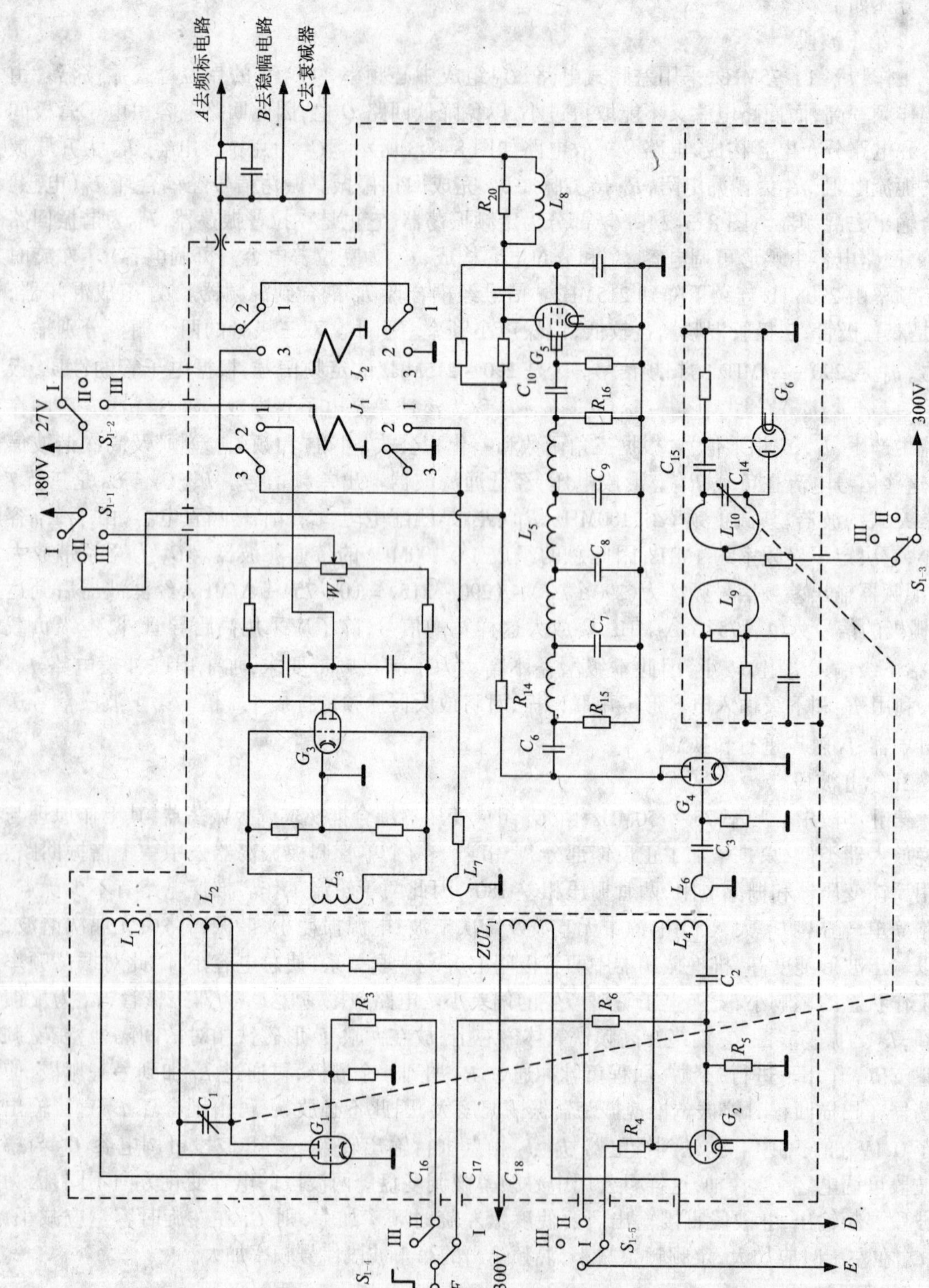

图 8-3-2 主振电路

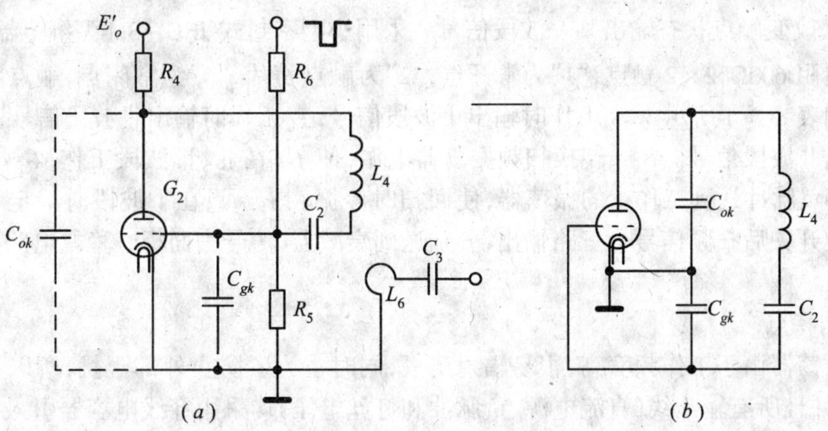

图 8-3-3　290MHz 振荡器

作于乙类，负载回路调谐在二次谐波，在输入信号频率改变时负载回路也要调谐，这就需用三联电容器，电路复杂调谐困难。因此这里改用一种不必调谐的整流式倍频器，电路如图 8-3-4(a)所示。双三极管工作于零偏压，由变压器输入信号，信号正半周时出现显著栅流使板流饱和，因而出现半波形板流，如图(b)所示，板流可分解为基波和谐波，两管板流 I_{a1}、I_{a2}波形相同而相差 180°，基波电压在负载 R_5 上抵消而二次谐波加强，如图(c)所示，因而获得倍频信号。同理高次的奇次谐波均抵消，而偶次谐波均加强，由于高次谐波幅度很小，四次、六次谐波皆可忽略，输出主要是二次谐波。此电路实际上相当于一个全波整流器。在整流电源中输入 50Hz 市电，全波整流纯阻负载上纹波电压最低频率为 100Hz，正好起到倍频作用，这里正是利用了这一原理。本电路要求元件性能对称，实际上总有差异，可通过 W_1 调节平衡。图 8-3-4(a)中 R_1、R_2 为栅漏电阻，R_3、R_4 为板极负载，C_1、C_2 为耦合电容，R_5 为外负载，在图 8-3-2 中即下级输入电阻。

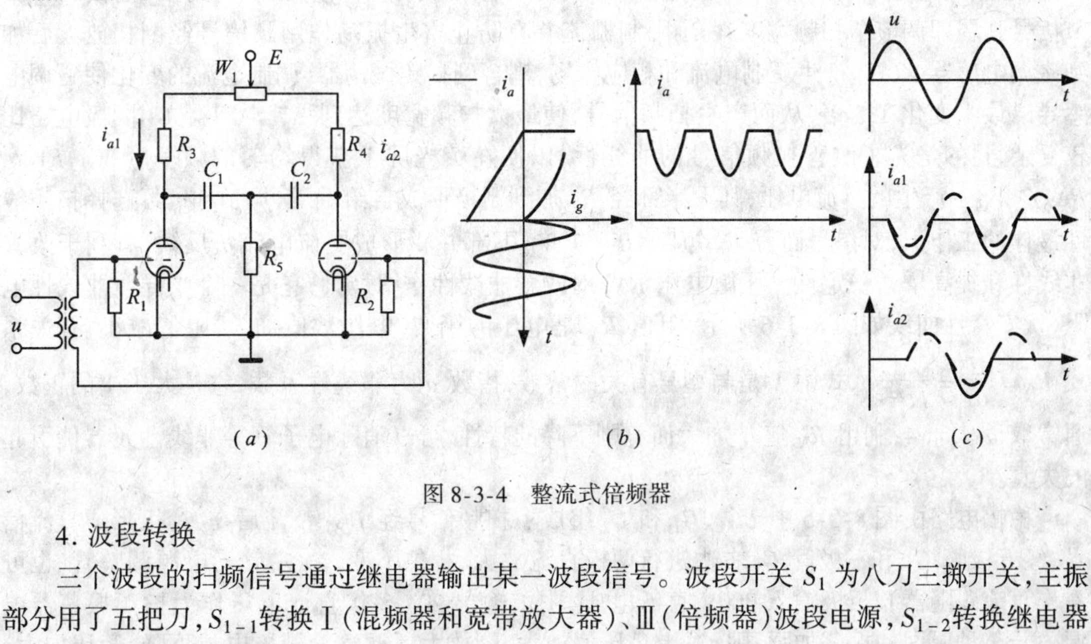

图 8-3-4　整流式倍频器

4. 波段转换

三个波段的扫频信号通过继电器输出某一波段信号。波段开关 S_1 为八刀三掷开关，主振部分用了五把刀，S_{1-1}转换Ⅰ(混频器和宽带放大器)、Ⅲ(倍频器)波段电源，S_{1-2}转换继电器

J_1、J_2 电源，改变触点状态输出某一波段信号。采用小型密封式 JRC－3M 型继电器，工作电压 27V，线包电阻 600Ω，2×2 触点，"1"为常开点，"2"为触点簧片，"3"为常闭点，触点状态与输出信号关系如表 8-3-1 所示。J_2 工作时输出Ⅰ波段信号，J_1 工作时输出Ⅲ波段信号，J_1、J_2 均不工作时输出Ⅱ波段信号。S_{1-3}转换扫频振荡器电源，使 G_1 在Ⅱ、Ⅲ波段工作，G_2 在Ⅰ波段工作。S_{1-4}将负脉冲送到工作着的振荡器，使回扫时停振。S_{1-5}只在Ⅰ波段时给定频振荡器供电。经转换开关后扫频信号分三路输出，分别送到衰减器（信号去面板）、稳幅电路（反馈）和频标电路。

5. 结构特点

扫频振荡器由于工作频率高，很易辐射出去，同时也为了防止外部干扰，所以加了良好的金属屏蔽，并且所有输入线（直流电源、负脉冲和灯丝电压）均采用穿线电容器引入，如图 8-3-

表 8－3－1

继电器 / 触点状态 / S_{1-2}位置	J_1	J_2	输出波段
Ⅰ	断开	吸合	Ⅰ
Ⅱ	断开	断开	Ⅱ
Ⅲ	吸合	断开	Ⅲ

2 中的 C_{16}、C_{17}、C_{18}等，穿线电容器外导体固定在屏蔽罩上，内导体传输低频及直流信号，利用内外导体间的电容旁路高频信号。扫频信号的输出则采用高频电缆。为了稳定灯丝电压和抗干扰，所有灯丝电路均加了退耦电感，其中混频管和放大管灯丝还采用稳流管供电。

三、调制、稳幅电路

电路如图 8-3-5 所示。G_3 为调制波放大器，它是一个甲类功率放大器，为了输出足够的功率，采用大功率束射四极管 6P14，输入 27V、50Hz 正弦波，经 W_{20}分压后送到 G_3 栅极，W_{20}调节信号强弱即调节了扫频宽度。R_{12}限制栅流并有防止寄生振荡作用。信号经倒相放大后加到磁调电感器 ZUL_1，产生调制电流和相应磁场，耦合到扫频振荡器，调制电流的变化使磁调电感导磁最大变化 1.5 倍，从而产生扫频信号，使最大扫频宽度达到 ±7.5MHz。G_3 阴极电路比较复杂，目的是为了改善扫频信号的非线性，以便在荧光屏上获得均匀的频率分布。R_{13}∥RN_6∥W_{14}上产生的直流电压，其上半部经 R_{15}加到栅极形成自给偏压，调节 W_{14}可选择扫频线性最佳的工作点，对信号而言 C_6 短路，R_{14}与 W_{14}下部并联形成交流电流负反馈，有利于改善非线性和提高增益稳定性。压敏电压 RN_6 对改善非线性作用最大，它是一个半导体非线性电阻，伏安特性曲线如图 8-3-6 所示，阻值 R_N 是电压的函数，电压数值加大，阻值减小，有关系式 $R_N=\frac{dU}{dI}=\frac{1}{kU^{a-1}}$，式中 k 是与型号有关的常数，指数 a 为非线性系数，它是大于 1 的正数，通常取 a 大于 4，利用 R_N 随 U 加大而急剧下降的特性，可以消除电子管等非线性元器件引起的失真。

稳幅电路由图 8-3-5 中 BG_1、G_1 和 G_2 组成。扫频信号经 BG_1 整流后在 C_1 上形成直流信号，经五极管 G_2 和三极管 G_1 右边进行两极直流放大，相位不变，G_1 左管为电源调整管（也可看作直流跟随器），板极输入 300V 直流电压，阴极输出 200 多伏直流电压作为扫频振荡器电源。若某种原因使振荡加强，则 C_1 上负压值加大，经放大后调整管栅极电位下降，管压加大，

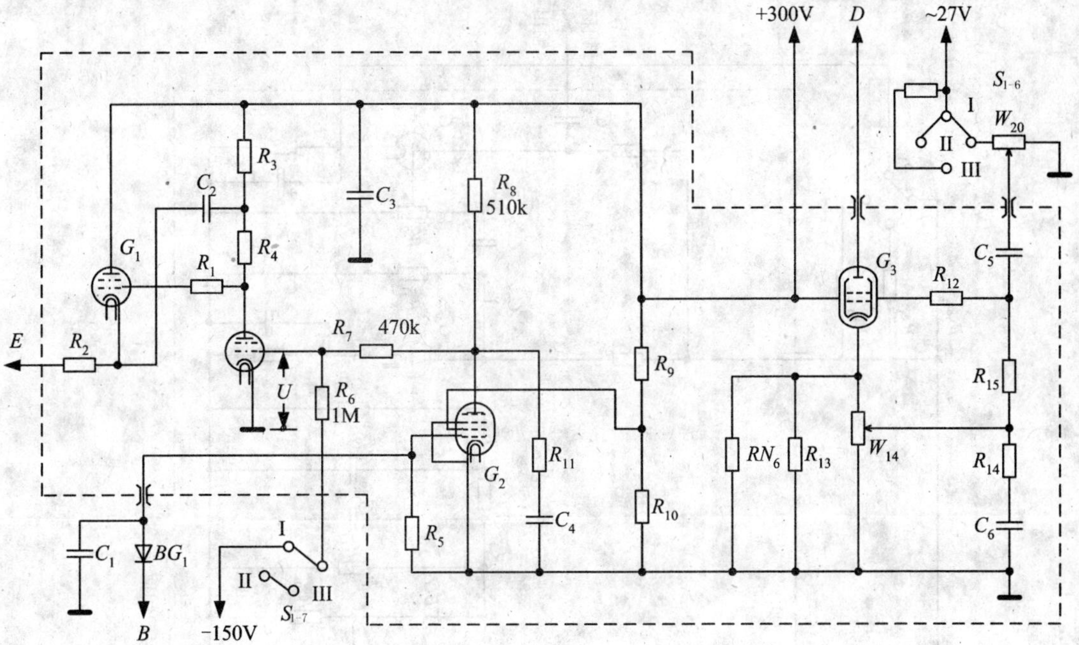

图 8-3-5　调制、稳幅电路

使振荡器电源减小，振荡减弱，从而阻止了振荡加强。反之亦然，所以起到幅度稳定作用。两级直流放大器增益很高，单看 G_2 这一级，五极管 6S5 跨导 S = 9mS，板极负载 $R_a' = R_8 /\!/ (R_5 + R_6) = 380\text{k}\Omega$，则放大倍数 $K = \frac{U_0}{U_i} = SR_a' \cdot \frac{R_6}{R_5 + R_6} = 2\,325$（倍），考虑到三极管部分还可以放大几十倍，总增益可达到十万倍左右，因此幅度稳定性是很高的。

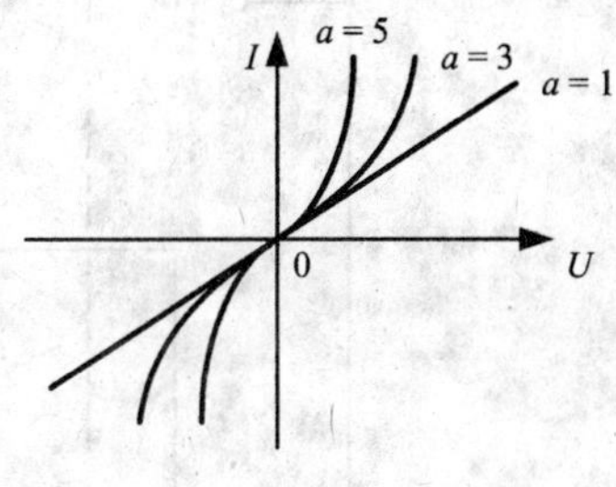

图 8-3-6　压敏电阻伏安特性

图 8-3-5 中 R_9、R_{10} 为五极管帘栅极供电电路，有一定的负反馈作用。R_{11}、C_4 有相位校正作用。R_3、R_4 为三极管放大器板极负载，C_2 有负反馈作用可防止寄生振荡，R_1 为限流电阻。R_6 经开关 S_{1-7} 接两组可调的 −150V 电压，调节 −150V 可校正振荡幅度，应使输出幅度大于 $0.1V_{rms}$，并使 Ⅰ、Ⅱ、Ⅲ 波段扫频信号幅度基本一致。

四、频标电路

频标电路如图 8-3-7 所示。双三极管 G_1 组成两个晶体振荡器，左管振荡在 1MHz，晶体工作在并联谐振频率等效为电感，利用 G_1 板栅跨路电容 C_{ag}，晶体振荡器等效电路如图 8-3-8(*a*)所示。振荡频率决定于晶体并联谐振频率 f_p，当板极并联回路 C_2、C_3、L_1 的谐振频率 $f_{o1} = \frac{1}{2\pi\sqrt{(C_2 + C_3)L_1}} > f_p$ 时，并联回路呈感性，微调 C_3 可以做到这一点，此时电路等效成哈特来振荡器，因而能产生正弦振荡，振荡信号由 C_6 耦合输出。

G_1 右管为 10MHz 晶体振荡器，等效电路如图 8-3-8(*b*)所示。晶体等效为电感，并且与 C_4 并联后总阻抗仍然呈感性，考虑 C_5 和板阴电容 C_{ok}，则电路等效为考毕兹振荡器，振荡信号由 C_7 耦合输出。

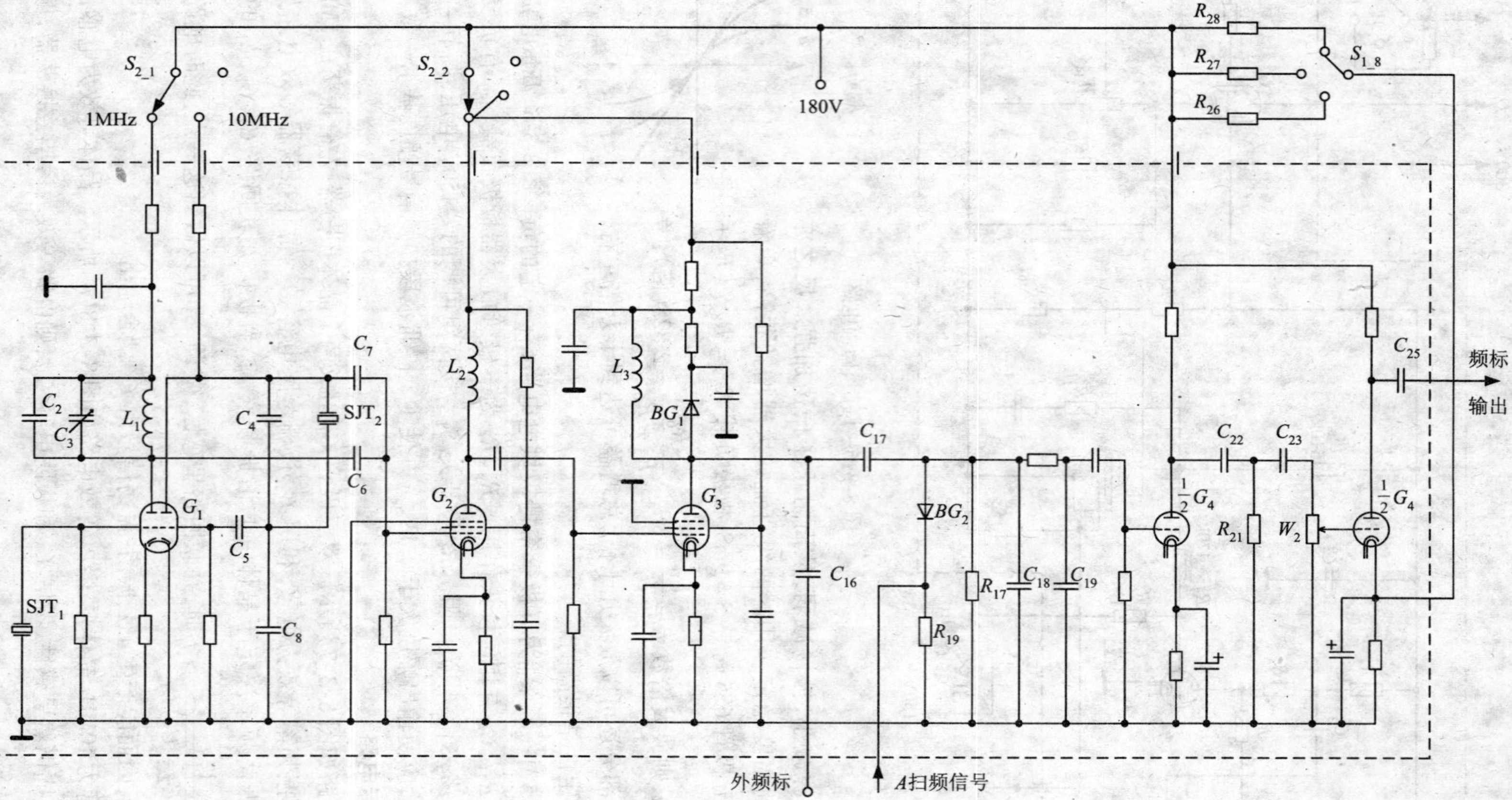
S_{2_1}
1MHz
10MHz
S_{2_2}
180V
R_{28}
R_{27}
R_{26}
S_{1_8}
C_2
C_3
L_1
C_4
C_7
SJT_2
C_6
G_1
C_5
C_8
SJT_1
L_2
G_2
L_3
BG_1
G_3
C_{16}
C_{17}
BG_2
R_{19}
R_{17}
C_{18}
C_{19}
C_{22}
C_{23}
$\frac{1}{2}G_4$
R_{21}
W_2
$\frac{1}{2}G_4$
C_{25}
频标
输出
外频标
A扫频信号

图 8-3-7　频标电路

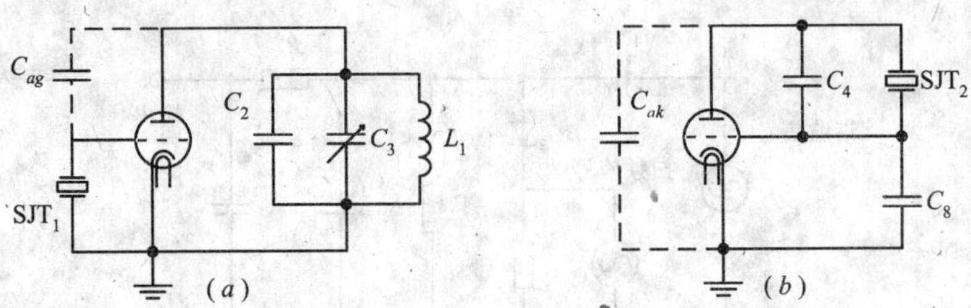

图 8-3-8　晶振等效电路

G_2、G_3 部分为谐波发生器，目的是获得大量谐波信号。G_2 板极负载采用电感 L_2 和分布电容组成的激振电路，在输入信号激励下，板极产生衰减振荡，然后经 G_3 形成窄脉冲，G_3 负载除了电感 L_3 和分布电容外还接入阻尼二极管 BG_1，所以输出负脉冲，对应框图和波形如图 8-3-9 所示。设输入为 1MHz 正弦波，则 G_2 输出 U_s 为周期 $1\mu s$ 最大幅度 $30V_{pp}$ 的衰减振荡信号，经 G_3 整形输出 U_o 为负尖脉冲，脉宽 $0.1\mu s$、幅度 $15V_{pp}$、周期 $1\mu s$，脉冲越窄谐波分量越丰富，在脉冲前沿小于 2ns 时，可获得 400MHz 以上的谐波。本仪器最高工作频率为 300MHz，因此足够应用。

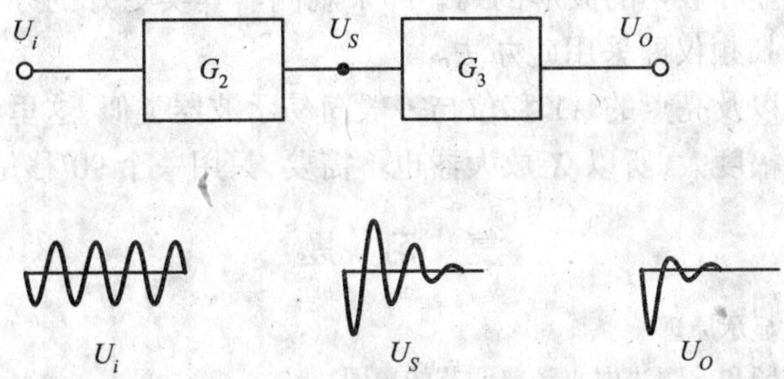

图 8-3-9　谐波发生器波形

外接频标从面板上经 C_{16} 输入，此时 2×3 开关 S_2 将晶体振荡器和谐波发生器电源切断。

谐波信号经 C_{17} 加到混频二极管 BG_2 正端，扫频信号加到二极管负端，如图 8-3-10 所示。形式上相当于并联检波器（检波器亦可完成混频作用），利用二极管的非线性，电流中出现谐波信号与扫频信号的差频信号，并在负载 R_{17} 上形成电压，电流中还有“和频”及各种高次谐波，它们经 π 型低通滤波器 C_{18}、C_{19}、R_{16} 滤波，因而混频器只输出差频信号。此信号经双三极管 G_4 进行两级放大，两级放大器之间 C_{22}、C_{23}、R_{21}、W_2 组成高通滤波器，使放大器通频带在 10～100kHz 之间，放大器输出频标信号经 C_{25} 耦合去显示电路 W_{22} 调节频标信号幅度。为了使各波段输出幅度一致，用开关 S_{1-8} 和电阻 R_{26}、R_{27}、R_{28} 改变输出管的阴极电路，用改变工作点的方法校正放大倍数。

五、显示电路

扫频仪的显示电路包括垂直放大器、显像管及其供电、XY 移位电路、钳位电路等。垂直放大器由两级放大器组成，两级放大器都采用三双极管。第一级放大器半只管放大待测信号，另半只管放大频标信号，两种信号经放大后均加到第二级放大器栅极，因而使两种信号叠加。第二级放大器是单端输入差分输出的差分放大器，以满足 Y 偏转板对信号的对称性要求。叠加信号经钳位电路后加到 Y 偏转板。钳位电路的目的是使幅频曲线的零线（参考电平）恒定。由于放大器中存在隔直电容，使输入信号在有直流分量时经隔直后直流分量消失，只输出纯交

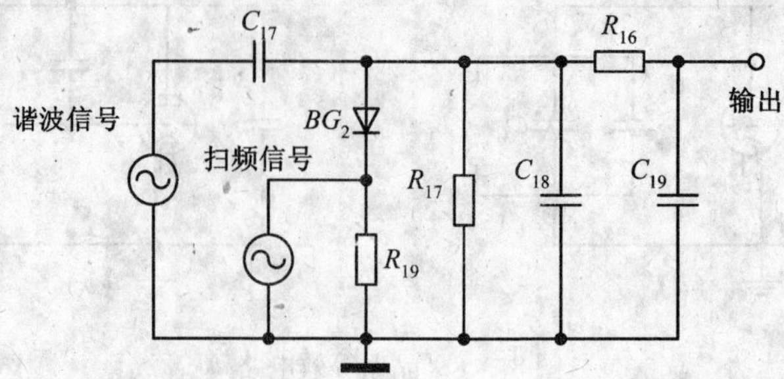

图 8-3-10　混频器电路

流分量。例如测试单调谐放大器时,直流分量消失后,显示的谐振曲线将叠加在零线上,一部分在零线之上,另一部分在零线之下,这是我们不希望的。要想使幅频曲线在零线之上则应恢复直流分量。钳位电路完成直流分量的恢复。然而,如果待测信号是纯交流信号,则钳位电路是不需要的,而且由于钳位二极管的存在,纯交流的幅频曲线上部顶端被限幅,例如观测鉴频器的 *S* 曲线时情况就如此。由于波形下部完成,因此简单的办法是在第二级差分放大器输出端加一个倒相开关,将上部被切的波形倒到下部来观测。其实更好的办法是用开关将钳位管断开,改进的 BT－3 型扫频仪即采用此办法。

示波管及其馈电,以及亮点的 *XY* 移位与一般简易示波器类似,这里不重复。关于 *X* 系统由于用市电扫描,信号幅度大,所以 *X* 放大器也不需要,只用一个 90°移位器,电路很简单。

复　习　题

1. 说明幅频特性曲线显示原理。
2. 比较差频法宽带扫频和差频法中心频率调节的异同。
3. 说明磁调电感法调频原理。
4. 画出变容管调频电路,说明调频原理。
5. 比较变容管调频和磁调频的优缺点。
6. 菱形频标是如何产生的?
7. 试画出针形频标产生框图。
8. 分析 BT－3 型第Ⅰ波段主振电路,说明工作原理。
9. BT－3 型第Ⅱ波段信号是如何产生的?
10. BT－3 型第Ⅲ波段信号是如何产生的?
11. 画出菱形频标电路,说明工作过程。
12. 分析 BT－3 型显示电路。

第九章　晶体管特性图示仪

§9－1　概　述

晶体管特性图示仪用于测量晶体管的静态特性曲线和参数。由于晶体管的一致性差，实际晶体管的特性和手册中给出的特性相差甚远，使用前必须进行测试。因此图示仪成为制造和使用晶体管的工厂和实验室中最基本的设备之一。

晶体管特性图示仪不仅可测晶体管，也可用于测试电阻、各种二极管、场效应管、可控硅、双基极管和数字集成电路（如与非门的转换特性）等。

国产晶体管特性图示仪有 JT－1 型、QT－1 型、QT－2 型、QT－14 型和 QT－15 型等型号，JT－1 型是电子管仪器，历史悠久，性能稳定，目前仍在使用，其他是晶体管仪器，QT－1型目前已不生产，QT－2、QT－14 型与 JT－1 结构类似。

图示仪的主要用途是测试晶体管。晶体管有 NPN 型和 PNP 型两种类型，其供电电源极性相反，因此图示仪中采用了多处极性转换开关。晶体管接法有共射极、共基极和共集电极三种，每一种接法都可以测量其输入特性、输出特性以及各种形式的击穿特性，反相电流等，因此总计有二十几种曲线，但由于这些特性曲线描绘的是同一晶体管的外部特性，即输入电流、输入电压和输出电流、输出电压之间的关系，其内部机理不因外部联接方式不同而异，因此各曲线之间是有内在联系的，这表明没有必要测量所有曲线，实际上只有共射极和共基极输入特性、输出特性和击穿特性比较实用，其中尤以共射极输出特性曲线应用最广。晶体管常用参数有电流放大系数、输入阻抗、反向电流和击穿电压等，这些参数均可通过显示的特性曲线和开关度盘示值读出。

图示仪除了测量晶体管外，在场效应管的测试上应用越来越多，因此图示仪除了提供晶体管测试所需的信号电流外，还提供场效应管测试所需的信号电压。

§9－2　图示仪的基本原理

一、测试原理

以 NPN 管共射极输出特性曲线测试为例。用描点法测量这一组曲线时，第一步将基流取定为 I_{b1}，改变 U_{ce} 值，每取定一个 U_{ce} 可测出一个相应的 I_c，这样可获得一组数据。第二步将基极电流保持恒定在 I_{b2}，U_{ce} 从 0 调到最大，获得第二组数据，然后重复以上步骤，则获得多组数据，最后在坐标纸上作图。显然此种方法是十分麻烦的。

要想在示波管屏幕上直接显示输出特性曲线，则必须解决如下问题。

(1) U_{ce} 为周期性信号，称为集电极扫描电压，它在送到待测管集电极的同时，送到示波管水平偏转极，使亮点在屏幕上水平扫开。

(2)将 I_c 随 U_{ce} 而产生的变化转换为电压后送到示波管，转换方法是让 I_c 流过标准电阻 R_s，R_s 称为取样电阻或检测电阻，R_s 的数值要小，以免 R_s 的接入影响电路状态而带来测试误差，R_s 小转换后的电压 U_s 也小，必须经过 Y 放大器放大，再送到示波管 Y 偏转极。

(3)在 U_{ce} 每一次扫描时刻内(U_{ce} 由 0 到最大)I_b 要保持恒定，这样亮点自左向右扫出一条曲线，U_{ce} 扫描结束时迅速回零，I_b 数值立即加大，然后保持恒定，以便显示第二条曲线，如此等等。因此 I_b 必须是阶梯波，而且它和 U_{ce} 之间必须保持步调一致，如图 9-2-1(a)(b)所示，(c)为屏幕上显示波形。仔细分析(a)(b)图很易发现，I_b 的阶跃时刻关键是在 U_{ce} 回到最小值的那一瞬间，以保证每一次 U_{ce} 开始上升时 I_b 已是新的数值，这样就可使所有曲线交于零点。至于 U_{ce} 正扫时是否是直线，回扫时是否很快实际上并不影响结果，这是因为测试曲线时只要求得到在某一 I_b 下 I_c 和 U_{ce} 的一一对应值，而对 U_{ce} 并不要求均匀时间间隔取值。回扫速度如果很高，则亮点立即跳回，如果回扫速度不高，只要 I_b 保持不变，亮点将顺着曲线返回原点。严格地讲，正扫和回扫时由于存在相移，显示的曲线并不绝对重合，但实际上在一般 mA 级电流测量时偏差甚小。根据以上分析可知，U_{ce} 只要能把亮点在水平方向周期性扫开即可，因此最简便的方法是 U_{ce} 采用正弦波，但 I_b 在正弦波最低电位时阶跃，由于正弦波最低电位处变化较平缓，用它触发阶梯波产生阶跃，甚精确度较差，为此 U_{ce} 改用全波整流波形，如图 9-2-2 所示，一个扫描周期 T_c 对应一个 I_b 值，在屏幕上显示一条曲线。T_b 表示扫完一组曲线所需时间。U_{ce} 通常采用 50Hz 的市电全波整流成 100Hz 的全波整流波形。

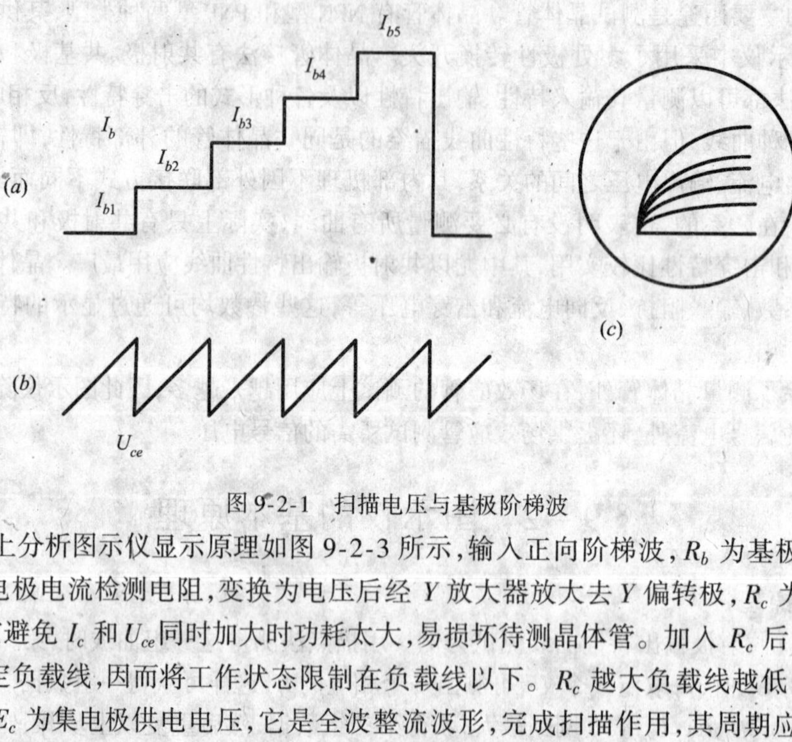

图 9-2-1　扫描电压与基极阶梯波

根据以上分析图示仪显示原理如图 9-2-3 所示，输入正向阶梯波，R_b 为基极电流限流电阻，R_s 为集电极电流检测电阻，变换为电压后经 Y 放大器放大去 Y 偏转极，R_c 为集电极功耗限制电阻，它避免 I_c 和 U_{ce} 同时加大时功耗太大，易损坏待测晶体管。加入 R_c 后 I_c 加大则 U_{ce} 减小，R_c 决定负载线，因而将工作状态限制在负载线以下。R_c 越大负载线越低，显示曲线面积则越小。E_c 为集电极供电电压，它是全波整流波形，完成扫描作用，其周期应与阶梯波相符合。

根据图 9-2-3 原理图原则上可以显示晶体管特性了，实际上还有一些问题需要进一步讨论。

1. 显示线数与扫描频率问题

由图 9-2-3 可见，阶梯周期 T_b 与扫描周期 T_c 关系为 $T_b = nT_c$，即频率 $f_c = nf_b$，n 为正整数，它表示显示的线数，即阶梯波一个周期内的台阶数，图 9-2-3 中 $n = 5$。f_b 的取值不得太低

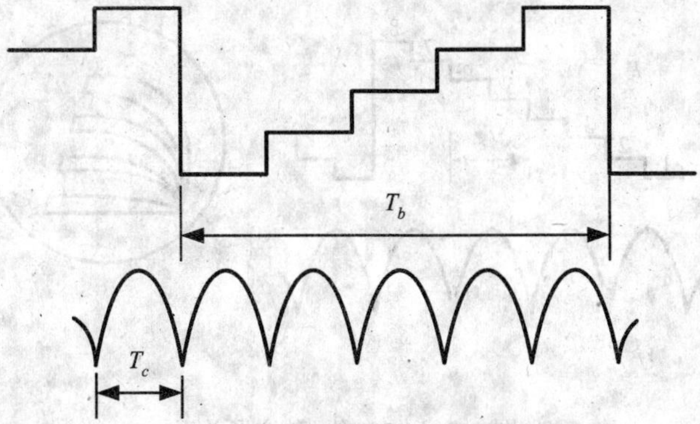

图 9-2-2　全波整流波形

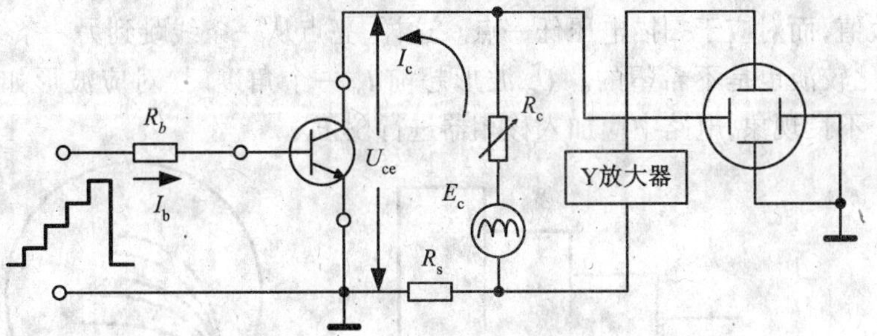

图 9-2-3　晶体管特性图示法原理

也不宜过高。f_b 的最小值受示波管荧光屏余辉时间的限制，中余辉示波管余辉时间最长为 0.1s，则 T_b 不得大于 100ms，即 f_b 不小于 10Hz，若显示五条线则 $T_c = 20ms$，即 $f_c = 50Hz$，这正好是市电频率。由于实际的集电极扫描电压由市电全波整流获得，即扫描频率 $f_c = 100Hz$，周期 $T_c = 10ms$，这是一条线的显示时间。因此 $T_b = 100ms$ 时，可以显示 10 条曲线，而不会感到波形有显著的闪烁，此时每秒显示 100 条线，故称为 100 级/秒。但是实际图示仪的最大线数可能不止 10 条，而余辉时间又小于 0.1s，因此曲线还可能闪烁，为此，在一个扫描周期 T_c 内对应两个 I_b 值，即一个扫描周期内扫出两条曲线，对应波形关系如图 9-2-4 所示。此时阶梯波的阶跃时刻发生在扫描电压最小值(坐标原点)和最大值处(曲线最右端)，一条线的显示时间为 5ms，若显示 10 条线则 $T_b = 50ms$，阶梯重复频率 $f_b = 20Hz$，与 100 级/秒相比，阶梯频率提高了一倍，因而使闪烁减弱到不显眼的程度。此时每秒显示 200 条线，称为 200 级/秒。显示曲线由第一条变到第二条，第三条变到第四条等等，是亮点在扫描最大值时刻跳变，因此两线在右端相连，不过 I_b 的阶跃是很快的，所以这种阶跃连线不很显眼，对观测影响不大。实际图示仪中可用消隐电路将这些连线消隐掉。从闪烁现象考虑，f_b 取得高一些好，f_b 高则显示曲线稳定清晰。但 f_b 高 f_c 也要相应提高，扫描电压由市电获得，f_c 是固定的，要提高 f_c 除非另行制作扫描发生器。在测试大功率管或高反压管时，扫描发生器要提供高达几十安或几百伏的电压，这种输出大电流或高电压的扫描发生器制作困难，很不经济，远不如采用市电扫描有利，所以 f_b 还是不提高为佳。

2. 集电极扫描电压与阶梯波同步

由于集电极扫描电压由市电获得，为了同步，阶梯波也由市电经变换后获得，这样可保证 f_c 与 f_b 之间始终维持正整数关系，然而，由于电路中存在引线电感或分布电容等电抗性元件，

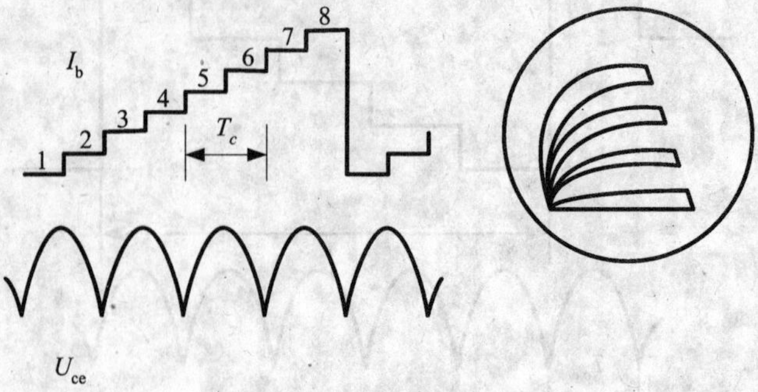

图 9-2-4　200 级/秒波形关系

阶梯波与扫描电压之间难免出现相移，这就使阶梯波阶跃时刻既不对应于扫描电压最小值，也不对应于最大值，而对应于扫描电压任一点。这样，亮点从一条线跳到另一条线时是在中间某处，尽管连线比较淡也是不希望的。U_{ce}波形超前 I_b 一个角度时，对应波形如图 9-2-6 所示。为了克服这一不良现象，电路中应加入移相器进行校正。

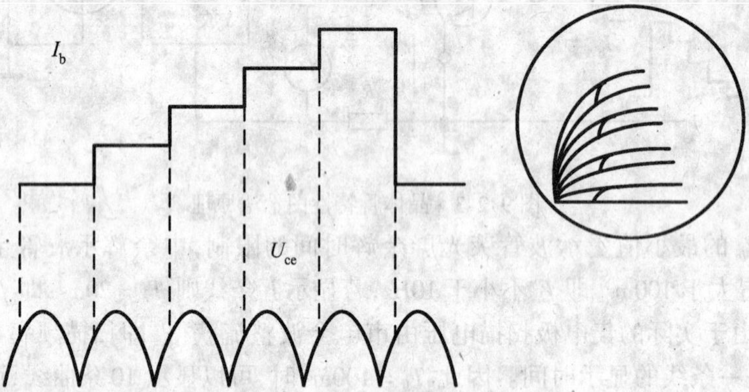

图 9-2-5　有相移时的波形关系

3. 测试转换

图示仪不只测试输出特性，它还要测试其他各种特性曲线，这样就不能如图 9-2-4 那样把电路接死，而要通过测试转换开关选择任两个量送到示波管去显示。当晶体管为共射接法时，有 I_b、U_{be}、I_c 和 U_{ce}四个量。固定 I_b，示波管显示 $I_o \sim U_{ce}$关系即为输出特性；固定 I_b 示波管显示 $U_{be} \sim U_{ce}$关系，则获得电压反馈特性；固定 U_{ce}，示波管显示 $I_b \sim U_{be}$关系即为输入特性；固定 U_{ce}，示波显示 $I_b \sim I_c$ 关系则为电流放大特性。根据类似方法，将基极接地，则可以测出共基极接法的四种特性。至于其他待测器件都可以考虑成四端网络，此时有输入电流 I_1、输入电压 U_1、输出电流 I_2、输出电压 U_2 四个参数，固定其中一个参量，可测出另外三个量中的两个参量之间的关系。如果是电阻、二极管等二端器件，只有电流电压两个参量，测量其电流电压关系就更简单了，三极管击穿电压及反向流的测量也与二极管相同。

二、图示仪基本方框图

图示仪基本方框图如图 9-2-6 所示，输入 220V50Hz 市电，经变压器后分为两路输出，一路到集电极扫描电压电路，产生周期 10ms 的全波整流形扫描电压。另一路到阶梯波发生器，产生每个阶梯 10ms 或 5ms 的阶梯信号。基本框图包括七部分。

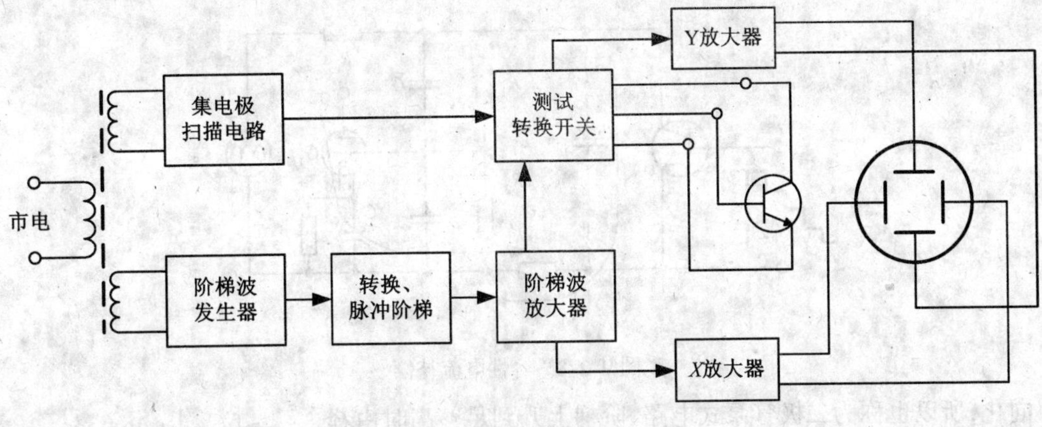

图 9-2-6　图示仪基本框图

1. 集电极扫描电路

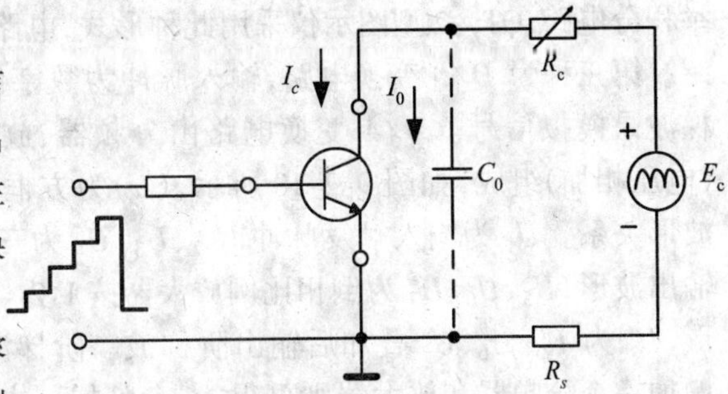

图 9-2-7　容性电流

其主要电路是一个全波整流器，输入信号由自耦变压器提供，自耦变压器可将输出电压从零伏调到几百伏，以便测量一般特性或击穿特性。此外电路中的主要内容是转换开关和一系列功耗限制电阻。

本部分电路的主要技术问题是要考虑容性电流的补偿问题。首先是扫描电源输出端的分布电容，还有变压器次级对地的分布电容，由于集电极电压很高，这些分布电容尽管很小，也将产生显著的容性电流影响测量结果。考虑输出分布电容如图 9-2-7 所示，C_0 包括扫描电源和晶体管的分布电容，由于 C_0 的存在，将产生容性电流 I_0，并且 I_0 不是常数，它是随集电极扫描电源而变化的，也就是说 I_0 也是全波整流波形电流，并且它与 I_c 有一定的相位差，I_0 与 I_c 叠加流过 R_s。I_0 的出现带来测量误差，因此要设法消除它，方法是引入一个与 I_0 大小相等相位相反的信号，流过 R_s 将 I_0 补偿掉。基本电路如图 9-2-8 所示。将集电极扫描电压经宽频带分压器 R_1、C_1、R_2、C_2 分压后送到电子管 G_1 栅极，C_2 为电子管输入电容，G_1 板流中产生全波整流波形电流 I'_0，微调 C_3 可校正 I'_0 的大小，应使 I'_0 与 I_0 相等而抵消。G_1 由正电源直流供电。R_3 为扼流电阻。

2. 阶梯波发生器

它包括移相器、触发脉冲形成电路和阶梯波形成电路三部分。输入的 50Hz 正弦信号经全波整流后变为 100Hz 的单向脉动信号(周期 10ms)，然后放大和整形，获得周期 10ms 的负脉冲，这就是触发脉冲，用它就可产生每个阶梯 10ms 的阶梯波。这是扫描阶梯为 100 级/秒的情况。为了获得 200 级/秒，采用两路全波整流、放大和整形电路，获得两个 100Hz 的单向脉动信号，用移相器将这两个信号移相 90°再叠加，即可获得 200Hz 的触发脉冲，对应波形如图 9-2-9 所示，(a)为一路波形，(b)为另一种波形，两路相差 90°，(c)为两路波形叠加，(d)为倒相整形后的输出信号，这就是触发脉冲。

移相器采用桥式电路。阶梯波形成电路有多种形式，一种是密勒积分电路，由二极管完成

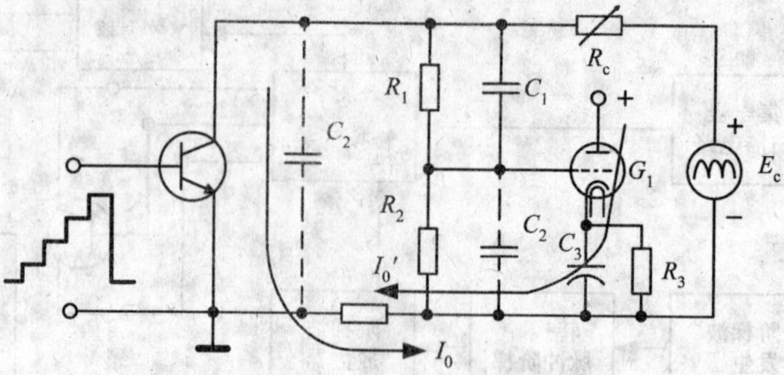

图 9-2-8　容性电流补偿

单向化,所以也称为二极管泵式电路,阶梯上升到足够高时由释择电路完成回零。JT-1 型图示仪采用这种形式。第二种是自举积分电路,QT-2 型图示仪采用此种形式,电路原理下一节介绍。第三种为 D/A 变换电路,输入脉冲为数字信号,变换为阶梯波是模拟信号。D/A 变换电路由分频器、放大器和加法器(电压相加)组成,如图 9-2-10 所示,(a)为方框图,(b)为对应波形关系。U_1 为输入触发脉冲,U_2、U_3、U_4 为三个二分频器的输出波形,U_5、U_6、U_7 为倒相比例放大器按 1:2:4 放大后输出波形,U_8 为 U_5、U_6、U_7 叠加后输出阶梯波。阶梯波为八个阶梯,增加一个分频器和放大器则可得 16 个阶梯。本电路的优点是简单,电路设计及制造方便,缺点是阶梯数不能调节。要想进行调节可加上一个进制可变的计数器在任何阶梯结束时给一个复零信号,使阶梯回零,然后重新积分和计数,这样做使电路复杂化了。QT-1 型图示仪采用阶梯数固定的 D/A 电路,QT-14 型图示仪采用阶梯数可调的 D/A 电路。

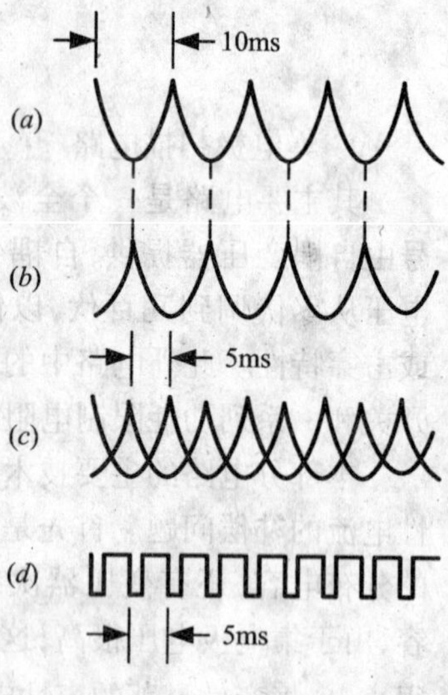

图 9-2-9　200Hz 触发脉冲的获得

3. 转换或脉冲阶梯

这部分电路的作用是可将阶梯波经跟随器输出,也可以变换为脉冲阶梯波再输出。脉冲阶梯波是避免被测管过热的有效方法。图示仪测试时,被测管所受的平均功率和瞬时功率都很大,在不加功率限制电阻时,很易超过晶体管的允许功耗值,对于大功率管由于 I_c 和 U_{ce} 值更大,情况更是如此,特别是最大瞬时功率的影响更为显著,不仅数值大而且持续时间较长,以 10ms 阶梯为例,超过最大瞬时功率的 90% 所对应的时间约为 2ms,因此发热量大,特别是测试时间较长时影响更大。晶体管发热严重时甚至引起晶体管烧毁。一般情况下会带来测试误差,因为晶体管发热时特性曲线要变化,以输出特性为例,温度升高则曲线上移。因此在测试过程中,如用 100 级/秒挡,扫描电压正扫时曲线低,回扫时因温度升高使曲线升高,结果显示闭合曲线如图 9-2-11 所示,称为热滞回线,容性电流也会形成闭合曲线,但热滞问题首先要解决,采用功耗限制电阻可减小发热,但显示曲线面积小,不能显示大电流大电压时的曲线情况。采用"单族"显示方式(相当于通用示波器的单次扫描)虽可显著地减小晶体管过热,但曲线一闪而过,来不及仔细观察和研究。因此比较合理的是采用脉冲测试方法,实现方案有两个:一是基极采用占空比可调脉冲阶梯波,二是采用集电极脉冲扫描法,将全波整流波形变换成间歇三角波。目前国产图示仪主要采用第一方案。

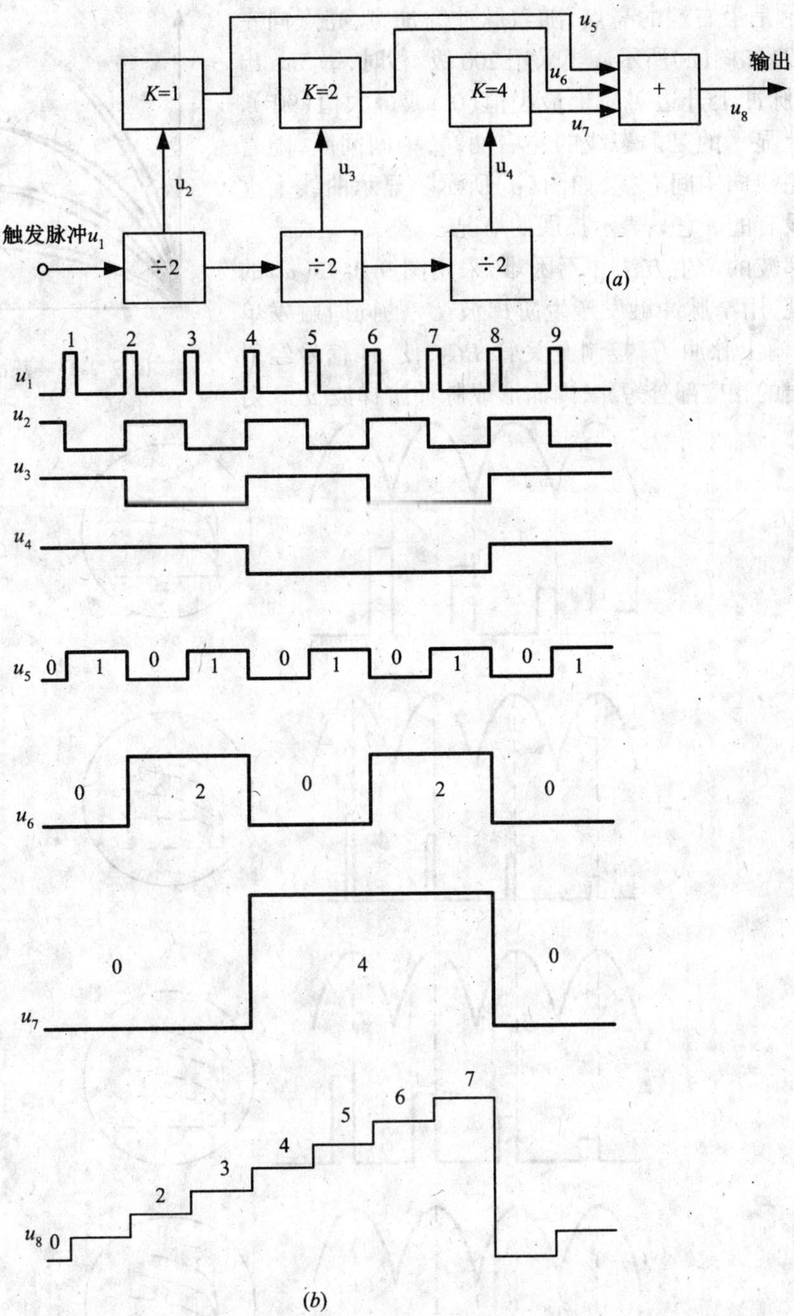

图 9-2-10　*D/A* 变换阶梯波形成

采用脉冲阶梯波测试,晶体管导电时间相对减小,因此被测管的平均功耗大为减小,在脉冲宽度较小时,温度升高问题基本解决,既保护被测管又使测试精确度提高。

采用脉冲阶梯波测试时显示的波形是怎样的呢?先考虑采用 100 级/秒挡(即 10ms 中出现一个阶梯,现在是一个脉冲),这样分两种情况,因为 100 级/秒挡有上下两路电路,上路是不经相移的,脉冲从扫描电压零值出现,对应波形如图 9-2-12(*a*)所示,显示波形从原点向右扩展,脉宽越大扩展也越大。采用下一路 100 级/秒时,脉冲起点对应于扫描电压最大值,如图

(b)所示，显示是最右端的亮点，随着脉冲的加宽，亮点向左扩展成为线段，如图(c)所示。当采用 200 级/秒时，每 5ms 出现一个脉冲，脉冲上升边对应于最小值(0°)或最大值(90°)，因而在屏幕上显示的是静态线的左右两端，中间间断，随着脉冲的加宽亮线向中间靠拢，如图(d)所示。显示曲线上虚线实际上是没有的。它只表示扩展的情况。

脉冲阶梯波的产生方法并不困难，采用图 9-3-13(a)的方法即可实现，用窄脉冲触发产生阶梯波 U_2 的同时触发单稳电路，单稳输出脉冲 U_3 控制开关管 BG_1，使 u_2 信号经射极跟随器输出的相应部分短路，因而形成脉冲阶梯波 u_4。射

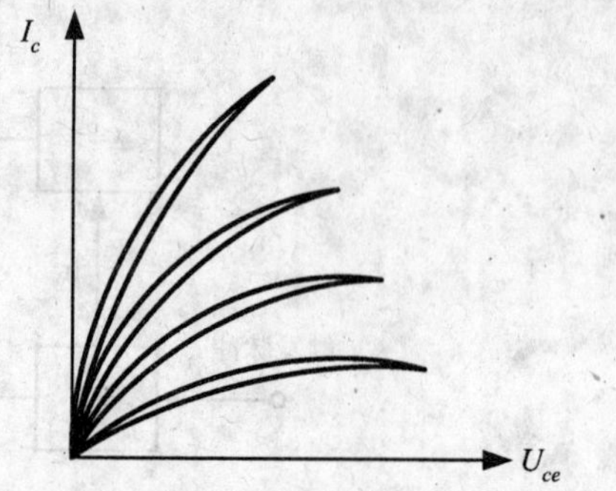

图 9-2-11　热滞回线

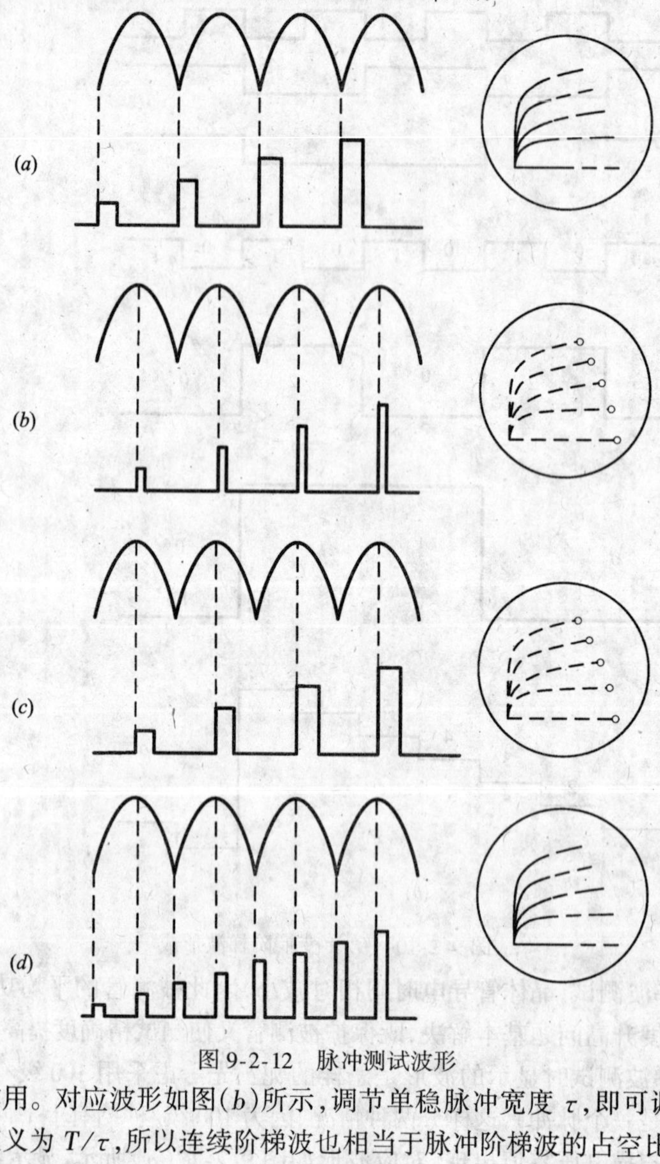

图 9-2-12　脉冲测试波形

极跟随器起隔离作用。对应波形如图(b)所示，调节单稳脉冲宽度 τ，即可调节脉冲阶梯波的占空比。占空比定义为 T/τ，所以连续阶梯波也相当于脉冲阶梯波的占空比为 100% 的情况。

4. 阶梯波放大器

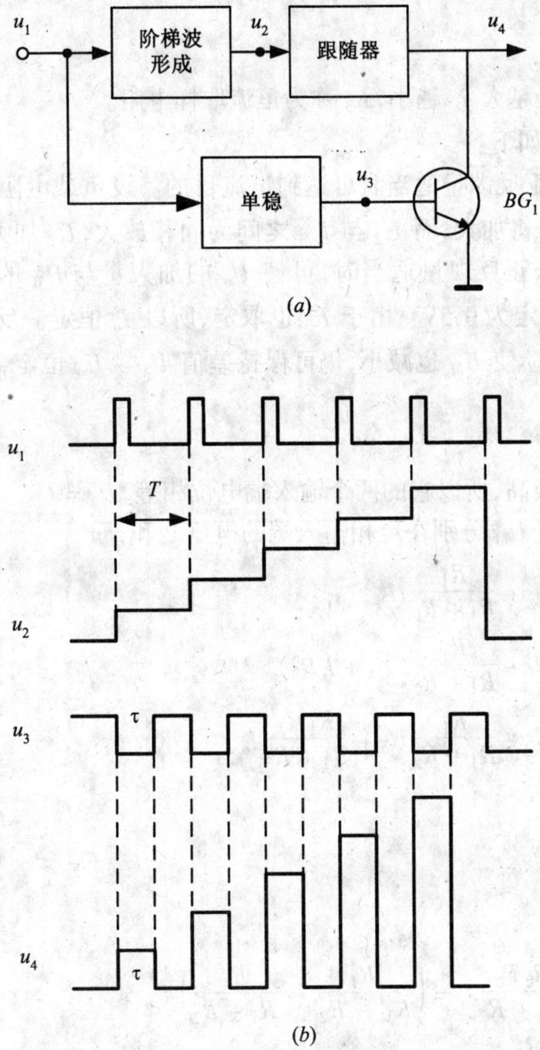

图 9-2-13　脉冲阶梯波产生方法

被测晶体管的输入电阻是阶梯波信号源的负载,输入电阻随晶体管不同而异,这将引起阶梯信号电流的改变。而且晶体管的输入电阻还随注入电流的大小而异,注入电流越大输入电阻越小,这将引起阶梯电流的非线性。以上两点均将造成测量误差,为此要求阶梯信号源是一个恒流源,不受负载变化的影响。阶梯放大器即用于此种目的,它是一个电压－电流变换器,或者说是一个阶梯波恒流输出电路。

由于晶体管有 *PNP* 和 *NPN* 两种类型,*PNP* 管基极抽出电流,*NPN* 管注入基流,因此阶梯电流应可以改变极性。既可以是负极性阶梯电流(抽出电流由零开始越来越大),也可以是正极性阶梯电流(注入电流由零开始越来越大)。

阶梯放大器电路由比例运算放大器和跟随运算放大器组成,如图 9-2-14 所示,A_1 为比例放大器 A_2 跟随器,R_L 为外负载,实用中即晶体管输入电阻。由于跟随器输入阻抗非常大,所以流过 R_3 的电流 I_0 就是流过负载的电流,输出电压 $U_o = I_oR_L$, I_o 应为恒流电流。其关系式为

$$I_o = \frac{U_M - U_o}{R_3} \tag{9-2-1}$$

I_o 随 R_3 而改变，R_3 越大 I_o 越小，R_3 称为恒流取样电阻。

恒流原理定性分析如下。

A_2 为正反馈支路，正反馈量适当时可达到恒流目的。设负载电阻 R_L 加大，若引越 U_o 加大，通过 $R_1'R_2'$ 分压，U_2 将加大，而 U_2 与 U_M 之间为同相放大，U_2 加大 U_M 也加大，这就是说 U_o 加大引起 U_M 的加大，正反馈量适当时，可使 U_o 的加大量与 U_M 的加大量相等，因而差值 $U_M - U_o$ 保持恒定（约恒定为 0.5V），由于 R_3 也取定，所以 I_o 恒定。反之，设 R_L 减小，若引起 U_o 减小，通过 A_2、A_1 反馈使 U_M 也减小，仍可保持差值 $U_M - U_o$ 恒定，因而 I_o 不随 R_L 变化而改变。

下面定量分析。

由于 A_1 开环增益很高，所以它的两个输入端电位相等，$U_1 = U_2$。根据叠加原理，U_1 等于输入信号 U_i 和中间信号 U_M 分别在反相输入端的电压之和，即

$$\begin{aligned} U_1 &= \frac{R_2}{R_1 + R_2} U_i + \frac{R_1}{R_1 + R_2} U_M \\ &= \frac{R_2}{R_1 + R_2} U_i + \frac{R_1}{R_1 + R_2} (U_o + I_o R_3) \\ &= \frac{R_2}{R_1 + R_2} U_i + \frac{R_1}{R_1 + R_2} U_o + \frac{R_1 R_3}{R_1 + R_3} I_o \end{aligned}$$

反馈信号 U_2 为

$$U_2 = \frac{R_1'}{R_1' + R_2'} U_o$$

代入 $U_1 = U_2$，整理得

$$\frac{R_2}{R_1 + R_2} U_i + \frac{R_1 R_3}{R_1 + R_2} I_o = \left(\frac{R_1'}{R_1' + R_2'} - \frac{R_1}{R_1 + R_2} \right) U_o$$

取 $R_1 = R_1'$；$R_2 = R_2'$；

或
$$\frac{R_1'}{R_1' + R_2'} = \frac{R_1}{R_1 + R_2} \tag{9-2-2}$$

可得
$$I_o = -\frac{R_2}{R_1 R_3} U_i \tag{9-2-3}$$

由此式可见，输出电流 I_o 与负载 R_L 无关，R_1、R_2、R_3 和 U_i 取定时 I_o 恒定，改变 R_3 可调节 I_o 的大小。当 U_i 取正值时（正极性阶梯电压）、阶梯电流 I_o 为负极性，它适用于 *PNP* 管测试。若 U_i 取负值（负极性阶梯电压），则 I_o 为正值，可适用于 *NPN* 管测试。应该说明的是图中 A_1、A_2 要用正负电源供电的集成运放来实现。通常 U_i 取定为正极性，因此图 9-2-14 只适用于测试 *PNP* 管。而用开关转换阶梯放大器接法获得正极性阶梯电流，此时电路如图 9-2-15 所示。A_1 是跟随器，A_2 为同相运算放大器，通过 R_4、R_5 分压负反馈，所以增益大于 1。

电路形成正反馈环，反馈量适当时 I_o 恒定。可作近似计算：

$$U_1 = U_M = U_o + I_o R_3$$

$$U_2 = \frac{R_2}{R_1 + R_2} U_i + \frac{R_1}{R_1 + R_2} U_N \qquad U_N \cdot \frac{R_5}{R_4 + R_5} = U_o$$

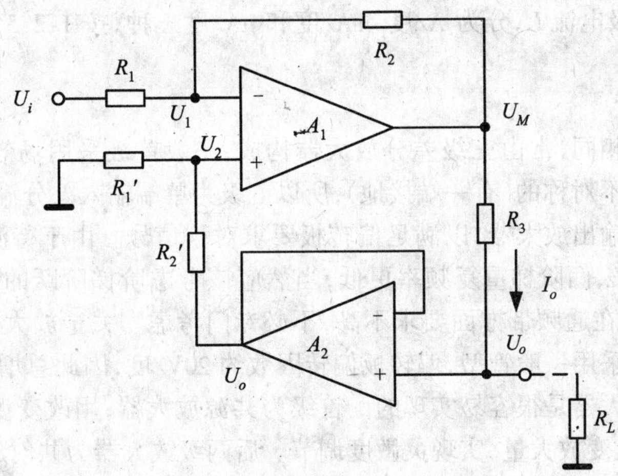

图 9-2-14 阶梯波放大器(负极性)框图

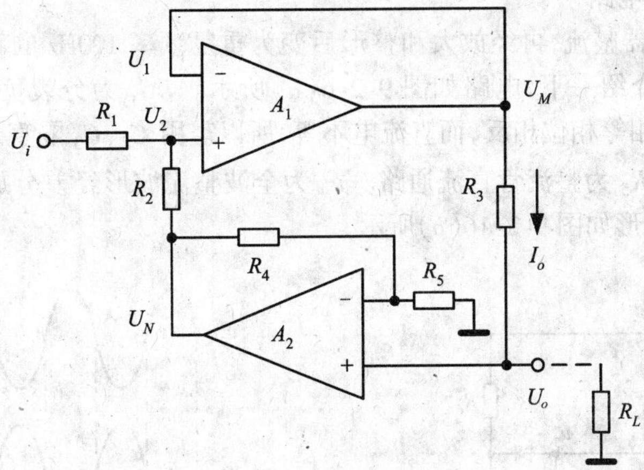

图 9-2-15 阶梯波放大器(正极性)框图

$$\because \quad U_1 = U_2 \quad \therefore U_o + I_oR_3 = \frac{R_2}{R_1 + R_2}U_i + \frac{R_1}{R_1 + R_2}\cdot\frac{R_4 + R_5}{R_5}U_o$$

$$\therefore \quad I_oR_3 = \frac{R_2}{R_1 + R_2}U_i + \left(\frac{R_1}{R_1 + R_2}\cdot\frac{R_4 + R_5}{R_5} - 1\right)U_o$$

适当选取电阻值,令

$$\frac{R_1}{R_1 + R_2}\cdot\frac{R_4 + R_5}{R_5} = 1 \tag{9-2-4}$$

则

$$I_o = \frac{R_2}{(R_1 + R_2)R_3}\cdot U_i \tag{9-2-5}$$

R_1、R_2 取定,U_i 取正极性,则 I_o 为正阶梯电流(注入负载),改变 R_3 可调节 I_o 大小。

5. 测试转换开关

待测晶体管测试时,输入电流、输入电压、输出电流和输出电压四个参量中有两个要送到示波管。如果是电流则应经检测电阻变换为电压,信号太小则应经放大器放大。送到示波管的信号不是到 Y 偏转就是到 X 偏转板,因此转换开关分为两种,一是 Y 轴作用开关,二是 X 轴作用开关。这两种开关都是多刀多掷手动开关,它除了用于选择不同参量外,还用于更换量程，例如 Y 轴测集电极电流 I_c，分为 A/度、mA/度和 μA/度三种，按 1-2-5 顺序安排，总共有二十余挡。

6. X、Y 放大器

两路放大器电路相同，常由三级差分放大器构成，一般首级采用场效应管以提高输入阻抗。由于待测量都是不对称的（有一端接地），所以首级为单端输入差分输出放大器电路，其他两级为差分输入差分输出放大器，以满足偏转板要求对称信号。由于待测信号频率低，U_{ce} 重复频率最高只有 200Hz，两阶梯重复频率更低，当然应该考虑阶梯阶跃的谐波分量，充其量只到几 kHz，因此放大器在通频带方面要求不高，不必专门考虑。关于放大量，待测信号最小值为 10mV/度。示波管采用一般管型，偏转板偏转因数约 20V/度，因此总增益为 200 倍，这么大的放大量采用三极放大器是很容易实现的。首级为共源放大器，用改变源极电阻的方法改变负反馈的强弱，从而改变放大量，实现灵敏度调节。后两级放大器为共射放大器，放大量固定。

三、图示仪基本电路

1. 触发脉冲形成电路

市电经全波整流器整流，再经放大和整形后变为重复频率 100Hz 的触发脉冲。这里的全波整流器不一般，需介绍一下，电路如图 9-2-6（*a*）所示。BG_1 为分裂负载倒相器，输出电压 u_2、u_3 交流分量大小相等相位相反，而直流电不等，所以需用 C_2、C_3 隔直。BG_7、BG_2 为全波整流管，R_6 为负载，R_4、R_5 为整流管直流通路。u_4 为全波整流波形经差分放大器放大和整形后输出 u_5。各级对应波形如图 9-2-16（*b*）所示。

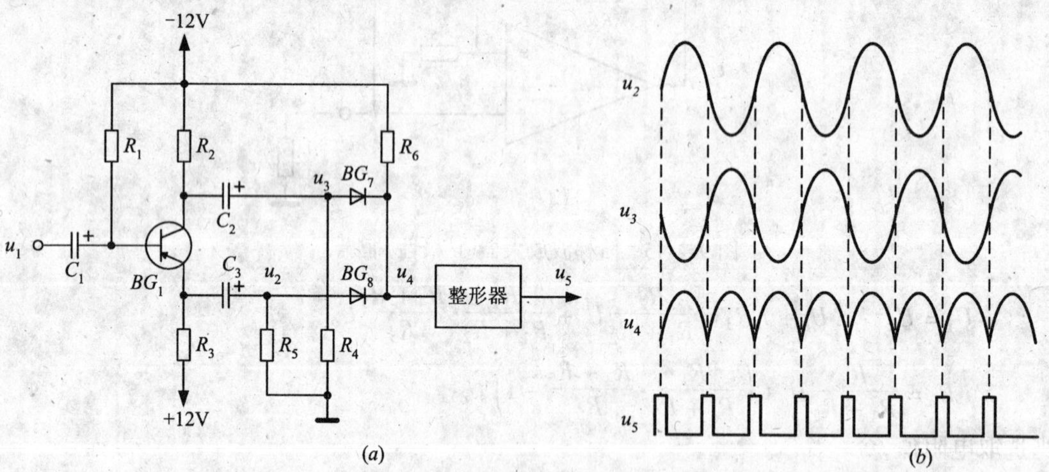

图 9-2-16 触发脉冲形成

2. 阶梯波发生器电路

密勒积分型阶梯波发生器原理和电路，以及 D/A 型阶梯波发生原理，前面已作介绍，这里只介绍一下自举型阶梯波发生器电路和原理。阶梯形成电路如图 9-2-17 所示，C_2 为积分电容。输入正向触发脉冲 u_i 经 C_1、BG_7 向 C_2 充电，在 C_2 上形成阶梯波。BG_1、BG_2、R_1 组成复合射极跟随器，其输入阻抗约为 $(1+\beta)^2R_1$ 数值很高，因此可避免 C_2 充上的电荷被泄放。复合射极跟随器输出阻抗很低，因此负载能力很强，可向多处输出阶梯波信号。C_2 每级阶梯约为 5V，十级阶梯将达到 50V，数值是相当大的，这除了触发脉冲要求足够的幅度和宽度外，跟随器等部分要避免基极电位过高晶体管进入饱和，因此电路上引入 BG_4、BG_5 组成自动升压电路，以保证 BG_1、BG_2 和 BG_3 集射极之间电位恒定。稳压管 BG_5 上电压 U_z 恒定，$U_{ce3}=U_z$，$U_{ce2}=U_z-0.7V$，$U_{ce1}=U_{ce2}-0.7=U_z-1.4V$。$BG_1$ 基极电位上升时 BG_1、BG_2 射极电位跟随上升，则 BG_5 正端电位上升，BG_4 射极电位跟随上升，即 BG_1、BG_2、BG_3 集电极电位随着输出阶梯电压的上升而上升。为了保证阶梯的线性，电路中采用 BG_3、BG_6 组成自举电路，这是一个正反馈支路，C_2 上阶梯电压上升时，正反馈使 BG_7 正极电位也上升，保证 BG_7 的充电电流不变。从本质上来说，在 u_i 对 C_2 充电时，利用 C_2 上电位的升高使 $BG_1\sim BG_4$ 导通均加强，因而 +100V 电源通过 BG_4、BG_3、BG_6、BG_7 向 C_2 补充电流，从而满足大幅度阶梯信号的线性要求。

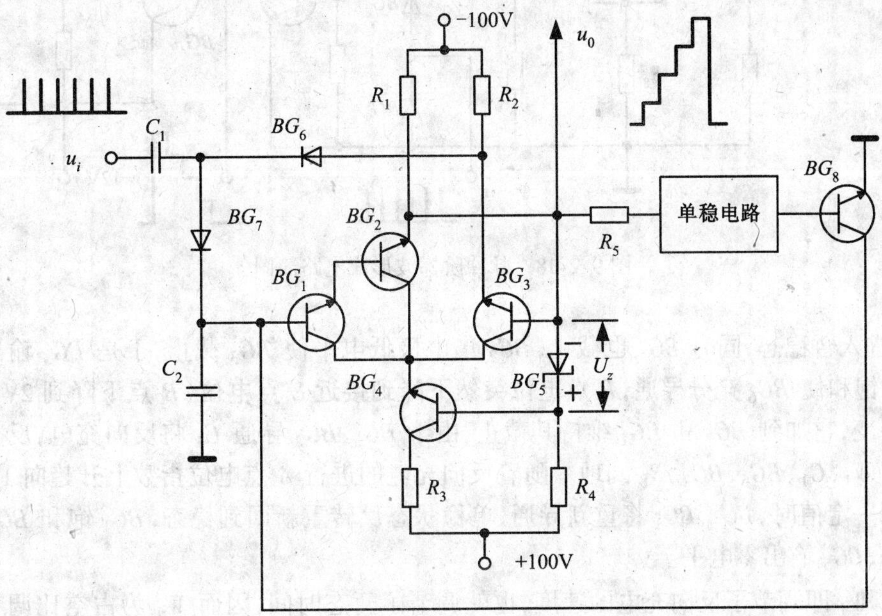

图 9-2-17　自举型阶梯波发生器原理图

释抑电路由单稳态触发器和放电开关 BG_8 组成，当输出阶梯幅度足够大时，单稳翻转 BG_8 饱和，C_2 通过 BG_8 快速放电。

3. 脉冲阶梯波形成电路

脉冲阶梯波形成的简化电路如图 9-2-18 所示。输出 u_3 有阶梯波和脉冲阶梯两种情况。阶梯波输出时 BG_3 是截止的。u_2 经两级跟随器 BG_4、BG_5 输出。脉冲阶梯波输出时，BG_3 工作于开关状态，BG_3 饱和导通时，u_3 为零电平；BG_3 截止时，u_3 跟随 u_2。在一个台阶时刻中 BG_3 的截止时间就是输出脉冲宽度。BG_3 的状态受 BG_2 控制。BG_1、BG_2、$BG_6\sim BG_9$ 组成单稳电路，稳态时 BG_1 饱和导通 BG_2 截止，其集电极高电平使 BG_3 饱和导通，u_3 为零电平。此时 E 点电位（设 BG_1 管压降为零）$U_E\approx\dfrac{R_8}{R_4+R_8}\times 12=0.6V$、$BG_1$ 基极电位约为 $0.6+0.7=1.3V$，此时二极管 BG_7 导通，A 点电位约为 2V，C_1 被充电，充电支路为 +12V 经 R_1、C_1、BG_7、BG_1、R_8 到地，BG_2 截止其集电极电位低于 12V，此时 BG_6 处于弱导通状态，B 点电位接近 12V。因此 C_1 充电稳定后电压约为 10V。

输入正向触发脉冲 u_1，BG_8 单向化电路，BG_9 为负向限幅器，触发后 BG_2 饱和导通 BG_1 截

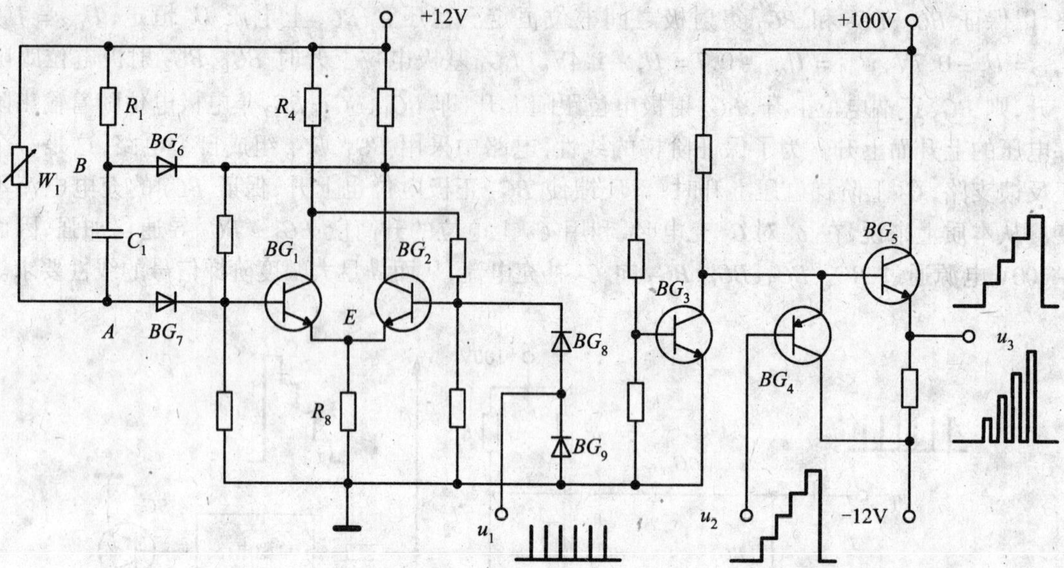

图 9-2-18　脉冲阶梯波形成电路简图

止，电路进入暂稳态，同时 BG_7 也截止，BG_2 集电极低电平使 BG_3 截止，于是 BG_5 输出阶梯脉冲。BG_2 饱和使 BG_6 充分导通，B 点电位突然下降到接近 E 点电位（B 点下降到 2V）C_1 上电压不能突变，它加到 BG_7 和 BG_1 维持其截止，由于 BG_6、BG_2 导通 C_1 将反向充电，反充支路为 +12V 经 W_1、C_1、BG_6、BG_2、R_8 到地。随着反向充电的进行 A 点电位指数上升趋向 12V 电源，实际达到一定值时，BG_7、BG_1 将重新导通，单稳状态反转重新回到稳态，BG_1 饱和 BG_2 截止则 BG_3 饱和，BG_5 输出零电平。

调节 W_1 即调节了反向充电的速度，也就调节了暂态时间，因而 W_1 为占空比调节。以上分析对应波形如图 9-2-19 所示。

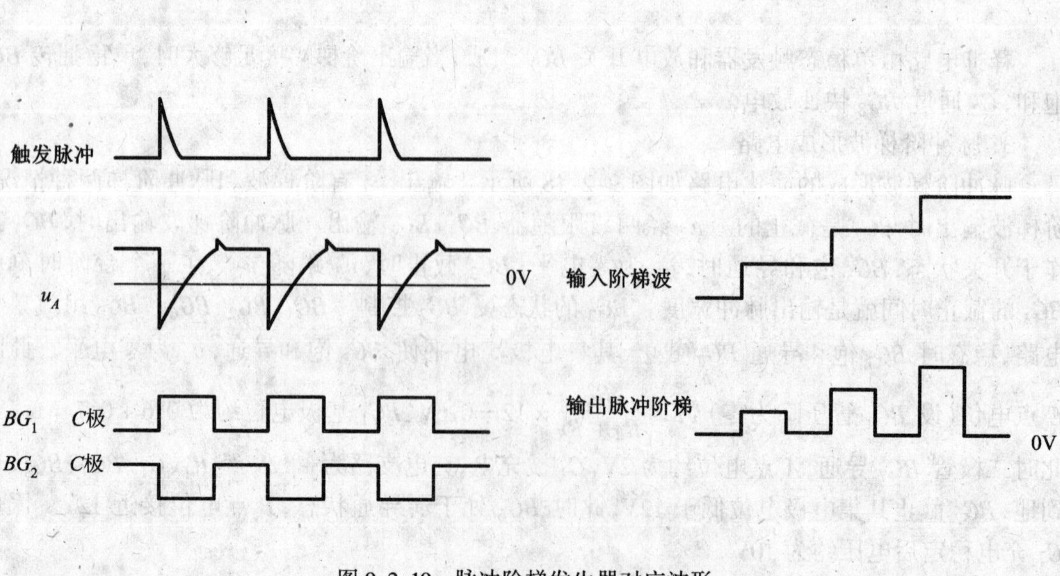

图 9-2-19　脉冲阶梯发生器对应波形

§9-3　QT-2型图示仪电路分析

一、QT-2型图示仪主要性能

1. 集电极扫描电源

(1)输出全波整流电压　分为四挡,正或负连续可调:

输出电压	输出电流
0~10V	50A(脉冲阶梯工作状态)
	20A(平均值)
0~50V	10A(平均值)
0~100V	5A(平均值)
0~500V	0.5A(平均值)

(2)功耗限制电阻　0~100kΩ,按1-2-5顺序分为20挡。

(3)二极管测量　输出电压0~3kV半波形,正向连续可调,最大电流5mA。

2. 基极阶梯信号源

(1)电流范围　1μA/级~200mA/级,按1-2-5顺序分为17挡。

(2)电压范围　0.05~1V/级,按1-2-5顺序分为5挡。

(3)阶梯波形　正常(100%),脉冲(占空比10~40%)连续可调。

(4)每组级数　0~10连续可调。

3. Y轴偏转因数

(1)集电极电流范围　1μA/度~5A/度、按1-2-5顺序分为21挡。

(2)二极管电流范围　1μA/度~500μA/度、按1-2-5顺序分为9挡。

4. X轴偏转因数

(1)集电极电压范围　10mV/度~50V/度,按1-2-5顺序分为12挡。

(2)二极管电压范围　100V/度、200V/度和500V/度3挡。

(3)基极电压范围　10mV/度~1V/度,按1-2-5顺序分为7挡。

二、QT-2型图示仪方框图

QT-2型电路的组成包括集电极扫描电源、基极阶梯信号源、X、Y放大器和示波管部分。由于QT-2型可以测量的器件和器件的特性曲线较多,因此方框图中画上一些开关(简化),如图9-3-1所示。

市电220V输入主电源及电压调节器。主电源产生+250V、±100V和±12V直流电源,同时将50Hz正弦波送到触发脉冲形成级产生触发脉冲,触发阶梯波形成电路,输出连续阶梯波,触发脉冲还送到脉冲阶梯形成级形成脉冲阶梯波,两种阶梯经阶梯选择开关选择输出。然后经阶梯放大器变为恒流源,再经极性转换开关输出正阶梯或负阶梯,达到待测管和X、Y放大器。电压调节器是一只自耦变压器,输出电压可从零调到最大,U_C整流器输出四挡全波整流波形信号,经极性转换后输出I_C(实际再经取样电阻变为电压)送到Y放大器。U_D电源产生最高可达3kV的半波电压,用于二极管测量。U_c或U_D电压送到X轴开关。

图9-3-1方框图仍然以晶体管共射电路测试为例。如测共基电路,待测管应将基极接地,阶梯信号送到发射极。

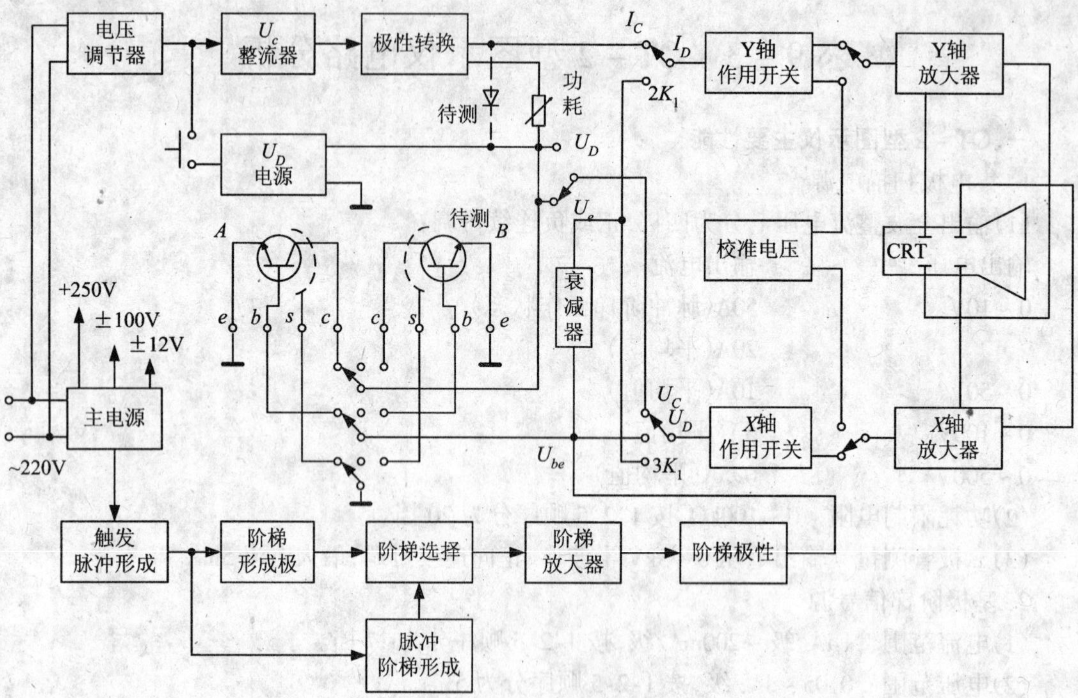

图 9-3-1　QT－2 型方框图

三、阶梯信号发生器

阶梯信号发生器电路如图 9-3-2 所示，包括触发脉冲形成电路、阶梯信号形成电路和释抑电路。输入～50V 市电，经 W_1、W_2、C_1、C_2 组成的桥式移相器两路输出，分别送到分裂负载倒相器 BG_1、BG_2 的基极，调节 W_1 可使输入信号 u_i 与集电极扫描电压同相(0°)，调节 W_2 可使输入信号 u_i 与集电极扫描电压相差 90°。倒相器负载 $R_5 = R_6$、$R_7 = R_8$，R_5、R_6 输出两个幅度相等相位相反的信号经 BG_3、BG_4 整流，在 R_{15}上获得全波整流电压 u_1。同理，R_{13}上获得全波整流电压 u_2。u_1、u_2 相差 90°，u_1、u_2 分别经 BG_7、BG_8 放大，BG_7、BG_8 共负载 R_{17}，因此放大后的信号在 R_{17}上叠加，成为重复频率 200Hz 的单向脉动波形，经 BG_9 跟随后由差分放大器 BG_{10}、BG_{11}整形为尖脉冲，再经 BG_{12}跟随后作为触发脉冲输出。开关 $4S_1$ 为级/秒控制，处于中间位置时，两路整流器工作，输出 200Hz 的触发脉冲，$4S_1$ 打在 100(0°)时，下路整流器不工作，$4S_1$ 打在 100(90°)时上路整流器不工作，因此这两种情况下均输出 100Hz 触发脉冲。

触发脉冲由 C_9、C_{10}、C_{11}分三路输出，输出 Ⓐ去消隐阶跃连线，输出 Ⓑ去脉冲阶梯形成电，第三路输出经 C_{11}加到阶梯形成电路，阶梯形成电路由 BG_{13}～BG_{19}部分构成，BG_{20}～BG_{26}部分构成释抑电路，原理已在图 9-2-17 中说明。BG_{22}、C_{15}及开关 $4S_2$ 的作用分述如下：$4S_2$ 为阶梯作用调节，分为正常、关和单次三种。正常阶梯时，$4S_{2a}$断开 BG_{22}不起作用。"关"阶梯时，$4S_{2a}$接＋12V，BG_{22}导通，使 BG_{23}始终保持导通状态，BG_4 始终截止，即 BG_{25}、BG_{26}导通，因此积分电容 C_{12}始终处于放电状态，无法形成阶梯。当 $4S_2$ 由"关"打到"单次"时，状态不变。但手动按开关 $4S_3$ 时有一个负脉冲通过 C_{15}接入，使单稳 BG_{23}、BG_{24}翻转，BG_{26}截止，C_{12}上积分形成阶梯电压。阶梯上升到足够值时，单稳复位，BG_{23}重新导通，BG_{26}也导通 C_{12}放电，以后状态不变，除非再次按动 $4S_3$，所以在单次挡时，每按动一次形成一次阶梯。

在 C_{12}放电时，即阶梯回扫时刻，BG_{24}集电极输出高电平 Ⓓ，用它可作为回扫消隐信号。

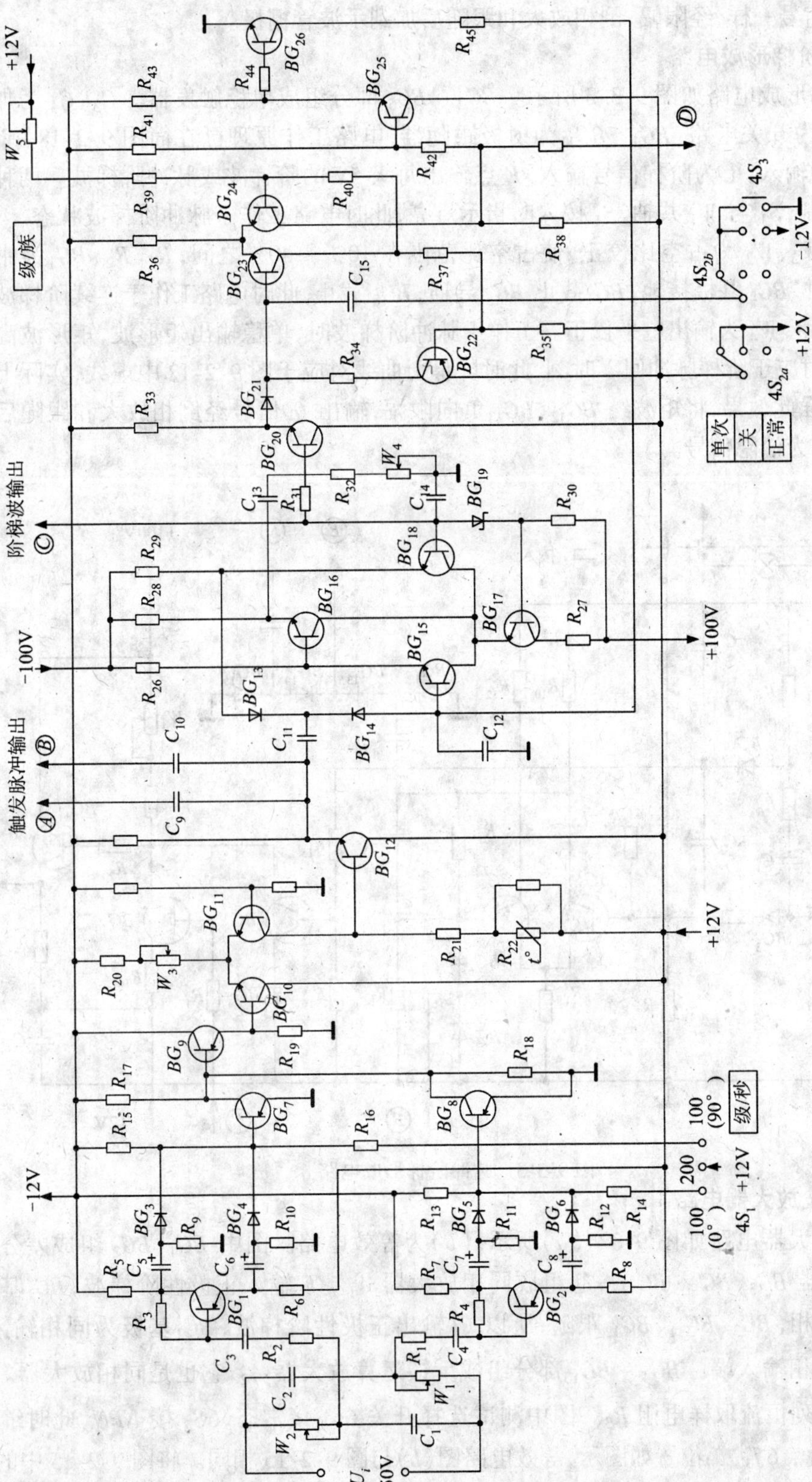

图 9-3-2 阶梯信号发生器

它和 Ⓐ消隐信号一样，经限幅、倒相放大和跟随后加到示波管栅极。

四、脉冲阶梯形成电路

脉冲阶梯形成电路如图 9-3-3 所示。$BG_2 \sim BG_5$ 部分组成单稳触发器。C_3、C_4 为加速电容，BG_8、BG_9 为开关电路，BG_{10}、BG_{11} 为射极跟随器，电路工作原理已在简图 9-2-18 中说明。Ⓑ为触发脉冲输入，Ⓒ为阶梯信号输入，F 点输出每级 5V 的阶梯波或脉冲阶梯波。两种阶梯作用由 S_1 控制，S_1 与 W_1 共轴，S_1 按入时指示灯亮，此时电路工作于脉冲阶梯波状态。W_1 为占空比调节，W_2、W_3 为占空比校正，使占空比范围在 10% ~ 40% 之间，R_1、R_2、BG_1 为钳位电路。S_1 拉出时，BG_4 基极接地，BG_1 截止 BG_5 导通，BG_8 截止，此时电路工作于连续阶梯波状态（占空比 100%），W_4 为输出电平校正。工作于脉冲阶梯波时，单稳输出矩形波，矩形波高电平时，BG_8 导通对应于阶梯脉冲回零时刻，此时屏幕上曲线对应于图 9-2-12 中虚线，实际上应为全黑的，为加强此效果，将矩波经 BG_{12}、BG_{13} 负向限幅，输出 Ⓔ信号经倒相放大和跟随后加到示波管栅极作为消隐信号。

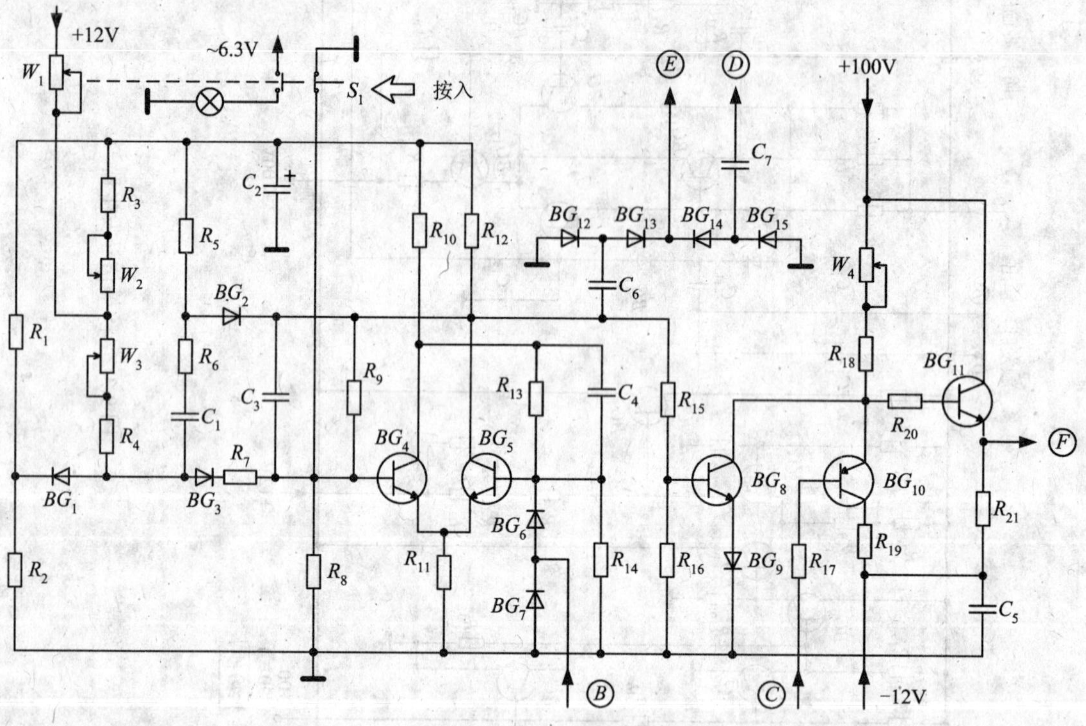

图 9-3-3　脉冲阶梯形成电路

五、阶梯波放大器电路

阶梯波放大器电路如图 9-3-4(*a*)所示，(*b*)为等效电路。图中 BG_1、BG_2 组成差分放大器，它和跟随器 BG_3、BG_{11}、BG_{12}一起组成同相放大器 A_1。F 输入正极性阶梯波，BG_1基极与 BG_2 集电极同相，BG_3、BG_{11}、BG_{12}跟随，所以 Ⓗ输出正极性阶梯波，BG_1基极为同相输入端，BG_2 基极为反相输入端。$BG_4 \sim BG_{10}$部分组成反馈运算放大器 A_2，它也是同相放大器。ⒽⒼ之间另有一系列恒流取样电阻 R_3。图中测试选择开关 $6S_1$ 接常态，$6S_2$ 接 NPN，此时继电器 $6J_1$ 不带电，触点 $6J_{1a \sim d}$位置如图示，等效电路图(*b*)与图 9-2-15 相同。将图 9-2-15 中的 R_1、R_2、R_4、R_5 与本图对照有：$R_1 = R_6 = 29.8\text{k}\Omega$，$R_2 = R_8 + R_{10} = 7.77\text{k}\Omega$，$R_4 = R_{13} = 2.2\text{k}\Omega$，$R_5 = R_{14}$

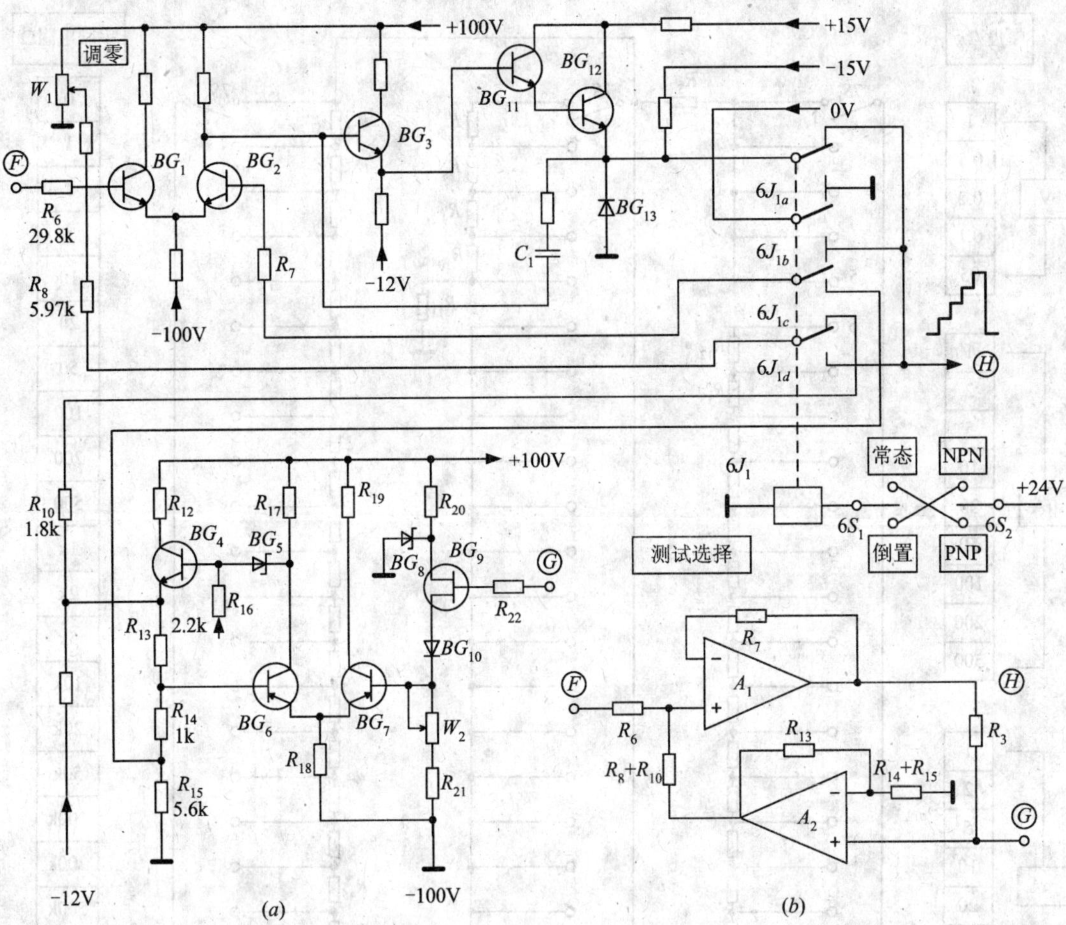

图 9-3-4 阶梯波放大器电路

$+R_{15}=6.6\text{k}\Omega$。代入(9-2-4)式，得

$$\frac{R_1}{R_1+R_2}\cdot\frac{R_4+R_5}{R_5}=1.05\approx 1$$

所以，(9-2-5)式成立，即

$$I_o=\frac{R_2}{R_1+R_2}\cdot\frac{U_i}{R_3}\approx\frac{1}{5}\cdot\frac{U_i}{R_3}$$

Ⓔ点输入 U_i 每阶梯 5V，输入电流 I_o 大小由 R_3 决定。$6S_2$ 接 PNP 挡时，$6J_1$ 工作，触点 $6J_{1a\sim d}$向下接通，BG_{12}射极接地，输出 R_{24}上信号，BG_{12}成为共射放大器，此时等效电路如图 9-2-14 所示。输出负极性阶梯波。

恒流取样电阻及控制开关如图 9-3-5 所示。$7S_1$ 为双刀二十二掷开关，$7S_1$ 前五掷为阶梯电压调节。Ⓗ点接阶梯放大器输出端，送来阶梯电压，经 R_5 和 $R_7\sim R_{11}$分压，再经串联电阻 $R_{28}\sim R_{46}$后输出信号。串联电阻用于测量与非门电路。$7S_1$ 第 6 至第 22 掷为阶梯电流调节，$R_{12}\sim R_{27}$、R_6 为恒流取样电阻。Ⓖ点接阶梯放大器反馈端，ⒿⓀ为阶梯分压输出，$C_1\sim C_3$、R_1、R_2 和 $C_3\sim C_5$、R_3、R_4 是两个 1/10 分压器。

六、集电极扫描电路

集电极扫描电路如图 9-3-6 所示。输入 110V 市电，B_1 为自耦式调压变压器，可将电压从

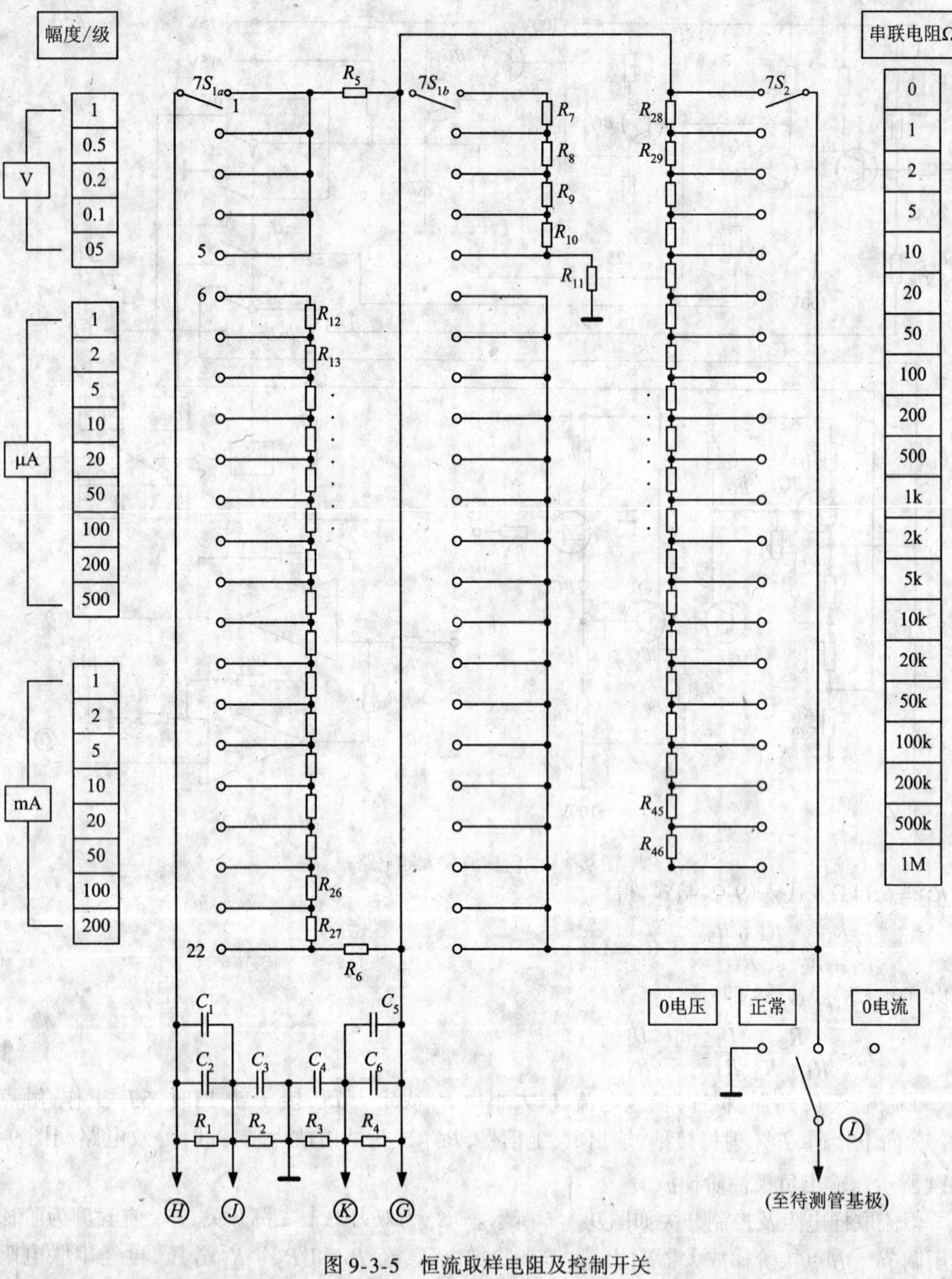

图 9-3-5　恒流取样电阻及控制开关

零调到最大。C_1 为滤波电容抑制干扰信号。图中 $8S_{1a}$ 测三极管时断开，$8S_{1a}$ 接通时 B_3 升压 ($8S_2$ 接通)用于二极管测量。电源变压器 B_2 次级分四组抽头输出 500V、100V、50V 和 10V 电压，测二极管时有 3kV 挡可将补偿电容 C_3 接上，琴键开关 $8S_3$ 有五挡，在相应琴键按下时上部 5 把刀之一向下接通，同时下部 4 把刀之一向上接通。图中 100V 挡已接通。500V 挡由高反压整流管 BG_2、BG_5 全波整流；100V、500V 和 10V 挡由大电流整流管 BG_3BG_4 全波整流，输出全波

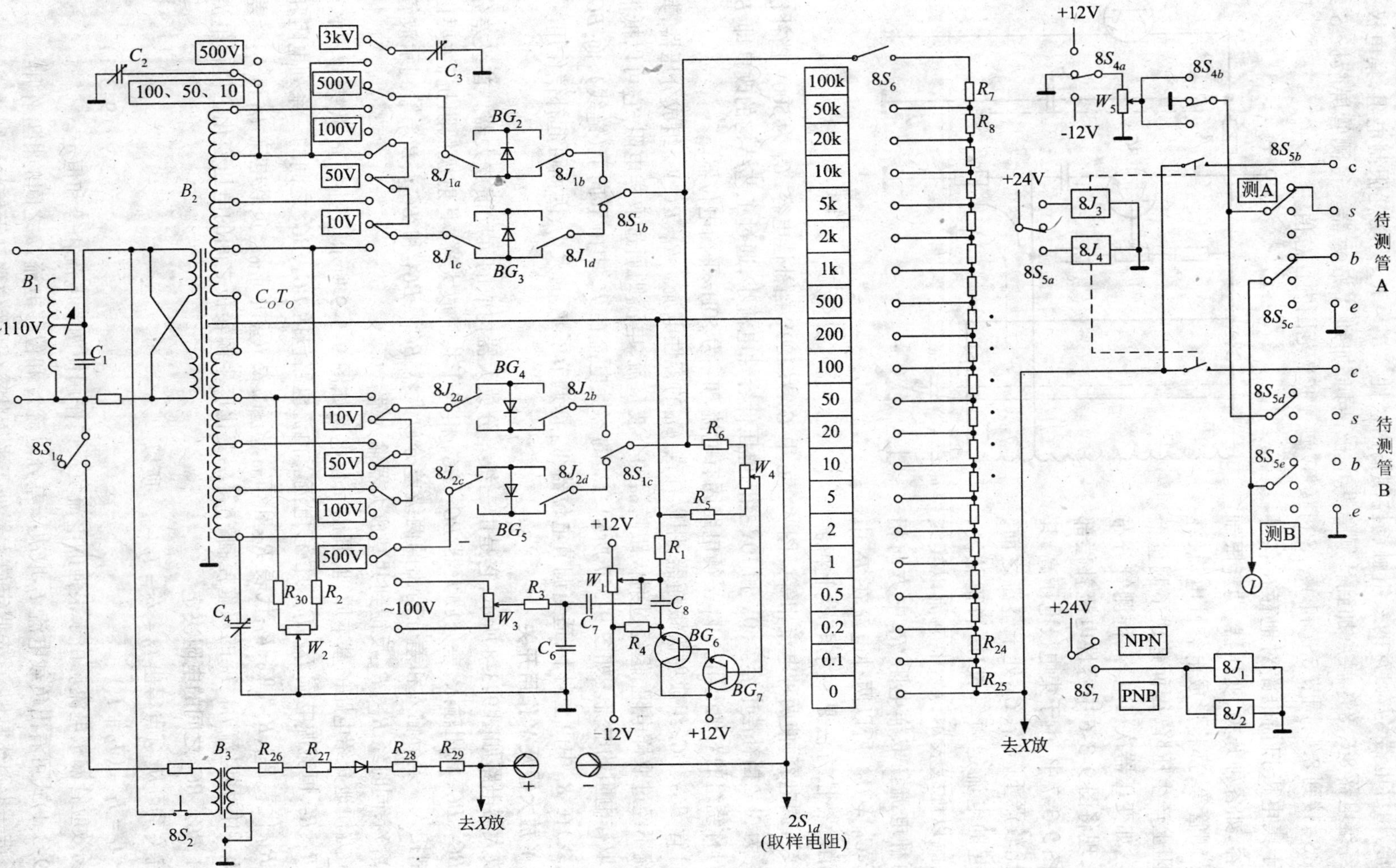

图 9-3-6　集电极扫描电路

整流波形，由继电器 $8J_1$、$8J_2$ 的八组触点控制输出极性。$R_7\sim R_{25}$为功耗限制电阻，集电极扫描电压经继电器 $8J_3$、$8J_4$ 触点加到待测管集电极，同时加到 X 放大器。待测管屏蔽极 S 经 $8S_{5b}$或 $8S_{5b}$接到 $8S_4$，调节 $8S_4$ 和 W_5，S 可接 0V 或 ±12V 范围内任意值。

由于集电极扫描电路对地存在各种杂散电容，如各种开关、变压器、功耗限制电阻、被测管等，都将形成电容性电流，在取样电阻上产生压降，因而造成了测量上的误差。如变压器次极电容、待测管分布电容等，现将图 9-3-6 中容性电流补偿部分画在图 9-3-7 中，由于集电极电压高，其影响就比较严重，C_{01}、C_{02}处于整流之前，由它引起的电流是频率 50Hz 的正弦波，C_{01}中电流以虚线表示，C_{02}中电流以实线表示，两种电流在取样电阻 R_s 中方向相反，由于 $C_{01}\neq C_{02}$，所以两种电流在 R_s 中不能抵消。补偿方法是在小电容上再并一个外接可调电容，使两种电流相等。图 9-3-6 中 C_2 为 100V 挡补偿电容，C_4 为 500V 挡补偿电容，C_3 为 3kV 挡补偿电容。50V 和 10V 挡因电压低容性电流小，通过工艺结构的改良即 B_2 次级两对称绕组的对地电阻。W_1 平衡电路固有电流，W_3 为 50Hz 平衡电位器。

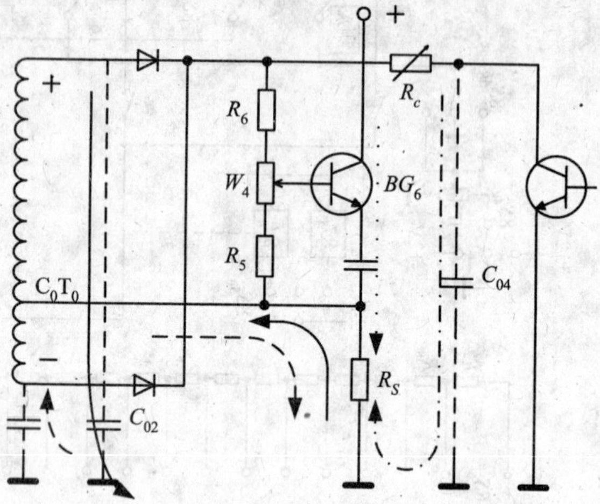

图 9-3-7　容性电流

复合管 BG_7、BG_6 组成射极跟随器，用以补偿 C_{04}的容性电流。R_6、R_5、W_4 组成分压器，其中的电流不经过取样电阻，但经过射极跟随器的全波整流，电流则通过取样电阻，它可以抵消 C_{04}通过取样电阻的电流。如图 9-3-7 所示，C_{04}的容性电流在 R_s 中由下向上(链线)，而 BG_6 电流(点线)在 R_s 中由上向下，适当调节电位器 W_4.即调节了 I_{cb}的大小，因而可起补偿作用。

七、Y 放大器及 Y 作用开关

Y 放大器电路如图 9-3-8 所示，它是由三级差分放大器构成的负反馈放大器。首级差分放大器 BG_3、BG_6 高阻输入，差分放大器 BG_4、BG_5 相当于共基放大器，其射极低阻抗，主要由位移控制接入。差分输入和差分输出的两级差分放大器 BG_{11}、BG_{14}和 BG_{15}、BG_{18}输到示波管偏转板 Y_1Y_2，同时经 R_{22}、R_{24}反馈到共基放大器输入端。

为了方便地介绍电路的基本原理，画出简化电路如图 9-3-9 所示。图中 R_s 代表 W_1、W_2、W_3、R_3、R_4、R_7，恒流源电流 I_{P1}、I_{P2}为位移电流。恒流电路包括 BG_4、BG_5 之间的一系列电阻和电位器，R_M 代表 R_{23}、R_{27}、W_9，R_{L1}代表 R_{25}和 W_{10}，R_{L2}代表 R_{26}和 W_{10}。负载电流 I_{L1}和 I_{L2}受差分电流 I_S 和位移电流 I_{P1}、I_{P2}的双重控制，I_{L1}、I_{L2}变化产生偏转极之间的电压变化。位移电流 I_{P1}、I_{P2}由 BG_4、BG_5 之间的电阻决定。

电流关系可从 Ⓐ点得出 $I_D+I_S=I_P-I_L$，所以

$$I_L=I_P-(I_D+I_S) \tag{9-3-1}$$

I_D 为两场效应管漏极电流。由于很强的电流负反馈作用使两管电流相等和恒定。

从(9-3-1)式可看出负载电流 I_L 取决于差分电流 I_S 和位移电流 I_P 之间的相互作用。

为了进一步阐述原理，首先假定放大器处于平衡状态(既无位移又无信号)，则 $I_{P1}=I_{P2}$、

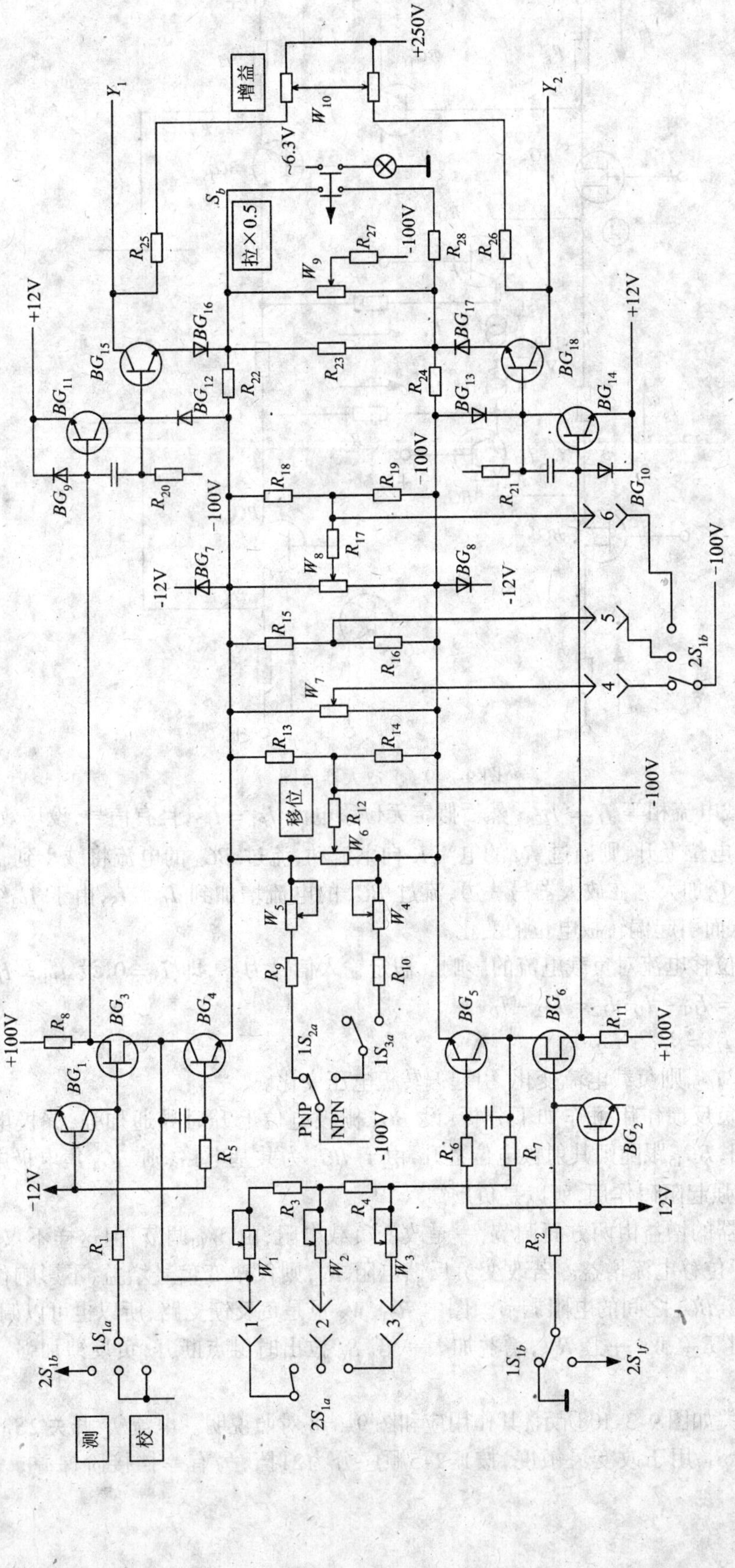

测
校
增益
拉×0.5
移位
+250V
+100V
+12V
-12V
-100V
~6.3V
Y1
Y2
PNP
NPN
W10
W9
W8
W7
W6
W5
W4
W3
W2
W1
Sb
1S1a
1S1b
2S1a
2S1b
2S1f
1S2a
1S3a

图 9-3-8　Y 放大器

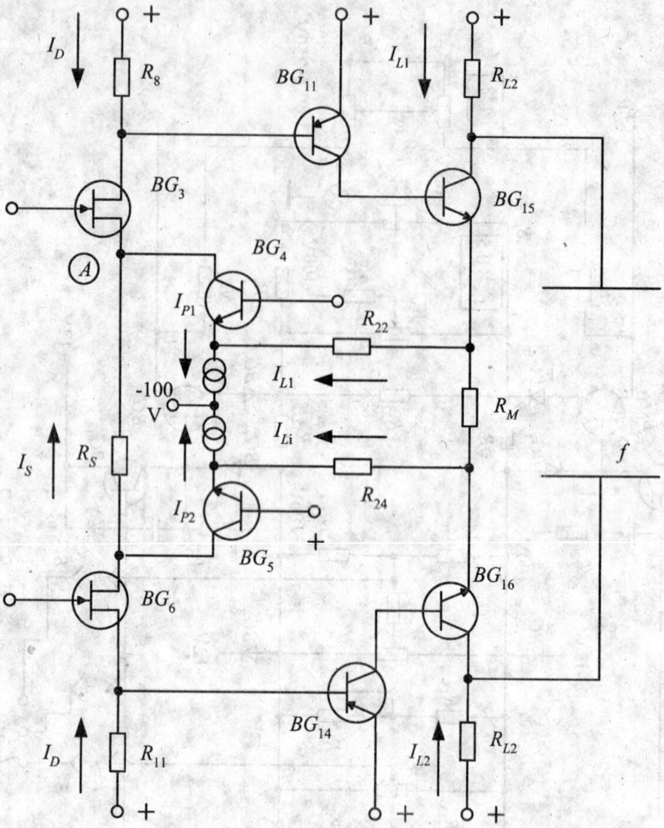

图 9-3-9　Y 放大器简图

$I_S=0$,此时负载电流相等 $I_{L1}=I_{L2}$。然后假定无位移电流 $I_{P1}=I_{P2}$,且有信号,设场效管输入信号使 BG_3 栅极电位上升,则通过 R_S 的电流 I_S 向下流动,流过 BG_4 的电流将减小到 I_D-I_S,由于 I_{P1}恒流,则 I_{Li}加大。在放大器另一边,流过 BG_5 的电流增加到 I_D+I_S,由于 I_{P2}维持恒定,则 I_{L2}减小。从而引起偏转板电位的变化。

最后说明位移电流对负载电流的影响。假定输入信号为零,即 $I_S=0$,设 $I_{P1}\neq I_{P2}$,则根据(9-3-1)式,$I_{L1}=I_{P1}-I_D$;$I_{L2}=I_{P2}-I_D$

所以　$I_{L1}-I_{L2}=I_{P1}-I_{P2}$

由于 $I_{P1}\neq I_{P2}$,则负载电流变化,引起偏转板电压变化。

放大器的负反馈作用可作如下分析:设 BG_3 栅极电位上升时导通加强,漏极电位下降,BG_{11}、BG_{15}倒相,BG_{15}跟随则其射极电位上升,由于 BG_4 为共基电路,则 BG_4 集电极电位上升,对 BG_3 导通加强起阻碍作用,所以是负反馈。

偏转放大器的增益由两方面调节,一是改变负载电阻,由 W_{10}调节,但这样不仅改变信号增益,也改变了位移电流增益。若改变负反馈电阻 R_S,则仅改变信号增益,不影响位移电流。位移电流由 BG_5BG_4 之间的电阻调节。图中 R_{23}、W_8 也是负反馈支路,所以也可以调增益。将开关 S_6 接通时 R_{23}、W_9 并上 R_{28},增益加大一倍,S_6 拉出时触点断开,负反馈加强,所以增益 $\times0.5$。

Y 作用开关如图 9-3-10 所示,其作用应和图 9-3-8 对照说明。电流 I_C 开关 $2S_1$ 为七刀二十三掷开关,$2S_{1a}$用于改变灵敏度,按1-2-5顺序分为21挡,另有一挡接阶梯源,一挡外接。

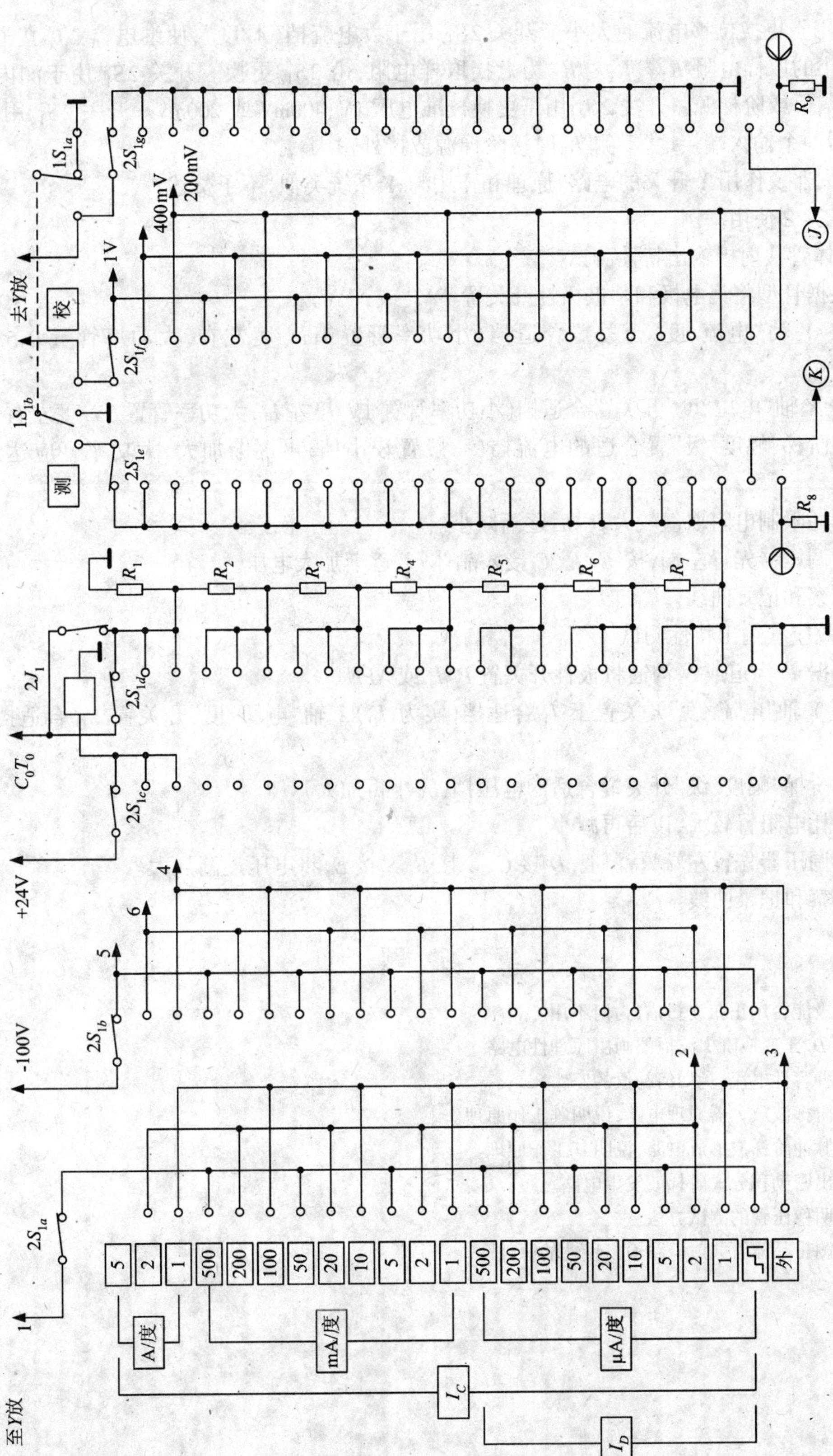

图 9-3-10　Y 轴作用开关

开关 $2S_{1b}$用于更换位移电流的大小。开关 $2S_{1c}$用于大电流挡(A/度),使继电器 $2J_1$ 接通,从而使用最小的取样电阻 R_1。$R_1 \sim R_7$ 为七挡取样电阻,由 $2S_{1d}$更换。开关 $2S_{1e}$用于测内部 I 还是外接信号或阶梯源。开关 $2S_{1f}$用于更换校准电压 1V、400mV 或 200mV。开关 $2S_{1g}$用于测 I 时放大器一个输入端接地,不测 I_C 时接阶梯源或接外输入。

X 放大器及作用 X 开关的电路、原理和作用与 Y 系统类似,不予赘述。

八、QT-2 使用举例

1. 晶体管共射极输出特性测试

(1)根据管型将集电极和基极极性开关置 PNP 或 NPN。

(2)将 Y 轴"电流/度"开关置合适挡(小功率管置 1mA/度左右,大功率管置 0.5A/度左右)。

(3)将 X 轴"电压/度"开关置合适挡(小功率管置 1V/度左右,大功率管置 5V/度左右)。

(4)将阶梯"幅度/级"置合适的电流挡(一般置较小挡,再逐渐加大,大功率管应达到较大挡)。

(5)功耗限制电阻取值较大,以后逐渐减小。

(6)将调压器先置左端,按 E、B、C 接入晶体管,逐渐加大电压。

(7)观察和记录曲线。

2. 场效应管输出特性测试

(1)根据 P 沟道或 N 沟通将极性开关置 PNP 或 NPN。

(2)将 Y 轴"电流/度"开关置于 I_1 合适挡(实为 I_D)X 轴"电压/度"开关置 U_C 合适挡(实为 U_D)。

(3)将阶梯"幅度/级"开关置合适的电压挡(先小再加大)。

(4)功耗电阻置较大,以后再减小。

(5)将调压器先置左端,待测管 D 接 C、G 接 B、S 接 E,将电压逐渐加大。

(6)观察和记录曲线。

复 习 题

1. 集电极能否用正弦波扫描,为何不用?
2. 根据 D/A 变换阶梯波框图画出原理性电路。
3. 有几种容性电流,是如何补偿的?
4. 画出阶梯波放大器原理电路,说明其工作原理。
5. 画出脉冲阶梯波形成电路,说明其工作原理。
6. 试画出密勒积分式阶梯波发生电路。
7. 试说明稳压管的测试方法。
8. 画出测量晶体管共射电路输出特性的原理图。

第十章　频谱分析仪

§10-1　概　　述

示波器可显示周期性正弦波的波形，并且可根据波形测量非正弦波的幅度和重复频率，但是对非正弦波来说，我们更关心它的频率成分。众所皆知，非正弦波可以分解为基波和各次谐波，即非正弦波是由这些谐波叠加而成的。对于任何一个非正弦波，需要知道它由哪些谐波组成，每种谐波的振幅有多大？将振幅和频率画在直角坐标系中，即为频谱图。已知非正弦波函数式，可将它分解为傅里叶级数，则得到每种谐波的频率及相应幅度值，在坐标纸上作频谱图。用频谱图表示非正弦信号的各频率成分是很直观的。例如窄脉冲及其频谱图如图 10-1-1 所示。从频谱图可以看出频谱线是周期性衰减的，脉冲越窄高次谐波越丰富。

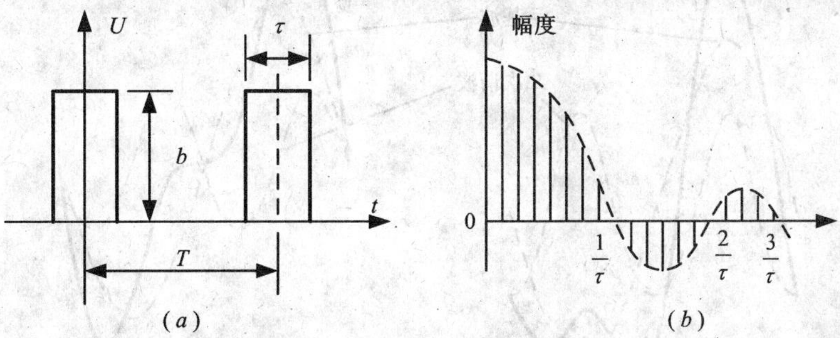

图 10-1-1　窄脉冲及其频谱

由以上的分析可知，频谱图很实用，但用解析法获得频谱图却是很困难的，能否用示波管直接显示任意信号的频谱图呢？频谱分析仪就是这样的仪器，由于其水平轴代表频率，所以是信号的频域分析法。

示波器和频谱仪是从不同角度测量同一个信号，这可以从图 10-1-2 看出，(*a*)图表示三维坐标，待测波形是基波和二次谐波的叠加，示波器显示此叠加波形如(*b*)图，是在 U-t 平面上看到的情景，频谱仪显示其两个频率值的幅度如(*c*)图，是两条垂直线，线长表示幅度，这是在 $U\sim f$ 平面上看到的情景。两者从不同角度观察同一事物，反映了同一个事物的不同侧面，两种仪器各有特点，是相辅相成的。有时采用同一种仪器不能说明信号的本质，而必须同时采用两种仪器。例如由基波和二次谐波组成的信号，由于两者相位关系不同在示波器上看到两种波形，如图 10-1-3 所示，而采用频谱仪显示的频谱相同，这就有力的说明了信号的相位特性，此时只用一种仪器很可能得到错误结果，只用频谱仪会认为两种信号等同，只用示波器会误认为两种信号具有不同频率成分。这里也说明了两种仪器都有局限性。在研究波形失真情况时，示波器比较有利，但是示波器对于和基波相比小于 10% 的谐波分量，从波形上很难看出来，而频谱仪却能定量地测出很小的谐波分量，灵敏度达 mV 级。显示大信号(例如基波)和小信号(某一谐波)的能力称为动态范围，频谱仪的动态范围一般在 60dB(相差 1 000 倍)，甚至高达 90dB，频谱仪垂直幅度常用对数轴表示。

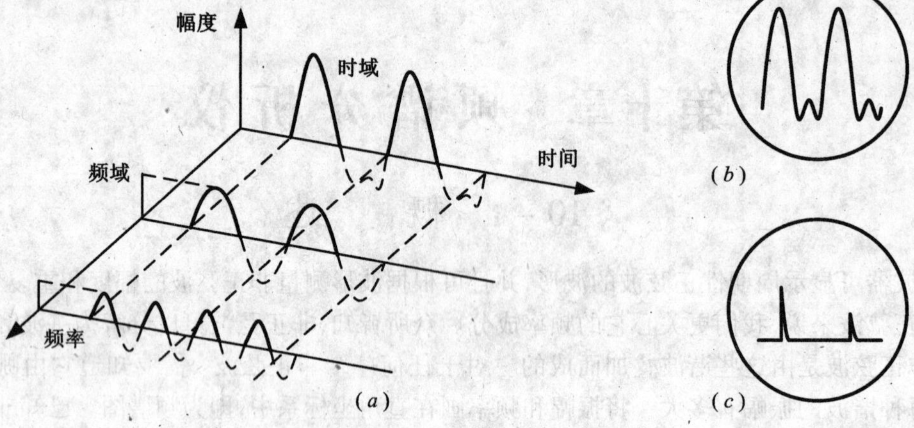

图 10-1-2　时域和频域测量

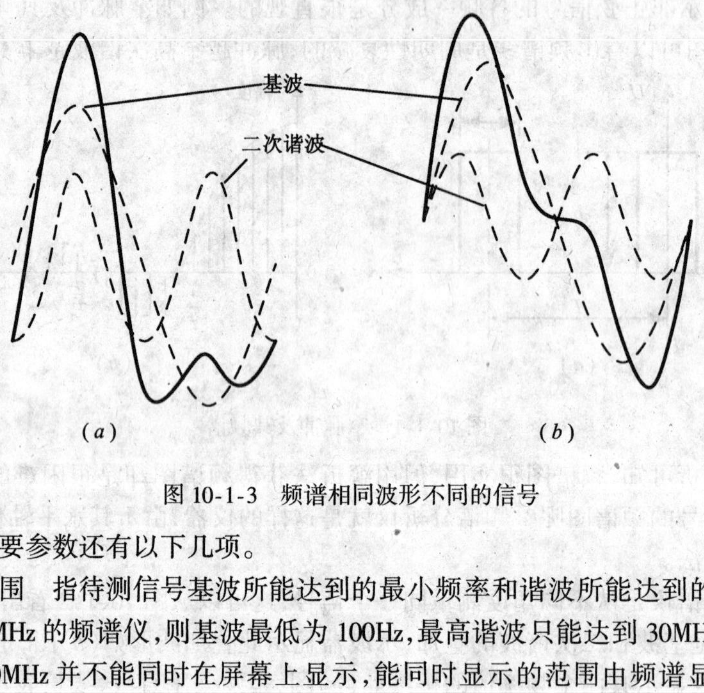

图 10-1-3　频谱相同波形不同的信号

频谱仪的主要参数还有以下几项。

测量频率范围　指待测信号基波所能达到的最小频率和谐波所能达到的最高频率，例如一个 100Hz ~ 30MHz 的频谱仪，则基波最低为 100Hz，最高谐波只能达到 30MHz。但应注意，这里的 100Hz 和 30MHz 并不能同时在屏幕上显示，能同时显示的范围由频谱显示宽度(扫描宽度)决定。

频率标记　和扫频仪一样，可在屏幕上作出水平标记，以便直读频率值。标记值通常有两种以上。

频率分辨力　能够区分的最小谱线间隔，它表征了频谱仪能够将频率紧靠在一起的信号在屏幕上分开显示的能力。频谱仪采用窄带滤波器选取信号中的某一频率成分，因此屏幕上看到的谱线实际上是一个窄带滤波器的动态幅频特性曲线。分辨力取决于这个幅频特性的带宽，通常定义幅频特性的 -3dB带宽为频谱仪的分辨力。滤波器带宽越窄分辨力越高。若 -3dB带宽过宽，被测信号的两条谱线可能同时落在通频带内，则显示波形如图 10-1-4(*c*)所示，两条谱线无法分开。(*a*)图为输入频谱，(*b*)图为正常显示频谱。

扫描时间与扫描宽度　亮点在屏幕上水平扫描一次的时间，由于频谱仪为频域显示，水平轴代表频率，所以扫描时间也就是一次频谱分析所需的时间，故亦称分析时间。分析时间与扫频宽度相对应，分析时间内频率的变化范围为扫频宽度，所谓全景频谱仪"指扫频宽度很宽，便于观测信号频谱的全貌。为了观测频谱图中的细节，则需要窄带扫频，以便将谱线展开。频谱仪的扫频宽度做成可调的。扫频宽度通常远小于频谱测量范围，例如 30MHz 频谱仪的扫频宽度最大为 30kHz，最小可调到 0。

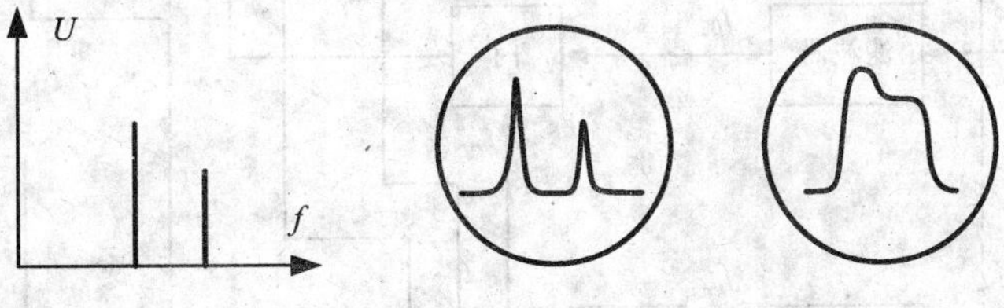

(a)　　(b)　　(c)

图 10-1-4　被量信号频谱

交叉调制　待测信号两频率邻近时，选取一种频率信号而抑制另一种频率信号的能力，本参数也反应了窄带滤波器的选频能力。

输入阻抗　与示波器一样，待测信号输入端的视入阻抗，分为低阻和高阻两种，通常高阻大于 1MΩ，低阻为 75Ω，输入电容应随频谱仪工作频率范围加大而减小。

§10－2　频谱仪工作原理

频谱仪分为数学式和模拟式两类，目前模拟式频谱仪应用最广泛，因此这里只讨论模拟式。

模拟式频谱仪的最简单的原理是采用一系列窄带滤波器，依次选取待测信号中不同频率的信号，将这些频率信号的幅度在屏幕上显示成垂线。滤波器的更换由脉冲分配器控制，脉冲源在产生步进脉冲的同时触发产生阶梯信号，作为水平扫描信号。由于垂线对应于不同频率，所以水平阶梯信号体现了频率轴。频谱仪基本方框如图 10-2-1 所示。此种分析方法称为顺序滤波法。

输入信号经前置放大器放大后送入一组窄带滤波器，它们的中心频率依次为 f_{01}、f_{02}……它们选出的频率分量送到控制门，脉冲分配器输出步进脉冲顺序开门，各频率分量顺序检波，检波信号经直流放大后加到 Y 偏转板。同时 X 偏转板加入阶梯扫描电压，由于示波管采用长余辉管，扫描速度又较低，因此 Y 偏转板输入直线信号后，亮点在右扫的同时从 0 值上跳，顺序画出一系列频谱线。

这种频谱仪需采用大量的窄带滤波器，例如一台 20Hz～20kHz 的音频频谱仪，频宽为三个 10 倍频程，若每 10 频程配置 10 个滤波器，则需用 30 个滤波器。为了使滤波器的频率稳定和频带足够窄，还要采用价格昂贵的晶体滤波器，因此使造价显著加大。

以上阐述的顺序滤波式频谱仪工作原理很易理解，实际上目前的频谱仪多利用扫频技术，可以省去大量晶体滤波器，只要采用少数滤波器即可，称为"扫频外差式频谱仪"。

所谓"扫频外差式"包括外差和扫频两种含意，"外差"即本振信号和外来待测信号通过混频器产生差频信号（中频）。"扫频"即本振信号频率是连续改变的。此种方式的特点中频是固

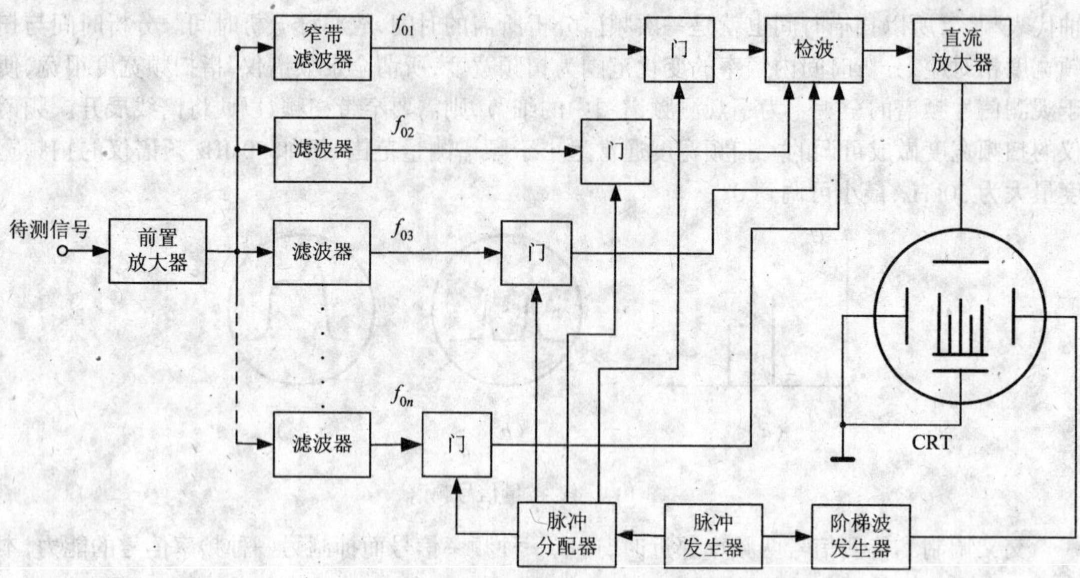

图 10-2-1　顺序滤波式频谱仪基本框图

定的,因此只要采用一个窄带滤波器即可,为了改变窄带滤波器的带宽,则需要用几个滤波器以备更换。在本振频率扫频时,它和待测信号顺序差出中频,也就是相当于选取了一系列待测信号频率分量。例如待测信号包括 3、4、5、6、7MHz 五种频率成分,取中频频率为 6MHz,由窄带滤波器选取 6MHz 信号,本振频率从 9MHz 扫频到 13MHz,当本振频率为 9MHz 时取出第一个 6MHz 信号,本振频率扫到 10MHz 时和 4MHz 输入信号差出第二个 6MHz 信号,本振频率继续升高,则依次差出第三、四、五个中频,从窄带滤波器输出五个中频。可见待测信号在一定频率范围内,有一个频率分量就有一个中频输出,滤波器输出信号经检波器检出振幅,直流放大后加到 Y 偏转板。同时加到 X 偏转板的锯齿波扫描电压就是本振扫频振荡器的调制电压,因而水平轴变为频率轴,这样屏幕上则显示出输入信号的频谱图。扫频外差式频谱仪基本方框图如图 10-2-2(a)所示。扫频本机振荡器、混频器和窄带滤波器的等效结果可形象地看成窄带滤波的滤波特性曲线以扫频速度依次扫过输入信号频率分量,如图 10-2-2(c)所示,这就相当于一个移动的窗口依次看到前方的一排树木。由于窄带滤波器存在一定的带宽,故显示的谱线并非理想的直线,而是一排窄带滤波器的动态幅频特性曲线,如图 10-2-2(d)所示。曲线的高度与待测信号谱线成比例。

实际的扫频外差式频谱仪比图 10-2-2(a)复杂,它复杂在以下几方面,第一,多次变频,以便在几个中频频率上进行电压放大提高灵敏度,若在一个中频上增加放大器级数来提高灵敏度,则很易引起振荡。多次变频还可提高频率分辨力。当扫频振荡器安排在最后一级变频器中时可完成窄带扫频,当扫频振荡器安排在首级变频器时可完成宽带扫频,全景频谱仪即后一种情况。第二,采用拍频监听器决定是否准确调谐。第三,采用输入衰减器以扩大量程和提高输入阻抗。第四,采用频标信号以便直读频率值。第五,检波后采用对数放大器以扩大信号动态范围。第六,采用显像管以加大显示屏幕,显像管为磁偏转,因此 X、Y 信号要经激励级和输出级组成的偏转放大器变为电流信号。

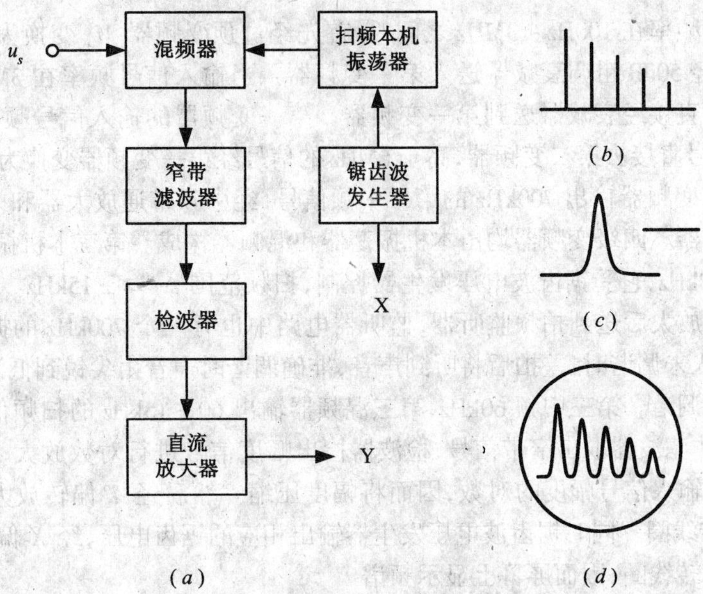

图 10-2-2　扫频外差式频谱仪基本框图

§10－3　BP－1型高频频谱分析仪电路分析

一、主要参数

(1)测量频率范围　100Hz～30MHz 分为十个波段。

(2)频谱显示宽度　0～30kHz。

(3)频谱中心移动范围　约±14kHz。

(4)分辨力　6、30、150Hz 三种。

(5)频标　100、1 000Hz 两种。

(6)灵敏度　内部噪声小于－60dB 时,最高灵敏度不低于:

100Hz～3MHz　峰值 7mV(77dB);

3MHz～6MHz　峰值 1.4mV(63dB);

6MHz～30MHz　峰值 28mV(89dB)。

(7)幅度测量范围 90dB。

(8)幅度显示范围 0～3dB、－30dB～－60dB 两挡。

(9)扫描时间　自动:0.2、1、3、10 秒　四挡;手动:任意。

(10)输入阻抗　0～3MHz　输入电阻≥1MΩ,输入电容≤15pF;3～30MHz 输入阻抗＝75Ω。

(11)交叉调制　两信号频率相差 1 000Hz 时,≤－60dB;两信号频率相差 500Hz 时≤－55dB。

二、方框图

BP－1 型高频频谱仪实质上是一台采用三次变频的显示接收机,第三本机振荡器采用扫频振荡,完成窄带扫频。

BP－1 方框如图 10-3-1 所示。

当输入信号频率在 100Hz ~ 3MHz 之间时，首先经过预变频器 M_0 变换为 6MHz ~ 3MHz 之间的信号，然后经 50dB 粗调衰减器送入第一变频器。当输入信号频率在 3MHz 以上时，则不经过预变频器而直接经衰减器送到第一变频器。第一变频器的输入信号频率以 6MHz 为界，低于 6MHz 的信号直接去第二变频器，高于 6MHz 的信号经第一变频器变换为 3 ~ 6MHz 的第一中频信号。第二变频器输出 700kHz 的第二中频信号，经中频带通放大器和 10dB 细调衰减器后送到第三变频器。四级变频器均由本机振荡器和混频器构成。第三本机振荡器为扫频振荡器，中心频率 700kHz，它受锯齿波电压发生器控制，扫频范围 $\Delta f = \pm 15$kHz。第二中频 700kHz 同时经中频带通放大后送到拍频监听器，监听器电路中也有一个 700kHz 的振荡器，它与输入信号差拍，当输入未调谐时，差拍后将听到声音，准确调谐时声音由尖锐到低沉最后零拍，通过耳机可判断是否调谐。第三中频 60kHz，第三混频器输出 60 ± 15kHz 的扫频信号，经补偿放大器放大后，由晶体滤波器取出窄带信号，检波器检出幅度信号进行对数放大，所谓对数放大即输出信号幅度是输入信号幅度的对数，因而将幅度压缩。然后经 Y 偏转放大器放大，输出电流信号到 Y 偏转线圈。同时锯齿波电压发生器输出相应的锯齿电压，经 X 偏转放大器变为锯齿电流送到 X 偏转线圈，因而屏幕上显示频谱。

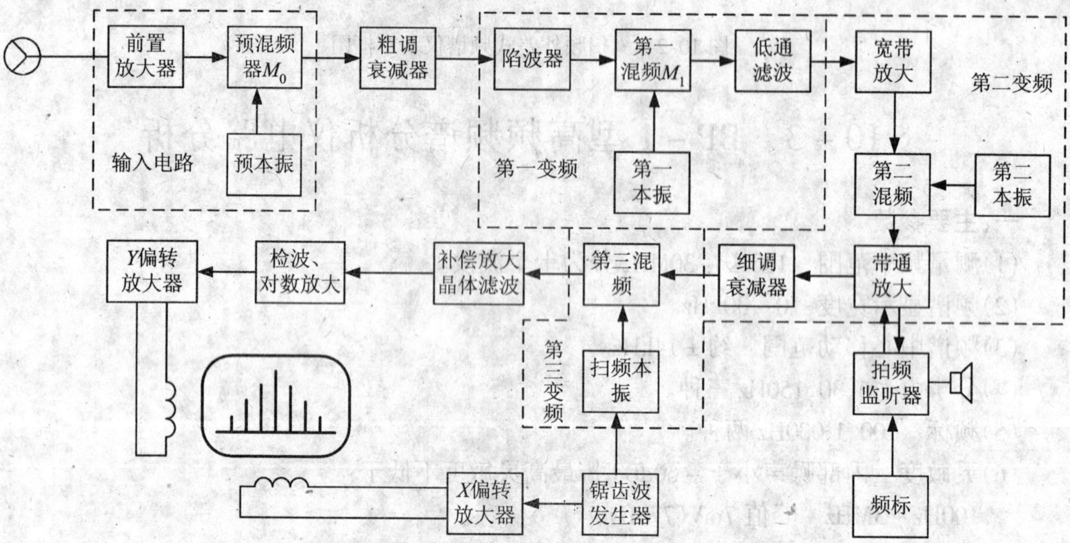

图 10-3-1　BP-1 型方框图

为了精确地测定谱线间隔，使用一个频标发生器，它输出 100Hz 或 1 000Hz 的脉冲信号调制 700kHz 振荡器，已调信号加到第三变频器上，于是在荧光屏上就出现频率间隔准确的 100Hz 或 1 000Hz 的一系列的垂直线，作为频率标记。

三、主要电路

1. 输入电路

输入电路由阻抗变换器、共射放大器、预混频器和预本机振荡器组成，电路如图 10-3-2 所示。BG_1、BG_2 复合三极管射极跟随器完成阻抗变换作用，高阻抗输入低阻抗输出，C_3R_3 自举电路可提高 R_3 的等效电阻，BG_3 为共射放大器，BG_4 组成晶体本地振荡器，晶体 SJT_1 呈感性，调节并联回路 C_{18}、L_2 呈现容性，等效电容为 C' 时，则 SJT_1、C' 和 C_{12} 组成谐振回路，电路等效为考毕兹振荡器，振荡 6MHz 信号。经高通滤波器 C_{13}、C_{14}、R_{21} ~ R_{23} 送到 B_1、R_{19}、R_{20} 为振荡管基极偏置电路，C_{10}为隔直电容，C_{11}为频率微调电容。$BG_5 \sim BG_8$、B_1、B_2 和 C_{15}、C_{16}组成环形混频器，W_1 用来调节混频器桥路的对称性，调到平衡时，由 BG_4 来的 6MHz 本振信号在混频器输出端(B_2)达到最小。输入信号经 $1S_3$ 开关输入，$1S_3$ 是七刀回掷开关，这里用 a、b、c、d 四把刀。a 刀输入控制，信号频率在 100Hz ~ 3MHz 之间时由 1 掷入，此时 b 刀 1 给本振供电，c 刀 1 输出混频信号，d 刀 1 为射极跟随器供电。输入信号频率在 3MHz 以上时由 a 刀 2 输入，由 c 刀 2 输出，此时预混频器不起作用。$1S_3$ 在 3、4 掷时输入电路不工作，此时由 $1S_3$ 的 e、f、g 三把刀控制频标信号输出，可见本仪器中屏幕上待测谱线和频率标记是不同时出现的。

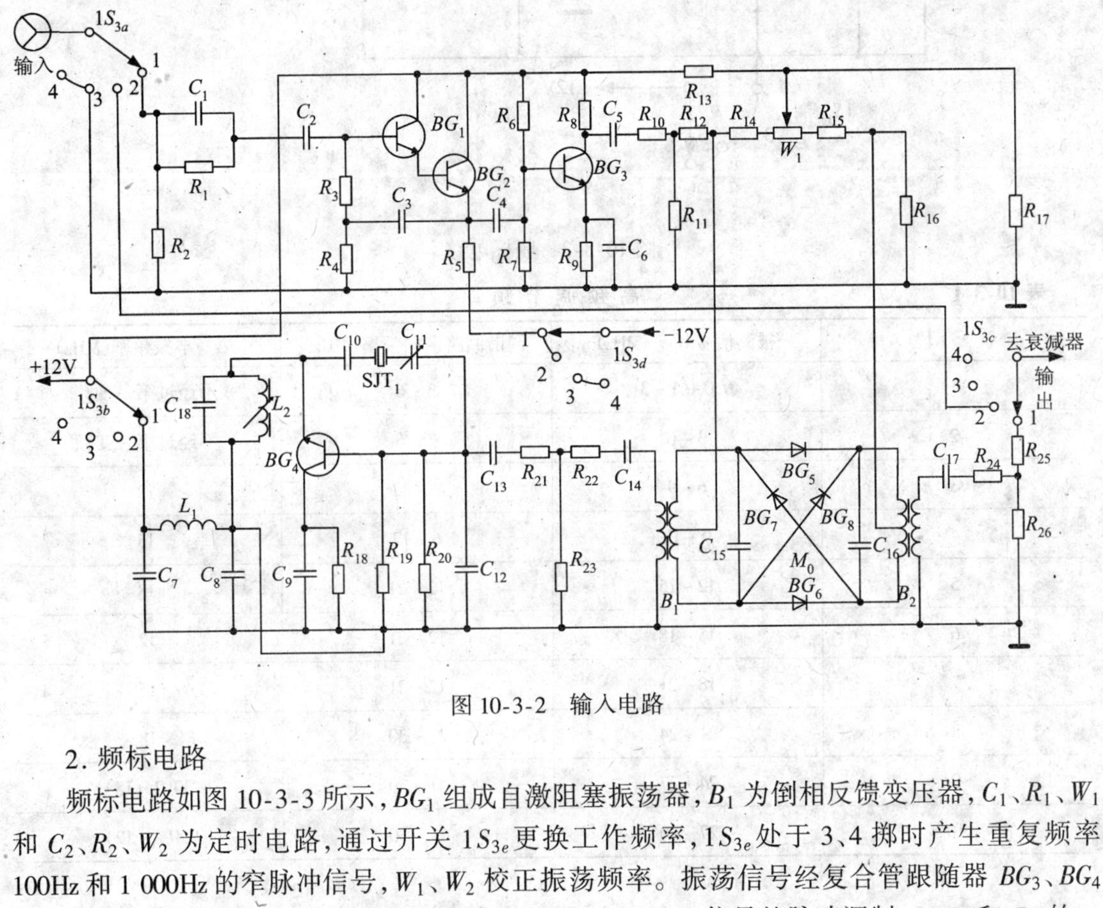

图 10-3-2　输入电路

2. 频标电路

频标电路如图 10-3-3 所示，BG_1 组成自激阻塞振荡器，B_1 为倒相反馈变压器，C_1、R_1、W_1 和 C_2、R_2、W_2 为定时电路，通过开关 $1S_{3e}$ 更换工作频率，$1S_{3e}$ 处于 3、4 掷时产生重复频率 100Hz 和 1 000Hz 的窄脉冲信号，W_1、W_2 校正振荡频率。振荡信号经复合管跟随器 BG_3、BG_4 隔离输出去拍频电路的 700kHz 自激振荡器，完成对 700kHz 信号的脉冲调制。BG_2 和 B_1 的一个绕阻并联，它用于消除振铃振荡。开关 $1S_{3g}$ 用于在 3、4 挡时提供频标电路电源。开关 $1S_{3f}$ 为输出控制。

3. 第一变频器

第一变频器电路如图 10-3-4 所示。

从输入电路来的信号经衰减器后到达本电路，由 R_1 输入到达频率范围开关 $3S_1$，频率范围分为十个波段，开关 $3S_1$ 为八刀十掷，完成十波段转换，各波段频率分配如表 10-3-1 所示。

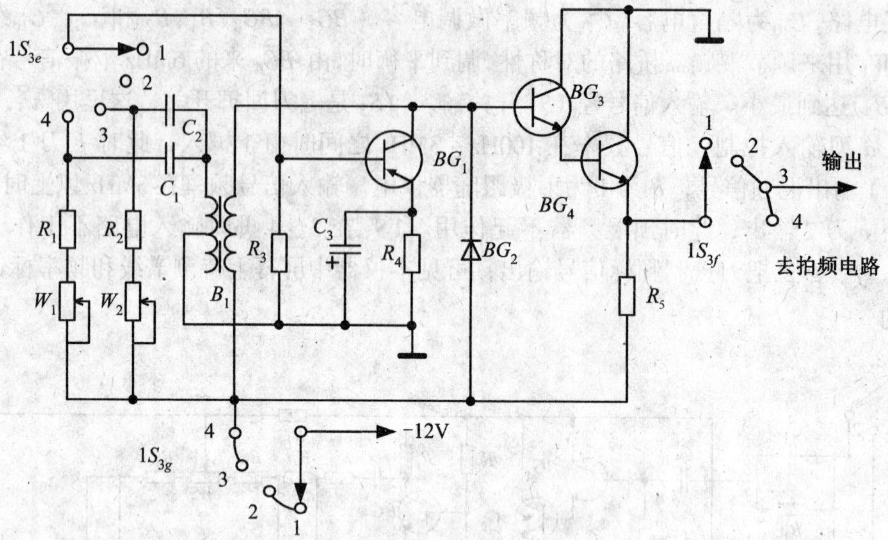

图 10-3-3 频标电路

表 10-3-1 高频调节频率

波 段	被测信号频率(MHz)	调谐回路谐振频率(MHz)	第一本振频率(MHz)
1	0.000 1 ~ 3	3 ~ 6	不经过第一变频
2	3 ~ 6	3 ~ 6	不经过第一变频
3	6 ~ 9	6 ~ 12	12
4	9 ~ 12	6 ~ 12	15
5	12 ~ 15	12 ~ 21	18
6	15 ~ 18	12 ~ 21	12
7	18 ~ 21	12 ~ 21	15
8	21 ~ 24	21 ~ 30	18
9	24 ~ 27	21 ~ 30	30(2 × 15)
10	27 ~ 30	21 ~ 30	24(2 × 12)

输入信号经 LC 回路调谐，$B_1 \sim B_4$ 和 C_6 组成不同波段的调谐回路，C_6 为高频调谐电容器。在三四五波段输入端各串联了一个陷波电路 C_3L_3、C_2L_2 或 C_1L_1，用来抑制输入信号的二次谐波以消除干扰。

各波段调谐信号由变压器 $B_1 \sim B_4$ 的抽头输出，经开关 $3S_1$ 转换。当输入信号低于 6MHz 时(一、二波段)不经过第一变频(不经过混频器 M_1)，由 $3S_{1a}$的 1、2 掷经 B_4 抽头输出，经 $3S_{1d}$ 的 1、2 掷和 C_7 到达射极跟随器 BG_1，BG_1 起隔离作用，信号经 C_{31}和 $3S_{1e}$的 1、2 掷到达 $3S_{1f}$的 1、2，最后到达跟随器 BG_4 低阻抗输出。其他各波段信号也经过跟随器 BG_1，但经 $3S_{1e}$后到达混频器 M_1，BG_2、BG_3 组成平衡混频器。本振信号由下部送到 R_9 上，混频后的信号降在负载 R_{10}上，$C_9 \sim C_{17}$、$L_4 \sim L_7$ 组成截止频率 6MHz 的低通滤波器，输出 6MHz 以下信号，经开关 $3S_{1f}$

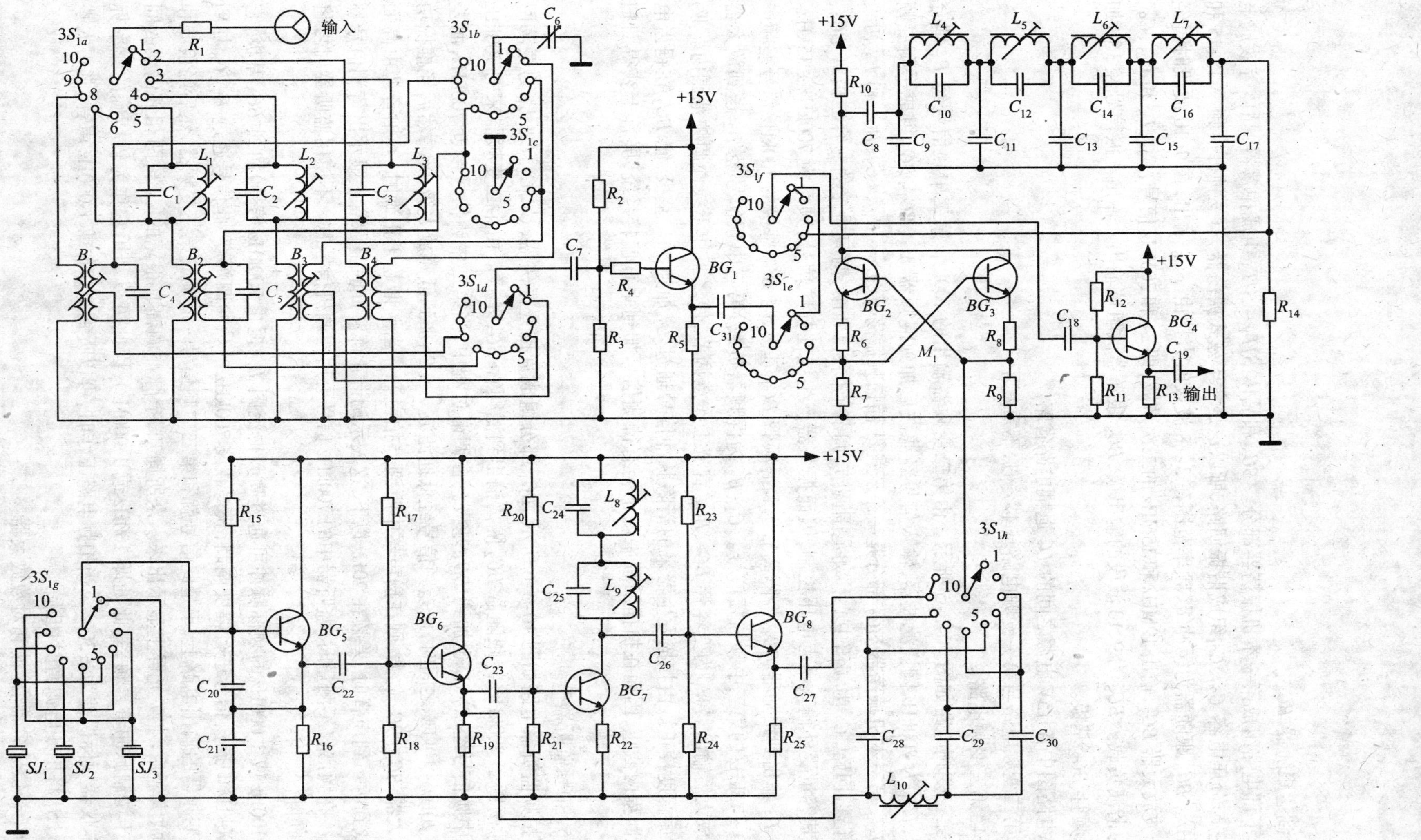

图 10-3-4　第一变频器电路

最后到达跟随器 BG_4。

下部电路组成第一本机振荡器部分。BG_5 和晶体 $SJT_1 \sim SJT_3$ 组成振荡器,晶体等效成电感,它与分压电容 C_{20}、C_{21}组成谐振回路,所以这是考毕兹式振荡器,有三种可换频率 18、15 和 12MHz。BG_6 跟随器为缓冲级,频率范围在 3~8 波段时直接由 BG_6 输出,在 9、10 波段时再经过谐波放大器 BG_7,输出 12MHz 和 15MHz 的二次谐波,即 24 和 30MHz 信号,C_{24}、L_8 和 C_{25}、C_9、L_9 为谐波负载。BG_8 为 9、10 波段的输出极,BG_8 跟随器低阻抗输出。输出本振信号经 $3S_{1h}$加到混频管 BG_2 基极。

电路图中各 15V 电源之间的 LC 退耦电路省略。

第二变频电路与第一变频电路基本类似,不重复了。

4. 第三变频电路

第三变频电路如图 10-3-5 所示。由第二变频器输出的 700kHz 第二中频信号经 B_1 耦合输入,LB_1 为 700kHz 陶瓷滤波器,输入信号经滤波后加到混频器 M_3、BG_1、BG_2 组成平衡混频器 M_3。第三本机振荡器 BG_7 部分是一个压控线性扫频振荡器,$C_8 \sim C_{12}$、BG_5、BG_6 和 B_3 初级组成谐振回路,C_8 为频谱中心移动范围调节,调节范围 ±14kHz,两只对接的变容二极管 BG_5、BG_6 其容量受外输入锯齿电压控制,因而振荡器产生线性扫频信号,频率为 700kHz ± 15kHz。它由 B_3 输出到跟随器 BG_4,经隔离后送到混频管 BG_1 基极,与 BG_2 基极的 700kHz 信号差频产生 60 ± 15kHz 的第三中频扫频信号。C_1、B_2 为混频器负载,第三中频信号经 B_2 送到放大器 BG_3 放大后输出。W_1 为变容管 BG_5、BG_6 直流工作点调节,使之工作于线性调频范围内。W_2 为本振幅度校正。由扫描发生器来的消隐脉冲信号通过 L_2 加到 BG_3 基极,使 BG_3 在锯齿电压的回程内截止,因而在扫描回程中就不会有待测信号加到垂直偏转系统,屏幕上获得回扫基线。

5. 拍频监听器

拍频监听器电路如图 10-3-6 所示,BG_1 部分组成克拉普振荡器,C_1、C_2、C_3、L_1 为振荡回路,振荡频率 700kHz,经跟随器 BG_2 隔离输出到混频管 BG_3 基极。由第二变频器来的 700kHz 第二中频信号经 R_7 C_8 也加到 BG_3 基极。在调谐过程中,当第二中频信号接近 700kHz,而差值在 20Hz~10kHz 之间时,此差频信号经低通滤波 L_3、C_{11}加到低频放大级 BG_4,然后经推挽功率放大器 BG_5、BG_6 放大,则在扬声器中听到差拍声音。当调谐趋于正确时,差拍音调由高而低,低到听不到声音时,差频在 20Hz 以下,这表示调谐正确。此时显像管上显示出待测信号频谱图。在频谱仪不测量时,监听器中的 700kHz 信号可用作调机信号源。不使用监听器时可将电源切断。

100Hz 或 1 000Hz 的频标脉冲可通过高频扼流图 L_2(扼止 700kHz 信号)加到 BG_3 基极,它对 700kHz 的振荡信号进行幅度调制,获得载波 700kHz 的脉冲调幅度,此信号通过 R_7、C_8 加到第二变频器的输出电路上,于是此信号就和第二中频信号一起加到第三变频器,然后经检波和对数放大器后,在荧光屏上显示出来。众所周知,窄脉冲调幅有很宽的频谱,两相邻谱线的间隔等于调制脉冲重复频率(此处即 100Hz 或 1 000Hz),因此可以利用它作为较精确的频率标记,本仪器频标误差为 ±30%。当拍频电路工作时,可以听到 100Hz 或 1 000Hz 声音,觉得太吵可用 $1S_1$ 将拍频电源暂时切断。

6. 补偿放大器、检波和对数放大器

从第三变频器输出的 60kHz 第三中频信号,通过补偿放大器和窄带石英滤波器。补偿放

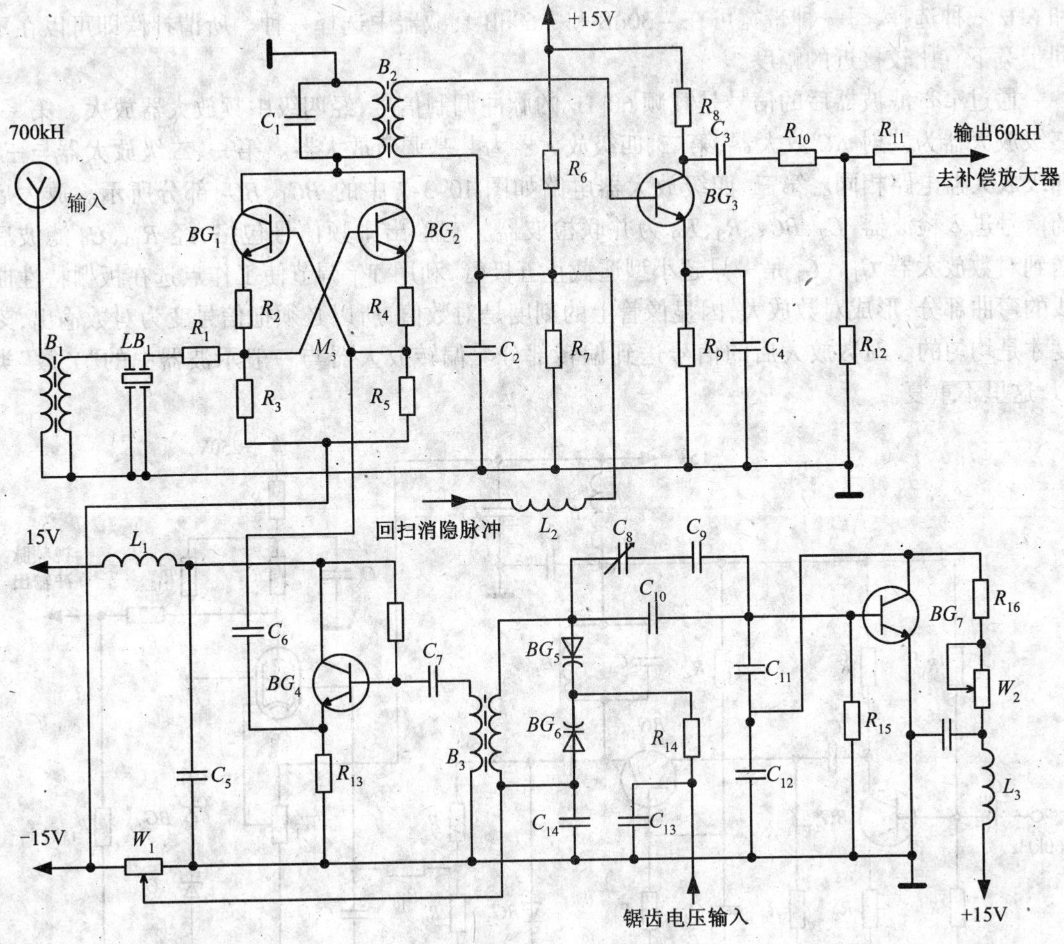

图 10-3-5　第三变频电路

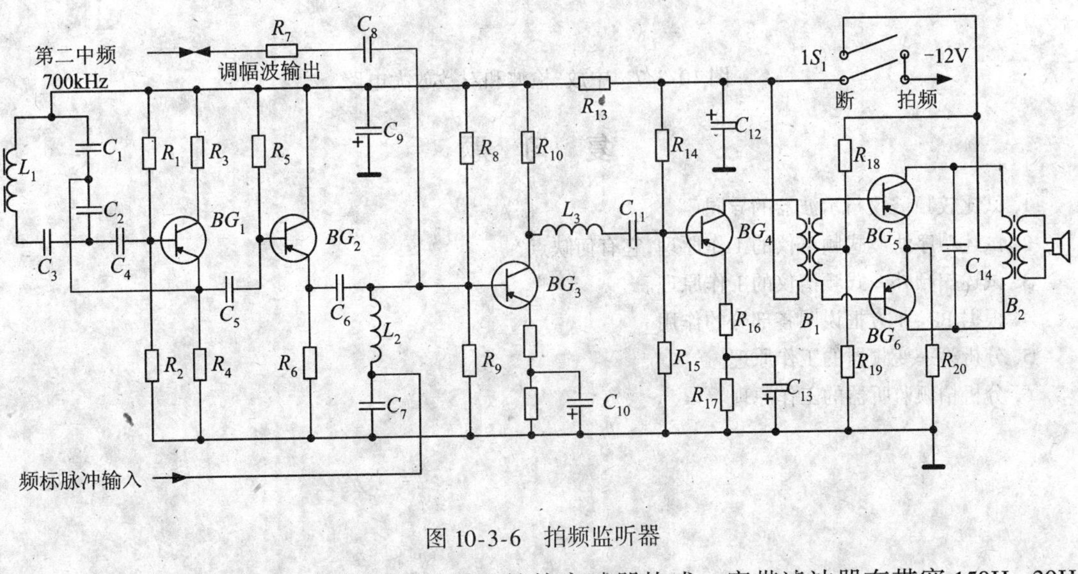

图 10-3-6　拍频监听器

大器由两极共射放大器、一级射极跟随器和补偿衰减器构成。窄带滤波器有带宽 150Hz、30Hz

和 6Hz 三种选择，每一种带宽可在 - 30dB 和 - 60dB 衰减器中选择一种。所谓补偿即可以在不同带宽下有比较接近的幅度。

通过窄带滤波器后的信号是载频 60kHz 的脉冲调制信号，经四级中频放大器放大。第一、三级放大器为共射 *RC* 放大器，第二、四级放大器为共基调节放大器。第一、二级放大器与三、四级放大器电路相同。第三、四级放大器电路如图 10-3-7 中的 BG_1、BG_2 部分所示。放大后的信号进入检波器，C_7、BG_3、R_8、R_9 为并联检波器。它检出中频信号包络，经 R_{10}、C_9 滤波后送到对数放大器 G_1。G_1 是一只超小型遥截止五极管，利用 W_1 调节使工作点选在板栅特性曲线的弯曲部分，形成对数放大，因显像管上的刻度是对数值，所以必须把信号变为对数输出，刻度才是均匀的。对数放大后的信号送到偏转部分。偏转放大器与一般示波器中的"*Y* 放"类似，这里不重复。

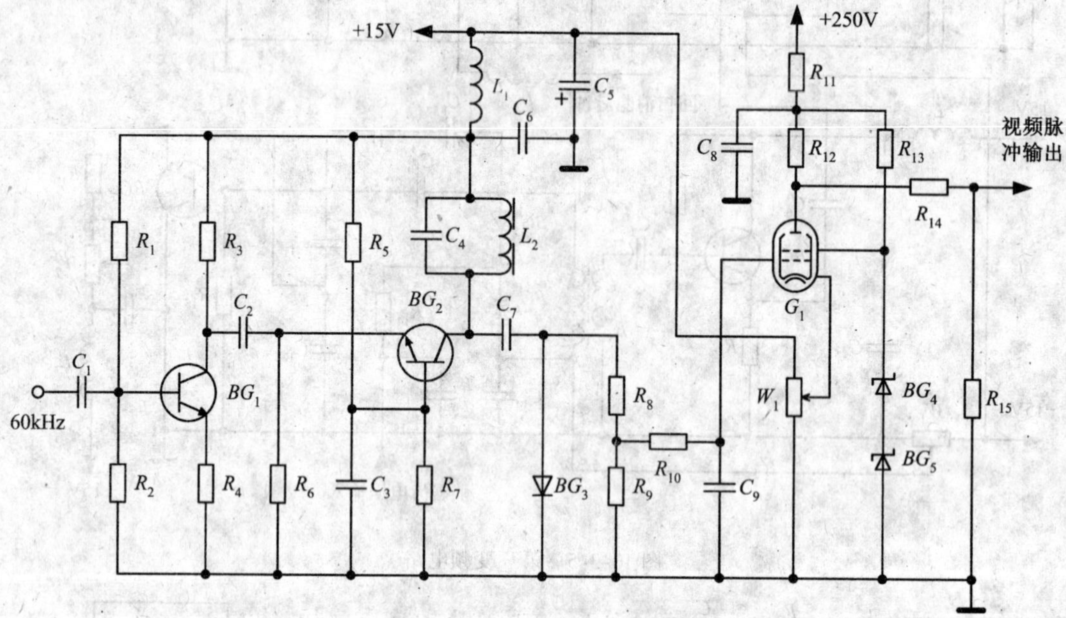

图 10-3-7　中放、检波和对数放大电路

复 习 题

1. 试比较频谱仪与示波器的异同。
2. 试述顺序滤波式频谱仪的工作原理，它有何缺点？
3. 试述扫频外差式频谱仪的工作原理。
4. 根据 BP - 1 方框说明各部分的作用。
5. 分析第一变频器的工作原理。
6. 分析拍频监听器的工作原理。

第三篇　数字式测量仪器

引　　言

数字式测量仪器与传统的指针式仪器不同，它可把测量结果用数码管将数字显示出来，并且，还可将测得的数据以数字编码的形式输出，用这种数码信号可驱动打印机记录下测量数据，也可以把数字信号送往电子计算机进行数据处理，或转换成为程控信号。

数字式仪器可以测量随时间连续变化的模拟量(Analog)，如电压、温度、压力等，也可以测量随时间断续、跳变的数字量(Digital)，如累计过往的行人数、统计电脉冲的个数等。数字式测量仪器的典型组成方框如图 PRE-1 所示。被测物理量首先经传感器转换为电的信号——电压，然后，经模拟量/数字量转换器(简称 A/D 转换器)，把电压转换为数字量，譬如形成一串电脉冲，其频率与电压值成正比，最后，再以电子计数器测量频率值，并在数字显示器上显示出读数。数字式仪器中最基本的部分是对电压的测量，即图中虚线框内的数字电压表部分，它由 A/D 转换器和电子计数器组成，其中，电子计数器可完成数字量的测量。是各类数字式仪器不可少的组成部分，而且，它本身也可独立制成仪器使用。

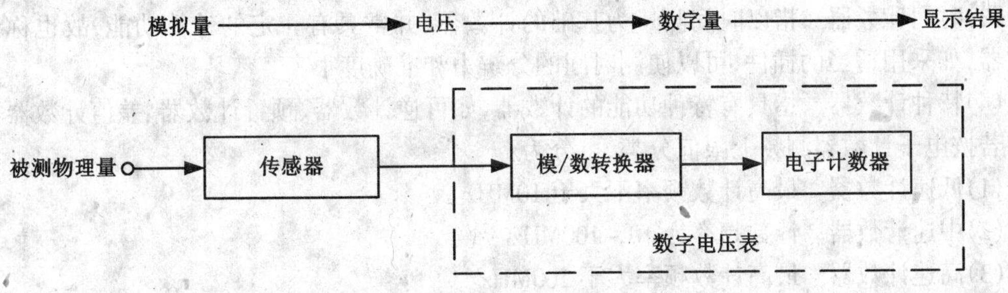

图 PRE-1　数字式仪器组成方框图

由于数字式仪器有其独到之处，应用范围愈来愈广，其主要优点为：

(1)测量结果用数码管直接显示出，而且显示清晰，读数客观，减少了读数误差；此外显示读数的位数较多，可取得确切的、有效位数多的读数，便于实现高分辨力和高精确度测量。

(2)测量结果可用编码形式输出，如送打印机记录数据，可减少人为笔录误差，而且输出编码脉冲也不易受干扰和噪声影响，便于远距离传输，因此，特别适用于遥测、遥控技术中；输出的编码脉冲也可送入电子计算机进行运算和处理，为测量和控制的自动化提供了方便。

(3)数字式仪器能充分利用数字电路的各种逻辑功能，因而仪器操作简便，容易实现自动化，很多数字式仪器还可接受外部程控。

目前，电子测量仪器正在普遍地实现数字化和用微处理机装备起来，以便逐步实现自动化，而仪器的数字化又是自动化的前导。

第十一章　电子计数器

§11－1　概　　述

电子计数器是一种最常见、最基本的数字仪器，它可以测出一定时间内的脉冲数目，并将结果以数字形式显示；由于这种仪器直接测得的是一定时间内的脉冲数，早期多用于测量频率，称它为数字式频率计，但是，随着它的广泛应用和性能的不断改进，早已冲破了只能计数和测频率的范围，成为多功能的电子计数仪器，因此，目前均普遍使用“电子计数器”这一名称。

一、电子计数器的分类

电子计数器是一种多功能的仪器，按其测试功能可以分为下列各种。

(1)通用计数器　常指具有测频率和测周期(或时间)等两种以上功能的电子计数器，如测量频率、频率比、周期、时间间隔，以及累计脉冲数等多种功能，如配以适当的插件，还可以测相位、电压、电阻等电量，也可以借用传感器测量某些非电参量。

(2)频率计数器　指专门用于测量高频和微波频率的计数器，其功能不多，但它的频带很宽，频率上限很高。

(3)时间计数器　指以时间测量为基础的计数器，并常具有一定的计算功能，故也称计算计数器，如采用适当的插件，可以使测时间的分辨力和准确度很高。

(4)特种计数器　指具有特种功能的计数器，如可逆计数器、预置计数器、差值计数器等。

若按电子计数器测频上限值分类，可分为：

(1)低速计数器　最高计数频率不大于 10MHz。

(2)中速计数器　计数频率为 10～100MHz。

(3)高速计数器　最高计数频率大于 100MHz。

(4)微波频率计数器　测量频率范围为 1～80GHz 或更高。

二、电子计数器的主要技术指标

1. 测试功能

本项指标说明该仪器所具备的全部测试功能。

2. 测量范围

指明不同功能的有效测量范围；对于不同的功能，表示测量范围的方法也不相同，如测频率时，测量范围是指电子计数器处于正常工作条件下，被测信号的频率范围，常用频率的上限和下限值表示；测周期时，常用可正常测量周期的最大值和最小值表示，也可用相对应的频率范围表示。

3. 输入特性

通常设有 2～3 个输入通道，在进行不同项目的测试时，被测信号经不同的通道送入仪器。各输入端的输入特性，是标明电子计数器与被测信号源相连的一组特性参数，通常包括：

(1)输入灵敏度　一般用能使仪器正常工作的最小输入电压的有效值表示，如通用计数器 *A* 输入端的灵敏度多为 100mV。

(2)最大输入电压　指仪器所允许的最大输入电压，超过这一电压，仪器将不保证工作正常，甚至会损坏。

(3)输入耦合方式　常设 DC、AC 两种耦合方式。DC 耦合时，信号直接送往输入电路，AC 耦合时，信号经隔直电容送往输入电路。对于纯交流信号，两种耦合方式均可，如 11-1-1(*a*)、(*b*)所示，从图中所画斜线部分，可看出输入电路中施密特触发器的正负触发电平，显然，这时电路能正常触发，实现整形；对于图(*c*)所示的窄脉冲信号，和(*d*)所示的随机脉冲信号，AC 耦合时不能保证正常触发，故适于采用 DC 耦合，测量过低频率的信号，也不宜采用 AC 耦合。但是，当被测信号中带有较高的直流电平时，如图中(*e*)所示，DC 耦合将不能正常工作，适于采用 AC 耦合方式。DC 耦合时，通过调整触发电平，还可对输入信号中的噪声干扰起抑制作用，如图(*f*)所示，当输入正弦信号中叠加有幅度较大的噪声干扰，AC 耦合时，噪声会引起误计数，但是，若采用 DC 耦合，只要调整触发电平，使其超过噪声峰值，噪声的影响便可被抑制。

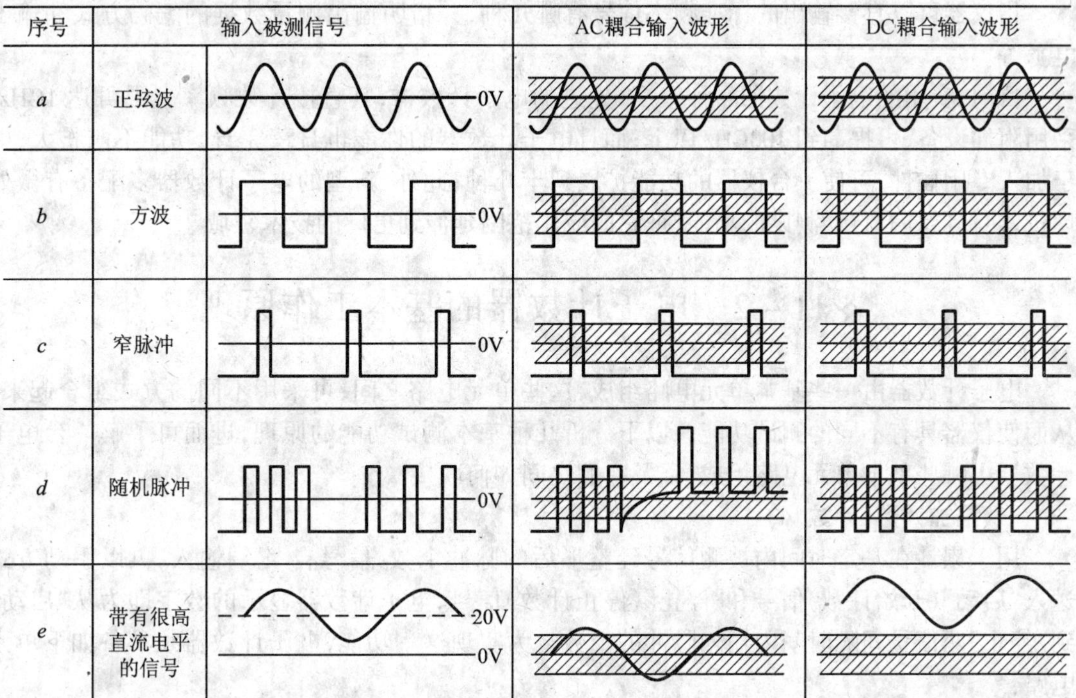

图 11-1-1　不同输入耦合方式的使用特点

(4)输入阻抗　由输入电阻和输入电容两部分组成，在 100MHz 以下的电子计数器中多为高输入阻抗，典型值为 1MΩ/25pF，在高频情况下均采用匹配阻抗 50Ω。

4. 测量准确度

常用测量误差表示，详细内容将在§11-3 中讨论。

5. 石英晶体振荡器的频率稳定度

机内的标准时间信号，由专用的石英晶体振荡器提供，它的频率稳定度是影响测量准确度的重要因素，常用日稳定度表示，目前，多在 $\pm 1\times10^{-5}$/日 ~ 1×10^{-9}/日范围内。

6. 闸门时间和时标

标明机内标准时间信号源可提供哪几种闸门时间信号和时标信号。

7. 显示及工作方式

标明可显示的内容、显示数字的位数、所用的显示器件，以及一次测量完，显示测量结果的持续时间等。通常还说明是"不记忆"显示方式，还是"记忆"显示方式；"不记忆"显示方式时计数器在计数过程中的数字变化，可随时显示出，最后的显示数即计数器的计数结果；"记忆"显示方式时，显示器只显示本次测量的结果，不显示计数过程，即显示的数为计数器本次最终的累计数，而且，将这一读数持续显示到下一次测量结束，以下一次测量的计数结果，代替本次测量的显示读数。

8. 输出

指仪器可以直接输出的标准频率信号有哪几种，并指明输出测量数据的编码方式和输出电平等。

目前，实用的电子计数器品种繁多，先进的电子计数器，其直接计数频率上限可达 1GHz，采用附加设备，可提高到 100GHz 以上；而且电子计数器的性能也日臻完善，功能不断扩大，由于加入专用插件，可使一台仪器的功能扩展到十几种；此外，新型的电子计数器多配备有微处理机，使仪器具有自动测试的功能，把它的应用范围延伸到更广的技术领域。

§11－2　电子计数器的基本工作原理

电子计数器由一些基本单元电路组成，这些单元电路之间，可采用不同的方式组合起来，从而使仪器具有不同的测试功能。以下分析几种基本测试功能的原理，进而可了解一台电子计数器由哪些基本单元电路组成，以及它们之间如何联接。

一、累加计数(计数 *A*)

用于累计在一定时间内被测信号经整形后的脉冲个数，信号自 *A* 端输入，再以手动方式送入"启动"(开始计数)信号和"停止"(停止计数)信号，电子计数器显示的数字即为从"启动"到"停止"两信号间隔时间内输入脉冲的个数。为实现这一功能，电子计数器须具备如下单元电路：

(1)要有一套计数和显示装置　常由十进制计数器、数码寄存器、译码器和数字显示器组成，统称计数显示单元电路。

(2)要用一个整形电路　计数器要求输入信号为脉冲波，而被测信号却可能是任意的波动信号，为此，在送入计数器前，要把被测信号整形，转换成为计数器可接受的脉冲波形，且要求转换后的脉冲个数对应于被测信号电平变化的次数。

(3)要有一可靠的控制电路，在输入电路与计数显示电路间，常设置一个可控制的"闸门"(或称主闸门)，由与门或是或门电路充当，闸门的"开"和"关"可由一个双稳电路(常称门控双稳)的输出电平去控制，用"启动"和"停止"信号作为门控双稳的触发信号，"启动"信号使门控双稳的输出电平把闸门打开，直至"停止"信号送来，再把闸门关闭，因此，计数器的计数结果是闸门在开门期间送入计数器的脉冲数，即从"启动"到"停止"两信号时间间隔内的输入信号电平变化次数。

根据上述想法,可以画出累加计数的原理方框图如图 11-2-1 所示。

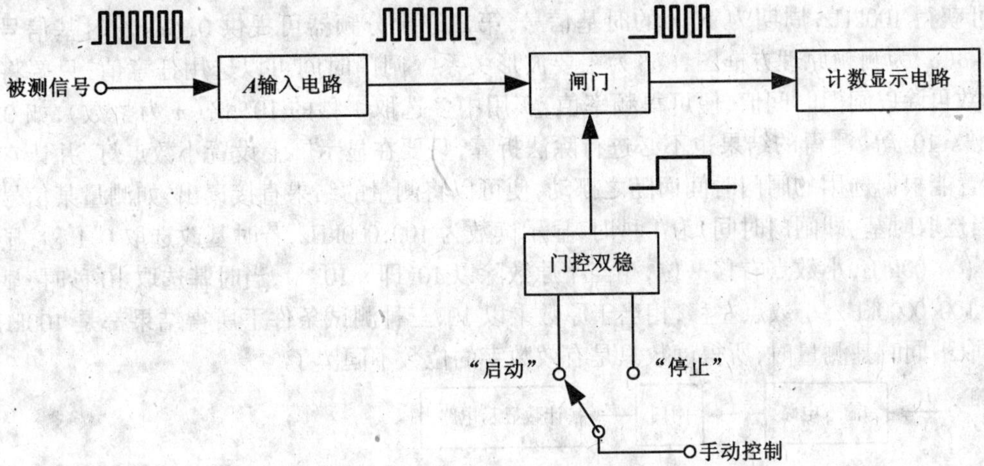

图 11-2-1　累加计数原理方框图

二、外控时间间隔内的计数（$A/B\rightarrow C$）

与前一功能的不同仅在控制信号的方式上,被测信号仍由 A 端送入,来自 B 输入端的 B 脉冲为"启动"信号,来自 C 输入端的 C 信号为"停止"信号;电子计数器的读数是从 B 脉冲到 C 脉冲之间,经 A 输入端送入的脉冲个数,其原理方框图如图 11-2-2 所示。

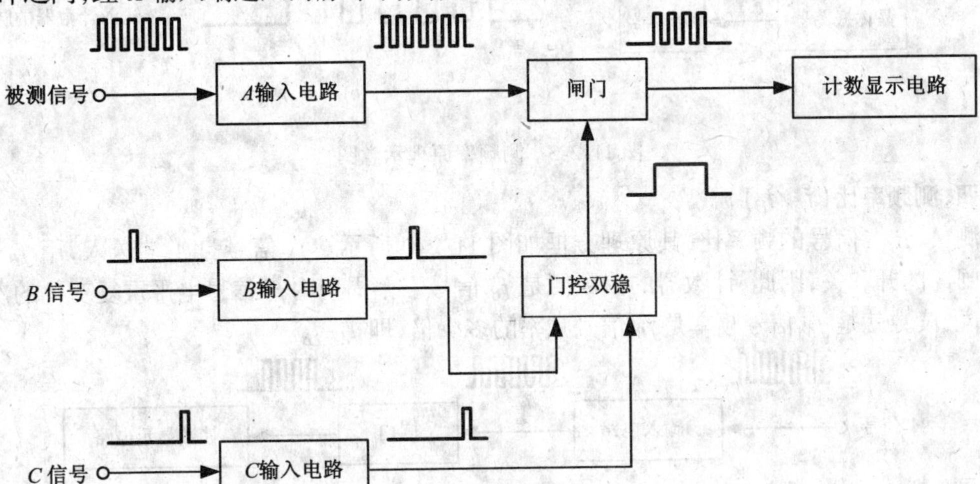

图 11-2-2　外控时间间隔内的计数原理方框图

三、测频率（频率 A）

这是电子计数器的一项主要功能。根据定义,信号的频率是指周期性信号在单位时间内变化的次数;测频率,实际上可理解为在特定条件下,即单位时间内的累加计数,因此,只需在累加计数电路中增加一组能产生"单位时间"信号的电路,并用这一信号控制闸门的开闭便可实现。上述的"单位时间"信号常称为时基信号,它实质上是一个重复周期等于标准时间的脉冲信号,其周期即闸门被打开的时间,故亦称"闸门时间"。时基信号常由一个高精度、高稳定度的信号发生器和多级分频器提供,如由石英晶体振荡器和多级十分器组成的源,从各级十分频器的输出端可取得不同的时基信号,若石英晶体振荡器的中心频率为 1MHz,经一级十分频器,可获得 100kHz,周期为 10μs 的时基信号,第二级十分频器可提供 0.1ms 的时基信号。图 11-2-3(*a*)为测频原理方框图,(*b*)为主要波形关系。闸门时间可以选用任意值,只要将测得的读数再除以闸门时间值,便可得频率值,实用中多选取 1 秒的 10^n 倍(*n* 为整数),如 0.01s、0.1s、1s、10s 等,测得的结果也不必进行除法折算,只要在显示屏上设置小数点灯,并让它点亮的位置能根据选用的闸门时间而随之挪动,便可以将测量的结果直接读出,如测量某信号的频率,当选取时基(即闸门时间)为 1 秒时,显示读数为 100.000kHz,若时基改选取 0.1 秒,显示读数为 100.00kHz,小数点右移一位,相当于原数除以 10(即 $\times 10^{-1}$),当时基选取 10 秒时,显示读数为 100.0000kHz,小数点左移,相当于原数乘以 10,三种测试条件下所得结果都是 100kHz,这说明取不同时基测量时,所得读数只是有效数字的位数不同罢了。

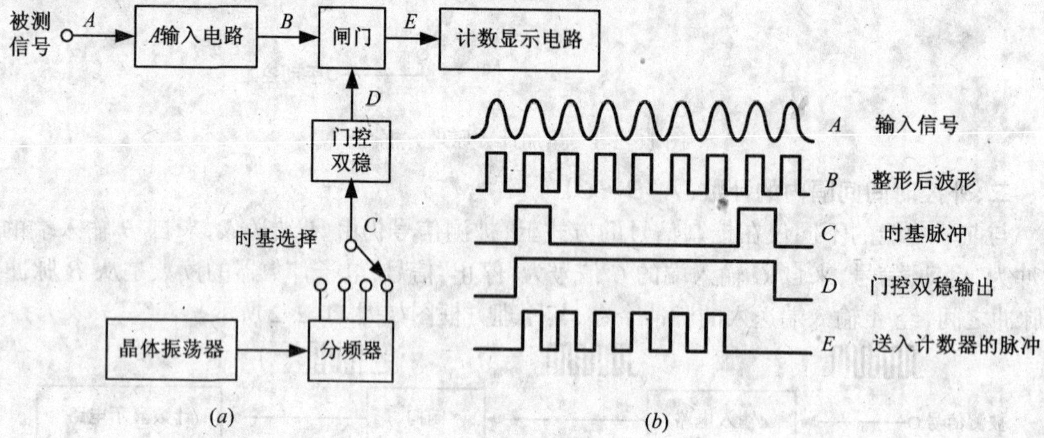

图 11-2-3　测频率原理示意图

四、测频率比(f_A/f_B)

测 *A*、*B* 二信号的频率比,其原理方框如图 11-2-4 所示。f_A 信号自 *A* 端送入,用 f_B 信号控制闸门的开和关,因此,计数器的读数便是 f_B 信号一个周期内 f_A 信号电平重复变化的次数,或者说,读数就是 f_A 信号频率是 f_B 信号频率的多少倍,即 f_A/f_B。

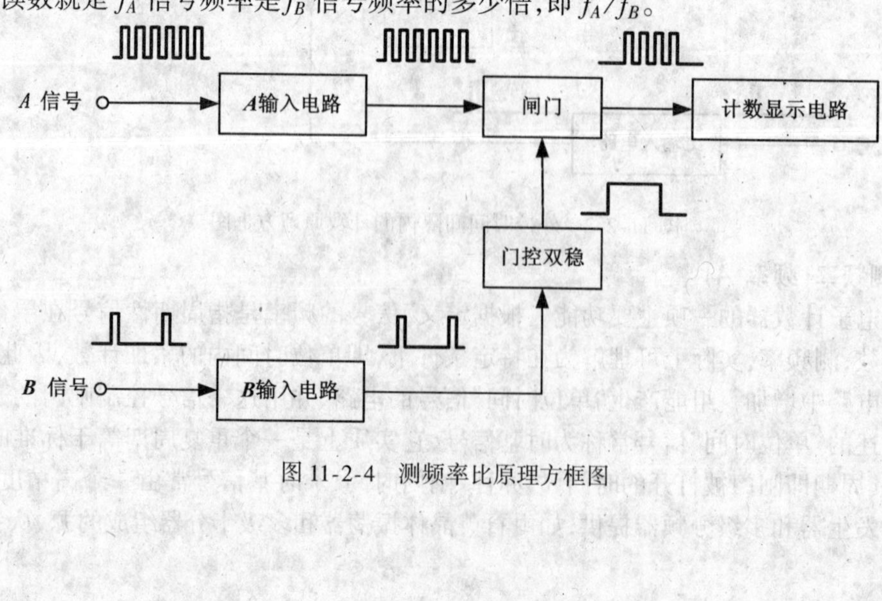

图 11-2-4　测频率比原理方框图

五、自检

自检也称自校，是电子计数器测量机内基准信号频率的功能，可借以检查仪器自身的逻辑功能是否正常。自检和测频率的原理相同，显示的读数即为基准信号的频率值，时基可以任选，被测信号为机内的时标信号；时标信号与时基信号都来自机内的基准信号源，常由石英晶体振荡器经分频器或倍频器提供，其值也常取 1 秒的 10^n 倍，如 $10\mu s$、$1\mu s$、$0.1\mu s$ 等，时标信号与时基信号的作用不同，它不用于控制闸门的开闭时间，而是作为标准计数脉冲，经闸门送入计数器。如取时基为 1s，当选用周期为 $1\mu s$ 的时标信号时，则自检的读数应为 1 000 000，表示时标频率为 1MHz，自检的原理方框图如图 11-2-5 所示。

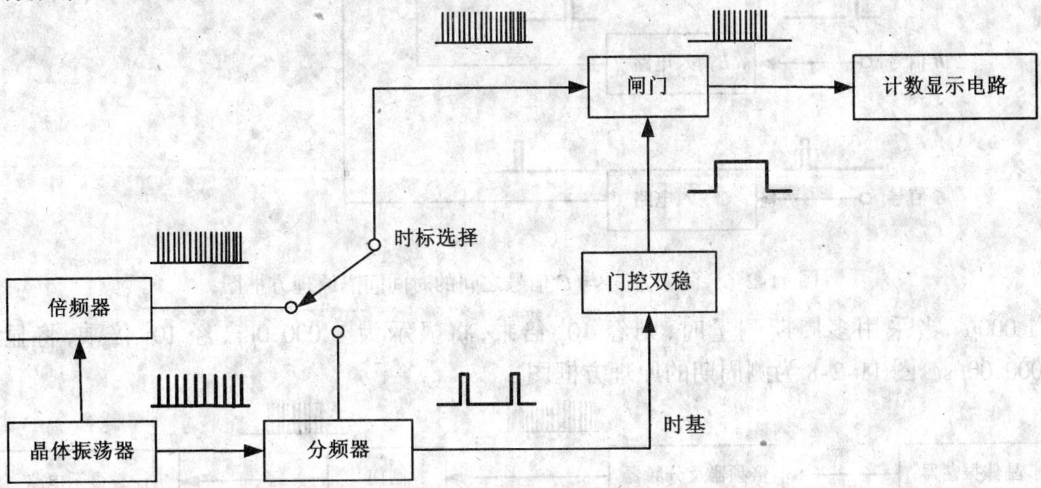

图 11-2-5　自检原理方框图

六、测 *B* 信号与 *C* 信号之间的时间间隔（时间 *B*→*C*）

计数器所测是脉冲个数，如欲用它表示时间，只要使送入计数器的脉冲串为标准时间脉冲（时标）即可，例如，送入计数器为 1ms 的时标脉冲串，若计数器读数为 N，就表示闸门打开时间为 Nms。如要测量 B、C 两信号之间的时间间隔，只须以 B 信号打开闸门，以 C 信号关闭闸门便可，其测量原理方框图如图 11-2-6 所示。

七、测相邻脉冲的时间间隔（时间 *B*）

用于测量同一脉冲串的两个相邻脉冲间的时间。参照前一种测量方法，可将时标信号不断地送往闸门，同时用被测脉冲串的两个相邻脉冲去控制闸门的开闭，测量时，被测信号自 B 端送入。测量原理方框图如图 11-2-7 所示。

八、测周期（周期 *B*）

对周期性信号而言，不论其波形如何，经整形都可转换为脉冲信号，且整形前后的周期相等。测量信号的周期，实际上就是测量两相邻脉冲的时间间隔，因此，测周期也可用图 11-2-7 所示的电路。被测信号由 B 端送入，B 输入通道中有整形电路，可以把被测信号转换成矩形脉冲波，用脉冲的跳变沿去触发门控双稳，由于脉冲串的周期与被测信号周期相等，所以，闸门打开的时间等于被测信号的周期。实际测量时，为了减小误差，常采用多周期测量周期平均值的方法，就是取 10^1、10^2、10^3 倍个周期的信号，去控制闸门，再对计数器的读数分别除以 10^1、10^2、10^3。取 10^n 倍个周期的信号，实际上就是进行 n 级十分频（常称倍乘），然后在显示屏上小数点的位置做相应的挪动，便可直接读出平均周期数。若用图 11-2-7电路测得某信号的周期

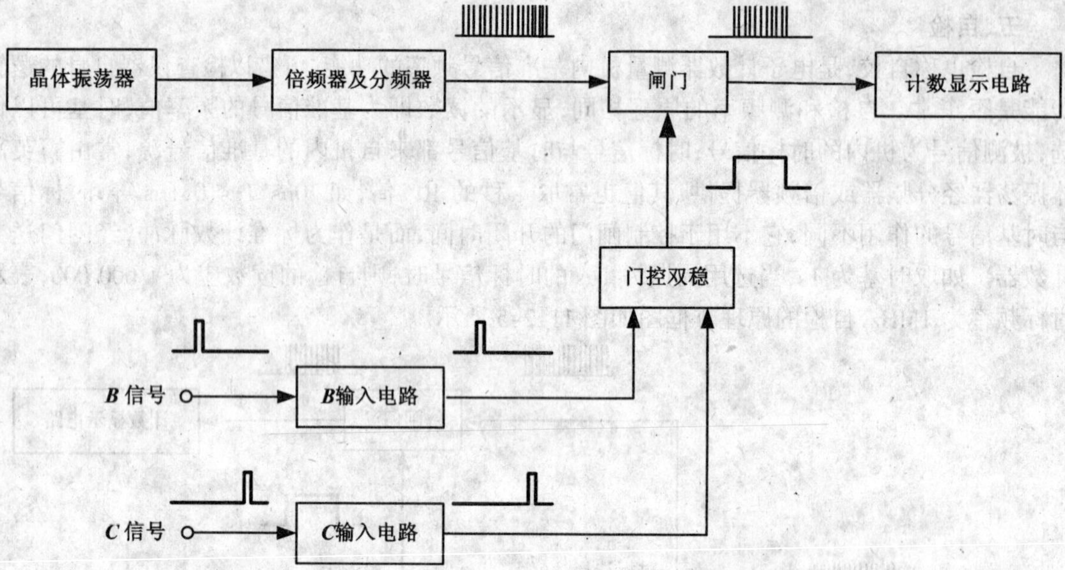

图 11-2-6　测 B 信号与 C 信号之间的时间间隔原理方框图

为1 000μs,当采用多周期测量时,则经 10^1 倍乘,将显示为 1 000.0μs,经 10^2 倍乘,将显示 1 000.00μs。图 11-2-8 为测周期的原理方框图。

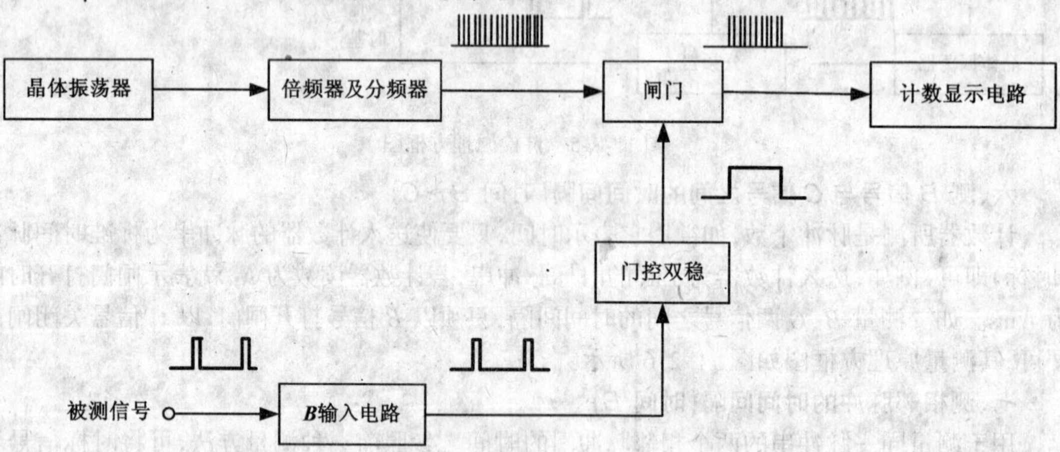

图 11-2-7　测相邻脉冲时间间隔原理方框图

从以上介绍的几种基本测量原理可以看出:无论何种测量功能,都是对电脉冲计数,只是送入计数脉冲和控制闸门的方式不同而已。

电子计数器在完成不同项目的测量时,尽管原理不同,基本单元电路的组合方式也不同,但所需的基本单元电路不外如下几种:输入电路,计数显示电路,标准时间信号形成电路和控制电路等四大部分。

1. 输入电路

其作用是接受被测信号(或控制信号),并对它进行放大和整形,然后送往主闸门(或控制电路),由于这是输入信号的必经之路,故又称输入通道。输入电路通常包括 A、B、C 三个独立的单元电路,凡欲进行计数的信号均经 A 输入电路送来,B、C 通道常传送控制闸门的信号。

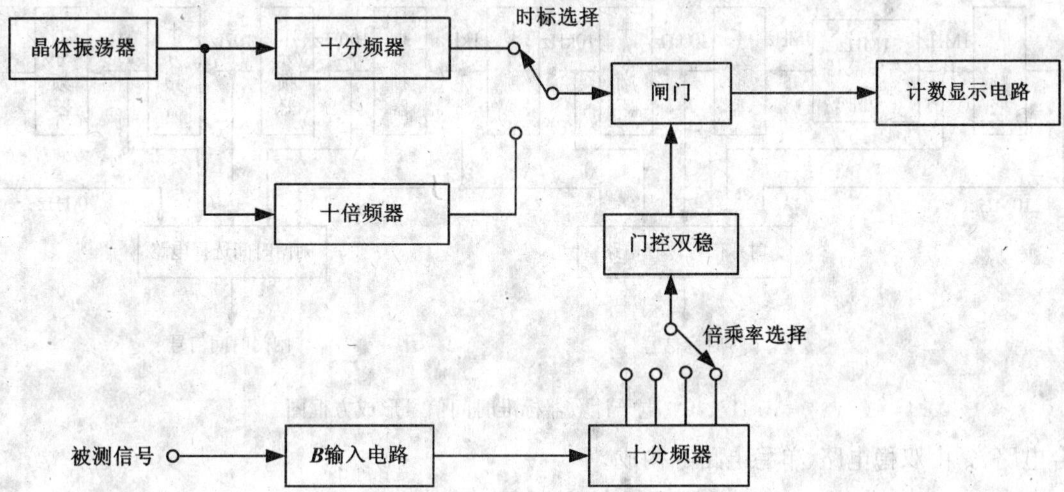

图 11-2-8　测周期原理方框图

输入电路接受被测信号，也是被测信号源的负载；而输入电路的输出端要与计数电路相连，它实际是这些计数脉冲电路的触发信号源，脉冲电路要求输入电路送来的触发信号应是具有一定波形、一定幅度和极性的脉冲信号，而被测信号，不但波形各异而且幅度也不同，因此，输入电路必须对输入信号整形，使之形成有一定幅度和有陡峭前后沿的脉冲信号，常用的整形电路是施密特触发器；为使整形电路工作正常，需要对幅度小的输入信号放大，为此，在整形电路前常设置输入放大器，但是，对于幅度过大的被测信号则需要进行适当地衰减或限幅，所以，在输入放大器前面还需加入衰减器或限幅度。为了提高整机的输入阻抗，放大器的第一级常采用阻抗变换电路，如晶体管射极跟随器或场效应管源极跟随器。

2. 计数显示电路

它的任务是对来自闸门的脉冲进行计数，并将计数结果以数字形式显示出来。电子计数器要求用多位的十进制数字显示，每一位都有一个独立的单元电路，一般包括计数、寄存、译码和显示电路，各单元电路之间，除计数器串接运用外，其他部分都各自独立工作。

3. 标准时间信号形成电路

电子计数器内部需要一系列的标准时间信号，譬如时基信号、时标信号。电子计数器能否正常工作，测量的准确度如何，与标准时间信号有直接关系。对标准时间信号源的要求一是高精确度，二是能多组输出。这些标准时间信号，通常是以高精确度石英晶体振荡器为基础，采用倍频和分频的方法获得的，然后，根据需要通过选择电路送出，图 11-2-9 为 E312 型电子计数器标准时间信号形成方框图。

4. 控制电路

它是电子计数器的指挥系统，能送出各种控制信号，以协调各单元电路的工作。一般每进行一次测量总要经历：测量准备→测量→显示测量结果→复原等阶段。通常在准备阶段计数器复零，主闸门处于等待打开的状态；在测量阶段，主闸门打开，对被测信号进行计数；主闸门关闭后，需将计数结果显示出来，并保持一定的时间，供测量者观察和纪录，也可把测量结果编码输出，这段时间称为显示时间，至此，一次测量即告结束。一次测量完还要为下一次测量做好准备。所有上述动作都是在控制电路的统一指挥下进行的。控制电路实际上是一个脉冲组

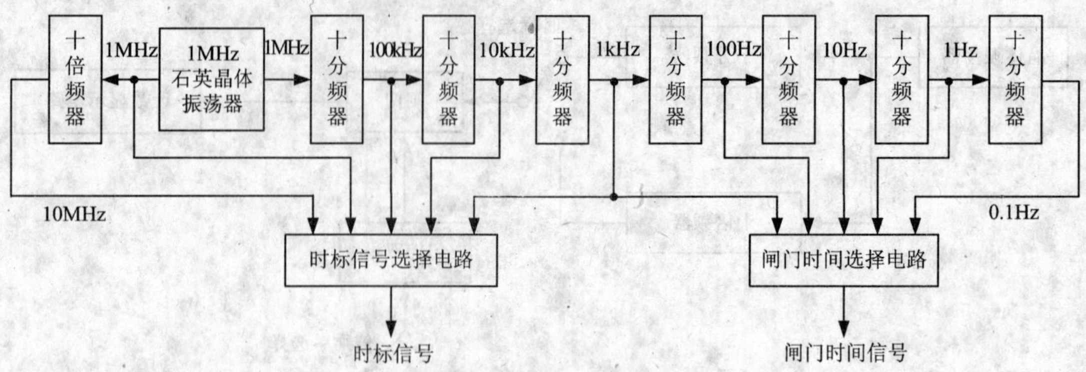

图 11-2-9　电子计数器标准时间信号形成方框图

合电路，常由双稳电路、单稳电路等构成。

§11-3　电子计数器的测量误差

用电子测量仪器测量时，都不可避免地存在误差，误差的大小由多种因素决定，它是测量仪器自身，以及使用仪器的方法、环境条件影响、测量方案的选择和操作技术等诸因素综合作用的结果。本节主要分析电子计数器在测量中产生误差的原因及误差的合成，进而探讨怎样合理地选择和使用仪器，以获取尽量准确的测量数据。

一、量化误差

这是数字式仪器固有的、不可避免的误差成分。电子计数器无论运用哪种功能，测量结果实质上都是累计的脉冲个数，而且都是整数，它不能测出显示器上末位数字以后的零头。同时，电子计数器工作时，计数脉冲都经闸门送入计数器，计得的读数除与脉冲的频率和闸门时间有关外，还与闸门打开的起点及第一个计数脉冲送来的时刻有关，而在一般情况下，闸门的开与闭和计数脉冲的送入，在时间关系上是随机的，这样，在相同的闸门时间内，计数器对同样的脉冲串计数时，得到的读数便可能不相同；如有某确定的闸门时间 T，其值为 6.4 个计数脉冲的周期，由于测量结果只能以整数显示，象 0.4 这样的尾数是显示不出的，实测的结果不是舍去 0.4 显示 6，便是凑零为整显示 7，如图 11-3-1 所示，闸门打开的时刻和计数脉冲的时间关系可能有图中(a)、(b)两种情况；在(a)情况时读数为 6，相对于真值 6.4，是舍去了 0.4，而处于(b)情况时读数为 7，相对于真值多计了 0.6，即把尾数凑成为整数了。这种测量误差是所有计数仪器不可避免的，称为量化误差或量子化误差。量化误差的极限范围是 ±1 个字，无论总计数值是多少，量化误差的最大值都是 ±1 个字，譬如，在某闸门时间内，若计数器读数为 6，说明实际通过闸门的脉冲可能在 6 个至 7 个之间(如图 11-3-1 所示)，但也可能在 5 个至 6 个之间，即：实际通过闸门的脉冲数最小值为 5，最大值为 7，可表示为 6±1。如果以 γ_N 表示量化误差的相对值，则 $\gamma_N=(\Delta N/N)\times 100\%$。式中 N 为总读数，

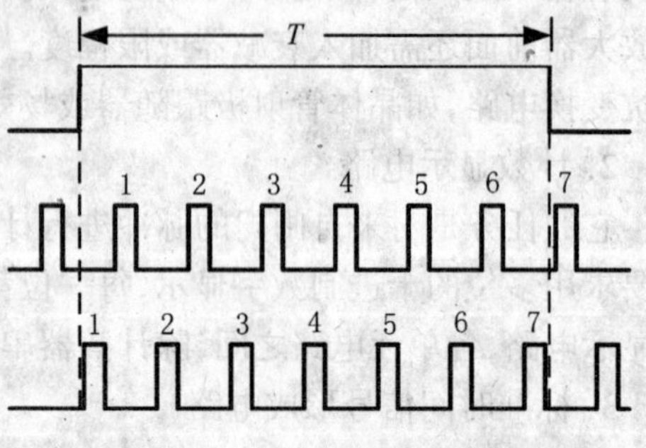

图 11-3-1　量化误差形成示意图

$\Delta N=\pm1$ 即量化误差的绝对值,从式中可看出:总读数 N 愈大,γ_N 愈小,测量的相对准确度便愈高,例如,电子计数器读数 $N=100$ 时,$\gamma_N=\pm1\%$,若读数 $N=10\,000$,则 $\gamma_N=\pm0.01\%$,同是 ±1 个字的误差,但对测量准确度的影响却大不相同。

二、测频率的误差

根据测频率的原理得知,测得的频率读数是在闸门时间 T_g 内通过的脉冲数 N 与 T_g 之比,即 $f_x=N/T_g$,因此,N 的误差和 T_g 的误差都会引入测频误差。T_g 是由时基信号决定的,它由石英晶体振荡器产生的标准信号 f_0,经 n 级十分频得到,即 $T_g=10^n\times1/f_0$,因此,$f_x=N/T_g=N\times f_0\times10^{-n}$,经简单的数学推导可以得出

$$\frac{df_x}{f_x}=\frac{dN}{N}+\frac{df_0}{f_0}$$

$$\gamma_f=\gamma_N+\gamma_0 \tag{11-3-1}$$

式中 $\gamma_f=\frac{df_x}{f_x}$——测频率的相对误差;

$\gamma_N=\frac{dN}{N}=\frac{\pm1}{N}$——读数的相对误差,即量化误差;

$\gamma_0=\frac{df_0}{f_0}$——石英晶体振荡器的频率准确度,常用频率稳定度表示。

由式(11-3-1)看出,测频率的误差由量化误差和石英晶体振荡器的频率稳定度组成其中量化误差值与被测频率的高低,以及选用闸门时间的长短有关,读数 N 愈大,其影响愈小,而石英晶体振荡器的频率稳定度,在一台仪器中为一确定值,通常为 $10^{-8}\sim10^{-9}$ 量级。图 11-3-2 为某电子计数器测频率的误差关系曲线。其中 f_x 为被测信号频率,γ_f 为测频率的相对误差。从图中可以看出,对于同一被测频率 f_x,选取闸门时间愈长,误差愈小;当取一定闸门时间时,f_x 愈高,误差愈小。这实际是量化误差的作用,即总读数 N 愈大,测量误差愈小。特别要注意测低频信号时的量化误差影响,譬如,当 $f_x=1\text{Hz}$ 时,若取闸门时间 10s,则 $\gamma_f=\pm10\%$;而取闸门时间 1s 时,$\gamma_f=\pm100\%$。这样大的误差已失去了测量的意义,显然是不容许的,为此,对低频信号宜改为通过测量信号的周期,然后取倒数以确定被测频率值。γ_0 对于每一台仪器为一固定值,在图 11-3-2 中为 5×10^{-9},测频时的总误差必然大于 5×10^{-9},即 5×10^{-9} 是这台仪器测频率误差的最小极限值。

通过以上分析可知,为了提高测频率的准确度,一要选用适当的闸门时间,使有效读数 N 值尽量大;二要选用 γ_0 值小的石英晶体振荡器。

三、测周期的误差

与测频率的情况类似,测周期时也要引入量化误差和时标的误差,即石英晶体振荡器的频率稳定度,此外,还存在第三项误差,常称转换误差。

测周期时,被测信号经 B 通道放大、整形后转换为脉冲波作为门控信号,闸门打开的时间即被测信号周期(单周期测量时),波形常通过施密特触发器完成转换,转换过程中各种干扰或噪声信号的影响,以及电路本身触发电平的抖动都会引入误差,这便是转换误差。以下分析转换误差的形成,设被测信号为正弦波 $u=U_m\sin\omega t$,如图 11-3-3(a)所示,当被测电压上升到 A_1 点,达到施密特触发器的触发电平 E^+,电路翻转,输出高电平;当信号电压变化至 B 点,达到触发电平 E^-,电路翻回,输出低电平;当正弦信号再次上升至 A_2 点达到 E^+ 时,施密特触发器又一次翻转。被测信号每重复一个周期,施密特触发器便输出一个完整的方波信号,其周期 T

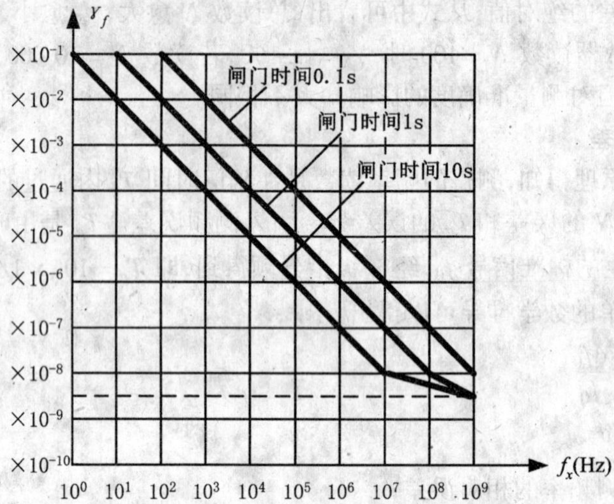

图 11-3-2 测频率的误差关系曲线

等于被测信号的周期。在理想情况下，这种转换不存在误差，但是，如果被测信号上叠加有干扰或噪声信号时，譬如在图(a)中，若 A_1 点附近存在正向噪声信号 U_n，将使信号到达 E^+ 的时刻提前 ΔT_1，即施密特触发器输出电平的上跳，提前在 A'_1 点发生。若相反极性的噪声电平叠加在 A_2 点附近的被测信号上，将会使施密特触发器的翻转推迟在 A'_2 点发生，比原来推迟 ΔT_2。从图中可以看出，这时施密特触发器输出方波的周期，将比被测信号周期 T 增加 $\Delta T=\Delta T_1+\Delta T_2$，这便是转换误差。设叠加在 A_1、A_2 点的噪声信号幅度都是 U_n，仅是极性不同，则 $|\Delta T_1|\approx|\Delta T_2|$，故 $\Delta T\approx 2\Delta T_1$。图 11-3-3($b$)画出了 A_1 点附近的电压波形细节，A_2 点附近的电压波形，除 U_n 方向不同外，其他都与 A_1 点波形相同，因此，分析 A_1 点的情况，所得结论也适于 A_2 点。图中 ΔT_1 实际值很小，$A_1A'_1$ 近似为直线，$U_n/\Delta T_1=\text{tg}\alpha$，故 $\Delta T_1=U_n/\text{tg}\alpha$。式中 $\text{tg}\alpha$ 可视为被测信号 $u=U_m\sin\omega t$ 在 A_1 点的斜率 S，又由于：

$$S=\frac{\mathrm{d}u}{\mathrm{d}t}=\frac{2\pi}{T}U_m\sqrt{1-\sin^2\omega t}$$

且在 A_1 点 $u=U_m\sin\omega t=E^+$，即 $\sin\omega t=\dfrac{E^+}{U_m}$，故在 A_1 点 $S=\dfrac{2\pi}{T}U_m\sqrt{1-\left(\dfrac{E^+}{U_m}\right)^2}$。通常 $E^+\ll U_m$，因此，A_1 点的 $S\approx\dfrac{2\pi}{T}U_m=\text{tg}\alpha$，由此可得

$$\Delta T_1=\frac{U_n}{\text{tg}\alpha}=\frac{T}{2\pi}\cdot\frac{U_n}{U_m}$$

即在一个周期内，总的转换误差绝对值为

$$\Delta T=2\Delta T_1=\frac{T}{\pi}\cdot\frac{U_n}{U_m}$$

转换相对误差值为 $\dfrac{\Delta T}{T}=\dfrac{1}{\pi}\cdot\dfrac{U_n}{U_m}$，式中 $\dfrac{U_n}{U_m}$ 为信噪比 $\dfrac{U_m}{U_n}$ 的倒数，显然，信噪比愈大，转换误差愈小，因此，为了减小转换误差，测量时宜尽可能提高被测信号的幅度，即提高信噪比 $\dfrac{U_m}{U_n}$ 值。如信噪比为40dB，即 $\dfrac{U_m}{U_n}=100$，此时，由噪声引入的转换误差为 $\dfrac{1}{\pi}\cdot\dfrac{1}{100}\approx$

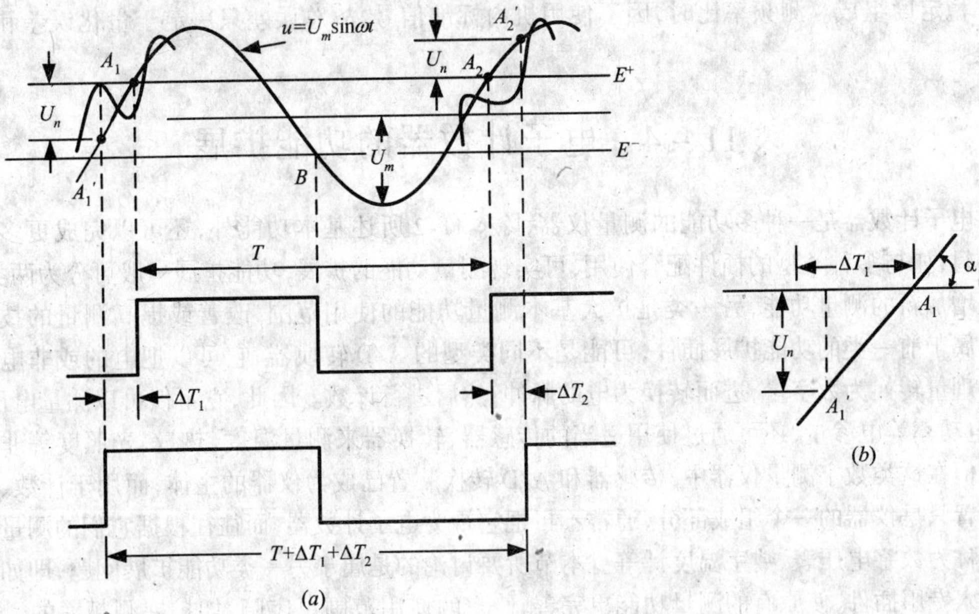

图 11-3-3　转换误差的形成示意图

0.32%。

噪声的引入具有随机性,上述估算公式的推出,是以 U_n 可能产生的最大误差为前提的。除噪声外,电路中触发电平 E^+、E^- 的抖动,也会使触发电路的翻转较正常时刻提前或推迟,因而也形成转换误差,其大小决定于触发电平抖动的方向和幅度。由于触发电平的抖动和噪声的叠加所形成的转换误差,其性质和后果完全相同,因而可近似地认为,转换误差是由一个等效的外部噪声引起的,并可用前述的公式进行估算。

从图 11-3-3(a)中还可看出,转换误差只发生在 A_1、A_2 点,即只发生在一个被测周期的始端或终端,亦即闸门开启和关闭的时刻,与中间过程无关,因此,可以用多周期测量法,以减小转换误差。如果取 10^n 个周期信号测量(即倍乘 10^n),由于转换误差仅发生在 10^n 个信号周期的始端和末端,其绝对误差值与单周期测量一样,均为 ΔT,但相对误差值却降为 $1/10^n \cdot \Delta T/T$,即仅为单周期测量的 $1/10^n$。

综上所述,电子计数器测周期的误差 γ_T 由三部分组成,即量化误差 $\gamma_N = \pm 1/N$;石英晶体振荡器的频率准确度 $\gamma_0 = \Delta f_0/f_0$ 和转换误差,如按最不利的条件考虑,总误差应为

$$\gamma_T = \frac{\pm 1}{N} + \frac{\Delta f_0}{f_0} + \frac{1}{10^n}\cdot\frac{1}{\pi}\cdot\frac{U_n}{U_m}$$

为了提高测量周期的准确度,测量时要注意:

(1)选用小单位的时标,使有效读数 N 尽量大。

(2)采用多周期测量,既可减小转换误差,又可获得较大的读数 N。

(3)测量中尽量提高信噪比。

(4)选用频率稳定度高的时标信号源。

根据以上两种测量功能的误差分析,可推断出其他测试功能的误差分配。测量时间间隔时,由于输入信号均为脉冲波,可以忽略转换误差,总误差应由量化误差和石英晶体振荡器的

频率稳定度组成。测频率比时,因不使用机内标准信号,故总误差只决定于量化误差和转换误差。

§ 11 - 4 电子计数器的功能扩展

电子计数器是一种多功能的测量仪器,除 § 11-2 所述基本功能外,还可以完成更多的测量项目,如与多种类型的插件配合使用,可实现测量功能的扩展,功能扩展一般可分为两类:一类是增加新的测量功能,另一类是扩大基本测量功能的使用范围,改善或提高测量的技术性能。属于前一类的功能扩展插件,可能是不同类型的 A/D 转换器,它可以把电的或非电的被测物理量转换为数字量,进而转换为电的脉冲,然后进行计数。因此,它不仅可以测量电压、电流、电功率等电参量,还可通过使用适当的传感器、转换器来测量温度、热量、光照度等非电参量。但在这类数字测量仪器中,传感器和 A/D 转换装置已成为仪器的主体,而用于计数、显示的装置只是仪器的一个组成部分,通常不再把它视为电子计数器,而往往根据它们的测量功能分别称为数字电压表、数字温度计等。本节所要讨论的是属于另一类功能扩展问题,即如何通过接入专用插件,使原有的测量功能更完善,使它的使用范围更广阔,如扩展测频率的上下限值,以及提高测量的精确度和灵敏度等。属于这一类的插件,其电路由于任务的不同和原理上的差异,形式也多种多样,现仅就应用较广泛的几种方案,作原理性介绍。

一、用于提高测频上限值的方法

由于器件和电路组成方面的原因,一般电子计数器直接计数的最高频率约为 1 ~ 2GHz,如能在仪器上附加一个频率扩展插件,可对更高频率,直至超高频段的信号进行测量。通常采用的方法,是把被测的很高频率信号,转换为可用一般电子计数器测量的频率范围内,然后直接测量。常用的转换方法有如下几种。

1. 预定标法

这种方法是先对被测的高频率信号 f_x 进行分频,如进行 2^m 分频(m 为任意正整数),再送往电子计数器的测频输入端,此时的信号频率降为 $f_x/2^m$,使本来不能被测量的高频率信号转换成了可被测量的频率;但是,这样测得的只是 $f_x/2^m$ 值,而不是 f_x 值,为此,在对 f_x 进行 2^m 分频的同时,还必须对所选择的时基信号也进行 2^m 分频,即将闸门时间由原来的 10 秒、1 秒……10^n 秒转换为 $10^n \cdot 2^m$ 秒,这种对被测信号和对时基信号进行 2^m 分频的任务,可由称作预定标器的插件完成。例如,欲使用一台测频上限为 10MHz 的电子计数器,测量 $f_x = 24$MHz 的信号,可在仪器上配用一个分频系数为 $2^2 = 4$ 的预定标器插件。若选闸门时间为 0.1 秒,这样,被测信号 f_x 经预定标器 4 分频后,送入电子计数器的信号为 6MHz,与此同时,时基信号也进行 4 分频,实际的闸门时间定标为 $0.1 \times 4 = 0.4$ 秒,因此,计数结果是 0.4 秒内 6MHz 信号的脉冲数,读数为 24 000 000,它表示的正是 1 秒内 24MHz 信号的脉冲数,即 f_x 的 Hz 值。由于使用预定标器,可使电子计数器的测频上限提高为原来的 2^m 倍。其实,并不限定取 2^m 分频,也可以取任意正整数 M 分频,只要对被测信号进行 M 分频的同时,也把闸门时间定标值扩展 M 倍即可。预定标法的优点是可以提高测频上限,但是,由于闸门时间增大,相当于降低了测量的速度。

2. 外差法

这是一种利用外差原理进行测量的方法，也称混频法，其原理方框示于图 11-4-1 中，设被测信号频率为 f_x，插件内需用一个标准频率源，为了获得较高的频率稳定度，常采用带恒温装置的石英晶体振荡器，也可利用电子计数器主机内的石英晶体振荡器充任，其标准频率为 f_0，经倍频器可得 nf_0（n 为整数）的高频标准信号，然后送往谐波发生器，并产生丰富的高次谐波，通过谐波选择器，可根据需要选择 nf_0 的 N 次谐波 Nnf_0 输出，这一更高频率的信号，与 f_x 同时送入混频器，得到的差频 Δf 由电子计数器计数。只要恰当地选择倍频数 n、N，可使 Δf 值落入电子计数器的测频范围内，并通过 Δf 的读数测得 f_x 值，$f_x = Nnf_0 \pm \Delta f$。采用这种方法可测量近于 20GHz 的频率，而且可用于测量调频信号和脉冲调制波，但是，测量时如用手动控制谐波选择器，会使操作很不方便，重复性也差，目前，已实现采用上述原理的自动快速测量。

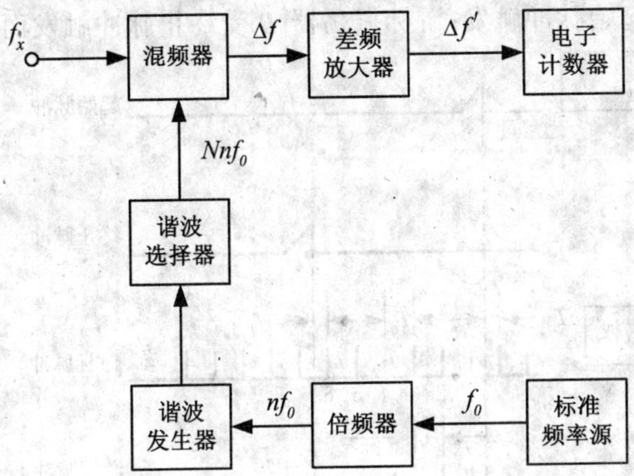

图 11-4-1　外差法原理方框图

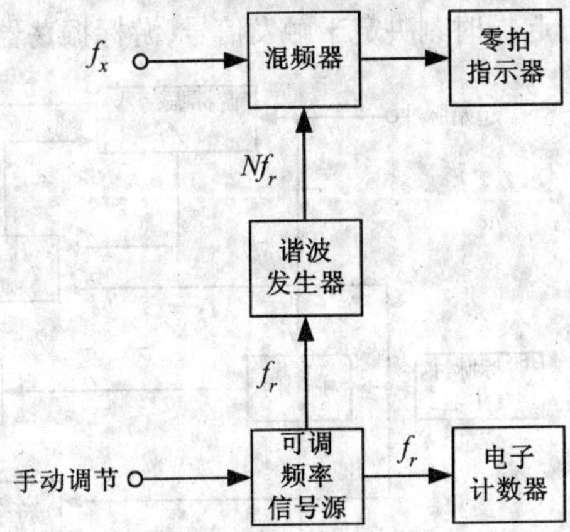

图 11-4-2　置换法原理方框图

3. 置换法（转换法）

与外差法的原理相同，仅在测量和调节的具体方法上稍有差异，其测量原理方框如图 11-4-2 所示。设被测信号频率 f_x。另设有可以手动调节的可调频率信号源，其频率 f_r 可由电子计数器直接测得，谐波发生器可以将 f_r 的某次谐波送往混频器，与 f_x 混频后输出二者的差频。测量时，调节 f_r，总可以找到一个合适的频率，使其 N 次谐波 Nf_r 与 f_x 的差频为零，即 $f_x - Nf_r = 0$，这一点可由零拍指示器上观察到，因而 $f_x = Nf_r$；为了求取 N，可以检测与 N 相邻的（$N-1$）次谐波的情况，方法是：微调 f_r 使略增加，当混频器的输出又达零拍时，可从电子计数器读得频率为 f'_r，它表示可调频率源此时的实际频率，由于这是在 Nf_r 附近又一次产生零拍，且 $f'_r > f_r$，显然，它是在相邻于 N 的（$N-1$）次谐波，即（$N-1$）f'_r 时形成的零拍，故 $f_x - (N-1)f'_r = 0$；两次测量的结果可综合为 $N = \frac{f'_r}{f'_r - f_r}$，最后得结论：$f_x = Nf_r = \frac{f'_r f_r}{f'_r - f_r}$。由电子计数器的读数 f_r、f'_r 可求出 f_x 值。为了求取 N 值，也可检测与 N 相邻的（$N+1$）次谐波的情况，即微调略减 f_r，使其在 f''_r 时混频器输出零拍，可得 $f_x = \frac{f_r f''_r}{f_r - f''_r}$，由读数 f_r、f''_r 也可求得 f_x 值。这种方法可用于微波频率的测量。目前，在实用中已用自动或半自动测试电路取代了上述的手动操作和人工运算工作。

二、用于提高测量时间精确度的方法

1. 游标法

这是一种可以提高测时分辨力和精确度的方法。在数字仪器中，为了减小量化误差，可以参考长度测量中的游标计量原理：游标卡尺由主尺和游标尺两部分组成，若主尺的最小分度为1mm，游标尺的分度为0.9mm，两者差0.1mm，当测量长度时，可以从主尺刻度上读出mm数的整数部分，再从游标尺刻度上读出十分之几mm的数值，因此，测得的结果，比仅用主尺精确。可用类似的原理测量时间间隔，即除用固有的时间标准（如闸门时间、时标）外，还可另加游标信号源，以进行游标测量。图11-4-3为游标法测量原理图，其中(*a*)为原理方框图，(*b*)为时间关系示意图。如欲测量起始脉冲与终止脉冲之间的时间间隔 T_x，设仪器的时标脉冲发生器产生周期为 T_0 的时标信号，另外，还设有结构相同的两个游标振荡器 A 和 B，它们是在外信号触发下才起振的冲击式振荡器，振荡频率稳定，输出的游标脉冲周期为 τ，且 $\tau < T_0$。振荡的起振时刻决定于触发信号，游标振荡器 A 受起始脉冲触发；游标振荡器 B 受终止脉冲触发而

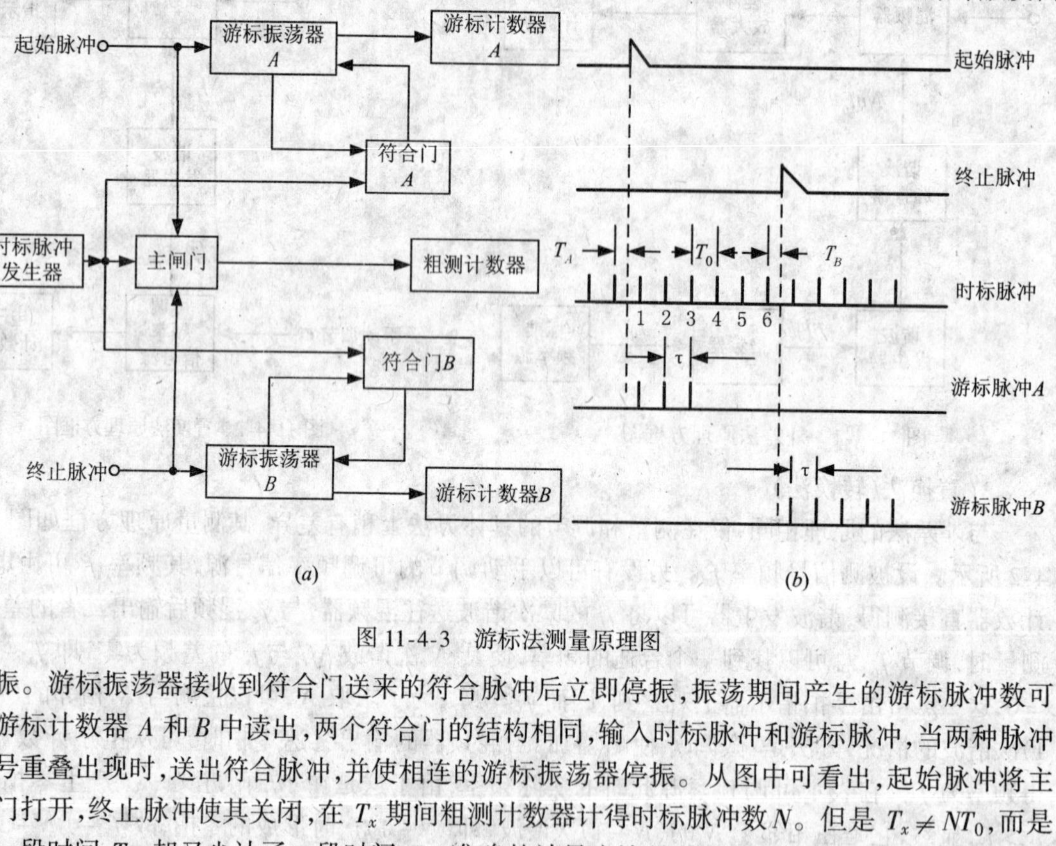

图11-4-3　游标法测量原理图

起振。游标振荡器接收到符合门送来的符合脉冲后立即停振，振荡期间产生的游标脉冲数可由游标计数器 A 和 B 中读出，两个符合门的结构相同，输入时标脉冲和游标脉冲，当两种脉冲信号重叠出现时，送出符合脉冲，并使相连的游标振荡器停振。从图中可看出，起始脉冲将主闸门打开，终止脉冲使其关闭，在 T_x 期间粗测计数器计得时标脉冲数 N。但是 $T_x \neq NT_0$，而是多一段时间 T_A，却又少计了一段时间 T_B，准确的计量应该是 $T_x = NT_0 - T_A + T_B$，T_A、T_B 值可由游标计数器读得。若图中时标信号为 $T_0 = 10\text{ns}$，从图11-4-3(*b*)中可看出，在 T_x 内的时标脉冲读数为 $N = 6$，量化误差 ±1 个字，即 ±10ns，测量结果 T_x 为 60ns ± 10ns，误差很大。若游标脉冲周期 $\tau = 9\text{ns}$，与时标差 1ns。起始脉冲送入时，游标振荡器 A 起振，游标脉冲的发出较时标脉冲迟 T_A。但是由于 $\tau < T_0$，当输出 a 个游标脉冲后，就可出现游标脉冲与时标脉冲重叠，即 $T_A + a\tau = aT_0$ 的情况。此时，符合门 A 送出符合脉冲，游标振荡器 A 停振，游标计数器 A 的读数即为 a，从而得知 $T_A = a(T_0 - \tau)$，图中 $a = 3$，故 $T_A = 3\text{ns}$。同理，T_B 可通过游标计数器 B 的读数 b 计算出，在图中 $b = 5$，$T_B = 5\text{ns}$，最后可得 $T_x = 60\text{ns} - 3\text{ns} + 5\text{ns} = 62\text{ns}$。$T_x$ 的表达式为 $T_x = NT_0 - T_A + T_B = (N - a + b)T_0 - (a - b)\tau$，由此可见，采用时标为10ns、游标为9ns的

游标法测量时间,可以获得 1ns 的分辨力,如能把游标脉冲周期作到 9.9ns,分辨力可达 0.1ns。游标法的原理比较简单,但用这种原理实现精确测量时,还需解决一些实际的技术问题,如时标和游标信号的高准确度、高稳定度,以及高速符合电路等。

2. 内插法

这种方法也可以减小 ±1 个字误差,提高测时间的分辨力和准确度,而且不必设置游标振荡器,用本机的时标信号作计时基准即可,只是要设置模拟内插转换器,同时,还常采用计算计数器程序控制电路等。图 11-4-4 为某计算计数器进行内插法测量时间间隔的原理图,其中

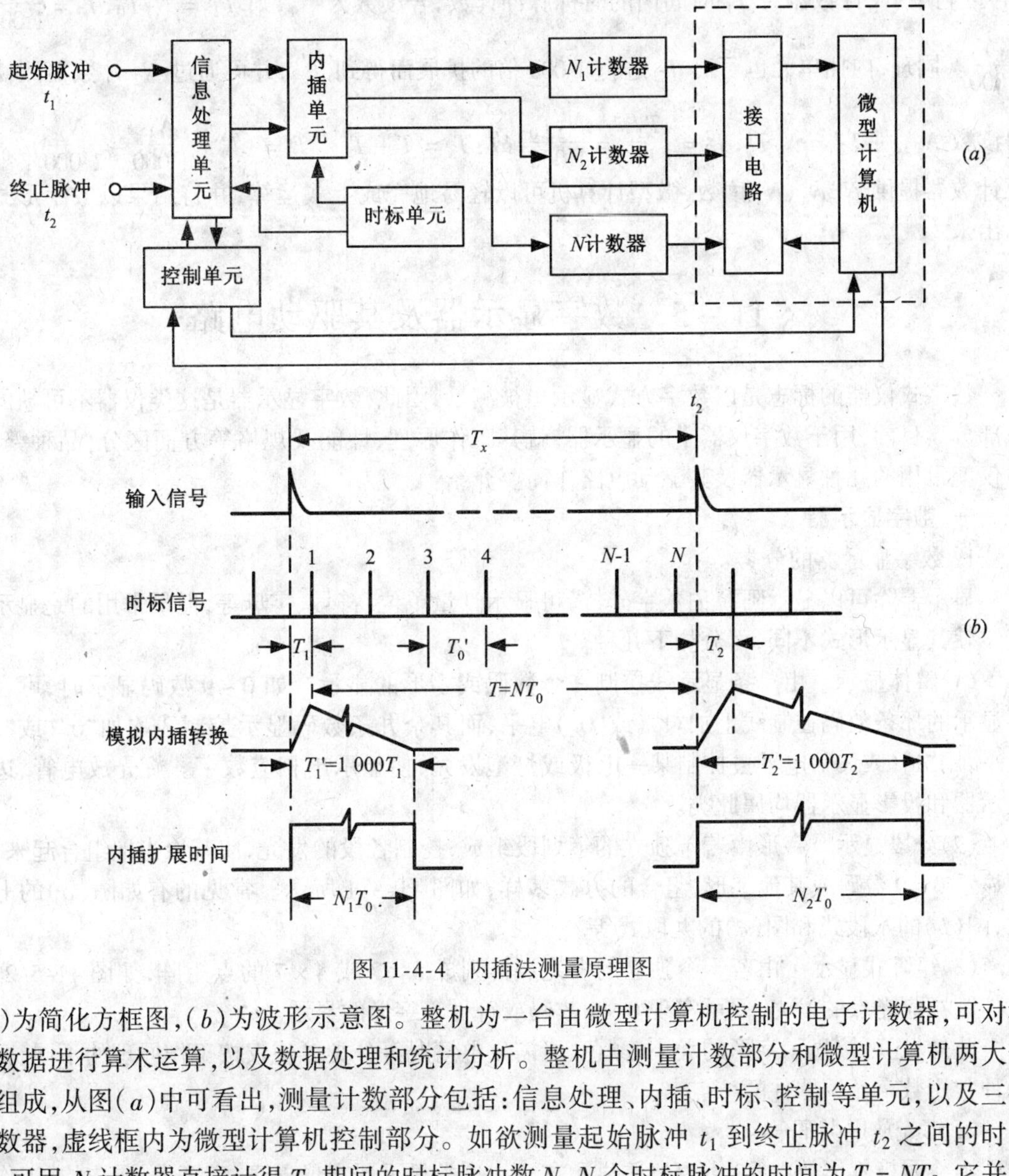

图 11-4-4 内插法测量原理图

(a)为简化方框图,(b)为波形示意图。整机为一台由微型计算机控制的电子计数器,可对测量数据进行算术运算,以及数据处理和统计分析。整机由测量计数部分和微型计算机两大部分组成,从图(a)中可看出,测量计数部分包括:信息处理、内插、时标、控制等单元,以及三个计数器,虚线框内为微型计算机控制部分。如欲测量起始脉冲 t_1 到终止脉冲 t_2 之间的时间 T_x,可用 N 计数器直接计得 T_x 期间的时标脉冲数 N,N 个时标脉冲的时间为 $T = NT_0$,它并不能准确地表示 T_x 值,结合图(b)可看出:$T_x = T + T_1 - T_2$,其中 $T = NT_0$,T_1 是起始脉冲与第一个时标脉冲之间的时间间隔,T_2 是终止脉冲与紧接着到来的时标脉冲之间的时间间隔。N 计数器可测得 T,而对于 T_1、T_2 这种小于 T_0 的时间却无法直接测量。内插法就是通过内插电

路，首先把时间 T_1、T_2 扩展若干倍，在图 11-4-4 中为扩大1 000倍，将 T_1 扩展为 $T_1' = 1\,000 T_1$，T_2 扩展为 $T_2' = 1\,000 T_2$，然后，再用普通计数方法进行测量。这样，尽管测量时所用的时标仍是 T_0，但由此引起的 ±1 个字的量化误差却降为原来的 1/1 000。内插单元主要由模拟内插转换电路组成，其完成扩展时间的过程是：在 T_1 时间内，用电流为 I 的恒流源对一个固定的电容器充电，然后，再以 $I/999$ 的恒定电流使此电容器慢速放电，经过 $999 T_1$ 时间后，电容器原充的电荷全部放尽，恢复到初始状态。电容器经历充电—放电的总时间为 $T_1' = T_1 + 999 T_1 = 1\,000 T_1$，可利用 N_1 计数器对 T_1'时间内的时标脉冲计数，若读数为 N_1，则 $T_1' = N_1 T_0$，$T_1 = \frac{T_1'}{1\,000} = \frac{N_1 T_0}{1\,000}$。同理，内插单元也可对 T_2 进行 1 000 倍的扩展而得到 T_2'，并可通过 N_2 计数器测 T_2'，得读数 N_2，则 $T_2' = N_2 T_0$，$T_2 = \frac{T_2'}{1\,000} = \frac{N_2 T_0}{1\,000}$，故：$T_x = T + T_1 - T_2 = (N + \frac{N_1}{1\,000} - \frac{N_2}{1\,000}) T_0$，只要计数器提供 N、N_1、N_2 读数，微型计算机可以轻易地完成上式运算，并将结果以数字形式显示出来。

§11－5　数字显示器及其驱动电路

数字式仪器的标志是以数字方式显示出被测量，因此，数字显示器是这类仪器不可缺的组成部分。目前，用于数字仪器中的显示器，就其工作原理、性能及规格等方面区分，品种繁多，现仅就常用的几种显示器及其驱动电路作简要介绍。

一、数字显示器

1. 数字显示器的分类

显示器除可以显示阿拉伯数字外，尚可显示计量单位、符号、字母等，但最常用的是显示数字。就其显示形式不同，可分如下几种。

(1)整体显示　由一条显示线控制一个数码或字形的显示。如 0～9 数码显示时，可在需要显示的那条数码控制线上加“1”(或“0”)电平，而其余九条数码显示控制线均加“0”(或“1”)电平，用“1”(或“0”)电平去控制某一电极或灯泡发光，使显示出相应数字。辉光放电管、边光显示器和投影显示器均属此类。

(2)分段显示　字形由若干独立的笔划段组成，控制各段的发光，使其恰当地组合起来，便可显示 0～9 数码或其他字形，组合的方式多样，如图 11-5-1 所示。常见的有如图(a)的七段式，图(b)的八段式和图(c)的九段式等。

(3)矩阵式显示　由若干个独立的发光点排列成 5×7 或 4×7 的点矩阵，如图 11-5-2，通过控制相应光点的发光，便可实现 0～9 数码或符号等字形的显示。

此外，还可按显示字形的大小、颜色、所需供电情况等分类。现仅按工作原理的不同，介绍几种常用数字显示器件的特点。

2. 辉光放电数码管

为冷阴极气体放电管，多为整体显示方式。这类显示器字形逼真，亮度大，响应快，工作电流较小，寿命长。缺点是辉光放电的起辉电压高，要求供电电压一般在 150V～300V 间，且需在供电电路中串接限流电阻。

3. 边光显示器

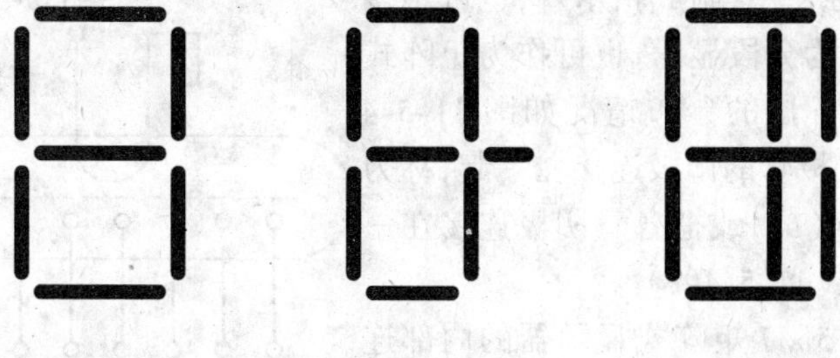

图 11-5-1　分段显示方式示意图

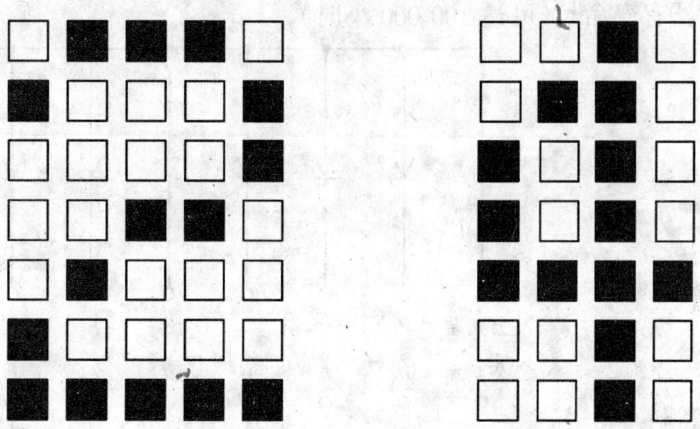

图 11-5-2　矩阵式显示方式示意图

全称是边缘发光显示器，它是利用无色透明有机玻璃边缘导光特性制成的，各由一片表面刻有欲显示字形痕迹的有机玻璃片，和一个装在边侧的微型灯泡组成。这种显示器加工简单、灵活，但是，由于多层玻璃重叠，显示的各字形不在同一平面上，后面的字形显示也较模糊，此外，灯泡的寿命也不够长。

4. 投影显示器

它利用幻灯机的原理进行工作。这种显示器字形美观、清晰，各字形都显示在同一平面上，视角也大，而且，不论是数码、符号、汉字、外文字母或不同颜色的图案都可显示。其缺点是结构复杂，成本较高，灯泡的寿命也有限。

5. 荧光数码管

其外观和内部结构都类似普通电子管，内部由直热式阴极、栅极和阳极组成，如图 11-5-3 所示。字形采用分段显示方式，适当地控制各个段阳极接入或不接入正电压，便可显示不同的字形。这类显示器体积小，工作电压低，响应快，字形显示清晰，工作也稳定，寿命长，而且适于与 MOS 电路匹配，是一种应用很广泛的显示器。但它仍需要近 20V 的直流电压源（U_g），而且要为阴极（即灯丝）的连续加热提供电流，总功耗约为几十毫瓦（每个字形）。

6. 发光二极管（LED）

用发光半导体材料制成的二极管，当 PN 结上有顺向电流时，将有少数载流子注入 PN 结，并与多数载流子复合释放出光子，而形成可见光或红外光，显示器中常用红、橙、黄、绿四种颜色。发光二极管可单独使用,制成指示灯,也可用多个管芯组成字形,可作为分段显示,也可作为矩阵式显示。分段式显示器各段的分布情况如图 11-5-4(*a*)所示。把各发光二极管的阳极连接在一起,称为共阳极型,如图 11-5-4(*b*);或把各管阴极连接在一起,则称共阴极型,如图 11-5-4(*c*)。

图 11-5-5 所示为 5×7 矩阵式显示器的内部连接示意图,共由 36 个发光二极管组成,其中包括小数点 D_p 显示,根据不同的信息,可控制有关二极管的显示。LED 显示器有寿命长(可达 100 000 小时),工作电压低(一般≤2V),功耗小,可靠性高和可与集成电路配合使用等突出的优点,而且色彩鲜艳,颜色多样,还可制成多位数字显示屏,因而,应用很普遍。其缺点为单管面积较小,发光过于刺目。

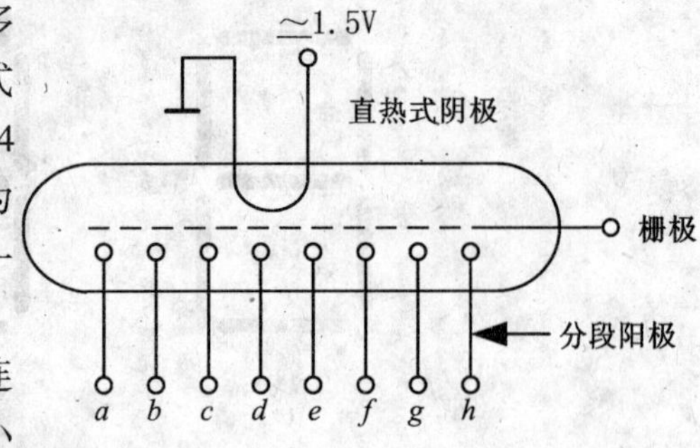

图 11-5-3 荧光数码管示意图

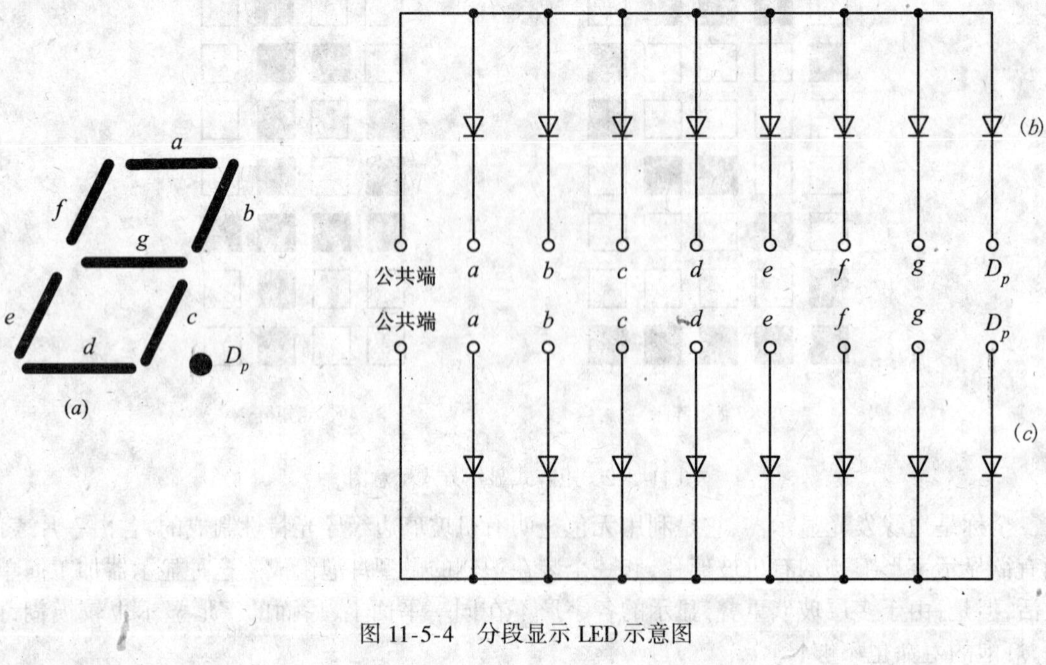

图 11-5-4 分段显示 LED 示意图

7. 液晶显示器(LCD)

显示器中的液态晶体(简称液晶)材料是一种有机化合物,在常温下既有液体的特性,又有晶体的特性,利用液晶在电场作用下产生光的散射或偏光作用的原理,便可实现数字显示,目前,广泛应用的是扭曲反射式液晶(简称 TN 型)。显示器的结构如图 11-5-6(*a*)所示,液晶充满在两片玻璃构成的密封盒里,四周为密封圈。前玻片的外面是起振镜片,另一面为先刻成字段形状的透明电极;后玻片的外面为检偏镜片,另一面为公用的透明背电极,电极的结构示意图如图 11-5-6(*b*);液晶显示器的最后面为不透光的漫反射板。LCD 显示器的突出优点是低压供电和微功耗,通常电压为 1.5V ~ 5V,功耗仅及 μW 量级,是各类显示器件中功耗最低者,可直接用 CMOS 集成电路驱动。同时,LCD 显示器的制造工艺较简单,成本不高,显示器的体积小,外形薄,特别适用在小型数字仪表和电子钟表等低功耗电子产品中。但是,它是利用外

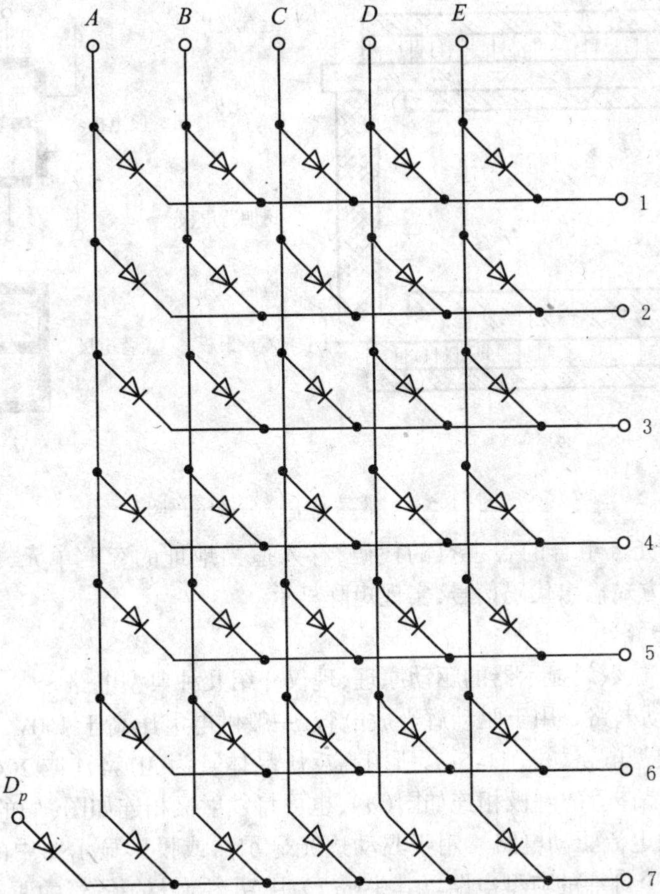

图 11-5-5　矩阵式显示 LED 示意图

界光源的被动式显示器件，使用环境愈明亮，显示愈清晰，不能用于黑暗处，而且视角也较窄。此外，它的工作温度范围不宽，一般为 0°～100℃，响应时间也较长，由于液晶为一种有机材料，其化学稳定性以及寿命与使用条件有密切的关系，存放温度和使用温度，环境湿度，工作电压和功耗，以及阳光或紫外光的照射等，也都对液晶的性能有影响，因此，在使用时要格外注意。譬如，驱动电压应采用正负对称的交流信号，常用直流分量极小的方波脉冲驱动，这是因为，直流成分的存在会导致液晶材料电解，加速其老化。

二、显示器的驱动电路

数字仪器中大都采用二—十进制计数器，某些仪器也可能采用二进制或其他进制的计数方式，但最终的测量结果都采用人们习惯和熟悉的十进制数字进行显示。从计数到显示，一般需用计数器、数码寄存器（锁存器）、译码器、显示驱动电路和显示器。其中，显示驱动电路要为显示器提供所需的驱动电压、电流，或满足其他要求。某些译码器也可以直接驱动显示器。译码器的任务是把计数器输出的 BCD 码，转换成十进制数字的信息，以便实现十进制数字显示。每一位二—十进制计数器都由四个触发器组成，输出代码 Q_4、Q_3、Q_2、Q_1 送入译码器，根据显示器显示方式的不同，译码器可能有 10 条显示控制线输出，提供0～9数码的整体显示，也可能有 7～9 条线输出笔划段控制信号，实现分段显示。矩阵式显示器所用的译码器实质上是

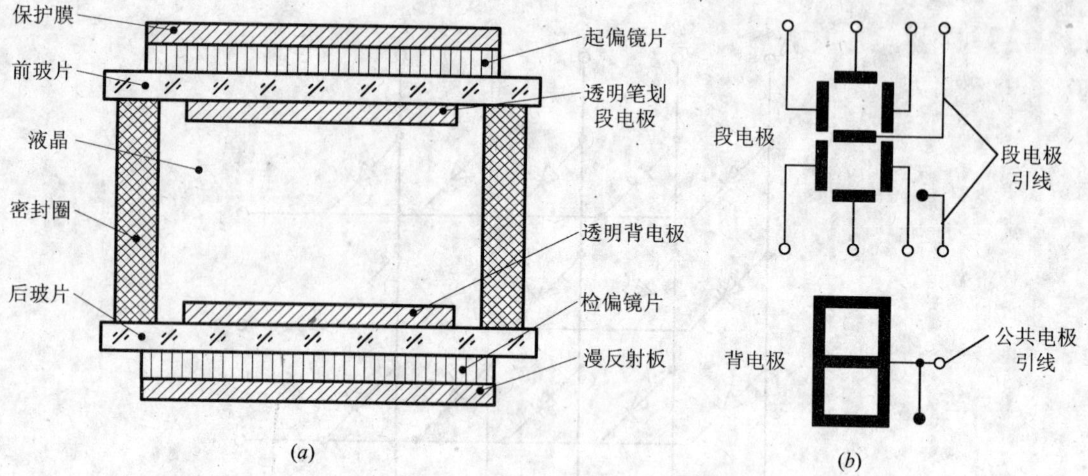

图 11-5-6　液晶显示器结构示意图

一个 ROM,把矩阵光点组合的各字符的代码,存入适当地址的存贮单元,当某一地址被寻址时,便可用扫描的方式输出代码信号,实现矩阵显示。

1. 基本驱动电路

首先应了解一位数码显示器的驱动原理,现仅介绍几种典型电路。

(1)高电压驱动电路　用于驱动辉光放电管,一般供电电压高于 150V,驱动管要能承受较高的反向电压。典型电路如图 11-5-7,所用高反压晶体管为 3DG404 或 2CO1。常采用奇偶译码方式,可将相邻晶体管的基极相连如图(a),也可将发射极相连如图(b)的方式。

(2)低电压、大电流驱动电路　用于驱动边光显示器或投影显示器中的白炽灯泡,图 11-5-8 所示为驱动单个灯泡的典型电路。其中(a)为用功率放大晶体管的驱动电路;(b)为用三极管型光耦合器件的驱动电路。图中 T 为被驱动的灯泡,D 为译码器的一个输出端,在图(b)中 $R_3 \gg R_2$。光耦合器由发光二极管和光电三极管组合在一个壳体内,当译码器 D 端输出"0"电平时,发光二极管导通而发光,光电三极管受光照,产生光电流并进行放大,使灯泡供电电路接通,灯泡被点亮。当 D 输出"1"电平时,光电三极管无光电流,灯泡不亮,因此,光耦合器相当于供电电路中的电子开关,与机械触点式继电器比较,可避免触点抖动,以及切断时的冲击反电势干扰,而且,响应快,寿命长,是一种接近理想条件的新型开关器件。

(3)集成化驱动电路　目前,集成译码器大都具有较强的驱动能力,可以直接驱动发光二极管(LED)、液晶(LCD)显示器,某些译码器可驱动荧光数码管。图 11-5-9 所示为 CC4511 型集成译码器,它可以把输入的 BCD 码信号($Q_4Q_3Q_2Q_1$),经寄存器、译码器,得到七个段译码信号,再经驱动器,可输出驱动能力很强的七段译码信号 $a \sim g$,其组成方框如图(a),某一段译码信号的驱动电路如图(b)所示,七个驱动电路结构相同,其中 BG_1、BG_2 组成 CMOS 反相器,BG_4 为 P 沟道 MOS 管,BG_3 为双极型 NPN 晶体管,当输入 U_i 为"1"电平时,BG_1 截止,BG_2、BG_4 导通,BG_3 截止,故输出 U_o 为"0"电平,而当 U_i 为"0"电平时,BG_1 导通,BG_2、BG_4 截止,BG_3 作为射极跟随器工作,U_o 为"1"电平,而且能提供比单独的 CMOS 电路大得多的驱动电流,如当 $|U_{DD}| - |U_{SS}| = 10V$ 时,每一段的最大输出电流约 90 ~ 100mA,可用它直接驱动 LED 器件和荧光数码管,使用方法如图 11-5-10 所示,其中(a)为驱动共阴型 LED 显示器的接法,R 为限流电阻,图(b)为驱动荧光数码管的电原理图。目前,还发展了一种 CMOS-LED组合器件,它将数

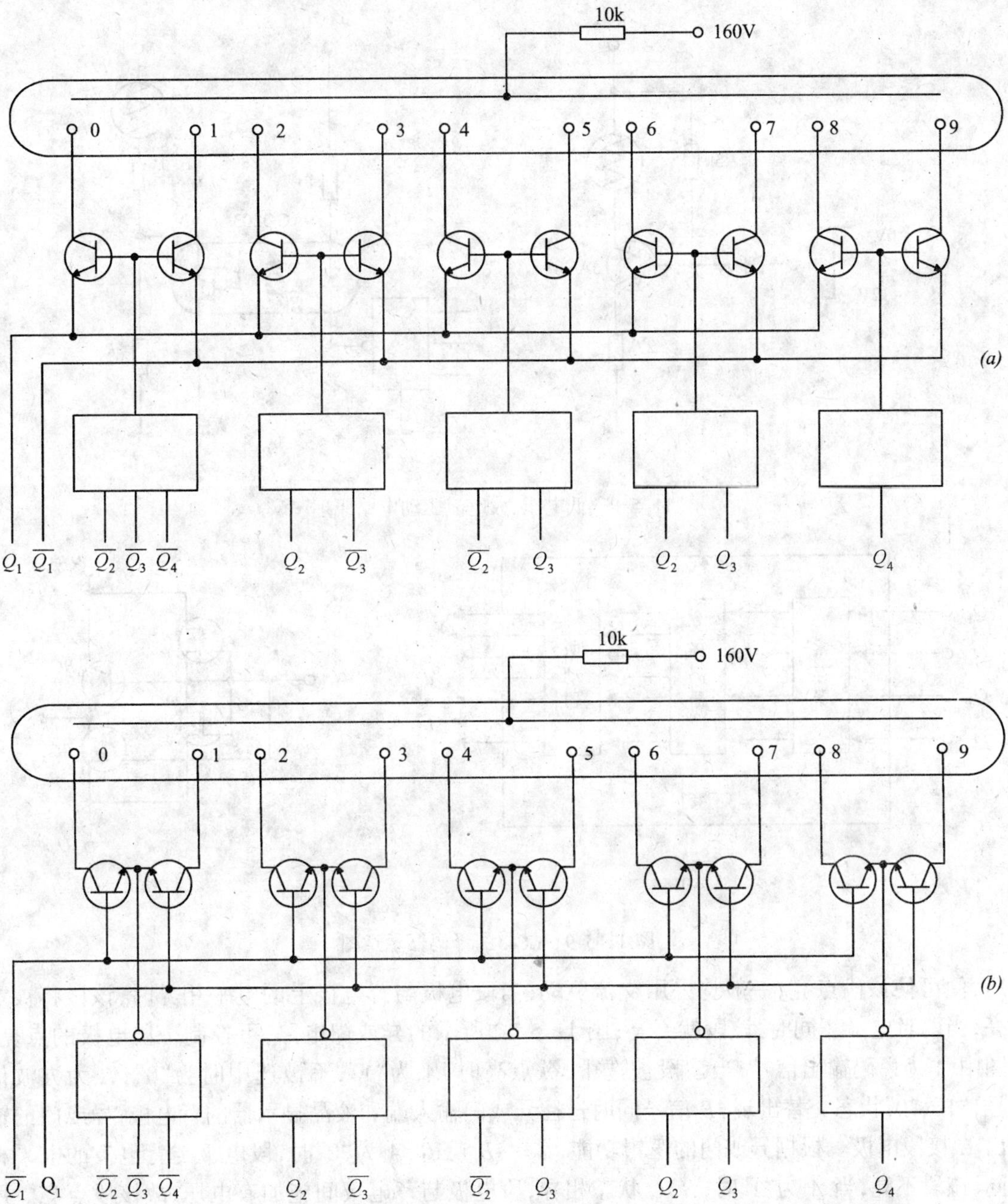

图 11-5-7 高电压驱动电路原理图

码寄存—译码—驱动—LED 显示等多种功能集合在一个小型固体块上，图 11-5-11 所示即为 ZCL002 型光电组合器的原理方框图，它还具有 BCD 码输出、小数点显示、无效零值消隐和调节显示亮度等多种功能，是一种功耗低、体积小、使用方便的组合器件。此外，ZCL102 型光电组合器把十进制计数器和 ZCL002 组合为一体，具有计数—寄存—译码—显示“四合一”的功能，使用起来更方便。

(4)液晶显示器的驱动　分段式液晶显示器中，只要在段电极与背电极之间施加一定电

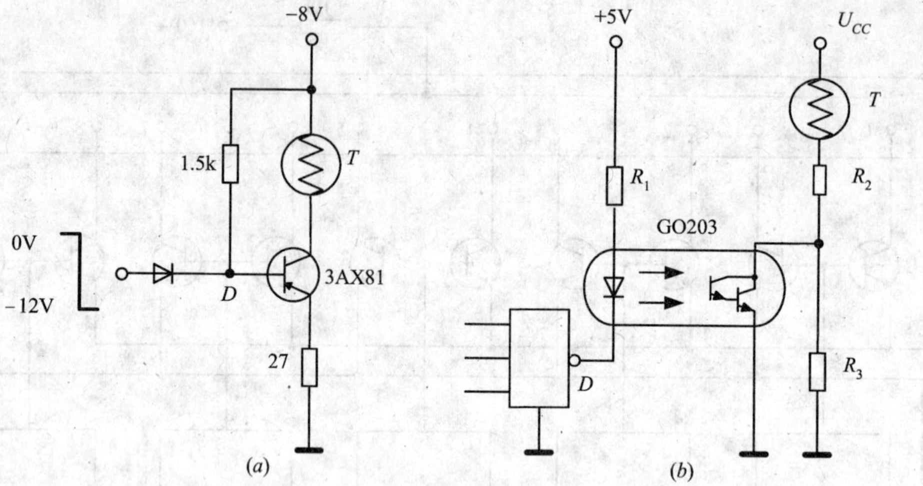

图 11-5-8　低电压、大电流驱动电路原理图

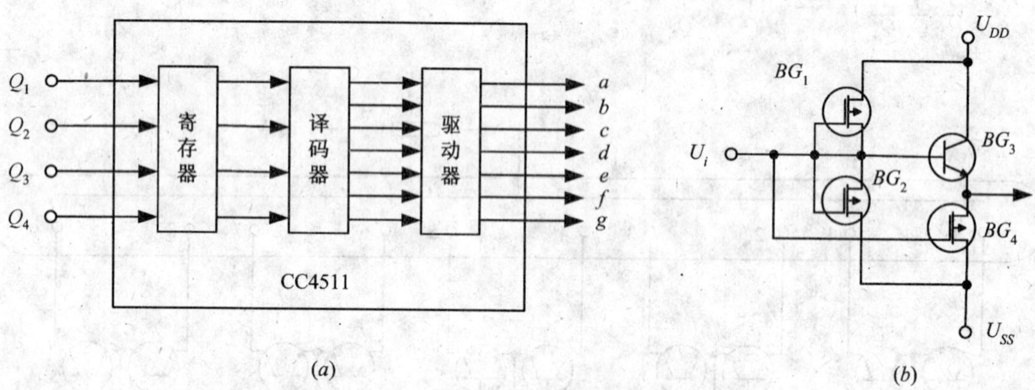

图 11-5-9　CC4511 译码器示意图

压，便可使该段点亮，一般均采用交流驱动，当段电极与背电极上的电平相异时，该段将被点亮，当两者电平相同时，该段就不亮；图 11-5-12 所示的异或门电路，可控制一段电极的点亮，图中 A 为译码输出信号，当该段被选中，欲点亮时，A 为"1"，不被选中时为"0"；B 为方波信号，"1"、"0"状态交替出现，B 信号同时送往异或门输入端和液晶显示器的背电极；异或门的输出 C 接段电极。根据异或门的逻辑功能，$C=\bar{A}B+A\bar{B}$，A 为"0"时，段电极与背电极的电平相同，该段不亮，当 A 为"1"时，B、C 状态相异，段电极与背电极间施加有电压，故该段点亮。用如上原理已制成专用的段译码液晶显示驱动集成电路，如 CMOS 集成电路 C306，可将 BCD 码进行七段译码，并可直接驱动液晶显示器，如图 11-5-13 所示，其中(a)为逻辑原理图，(b)为典型应用连线图，使用中须外加方波信号 D_{fi}，频率在 30～200Hz 间为宜，频率过低会出现显示闪烁，过高会超出液晶的频响范围，并将增大功耗，要求信号为对称方波；D_{fo}是 D_{fi}经两级倒相缓冲后的输出信号，有一定的驱动能力，使用时接液晶显示器的公共背电极。图(b)中用 D 触发器对振荡信号进行二分频而形成对称方波，此时，振荡频率宜在 60～400Hz 范围。

2. 多位数码显示器的驱动

数字仪器中的显示一般都是多位的，通常可由多个分立的显示器并列运用，在采用大规模

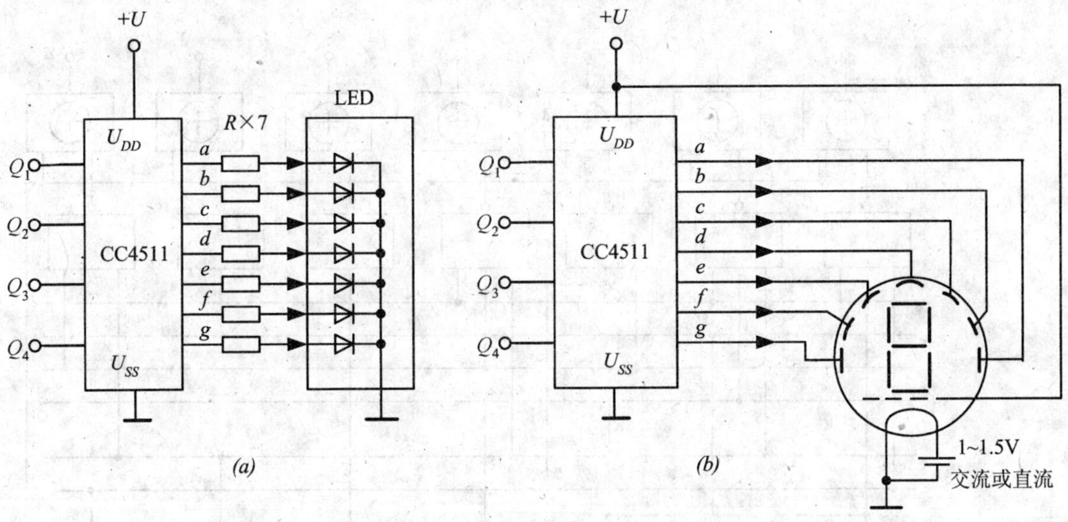

图 11-5-10　使用 CC4511 方法示意图

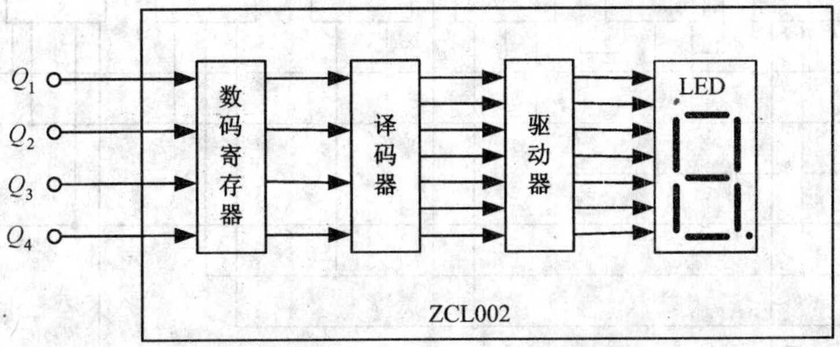

图 11-5-11　ZCL002 原理方框图

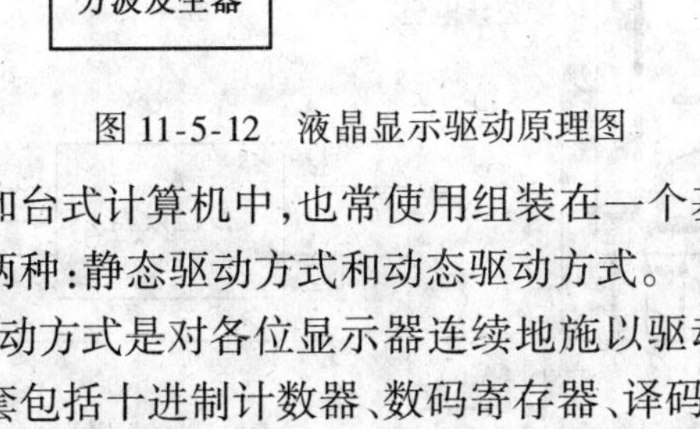

图 11-5-12　液晶显示驱动原理图

集成电路的各种数字仪器和台式计算机中，也常使用组装在一个基片上的多位显示器。多位显示器的驱动方式可分为两种：静态驱动方式和动态驱动方式。

(1)静态驱动　这种驱动方式是对各位显示器连续地施以驱动电压，使显示器连续点亮。每一位显示器都要配备一套包括十进制计数器、数码寄存器、译码器和驱动器的电路。图 11-5-14 为三位荧光数码管静态驱动电原理图。静态驱动方式原理比较简单，适用于位数不太多的场合，当位数较多时，将需用大量的元器件，功耗也较大。

(2)动态驱动　这种驱动方式是对显示器断续地点亮，各位显示器共用一个译码器。图

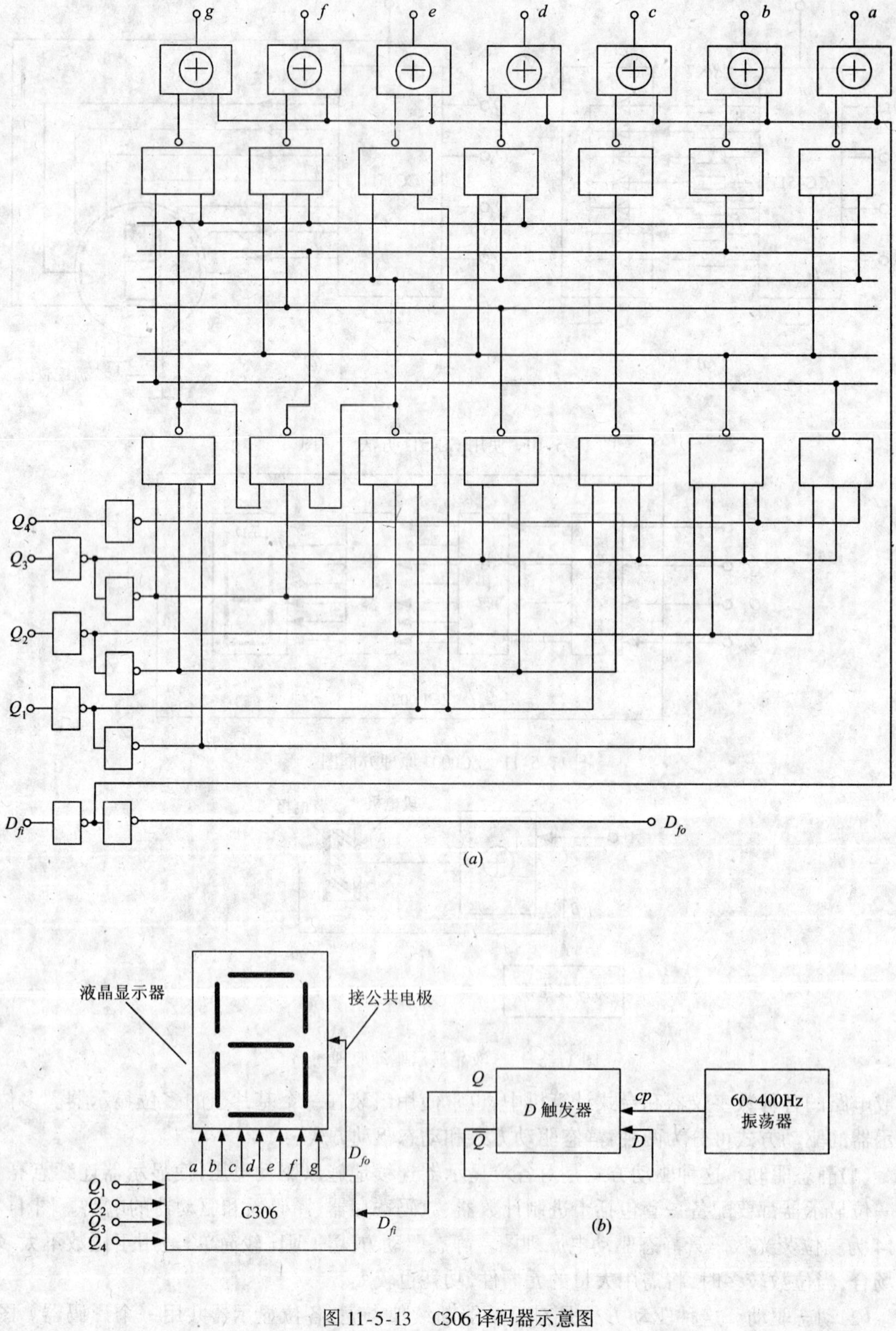

图 11-5-13　C306 译码器示意图

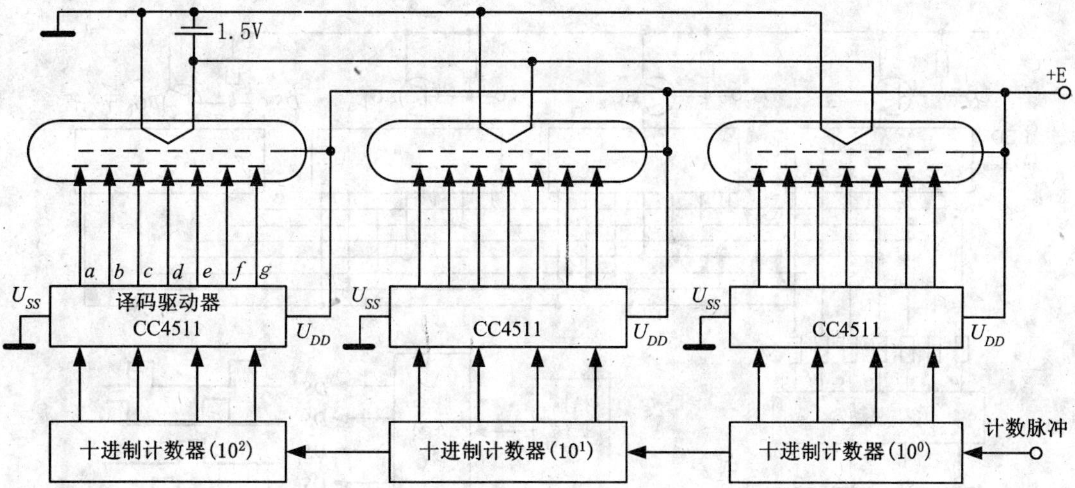

图 11-5-14　三位荧光数码管静态驱动电原理图

11-5-15 为四位 LED 显示器动态驱动电原理图，显示器用共阳型 LED 管，由 $a \sim g$ 七段笔划组成，各位显示器的段电极都分别接译码驱动器的 $a \sim g$ 输出端，各位 LED 的阳极分别接开关管 $BG_0 \sim BG_3$ 的发射极；显示器由位扫描脉冲 $DS_0 \sim DS_3$ 同步驱动，计数器逐位地把 $Q_0 \sim Q_3$ 的状态送往译码驱动器，并逐位地驱动相应位的数码显示器使之点亮，位扫描脉冲的波形如图中所示，这些信号送出去控制扫描选通门和开关管；工作时，$DS_0 \sim DS_3$ 脉冲依次循环送出，例如，当 DS_3 送出正脉冲时，千位的扫描选通门打开，千位计数器的状态送入译码驱动器，译码结果同时送往各位显示器的笔划段，但只有千位开关管 BG_3 导通，因此，只显示千位数，此时，$DS_0 \sim DS_2$ 均为低电平，个、十、百位计数器的输出因扫描选通门关闭而不能送出译码，而且，$BG_0 \sim BG_2$ 开关管均截止，对应的数码管也不被点亮；同理，DS_0 高电平时，显示个位数，DS_1 为高电平时，显示十位数，DS_2 高电平时，显示百位数，如此，四位数码依次显示，只要扫描频率足够高，由于人眼的视觉暂留效应，不会感到数码的闪动，一般扫描频率在 50Hz 以上。由于驱动电路、数码管以及引线电感等，都可能使 $DS_0 \sim DS_3$ 信号在传输中产生相移，以致使脉冲信号重叠，引起显示模糊或误显示，因此，实用中的扫描频率也不宜选得过高，同时，在相邻脉冲的转换时刻，可设置一段禁止时间，如图 11-5-16所示。动态驱动方式特别适用于多位数字显示的场合，可以减小元器件的用量和降低功耗，此外，在采用大规模集成电路的计数器时，由于管脚数目所限，不可能提供多位的 BCD 码(或段码)输出端，因此，也都采用动态显示驱动方式。

3. 数码显示中的控制电路

在多位数字显示时，常需将无效零消隐，例如，某六位数码显示器，若要显示 0.903 和 1 990，不希望出现 000.903 和 001 990 的情况，即需将前面的两个“0”消隐，只保留中间和后面的有效“0”。无效零的消隐可由逻辑控制电路实现，目前，集成译码驱动器中，大都设有专门的管脚，只要正确连接便可实现无效零消隐或其他控制作用，图 11-5-17 以 ZCL002 光电组合器为例，表明无效零消隐的方法，图(a)为 ZCL002 的管脚设置，图(b)为连接方法示意。电路管脚 DPI 为小数点端，当输入“1”电平时，小数点亮。RBI 为无效零消隐控制端，当 RBI =“0”，DPI =“0”，而且本位译码结果也是 0 时，则本位显示器不亮，并在 RBO 端输出低电平，其他情况时本位显示器照常工作，RBO 输出高电平，图(b)中最高位的 RBI 接地，各级的 RBO 端接相邻低

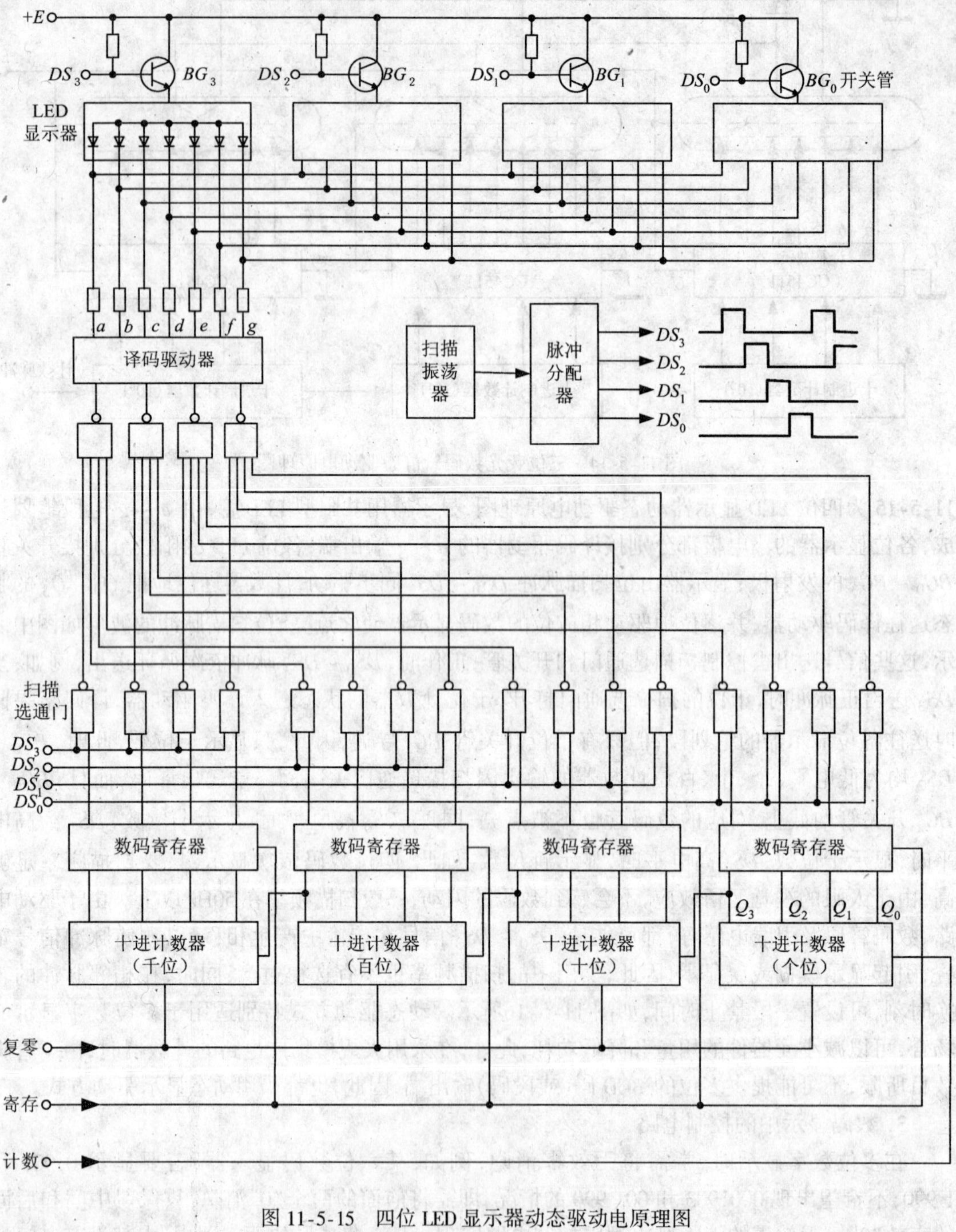

图 11-5-15　四位 LED 显示器动态驱动电原理图

位的 RBI 端，因此，只要有一位数码管亮，则以下低位均亮；点亮一位显示器的条件是译码结果非零，或是在此位设有小数点，或是 RBI =“1”。

数字显示器的发光亮度，在某些场合需要随环境的明暗调节，通常用控制电压或电流来实现，图 11-5-18 为使用 ZCL002 的限流控制电路示意图，ZCL002 为 CMOS－LED 组合电路，U_{DD}、U_{SS}为电源端，U_{EX}接共阴型 LED 的公共阴极，图(a)中是通过改变限流电阻，图(b)中是通过合

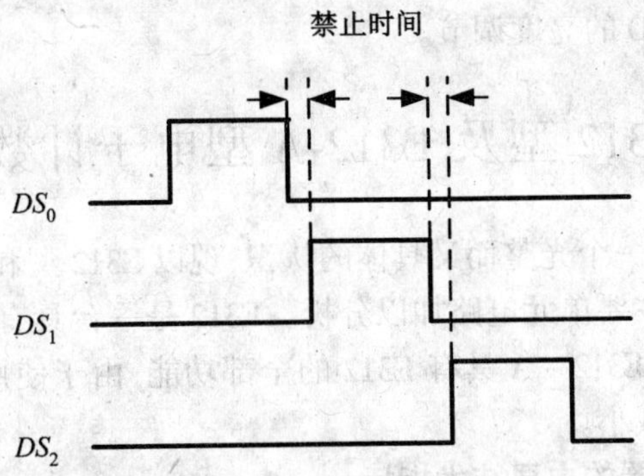

图 11-5-16　动态驱动的禁止时间示意图

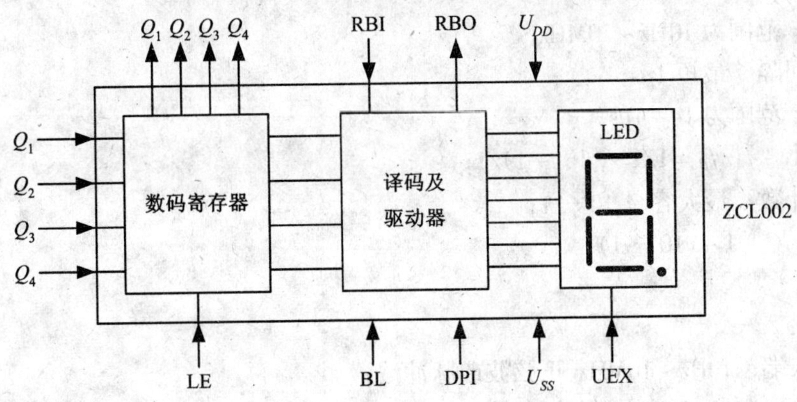

(*a*)

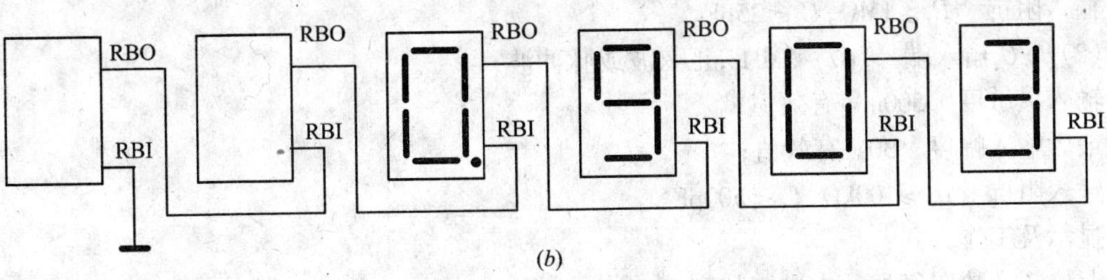

(*b*)

图 11-5-17　无效零消隐示意图

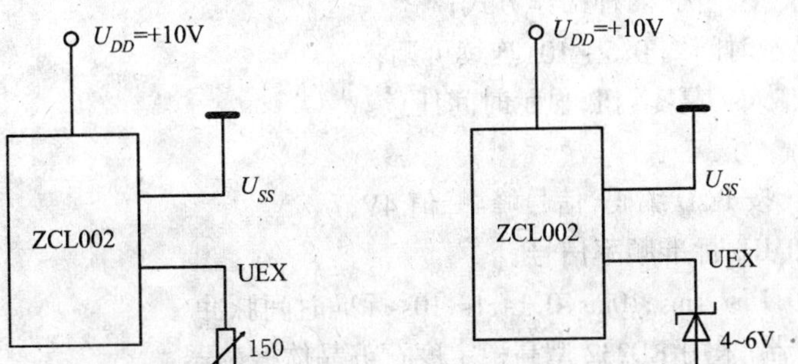

(*a*)　　(*b*)

图 11-5-18　亮度控制电路示意图

理选择稳压管，以实现 LED 的亮度调节。

§11-6　E312 型及 E312-A 型电子计数器电路分析

为了对电子计数器有一个光整而又具体的认识，现以 E312 型和 E312-A 型电子计数器为例，就其整机工作过程和主要单元电路加以分析。E312 是一台具有多种测试功能的电子计数器，采用全晶体管化电路，E312-A 具有 E312 的全部功能，由于使用了集成电路和小型元件，体积、重量和功耗都明显减小。

一、E312 型电子计数器的主要技术指标

测量功能：

(1)频率　范围为 10Hz ~ 10MHz；

(2)时间间隔　最短 1μs；

(3)周期　范围为 1s ~ 1μs；

(4)频率比　$f_A/f_B = 1/1 \sim (10^7 - 1)/1$；

(5)累加计数　最大容量 10^7—1；

(6)$A/B \to C$　1 ~ (10^7—1)；

(7)自检。

输入特性：

(1)A 输入端　10Hz ~ 10MHz，正弦波或脉冲波；

输入灵敏度　100mV 有效值；

最大输入幅度　30V 有效值；

输入阻抗　$R_i \geqslant 1M\Omega$, $C_i \leqslant 25pF$。

(2)B、C 输入端　1Hz ~ 1MHz，正弦波或脉冲波；

输入灵敏度　500mV 有效值；

最大输入幅度　30V 有效值；

输入阻抗　$R_i \geqslant 100k\Omega$, $C_i \leqslant 500pF$。

显示及工作方式：

七位辉光数码管显示十进制数字；

可分“记忆”与“不记忆”两种工作方式；

自动复零　显示时间约 0.5 ~ 10s 连续可调；

人工复零　按“人工复零”钮，显示时间任意。

输出信号：

(1)测量结果　按 BCD 编码，信号峰-峰值 4V；

(2)1MHz 和 10MHz 标准频率信号；

(3)1μs、10μs、0.1ms、1ms、10ms、0.1s、1s、10s 标准时间脉冲。

石英晶体振荡器：采用 ED232 型高稳定度石英晶体振荡器。

二、E312 型电子计数器总方框图

图 11-6-1 为仪器面板图，其中(a)为前面板图，图(b)为后盖板图。图 11-6-2 为 E312 型电子计数器的总方框图。

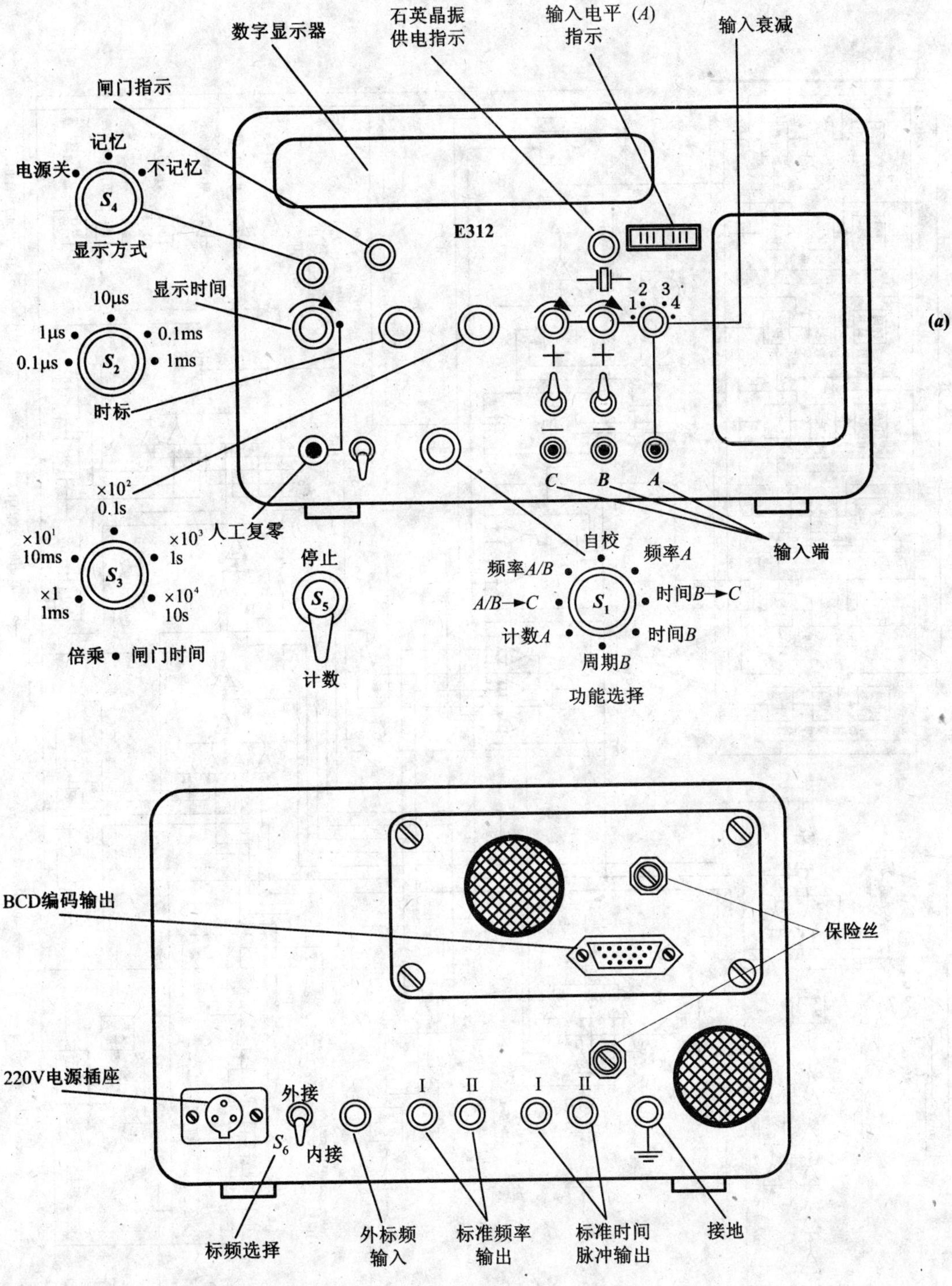

图 11-6-1 E312 面板图

仪器的开关旋钮都设置在面板上，S_1 为“功能选择”钮，可供选择八种测试功能，为八掷三刀开关，分别以 S_{1-1}、S_{1-2}、S_{1-3}表示在总方框图中；S_2 为“时标选择”钮，可选择 0.1μs、1μs、

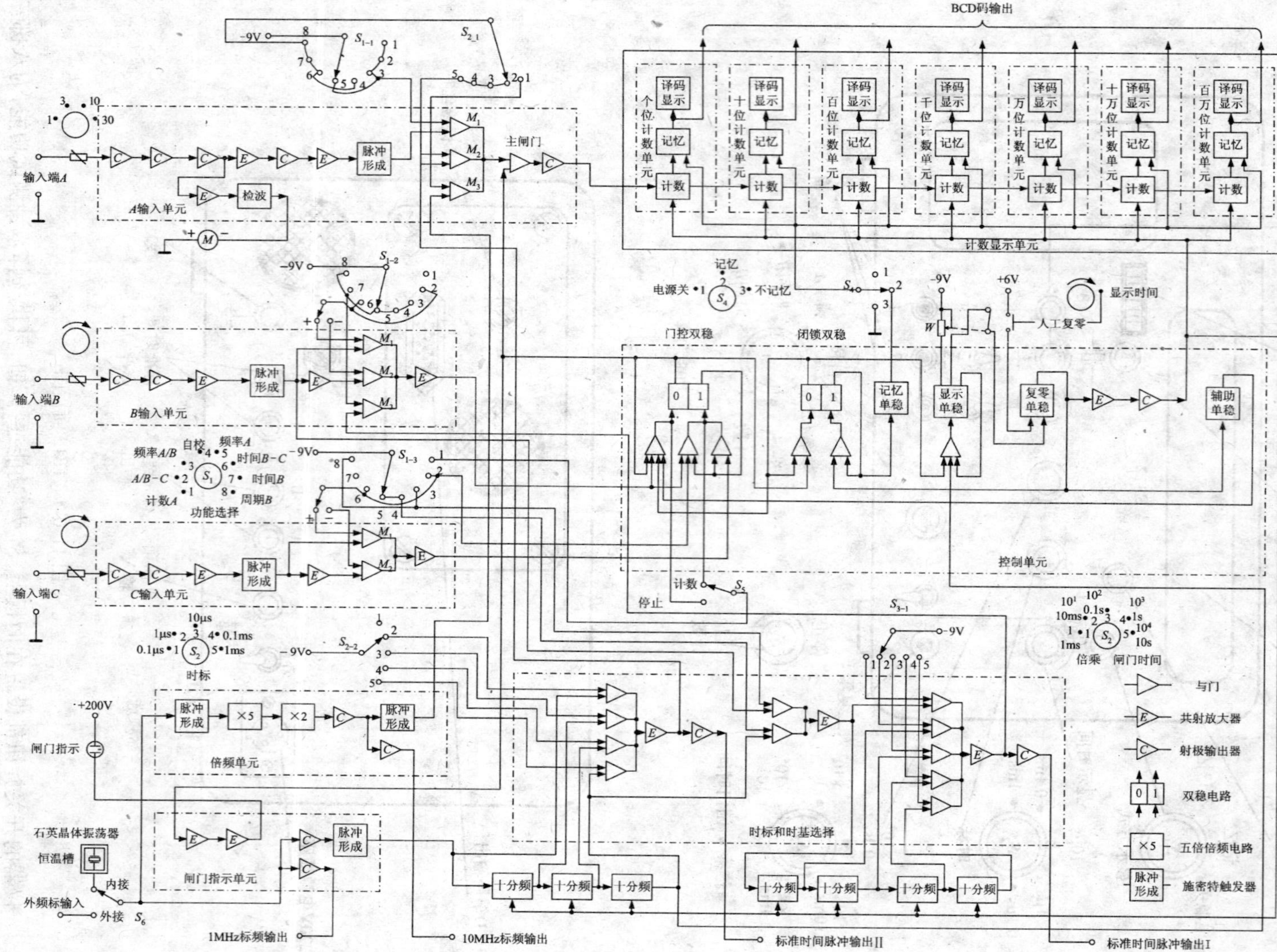

图 11-6-2　E312 总方框图

10μs、0.1ms、1ms 五种时标，为一五掷两刀开关，分别以 S_{2-1}、S_{2-2}表示；S_3 为“时基(闸门时间)选择”钮，可选择 1ms、10ms、0.1s、1s、10s 五种时基(闸门时间)，它同时也是“倍乘率选择”钮，可提供 $\times 10^0 \sim \times 10^4$ 五种倍乘率；S_4 为“电源及显示方式”钮，可置于三个位置，置于“电源关”时，切断整机电源，其他位置均接通电源，置于“记忆”或“不记忆”时，可使仪器工作于相应的显示方式；S_5 为累加计数时手控“启动”(即计数)和“停止”的开关；S_6 为“标频选择”开关，置“内接”时，由机内石英晶体振荡器提供标准频率信号，置“外接”时，可通过“外标频输入”插座，使用外加的信号源。从总方框图中可看出，整机电路包括：A、B、C 三个输入通道，计数显示单元电路，时间基准产生和变换电路(包括石英晶体振荡器、倍频单元、七级十分频器、闸门指示电路、时标和时基选择电路等)，控制单元电路等。图中没有画出电源电路。

只要正确地使用 $S_1 \sim S_6$，便可实现欲选定的测试功能和测试条件。按图 11-6-2 中所示各旋钮的位置，可实现“测频率”，测试条件为：闸门时间 10ms，“记忆”显示方式，使用机内标准频率源。其他测试功能和测试条件如何实现，请自行分析。

以下分析各主要单元电路的工作情况。

三、输入单元电路

共有三个通道，分别由衰减器和输入电路组成。

1. 衰减器

A 输入通道为步进式衰减器，为适应频带较宽的特点，采用阻容分压原理，如图 11-6-3 所示。B、C 两输入通道频带较窄，采用连续可调电位器分压输出式衰减器。

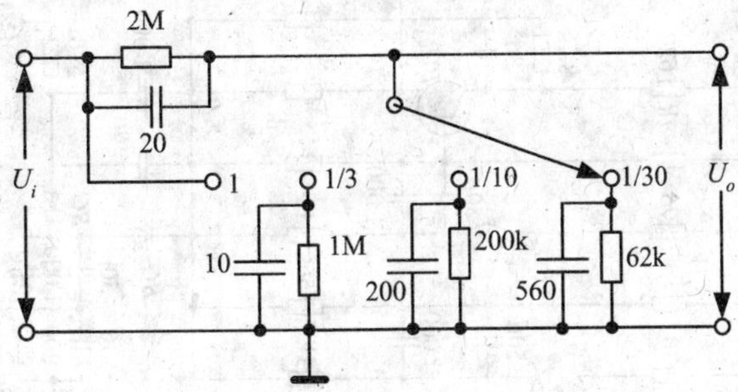

图 11-6-3　阻容分压式衰减器

2. A 输入电路

被测信号经衰减器送入本单元，其电原理图如图 11-6-4 所示，本单元电路由输入电路、放大电路、整形电路、选择门、主闸门、输出电路和输入电平指示电路等部分组成。$BG_1 \sim BG_3$ 组成三级射极跟随器，用于阻抗变换，以得到高的输入阻抗和低的输出阻抗；$BG_4 \sim BG_6$ 接成共集－共发组合电路，为一宽带放大器；$BG_8 \sim BG_9$ 组成施密特触发器，用于整形，电路中选定的基极电阻可保证未加信号时 BG_8 导通、BG_9 截止，信号经整形后在 BG_9 的集电极输出一脉冲波；二极管 $BG_{10} \sim BG_{15}$分别组成三个选通门，即总方框图中的 $M_1 \sim M_3$，其中 BG_{10}、BG_{13}和 R_1 组成 M_1，BG_{11}、BG_{14}和 R_2 组成 M_2，BG_{12}、BG_{15}和 R_3 组成 M_3；$M_1 \sim M$ 都是负与门，它们联接在一起又组成负或门。图 11-6-5 画出了选通门 M_1 的电路。M_1 是受 c 点信号控制的传输门，只有当 c 端送入 －9V(相当于负逻辑“1”态)时，BG_{10}、BG_{13}才导通，a 端的输入信号才能经 BG_{10}、BG_{13}在 b 端输出，当测试条件要求输入信号经 M_1 门送入计数器时，可调 S_{1-1}，使 c 点接 －9V，信号便可经 M_1 送往主闸门。M_2、M_3 与 M_1 结构相同。由 BG_{17}、BG_{18}组成的主闸门，为

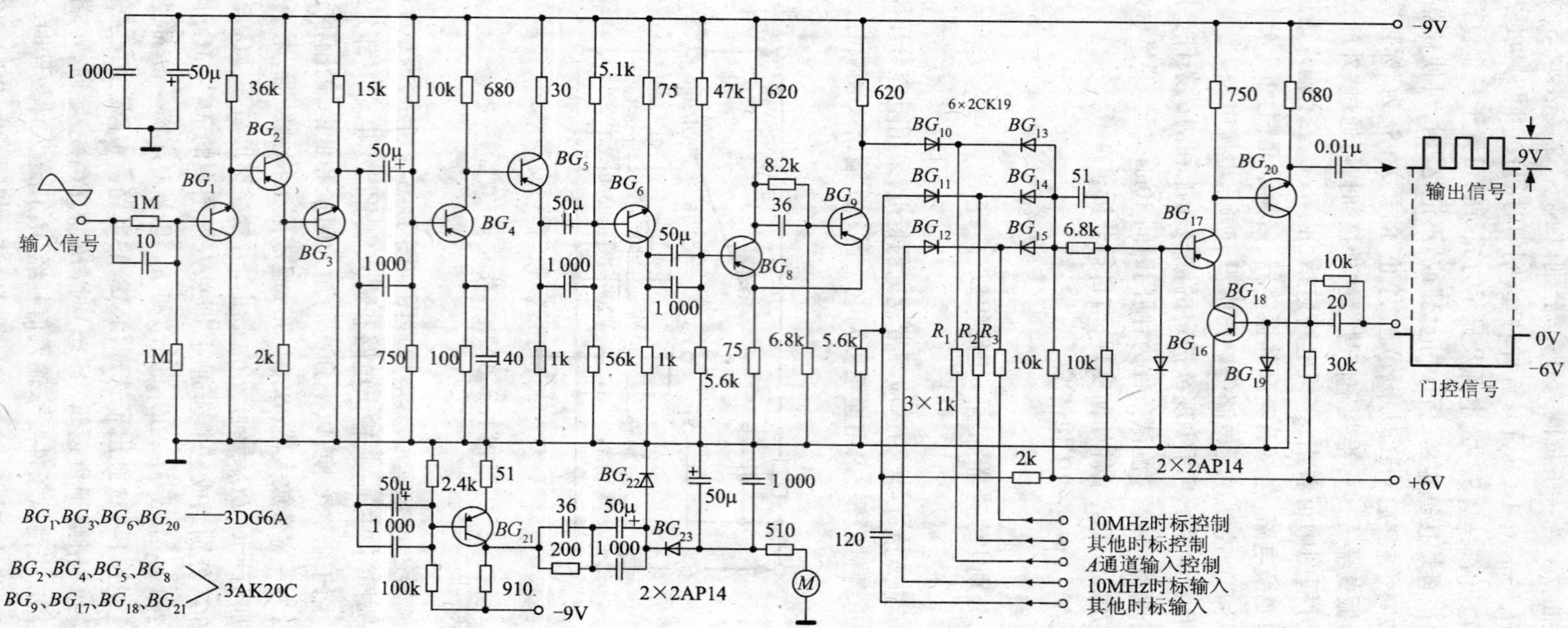

图 11-6-4 A 输入单元电原理图

串联型晶体管负与非门，当 BG_{18}基极输入信号为“1”态(低电平)时，主闸门才被打开，c 端信号经 BG_{17}集电极倒相输出，电路如图 11-6-6 所示，其中，二极管 BG_{19}起保护作用，在未送门控信号时，可将 d 点钳位于 +0.2 ~ +0.3V，既能保证 BG_{18}可靠截止，又能防止 BG_{18}发射结被击穿。BG_{16}的作用与 BG_{19}类似，可保护 BG_{17}。主闸门的输出信号经 BG_{20}射极跟随器送往计数电路。输入电平指示电路由 BG_{21} ~ BG_{23}组成，输入信号经三极射极跟随器送 BG_{21}放大后，再经 BG_{22}、BG_{23}半波二倍压整流，由槽形电表 M 可指示输入信号电平，当不使用衰减器时，

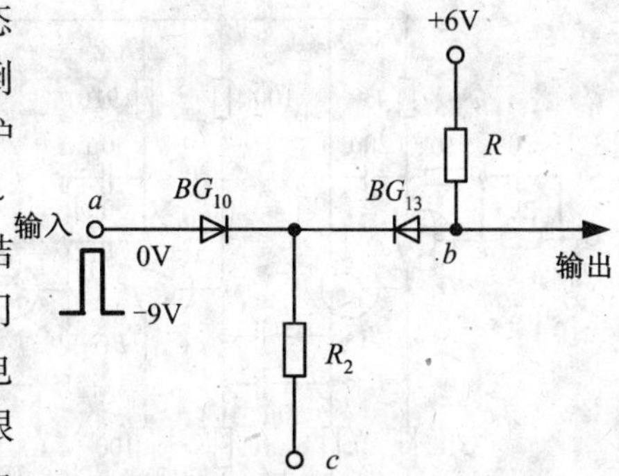

图 11-6-5　选通门 M_1 电原理图

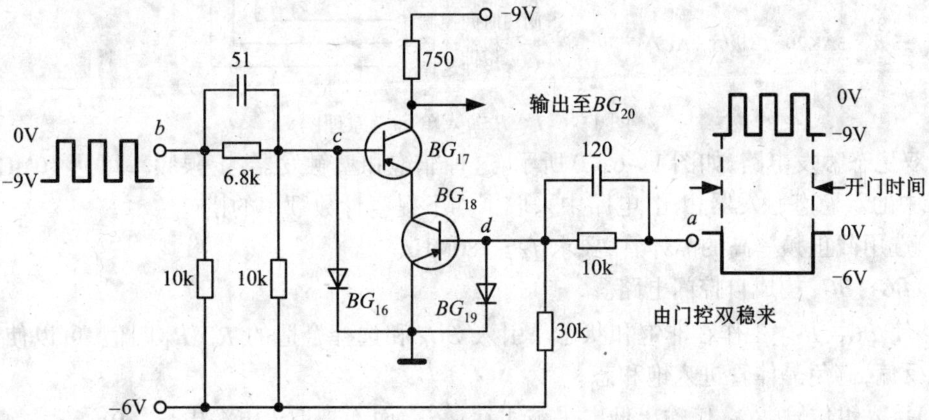

图 11-6-6　主闸门电原理图

M 指针如指在中间位置，表示输入信号约为 100mV 左右。

3. B、C 输入电路

两单元电路组成基本相同，它们的作用都是向控制单元提供“启动”和“停止”信号，只是由于 C 输入单元只提供“停止”信号，因此比 B 输入单元少用了一组选通门电路。图 11-6-7 所示为 B 输入单元电原理图。BG_1、BG_2 为输入级，接成有“自举”作用的射极跟随器；BG_3 倒相放大；BG_5、BG_6 组成整形电路，再加一级倒相放大，作为选择脉冲极性之用，如果输入为正脉冲，可将“极性选择”开关扳向“+”，此时“+”极性选择端接 -9V，信号将由 BG_6 集电极直送输出极，如输入信号为负脉冲，则将“极性选择”开关扳向“-”，信号经整形并倒相后送往输出极，因此，无论输入为正脉冲或负脉冲，输出信号的有效跳变时刻都与脉冲的前沿一致。

四、计数显示单元电路

计数显示单元由七组结构相似的电路组成，以实现七位数字显示，每一组电路都由十进制计数器、寄存器、译码器及显示电路组成，如图 11-6-8 所示。

1. 计数电路

每一位的十位制计数器都由 C_1 ~ C_4 四个双稳态触发器组成，以门控反馈方式接成 8-4-2-1 码计数器，除最低位计数频率上限为 10MHz 外，其余六位计数器频率上限为 1MHz。图 11-6-9 所示为 1MHz 计数器电原理图，四个双稳态触发器均采用典型的饱和型电路，仪器中除个位计数器外，其余六位都采用了这一电路。个位计数器的组合方式与上述相同，只是采用了非

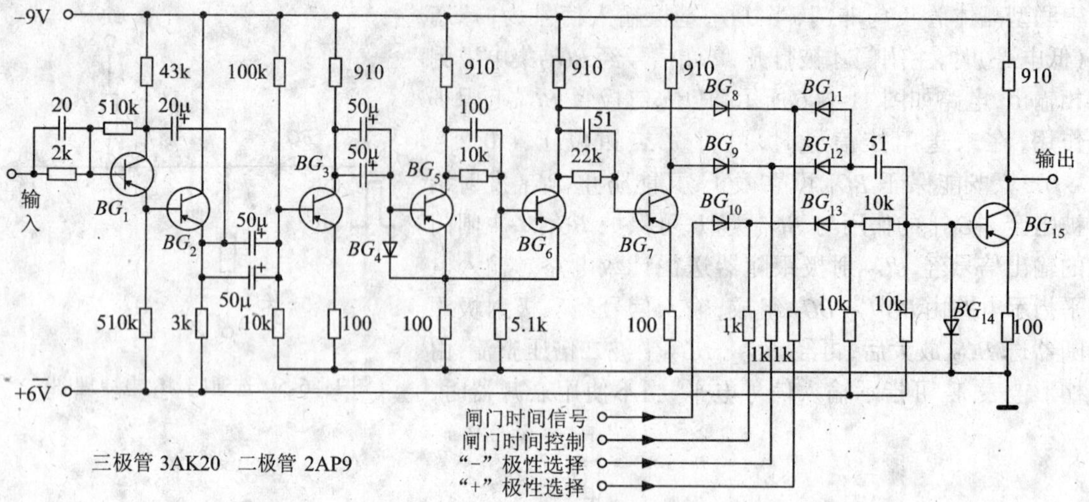

图 11-6-7 *B* 输入单元电原理图

饱和型双稳态触发电路，如图 11-6-10 所示，这种非饱和型触发器，上限频率可达 10MHz，与图 11-6-9 中的双稳态触发器相比，电路中采取了如下提高计数频率的措施：

(1)选用截止频率高的晶体管，要求 $f_T \geqslant 180$MHz。

(2)BG_3、BG_5 构成自控门电路。

(3)使 BG_1、BG_2 工作在非饱和状态。引入 BG_6 和选择合适的 R_1'、R_1'' 阻值，可以使导通管集电结反偏，避免晶体管进入饱和态。

(4)接入钳位管 BG_7，使输出低电平被钳在 -6V，而不是近于电源电压 -9V。

(5)接入钳位管 BG_4，既可保护晶体管的发射结，又可避免截止过深。

(6)减小 C_1 值。

2. 寄存器电路

每位数码寄存器包括四个双稳态触发器，各由一对 *NPN* 型晶体管组成，并分别与计数器相应双稳电路的输出端相连，因而可以把计数器的状态记忆在寄存器中，然后传送给译码显示电路。寄存器的"记忆"和"传送"功能要受记忆指令的控制，在图 11-6-8 中 BG_{37}组成记忆方式控制电路，当"不记忆"显示时，令 *A* 点接地，这时译码显示电路的十个输出端直接反映出计数器每一次计数过程中的每一个状态。当"记忆"显示时，*A* 点电位决定于 BG_{37}基极的"记忆指令"信号，该信号是来自控制单元的正脉冲，在主闸门关闭后送出。"记忆指令"未送来时，计数器与寄存器之间隔离开，只有当"记忆指令"送来时，计数器的状态才可能传送到寄存器中，并由显示器显示出读数，因此，"记忆"显示是显示一次计数的最后结果，并保持到下次计数终了，以新的计数值来代替。

3. 译码及显示电路

用二极管组成奇偶式译码器，用高反压晶体管驱动辉光数码管显示数字。

五、时间基准的产生和变换电路

仪器内部所需的时基(闸门时间)和时标信号，都以石英晶体振荡器为源，通过倍频和分频的方法得到多组标准时间信号，然后，根据测试要求，经选择门送出。

1. 石英晶体振荡器

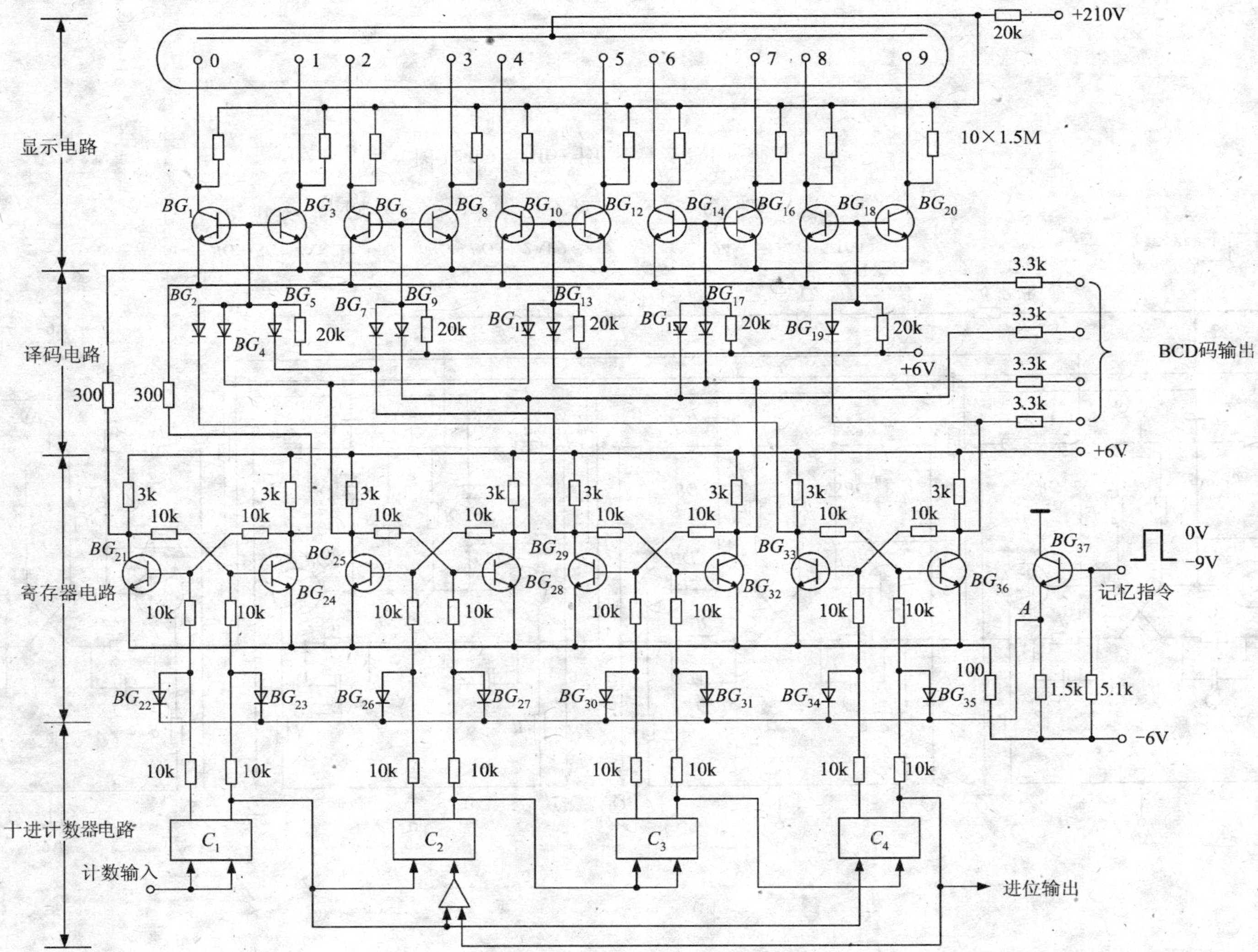

图 11-6-8　一位计数显示电路组成图

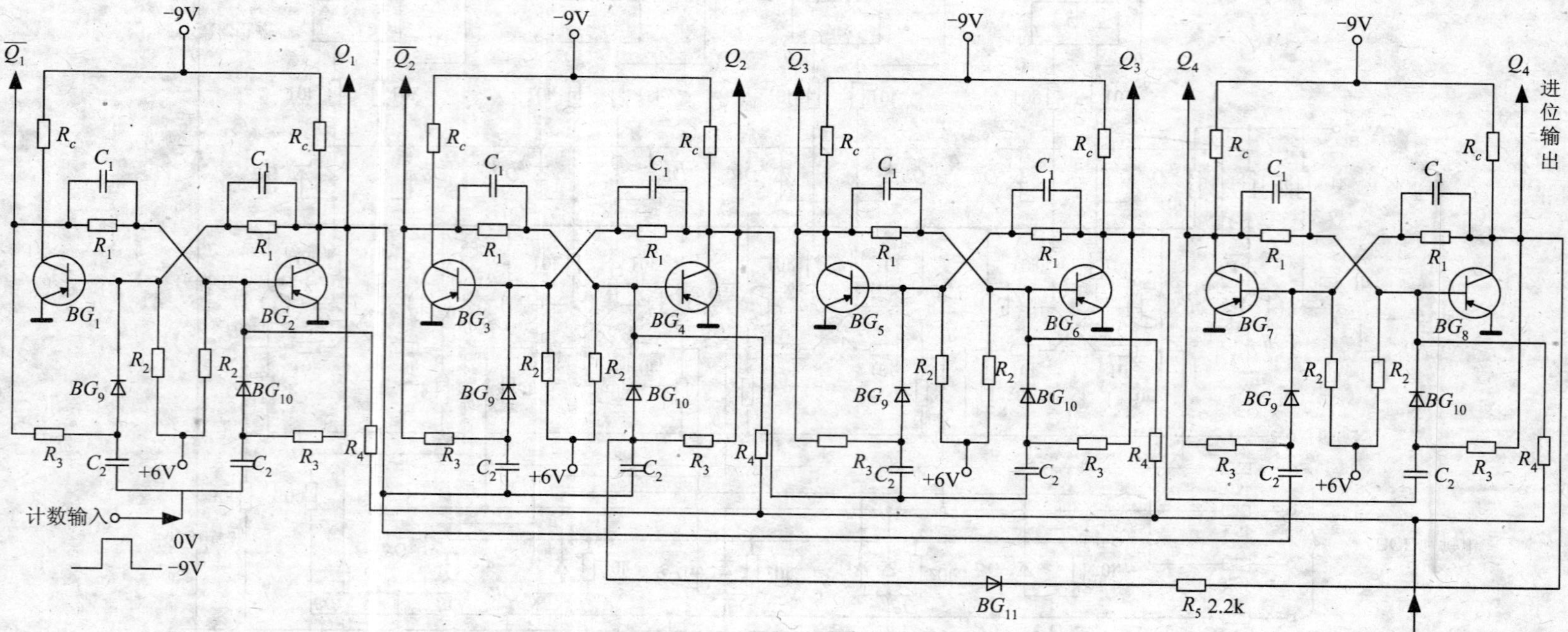

BG_1~BG_8 3AK20　　BG_9~BG_{11} 2AP9　　C_1 24　　C_2 100

R_c 1k　　R_1 10k　　R_2 27k　　R_3 2.2k　　R_4 8.2k

图 11-6-9　1MHz 十进制计数器电原理图

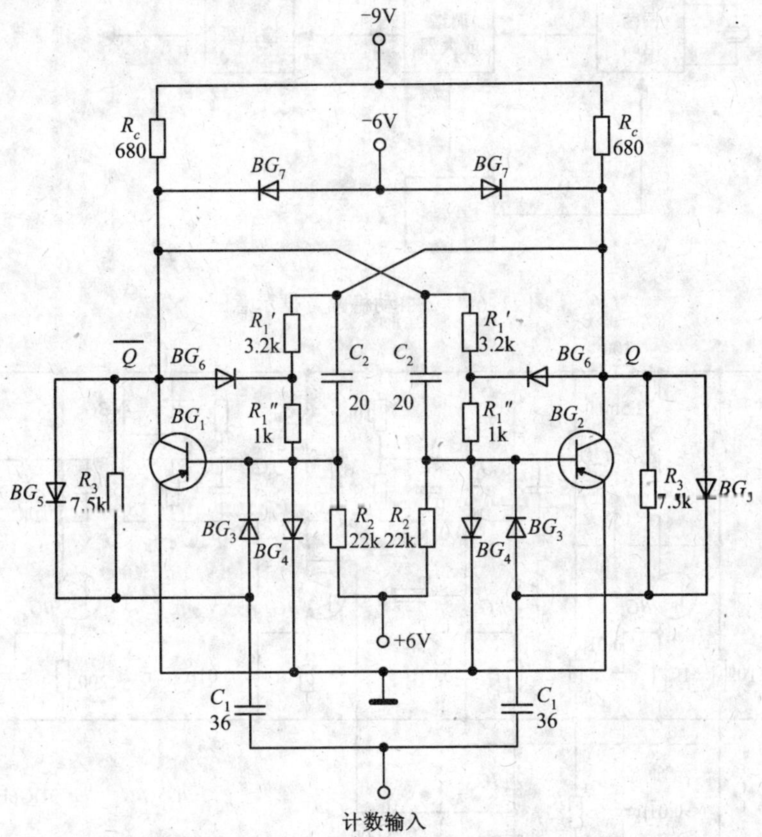

图 11-6-10　非饱和型双稳态触发器电原理图

本机采用 ED232 型高稳定度石英晶体振荡器，其主要性能为：

频率标称值　　1MHz；

频率稳定度　　$\leqslant \pm 2\times10^{-7}$/日；

频率准确度　　$\leqslant \pm 1\times10^{-6}$；

频率漂移　　$\leqslant \pm 5\times10^{-7}$（环境温度 -10℃～$+40$℃）；

输出电压　　>1V（在 510Ω∥100pF 负载上）。

本振荡器由振荡电路和恒温控制电路两部分组成。一个高稳定度的石英晶体振荡器其振荡幅度必定低而又稳定，否则，由于晶体激励电平过高或波动，难于使振荡频率稳定，在一般振荡电路中，振幅的稳定是靠晶体管的非线性得到的，这样的振幅势必很大，而在高稳定度石英晶体振荡器中，晶体管必须工作在线性区，常采用附加的自动稳幅电路，可使振荡器输出幅度较小而又稳定，其方框图如图 11-6-11 所示。设含有石英晶体的振荡电路输出电压 u，经高增益调谐放大器分两路输出，一路经输出级直接输出标准信号，另一路经检波器取得与 u 成比例的直流电压 V，并将其反馈给振荡电路，用其控制振荡幅度，使稳定在某个数值上，图 11-6-12 所示为其电原理图，图中 BG_1 和 1MHz 石英晶体 SJT 组成基本振荡电路，为电容三点式接法；BG_2～BG_4 组成三级调谐放大器，输出 1MHz 正弦信号，电压约 1V；BG_3 输出的电压，一部分经 C_1 加到自动稳幅电路，它实际为一检波器，在 R_1 上可得到大小正比于振荡幅度的负向直流电压，再经 10kΩ 电阻加到 BG_1 基极，相当于为其提供一反向偏置，可用以控制 BG_1 的振荡

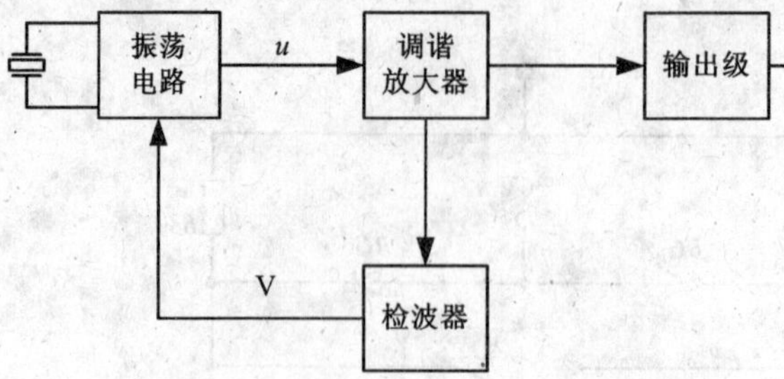

图 11-6-11　自动稳幅方框示意图

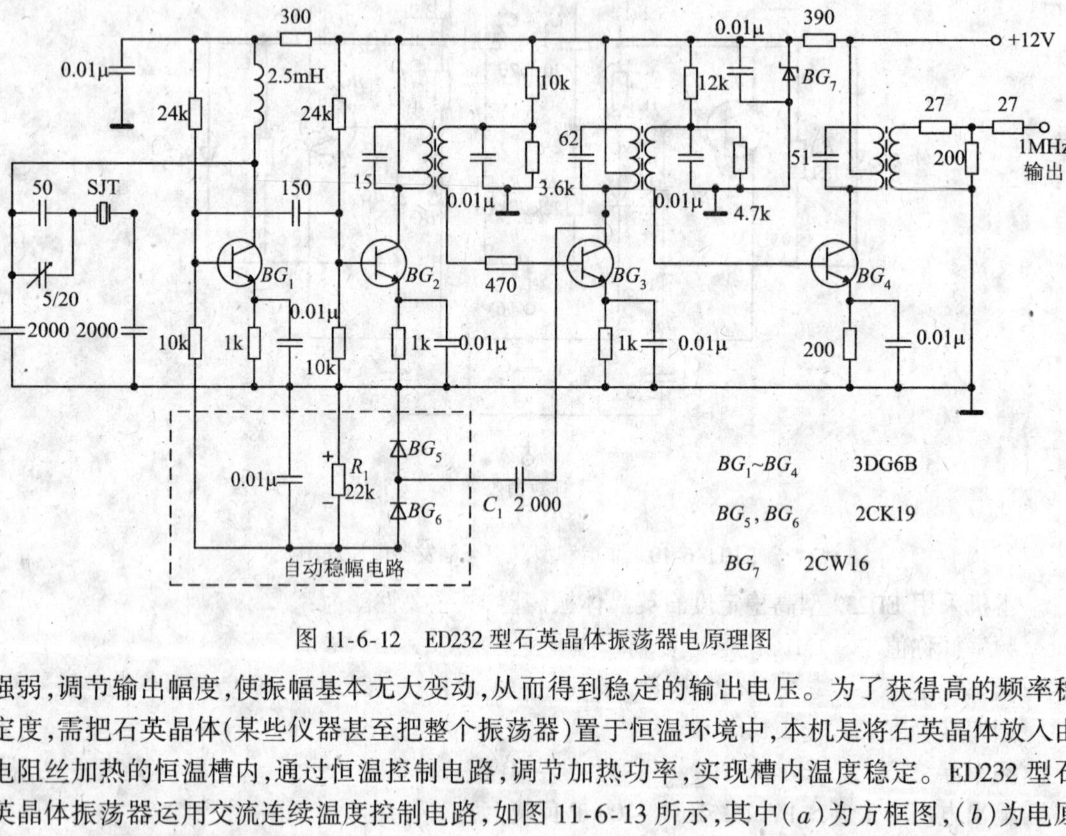

图 11-6-12　ED232 型石英晶体振荡器电原理图

强弱，调节输出幅度，使振幅基本无大变动，从而得到稳定的输出电压。为了获得高的频率稳定度，需把石英晶体(某些仪器甚至把整个振荡器)置于恒温环境中，本机是将石英晶体放入由电阻丝加热的恒温槽内，通过恒温控制电路，调节加热功率，实现槽内温度稳定。ED232 型石英晶体振荡器运用交流连续温度控制电路，如图 11-6-13 所示，其中(a)为方框图，(b)为电原理图。恒温电路的任务有三：一是给加热电阻丝 R_H 提供电功率，以加热恒温槽，二是通过置于恒温槽内的热敏电阻 R_t，检测槽内温度，三是利用热敏电阻的检测结果去控制加热功率，以调节槽内温度。在(a)中，热敏电阻 R_t 与 R_1 ~ R_3 接成电桥，并与阻容耦合放大器、调谐放大器组成有正反馈环节的自激振荡器，振荡频率固定，而振荡强弱与恒温槽内的 R_t 值有关。振荡器的输出经调谐放大送到倍压整流器，形成直流电压，再经电流电压放大和功率放大送往加热丝 R_H，通过 R_H 的功率决定于振荡信号的幅度，它将受 R_t 的控制。当恒温槽达到设定温度时，调节电桥使之平衡，反馈给阻容耦合放大器的电压为零；若槽内温度降低时，R_t 值将增大，电桥失去平衡，正反馈给阻容耦合放大器的电压增大，振荡加强，输出振幅增大，加到 R_H 的功率也增大，槽内温度因而上升；随着温度的升高，R_t 值下降，电桥失衡程度减小，对振荡器的正反馈减弱，振荡输出幅度也减小，槽内温度上升减缓，最后稳定在接近设定值的某一温度上，最佳温度应为石英晶体的拐点温度。

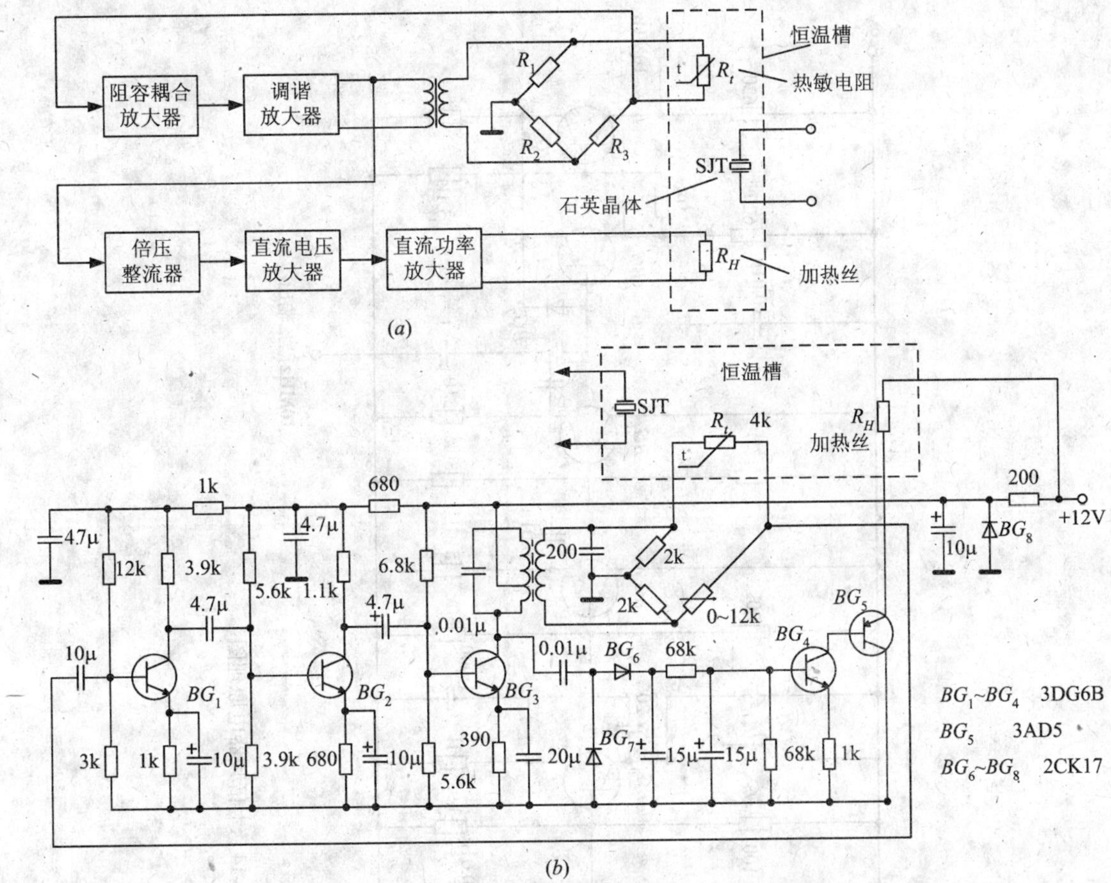

图 11-6-13 石英晶体振荡器恒温控制原理图

2. 倍频器

0.1μs 时标信号,是将 1MHz 标准信号经十倍频获得的。倍频的过程是把已知的振荡频率,通过非线性电路产生许多谐波,然后再由选频电路选择所需的某次谐波,即得到倍频的频率,其稳定度与原频率源的稳定度相同,因此,可用高稳定度石英晶体振荡器,经倍频产生同样稳定度的高频率信号。图 11-6-14 所示为 *E*312 的十倍频器电原理图。电路中 BG_1、BG_2 组成两级选频放大器,L_1C_1、L_2C_2 均调谐在 5MHz;BG_3、BG_4 亦为两级选频放大器,它们都调谐在 10MHz;经 BG_5、BG_6 两级射极跟随器,可得 10MHz 标准正弦信号,然后经 BG_8、BG_9 施密特触发器整形,可输出 10MHz 脉冲,即 0.1μs 时标信号。

3. 分频器

本机共设七级十分频器,可分别得到 10μs、0.1ms、1ms、10ms、0.1s、1s、10s 等标准时间信号,其中四级十分频器兼作“倍乘”用,七级十分频器电路相同,即图 11-6-9 所示十进制计数器。

4. 时标和时基选择电路

如图 11-6-15 所示。电路由三组与或非门及射极跟随器组成,受“功能选择”、“时标选择”和“闸门时间选择”等开关的控制。BG_1 ~ BG_{10}, BG_{12} ~ BG_{17}, BG_{18} ~ BG_{29}分别组成三个典型的负与或非门,其结构与 *A* 输入电路中的选通门相同。

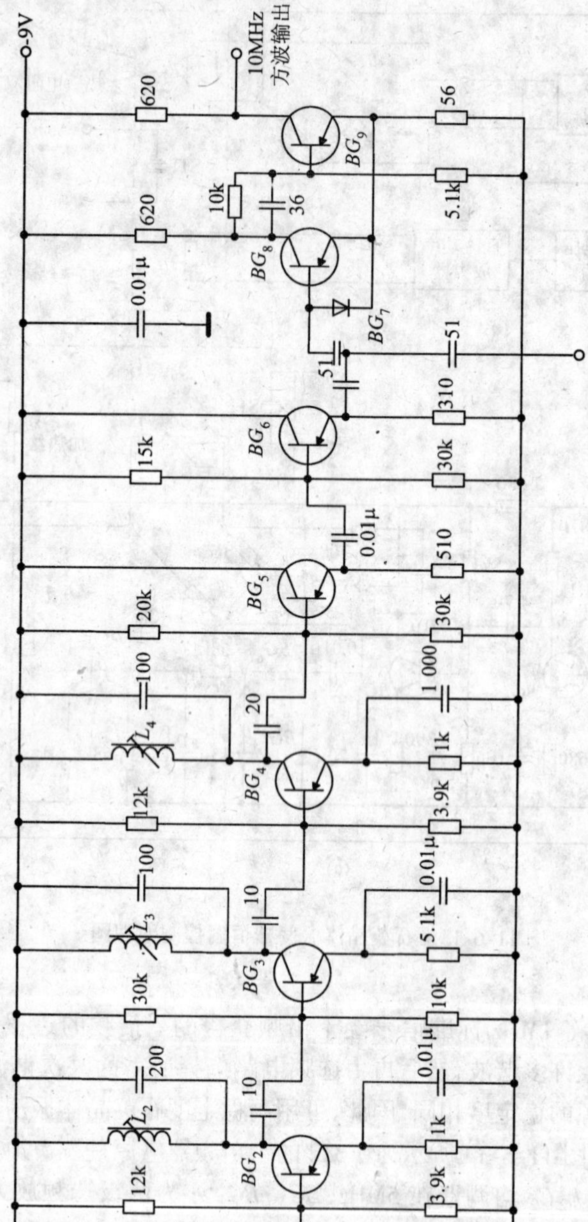

图 11-6-14 十倍频器电原理图

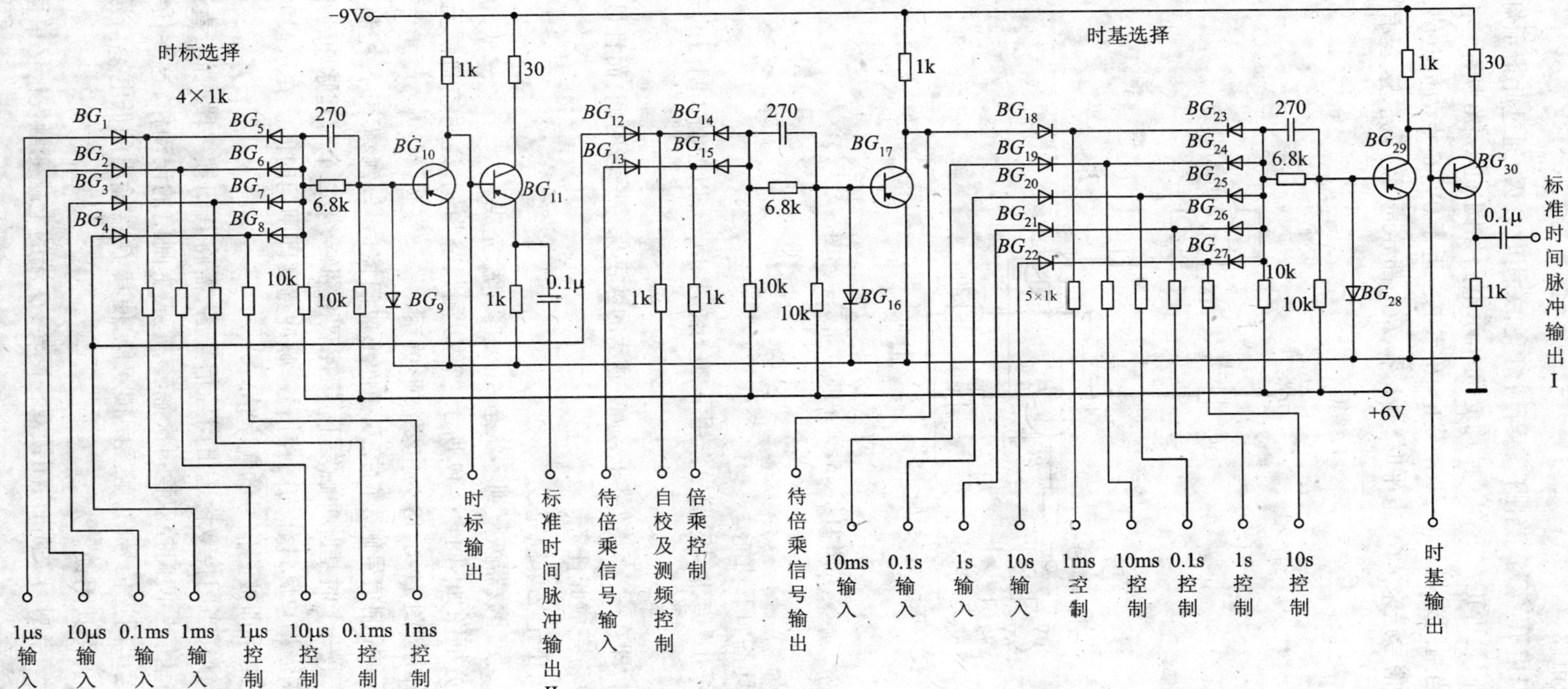

三极管3AK20　　二极管2AP9

图 11-6-15　时标和时基选择电路图

5. 闸门时间指示电路

面板上装有“闸门指示”氖灯，当闸门打开时灯亮，关闭时灯灭，通过此指示灯可以方便地看清主控双稳和主闸门是否正常工作。闸门时间指示电路如图 11-6-16 所示，电路由 BG_1 和高反压管 BG_2 组成，当闸门未打开时，BG_1 截止，B 点电位近于 0V，C 点为负电位，故 BG_2 也截止，氖灯不亮；当门控信号送来 -6V 电平时，BG_1 和 BG_2 都导通，氖灯亮，这表示闸门打开，计数器正在计数。

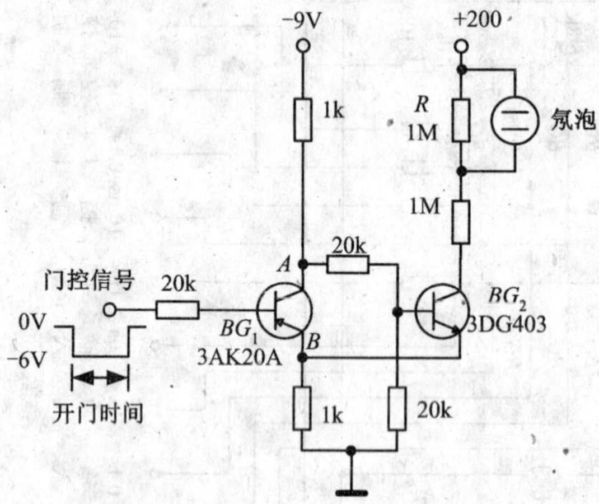

图 11-6-16　闸门时间指示电路图

六、控制单元电路

控制单元电路应具备如下功能。

(1)在“启动”和“停止”(或时基)信号作用下，送出门控信号，以控制主闸门的开闭，由门控双稳电路完成。

(2)控制显示时间，即在一次计数终了，应使显示的数字保持一段时间，而且显示时间应是可调的，由显示时间单稳完成此任务。

(3)发出记忆指令，由记忆单稳完成。

(4)输出复零脉冲，使计数器恢复到零状态，由复零单稳完成。

E312 的控制单元方框图如图 11-6-17 所示。现以测频率为例，说明控制单元的工作过程和各组成部分的主要作用，图 11-6-18 为主要波形关系。

(1)形成门控信号　控制信号触发门控双稳而形成门控信号，测频率时，控制信号即来自 B 通道的时基信号，在第一个时基脉冲触发下，门控双稳翻转，第二个时基脉冲到来时，门控双稳翻回，门控双稳 $\overline{Q}$ 端输出负脉冲作为门控信号，脉冲宽度即闸门时间。在这段时间内，主闸门打开，计数器的计数结果即被测信号的频率值。

(2)门控双稳被闭锁　当门控双稳送出门控信号后，需将其闭锁一段时间，直至此次测量结束，以免连续送入时基信号使门控双稳再次翻转，造成主闸门的误动作，这一任务由闭锁双稳完成。当门控双稳送出门控信号时，触发闭锁双稳，使其 $\overline{Q}$ 端输出的低电平信号，送还给门控双稳的输入控制与门，将其闭锁。

(3)发出记忆指令　当闸门关闭时，闭锁双稳翻转，Q 端的上跳变触发记忆单稳，使其送出记忆指令正脉冲，送往寄存器。

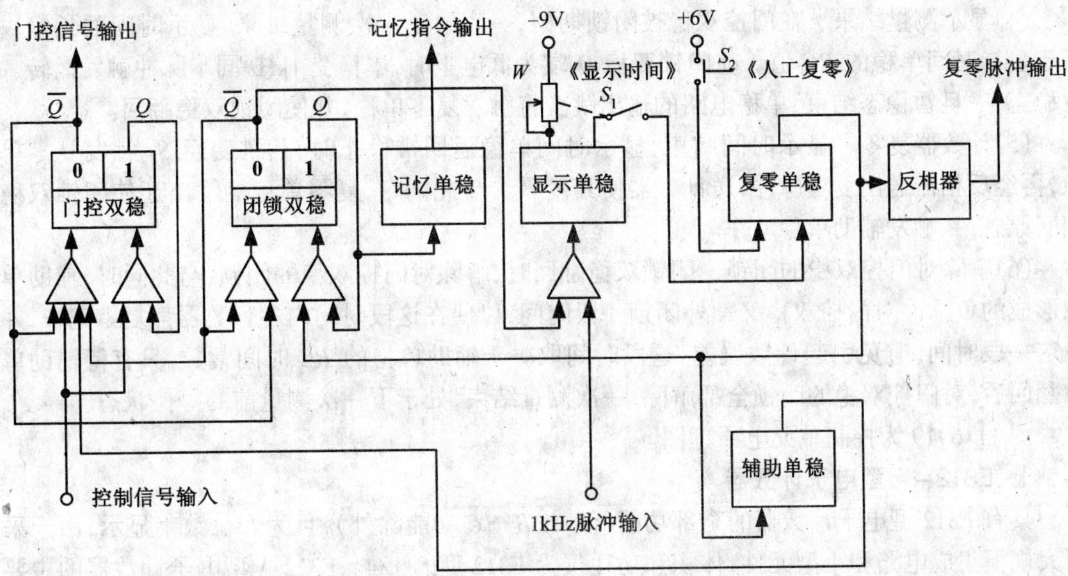

图 11-6-17　控制单元方框图

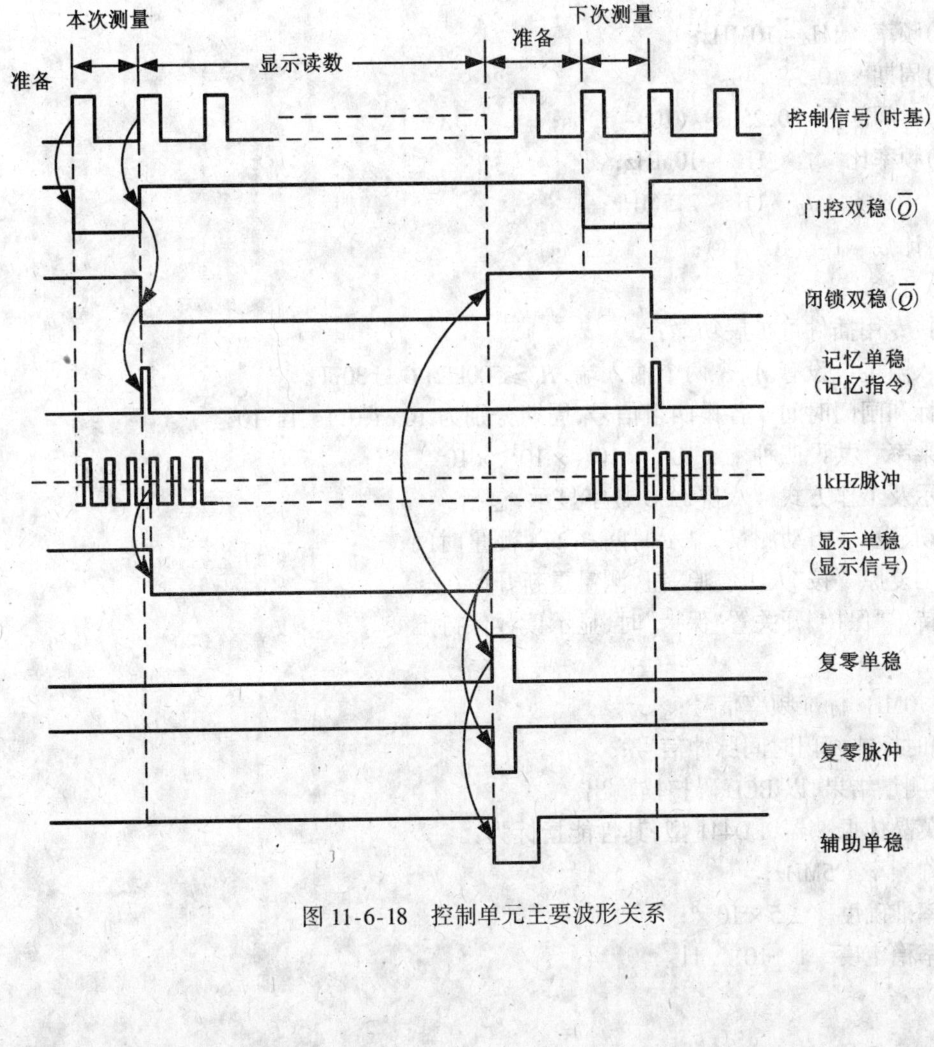

图 11-6-18　控制单元主要波形关系

(4)显示测量结果　在门控双稳被闭锁期间，一直显示本次测量结果，显示时间的长短决定于显示时间单稳的 RC 值。在闭锁双稳 $\overline{Q}$ 端为低电平时，单稳受 1kHz 同步脉冲触发而转入暂稳态，一旦暂稳态结束，单稳电路的输出跳变将触发复零单稳，并使闭锁双稳翻回。

(5)计数器复零　显示时间结束，显示时间单稳返回常稳态时，其跳变经 S_1 触发复零单稳，再经反相器送出复零脉冲，送计数器使其复零。与此同时，复零单稳的输出还使闭锁双稳翻回原态，并触发辅助单稳动作。

(6)解除对门控双稳的闭锁　闭锁双稳翻回时，解除对门控双稳的闭锁，与此同时，辅助单稳形成的负脉冲对门控双稳又额外闭锁一段时间，以便在这段时间内各计数器都复零完毕，并稳定一段时间，避免引起计数误差，这段时间取决于辅助单稳的 RC 时间常数，只有待辅助单稳翻回后，对门控双稳的闭锁全部解除，一次测量结束，处于下一次测量前的等待状态。

图 11-6-19 为控制单元电原理图。

七、E312－A 型电子计数器

具有 E312 型电子计数器的全部功能(仅 $A/B \to C$ 功能除外)，且为八位数字显示，由于采用大规模集成电路和小型元件，体积和功耗仅为 E312 型的 1/4。E312-A 型电子计数器的主要技术性能如下。

测量功能：

(1)频率　1Hz ~ 10MHz；

(2)周期　10s ~ 0.4μs；

(3)时间间隔　0.25μs ~ (10^7-1)μs；

(4)频率比　f_A　1Hz ~ 10MHz；

f_B　1Hz ~ 2.5MHz；

(5)计数　1 ~ (10^8-1)；

(6)自检。

外接专用插件可扩展功能：

输入阻抗　设有 A、B 两个输入端，$R_i \geqslant 500\text{k}\Omega$；$C_i \leqslant 30\text{pF}$。

时标和闸门时间　各设四组信号，周期分别为 10ms、0.1s、1s、10s。

倍乘率　共设四种　$\times 10^0$、$\times 10^1$、$\times 10^2$、$\times 10^3$

显示及工作方式　八位 LED 数字显示，包括：

自动显示　自动测量，显示时间 0.2s + 测量时间；

人工复原　按“人工复原”钮，测量重新开始；

保持　“保持”开关置“保持”时，显示读数保持不变。

输出：

(1)10MHz 标准频率信号；

(2)时标或闸门时间脉冲信号；

(3)测量结果，以 BCD 码扫描输出。

石英晶体振荡器，ED441 型，其性能指标为：

标称频率　5MHz；

频率准确度　$\pm 5 \times 10^{-8}$；

频率稳定度　1　10^{-8}/日。

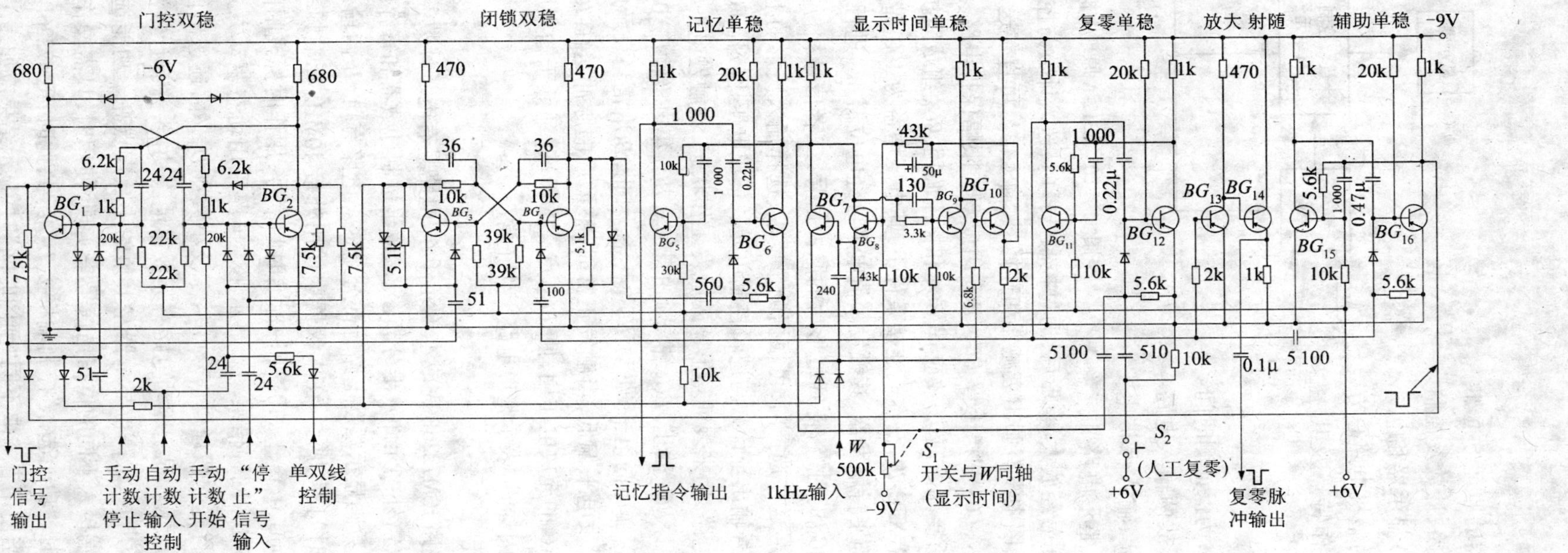

图 11-6-19 控制单元电原理图

E312－A 型电子计数器的原理方框如图 11-6-20 所示，由输入电路、计数及控制逻辑单元、标准信号源、LED 显示器和电源等部分组成。图 11-6-21 为整机电路总方框。以下仅就本仪器的工作特点及其主要电路进行分析。

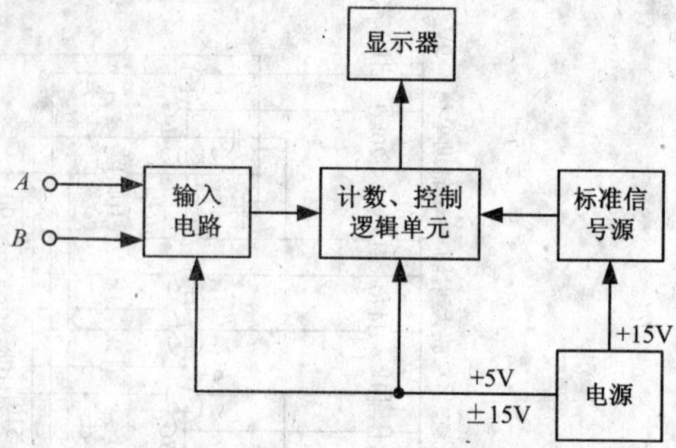

图 11-6-20　E312-A 原理方框图

1. 输入电路

分设 A、B 两个输入端，为保证测时间时两输入通道的特性一致，故两输入电路组成形式相同，均由衰减器、输入保护电路、阻抗变换器、主放大器、整形电路和三态灯指示电路组成。输入信号经放大、整形后，通过控制选择门，送入计数与控制逻辑单元，图 11-6-22 为输入电路原理图，图中没有画出衰减器和选择门，输入信号可直接送入，也可经 1/10 衰减器后送入。二极管 BG_1、BG_2 和稳压管 BG_3、BG_4 组成双向限幅保护电路。为提高整机输入阻抗和利于与主放大器衔接，由结型场效应管 BG_5 和恒流源用 BG_6 组成阻抗变换电路。主放大器为集成宽频带放大器 XFC-79，在本机连接条件下，其电压增益为 100，带宽约为 90MHz。BG_7、BG_8 组成用于整形的施密特触发器，其触发阈值电平可经电位器 W_2 进行调节，正常工作时，可在整形输出级 BG_9、BG_{10}的射极，得到整形后的脉冲信号，二者信号相位相反，其电平可与 TTL 电路匹配，这一对信号送往选择门，可根据测量要求，选择输入波形的上升沿或下降沿进行触发，使其中的一组信号输出至计数与逻辑控制单元。集成电压比较器 FC-82A 和发光二极管 BG_{11}组成三态灯指示电路，用来表征整形器的触发工作状态，当触发电平偏高时，施密特触发器不能正常翻转，而处于 BG_7 截止，BG_8 常导通的状态，BG_7 集电极输出"0"电平加在比较器 IC_2 的反相输入端，则 IC_2 输出高电平，驱动 BG_{11}点亮，因此，BG_{11}常亮表示触发电平偏高，同理，BG_{11}若常灭，则表示触发电平偏低；当触发正常时，整形后的脉冲送往 IC_2输入端，由于 IC_2接有储能元件 C，以及 RC 的充放电作用，使 BG_{11}点亮的频率，远低于输入脉冲的频率（约为 2Hz），因此，当 BG_{11}均匀闪烁时，表示整形电路工作正常。

2. 计数与控制逻辑单元

由 CMOS 大规模集成电路 ICM7226B 完成本单元任务，电路具有电子计数器和 LED 显示驱动器的功能，由高频振荡器（需外接元件）、十分频器、八位十进制计数器和寄存器、七段译码多路扫描电路，以及八位 LED 数码显示驱动电路等部分组成。电路有 A、B 两输入端，具有测频率、周期、计数、频率比和测时间等功能。在本仪器中使用外接 10MHz 标准频率信号源，通过内部电路，可为整机提供 10ms、0.1s、1s、10s 四种标准时间信号，用作时标或闸门时间脉冲，同时提供 $\times 10^0$、$\times 10^1$、$\times 10^2$、$\times 10^3$ 四种倍乘率。显示驱动电路采用动态驱动方式，可点亮八位共阴型 LED 数码管，驱动器除送出段译码信号（$a \sim g$ 及小数点 D_p）外，还送出位扫描信号（$D_0 \sim D_7$），其波形如图 11-6-23 所示。显示驱动电路有无效零消隐功能，并有计数溢出指示，当测量结果因位数有限而产生溢出时，最高位显示器左上角的小数点点亮。功能选择和闸门时间（及倍乘）选择，通过在控制端接入不同的位扫描信号来实现，使用时，只需操作面板上的按键即可，如当选择"自检"功能时，"功能选择"控制端将接 D_2 信号，此时，ICM7226B 内部按"自检"功能连线，时标为 10MHz。当使用者选取不同"闸门时间"时，显示结果应如表 11-6-1 所示。

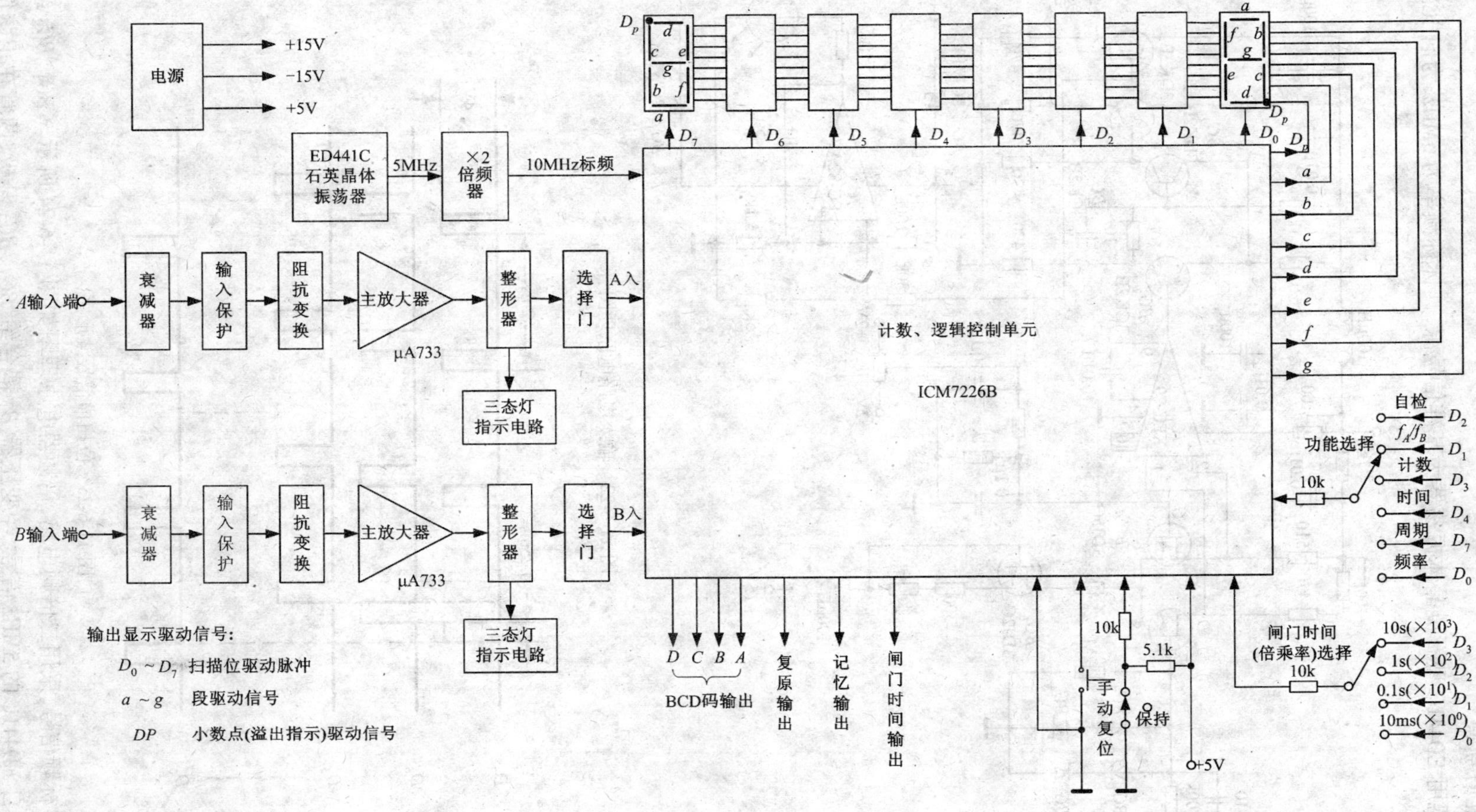

图 11-6-21　整机电路总框图

3. 标准信号源

本仪器用 ED441C 型石英晶体振荡器为基准信号源，其标称频率为 5MHz，为向 ICM7226B

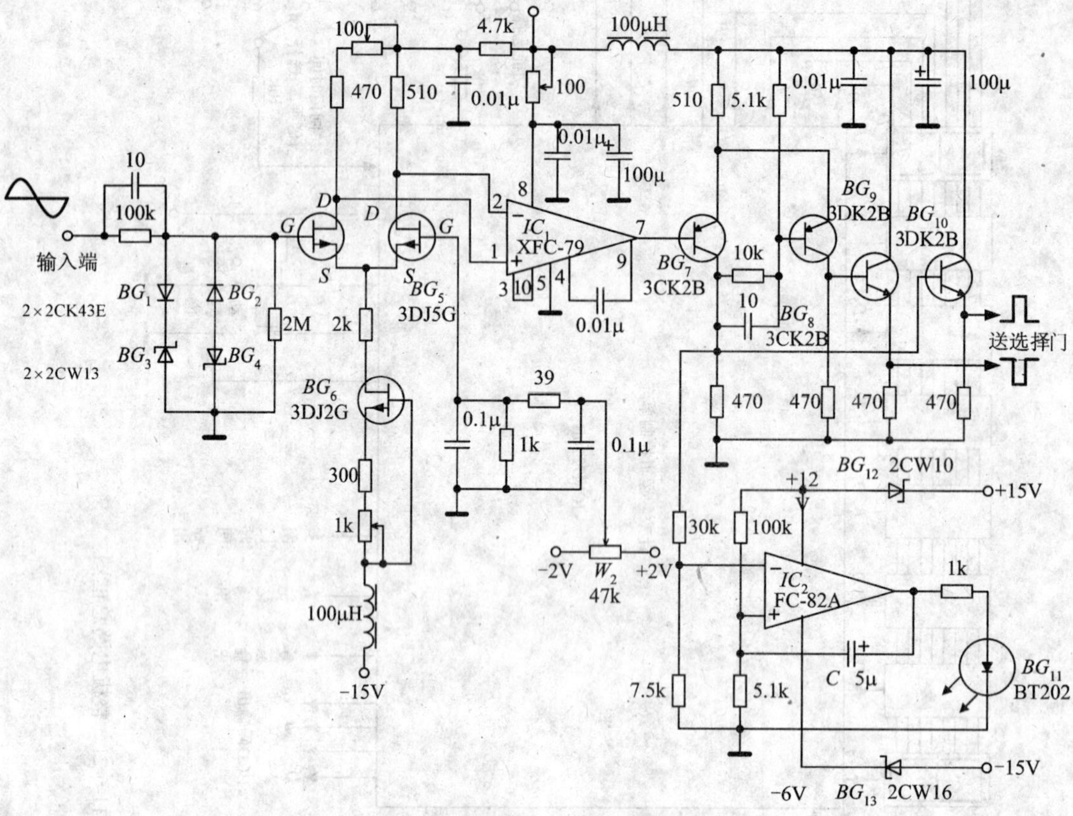

图 11-6-22　输入电路电原理图

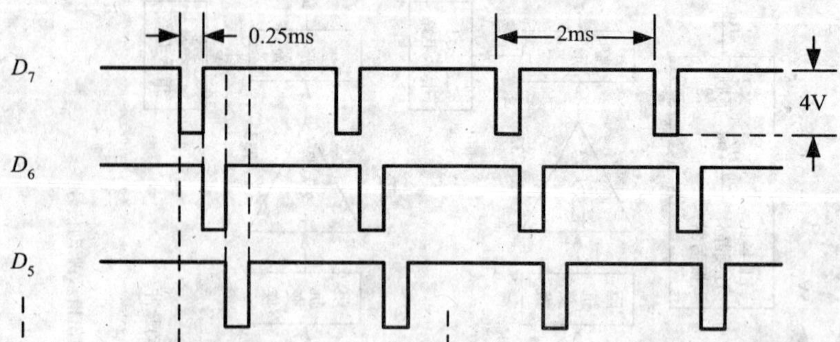

图 11-6-23　位扫描信号波形图

提供 10MHz 标频信号，采用二倍频电路，倍频器电原理图如图 11-6-24 所示。BG_1、BG_2 组成倍频电路。来自 ED441C 的 5MHz 信号，经变压器 B_1 耦合给 BG_1、BG_2 基极，两管在正弦信号的正负半周交替通导，形成二次谐波极为丰富的信号，再经选频电路，由 B_2 耦合输出给放大级；BG_3、BG_4 接成共集输入、共基输出的放大电路，可提供电压增益，并改善输出波形；输出级为 BG_6 组成的射极跟随器。

表 11-6

单位 kHz

闸门时间	10ms	0.1s	1s	10s
显示读数	10 000.0	10 000.00	10 000.000	0 000.0000 溢出指示

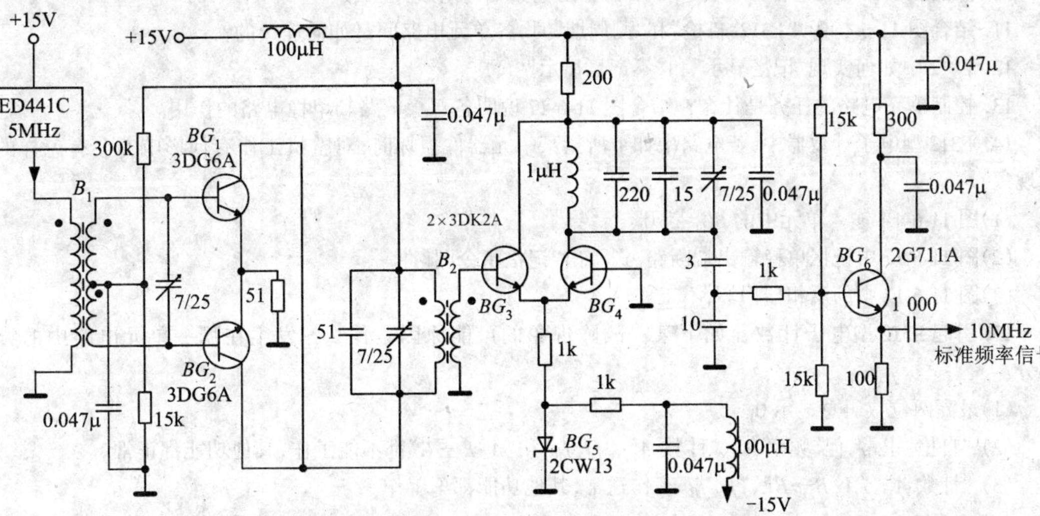

图 11-6-24　倍频器电原理图

4. 显示器

由八位共阴型 LED 数码管组成数字显示屏，为动态驱动方式，数码管由七段电极（$a \sim g$）和小数点电极（D_p）组成。测量单位由单个的 LED 管指示。

复 习 题

1. 说明电子计数器测频率、测周期的基本工作原理，并画出原理方框图。

2. 电子计数器在"自检"时，如选用不同的时标和闸门时间，其读数有何不同？若显示器为七位，请填出下表。

读数 闸门时间 / 时标	1ms	10ms	0.1s	1s	10s
0.1μs	0010000.				
1μs					
10μs					
0.1ms					
1ms					001.0000

3. 电子计数器由哪些基本单元电路组成？各起什么作用？

4. 什么叫量化误差？使用电子计数器时，怎样减小量化误差的影响？

5. 某电子计数器中石英晶体振荡器的频率稳定度为 5×10^{-9}/日,当测频率时,若取闸门时间 1s,得读数 0100000Hz,试计算测频总误差。若取闸门时间 10s 和 0.1s 测上述信号时其误差多大?

6. E312 型电子计数器产品说明书中给出"测周期误差 = $\pm\dfrac{0.3\%}{倍乘率}$ ± 晶体振荡器频率稳定度 ± 1 个字",其中$\dfrac{0.3\%}{倍乘率}$是何类误差?它是在什么条件下提出的?

7. 电子计数器专用插件中,为扩展测频上限,有哪些常用方法?各有何特点?

8. 试比较数字仪器中常用显示器的特点。

9. 什么叫动态显示驱动方式?它有何特点?

10. 液晶显示器对驱动信号有什么要求?驱动电路如何组成?

11. 结合图 11-6-1 说明 E312"自检"和"测周期"时,各单元电路间是如何连接的?

12. E312 中如何实现"记忆显示"和"不记忆显示"?

13. 控制单元电路的任务是什么?结合图 11-6-17 说明各双稳电路和单稳电路的作用。

14. E312 型电子计数器中,若电路中如下所指某一元器件损坏时,对整机工作有何影响?会有怎样的故障现象?

(1)图 11-6-4A 输入单元中的 BG_{13}断开。

(2)图 11-6-17 中记忆单稳输出端断路,送不出"记忆指令"脉冲。

(3)图 11-6-17 中的反相器损坏,不工作。

15. 引起 E312 型电子计数器如下某一故障现象的可能原因是什么?发生在哪一单元电路中的哪一部分?

(1)最高两位数码总显示 0。

(2) "自检"正常,但"频率 A"、"计数 A"、"f_A/f_B"和"$A/B\rightarrow C$"都不能工作,其他功能都正常。

(3) "计数 A"、"$A/B\rightarrow B$"、"f_A/f_B"工作正常,其他功能都不工作。

第十二章　直流数字电压表

§12-1　概　　述

数字电压表(DIGITAL VOLTMETER 缩写 DVM)是一种包含模/数(A/D)转换器,并以十进制数字形式显示被测电压值的仪器,实用中,这一名词常指直流数字电压表,有时泛指兼有测电压功能的数字测量仪器。本章所述及的内容仅限于直流数字电压表。

一、数字电压表的分类

目前,数字电压表的分类方法未见统一,现仅从常见的分类法出发,作一简介。如按测量的精确度分类,数字电压表有高精度和普及型两大类;如按测量速度分,有低速(每次数秒至每秒数次)、中速(每秒数次至数百次)、高速(每秒数百次至数万次)和超高速(每秒多于数万次)等类;按体积和重量分,可有台式、便携式和袖珍式(手持式)等类;也可按显示数字的位数分类;常见而又方便的分类方法是根据 A/D 转换的原理,可分为直接转换和间接转换两大类:

1. 直接式转换

也称比较式转换,其原理是将被测电压与已知的基准电压比较,比较结果直接以数字形式输出,以表示被测电压值。这类数字电压表测量速度较高,也可实现高精确度测量,所测为瞬时值,抗干扰能力差。

2. 间接式转换

其原理是通过电子线路将被测电压转换为某种中间量,然后再转换为数字量,转换电路中常需用积分器,故也称积分式转换,根据中间量的不同,又可分为电压-时间($U-T$)式和电压-频率($U-f$)式,其共同点是抗干扰能力强,但测量速度不高。

除上述基本转换方式外,数字电压表中还常把几种基本方式组合运用,形成复合式转换,用它可实现高精度测量,但电路比较复杂,成本也较高。

二、数字电压表的主要技术指标

1. 测量范围

指量程的划分和各量程的有效测量范围,以及超量程能力,并给出各量程的满度显示数值,此外,还指出量程与极性的选择方式,如手动、自动或远动等。

(1)量程　指所能测量的最小和最大的电压范围。在多量程数字电压表中,测量误差最小的量程称为基本量程。

(2)显示位数　指数字电压表能完整地显示出数字的最大位数,一般认为,能显示 0、1、2……9 十个数码的称为一个整位,不足的称为半位,如最大可显示 9999,称为四位显示,如最大可显示 1999,即称为三位半(或写为 31/2 位)显示。

2. 分辨力

它表示电压表能够显示的被测电压的最小变化值,即显示器上末位一个字所代表的电压值,各量程的分辨力不同,相应于最小量程的分辨力称为读数字电压表的最高分辨力,常用它作为数字电压表的分辨力指标。

3. 准确度

或称精确度,表示显示的读数与被测电压真值之间的近似程度,一般用误差值或误差范围表示,包括固有误差、工作误差、稳定误差和影响误差等项。数字电压表的误差表达方式有如下几种:

(1)固有误差和工作误差分别指在基准条件和额定工作条件下的误差,常用绝对误差Δ表示,即

$$\Delta = \pm(a\%U_x + b\%U_m)$$

式中 U_x——被测电压的指示值(读数);

U_m——该量程的满度值;

a——误差的相对项系数;

b——误差的固定项系数。

通常 $a \neq 0, a \geqslant b$,式中 $a\%U_x$ 称读数误差,$b\%U_m$ 称满度误差。

(2)稳定误差应包含在工作误差之中,但当稳定误差是工作误差的重要成分时,也可单独给出,常用读数的跳字、短期漂移和长期漂移表示。

(3)影响误差也应包含在工作误差之中,但是当温度、湿度、电源电压、电源频率等影响量变化时,若引起的误差在工作误差中占重要成分时,常单独给出该项影响误差极限,当影响量与影响误差之间基本上是线性关系时,可用系数的形式表示,如温度的影响误差可用温度系数表示。

4. 输入电阻与输入零电流

从输入端看进去,数字电压表可等效为一有源网路。由于测量电压时,要对被测信号经电子线路进行放大和转换,它对输入信号的影响可等效为如图12-1-1的电路,由输入电阻 R 和输入零电流 I_0 并联组成。R_i 可用输入电压的变化值和相对应的输入电流变化值之比表示。I_0 则是由仪器内部引起的,流过输入回路的电流。I_0 的大小决定于仪器的输入电路,与被测信号无关。数字电压表的 R_i 宜大,当输入级采用场效应管,或闭环使用高增益运放时,R_i 可高达1 000MΩ以上,在使用分压器的量程,R_i 一般可达10MΩ。实用中,I_0 的影响不容忽视,由于 I_0 是输入级工作时,流经输入回路的漏电流,它的影响可结合图12-1-2说明,若被测电压的开路电压为 U_x,内阻为 r_x,输入电阻 $R_i \gg r_x$,当被测电压送入 A、B 输入端时,I_0 将流经被测电压源,并在 r_x 上产生电压降 $I_0 r_x$,故加在 A、B 端的电压并不是 U_x,而是 $U_{AB} = U_x + I_0 r_x$,引入误差 $I_0 r_x$;r_x 不同,$I_0 r_x$ 影响也不同,所以,这种误差不能用调零的方法一劳永逸地补偿掉,只能选用 I_0 尽量小的数字电压表。

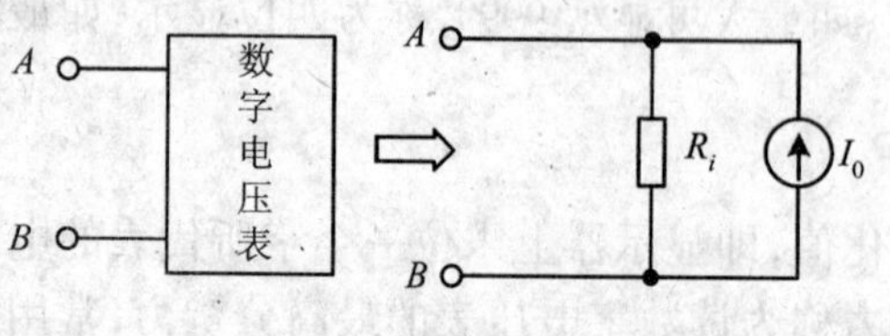

图12-1-1 输入端等效电路图

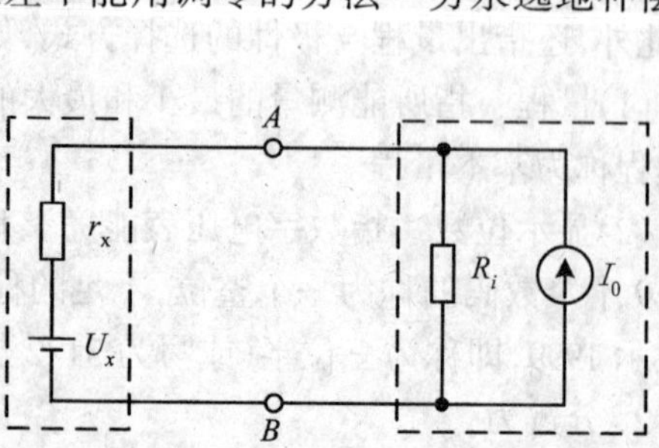

图12-1-2 输入零电流影响示意图

5. 抗干扰能力

数字电压表对干扰信号都有一定的抑制能力，常用串态干扰抑制比（SMRR）和共态干扰抑制比（CMRR）表示。

（1）串态干扰抑制比（SMRR） 串态干扰也称常态干扰，或串模干扰，指与被测电压信号串联输入的干扰方式，即干扰电压与被测电压相叠加再送到电压表的输入端，如图 12-1-3 所示，其中（a）为无干扰的情况，U_x 为被测电压等效值，（b）为有串态干扰的情况，U_a 为串态干扰电压。此时，数字电压表的读数不是 U_x 值，而是 U_x 与 U_a 叠加的结果。串态干扰可能是交流信号，如稳压电源中的纹波，也可能是直流信号，如电路中的热电势等，但是，严重的是交流干扰，特别是工频电压干扰。数字电压表对串态干扰的抑制能力常用串态干扰抑制比（SMRR）表征，以串态干扰电压的峰值与由它引起的读数变化值之比表示：

$$\mathrm{SMRR}=20\lg\frac{\text{串态干扰电压峰值}}{\text{读数的最大变化值}}\mathrm{dB}$$

通常给出对（50±0.5）Hz 串态干扰电压的 SMRR 值，也有时按不同频率或频偏范围分别给出。例如 DS－14－1 型数字电压表的技术指标指出："对 50Hz±2Hz 的工频串态干扰信号，串态干扰抑制比优于 60dB"，即 SMRR≥60dB。

（2）共态干扰抑制比（CMRR） 干扰电压同时加在数字电压表高端和低端上的方式称共态干扰，这种干扰常发生在被测信号源的地线与电压表的地线不是等电位的情况下，如图 12-1-4 所示，两根地线间存在的电压差 U_c 相当于一个干扰源，它同时施加于输入高端和低端上，由于 U_c 与高端组成的回路和与低端组成的回路不对称，最终形成不平衡电压，与 U_x 串接而产生测量误差。共态干扰抑制比（CMRR）可以表征电压表对共态干扰的抑制能力，以共态干扰电压的峰值与由它引起的读数变化值之比表示：

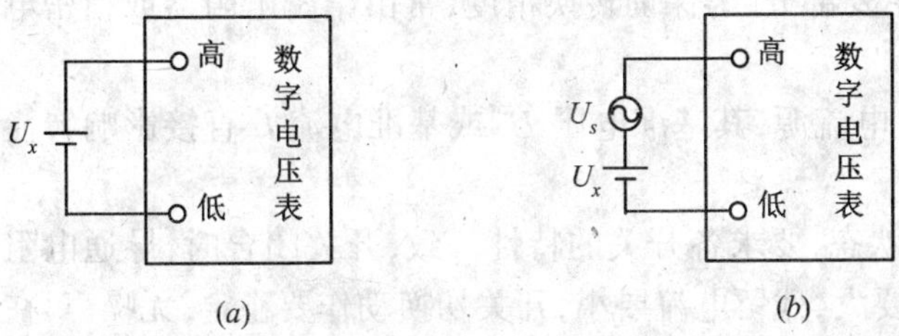

图 12-1-3 串态干扰示意图

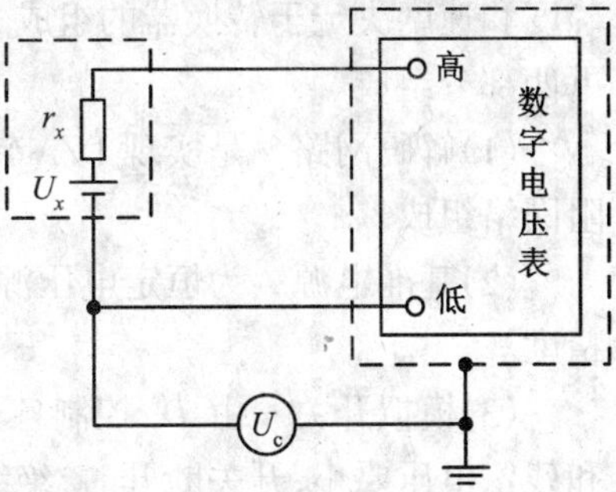

图 12-1-4 共态干扰示意图

$$\mathrm{CMRR}=20\lg\frac{\text{共态干扰电压（直流或交流峰值）}}{\text{读数的最大变化值}}\mathrm{dB}$$

共态干扰可能为交流，也可能为直流，因此，CMRR 值有交流和直流之分，一般是在不平衡电阻为 1kΩ 条件下分别给出。例如，DS－14－1 型数字电压表技术指标中提出"当输入高低端不平衡电阻为 1kΩ 时，对 50Hz±2Hz 的交流干扰信号及直流信号，共态干扰抑制比均优于 140dB"，即 CMRR≥140dB，交流 CMRR 一般指（50±0.5）Hz 时的测量值，也有时按不同的频率或频偏范围分别给出。

6. 测量速率

表示仪器每秒可完成测量电压的次数，也可用测量一次所需的时间表示。

7. 响应时间

表示电压表从输入信号有一突变后，到满足测量误差要求的新值出现之间的时间间隔，以响应时间的极限值表示。

8. 数据输出

一般用 BCD 码或 ASCⅡ码输出测量数码，常注明输出高低电平值和负载能力，并给出数据输出指令脉冲的宽度、幅度、极性及上升沿和下降沿等波形特性。带有输出接口的电压表，还将说明接口的型式和接口功能等。

§12－2 数字－模拟转换(D/A)

模拟量(A)与数字量(D)之间的相互转换，在数字电压表中是不可缺的。A/D 转换器是数字电压表的核心，测量电压即是将被测模拟电压转换为数字量的过程，在某些 A/D 转换方式中又需用到 D/A 转换器，此外，在控制技术和数字系统中，D/A 转换也占有重要的地位。数字电压表中的 D/A 转换器是把输入的数字量 D_x 转换为输出模拟电压 U_0，且 U_0 与 D_x 成正比例关系，即 $U_0 = RD_x$，R 为常数。由于数字量是以代码按数位组合起来表示的，因此，D/A 转换也可称作解码或译码，如 D_x 为二进制数，可表示为 $D_x = a_0 2^0 + a_1 2^1 + a_2 2^2 + \cdots + a_{n-1} 2^{n-1} + a_n 2^n$，其中 a_0、a_1、$a_2 \cdots a_{n-1}$、a_n 为各数位的系数，用 1 或 0 表示，2^0、2^1、$2^2 \cdots 2^{n-1}$、2^n 为各数位的“权”重，通过如图 12-2-1 所示的 D/A 转换器，在输出端可得模拟电压 U_0，且 $U_0 = RD_x = R(a_0 2^0 + a_1 2^1 + a_2 2^2 + \cdots + a_{n-1} 2^{n-1} + a_n 2^n)$。可用输出模拟电压的最小增量表示 D/A 转换器的分辨力，即 R 值，分辨力也可用 D_x 的位数表示，当满度电压一定时，位数愈多，分辨力愈高。当 a_0、$a_1 \cdots a_{n-1}$、a_n 全为“1”时，U_0 最大，称为 D/A 转换器的满度电压(或满标值)。转换的精确度和速度决定于转换器的组成方式和所用的元器件。D/A 转换器的方案有多种，主要由如下四部分组成。

(1)解码网路　是实现 D/A 转换的主要部分，为保证转换精度，常由精密电阻器或精密电阻网络组成。

(2)基准电源　为恒定电压源或恒定电流源，其基准电压 U_r 或基准电流 I_r 直接影响转换精度。

(3)模拟开关　由 D_x 控制各开关的状态，要求各开关的特性一致，开关闭合时，导通电阻和残留电压要小，开关断开时，绝缘电阻要大，残留电流要小，开关切换动作要稳定，无噪声，在高速 D/A 转换中，开关的动态特性尤为重要。

(4)运算放大器　在转换器中用于对网路中的支路电流进行总加，或对网路中各电压分量进行比例运算；同时，可作为 D/A 转换器的输出级，以保证一定的负载能力和低输出阻抗。要求运算放大器的零漂小，动态响应好，并有足够的输出电压摆幅。

实现 D/A 转换的具体方案很多，通常是先把每一位代码按它的“权”值，转换成相应的模拟量，然后再把代表各位的模拟量相加，所得结果就是与数字量成正比的模拟量，转换时，通常是把各位代码同时进行转换再相加，称并行 D/A 转换，另一种方式是在节拍脉冲控制下依次逐位转换，称为串行 D/A 转换。并行转换的特点是速度高，在数字电压表中得到了广泛应用。

一、电流和型 D/A 转换

图 12-2-2 所示是以电流和原理实现 D/A 转换的解码网路，输入为二进制代码的数字量，

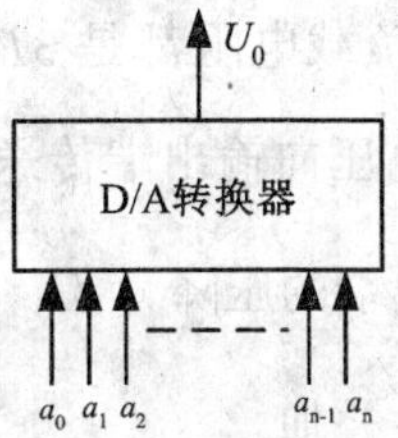

图 12-2-1　D/A 转换器示意图

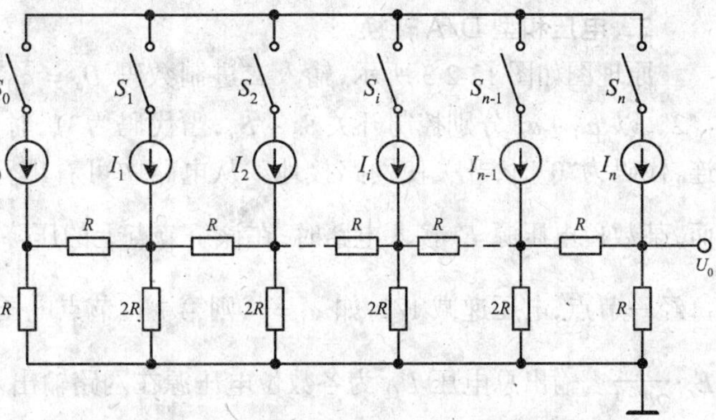

图 12-2-2　电流和型 D/A 转换原理图

$D_x = a_0 2^0 + a_1 2^1 + a_2 2^2 + \cdots a_{n-1} 2^{n-1} + a_n 2^n$，$S_0 \sim S_n$ 是受输入数码控制的开关，分别由 $a_0 \sim a_n$ 决定其状态，当 $a_i = 1$ 时，相应的开关 S_i 接通，$a_i = 0$ 时，S_i 断开。图中 I_0、I_1、$I_2 \cdots I_i \cdots I_n$ 为恒流源，内阻无穷大，且 $I_0 = I_1 = I_2 \cdots = I_n = I$，电流源的负载均为线性电阻网路，当任一开关 S_i 闭合时，对其他电流源工作没有影响，电流源 I_i 此时将有电流 I 送入电阻网路，并在输出端产生一定的电压降。从网路中可看出，多恒流源的负载电阻（即各支路节点的等效电阻）均为 $\frac{2}{3}R$，若接入电流源 I_i，则产生电压降 $U_i = \frac{2}{3} R \cdot I_i$。从各节点看去，三条支路的等效电阻均为 $2R$，各分得电流 $\frac{I_i}{3}$，其中右支路中电流形成的电压经分压输出，在输出过程中，每经一节点，电压递减 1/2。总输出电压 U_0 为各电流源形成电压的叠加。

$$U_0 = \frac{a_0 u_0}{2^n} + \frac{a_1 u_1}{2^{n-1}} + \cdots + \frac{a_{n-1} u_{n-1}}{2^1} + \frac{a_n u_n}{2^0}$$

式中 $u_0 = u_1 = \cdots u_{n-1} = u_n = \frac{2}{3} IR$，代入上式，则

$$\begin{aligned} U_0 &= \frac{2}{3} IR\left(\frac{a_0}{2^n} + \frac{a_1}{2^{n-1}} + \cdots + \frac{a_{n-1}}{2^1} + \frac{a_n}{2^0}\right) \\ &= \frac{IR}{3 \times 2^{n-1}}\left(a_0 2^0 + a_1 2^1 + \cdots + a_{n-1} 2^{n-1} + a_n 2^n\right) = \frac{IR}{3 \times 2^{n-1}} \cdot D_x \end{aligned}$$

U_0 与 D_x 成正比，实现了 D/A 转换。如在上述电路中 $R = 8\text{k}\Omega$，$I = 3\text{mA}$，输入数码 D_x 为二进制代码，即 $n = 4$，$D_x = a_0 2^0 + a_1 2^1 + a_2 2^2 + a_3 2^3 + a_4 2^4$，当 D_x 为 01010 时，代表十进制数 10，此时，$U_0 = \frac{3 \times 8}{3 \times 2^3} \cdot (0 + 8 + 0 + 2 + 0) = 10\text{V}$，当输入数码“11111”时，输出 $U_0 = 31\text{V}$，即转换器的满度值，本例中的分辨力为 $\frac{IR}{3 \times 2^{n-1}} = 1\text{V}$。

这种解码网路所用电阻的阻值，仅有 R 和 $2R$ 两种规格，易于组合，各路恒流源互相独立，可分别调整，而且可通过调节电流源补偿网路电阻的误差，因而可降低对电阻值精度的要求，此外，由于恒流源内阻很大，故对电路中各开关的导通电阻要求不严，从理论上讲，开关导通电阻对恒流源输出无任何影响。转换精度决定于电流源的稳定性，网路电阻的误差和开关断开时的绝缘电阻。

二、电压和型 D/A 转换

原理图如图 12-2-3 所示，输入二进制数码 $D_x = a_0 2^0 + a_1 2^1 + \cdots + a_i 2^i + \cdots + a_{n-1} 2^{n-1} + a^n 2^n$，以 $a_0 \sim a_n$ 分别控制开关 $S_0 \sim S_n$，当代码为“1”时，相应开关使网路与基准电压源 E_r 相连，代码为“0”时，开关使网路接地。从电路中可看出，各数位电压源的负载电阻都是 $3R$，因而，某数位电压源 E_r 接入电路时，在该位节点上的压降都是$\frac{1}{3}E_r$，这一电压向输出端传送时，每经一节点，电压递减 1/2，如 $a_i = 1$，则第 i 位节点电压 $u_i = \frac{1}{3}E_r$，在输出端的压降为 $U_{0i} = \frac{1}{3}E_r \cdot \frac{1}{2^{n-1}}$。输出总电压 U_O 为各数位电压源在网路输出端产生电压的线性叠加。

$$U_O = \frac{1}{3}E_r\left(\frac{a_0}{2^n} + \frac{a_1}{2^{n-1}} + \cdots + \frac{a_{n-1}}{2^1} + \frac{a_n}{2^0}\right) = \frac{E_r}{3 \times 2^n} \cdot D_x$$

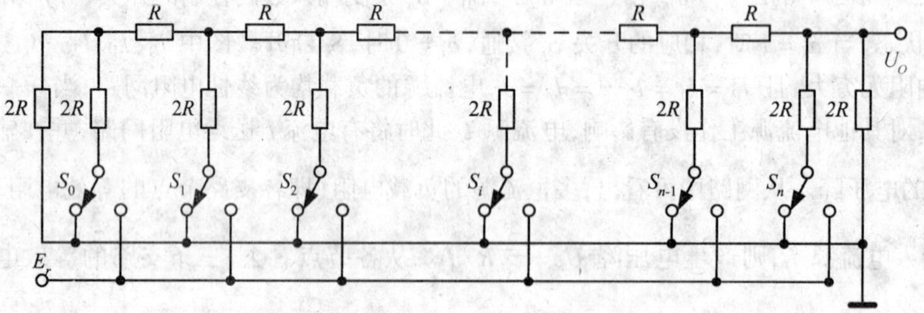

图 12-2-3　电压和型 D/A 转换原理图

U_O 正比于 D_x，实现了 D/A 转换。如在上述电路中输入四位二进制代码，$E_r = 2.4$V，则转换器的分辨力为$\frac{2.4}{3 \times 2^3} = 0.1$V，满度值为$\frac{2.4}{3 \times 2^3} \cdot (15) = 1.5$V。

这种解码网路也只用 R、$2R$ 两种规格的电阻器，而且网路输出电阻 $R_0 = \frac{R \cdot 2R}{R + 2R} = \frac{2}{3}R$，为一恒定值，因而输出特性稳定。转换精度取决于电阻网路中 R 的比值、开关特性和 E_r 的稳定度，对开关的导通电阻和导通时的残余电压要求严格。

上述两种二进制 D/A 转换电路，都是通过 T 形电阻网路，使相邻各级保持 1/2 的分压系数，从而形成按二进制比例输出的电压，依据这一指导思想，也可组成其他进制的 D/A 转换电路。

三、权电阻型 D/A 转换

图 12-2-4 所示为权电阻型二进制数码 D/A 转换原理图，电路需用基准电压源 E_r。单刀双向开关 $S_0 \sim S_n$ 受输入数码控制，控制原则与电压和型相同。开关与权电阻相串联，各数位的阻值不同，图中上方所标为各数位的“权”，该位电阻的阻值与其“权”相对应，故称权电阻，阻值与“权”重成反比，电导与“权”重成正比，如以 $g = \frac{1}{R}$表示基本电导，则 $g_0 = \frac{g}{2^n}$，$g_1 = \frac{g}{2^{n-1}}$，⋯ $g_{n-1} = \frac{g}{2^1}$，$g_n = \frac{g}{2^0} = g$。当某一数位开关接 E_r，其余各开关均接地时，电路可等效如图 12-2-5，

其中 R_i 为基准电压源与输出端间的等效电阻，即开关 S_i 所接的权电阻 R_i，其电导为 $g_i=\dfrac{1}{R_i}$；R' 为输出端对地的等效总电阻，电导 $g'=\dfrac{1}{R'}$；从图中可看出，输出电压 U_{0i} 为：

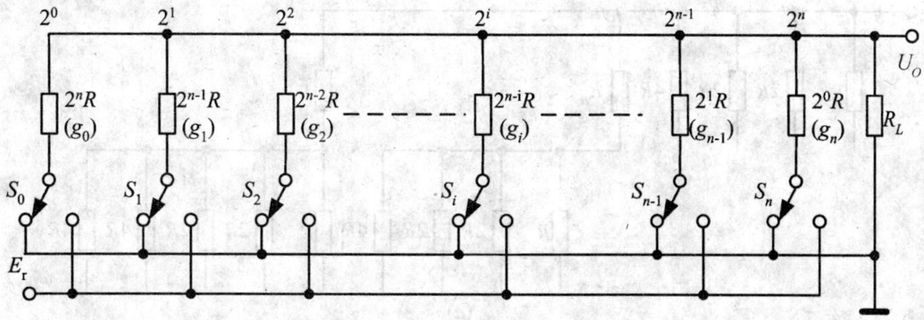

图 12-2-4　权电阻 D/A 转换原理图

$$U_{0i}=\frac{R'}{R_i+R'}\cdot E_r=\frac{g_i}{g_i+g'}\cdot E_r=\frac{E_r}{G}\cdot g_i$$

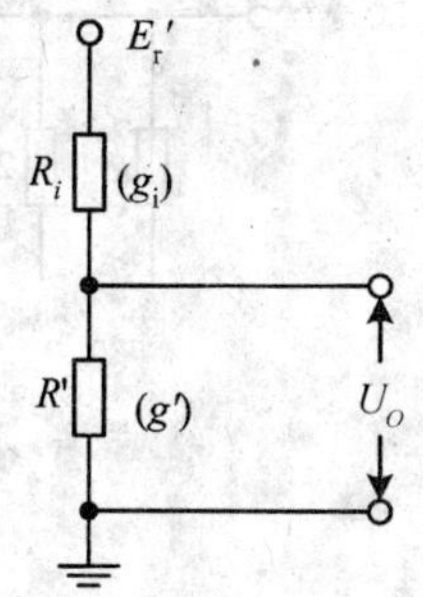

图 12-2-5　S_i 接 E_r 时的等效电路

式中 $G=g_i+g'$，是网路中全部电阻并联的总电导，对于一定的网路，G 为常数。根据叠加原理可求得 D/A 转换器输出总电压 U_0

$$\begin{aligned}U_0&=\frac{E_r}{G}(a_0g_0+a_1g_1+\cdots+a_ig_i+\cdots+a_{n-1}g_{n-1}+a_ng_n)\\&=\frac{E_r}{G}\cdot\frac{g}{2^n}\cdot D_x\end{aligned}$$

网路中 E_r、G、g、n 均为常数，故 U_0 正比于 D_x。这种转换器实质上是受数字量控制的二进制电阻网路，因而能有二进制电压输出，如按其他进制取电阻值，也可构成其他进制的 D/A 转换器，图 12-2-6 为按 4-2-2-1 编码的三位二—十进制权电阻 D/A 转换原理图。各数位权电阻的电导值比例为 4∶2∶2∶1，相邻数位之间的电导值相差 10 倍。图中各权电阻的阻值都不同，位数愈多，所需电阻值的规格也愈多，实用中颇为不便，因此，常使用改型电路，如图 12-2-7 所示，采用分节串并联电阻方式，以使各数位既能表示各数位不同的“权”值，又能采用相同阻值的电阻，如在图（a）中加入 R_a、R_b，在图（b）中加入 R_A、R_B，采用这种方案可减少所用权电阻的规格，便于实现标准化。

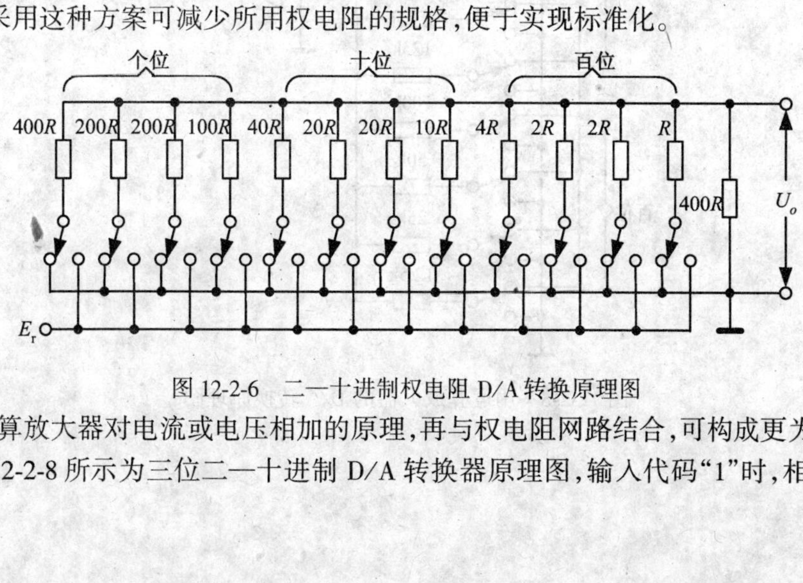

图 12-2-6　二—十进制权电阻 D/A 转换原理图

利用运算放大器对电流或电压相加的原理，再与权电阻网路结合，可构成更为理想的 D/A 转换器，图 12-2-8 所示为三位二—十进制 D/A 转换器原理图，输入代码“1”时，相应的权电阻

接 E_r,代码为“0”,权电阻接地电位。运算放大器 K_0 接成闭环电路,可完成加法运算,并作为转换器的输出级。为了减少电阻阻值的规格种类,可采用电阻和基准电压混合加权的方式,如图 12-2-9 所示。

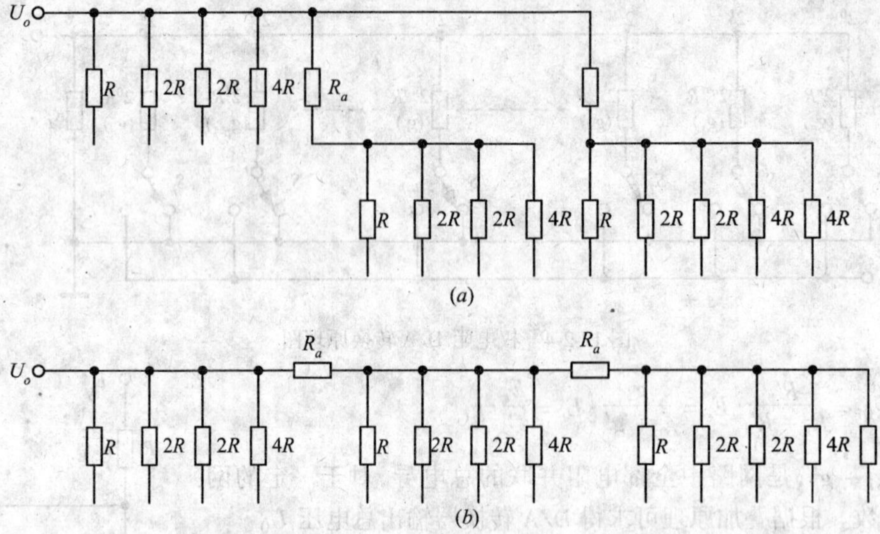

图 12-2-7　图 12-2-6 电路改型方案

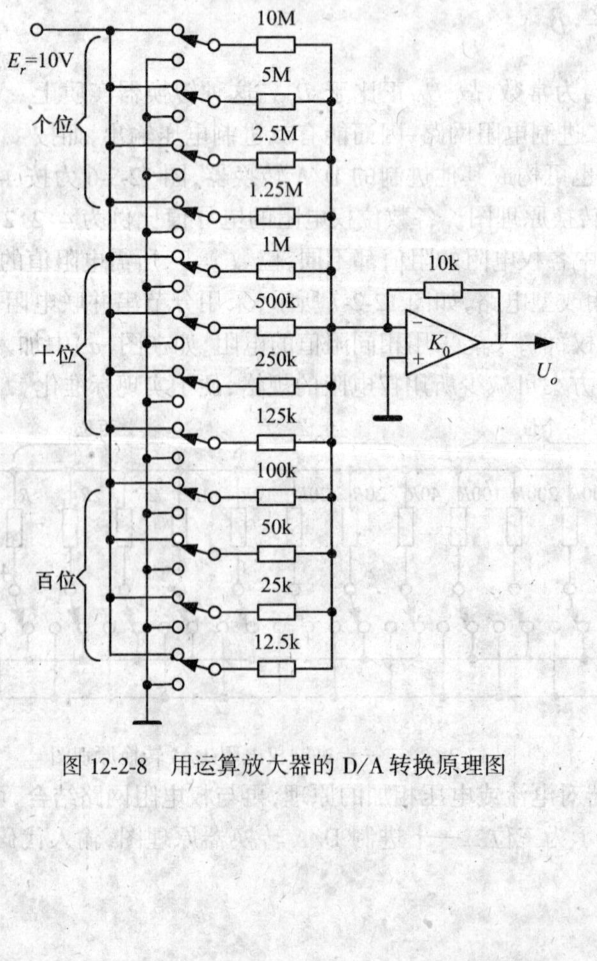

图 12-2-8　用运算放大器的 D/A 转换原理图

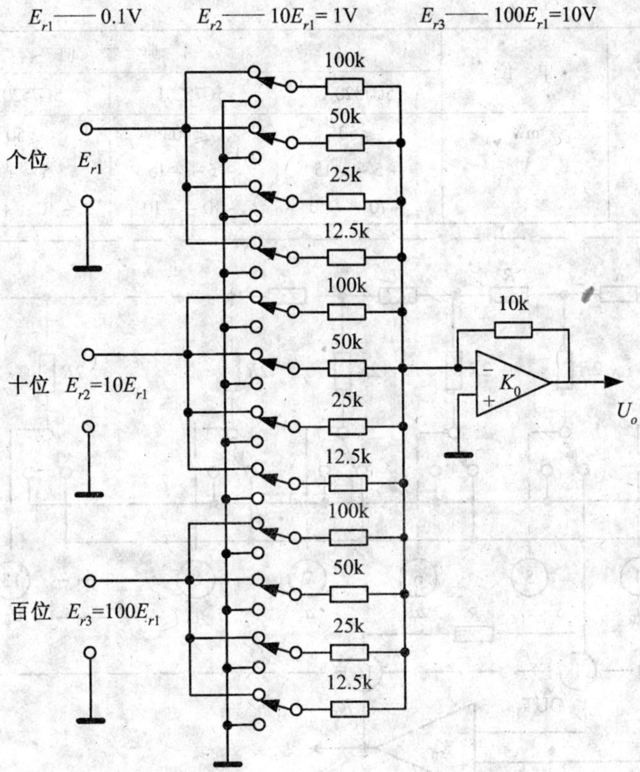

图 12-2-9 电阻和基准电压混合加权式 D/A 转换原理图

目前,已出现多种形式的集成化 D/A 转换器,有单片式,也有混合式,其基本原理即如上述几种。现以单片集成 D/A 转换器 5G7520 为例,简介其基本原理和使用方法。5G7520 为 CMOS 集成电路,可进行 10bit 二进制数码的 D/A 转换,采用电压和的转换原理,电路由 $R-2R$ 梯形解码网路和十位电子模拟开关组成,使用时需外接基准电压源 E_r 和相加运算放大器,其原理方框如图 12-2-10(a),图(b)为应用接线图。从图(a)中可看出,其组成与图 12-2-3 相近,可用分析该电路的方法,得出 5G7520 的转换关系式,$U_0=\frac{-E_r}{2^{10}}\cdot D_x=\frac{-E_r}{1\ 024}\cdot D_x$。由于采用 CMOS 技术,模拟开关的特性较双极型好,而且可以实现双向极性信号的传送,工作频率可达 200kHz。按图(b)方法接线,可实现单极性二进制 D/A 转换,其中 R_1、R_2 可用以调节增益。表 12-2-1 列出了 5G7520 的典型参数。

表 12-2-1

参数名称	单 位	典 型 值			
		5G7520A	5G7520J	5G7520K	5G7520L
分 辨 力	位	10	10	10	10
非线性误差	满度值%	≤0.4(7 位)	≤0.2(8 位)	≤0.1(9 位)	≤0.05(10 位)
建立时间	ns	≤500	≤500	≤500	≤500
满度温度系数	ppm/℃	≤40	≤40	≤40	≤40
数字输入高电平	V	≥3.5	≥3.5	≥3.5	≥3.5

续表

参数名称	单位	典型值			
		5G7520A	5G7520J	5G7520K	5G7520L
功耗	mW	≤50	≤50	≤50	≤50
电源电压范围	V	+5 ~ +15	+5 ~ +15	+5 ~ +15	+5 ~ +15
基准电压范围	V	-10 ~ +10	-10 ~ +10	-10 ~ +10	-10 ~ +10

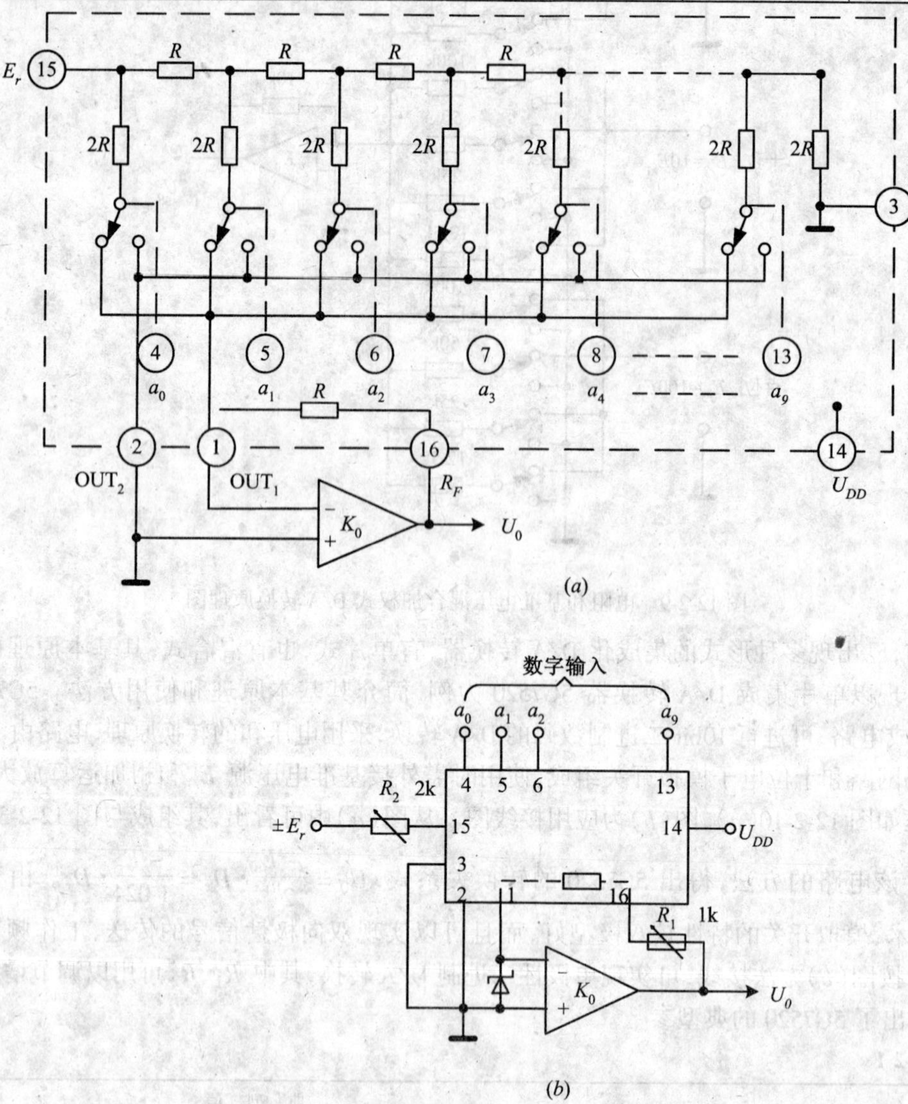

图 12-2-10　5G7520D/A 转换器示意图

§ 12 - 3　模拟 - 数字转换(A/D)

用于数字电压表中的 A/D 转换器,其模拟量即被测电压,因此,实际上是电压 - 数字转换器。由于 A/D 转换是数字电压表的核心,电压表的技术性能便主要取决于 A/D 转换器的设计方案和制造水平。本节介绍目前数字电压表中常用的几种 A/D 转换方式，分析其基本转换原理和特点，现分六类介绍，这种分类法极不严格，仅仅为了叙述问题方便。

一、比较型

这是一种出现最早、最基本的转换方式，转换的指导思想是用已知的基准电压与被测电压进行比较，根据比较结果求得被测电压值；基准电压常由分级的、多种电压值的电压源提供；比较工作则由电压比较器完成，比较过程可以连续进行，也可逐次进行。由于这类转换电路中所用开关、比较器、标准电阻等元器件常要多组重复使用，因而很适于集成化。

1. 逐次渐近比较型

把被测电压 U_x 与幅度递减分级的基准电压逐次比较，当比较用的基准电压总和大于被测电压时，把多余的某级基准电压舍去，而当基准电压总和小于或等于 U_x 时，便把这一基准电压保留下来，如此逐次比较，基准电压的总和渐渐接近 U_x，当比较程序终了时，基准电压的总和将近似等于 U_x，可用它表征 U_x。这种转换的原理和过程犹如以天平测重物。如有一架天平，设有 4 种砝码：8g、4g、2g、1g，砝码的重量即它的“权”。譬如有一重物，$W=10.55$g，用天平测量的过程如下：

(1)重物放左盘，取最重的 8g 砝码放右盘上，则见左盘沉下右盘抬高，说明右盘砝码不足，要留下此砝码(称“留码”)，可记作“1”。

(2)取次重的 4g 砝码加于右盘，砝码总重 12g，天平右盘下沉，说明总砝码过重，应去除刚放上的 4g 砝码(称“去码”)，记作“0”。

(3)取用 2g 砝码，右盘砝码总重 10g，总砝码不足，右盘抬高，故此砝码应“留码”，记作“1”。

(4)取用 1g 砝码，砝码总重 11g，右盘下沉，故此砝码应“去码”，记作“0”。

(5)最后取用最小的 0.5g 砝码，右盘抬高，应“留码”，记作“1”。

经如上五步，由大到小将各砝码都试用一次，经各次比较、判断，右盘留下的砝码总重量渐接近 W 值，最后的砝码总重量可代表 W 值，如以代码表示 W，可写成“10 101”，它表示砝码总重为：$8+0+2+0+0.5=10.5$g，与被测重 W，相差 0.05g，此为测量误差；如有更小的砝码可供使用，测量还可继续逐次进行，砝码分级愈多，分得愈细，测量误差愈小。

可运用天平测重量的上述原理测量电压，即把被测电压 U_x 值转换成一组二进制码(或 BCD 码)，用其表示 U_x 值。对照上述的原理和过程，实现电压－数字转换的电路应包括如下部分：

(1)有一套分组的基准电压源，相邻各组的电压值呈二进制(或二－十进制)关系，实用中由 D/A 转换器(解码网路)充任。

(2)有一个高灵敏度电压比较器，对基准电压和被测电压 U_x 进行比较、判断，以决定每次所加的这一组电压该“留码”还是“去码”。

(3)用数码寄存器把每次比较的结果，以“1”和“0”的形式记忆下来，并用它控制 D/A 转换器，实现“留码”或“去码”。

(4)要有一完善的程控电路，以实现整机的逻辑动作，包括：产生时钟信号，并形成节拍脉冲，使 U_x 与基准电压实现逐次比较，同时把每次比较结果送往寄存器，并用它控制解码网路的输出电压。

图 12-3-1 为这类 A/D 转换器原理方框图，被测电压 U_x 与来自 D/A 转换器的基准电压 U_r 相比较，其结果以数码形式送入数码寄存器，寄存器的状态一方面控制 D/A 转换器的输出电

压 U_r,另一方面送到译码显示器,以便逐次比较完成后,显示出最终结果,即 U_x 值。程序控制电路送出的节拍脉冲可协调转换的动作。

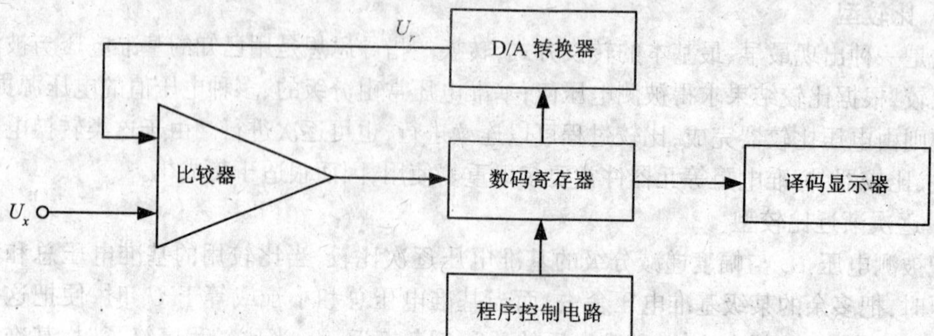

图 12-3-1　逐次渐近比较型 A/D 转换原理方框图

PZ－8 型数字电压表即采用逐次渐近比较型 A/D 转换方式,电压表为 $4\frac{1}{2}$ 位数字显示,基本量程 0～±1.999 9V,图 12-3-2 为其 A/D 转换原理方框图。图中上部为程序控制电路,由步进触发电路送出节拍脉冲。虚线框内为 D/A 转换器,D/A 转换器在节拍脉冲推动下,逐位进行加码。每一测量周期需进行 17 拍的电压比较,比较结果依次送往 17 位数码寄存器中,寄存器的输出数码对应产生 17 组基准电压(权电压),它们之间的关系如表 12-3-1 所列。数码寄存器为 17 个双稳态触发器,组成个、十、百、千、万位,按 BCD 编码。寄存器的状态决定了 D/A 转换器的输出基准电压,如当寄存器对应的数码为 19999 时,D/A 转换器的输出电压为 1.999 9;D/A 转换器的最低位权电压为 100μV,它反映了 A/D 转换器的分辨力。比较、判别电路在每一节拍中都对 U_x 和总的基准电压 U_r 进行比较鉴别,并确定这一节拍新加的基准电压应该“留码”还是“去码”,进而经判别驱动电路使相应的数码寄存器置“1”(留码)或置“0”(去码)。每一测量周期的逻辑程序开始于起动控制电路发出“起”信号,此后步进触发器连续送出节拍脉冲,实现逐位比较,直至末位比较结束,送出“止”信号,一次测量方告结束。频率为 4kHz 的时钟脉冲,可形成脉宽为 250μs 的节拍脉冲。每一测量周期需 19 节拍,用 4.75ms,一个测量周期内的程序包括:第一节拍整机复零,并取 0V 基准电压与 U_x 比较,以完成极性判别;第二节拍为空操作,电路休止;自第三节拍开始到第十九节拍止,依次由最高数位到最低数位,逐次取用基准电压,与 U_x 共进行 17 次比较,最终得出总基准电压 U_r,数码寄存器的最后状态经译码显示电路,显示出 U_r 值,可用其表示 U_x 值。图 12-3-3 为 U_x = +1.018 6V 时,U_r 的波形图。整机工作由 50Hz 交流电压同步控制,因此测量速率为 20ms/次或 50 次/s。

表 12-3-1

数码寄存器	万位	千　位				百　位				十　位				个　位			
权电压(V)	1	0.8	0.4	0.2	0.1	.08	.04	.02	.01	.008	.004	.002	.001	.000 8	.000 4	.000 2	.000 1

逐次渐近比较型 A/D 转换的精度和分辨力决定于基准电压和电压比较器,按原理分析,只要提高基准电压的准确度和稳定度,并增加 D/A 转换器的位数,A/D 转换的精度和分辨力

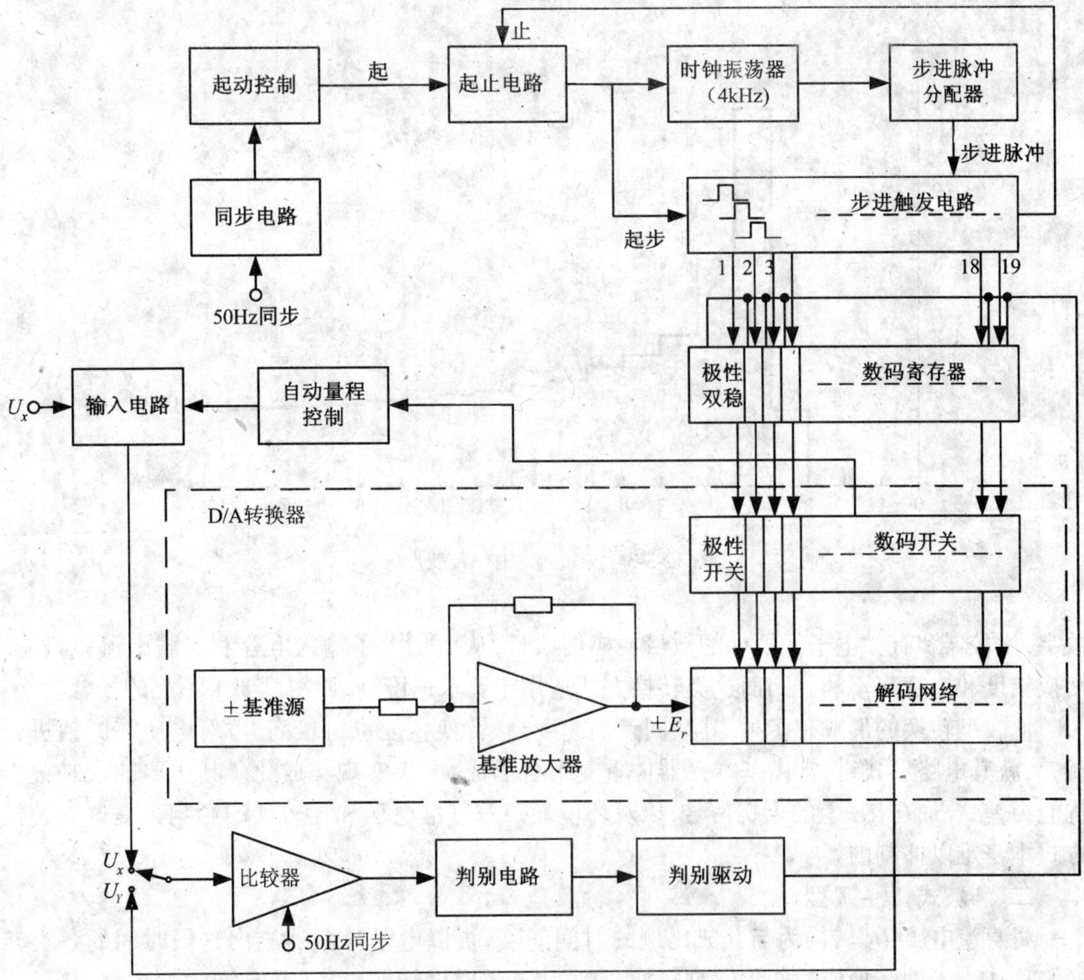

图 12-3-2　PZ－8 型数字电压表原理方框图

可以无限制地提高，但是电压比较器的灵敏度和稳定度是有限的，而且转换中要进行静态电压比较，极易受环境噪声的干扰，因此，实际的转换精度和分辨力仍有限；其转换速率取决于 D/A 转换器的数码开关，以及电压比较器的带宽和响应时间。这类转换器的特点是转换精度、分辨力和速率都可以较高，但抗干扰能力很低。

2. 并行电压比较型

将被测电压与基准电压组中的各个基准同时进行比较，比较结果并行输出，也称为同时转换器，速度较逐次比较型高。转换器包括基准电压组、电压比较器和编码电路等三大部分。现以图 12-3-4 所示转换电路为例说明其原理，此电路为三位代码输出、单极性转换器。基准电压源 E_r 经分压，可得七组基准电压，电压值分别为$\frac{1}{8}E_r \sim \frac{7}{8}E_r$，并依次分别送往七个电压比较器 $C_A \sim C_G$ 作为比较基准；U_x 同时送往七个比较器的输入端，当 U_x 大于比较器输入的基准电压时，该比较器输出“1”，反之输出“0”，七个比较器的输出状态经编码电路以 $Q_3Q_2Q_1$ 代码输出，共有八种组合状态，可视为 U_x 的代码。表 12-3-2 列出了 U_x 与输出代码间的关系。这种转换方式的主要缺点是精度和分辨力低，为了提高分辨力便需将基准电压组分得细，而每增加一位

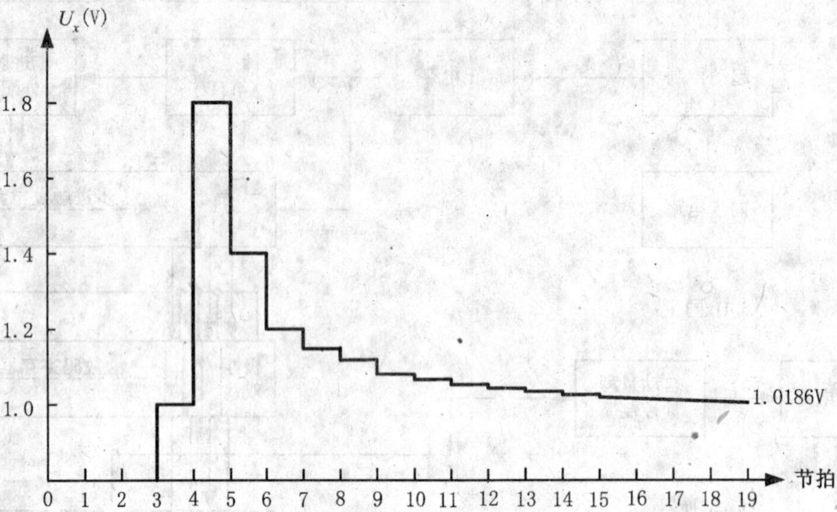

图 12-3-3　测量过程中 U_r 波形图

数字,比较器和有关电子元器件的数量便成倍增长,从而加大了输入电容和负载电流,对提高转换精度和速度都不利。因而这类转换方式适用于要求速度高,而精度要求不严的场合。

比较型转换的形式有多种,其共同点是速度高,转换精度也可较高,可对电压瞬时值进行转换,就其电路形式讲,常由基本元器件重复组合而成,便于实现集成化。其主要缺点是抗干扰能力差,叠加在 U_x 上的干扰信号,以及环境噪声对基准电压和比较器的影响都是这类转换方式本身难以抑制的。

二、斜坡式 $U-T$ 型

将直流电压 U_x 转换为与其成比例的时间间隔,再以电子计数器测出这段时间的各类转换统称 $U-T$ 型转换或时间编码型转换,它可用于瞬时值转换,也可用于平均值转换。斜坡式是 $U-T$ 型转换中最早研制的形式,可实现电压瞬时值转换,其转换原理是将 U_x 与一线性斜坡电压相比较,在比较中求得与 U_x 成正比的时间间隔。如图 12-3-5 所示,其中(a)为转换器原理方框图,(b)为波形示意图。在图(a)中,左面为 $U-T$ 转换电路,虚线框内为测量时间的电子计数器。线性斜坡电压发生器,可以产生线性度很高的锯齿波(斜坡)电压,分别送往两个电平比较器,信号电平比较器是将被测信号 U_x 与线性斜坡电压进行比较,零电平比较器是以零电平与斜坡电压比较。测量前计数器复零,闸门关闭,当 U_x 送入时,线性斜坡电压发生器同时送来作为比较基准的斜坡电压,如图(b)所示,当线性斜坡电压过零时刻 t_1,零电平比较器输出跳变电压,并形成开门信号,闸门被打开,当斜坡电压变化到与 U_x 相等的瞬间 t_2,信号电平比较器输出跳变电压,并形成关门信号,闸门关闭,闸门其打开时间 $\Delta T = t_2 - t_1$,ΔT 内斜坡电压的变化量即 U_x,若线性斜坡电压的变化率为 k,则 $U_x = k\cdot\Delta T$。设时钟脉冲频率为 f_0,闸门开门期间(ΔT)计数器读数为 N,则 $\Delta T = \dfrac{N}{f_0}$,故 $U_x = k\cdot\Delta T = \dfrac{k}{f_0}\cdot N$,如果 $f_0 = 1\text{MHz}$,$k = 100\text{V/s}$,则 $U_x = N\times10^{-4}(\text{V})$,当 $N = 10\,000$ 时,表示 $U_x = 1.000\,0\text{V}$。

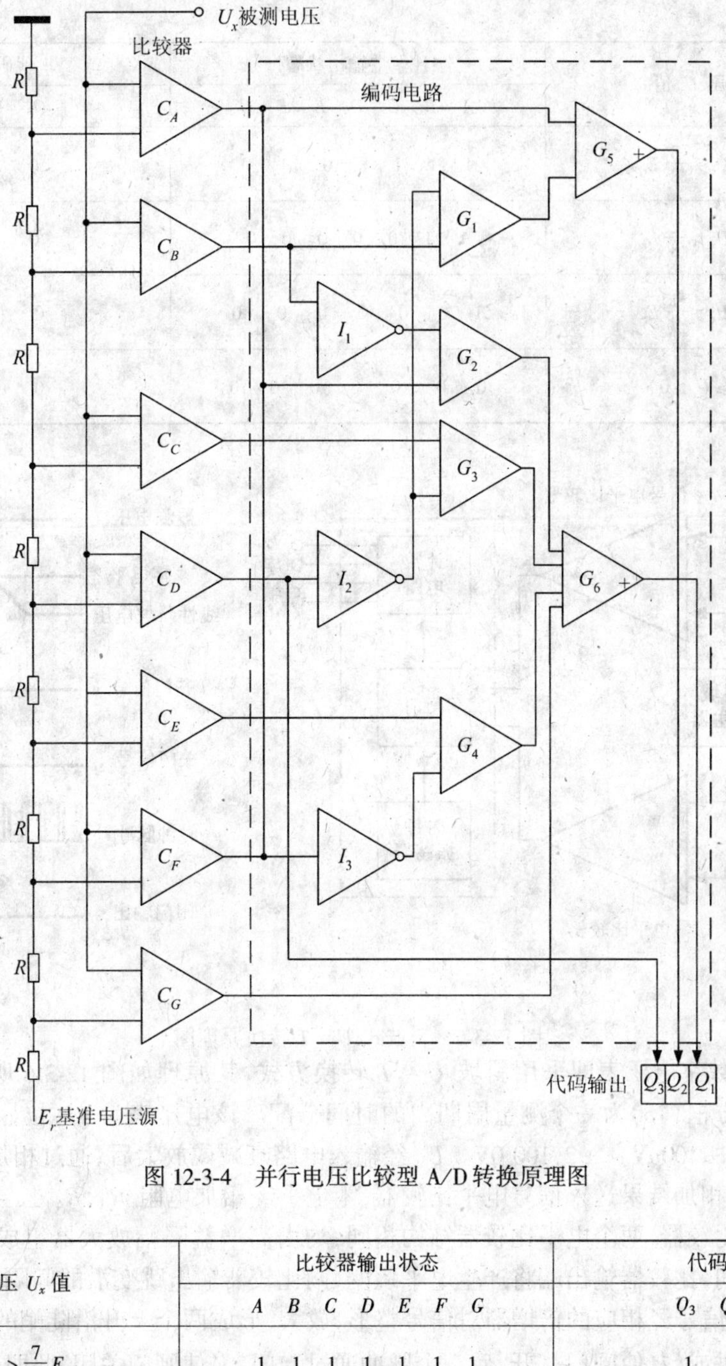

图 12-3-4　并行电压比较型 A/D 转换原理图

表 12-3-2

被测电压 U_x 值	比较器输出状态	代码输出
	A B C D E F G	Q_3 Q_2 Q_1
$E_r \geqslant U_x > \frac{7}{8}E_r$	1 1 1 1 1 1 1	1 1 1
$\frac{7}{8}E_r \geqslant U_x > \frac{6}{8}E_r$	1 1 1 1 1 1 0	1 1 0
$\frac{6}{8}E_r \geqslant U_x > \frac{5}{8}E_r$	1 1 1 1 1 0 0	1 0 1
$\frac{5}{8}E_r \geqslant U_x > \frac{4}{8}E_r$	1 1 1 1 0 0 0	1 0 0

续表

被测电压 U_x 值	比较器输出状态	代码输出
	A B C D E F G	Q_3 Q_2 Q_1
$\frac{4}{8}E_r \geqslant U_x > \frac{3}{8}E_r$	1 1 1 0 0 0 0	0 1 1
$\frac{3}{8}E_r \geqslant U_x > \frac{2}{8}E_r$	1 1 0 0 0 0 0	0 1 0
$\frac{2}{8}E_r \geqslant U_x > \frac{1}{8}E_r$	1 0 0 0 0 0 0	0 0 1
$\frac{1}{8}E_r \geqslant U_x > 0$	0 0 0 0 0 0 0	0 0 0

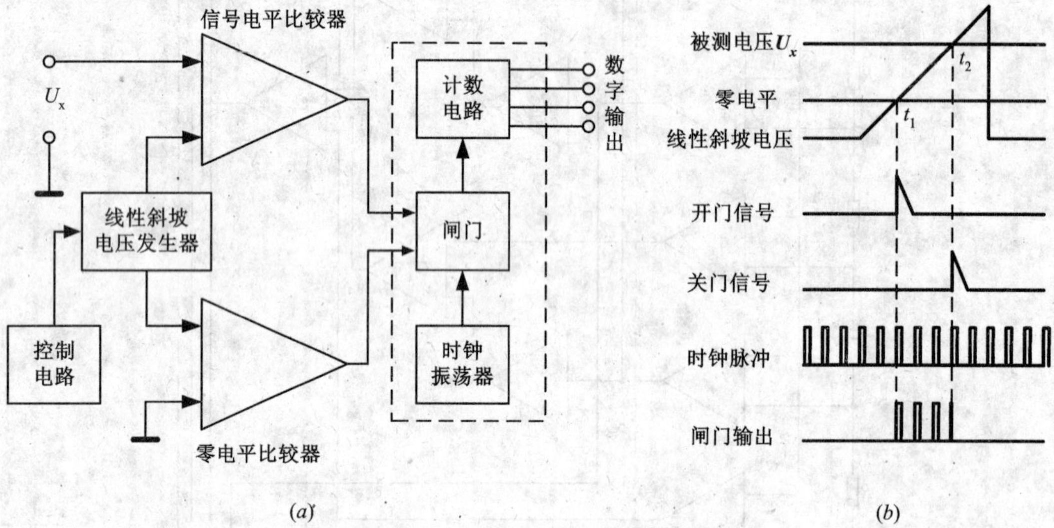

图 12-3-5　斜坡式 $U-T$ 转换原理图

DYJ－2 型数字电压表即采用斜坡 $U-T$ 转换方式，其原理如图 12-3-6 所示，其中(a)为 A/D 转换原理方框，(b)为一个测量周期内的时间分配。该电压表为 4½ 位显示，自动显示极性，基本量程为 ±100μV～±2.100 0V。U_x 经输入电路衰减或放大后，通过相加电阻 R_1、R_2 与斜坡电压相加，相加结果送入信号电平比较器，零电平经相加电阻 R_3、R_4 也与斜坡电压相加，然后送零电平比较器，两个电平比较器结构相同，均由高增益限幅放大器组成，当输入端的相加电压过零瞬间，比较器输出端将产生电平跳变，两比较器输出跳变沿的间隔时间 ΔT 正比于 U_x；这两个跳变信号经相应的倍增器对信号整形、放大，形成两个上升沿陡峭的正向脉冲方波。前一个脉冲通过或门，使闸门打开，后一个脉冲通过与门，又使闸门关闭，此即或/与门的作用。在闸门打开期间，1MHz 的时钟脉冲送入计数器，计数结果由数码管显示出；电压极性的显示由极性选择电路控制，它的状态取决于两个倍增器输出信号的先后顺序。每一转换周期分采样(休止)期和测量(工作)期两阶段，时间分配如图(b)所示，在采样期，输入放大器、锯齿波发生器和电平比较器都处于闭环状态，进行漂移校正，U_x 经采样保持电路存放在记忆电容上，其他控制电路和计数电路都处于休止状态，这段时间可在 145ms 至 2s 间进行调节。在测量期，各单元电路先后进入工作状态，各单元互相配合，完成电压比较和计数显示等动作。

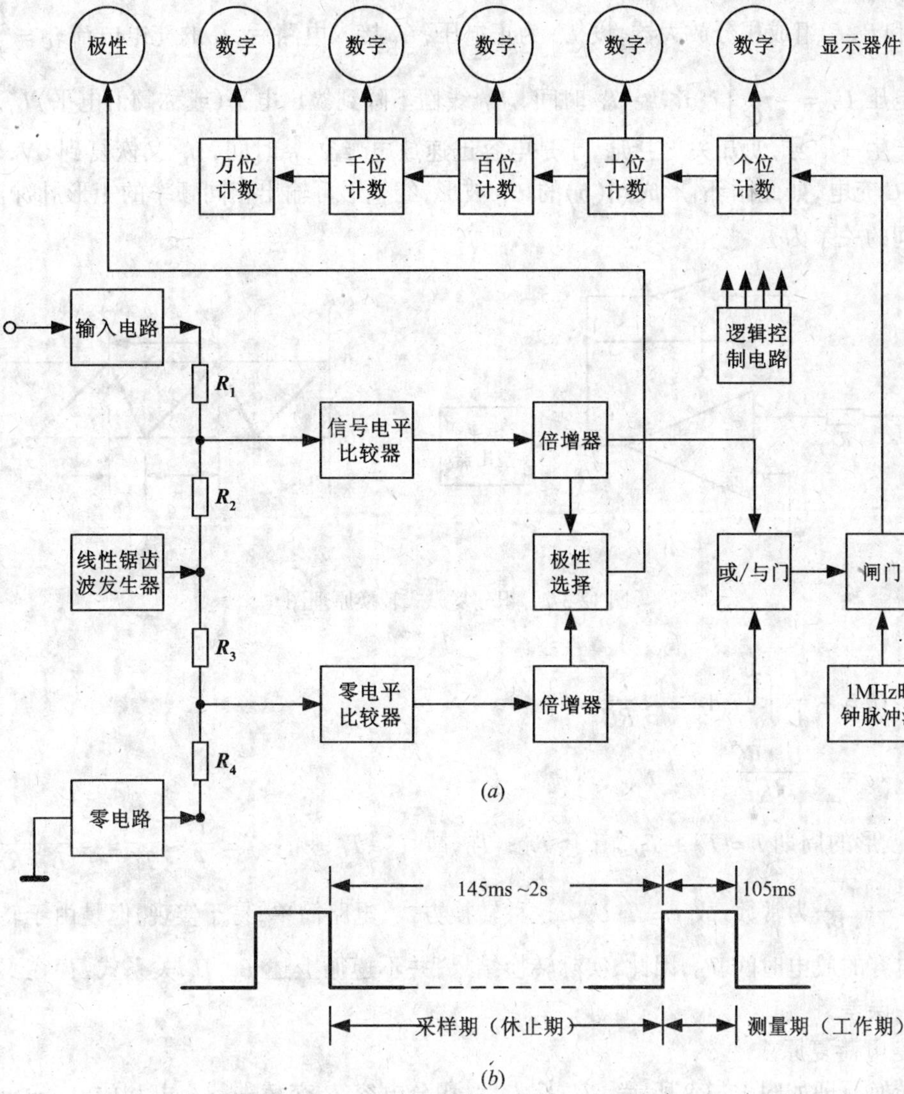

图 12-3-6　DYJ－2 型数字电压表原理图

斜坡式 $U-T$ 型转换器的优点是电路简单，转换精度决定于斜坡电压的线性度和电平比较器的灵敏度、稳定性；由于转换中是以 U_x 的瞬时值与斜坡电压比较，故叠加在 U_x 上的干扰信号，会影响转换结果，即抗干扰能力差。

三、电压－频率（$U-f$）型

电压－频率型 A/D 转换器简称 VFC，它实际上是输出脉冲波的压控振荡器。这类转换方式有较强的抗干扰能力，不仅用于数字电压表中，在遥控、遥测和工业自动控制技术领域也被广泛采用。$U-f$ 型 A/D 转换器要求输出脉冲串的频率 f，正比于电压 U_x 的平均值，即 $f=kU_x$。实现 $U-f$ 转换的电路形式很多，就其转换原理区分，主要有如下三种。

1. 积分复原式

其转换原理如图 12-3-7 所示，（a）为原理方框图，（b）为积分器输出波形。高增益运算放

大器 K 和 R、C 组成积分放大器，设 U_x 为正电压，U_x 接入电路后，C 的充电电流 $i_C=\frac{U_x}{R}$，积分器输出电压 $U_C=-\frac{1}{C}\int i_C\mathrm{d}t$，经 T_C 时间，U_C 线性下降到检出电平（或称阈值电平）U_t，电平检出器将产生一信号，使开关 S 接通，于是电容迅速放电，经 T_D 时间，U_C 又恢复到 0V，S 断开，U_x 又对 C 充电，如此循环，形成图（b）的 U_C 波形，经整形可输出相同频率的矩形脉冲波。U_t、U_x、T_C 间的关系为

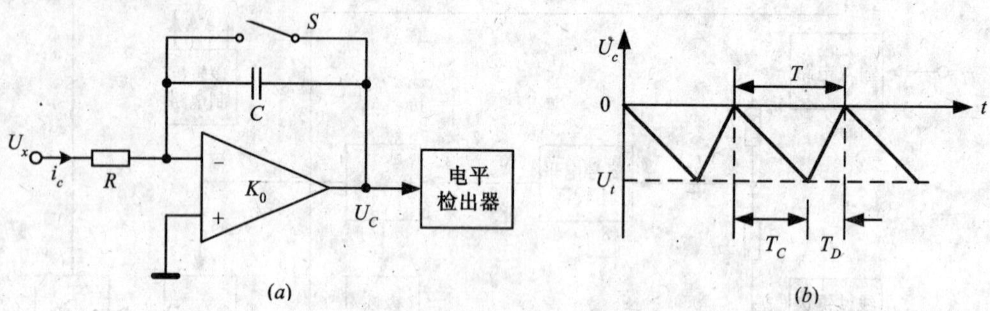

图 12-3-7　积分复原式转换原理图

$$U_t=-\frac{1}{C}\int_0^{T_C}i_c\mathrm{d}t=-\frac{U_x}{RC}\cdot T_C$$

$$T_C=-\frac{U_t\cdot RC}{U_x},$$

U_C 输出波形的周期 $T=T_C+T_D$，由于 $T_C\gg T_D$，故 $T\approx T_C$，频率 $f=\frac{1}{T}\approx\frac{1}{T_C}=-\frac{1}{U_t\cdot R_C}\cdot U_x$ 而电路中 $-\frac{1}{U_t\cdot RC}$ 为常数，故 $f=k\cdot U_x$。这种转换方式，电路简单，易于实现，但是由于转换时必然存在电容的放电时间 T_D，因此，实际转换结果，并不遵循上述 $f\sim U_x$ 关系式，存在不同程度的非线性误差。

2. 定电荷复原式

其转换原理如图 12-3-8 所示。U_x 接入后，积分电容 C 交替进行充电和放电，输出周期性锯齿波。与前一方案的不同点是：当 C 被充电 U_C 达检出电平 U_t 时，使定电荷产生器向积分器送回一负反馈信号，令 C 放电，直至充电电荷全部放尽，然后又进行另一次充放电循环，这种方式可减少上方案中所提及的非线性误差。定电荷产生器的工作方式有多种，现以定面积定电荷方式为例说明其工作原理。图 12-3-9 为其原理图。（a）为电路方框图，（b）为波形关系。

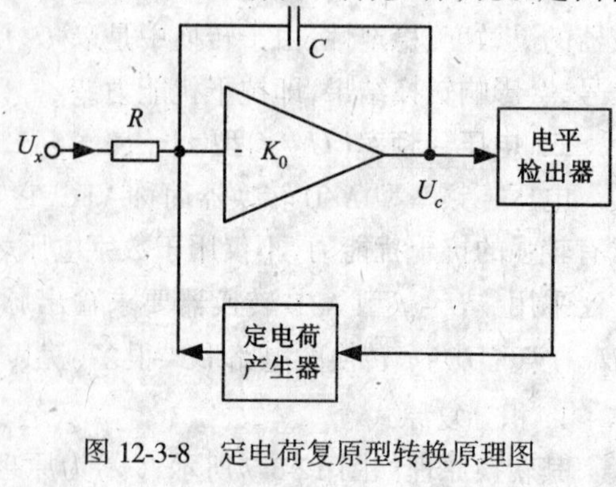

图 12-3-8　定电荷复原型转换原理图

转换电器分上下两个通道，各工作于 U_x 为负和正时。转换器输出脉冲串，其频率 f 与 U_x 成正比，可由电子计数器测出 f。设 U_x 为正极性电压，接入电路后，积分器输出 U_C 线性下降，至检出电平 U_t 时，负电平检出器送出跳变信号，使间歇振荡器产生一个陡峭的振荡脉冲，这一脉冲，一方面送电子计数器计数，另一方面又触

发标准脉冲发生器,使其产生一个幅度为 U_F、宽度为 T_D 的负脉冲,且 $|U_F|>|U_X|$,$U_F\cdot T_D$ 为定值(即定面积),U_F 经反馈电阻 R,送积分器输入端,C 将放电,U_C 线性回升,直到标准脉冲撤去,然后,又重复前一充放电过程。转换电路为一闭环系统,当工作稳定后,其波形即如图(b),电容 C 每一充放电循环中,充电电荷量 Q_C 与放电电荷量(Q_D)相等。$Q_C=\frac{U_X}{R}\cdot T_C$,$Q_D=\frac{U_F-U_X}{R}\cdot T_D$,$Q_C=Q_D$ 故 $U_X\cdot T_C=U_F\cdot T_D-U_X\cdot T_D$,$U_X=\frac{U_F\cdot T_D}{T_C+T_D}$,又由于 $f=\frac{1}{T_C+T_D}$,所以 $f=\frac{1}{U_F\cdot T_D}\cdot U_X=k\cdot U_X$,式中 $k=\frac{1}{U_F\cdot T_D}$ 为恒定值。这种方案的转换精度,主要决定于 $U_F\cdot T_D$ 的稳定性和元器件的质量。

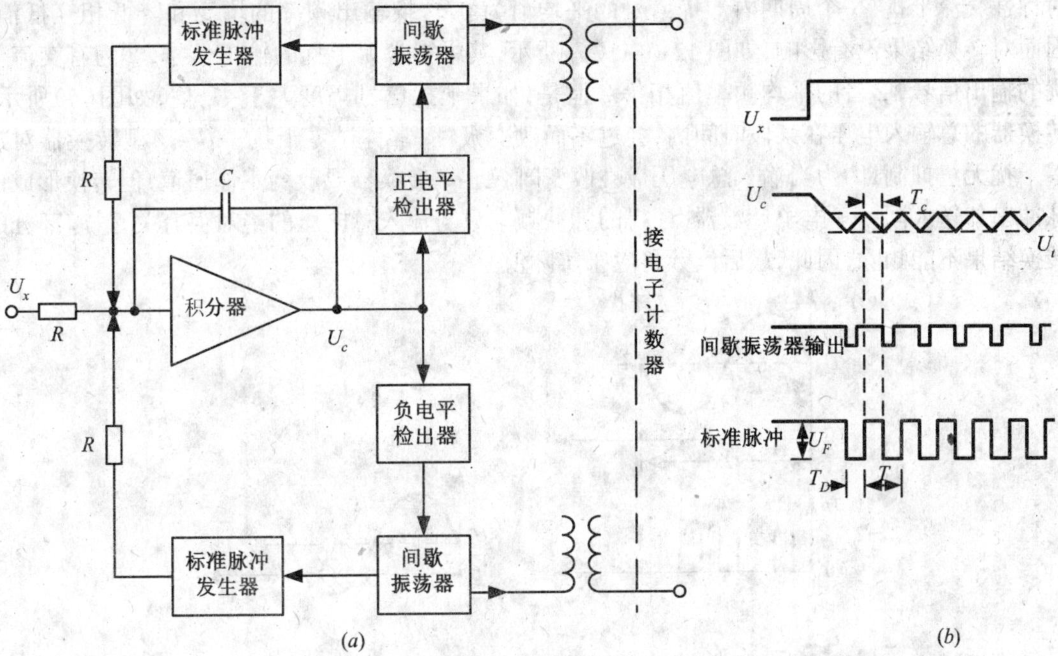

图 12-3-9 定面积转换原理图

3. 电压反馈式

转换原理如图 12-3-10 所示,电路由高增益放大器 K、$U-f$ 转换器和高精度 $f-U$ 转换器组成一闭环系统。$U-f$ 转换器的输出脉冲串,经 $f-U$ 转换器,可输出与脉冲串频率 f 成正比的电压 U_f,并反馈给 K 输入端,当 $U_f\approx U_x$ 时电路平衡,这时输出脉冲串频率 f 正比于 U_x,当 U_x 接入电路,即有脉冲串输出,并有反馈电压 U_f 送入 K 反相输入端,K 的输入信号为 $U_x-U_f=\varepsilon$,经放大成为 K_ε,由于转换电路为一闭环自动调节系统,电路最终达到平衡稳定的状态,输出脉冲 f 稳定在某一值上,而且反馈电压 U_f 与

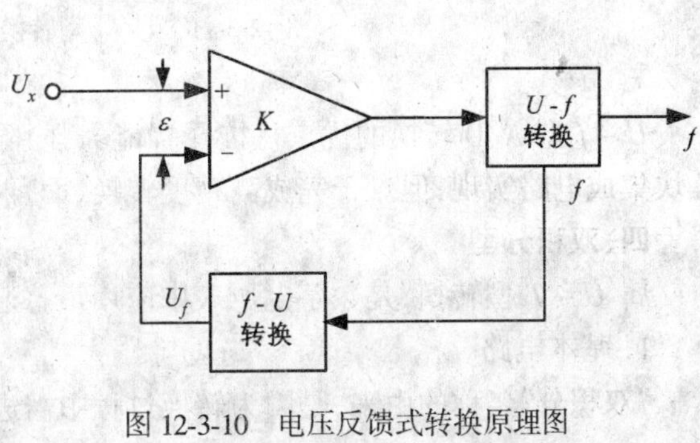

图 12-3-10 电压反馈式转换原理图

U_x 极为接近，$\varepsilon = U_x - U_f \approx 0$，$U_f \approx U_x$，由于 f 与 U_f 成正比，故 f 也正比于 U_x。这种转换是利用 $f-U$ 转换形成反馈电压，使反馈电压与 U_x 近似相等来实现的。总的转换精度主要决定于 $f-U$ 转换精度，以及 U_f 逼近 U_x 的程度，即 ε 的大小，对其中的 $U-f$ 转换单元不必提出精度要求，可用简单电路完成；高精度的 $f-U$ 转换可由滤波电路实现；选择 K 高的放大器可将 ε 减至很小。由此可见，这种转换较易实现高精度。

$U-f$ 型转换形成的脉冲串需用电子计数器测出其频率 f，所得读数为闸门时间内的平均频率，故所表征的电压值也是闸门时间内 U_x 的平均值。这种表征 U_x 平均值的转换方式，对交流串态干扰有很强的抑制能力。如果交流干扰信号叠加在 U_x 上一同送入转换器，在干扰信号的正半周将使输入总电压增大，因而输出脉冲串频率增高，而在负半周内，频率降低，对于对称性交流干扰，一个周期内干扰信号的平均值为 0，转换输出频率的增高和降低相互抵消，因而对转换结果没有影响，如图 12-3-11(a)所示，其中①为无干扰的输出信号，②为有交流干扰的输出信号，二者的平均频率值相等。但是，如果干扰信号幅度大于 U_x 值，如图(b)所示，转换器的总输入电压在某段时间内，会过零而改变极性，常称过零干扰。$U-f$ 型转换器对过零干扰无法抑制，因为当输入总电压极性改变时，$U-f$ 转换器要改变工作通道，但转换形成的脉冲串却送入同一个电子计数器，计得的脉冲频率只与输入总电压的绝对值有关，过零部分的转换结果不能扣除，因此，最后读数将大于实际值。

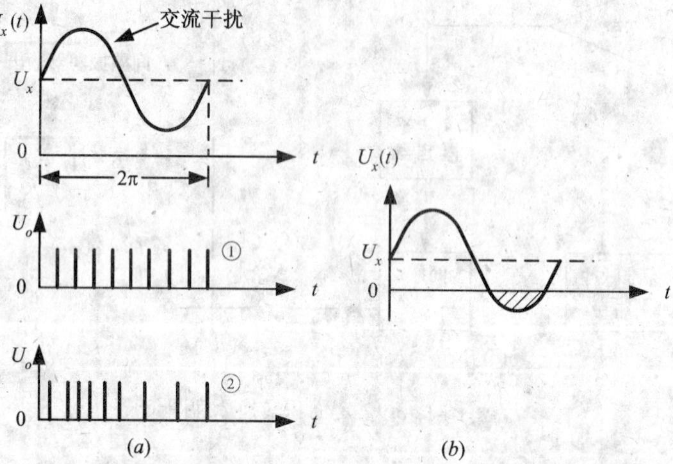

图 12-3-11　$U-f$ 型转换的交流干扰示意图

$U-f$ 型 A/D 转换的优点是抗干扰能力强，除电压反馈式外，电路都较简单，可用单块或几块集成电路实现，但难于完成高精度转换，而且，转换速率也不高。

四、双积分型

属 $U-T$ 型转换，是数字电压表中应用最普遍的一种 A/D 转换方式。

1. 基本电路

"双积分"名称的由来，是因为转换过程中需进行两次积分运算；一次对被测电压 U_x，在采样时间 T_1 内进行"定时间"积分；另一次是对基准电压 U_r，进行反向"定电压"积分，直到积分器恢复原状，反向恢复时间 T_2 与 U_x 成正比，其转换原理如图 12-3-12 所示，(a)为原理方框图，(b)为积分器输出波形。基准电压源 $\pm U_r$、开关 $S_1 \sim S_4$、积分器和检零器可实现 $U-T$ 转换,虚线框内的电子计数器可测出时间。转换之前的休止阶段,接通 S_4,断开 $S_1 \sim S_3$。每一转换周期分采样和比较(测量)两阶段进行。

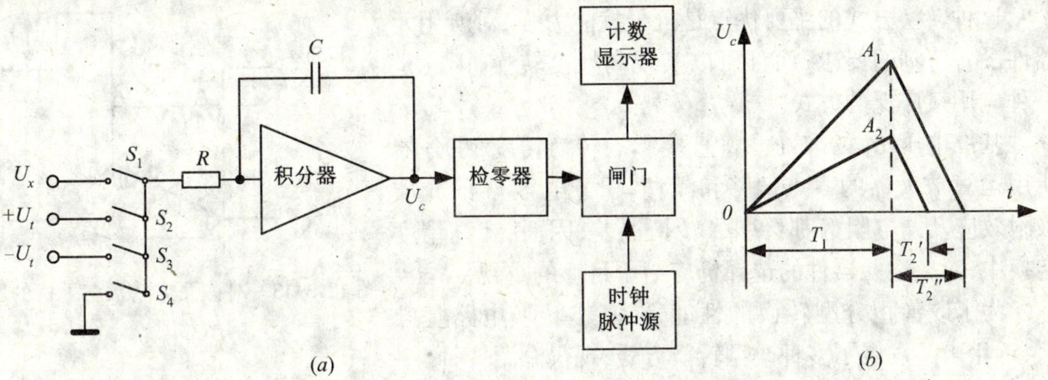

图 12-3-12　双积分型 A/D 转换原理图

首先为采样阶段,在一定采样时间 T_1 内,接通 S_1,其他各开关均断开,U_x 送入积分器,积分器输出电压 U_C 从 0V 开始线性变化,T_1 结束时 $U_C = U_A = -\dfrac{1}{RC}\int_0^{T_1} U_x \mathrm{d}t$,如以 $\overline{U}_x$ 表示 U_x 在 T_1 内的平均值,即 $\overline{U}_x = \dfrac{1}{T_1}\int_0^{T_1} U_x \mathrm{d}t$,则 $U_A = -\dfrac{T_1}{RC} \cdot \overline{U}_x$、然后进入比较(测量)阶段,$T_1$ 结束时 S_1 断开,同时接通 S_2(或 S_3),接入与 U_x 极性相反的基准电压 $+U_r$(或 $-U_r$),积分器开始反向积分,U_C 从 U_A 开始线性变化,直至复原为 0,然后令 S_2(或 S_3)断开,S_4 接通,U_C 保持 0V 不变。比较阶段所用时间 T_2 即 U_C 从 U_A 线性变化到 0 的时间,如以数学式表达这一过程即 $U_A - \dfrac{1}{RC}\int_0^{T_2}(-U_r)\mathrm{d}t = 0$,经整理运算可得 $\overline{U}_x = \dfrac{T_2}{T_1} \cdot U_r = \dfrac{U_r}{T_1} \cdot T_2$。在转换器中 U_r、T_1 均为常数,故可用 T_2 表征 U_x 的平均值 $\overline{U}_x$。从图(b)中也可看出,对于不同的 U_x,经定时(T_1)积分后 U_A 值也不同,如 $|U_{x1}| > |U_{x2}|$,则 $|U_{A1}| > |U_{A2}|$,相应的 T_2 也不同,$T_2' > T_2''$。设电子计数器的时钟振荡频率为 f_0,并设 T_1 内计数器读数为 N_1,T_2 内读数为 N_2,即 $T_1 = \dfrac{N_1}{f_0}$,$T_2 = \dfrac{N_2}{f_0}$,则 $\overline{U}_x = \dfrac{U_r}{T_1} \cdot T_2 = \dfrac{U_r}{N_1} \cdot N_2$,一般取 $\dfrac{N_1}{U_r} = 10^n$,则 $\overline{U}_x = N_2 \cdot 10^{-n}$,如某转换器 $U_r = 6\text{V}$,$N_1 = 60\,000$,则 $\overline{U}_x = N_2 \cdot 10^{-4}(\text{V})$,若得读数 $N_2 = 15\,000$,则表示 $\overline{U}_x = 15\,000 \times 10^{-4} = 1.500\,0\text{V}$。由上述分析,可了解到双积分型 A/D 转换的特点。

(1)这是一种平均值转换方式,因此,对于对称性串态干扰抑制能力很强,从理论上讲,对周期为 T_1 的几分之一(或几十分之一,几百分之一)的对称性干扰,有无穷大的抑制能力,如图 12-3-13 所示,即使干扰信号幅度大于 $|U_x|$,出现过零干扰时,只要在 T_1 内干扰信号平均值为零,对转换结果就没有影响,由于最常见的交流干扰是 50Hz,所以,实用中 T_1 常取值为 40ms、60ms、80ms、100ms 等。

(2)由于在两次积分中 R、C 的影响互相抵消,所以对于 R、C 值的稳定性要求不高。

(3)$\overline{U}_x$ 不仅决定于读数 N_2,而且与比值 $\dfrac{N_1}{N_2}$ 成正比。实用中 N_1、N_2 由同一计数器测得,且用同一个时钟振荡器产生的脉冲作为计数的标准脉冲,因此,对时钟振荡器和计数器在精度和稳定度方面的要求可大为降低。

(4)每一转换周期需进行两次积分，故转换速度低，而且转换时间与 U_x 大小有关，U_x 值愈大，转换愈慢。

这种转换方式的主要优点是抗干扰能力强，对所用元器件没有苛刻的要求，而且可以实现高精度转换，因此是一种应用最广泛的方式。

基准电压 U_r 的准确度将直接影响转换精度，积分器所用运算放大器的零点偏移和漂移、积分电容 C 的介质吸附效应及漏电阻等都会引入转换误差，因而，在高精度转换中，对上述元器件的选择仍应给予足够的重视。

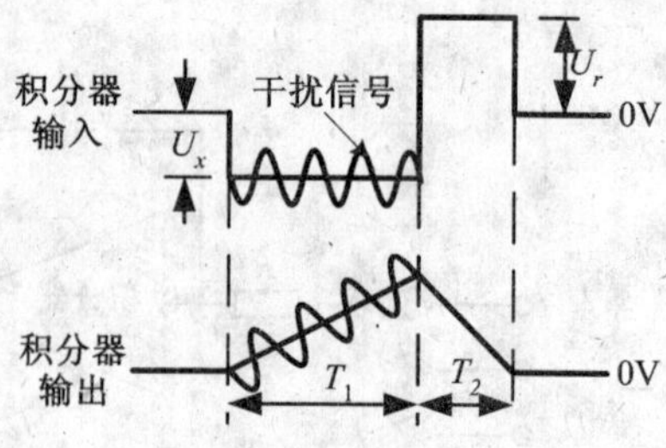

图 12-3-13　对称性交流常态干扰的影响示意图

为了改善积分型转换的性能，在基本转换电路基础上，近年来又发展了多种改型转换方式，现仅介绍两种。

2. 三相积分式

较基本型增加“自动校零”阶段。每一测量周期需经自动校零、采样、比较三个阶段，故称三相积分式。与基本型相比，可补偿积分器和检零器零点偏移(或漂移)的影响，其转换原理如图 12-3-14 所示，其中(a)为电原理图，(b)为 U_C 波形图。现以 $U_x<0$ 为例说明其转换过程。

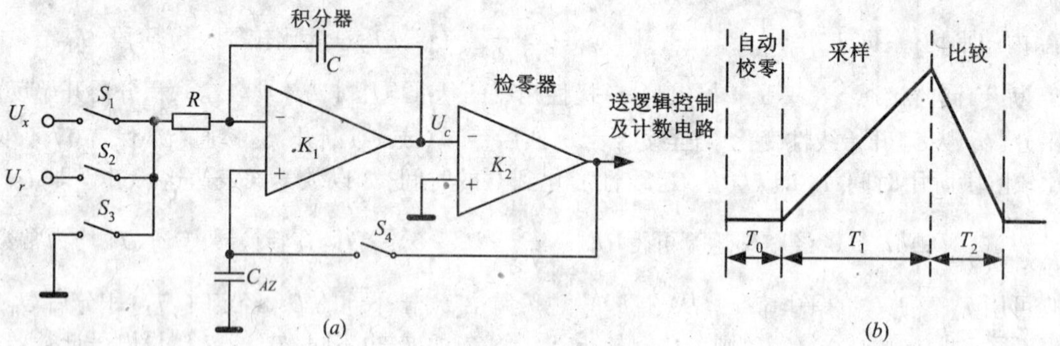

图 12-3-14　三相积分式转换原理图

(1)自动校零阶段　S_1、S_2 断开，S_3、S_4 接通，积分器输入端接地，与检零器组成闭环电路，在此阶段，可将积分放大器 K_1，和检零器(实为电压比较器) K_2 的零点漂移(或偏移)，分别记忆在校零电容 C_{AZ} 和积分电容 C 上，使此后的采样和比较阶段，积分器和检零器输出电压的变化都不受漂移电压的影响。本阶段持续时间以 T_o 表示。

(2)采样阶段　S_1 接通，S_2 ~ S_4 断开，U_x 接入电路，进行固定时间 T_1 的积分。

(3)比较(测量)阶段　S_2 接通，S_1、S_3、S_4 断开，接入与 U_x 相反极性的 U_r，使 U_C 恢复到自校零阶段的电压值，持续时间以 T_2 表示。

图 12-3-15 为自校零原理图，其中(a)为自校零阶段等效电路图，U_{d1}、U_{d2} 分别表示 K_1、K_2 运算放大器零点漂移的等效电压，U_1、U_2 为 K_1、K_2 的输出电压，如以 K_{o1}、K_{o2} 表示 K_1、K_2 的开环增益，则 $U_1=-K_{o1}(-U_{d1}-U_2)$，$U_2=-K_{o2}(-U_{d2}-U_1)$，若考虑到 $K_{o1}\cdot K_{o2}>>1$，则可得：

$$U_1=\frac{K_{o1}U_{d1}+K_{o1}K_{o2}U_{d2}}{1+K_{o1}K_{o2}}\approx U_{d2}$$

$$U_2=\frac{K_{o2}U_{d2}-K_{o1}K_{o2}U_{d1}}{1+K_{o1}K_{o2}}\approx -U_{d1}$$

U_1 即积分电容 C 的电压，U_2 即自校零电容 C_{AZ} 电压，可见在自校零阶段 C_{AZ} 和 C 分别记忆了 K_1、K_2 的零漂电压，在 T_1、T_2 阶段，U_1、U_2 的变化将不是以 0V 为起点，而是分别从 U_{d2}、$-U_{d1}$ 开始，如图 12-3-15(b)所示，因此，K_1、K_2 的零点漂移不会对转换输出 T_2 造成影响，这是一种行之有效的减小转换误差的方法。

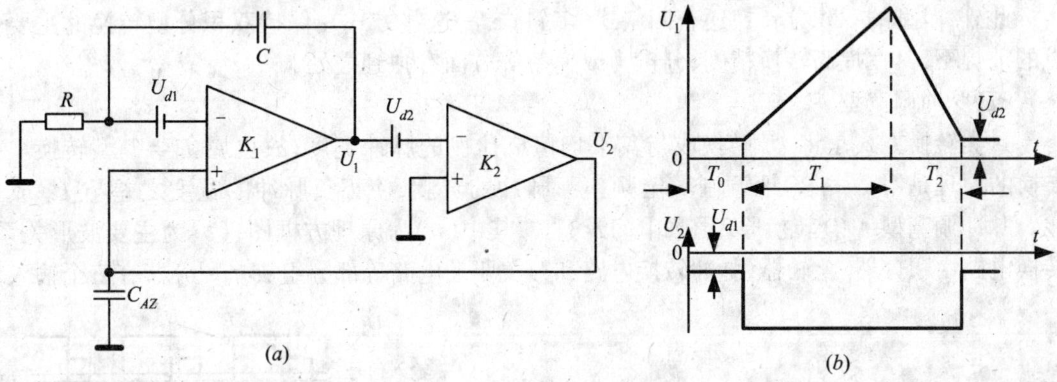

图 12-3-15　自动校零原理图

3. 三斜式

基本型转换中，由于每一转换周期内，积分器的输出电压变化形成两个斜坡，故也称双斜式积分转换。为了提高转换灵敏度，出现了三斜式积分转换，与双斜式的不同点，是在比较阶段积分器输出电压形成两个斜坡，比较(测量)时间由 T_A、T_B 两部分组成，其转换原理如图 12-3-16所示，其中(a)为原理方框图，(b)为积分器输出波形。休止阶段 S_4 接通，其余开关断开；

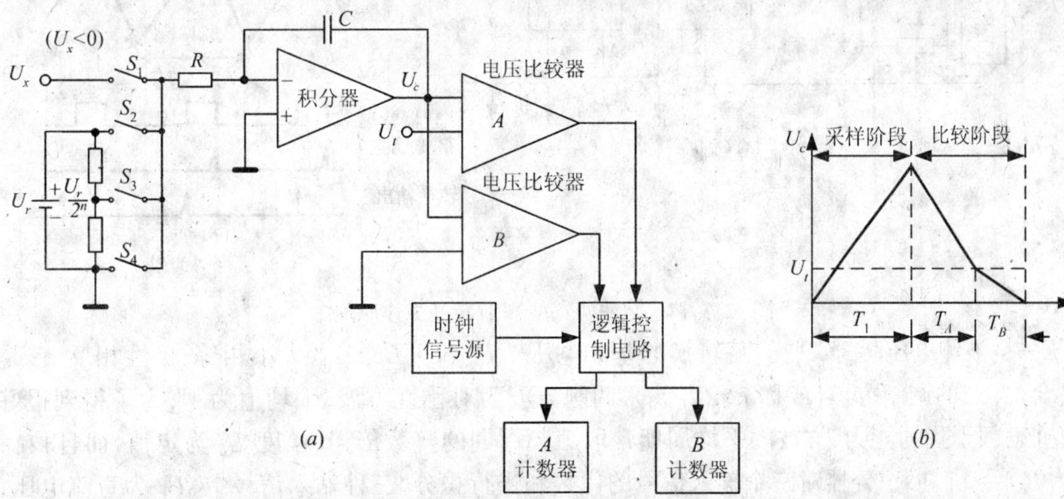

图 12-3-16　三斜式转换原理图

采样阶段 S_1 接通，$S_2 \sim S_4$ 断开，积分器对 U_x 进行固定时间 T_1 的积分，其过程与双斜式同；比较阶段分 A、B 两段，A 为快速积分期，仅 S_2 接通，接入基准电压 U_r，积分器快速反相积分，当 U_C 恢复到阈值电平 U_t 时比较器 K_A 送出信号使 S_2 断开，接通 S_3，这段时间内计数器 A 计得脉冲数 N_A，表示快速积分的时间 T_A。从 S_3 接通，进入 B 阶段即慢速积分期，此时接入基准电压

$U_r/2^n$，积分器慢速积分，直至 U_C 恢复到 0V，比较器 B 的输出信号使 S_3 断开，接通 S_4，进入休止期，慢速积分时间 T_B 可由计数器 B 的读数 N_B 表示，将 N_A、N_B 进行加权相加，便可得到能表示 U_x 的数字量。这种转换方式，由于恢复期分 A、B 两阶段，且在电压恢复到接近 0V 时，使电压变化减缓，延长恢复到 0V 的时间，因而可提高转换的分辨力。

此外，改型的双积分转换还有四斜式、多斜式等，这些方式在保持双积分型转换的主要优点的前提下，又在提高转换精度、分辨力或速率等方面有独到之处。

五、脉冲调宽型

这类转换方式是将 U_x 转换成与其平均值成比例的脉冲宽度，故也属 $U-T$ 型转换。其转换的原理是用 U_x 准确地调制一定频率下脉冲的宽度，使正负脉冲的宽度之差与 U_x 成正比。脉冲调宽型 A/D 转换原理图如图 12-3-17，其中(a)为原理方框图，(b)为主要波形关系。转换电路由积分器、比较器、脉冲转换电路和开关驱动电路等部分组成。积分器有三个输入信

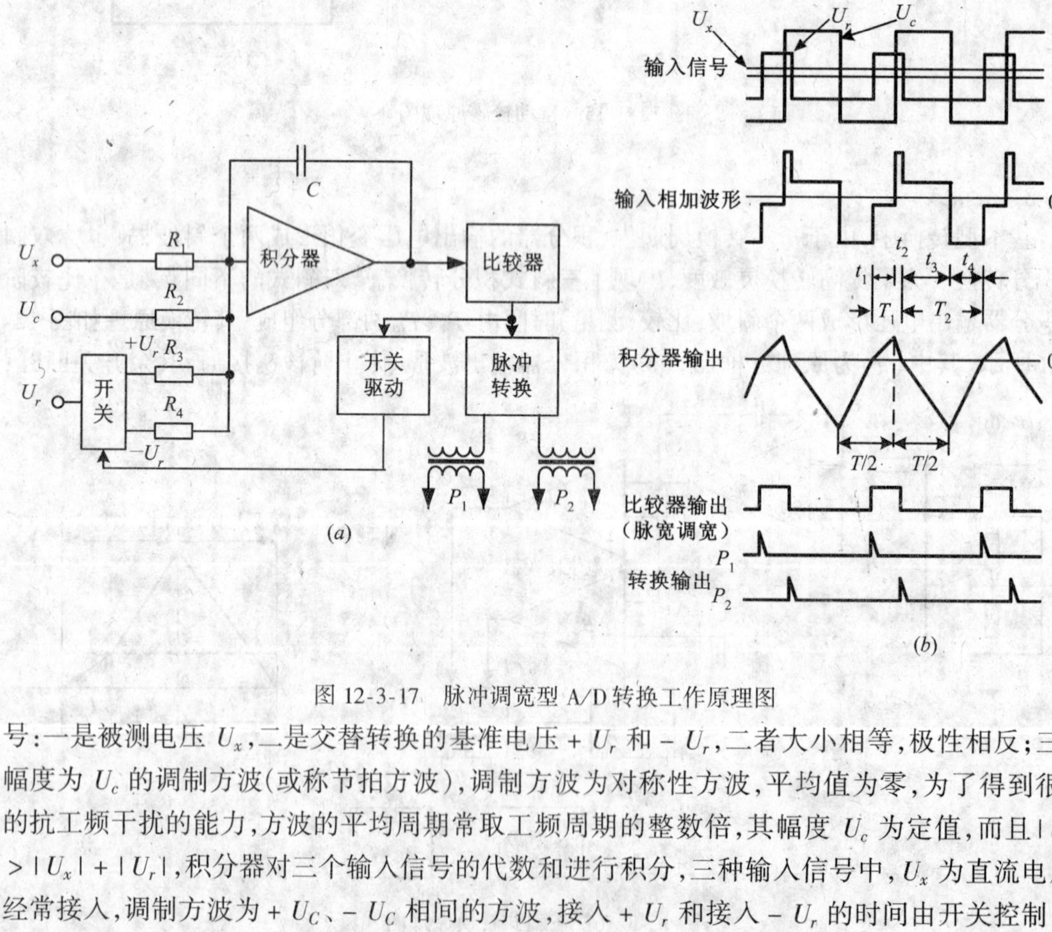

图 12-3-17　脉冲调宽型 A/D 转换工作原理图

号：一是被测电压 U_x，二是交替转换的基准电压 $+U_r$ 和 $-U_r$，二者大小相等，极性相反；三是幅度为 U_c 的调制方波（或称节拍方波），调制方波为对称性方波，平均值为零，为了得到很好的抗工频干扰的能力，方波的平均周期常取工频周期的整数倍，其幅度 U_c 为定值，而且 $|U_c|>|U_x|+|U_r|$，积分器对三个输入信号的代数和进行积分，三种输入信号中，U_x 为直流电压，经常接入，调制方波为 $+U_C$、$-U_C$ 相间的方波，接入 $+U_r$ 和接入 $-U_r$ 的时间由开关控制，因 U_x 的大小而不同，开关由比较器按积分器的输出电压极性而加以控制，由开关驱动电路完成这一任务。现以 $U_x>0$V 为例，结合波形图分析转换工作原理。从积分器输出电压由负值经 0V 往正向变化时开始分析，此时比较器产生正跳变，通过开关驱动电路接入 $+U_r$，这时积分器的三个输入信号为 U_x、$+U_r$ 和 $-U_C$，维持 t_1 时间后，由于 U_C 改变方向，积分器的三个输入信号改为 U_x、$+U_r$ 和 $+U_C$，积分器进行反向积分，输出电压线性减小，至输出电压返 0V 时，这一

阶段结束,这段时间以 t_2 表示,在 t_1+t_2 时间内,积分器输出从 0V 开始,最后又回到 0V,这一循环可用数学式表达出,设相加电阻 $R_1=R_2=R_3=R_4=R$,则

$$\frac{1}{RC}\int_0^{t_1}(U_x+U_r-U_C)\mathrm{d}t+\frac{1}{RC}\int_0^{t_2}(U_x+U_r+U_C)\mathrm{d}t=0$$

即 $$(\overline{U}_x+U_r-U_C)t_1+(\overline{U}_x+U_r+U_C)t_2=0$$

t_2 结束时,比较器输出的下跳变,经开关驱动电路接入 $-U_r$,积分器的输入信号为 U_x、$-U_r$、$+U_C$,持续 t_3 时间,调制脉冲改变极性为 $-U_C$,此时积分器输出由下降转为上升,输入信号变为 U_x、$-U_r$、$-U_c$,经 t_4 时间后,积分器输出为 0V,又开始一个新的循环,在 t_3+t_4 内,积分器输出从 0V 开始下降,最后恢复到 0V,这一过程也可用数学式表达为

$$\frac{1}{RC}\int_0^{t_3}(U_x-U_r+U_C)\mathrm{d}t+\frac{1}{RC}\int_0^{t_4}(U_x-U_r-U_C)\mathrm{d}t=0$$

即 $$(\overline{U}_x-U_r+U_C)t_3+(\overline{U}_x-U_r-U_C)t_4=0$$

如以 T_1、T_2 分别表示比较器输出正负脉冲的宽度,$T_1+T_2=T$ 即脉冲的周期,也就是调制方波的周期。从图 12-3-17(b)中可看出:

$$t_1+t_2=T_1$$

$$t_3+t_4=T_2$$

$$t_2+t_3=t_1+t_4=\frac{T}{2}$$

将以上各关系式整理,可得

$$\overline{U}_x=\frac{U_r}{T}(T_2-T_1)$$

式中调制方波的周期 T 为定值,基准电压 U_r 亦为定值,故 $\overline{U}_x$ 与(T_2-T_1)成正比,即可用输出正负脉冲宽度之差表示 $\overline{U}_x$ 大小。调制方波 $\pm U_c$ 虽然参与转换过程,但并没有在转换结果中反映出,事实上它仅起节拍的作用,由于它的正负半周宽度相等,在送入积分器后每一周期内的平均值为零,在积分电容 C 上没有电荷积累,因而对转换结果没有影响。所谓"脉冲调宽",实际是调制 $\pm U_r$ 基准电压的施加时间,即基准电压正向接入和负向接入的时间宽度不等,决定于 U_x 值。由于 $T_2-T_1=2T_2-(T_1+T_2)=2T_2-T$,故 $\overline{U}_x=\frac{U_r}{T}(T_2-T_1)=2\frac{U_C}{T}(T_2-\frac{1}{2}T)$。可通过 P_1、P_2 脉冲,控制一个时标为 τ 的电子计数器,测出$(T_2-\frac{1}{2}T)$,并用其表示 $\overline{U}_x$ 值,具体方案可为:使计数器的容量为$\frac{1}{2}\frac{T}{\tau}$,先复零,然后用 T_2 开始时刻的 P_2 脉冲将计数器闸门打开,周期为 τ 的时标脉冲被送入计数器,当计满$\frac{1}{2}\frac{T}{\tau}$个脉冲时,计数器溢出,再从零开始继续计数,直到 T_2 结束时,P_1 脉冲将闸门关闭为止,计数结果即为$(T_2-\frac{1}{2}T)$内的时标脉冲数,计数过程的复零和溢出,起着从 T_2 中减去$\frac{1}{2}T$ 的作用。

脉冲调宽型转换为平均值转换,对交流串态干扰有很强的抑制能力,而且可实现高精度转换,其精度主要取决于基准电压 U_r 和积分电阻的准确度、稳定性,对其他元件的要求并不严格,与双积分型转换的性能有很多相似之处,其缺点是测量响应时间长,测速不高。

六、复合型

前面介绍的几种基本 A/D 转换方式，各有优缺点。为了获得比较完善的转换性能，出现了一些把两种或两种以上的基本转换技术结合起来的复合型 A/D 转换，它可以对基本转换方式扬长抑短，充分发挥各自的优势，因而，由它构成的数字电压表，可以达到较高的技术指标，但是，电路一般比较复杂，成本也较高。复合型转换的具体方案很多，而且在不断发展中，在此，仅介绍两种方案，着重了解组成该复合方式的指导思想，以及其优缺点。

1. 两次采样式

这是一种把比较型与积分 $U-f$ 型结合起来的转换方式，其突出优点是转换精度高，抗干扰能力强。转换时，每一转换周期进行两次采样。第一次采样时通过 $U-f$ 型转换，测得 U_x 的大致数值，即高位数；第二次采样时通过比较型转换，再测得 U_x 的零头，即低位数，两次采样转换结果之和，便可精确地表示 U_x 值。其原理方框如图 12-3-18 所示，电路由输入放大器、$U-f$ 转换电路、D/A 转换器、计数显示电路和逻辑电路等部分组成。输入放大器有 1 和 100

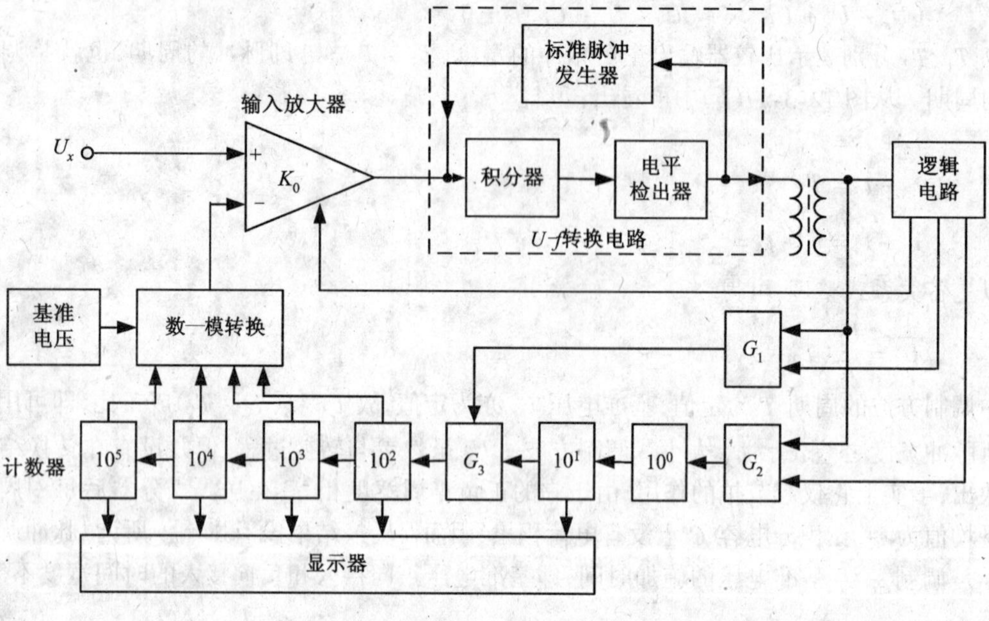

图 12-3-18　两次采样 A/D 转换原理方框图

两种闭环增益可供选择；$U-f$ 转换采用简单的、单极性的电路。计数显示电路由六位组成，个位(10^0)和十位(10^1)为一组，百位以上的四位为另一组。D/A 转换器受计数器状态控制，其直流输出电压送往输入放大器的反相输入端。欲转换电压 U_x 送输入放大器，计数器预先复零，故 D/A 转换电路输出电压为零，第一次采样时，逻辑电路使与门 G_1 打开、G_2 关闭，同时令输入放大器闭环增益为 1，放大器输出为$(U_x-0)=U_x$，然后送 $U-f$ 转换电路形成一定频率的脉冲串，这些脉冲经与门 G_1 和或门 G_3 送入百位(10^2)计数器，由高四位进行计数。第一次采样结束后，计数器已计得的数经 D/A 转换电路，产生与其成正比的直流电压，并送输入放大器输入端。第二次采样时，逻辑电路使与门 G_1 关闭、G_2 打开，并令输入放大器闭环增益为 100，这时有两个信号送入输入放大器，其输出是两信号之差放大 100 倍的直流电压，即 U_x 与第一次采样结束时转换结果的差值再放大 100 倍，这一电压又经 $U-f$ 转换电路，可形成某一频率的脉冲串，由于电压经过了放大，所以同一脉冲所代表的电压值，仅是第一次采样转换的 $\frac{1}{100}$，因此,这些脉冲经与门 G_2 加到个位(10^0)计数器进行计数,如果第二次采样时的计数超过 99,则通过或门 G_3 向百位(10^2)进位计数;两次采样结束时,计数器累计的总数即 U_x 值。由于第一次采样时运用一般 $U-f$ 转换方式,而且只取四位(而不是六位)读数,即直接加到百位(10^2)计数器计数,因此,既缩短了计数时间,也降低了对计数器速度的要求,而且,对 $U-f$ 转换精度没有严要求,因为转换误差可通过第二次采样得到补偿,第二次采样时,运用比较转换原理,把第一次采样转换结果与 U_x 的差值再进行一次 $U-f$ 转换,这次是将差电压放大后再转换的,因此,对 $U-f$ 转换的精度要求相应地降低了,此次转换精度主要取决于 D/A 转换精度,即差值电压的误差影响。这种两次采样转换的显著优点是降低了对 $U-f$ 转换的精度要求,换言之,对一个有一定转换精度的 $U-f$ 转换器讲,运用两次采样转换方式可极大地提高转换精度。这种转换方式也具有积分型转换抗干扰能力强的优点。

2. 三次采样式

把组合两次采样方式的指导思想,与双积分型的校零技术相结合,便可组成三次采样式 A/D 转换,每一转换周期要进行三次采样。第一次采样利用双积分型转换原理,用高数位计数器测出 U_x 的粗略值,并将结果送入 D/A 转换器;第二次采样时仍以双积分转换原理,把 U_x 与第一次采样转换所得粗略值之差加以转换,转换结果送入低数位计数器进行计数;第三次采样时,令积分器输入端接地(0V),用双积分转换原理测出电路本身的失调影响,并将所得读数从计数器原有数值中扣除,经如此三次采样后,计数器的最终读数便是排除了零点偏移影响的精确 U_x 值。其转换原理如图 12-3-19 所示,(a)为转换器原理方框图,图中上部电路与双积分型转换器组成相似,开关 S_1、S_2 由模拟控制电路驱动,D/A 转换器的输出与 U_x 送往输入放大器的输入端,计数电路由七位可逆十进制计数器组成,此外,还有寄存、译码和显示电路。控制三次采样动作的信号由时间控制逻辑电路送出,时钟脉冲发生器产生的脉冲经多级分频电路,可分别经门 G_1 或 G_2 送入计数器,模拟控制电路和时间控制逻辑电路之间靠脉冲变压器耦合传递信号。图(b)所示为三次采样过程中积分器输出端 U_A 的变化。每一转换周期开始前,计数器先复零,D/A 转换器输出 0V,S_1 接位置 3,积分器输入端接地。第一次采样开始时,时间控制逻辑电路送出驱动脉冲,使 S_2 断开,S_1 接位置 1,U_x 经输入放大器放大 K_1 倍后送入积分器,并按时间常数 RC_1 在 C_1 上线性充电,经规定的采样时间 T_1,驱动脉冲撤消,下一个驱动脉冲将 S_1 接位置 2,积分器输入端接与 U_x 极性相反的基准电压,于是 C_1 放电,同时时间控制电路将门 G_1 打开,经两级分频后的时钟脉冲送入高数位计数器,当 U_A 回到 0V 时,检零器输出状态改变,其输出跳变经模拟控制电路耦合到时间控制逻辑电路,将门 G_1 关闭,这段时间为 T_2,其计数 N_1,一方面送寄存器,另一方面经 D/A 转换器形成相应的模拟电压 U_F,最后将 S_1 接位置 3,积分器进入休止状态。第二次采样的驱动原理与第一次采样相同,只是,此时积分器的输入电压为放大了 K_2 倍的差值电压 $K_2(U_x-U_F)$,同时 S_2 接通,积分时间常数为 $R(C_1+C_2)$,采样时间为 T_3,且 $T_3>T_1$,然后在 T_4 时间内放电,在 T_4 期间,时间控制逻辑电路打开门 G_2,经一级分频的时钟脉冲送入低数位计数器,T_4 结束时门 G_2 关闭,可得计数器读数 N_2。第三次采样亦称零采样,在积分器输入端接地的条件下测得读数 N_3,积分时间常数、采样时间和送入计数器的脉冲都与第二次采样相同,N_3 反映了失调电压的大小,当时钟脉冲送往计数器时,要根据失调电压的极性,以决定进行加法或减法计数,以便从总计数结果中扣除失调电压的影响。如此经三次采样转换后,计数器的读数 $N=N_1\cdot 10^4+N_2\pm N_3$。这种转换方式可获得很高的转换精度,由于采用双积分技术,因而具有很强的抗干扰能力,但转换速度较低。

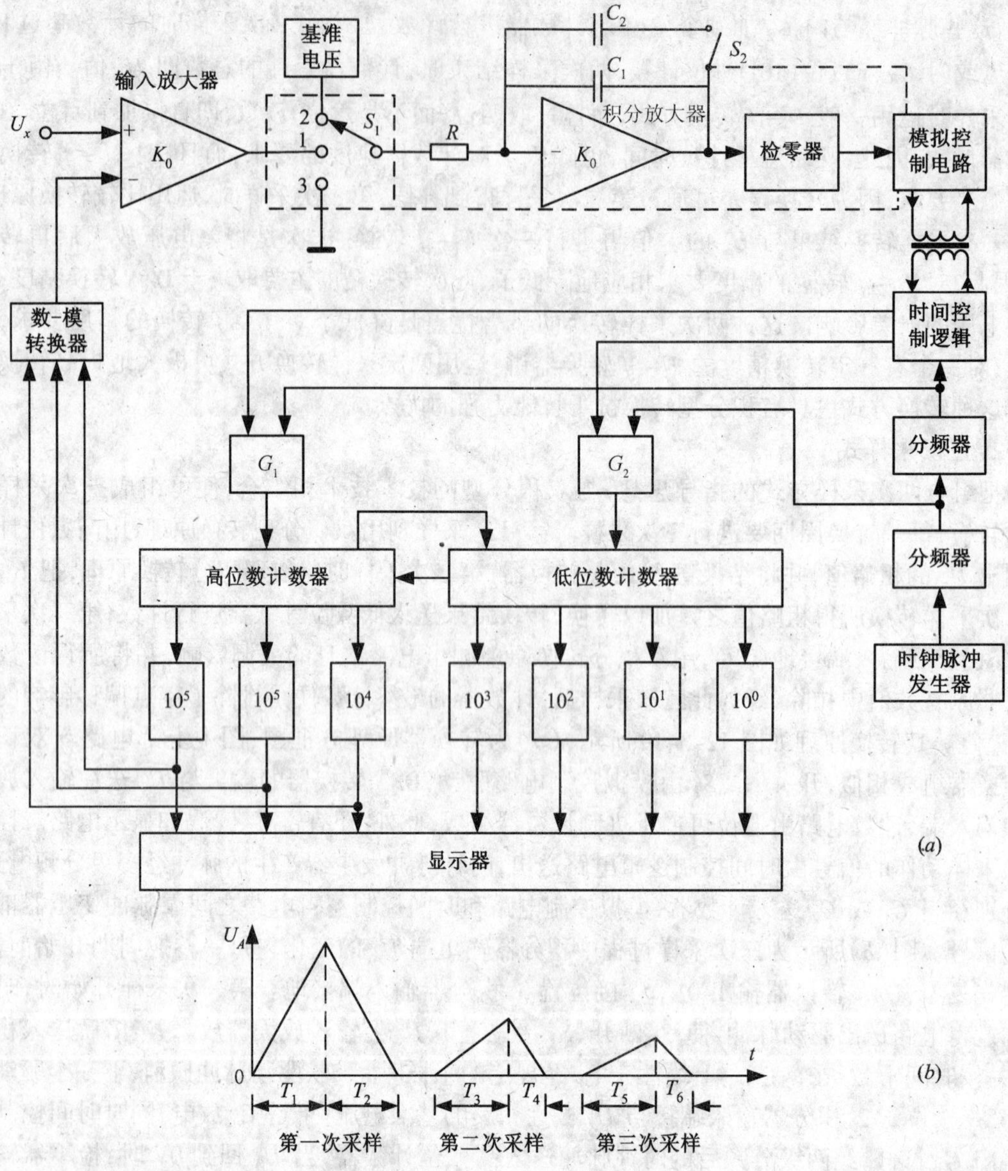

图 12-3-19　三次采样 A/D 转换原理图

§12－4　数字电压表的抗干扰

数字电压表属精密电子测量仪器。在实际应用环境中难免会遇到干扰，如果电压表本身没有足够的抗干扰能力，实用中便会出现异常，轻则跳字，严重时会使示值失常，以致到不可置信的程度。因此，提高数字电压表自身的抗干扰能力十分重要。干扰可能来自仪器外部，如高频加热设备的射频干扰、大功率输电线的工频干扰等；干扰也可能来自仪器内部，如元器件的固有噪声，以及通过机内泄漏电阻、分布电容、分布电感而形成的寄生反馈、寄生传输等。数字电压表为了消除或减弱干扰的影响，在电路设计、工艺结构上需采取多种措施，尽量做到消除或抑制干扰源，破坏干扰信号闯入的路径，以降低仪器对干扰信号的灵敏度。

一、串态干扰的抑制

叠加在被测直流电压信号上的干扰称串态干扰，这类干扰可能是经被测信号源混入的，也可能是穿过输入回路，感应所致，抑制的方法主要从两方面入手。

1. 在测量输入端加滤波电路

如在输入端接低通滤波器，可滤除交流干扰信号，图 12-4-1 所示即为二实例。这种方法简单易行，但由于 RC 的接入，会增大电压表的响应时间，因而使测量速率降低。

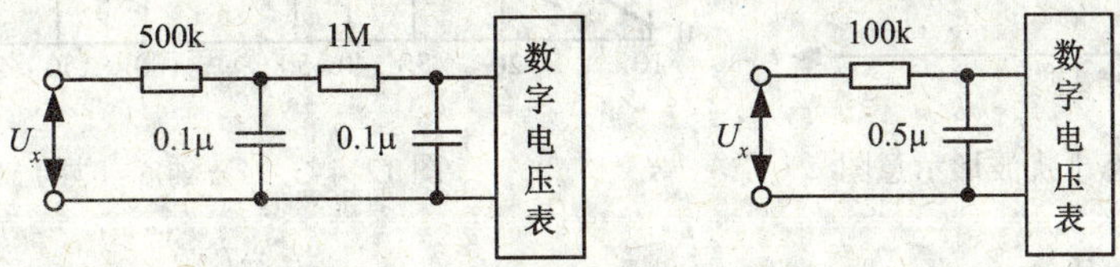

图 12-4-1　DVM 输入端的滤波电路

2. 采用积分型 A/D 转换电路

由于这类转换是把采样时间内输入电压的平均值转换为数字量，因此，只要采样时间是干扰信号周期的整数倍，叠加在输入电压上的对称性交变干扰平均值为 0，对 A/D 转换结果便没有影响。但是，如果采样时间是任意的，干扰的影响仍不可避免，如图 12-4-2 中所示，设被测直流电压为 U_x，串态干扰信号为一正弦波（如干扰信号不是纯正弦波，也可视为多个正弦波的合成），其幅度为 U_{nm}，周期 $\tau=\frac{1}{f}$，积分型转换的采样时间为 T，输入给积分型数字电压表的总电压为 $U=U_x+U_{nm}\sin(\omega t+\varphi)$，式中 $\varphi=2\pi\frac{\delta}{\tau}$，$\omega=2\pi f=\frac{2\pi}{\tau}$，$\varphi$ 为干扰信号对应采样始点的初相角，相应时间为 δ。在测量 U_x 时，实际是对图 12-4-2 所示合成总电压 U 进行积分，并取其平均值测量，在采样时间 T 内，串态干扰平均值不为零，它将形成测量误差 ΔU_x，

$$\begin{aligned}\Delta U_x &= \frac{1}{T}\int_0^T U\mathrm{d}t-\frac{1}{T}\int_0^T U_x\mathrm{d}t\\ &= \frac{1}{T}\int_0^T[U_x+U_{nm}\sin(\omega t+\varphi)-U_x]\mathrm{d}t\\ &= \frac{U_{nm}}{T}\int_0^T\sin(\omega t+\varphi)\mathrm{d}t=\frac{U_{nm}}{T\omega}[\cos(\omega T+\varphi)-\cos\varphi]\\ &= \frac{U_{nm}}{T\omega}2\sin\frac{\omega T}{2}\cdot\sin\frac{\omega T+2\varphi}{2}\end{aligned}$$

式中 $\left|\sin\frac{\omega T+2\varphi}{2}\right|$ 的最大值为 1，因此，ΔU_x 的最大值 $\Delta_{x\max}$ 应为

$$|\Delta U_{x\max}|=\frac{U_{nm}}{T\omega}2\sin\frac{\omega T}{2}=U_{nm}\frac{\sin\frac{\pi T}{\tau}}{\frac{\pi T}{\tau}}$$

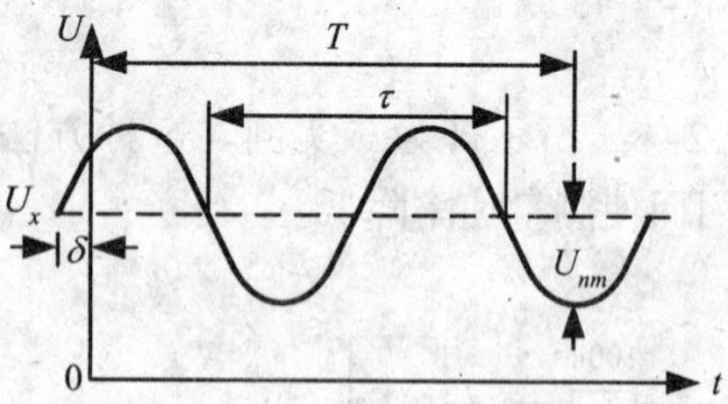

图 12-4-2　串态干扰波形示意图

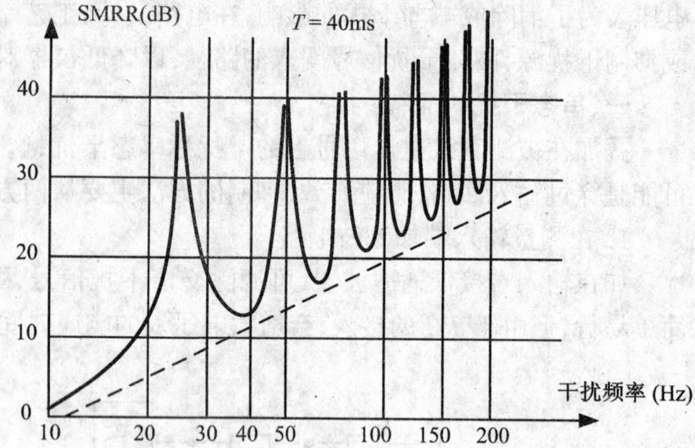

图 12-4-3　$T=40$ms 时的 SMRR

根据串态干扰抑制比的定义,此时 $\text{SMRR}=20\lg\dfrac{U_{nm}}{\Delta U_{x\max}}=20\lg\dfrac{\dfrac{\pi T}{\tau}}{\sin\dfrac{\pi T}{\tau}}$

由此式可得出如下结论:

(1)当采样时间 T 是干扰信号周期 τ 的整数倍时,$T=n\tau$(n 为整数),SMRR→∞,即干扰全部被抑制。

(2)在 $T\neq n\tau$ 时,总的趋势是干扰信号频率愈高,SMRR 愈大,即在采样时间 T 设定时,对于 $\tau\ll T$ 的高频干扰可望得到更大的抑制能力,图 12-4-3 为 $T=40$ms 时,SMRR 与频率的关系曲线。

二、共态干扰的抑制

共态干扰指同时加在数字电压表输入高端和低端上的干扰方式,在使用数字电压表时,共态干扰的来源主要是:

(1)被测信号本身存在共态电压,如图 12-4-4 所示,图(a)中被测量为电路晶体管的 U_{ce},U_e即为共态干扰电压,图(b)中被测量为电桥对角线上的电压,也存在共态电压。

(2)被测电路地线与数字电压表地线不共电位,两地线间的电位差即共态干扰电压,这种情况多见于被测对象与电压表相距较远时。

(3)电压表所用电源变压器,其初次级绕组分别与机壳和转换电路地线相连,而两绕组间存在寄生电容C,通过C,可把初级绕组的50Hz电压耦合到电压表内部,在测量输入端也会形成共态干扰。

尽管共态干扰引入的方式有多种,但都可以等效为图 12-4-5 所示的电路,图中 U_x 和 r_x 分别为被测信号源的等效电压和等效内阻,R_{L1}、R_{L2}为高低输入端的等效引线电阻,Z_1、Z_2 为两输入端对机壳的等效阻抗,共态干扰源以等效电压 U_C 和等效内阻 r_C 表示。U_C 同时加在高端和低端,按理对 U_x 的测量不致造成影响,但是,在一定条件下,例如输入回路不对称时,可以将其转换为串态干扰,从而影响测量结果。U_C 是怎样造成影响的? 当 $U_x=0$ 时,在无干扰情况下 $U_{高低}=0$,电压表读数应为 0,如果有共态干扰电压 U_C 存在,结果 $U_{高低}\neq 0$,其大小即是由 U_C 形成的干扰影响。由图中可见,U_C 将形成干扰电流 I_{L1}、I_{L2},由于 r_C 很小(一般 $r_C<$

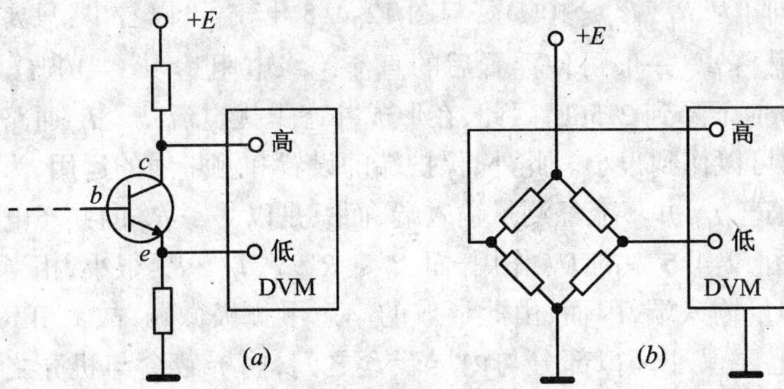

图 12-4-4　共态干扰来源之一

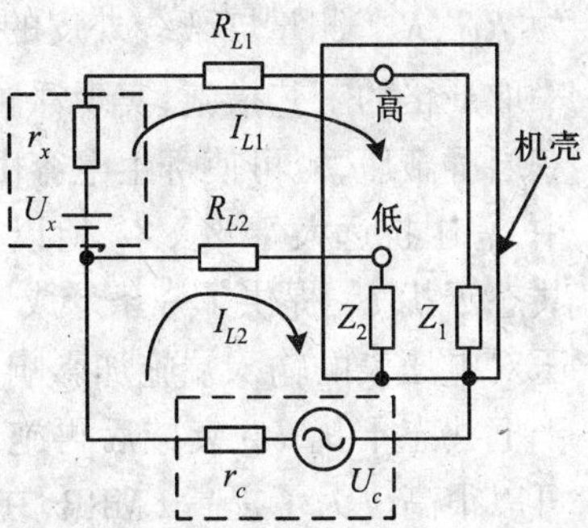

图 12-4-5　共态干扰等效电路示意图

0.1Ω),为简化分析,可略去其影响。设 Z_1、Z_2 为纯阻性,可得如下关系:

$I_{L1}=\dfrac{U_C}{r_x+R_{L1}+Z_1}$;$I_{L2}=\dfrac{U_C}{R_{L2}+Z_2}$。由 I_{L1}、I_{L2}引起的输入端间的电位差为

$$
\begin{aligned}
U_{\text{高低}} &= I_{L2}\cdot R_{L2}-I_{L1}(r_x+R_{L1})\\
&=\frac{U_C}{R_{L2}+Z_2}\cdot R_{L2}-\frac{U_C}{r_x+R_{L1}+Z_1}(r_x+R_{L1})\\
&=U_C\left(\frac{R_{L2}}{R_{L2}+Z_2}-\frac{r_x+R_{L1}}{r_x+R_{L1}+Z_1}\right)
\end{aligned}
$$

在一般情况下 $\dfrac{R_{L2}}{R_{L2}+Z_2}\neq\dfrac{r_x+R_{L1}}{r_x+R_{L1}+Z_1}$,因此,$U_{\text{高低}}\neq 0$,这就是 U_C 引入的影响。例如,某数字电压表 $Z_1=Z_2=100\text{k}\Omega$,$r_x=R_{L1}=R_{L2}=10\Omega$,存在共态电压 $U_C=5\text{V}$,则

$$
\begin{aligned}
U_{\text{高低}} &= 5\left(\frac{10}{10+100\times10^3}-\frac{10}{10+10+100\times10^3}\right)\\
&\approx 5\,\frac{-10}{100\times10^3}=-0.5\text{mV}
\end{aligned}
$$

计算结果说明:5V 的共态电压在数字电压表输入端相当于引入了 0.5mV 的串态电压,这是由于 U_C 通过高端和通过低端两回路参数不对称,最终在高低端之间形成电压,即以串态干扰的形式施加在输入端。从 $U_{\text{高低}}$基本关系式可看出,为了抑制共态干扰的影响,宜尽量减小共态电流 I_{L1}、I_{L2},为此可增大 Z_1、Z_2。

在分析过程中,为了简化,我们忽略了等效电路中的电容,这与实际电路间有较大的差异,但分析所得结论仍是有意义的。

实用中,为提高数字电压表的共态干扰抑制比,常采取的措施有如下几种。

1. 采用浮地屏蔽技术

数字电压表的核心是 A/D 转换器,其主要组成是模拟电路部分,为提高抗共态干扰能力,常将模拟部分对机壳"浮置"起来,使模拟地(模拟部分公共接地点)与机壳间有很高的绝缘电阻,这种方式常称"浮地"。为提高 CMRR,在高分辨力数字电压表中多采用双层浮地屏蔽的方式,如图 12-4-6 所示,其中(a)为结构示意图,模拟部分浮置在金属屏蔽盒内,常称内屏蔽盒,内屏蔽盒又浮置于机壳之中,机壳接地,内屏蔽盒单独引出一条线作为保护端,因此,这种电压表有三个测量端子:高端、低端、保护端。其等效电路如图(b)所示,模拟部分对内屏蔽盒的等效绝缘电阻和寄生电容分别用 R'、C' 表示,内屏蔽盒对机壳以 R''、C''等效,测量线的等效电阻

为 R_{L1}、R_{L2}，测量屏蔽线外皮的等效电阻为 R_C（$R_C \leqslant 10\Omega$）。与图 12-4-5 比较，可以看出：只要采取严格的工艺措施，实现浮置和屏蔽隔离，一般可使浮置后的直流绝缘电阻达 $10^9 \sim 10^{11}\Omega$，双层屏蔽后，也可使寄生电容由 1 000pF 下降到 2.5pF，因此，在形成共态干扰电流 I_{L1}、I_{L2}通路中，总阻抗远大于 Z_1、Z_2，所以 I_{L1}、I_{L2}可以作到很小。此外，保护端的设置和测量线的运用，为共态干扰 U_C 提供了一条形成I_{Cm}的通道，I_{Cm}并不流经测量输入端，而只是以 $I_{Cm} \cdot R_C$ 的共态电压对电压表的输入端施加影响，类似图 12-4-5 中的 U_C 作用，而 $R_C \ll R''$，故 $I_{Cm} \cdot R_C$ 很小，相当于把共态干扰 U_C 衰减后再施加到测量输入端，因而，由此形成的串态干扰极微弱，故 CMRR 可以很高。为了提高 CMRR，在工艺上要保证模拟部分与内屏蔽盒之间，内屏蔽盒与机壳之间，都有良好的绝缘，如用聚四氟乙烯或其他高强度、高绝缘性能的材料，制成专用支架。内屏蔽盒与保护端要接触良好，并要正确使用三个测量端子，尤其要避免保护端与机壳相连，图 12-4-7 为几种典型连线方法。

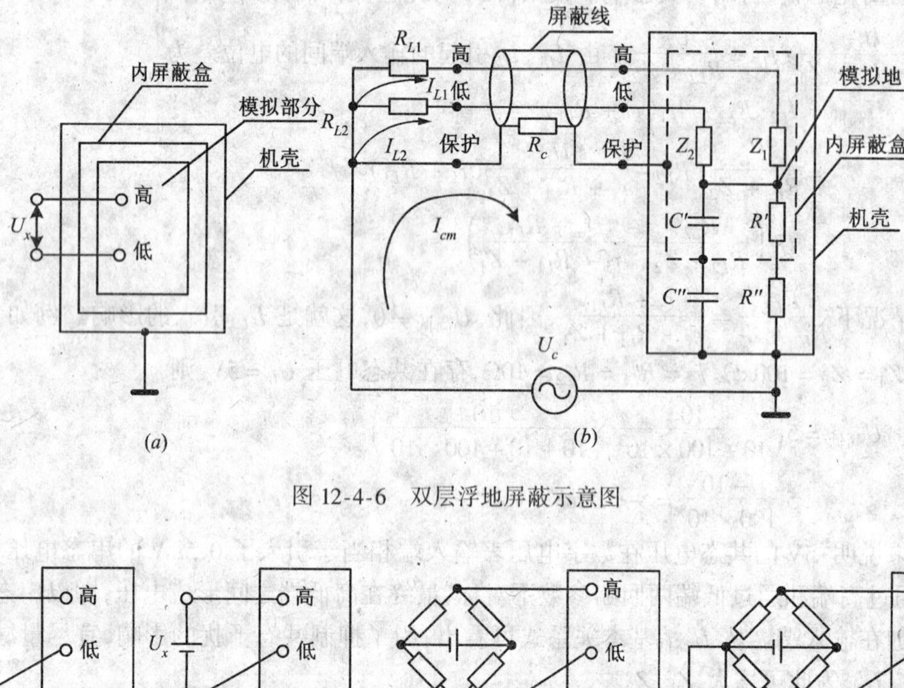

图 12-4-6　双层浮地屏蔽示意图

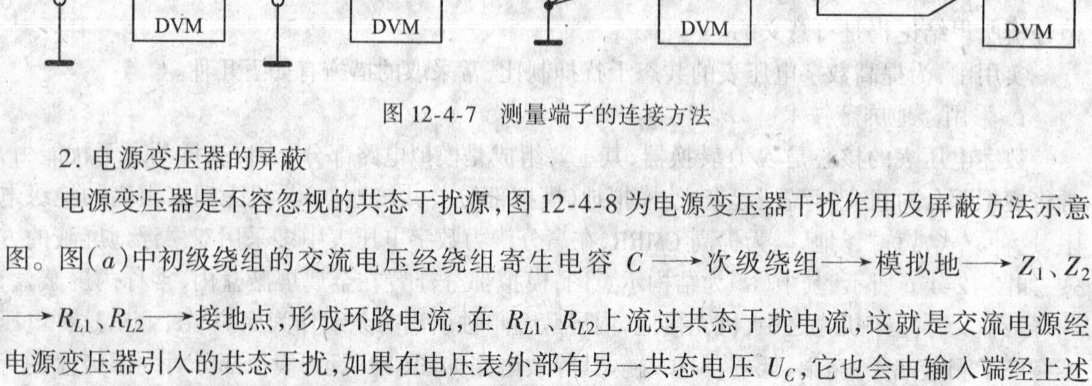

图 12-4-7　测量端子的连接方法

2. 电源变压器的屏蔽

电源变压器是不容忽视的共态干扰源，图 12-4-8 为电源变压器干扰作用及屏蔽方法示意图。图（a）中初级绕组的交流电压经绕组寄生电容 C ⟶ 次级绕组 ⟶ 模拟地 ⟶ Z_1、Z_2 ⟶ R_{L1}、R_{L2} ⟶ 接地点，形成环路电流，在 R_{L1}、R_{L2}上流过共态干扰电流，这就是交流电源经电源变压器引入的共态干扰，如果在电压表外部有另一共态电压 U_C，它也会由输入端经上述通路产生共态电流，造成共态干扰。由此可见，降低电源变压器初、次级间寄生电容 C，对抑制内外共态干扰都十分必要。一种有效的工艺措施是对其进行三重屏蔽，如图 12-4-8(b)所示，除分别对初、次级绕组予以屏蔽外，在初、次级绕组间再加一保护屏蔽层。为减弱寄生电容的影响，应按图(c)所示连线，这样，初级屏蔽层可抑制初级绕组引入的干扰，并进行静电屏蔽。保护屏蔽层除有静电屏蔽作用外，还可隔离两绕组间寄生电容的耦合干扰。次级屏蔽层可防止模拟电路部分与保护端之间的耦合干扰。

3. 电压表内部电路之间的隔离

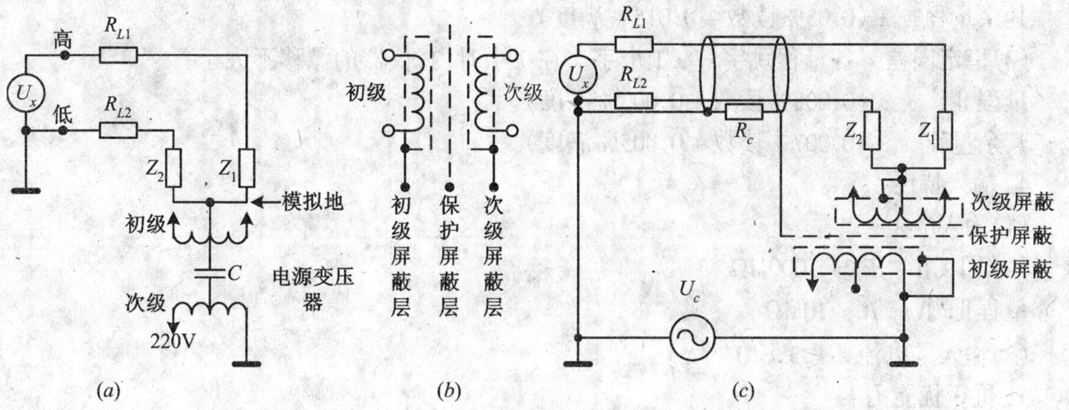

图 12-4-8　电源变压源的干扰作用及其屏蔽方法

数字电压表一般由模拟电路、数字电路和电源三大部分组成，为避免相互干扰，各部分之间也应进行屏蔽和隔离。在模拟电路与数字电路两部分之间，常用脉冲变压器或光电耦合器件以实现两部分之间的信号传递。为避免其间形成干扰信号的通路，脉冲变压器的初次级之间应进行电的屏蔽，光电耦合器的发和收端之间也应减小寄生电容。

§12－5　DS-14-1 型数字电压表电路分析

该数字电压表属于精密直流电压测量仪器，整机根据电子工业部《电子测量仪器环境要求及试验方法》标准中所列Ⅱ组仪器的要求设计制造，使用全硅器件，数字电路部分实现全集成化，模拟电路部分和电源中也使用了集成块。

一、主要技术指标

1. 电压测量范围

共设四个量程：

Ⅰ　0～.60 000V

Ⅱ　0～6.0 000V，基本量程

Ⅲ　0～60.00V

Ⅳ　0～600.0V

各量程允许超量程使用，最大读数 79 999.

2. 分辨力

10μV。

3. 测量误差

(1)固有误差

量程Ⅱ　±(0.003%读数+0.002%满度)

其余量程　±(0.005%读数+0.005%满度)

(2)工作误差　在额定工作条件下经1小时预热及预调整,连续工作7小时的工作误差为

量程Ⅱ　±(0.015%读数+0.01%满度)

其余量程　±(0.05%读数+0.015%满度)

(3)稳定误差　各量程跳字≤±1个字。在7小时内,仪器的漂移不大于:

量程Ⅱ　±(0.005%读数+0.003%满度)

其余量程　±(0.007%读数+0.005%满度)

4. 输入特性

(1)输入电阻

量程Ⅰ、Ⅱ　$R_i \geqslant 1\,000\text{M}\Omega$

量程Ⅲ、Ⅳ　$R_i \approx 10\text{M}\Omega$

(2)输入零电流　$\leqslant 3\times10^{-10}\text{A}$

5. 抗干扰能力

SMRR≥60dB

CMRR≥140dB

6. 测量速率

"自动"采样方式时,测量速率240ms/次(约4次/秒);"远动"采样方式时,受远动采样信号控制。

7. 输出

五位数字测量数据以8-4-2-1码输出,极性及小数点数据由各自的输出线以"1"、"0"电平输出,"1"电平>+3.5V,"0"电平<0.5V。

二、基本工作原理和整机方框

DS-14-1型数字电压表采用双积分型A/D转换方式,其原理在§12-3中已讨论过。若被测电压为U_x,采样时间为T_1,测量时间为T_2,机内时钟脉冲信号频率为f_0,T_1内时钟脉冲数为N_1,T_2内为N_2,则U_x在T_1内的平均值$\overline{U}_x$为$\overline{U}_x=\dfrac{U_r}{N_1}\cdot N_2$。如果$U_x$经输入电路并放大$K$倍后送入积分器,则$\overline{U}_x=\dfrac{U_r}{KN_1}\cdot N_2$,在DS-14-1中,$f_0=750\text{kHz}$,$|U_r|=6\text{V}$,$T_1=80\text{ms}$,$N_1=60\,000$,因此,$\overline{U}_x=\dfrac{6\text{V}}{K\times60\,000}\cdot N_2$。

量程Ⅰ　$K=10$　$\overline{U}_x=N_2\times10^{-5}\text{V}$

量程Ⅱ　$K=1$　$\overline{U}_x=N_2\times10^{-4}\text{V}$

量程Ⅲ　$K=10^{-1}$　$\overline{U}_x=N_2\times10^{-3}\text{V}$

量程Ⅳ　$K=10^{-2}$　$\overline{U}_x=N_2\times10^{-2}\text{V}$

整机电路除电源外,主要由模拟电路和数字电路两大部分组成,图12-5-1为组成方框图。虚线框内为模拟电路部分,框外为数字电路部分。模拟电路包括衰减器、输入放大器、积分放

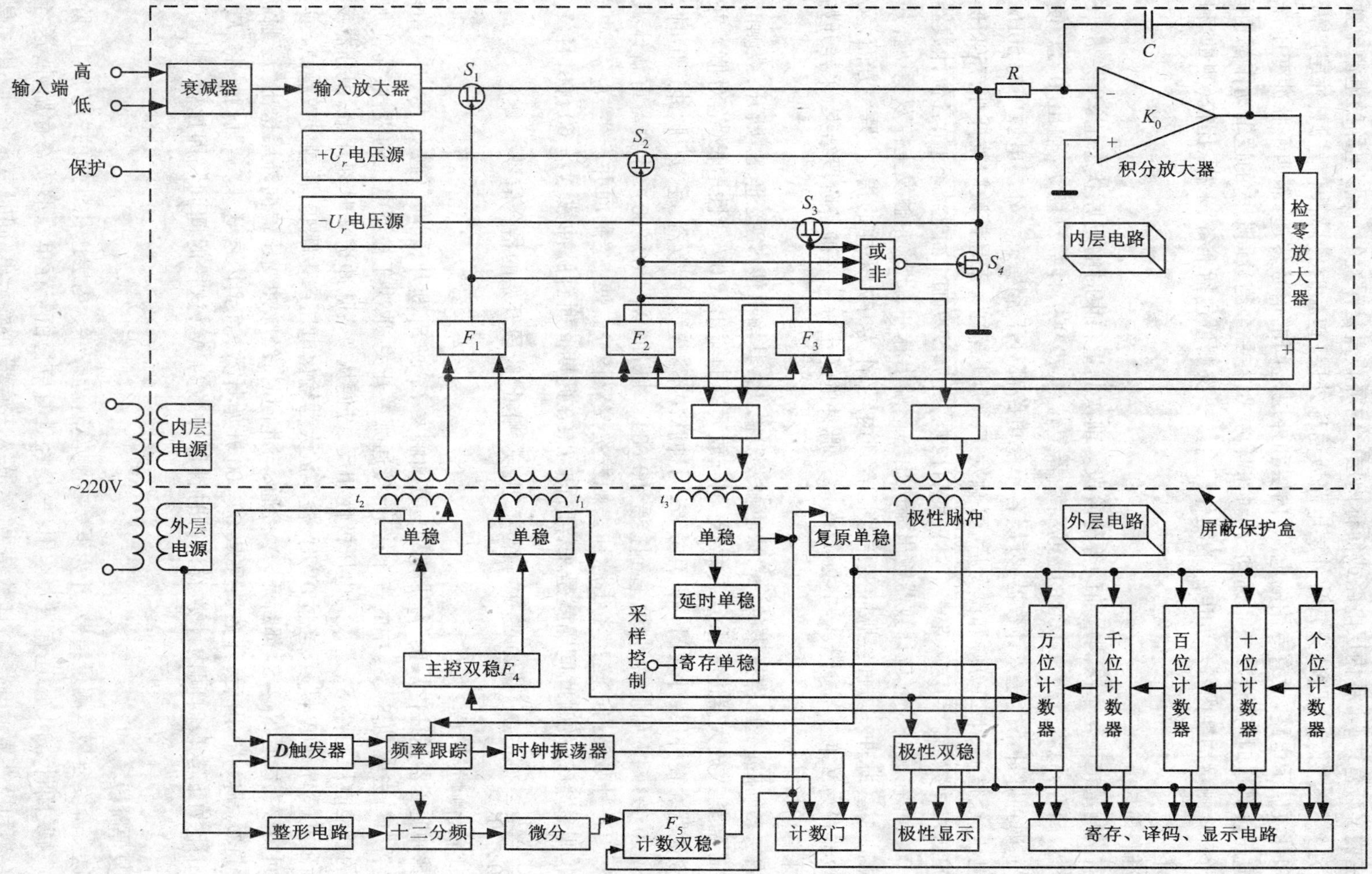

图 12-5-1　DS-14-1 型数字电压表总方框图

大器、检零放大器以及模拟开关、基准电压源和内层逻辑控制电路(双稳 F_1、F_2、F_3)。这部分电路放在内屏蔽盒中,常称内层电路或简称内层。内屏蔽盒是浮置的,模拟电路的电源单独使用,也是浮置的。数字电路部分常称外层电路或简称外层,包括时钟脉冲信号源、外层逻辑控制电路和计数显示电路,设有专用的电源,内层和外层之间的信号传递,靠四个脉冲变压器实现。此电压表测量时有“自动”和“远动”两种采样方式,在一个测量周期内的逻辑动作都相同。以下分析一个测量周期内各单元电路的动作配合。一次测量包括准备、采样、比较(测量)和复原四个阶段。

1. 准备阶段

即前次测量结束至本次测量前的等待阶段。前次测量结束时的复原状态是:开关 S_1、S_2、S_3 断开,S_4 闭合,总容量为 80 000 的五位计数器复位为 79 999,计数双稳 F_5 输出“0”态,使计数门关闭,时钟脉冲不能送入计数器;外层各单稳电路都处于常稳态。外层电源中的 50Hz 正弦交流电压,经整形、十二分频和微分后,可触发 F_5,使其置“1”,于是计数门被打开,750kHz 的时钟脉冲送入计数器。当送入第一个脉冲时,计数器由 79 999 加 1 而达满容量,各位计数器复位为 00 000,并在最高位万位计数器输出端送出一个溢出脉冲,此脉冲触发主控双稳 F_4,并产生“t_1”脉冲,“t_1”脉冲一方面经脉冲变压器耦合到内层,作为开始采样的指令,另一方面,又将万位计数器置为 2,使五位计数器呈 20 000。“t_1 脉冲的送出标志着准备阶段结束,采样开始。

2. 采样阶段

在内层,经脉冲变压器送来的“t_1”脉冲触发双稳 F_1,其输出使 S_1 接通,S_4 断开,被测电压 U_x经衰减器、输入放大器进入积分放大器,积分放大器的输出从 0V 线性增长(绝对值),并送入检零放大器。在外层,计数门一直开放着,时钟脉冲不断送入计数器,在“t_1”脉冲送出时,计数器又从 20 000 对时钟脉冲计数,直到接受 60 000 个脉冲($N_1 = 60\ 000$),计数器重新计满呈 00 000态,万位计数器再次送出溢出脉冲去触发主控双稳 F_4,使 F_4 翻回并产生“t_2”脉冲,从“t_1”脉冲到“t_2”脉冲的时间间隔就是采样时间 T_1,在此期间时钟脉冲数 $N_1 = 60\ 000$,且 $T_1 = \frac{N_1}{f_0} = \frac{60\ 000}{750 \times 10^3} = 80\text{ms}$,“$t_2$”脉冲是采样结束,比较(测量)阶段开始的指令信号。

3. 比较(测量)阶段

经脉冲变压器送往内层的“t_2”脉冲,一方面触发 F_1 使 S_1 断开,同时又触发 F_2、F_3 中的一个,使之置“1”,去驱动 S_2、S_3 中的一个接通,接通哪一开关,取决于被测电压的极性,需使加于积分器的基准电压与经 S_1 送入的电压极性相反,以便从“t_2”脉冲送来时刻开始,积分器反向积分,输出电压渐向 0V 恢复,当过 0V 时,检零放大器输出电压产生跳变,并触发双稳 F_2 或 F_3 使之翻回“0”态,这时 $S_1 \sim S_3$ 都断开,S_4 接通,与此同时,经脉冲变压器向外层送出“t_3”脉冲。在外层,自“t_2”脉冲送出后,计数器又从 00 000 开始计数,直到内层送来“t_3”脉冲,将 F_5 置“0”,关闭计数门,这段时间内计数器计得时钟脉冲数为 N_2,这段时间间隔即比较(测量)时间 T_2。

4. 复原阶段

在这一阶段要显示测量结果,并为下一次测量创造条件。内层送往外层的“t_3”脉冲,除使 F_5 置“0”并关闭计数门外,还有两大作用:一是经延时单稳由寄存单稳形成寄存脉冲,送各位数码寄存器和极性显示电路,将计数结果 N_2 送入寄存器并显示出,同时显示极性;其二是经一段延时,由复原单稳送出一个迟于寄存脉冲的复原脉冲,使计数器复位为 79 999。至此一个测量周期即告结束。

U_x 的极性由内层逻辑电路进行判别，如为正极性，则在送出"t_3"脉冲的同时，向外层送出一个"极性脉冲"，使极性双稳翻转，为显示"+"极性作好准备，极性显示和数字显示的动作一致。DS-14-1 型数字电压表取 $T_1 = 80ms$，恰为工频周期 20ms 的四倍，当工频有波动时，应使时钟振荡频率随之变化，以保证 60 000 个时钟脉冲所决定的采样时间 T_1，总是工频四倍，以提高抗干扰能力，这一功能由频率跟踪电路实现。

图 12-5-2 所示为 $U_x = -6V$ 时，一个测量周期内的主要工作波形。

三、输入电路

1. 输入电路的作用

在测量输入端与积分放大器之间必须设置输入电路，其作用主要有二：

(1)实现阻抗变换　积分器的输入阻抗不超过积分电阻，本机为 100kΩ，远不能满足整机对 R_i 的要求，运用输入电路可实现高输入阻抗。

(2)实现电压变换　整机要求测量电压范围从 10μV 到 600V，而积分器的线性工作区有限，为保证积分器工作正常，必须在积分器前运用电压变换电路，使微小的 U_x 得以放大，对过高的 U_x 将其衰减，积分器实际的输入电压恰在它的线性工作范围内。

输入电路由衰减器和输入放大器组成，如图 12-5-3 所示，r_1、r_2 组成衰减器，衰减比以 K_A 表示，开环增益为 K_o 的放大器与反馈电阻 R_1、R_2 组成输入放大器，其闭环增益以 K_C 表示；输入电路总增益 $K = K_A \cdot K_C$，本电压表 K_A 可为 1 或 1/100，K_C 可为 1 或 10，通过控制 $S_1 \sim S_3$ 可以选择适当的 K_A、K_C，实现量程转换，各量程放大倍数的配合关系如表 12-5-1 所列，从表中可以看出，只要量程选择合适，便能保证送入积分器的电压均在 0～6V 范围内。量程Ⅰ、Ⅱ整机输入阻抗即输入放大器的输入阻抗；量程Ⅲ、Ⅳ，整机输入阻抗为衰减器 $r_1 + r_2$。为了实现高精确度测量，输入电路的影响不容忽视，因此，对输入电路除要求输入阻抗高之外，还必须使引入的测量误差尽量小，为此，输入放大器接成串联电压负反馈电路，并用浮地输入方式。

表 12-5-1

量程	输入电压(V)	衰减器衰减比(K_A)	输入放大器增益(K_C)	总放大倍数(K)	积分器输入电压(V)
Ⅰ	0～0.6	1	10	10	0～6
Ⅱ	0～6	1	1	1	0～6
Ⅲ	0～60	1/100	10	1/10	0～6
Ⅳ	0～600	1/100	1	1/100	0～6

2. 衰减器

电路如图 12-5-4 所示，其输入阻抗约 10MΩ。为保证 K_A 值准确、稳定，$R_1 \sim R_4$ 均选用精密电阻，以温度系数小的材料制成。为保证温度系数一致，各电阻宜用同种材料制成，甚至选用同一轴电阻丝绕制。W_1 为精密多圈电位器，可对衰减比进行精细校准。

3. 输入放大器

接成串联电压负反馈形式，U_x 浮地输入，其原理方框如图 12-5-5，其中(a)为 $K_C = -1$ 接

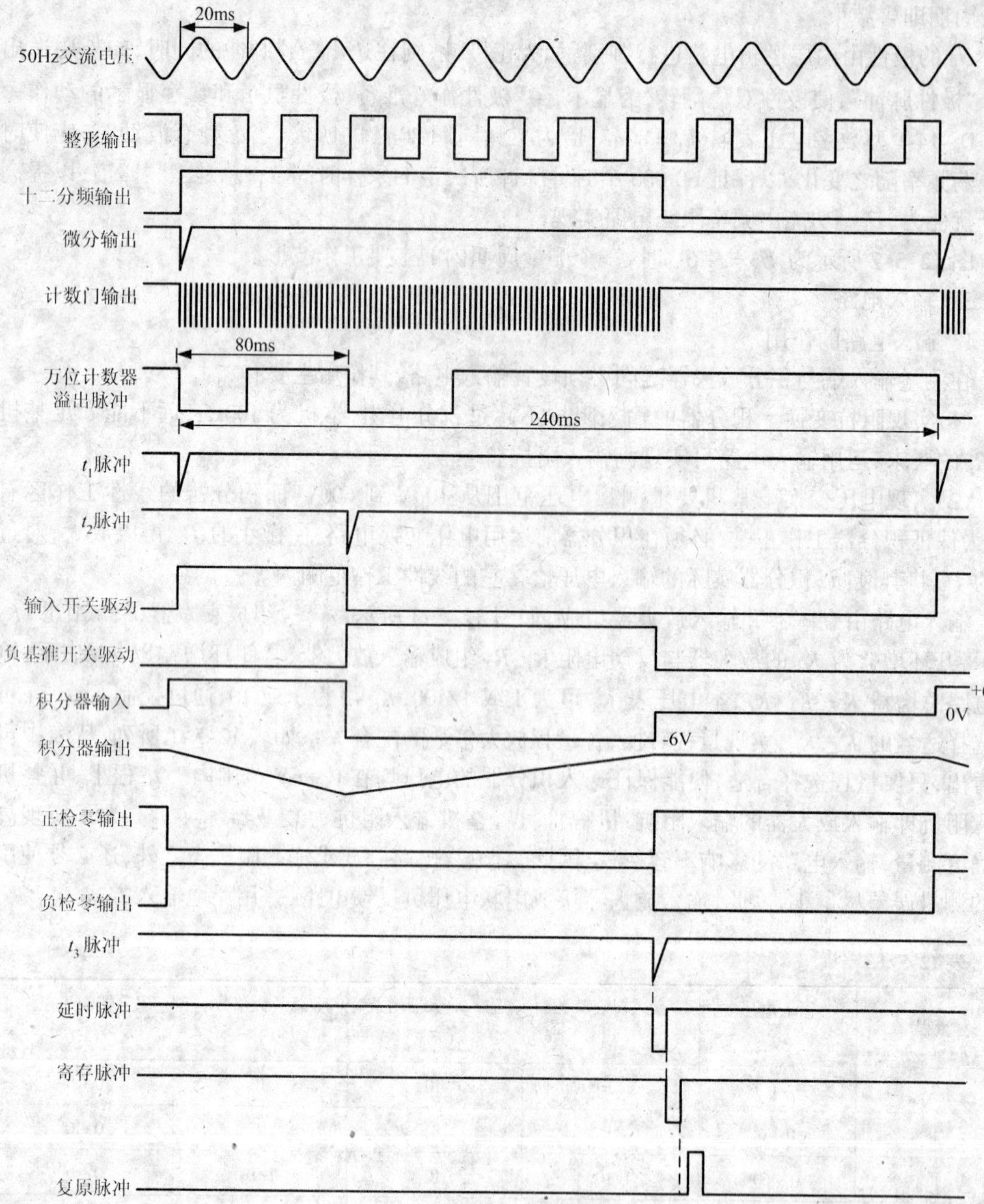

图 12-5-2　$U_x = -6\text{V}$ 时的主要工作波形图

法，(b)为 $K_C = -10$ 接法。基本关系式为

闭环增益　$K_C = \dfrac{U_o}{U_x} = -\dfrac{K_C}{1 + K_oF}$

闭环输入阻抗　$R_i = (1 + K_oF)R_{i0}$

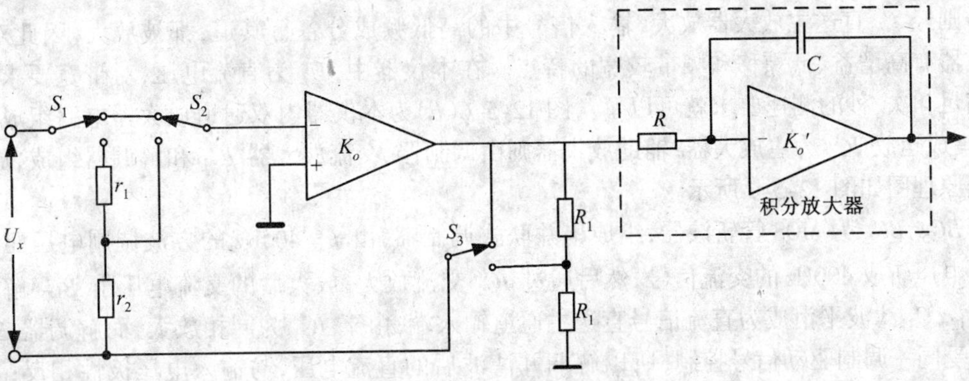

图 12-5-3　输入电路组成方框图

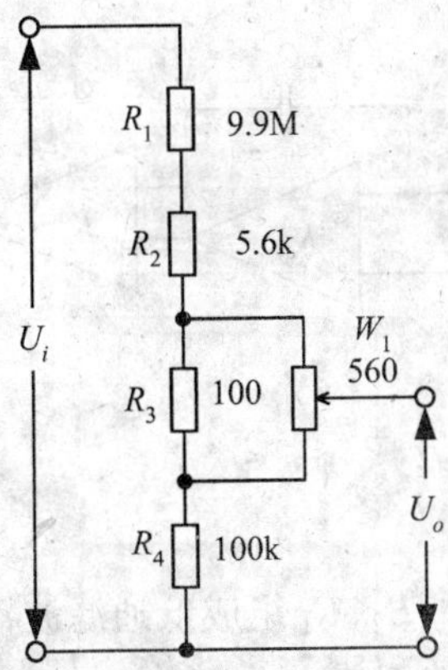

图 12-5-4　衰减器

闭环输出阻抗　$R_o=\dfrac{R_{oo}}{1+K_oF}$

其中，F 为反馈系数，$F=\dfrac{R_2}{R_1+R_2}$，R_{i0}、R_{o0}分别为开环输入电阻和输出电阻，当 $K_oF\gg1$ 时，$K_C\approx-\dfrac{1}{F}$，$R_i\approx K_oFR_{i0}$，$R_0\approx\dfrac{R_{00}}{K_oF}$。为获得高 R_i，并保证 K_C 准确、稳定，应选用 K_o 大，且稳定的放大器，并且要保证反馈系数的准确和稳定，R_1、R_2 的选取原则与衰减器相同。根据整机的技术指标，要求输入放大器的主要技术性能为 $K_o\geqslant10^6$，否则将引入过大的误差；工作稳定，漂移小，零点时漂 $\leqslant 20\mu V/8$ 小时，零点温漂 $\leqslant 2\mu V/℃$；噪声要小，输出噪声不高于 $400\mu V(P-P)$；输入阻抗 $R_i\geqslant1\ 000M\Omega$，零电流 $I_0<2\times10^{-10}A$；线

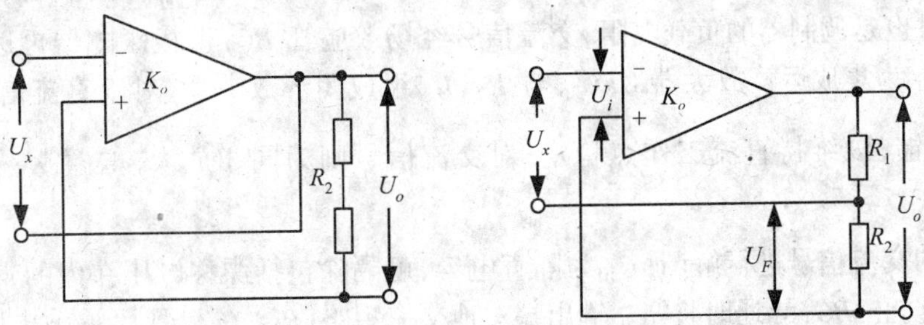

图 12-5-5　输入放大器原理图

性动态范围不小于 ± 8V(输出电压)。输入放大器的主体是高增益放大器 K_o，以下专门讨论 K_o 放大器电路和工作原理。根据对输入放大器提出的 K_o 高、漂移小的要求，本仪器采用了双通道运算放大器。双通道运算放大器的原理方框如图 12-5-6(a)所示，其中主通道放大器为直耦型，增益为 K_{o2}，辅助通道放大器为调制型，增益为 K_{o1}，总增益 $K_o=K_{o1}\cdot K_{o2}$，可获得很高的 K_o 值；放大器的零漂决定于输入级，即调制型放大器，由工作原理决定，其零漂可以做得很小；电路中的 C_b 一方面可隔断输入端与主放大器间的直流通路，以发挥 K_{o1}放大器的作用，另一方面 C_b 又为 U_i 中的高频成分直接送入主放大器提供了捷径，从而弥补了调制型放大器频带窄的缺点，由于有两个通道，低频及直流信号经辅助放大器及主放大器放大后输出，而高频

信号则经 C_b 直送主放大器放大，输入信号中的高低频成分各行其道，都被放大，因此双通道放大器有高增益、低漂移和频带较宽的特点。在本仪器中，U_x 为直流电压，对带宽要求不高，能满足 4 次/秒的测速要求就可以了。图 12-5-6（b）为本仪器内双通道放大器电路组成图，其中，集成运放 IC_2 为主放大器；辅助放大器则由调制器、交流放大器 IC_1 和解调器组成，放大器的电原理图如图 12-5-7 所示。

BG_5、BG_6 为 MOS 管斩波器，组成串并联式调制器，由 $f=400$Hz 的方波调制电压驱动，将输入电压斩成 400Hz 的交流信号，然后通过 IC_1 交流放大；放大后的交流电压由 BG_8 解调，再经 R_{12}、C_{11}滤波平滑成为直流信号直送主通道输入端；由于 IC_1 为同相放大，而解调器 BG_8 与 BG_5 受同一调制驱动信号控制，所以解调并滤波后的直流电压，与输入电压极性相反；IC_2 为主通道放大器，同相输入端是来自辅助通道的信号，反相输入端经隔直电容 C_5 接输入信号 U_i。

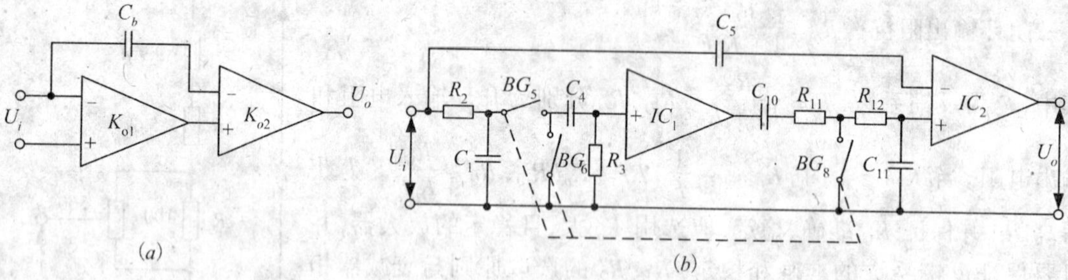

图 12-5-6　双通道放大器原理图

R_2、C_1 组成低通滤波器，可滤除被测信号中的高频干扰，并防止 400Hz 驱动电压信号向输入端倒灌。

R_3、C_4 为高通滤波器，可隔离调制后信号中的直流成分，使送往 IC_1 的调制信号为纯交流信号，R_3 同时也是调制器的负载电阻；交流信号经场效应管 BG_7 源极跟随器再送入 IC_1 进行交流放大；IC_1 为集成运算放大器 $8FC_2$，与 R_7、R_8 组成闭环放大器，对于直流信号，IC_1 通过 R_7 形成全反馈，以维持直流工作点稳定，对交流信号则为同相放大，增益 $K_{\backsim}=\dfrac{R_7+R_8}{R_8}\approx$ 6 800。

放大后的交流信号进行解调；C_{10}为隔直电容，可隔除包括漂移电压在内的直流电压；R_{11}为限流电阻，防止 BG_8 导通时将 IC_1 输出端对地交流短路；R_{12}、C_{11}为平滑滤波电路，使输出为稳定的直流电压。辅助通道的总放大倍数由调制效率、交流放大器增益和解调效率的乘积决定，如以调制和解调效率都是 50% 计算，辅助通道电压总增益为 $50\%\times6\,800\times50\%\approx1\,700$。

主通道放大器 IC_2 也用 $8FC_2$，其开环增益大于 10^4；信号经源极跟随器 BG_9、BG_{10}送入 IC_2 输入端，R_{13}、R_{24}为 BG_9、BG_{10}的栅偏电阻；R_{13}经 W_2 可调节 BG_9 的栅极电位，从而实现输入放大器电压零点的调节。双通道放大器的总增益 K_o 由两个通道放大器增益乘积来决定，$K_o\approx1\,700\times10^4=1.7\times10^7$，满足 $K_o\geqslant10^6$ 的要求，且输出与输入相位相反。

为保证工作稳定，消除可能有的自激振荡，电路中采用了多种形式的 RC 校正网络，如 IC_1、IC_2 接线中所用的 C_8、R_9、C_9、R_{10}、C_{12}、R_{25}、C_{13}、R_{26}、C_{20}及 C_{19}等均为校正元件。

调制放大器所用调制激励源由 $BG_1\sim BG_4$组成。BG_3、BG_4为多谐振荡器，产生400Hz方

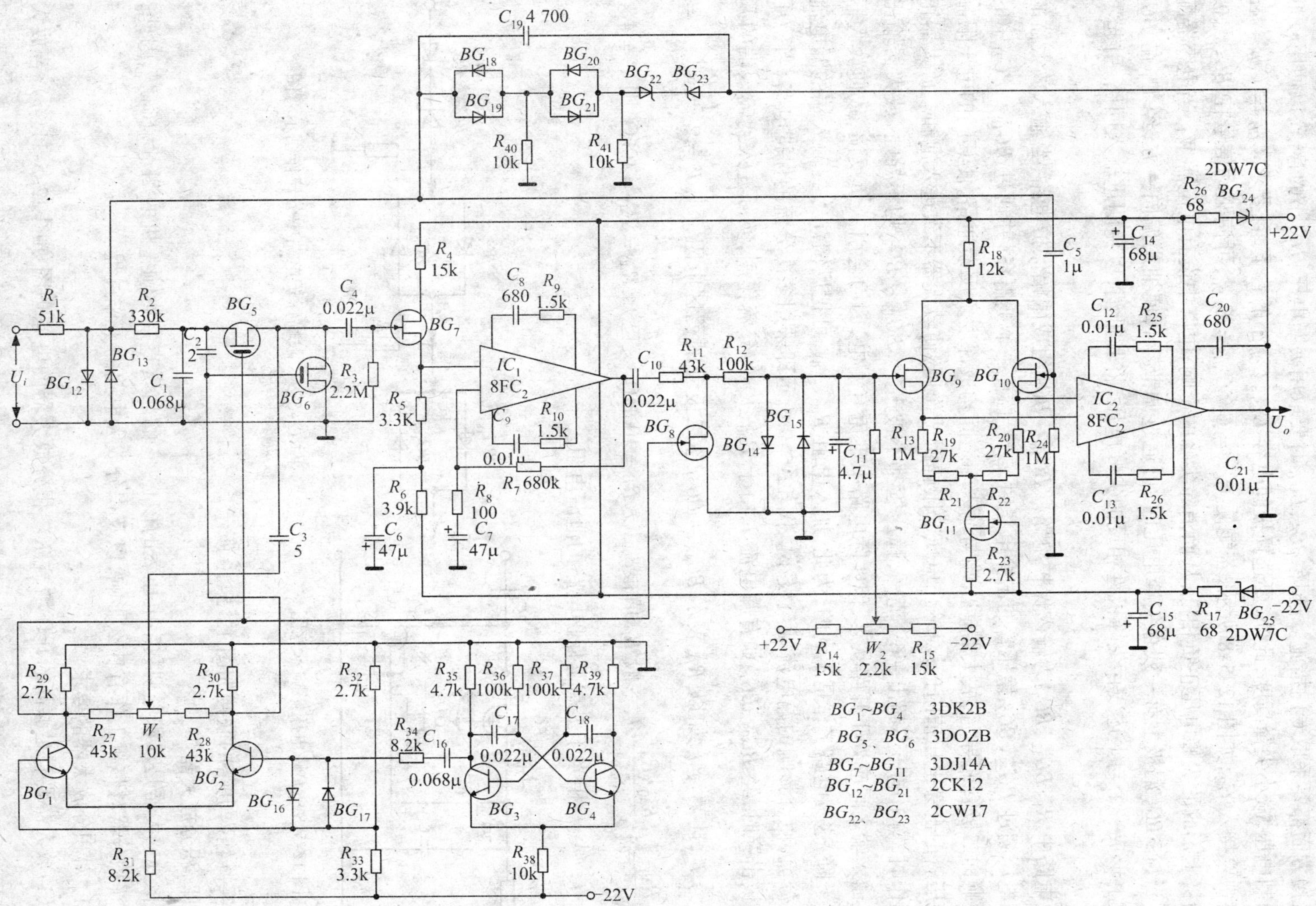

图 12-5-7 输入放大器电原理图

波，经 BG_1、BG_2 整形后直接驱动调制器和解调器，驱动信号由 BG_1、BG_2 集电极引向相应的场效应管栅极。为了减小调制器输出端由于驱动信号而引起的尖峰电压影响，在选用器件和电路联接方面都要采取专门措施。选择 BG_5、BG_6 时要取用夹断电压 $|U_p|$ 小的管子，以便用较低的调制电压，减小尖锋高度，此外，要选择极间电容 C_{GS}、C_{GD} 小的管子，且要求 $C_{GD5}=C_{GD6}$。在电路中要接入 C_2，如图 12-5-8 所示，若能使 $C_{GS5}=C_2$、$C_{GD5}=C_{GD6}$，可使驱动信号在 BG_5 源极和漏极上形成的尖峰电压正负相抵，从而消除尖峰的影响；电路中设有电位器 W_1，当电容器配合不当，在 BG_5 漏极上有一残存尖峰电压时，可通过调节 W_1，使抽头偏向一方，经 C_3 在 BG_5 漏极上形成一个与上述残存尖峰极性相反的尖峰电压，将其抵消，以免闯进输入回路，引起零电流 I_o。

电路中 R_1、BG_{12}、BG_{13} 为输入保护电路。$BG_{18}\sim BG_{23}$ 组成限幅保护电路，当输入放大器的输出电压超过 BG_{22}、BG_{23} 稳压管的击穿电压时，二者必有一个被击穿，并通过 $BG_{18}\sim BG_{21}$ 中的两个顺向二极管而导通，放大器输出端与输入端之间构成深度负反馈通路，使其间的电压限制在稳压管的击穿电压值附近，对输出电压起限幅钳位作用，使放大器不致进入饱和。放大器正常工作时，输出电压不超出 ±6V 范围，稳压管都不被击穿，$BG_{18}\sim BG_{23}$ 均不导通，放大器输出端与输入端之间应处于开路状态，但实际电路中难免有漏电，因而会引入负反馈，致使放大器增益下降，这对电路工作是不利的，为此，加入电阻 R_{40}、R_{41}，可把反馈注入到输入端的漏电流予以分流，使有影响的漏电流减至极小。图 12-5-9 所示即采用多次分流的保护电路，当稳压管未被击穿时，经 BG_{22}、BG_{23} 如有漏电流 I，由于 R_{40}、R_{41} 的分流作用，实际注入到输入端的漏电流为 I''，且 $I''\ll I$；如以 R_D 表示 $BG_{18}\sim BG_{21}$ 各二极管的死区电阻，则：$I'=2\dfrac{I\cdot R_{41}}{R_D}$，$I''=2\dfrac{I'\cdot R_{40}}{R_D}=4\cdot\dfrac{R_{40}\cdot R_{41}}{R_D^2}\cdot I$，一般 R_D 值很高，设 $R_D=100\text{M}\Omega$，又已知 $R_{40}=R_{41}=10\text{k}\Omega$，则 $I''=4\times10^{-8}\cdot I$，$I''\ll I$，相当于提高了保护电路的泄漏电阻。

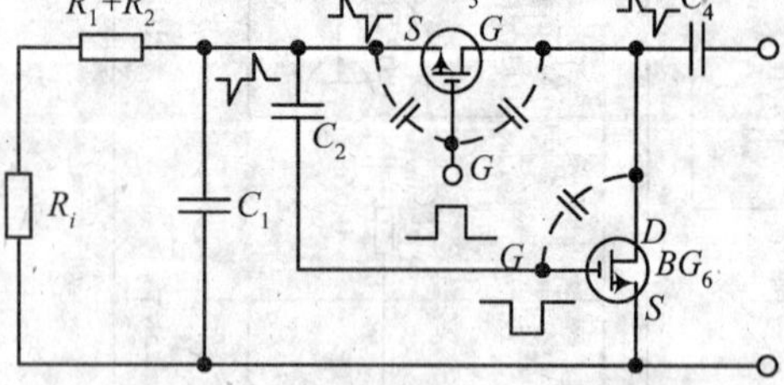

图 12-5-8　尖峰电压影响示意图

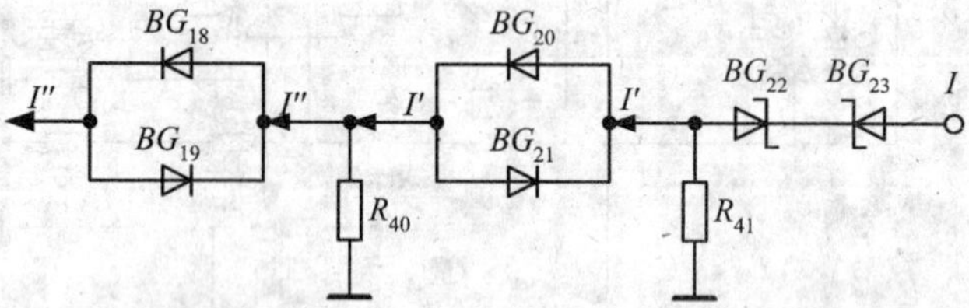

图 12-5-9　限幅保护电路中分流作用示意图

实际输入电路的联接如图 12-5-10 所示。

四、积分放大器

积分放大器是双积分型数字电压表的核心，它的品质直接影响整机的测量精确度，因此，应了解积分器对整机工作有什么影响，以及积分放大电路的工作过程。

1. 对积分放大器的要求

(1)放大器要有足够高的开环增益 K。积分放大器的电原理图如图 12-5-11(a)，若放大器开环增益 $K_o\to\infty$，对直流电压 U_i 而言，在 t 时间内的输出电压变化为 $U_o=-\dfrac{1}{C}\cdot\dfrac{U_i}{R}\cdot t$，$U_o$

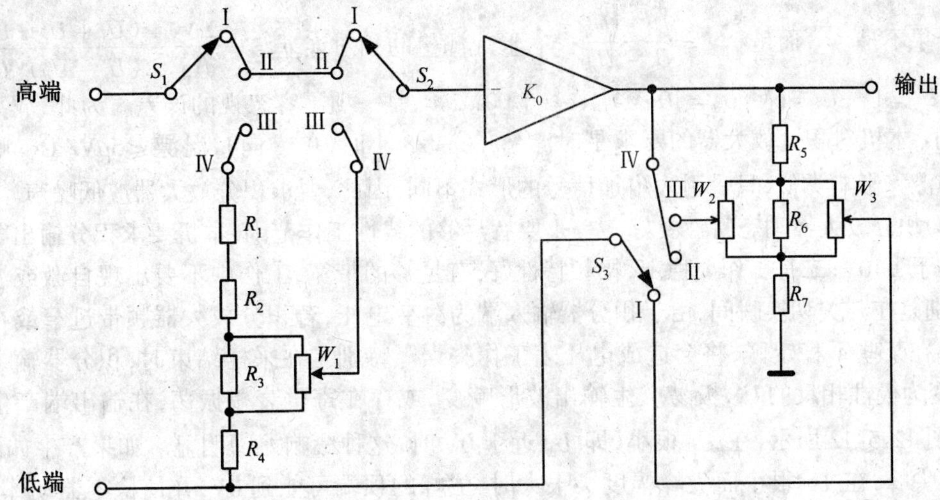

图 12-5-10　输入电路联接图

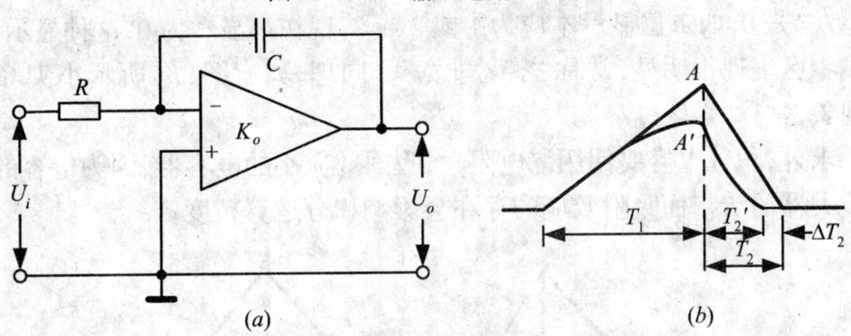

图 12-5-11　积分放大器原理图

随 t 线性变化；但是由于 K_o 为一有限值，U_o 值与理想积分放大器比较，存在误差 $\varepsilon=\frac{-t}{2K_oRC}$，为减小 ε，选用 K_o 高的放大器是一种行之有效的方法。双积分型 A/D 转换的积分输出波形如图 12-5-11(*b*)，在 K_o 为理想放大器时，在采样时间 T_1 内，U_o 从 0V 线性上升至 A 点，在比较时间 T_2 内又线性地减为 0V，由于 K_o 值不够高，实际在 T_1 内 U_o 不能线性上升，也达不到 A，而是 A' 点，在比较阶段，由于同样原因，实际返回 0V 所需时间也不是 T_2，而是 T_2'，U_o 的非线性变化，在采样和比较阶段都存在，两阶段中，非线性影响的方向相反，有抵消作用，由此引起的误差，在某一特定 U_i 时，可实现 $\varepsilon=0$，但在一般情况下并不能完全抵消，即 $T_2'\neq T_2$，存在 $\Delta T=T_2-T_2'$ 误差。尽管双积分型 A/D 转换原理决定了这项误差有降低的可能，但仍需在选择放大器时，取 K_0 为较大值，以便把非线性转换引入的误差减到最小，本机要求 $K_0\geqslant 20\,000$。

(2)放大器的输入阻抗要高　开环输入阻抗 R_{i0} 不是无穷大，工作中经 R_{i0} 便有漏电流，相当于对积分电容 C 充放电时，增加一分流电路，结果使积分器输出 $|U_o|$ 较理想值小，因此，宜选用 R_{io} 高的放大器，一般取 $R_{i0}\geqslant 5R$，本机积分电阻 $R=100\text{k}\Omega$，故应选 $R_{i0}\geqslant 500\text{k}\Omega$。

(3)放大器的零漂和噪声要小　积分放大器工作在理想条件时，$N_2=\frac{KN_1}{U_r}\cdot\overline{U_x}$，如取 $K=1$，则 $N_2=\frac{\overline{U_x}}{U_r}\cdot N_1$，若积分放大器存在零点漂移，设折算到输入端的等效电压为 U_d，则在 T_1 时间内积分器是对 $\overline{U_x}$ 与 U_d 叠加值积分，在 T_2 时间内是对反极性的 U_r 与 U_d 的叠加值积分，实际

转换结果不是 N_2，而是 $N_2'=\dfrac{\overline{U_x}+U_d}{U_r-U_d}\cdot N_1$，形成测量的相对误差 $\varepsilon=\dfrac{\Delta N_2}{N_2}=\dfrac{(\overline{U_x}+U_r)\cdot U_d}{(U_r-U_d)\cdot\overline{U_x}}$。例如，当 $U_x=1\text{V}$，$U_r=6\text{V}$，$U_d=10\mu\text{V}$ 时，$\varepsilon\approx0.0012\%$，是一项不容忽视的误差。为此，放大器的 U_d 宜小，本机对积分放大器的要求是时漂 $\leqslant100\mu\text{V}/8$ 小时（单方向），温漂 $\leqslant5\mu\text{V}/℃$。噪声的影响与漂移影响类似，只是引入附加信号的形式不同，因此，要求积分放大器应低噪声。

(4)积分放大器动态特性要好　一是要有足够的线性工作范围，本机要求积分输出电压范围不小于 ±10V；二是工作要稳定，幅频特性好，有足够的带宽，工作中不要出现自激或波形畸变，特别是在开关切换瞬间，由于积分器输入端为跳变电压，若积分放大器频带过窄或在通频带内存在某些不稳定区，将会造成电压表工作失误。特别是在采样结束时，积分器输入端由 U_x 跃变为极性相反的 U_r，极易产生输出波形畸变，或存在寄生衰减振荡，在输出端产生小尖峰，如图 12-5-12 所示，在 U_x 很小，即 U_x 近于 0V 时，这种影响尤为明显。如果产生如图(a)所示的尖峰，在 U_x 很小而尖峰幅度又很大时，尖峰的顶端可能到 0V，并使检零器动作，送出“t_3”脉冲，结果将比较时间 T_2 吞没，表现为 $T_2=0$，$N_2=0$，即在 U_x 接近 0V 的一个电压范围内，电压表读数总是 0，如末位显示本应为 1 或 2 或 3，现在都显示为 0，这种显示数较应显示数小的现象在显零区表现很明显，常称“零区过宽”。同理，如有图(b)所示小尖峰存在，会出现显示缺 0 的现象，常称“零区过窄”。

除上述要求外，积分电容要使用漏电阻大，吸附效应小的电容器，因为电容的漏电阻小，相当于降低了放大器的 R_{i0}，而吸附效应的存在会影响积分运算精度。

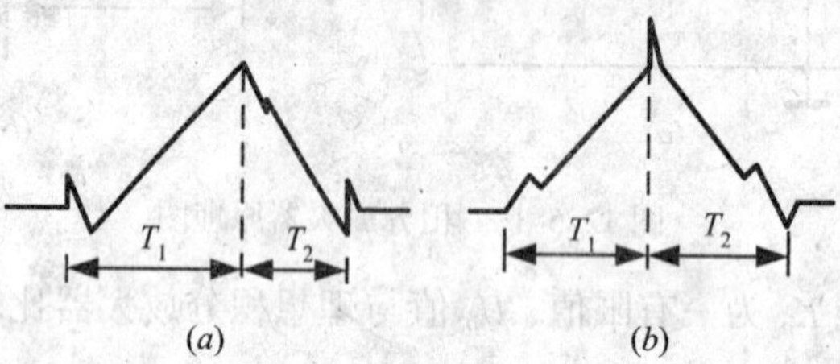

图 12-5-12　积分输出尖峰影响

2. 积分放大器电路

组成方框如图 12-5-13 所示，电路由三极差分放大器和两级射极跟随器组成，C_9、R_1 为积

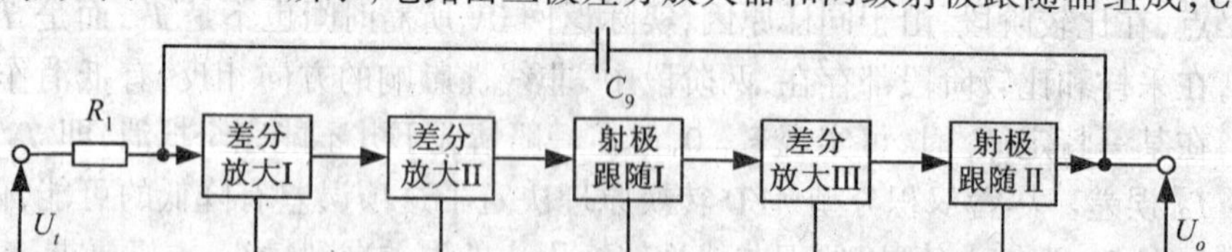

图 12-5-13　积分放大器组成方框图

分元件。第一级差分放大器主要用以获得高输入阻抗和低漂移、低噪声特性，提供增益是次要的，第二、三级差分放大器要提供较高的电压增益，射极跟随器 I 主要起级间连接作用，最后一级射极跟随器为输出级。

积分放大器电原理图如图 12-5-14 所示。第一级差分放大器由对管 BG_1、BG_2 组成，BG_4 接成恒流源，以提高 CMRR，由对管 BG_3 组成的第二级差分放大器经 BG_4 的基极，形成共模负

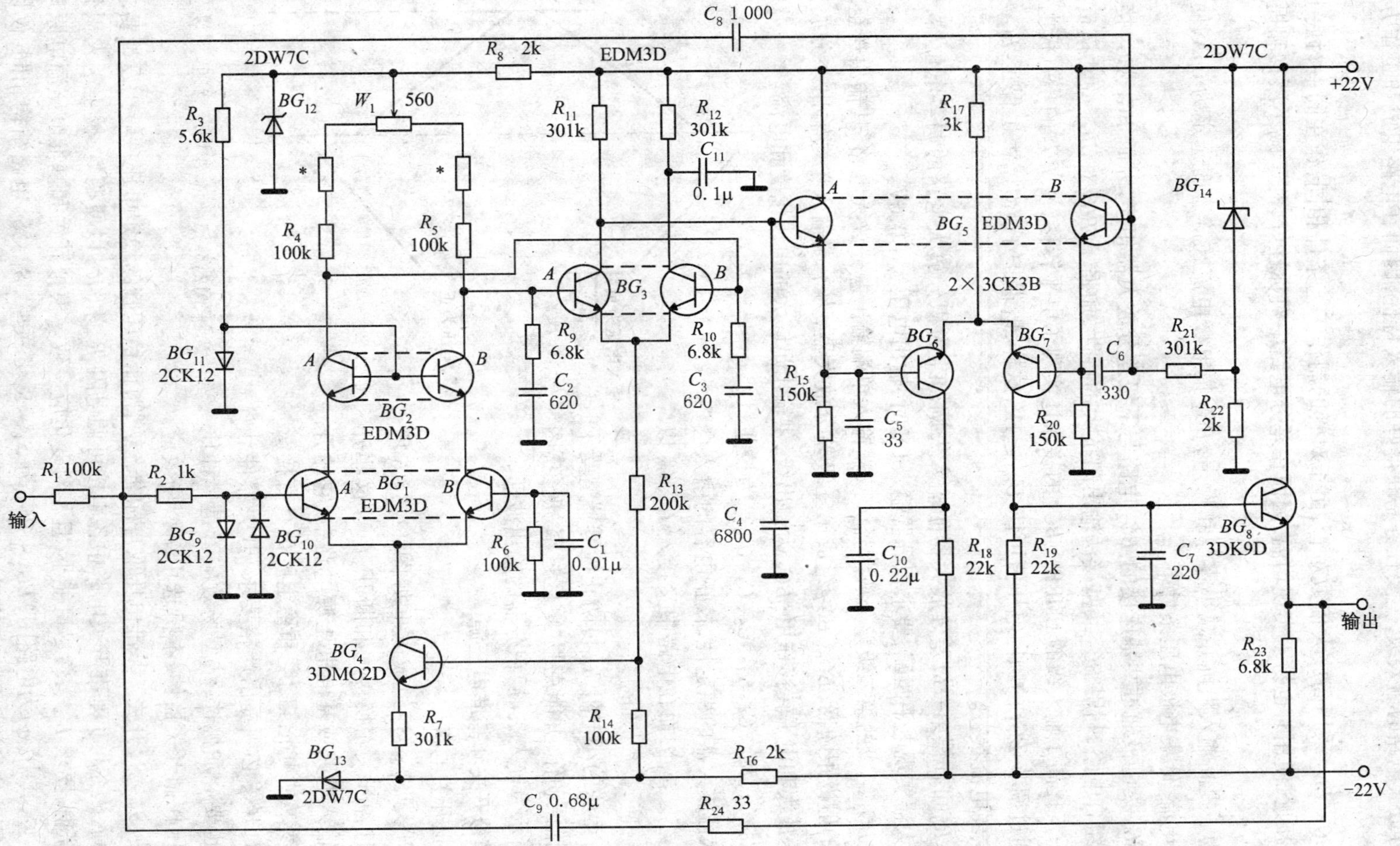

图 12-5-14　积分放大器电原理图

反馈，可进一步提高第一级差分放大器的 CMRR，这一级电路是单端输入双端输出差分放大器，为积分放大电路的输入级，主要任务是获得好的输入特性，因而在电路组成和工作方式上有如下特点：

(1) BG_1、BG_2 采用高放大倍数对管，由于对管的制作工艺条件相同，作在同一衬底上，所以参数很接近，使用时也易于实现均温，因而在差分电路中对称性好，利于减小漂移和提高共模抑制比。

(2)为了提高输入阻抗并减小零漂和噪声，BG_1 集电极电流在静态时选定为 $6\mu A$，使 BG_1 工作在弱电流、低集电极电压条件下。

(3) BG_1 集电极通过共基连接的 BG_2 电路与下级差分放大器相连，因而 BG_1、BG_2 接成共射－共基组合电路，利用 BG_2 共基接法输出阻抗大的特性，加强了 BG_3 对 BG_1 的共模负反馈作用，进一步提高了输入级的 CMRR。BG_2 的接入还实现了电平转移，使 BG_1 的集电极电位不致过高，通过调节 BG_{11} 的顺向电压值可使 $U_{ce1} \leqslant 1V$，这样，既保护了 BG_1 管，也保证 BG_1 工作在低电压、弱电流状态。

调节 R_6 可补偿第一级差分放大器的输入失调；W_1 为积分放大电路的调零电位器，为了与检零放大器实现电平匹配，要求积分器输入 0V 时，输出电压为 +0.6V。

对管 BG_3 组成的第二级差分放大器为双端输入单端输出差分放大电路，其输出送至对管 BG_5 组成的射极跟随器；BG_6、BG_7 组成第三级差分放大器，为单端输入单端输出差分放大电路，起电压放大和电平转移作用；BG_8 为输出级，供输出足够大的电压幅度和电流。

C_2、R_9、C_3、R_{10}、C_4、C_{11}、C_5、C_7、C_{10} 等为校正元件，以保证放大器的稳定性，校正电容的引入会使开环带宽变窄，因而在电路中又接入 C_8、C_6 以改善高频响应，扩展频带。

与 C_9 串联的小电阻 R_{24} 可防止检零器遭受干扰而产生错误动作，并能克服“零区过窄”现象，图 12-5-15 所示为接入 R_{24} 后积分器的输出波形。

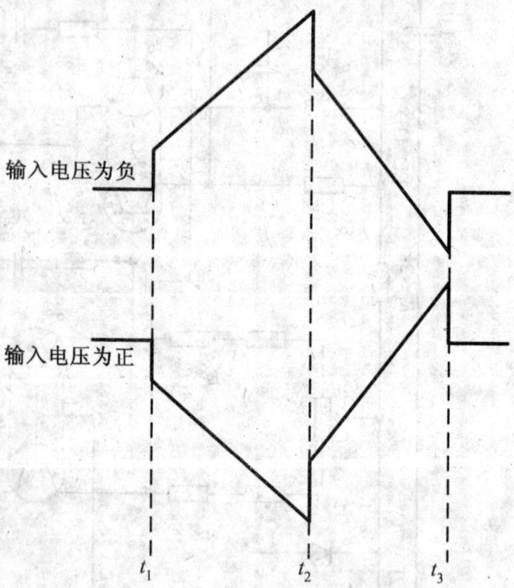

图 12-5-15　R_{24} 作用示意图

五、模拟开关和基准电压源

1. 模拟开关电路

模拟开关 $S_1 \sim S_4$ 组成方框如图 12-5-16 所示。测量时各开关轮换接通和断开，由于这些开关串接在输入电路或基准电压源电路中，它的开态和关态参数对测量准确度和稳定度都有直接影响，因此，对开关必须提出严格要求，开关器件和电路形式也要严加挑选，结型场效应管是一种比较好的电压控制开关器件，本机选用结型场效应管 3DJ14 为 $S_1 \sim S_4$ 开关。基准电压取自标准齐纳管，而稳压管的稳定电压一般比设计要求的 $|\pm 6V|$ 值高，故在正负基准开关电路中各串接可调电阻 R_+ 和 R_- 以便调整、校正送入积分器的基准电压值，要求 R_+、R_- 尽可能小，且相对变化应一致。模拟开关和基准电压源电原理图如图 12-5-17，其中(a)为电路图，$BG_1 \sim BG_4$ 为 $S_1 \sim S_4$ 开关管，$S_1 \sim S_3$ 电路结构相同，仅切换信号不同，驱动信号由内层逻辑电路提供，其控制原理示于图(b)中，$\pm U_s$ 表示被切换的信号，

R_L 为等效负载，U_C 为驱动信号，当要求开关断开时，应使结型场效应管可靠地夹断，即栅极电位低于源极电位，而且 $|U_{GS}|>|U_p|$，U_p 为该管夹断电压，当要求开关闭合时，应使晶体管充分导通，但栅极电位不得高于源极电位，以免形成栅源电流，并窜入被切换信号回路，失去电压控制器件的优越性；在本电路中，U_C 为高电平 U_H 时，开关闭合；U_H 为低电平 U_L 时，开关断开，其工作过程为：当 $U_C=U_H$ 时，二极管 D 截止，R 中无电流，故 R 两端等电位，则 $U_S=U_G$，$U_{GS}=0$，场效应管导通；当 $U_C=U_L$ 时，D 正向偏置而导通，R 中有电流，栅极电位被钳在 $U_G=U_L+U_D\approx U_L$，其中 U_D 为二极管顺向电压，只要选用的 U_L 值足够低，使 $|U_{GS}|>|U_P|$，便可保证场效应管可靠地夹断。U_H 和 U_L 的选择原则应为：$U_H>|U_S|$，$U_L\leqslant-(|U_S|+|U_P|+U_D)$；在本电路中 $U_H=+12\text{V}$，$U_L=-12\text{V}$。

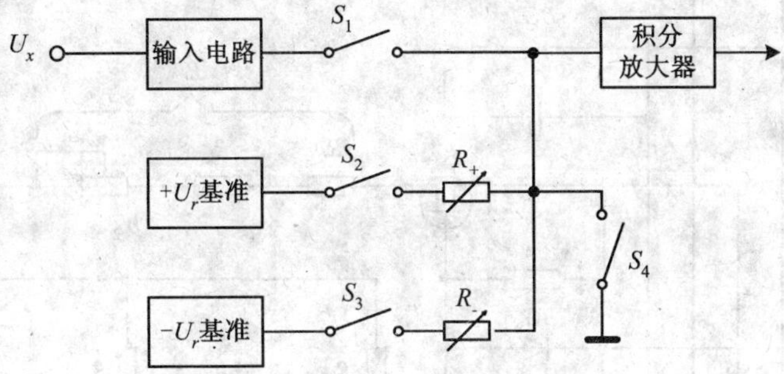

图 12-5-16　模拟开关组成方框图

S_4 的开关管为 BG_4，二极管 $BG_9\sim BG_{12}$与 BG_5 配合组成或非门，测量时，不论在采样或比较阶段，$S_1\sim S_3$ 中必有一个接通，即或非门三个输入端 A、B、C 中必有一个为U_H，故 E 亦为高电平，BG_5 截止，其集电极输出约 -13V，使 BG_4 夹断，S_4 断开；当进入休止期，A、B、C 均接 U_L，BG_5 饱和通导，BG_4 的 $U_G\approx 0\text{V}$，因而导通，即 S_4 闭合。

2. 基准电压源

基准电压值决定反向积分时输出电压的变化速率，在一台电压表中它应是一常量，因此，要求基准电压源必须有很高的稳定度，否则会直接引入误差。基准电压源的负载为积分放大器，由于积分电阻很大(100kΩ)，而且积分过程中电容的充电和放电也是恒流的，所以，对基准电压源并没有苛刻的要求，采用简单的两级稳压管稳压电路便可实现。在图 12-5-17(a)中，基准电压源可提供 +6V、-6V 输出，两组电路相同，分别由预稳压管和主稳压管组成，在这种两级稳压电路中，影响电压稳定度的主要因素是主稳压管 BG_{13}、BG_{14}的齐纳电压(击穿电压)稳定度。本电路选用 2DW7C 型稳压管，并经过严格老化筛选，选用温度系数小、时漂小的稳压管，如在 0°～+55℃条件下，要求温度系数小于 $2\times10^{-5}/5℃$，在 30 天内，室温条件下，每天通电 8 小时，每小时测一次稳压值，要求电压漂移 $\Delta U\leqslant 3\text{mV}/30$ 天。

六、检零放大器

1. 检零放大器的作用

检零器接受积分器的输出信号，当积分输出电压过 0 点时(本机设计为 +0.6V)，送出跳变信号“正检零输出”U_+，和“负检零输出”U_-，用这些信号推动或控制内层逻辑电路动作，U_+、U_-信号在采样开始的 t_1 时刻和比较结束的 t_3 时刻产生跳变。为保证检零器的可靠性和高灵敏度，本机的检零电路实际为一高增益电压比较器，阈值电平 U_{i0}按 +0.6V 设计，两输出端为

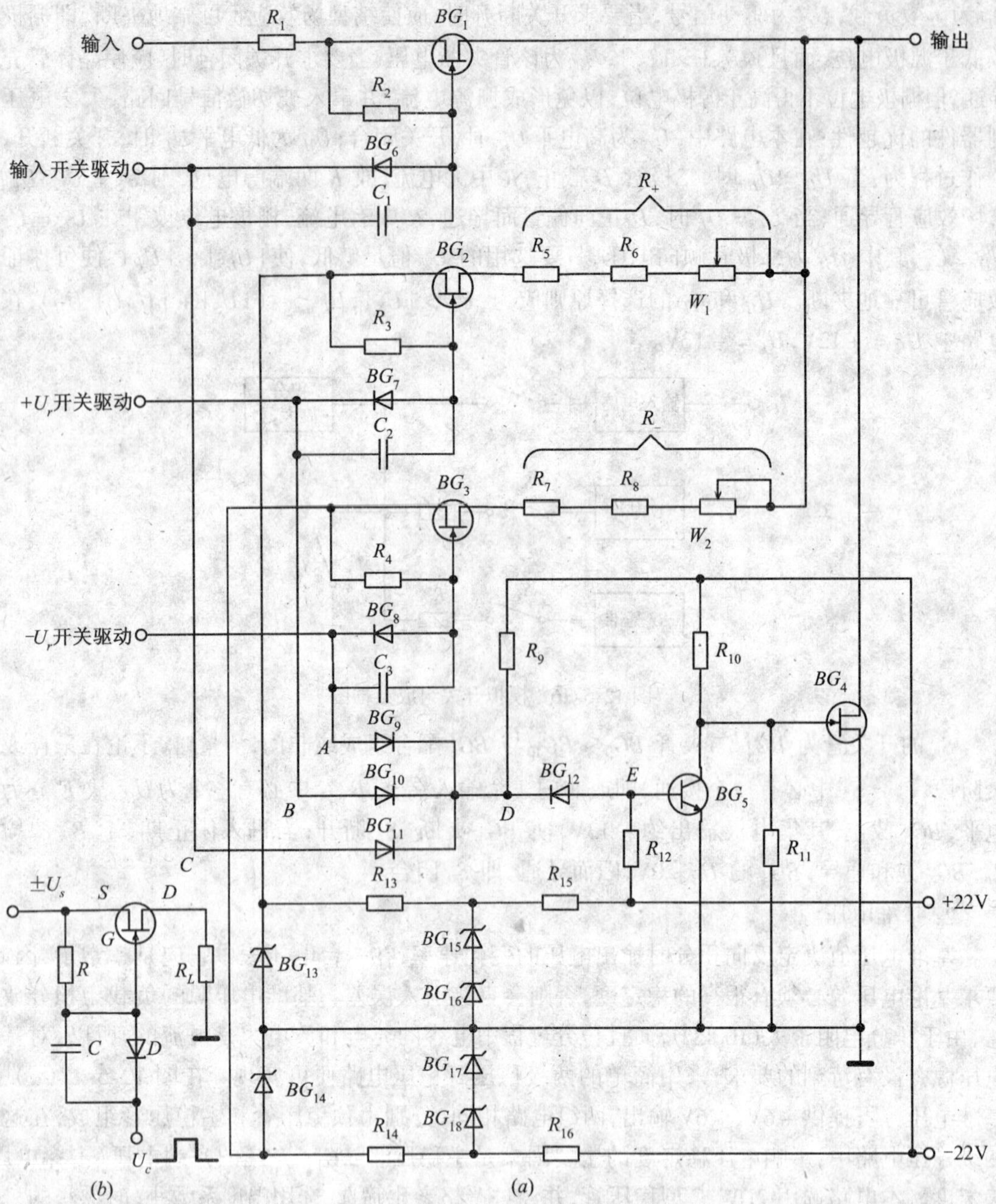

$BG_1 \sim BG_3$　3DJ14A　BG_4　3DJ14B　BG_5　3CK3B　$BG_6 \sim BG_{12}$　2CK12　$BG_{13} \sim BG_{18}$　2DW7C

图 12-5-17　模拟开关和基准电压源电原理图

U_+、U_-信号，当 $U_r > U_{i0}$时，U_+ = “1”，U_- = “0”；当 $U_r < U_{i0}$时，U_+ = “0”，U_- = “1”。U_+、U_-分别送往内层逻辑电路中双稳 F_3、F_2 的输入控制端，当检零输出“1”时，相应的受控双稳输入端被钳在约 +0.6V，强制该双稳置“0”态，检零输出为“0”时，受控双稳不被钳位，双稳的状态如何，取决于原来的状态或其他触发信号。检零放大器的特性示意图如图 12-5-18，(a)为转换特性，(b)为输入 U_i 为三角波时的输出波形关系。

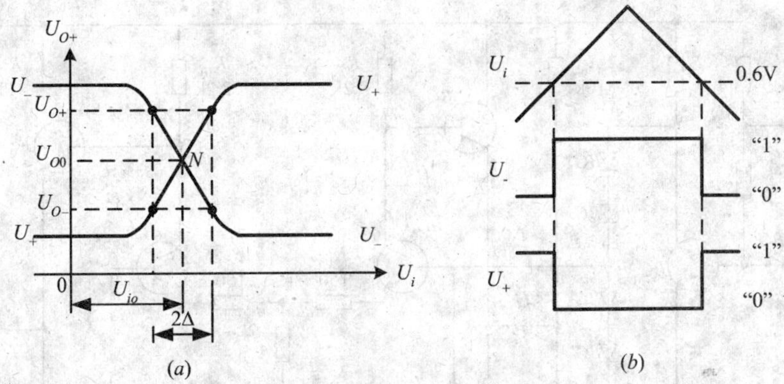

图 12-5-18　检零放大器特性示意图

2. 检零放大器主要技术性能

(1)灵敏度要足够高　电压比较器的灵敏度，常以在阈值电压附近能确切地比较出输入端模拟电压的最小变化量表示。在图 12-5-18(a)中即 2Δ，它实际反映了 U_{io}附近的不灵敏区，2Δ值愈小，检零器愈灵敏，其值决定于检零器的增益 K 和输出电压的幅度，$2\Delta=\frac{|U_{o+}|-|U_{o-}|}{K}$。2Δ应足够小，它的存在应不致引起显示器一个字的变化，通常以不致引起半个字变化为限。计数显示器末位一个字相对应的时间为时钟脉冲的周期即$\frac{1}{f_o}=1.33\mu s$，这段时间内检零器输入电压(即积分器输出电压)的变化值，最大时约等于120μV，因此，设计时宜取检零器 $2\Delta\leqslant 60\mu V$。

(2)检零器的电压放大倍数应足够大　为保证检零灵敏度，在检零区要求 $K\geqslant\frac{|U_{o+}|-|U_{o-}|}{2\Delta}$，$U_{o+}$表示检零器输出电平高到足以使受控双稳 F_3 或 F_2 实现钳位的最低值，对硅管而言，$U_{0+}\approx+0.6V$，即检零器的输出 U_+ 或 U_-，只要电平高于 U_{o+}，便会对所控制的双稳钳位。U_{0-}则表示 U_+ 或 U_- 电平低到足以将 F_3 或 F_2 解除钳位的最高值，对硅管而言，$U_{0-}\approx+0.6V$，只要 U_+ 或 U_- 电平低于 U_{0-}，相应的受控双稳便不被钳位，因此，U_{0+}、U_{0-}是由内层逻辑电路所决定的检出阈值电平，本机中如按 $U_{0+}=0.7V$，$U_{0-}=0.5V$，$2\Delta=60\mu V$ 计，则 $K\geqslant\frac{0.7-0.5}{60\times10^{-6}}\approx 3\ 300$。在检零区之外要求输出电平稳定，或"1"态或"0"态，因此，检零放大器宜选用高增益限幅放大电路。

(3)静态工作点要选择恰当　由图(a)中可看出，N 点静态电位必须调节在检零区的对称中心，即 $U_{i0}=U_{o0}=+0.6V$，如果选偏，会造成 F_3、F_2 的误动作，例如，若取 $U_{o0}>+0.6V$，则 U_+、U_- 难于输出"0"，有可能二者同时处于"1"，对 F_3、F_2 始终钳位，反之，若取 $U_{o0}<+0.6V$，又可能对 F_3、F_2 失去钳位控制。

3. 检零放大器电路

图 12-5-19 所示为其电原理图。$BG_6\sim BG_{11}$组成限幅放大器，BG_3、BG_4 组成单端输入差分放大电路，它经常工作于非线性区，相当于电流开关，仅在输入电压 U_i 过零的极小范围内工作在线性放大区，差分放大器的两个互为倒相的输出端，经射极跟随器和输出门送出 U_+ 和 U_- 信号。BG_6、BG_7 和 R_3、R_4 组成输入门，其输入信号 U_i 即积分器的输出，静态时 $U_i=+0.6V$，

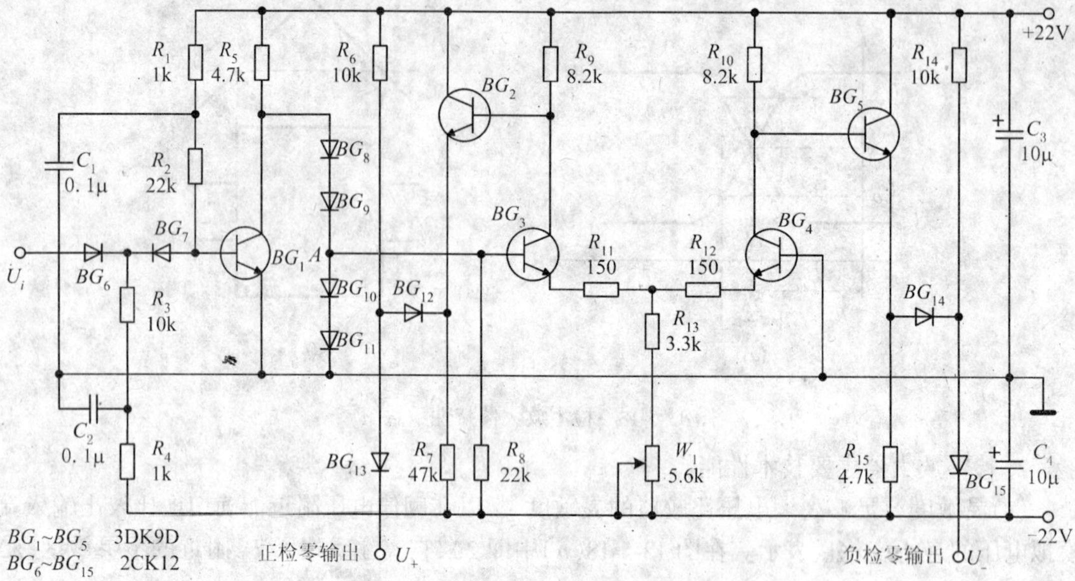

图 12-5-19 检零放大器电原理图

调节放大管 BG_1 静态工作点 $U_{b1}=+0.6V$,使其工作在线性放大区,$U_{c1}=+1.2V$;当 $U_i>+0.6V$ 时,BG_1 进入饱和区,U_{C1}电位下降,经 R_5、BG_8、BG_9、R_8 分压,A 点输出电压约 $-1.2V$,当 $U_i\gg+0.6V$ 时,BG_7 反偏而起隔离作用,A 点恒为 $-1.2V$;当 U_i 低于 $+0.6V$ 时,BG_1 截止,由于 $BG_8\sim BG_{11}$的钳位作用,A 点被限定为 $+1.2V$;当 U_i 变化过 0(实际 $+0.6V$)时,U_A 形成跳变信号,变化方向与 U_i 相反,输出电平被限幅为 $\pm1.2V$。为使信号跳变沿陡峭,此信号送往 BG_3、BG_4 非线性差分放大器。差分放大电路的静态工作点设置为:当 $U_i=+0.6V$ 时,$U_A=U_{b3}=U_{b4}=0V$,调节 W_1 使 BG_3、BG_4 工作在线性放大区,且使 $U_{C3}=U_{C4}=1.2V$;当 $U_A=+1.2V$时,BG_3 饱和,BG_4 截止,这是电路的一种稳定状态。当 $U_i=-1.2V$ 时,BG_3 截止,BG_4 饱和,为另一稳定状态。这一差分放大器经常工作在非线性区,实为一电流开关。当 A 点电位跳变时,在 BG_3、BG_4 集电极上可得到一对极性相反的电位跳变,为了使其与负载隔离,在集电极与内层逻辑电路之间接入射极跟随器和二极管输出门。现仅以 U_- 输出端为例作一分析,U_+ 的工作原理与其相同。U_- 输出电路如图 12-5-20 所示,BG_4 的输出信号经 BG_5 射极跟随器和 BG_{14}、BG_{15}门电路自 F 点送出,“即负检零输出” U_- 信号,此信号送内层逻辑单元电路中的 F_2 触发输入端,即 BG_4 之基极。静态工作点设置为 C 点 $+1.2V$,D 点 $+0.6V$,E 点 $+1.2V$,F 点 $+0.6V$。当 C 点输出“0”时;其电位约为 0V,E 点也近于 0V,F 点达不到 $+0.6V$,不可能使 F_2 的 BG_4 导通,故 U_- 对 F_2 不施加影响,F 点电位将取决于 F_2 中 BG_4 原有状态,这时相当于二极管 BG_{15}开路;当 C 点输出“1”时,D 点电位随

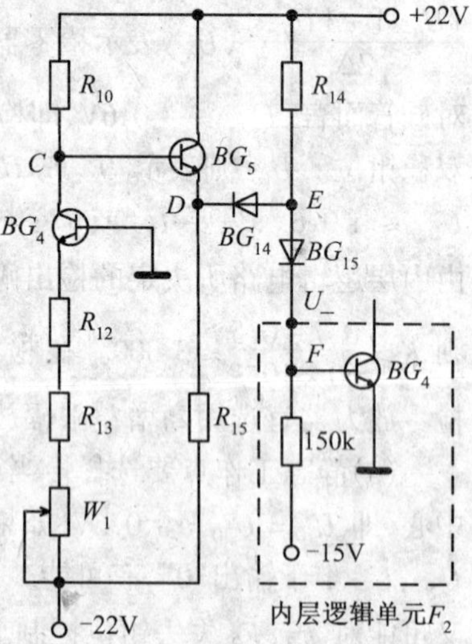

图 12-5-20 U_- 输出端示意图

之升高，并强制 F_2 中的 BG_4 饱和通导，故 F 点被钳位于 +0.6V，E 点被钳位于 +1.2V，此时二极管 BG_{14}反偏，相当于开路；由此可见，由射极跟随器和输出门组成的输出级电路，既能送出检零信号，又能保证下一级电路(如 F_2)不影响本级电路的正常工作。检零放大器静态工作点的设置十分重要，它直接影响检零动作，根据工作要求，图 12-5-18(a)中的 N 点应在检零区的对称中心，即 $U_i = U_{io} = +0.6V$，一对输出信号 $U_{e2} = U_{e5} = +0.6V$。设电路中各二极管的顺向电压和晶体管的 be 结导通电压均为 0.6V，且 BG_3、BG_4 参数对称，负载平衡。则根据电路要求，各级静态工作点应设置为

$$U_{b2} = U_{b5} = 0.6 + 0.6 = 1.2V$$

$$U_{C3} = U_{C4} = 1.2V$$

$$U_{b3} = U_{b4} = 0V$$

$$U_{e3} = U_{e4} = -0.6V$$

从电位分布可看出 BG_3、BG_4 工作在线性放大区，其集电极电流 $I_{C3} = I_{C4} = \dfrac{22-1.2}{8.2\times10^3} \approx 2.54mA$。又由于 $U_A = U_{b3} = 0V$，所以

$$U_{C1} = U_A + 0.6V + 0.6V = +1.2V$$

$$U_{e1} = 0V \qquad U_{b1} = +0.6V$$

从 BG_1 各电极电位分布看，它也工作在线性放大区，$I_{C1} = I_{R5} - I_{8,9} = \dfrac{22-1.2}{4.7\times10^3} - \dfrac{0-(-22)}{22\times10^3} \approx$ 3.4mA。这时 $U_i = U_{i0} = +0.6V$，即检零器的阈值电平。

七、内层逻辑控制电路

模拟电路部分的控制电路称为内层逻辑控制电路，它可送出模拟开关驱动信号，并经脉冲变压器沟通内外层之间的信号联系，具体任务有四：

(1)接受外层送来的“t_1”、“t_2”脉冲，并向输入信号开关 S_1 送出“输入开关驱动”信号。

(2)接受外层送来的“t_2”脉冲后，根据被测电压极性的不同，送出“$+U_r$ 开关驱动”或“$-U_r$开关驱动”信号。

(3)比较阶段结束时，经脉冲变压器向外层送出“t_3”脉冲。

(4)被测电压为正极性时，在送“t_3”脉冲的同时，由另一脉冲变压器向外层送“极性脉冲”。

电路由三个双稳态触发器(F_1、F_2、F_3)，开关驱动信号输出电路，“t_3”脉冲形成电路和极性脉冲形成电路等部分组成，其电原理图示于图 12-5-21 中。双稳 F_1 由 BG_1、BG_2 组成，为双端触发方式。采样开始时，“t_1”脉冲触发 F_1，使 BG_2 截止，BG_1 导通，采样结束时，“t_2”脉冲又使 F_1 翻回原态，其间的状态变化，经 BG_1 集电极送 BG_7 倒相放大后输出，即“输入开关驱动”信号。F_2、F_3 分别由 BG_3、BG_4 和 BG_5、BG_6 组成，它们结构相同，均为单端触发方式，输入信号各有两个，一是检零输出，一是“t_2”脉冲；在休止期，F_2、F_3 中的 BG_4、BG_6 饱和通导，BG_3、BG_5 截止，采样开始后，检零放大器输出一对状态相反的 U_+ 和 U_-，“负检零输出”U_- 送往 BG_4 基极，“正检零输出”U_+ 送往 BG_6 基极，使 BG_4、BG_6 中必有一管，也仅有一管处于被氏钳位的导通状态，采样结束时，在“t_2”脉冲作用下，未被钳位的那一晶体管将受“t_2”触发而截止，相应的双稳电路状态翻转，受到钳位作用的双稳电路则不受“t_2”脉冲作用，而保持原态不变。比较阶段结束时，即积分器输出电压恢复过零时，检零器输出产生跳变，原为“1”的输出端跳变为“0”态，失去了原来对所连接双稳电路的钳位作用，而原为“0”的输出端跳变为“1”态，并将受

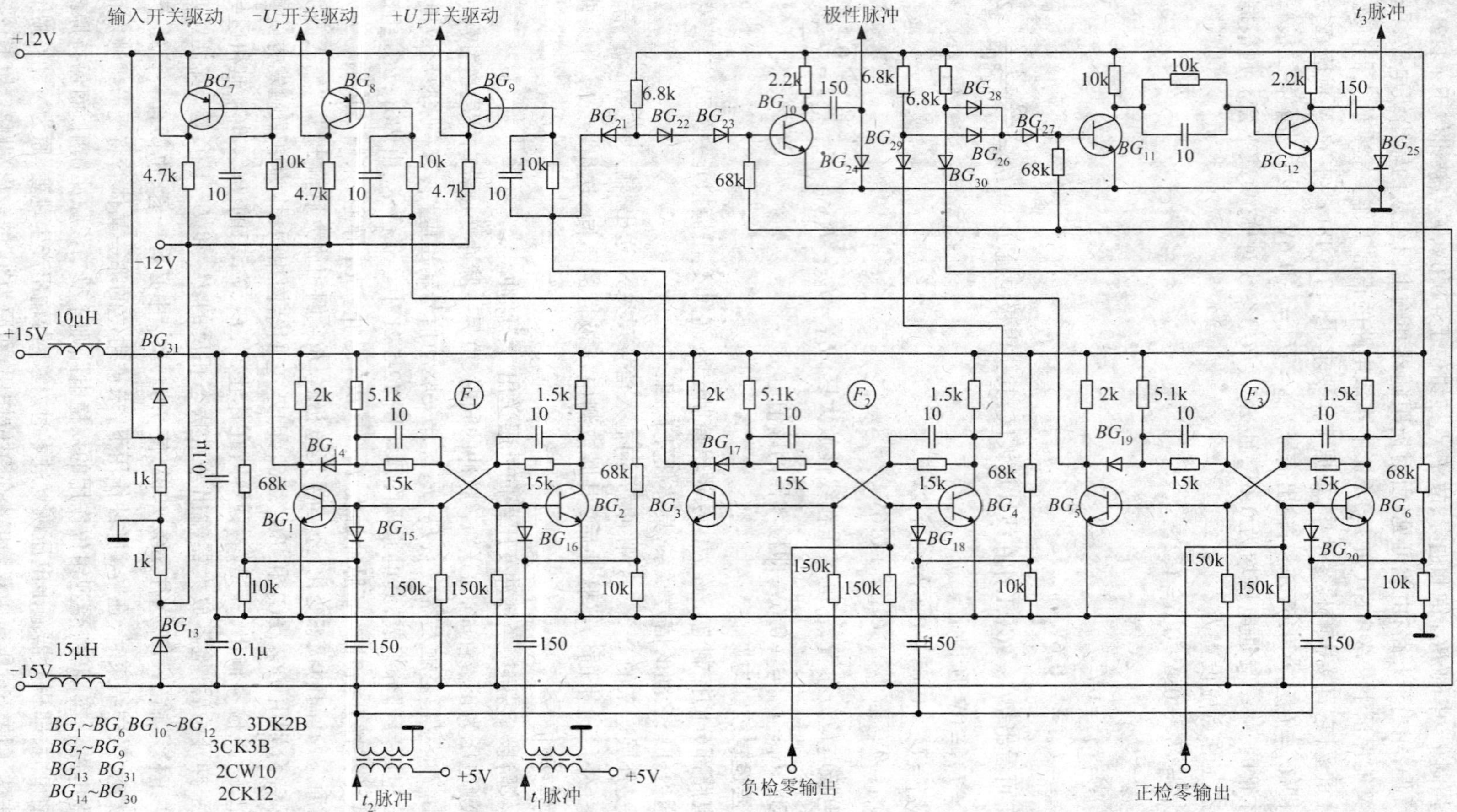

图 12-5-21 内层逻辑控制电原理图

"t_2"脉冲作用而截止的晶体管,强制其导通,使这一双稳恢复到原来状态,这样,比较阶段结束时 BG_4、BG_6 都处于导通状态。不受钳位作用的双稳电路,其状态变化,经相应输出管 BG_8 或 BG_9 送出"$-U_r$ 开关驱动"或"$+U_r$ 开关驱动"信号。譬如,当 U_x 为正极性时,经输入放大器倒相放大,采样开始时有负电压送入积分器,其输出电压自零正向上升,此时 $U_+=$"1",$U_-=0$,故 F_3 被钳位,F_2 不被钳位,在"t_2"脉冲送来时 F_3 状态不变,F_3 受触发而状态翻转,并经 BG_9 送出"$+U_r$ 开关驱动"信号,积分器接入 $+U_r$ 后反向积分,当输出电压恢复过零时,U_+ 由"1"跳变为"0",这一变化撤消了对 F_3 的钳位,由于检零器中输出门 BG_{13}的隔离作用,U_+ 的变化也不影响 F_3 的原有状态。与此同时,U_- 由"0"跳变为"1",F_2 的 BG_4 立即被强制导通,BG_9 的"$+U_r$ 开关驱动"信号也随即撤出,模拟电路全部进入休止阶段。"t_3"脉冲形成电路由或门($BG_{26}\sim BG_{30}$)及 BG_{11}、BG_{12}组成,电路接受来自 BG_4、BG_6 的信号,经或门推动 BG_{11}、BG_{12}两级倒相放大,其状态变化经输出电路,在脉冲变压器上形成"t_3"脉冲,送往外层电路,其输出电路和波形关系如图 12-5-22 所示。

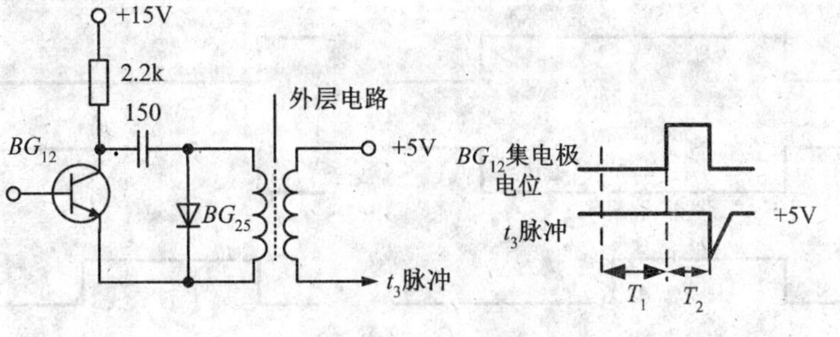

图 12-5-22 "t_3"脉冲形成示意图

极性脉冲由 BG_{10}形成并送出,输出电路与"t_3"脉冲相同。当 U_x 为正极性时,在 t_3 时刻,BG_3 集电极输出由"0"变为"1",这一跳变经 BG_{10}倒相,由脉冲变压器向外层送出负向窄脉冲,为显示"+"极性作好准备,波形关系如图 12-5-23,U_x 为负极性时,不产生极性脉冲。

综合内层各单元电路的工作原理,有关的逻辑控制关系如表 12-5-2 所列,图 12-5-24 为内层电路主要波形关系。

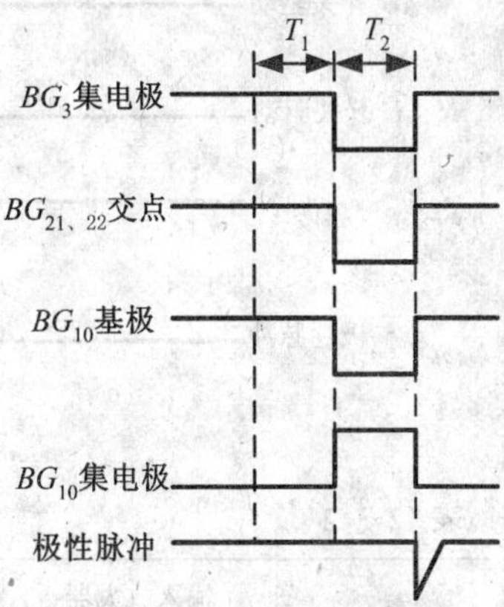

图 12-5-23 极性脉冲形成的主要波形关系

八、外层逻辑控制电路

仪器中,外层逻辑控制电路装配在两块印制版上,形成外层逻辑(Ⅰ)和外层逻辑(Ⅱ)两组电路,它们各有独立的逻辑功能而又互有联系。电路中多处用 TTL 与非门和 RC 元件配合,组成窄脉冲形成电路,主要形式有:

(1)微分型单稳　电路组成及波形关系如图 12-5-25(a),输出脉冲宽度较触发脉宽大,要求 R 取值较大,输出脉宽 τ 与 RC 成正比。

(2)积分型单稳　如图 12-5-25(b),一般 R 取值较小,如 200Ω,输出脉宽 τ 与 RC 成正比。

(3)微分电路　如图 12-5-25(c)所示,由三个与非门组成,在输入信号上跳时,可输出窄脉冲,输出脉宽为 $3t_d$(t_d 为与非门平均延迟时间)。

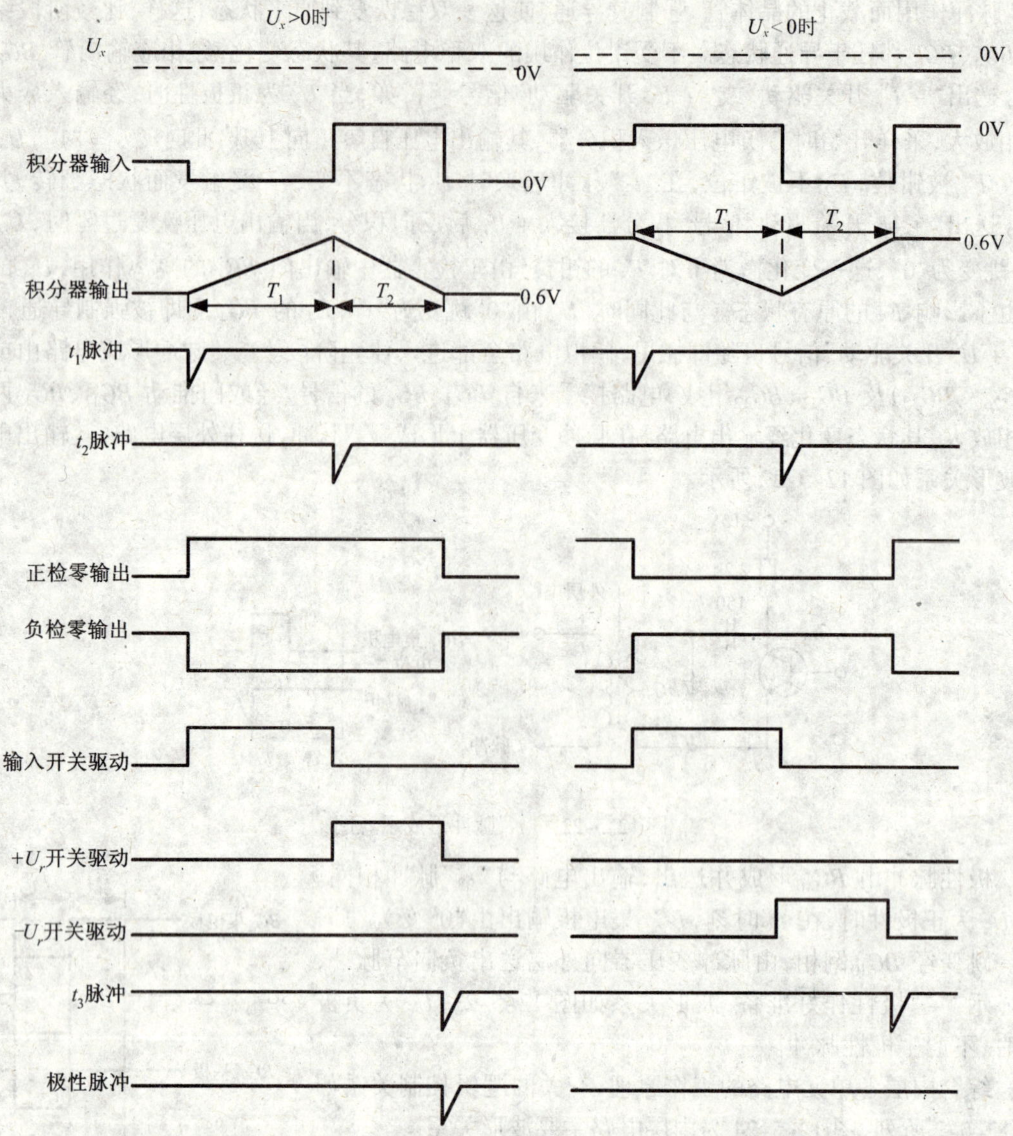

图 12-5-24 内层电路主要波形关系

表 12-5-2

U_x 的极性	输入放大器输入电压极性	积分放大器电压极性		检零器输出状态		双稳电路受控条件		$\pm U_r$ 开关状态	
		输入	输出	U_+	U_-	F_2	F_3	S_2	S_3
+	−	−	+	"1"	"0"		被钳位	通	断
−	+	+	−	"0"	"1"	被钳位		断	通
		采样阶段						比较阶段	

1. 外层逻辑(Ⅰ)电路

这一组电路除产生逻辑控制信号外,并实现极性显示,具体任务为:

(1)产生"t_1"脉冲和"t_2"脉冲。

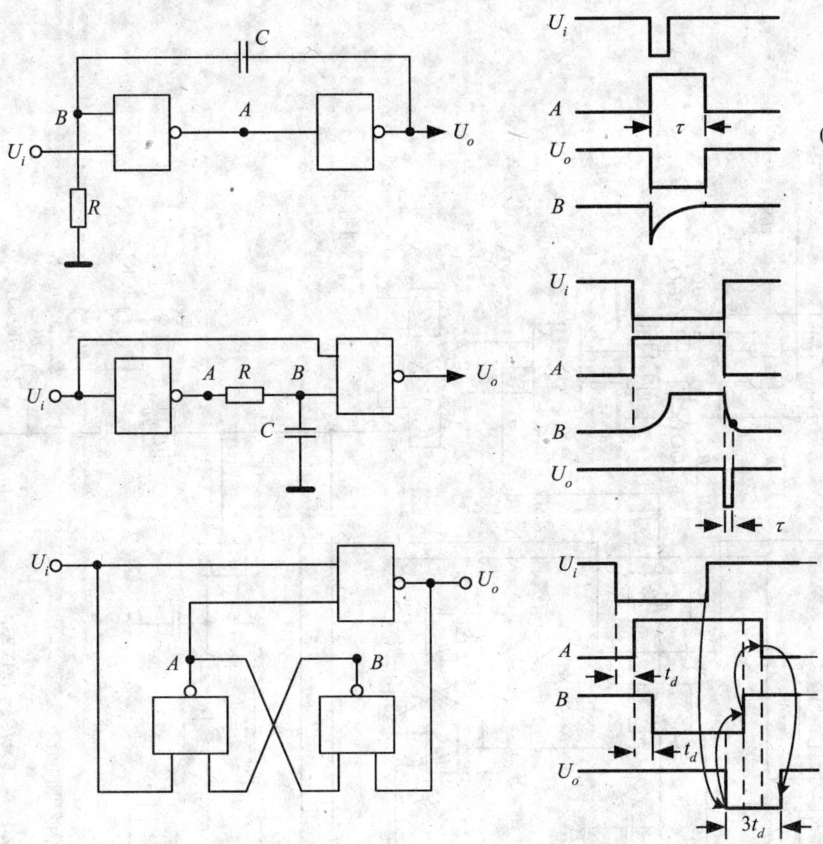

图 12-5-25　窄脉冲形成电路

(2)在"t_3"脉冲推动下,送出寄存脉冲,尔后又送出复原脉冲。

(3)显示被测电压的极性。

外层逻辑(Ⅰ)电原理图如图 12-5-26 所示。BG_3 ~ BG_8 及集成电路 IC_{10} ~ IC_{12}、IC_{14}、IC_{16b} 组成"t_1"脉冲和"t_2"脉冲形成电路;IC_{12}为 J-K 触发器,处于计数工作状态,接受万位计数器的溢出脉冲触发,其波形关系如图 12-5-27 所示,"t_1"和"t_2"脉冲分别由 BG_3、BG_4 送出,并经脉冲变压器耦合到内层电路,同时向外层逻辑(Ⅱ)电路送出 t_2'脉冲。由 IC_1 ~ IC_7 组成的电路可形成寄存脉冲和复原脉冲,其中 IC_1 ~ IC_4 为四个单稳,IC_5 起倒相、隔离作用,IC_6、IC_7 和 IC_{15}组成采样方式控制电路,当"采样方式"开关置"自动"位置时,IC_{6a}的输入端 A 总接 0V,IC_{6a}输出"1",在每次采样开始时,"t_1"脉冲经 IC_{15}使 IC_7 的输出将寄存单稳输出门 IC_{4a}打开,在比较阶段结束后形成的寄存脉冲才得以输出,并送往计数器及极性显示电路,以显示本次测量结果,经休止期后又可开始下一周期的测量,这时的测量工作是一次一次地连续进行,即自动测量方式,两次测量的间隔时间为 240ms;当开关置"远动"时,电压表的工作受"远动"信号控制,"远动"信号为一负脉冲,当信号为"0"态时,与"自动"工作方式相同,当外控信号为"1"时,IC_6、IC_7 组成的双稳将寄存单稳输出门 IC_{4a}封住,寄存脉冲不能送到计数及显示电路中,因而电压表显示的是以前测量的结果。每接受一个"远动"负脉冲,电压表即显示出当时测得的结果,并一直保持到下一个"远动"脉冲送来时。当内层送来"t_3"脉冲时,将产生寄存脉冲和复原脉冲,并在 IC_{1b}输出端向外层逻辑(Ⅱ)电路送出 t_3'信号,其脉宽较"t_3"大,图 12-5-28(a)

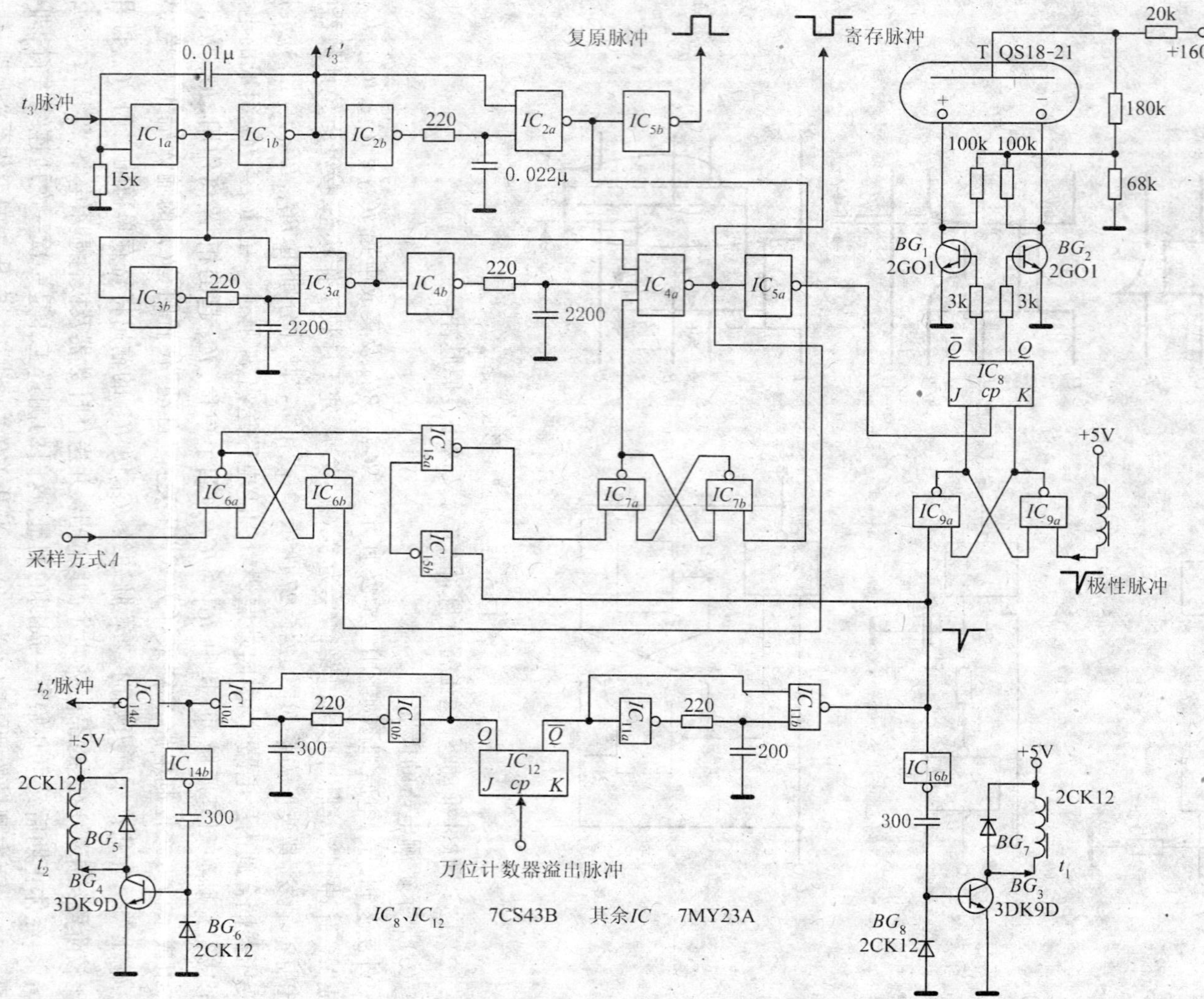

图 12-5-26 外层逻辑(Ⅰ)电原理图

为其波形关系，图(b)是两种采样方式的波形比较。极性显示电路包括：显示管 T 和 BG_1、BG_2 组成的驱动电路，以及极性寄存器 IC_8 和极性双稳 IC_9。在每一测量周期的开始时刻，“t_1”脉冲使 IC_{9a} 输出“1”、IC_{9b} 输出“0”，分别作为 J-K 触发器 IC_8 的 J、K 控制信号；若 U_x 为正极性，在 t_3 时将由内层耦合送来极性脉冲，这一负脉冲触发极性双稳翻转，使 IC_8 的 J 端为“0”、K 端为“1”，当倒相后的寄存脉冲作为 IC_8 的 cp 信号送来时，IC_8 的状态为 Q = “0”，$\overline{Q}=1$，故 BG_1 导通，BG_2 截止，驱动 T 显示“+”符号，如果 U_x 为负极性，将无极性脉冲送来，IC_9 保持“t_1”触发后的状态，寄存脉冲送入时，将使 IC_8 呈 Q = “1”，$\overline{Q}$ = “0”的状态，BG_1 截止，BG_2 导通，显示“-”符号。

2. 外层逻辑(Ⅱ)电路

本单元电路任务有二：

(1) 以市电完成测量启动，使每次测量的起始点与 50Hz 电压的初相同步。

(2) 对时钟振荡器进行工频锁控，确保 T_1 为工频信号周期的四倍，借以提高仪器的 SMRR。

本单元电原理图如图 12-5-29 所示。

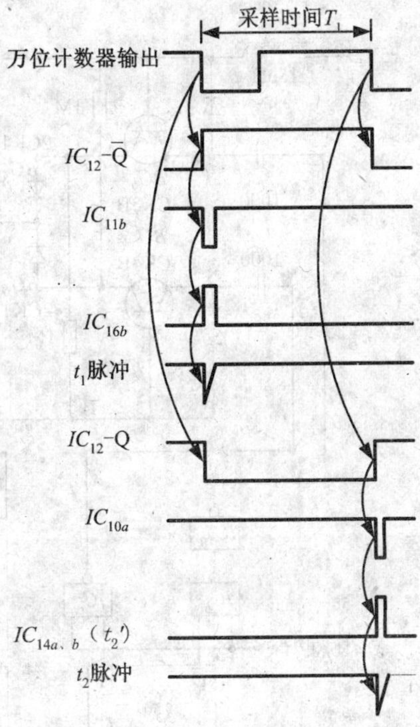

图 12-5-27 “t_1”、“t_2”脉冲形成主要波形图

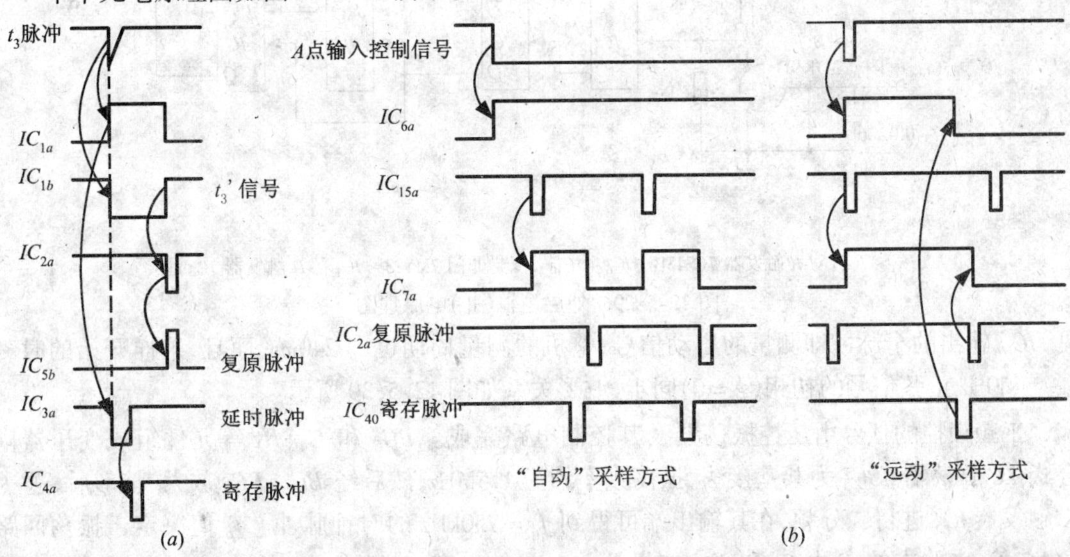

图 12-5-28 寄存脉冲和复原脉冲

本单元的前一项任务由 BG_1、IC_1 ~ IC_4 和 IC_7 ~ IC_9 电路完成；BG_1 组成限幅整形电路，把外层电源送来的 50Hz 正弦电压整形为方波信号，IC_1 ~ IC_4 为十二分频器，可输出周期为 240ms 的脉冲波，再经 IC_8、IC_9 微分窄脉冲形成电路，形成周期相同的窄脉冲串，由 IC_7 组成的计数双稳(即图 12-5-1 中的 F_5)将接受此窄脉冲的触发，由原始的“0”态，翻转为“1”，IC_{7a} 的输出高电平将计数门 IC_{9b} 打开，此时来自 IC_5 的时钟脉冲便可通过 IC_{9b} 送入计数电路，由此可

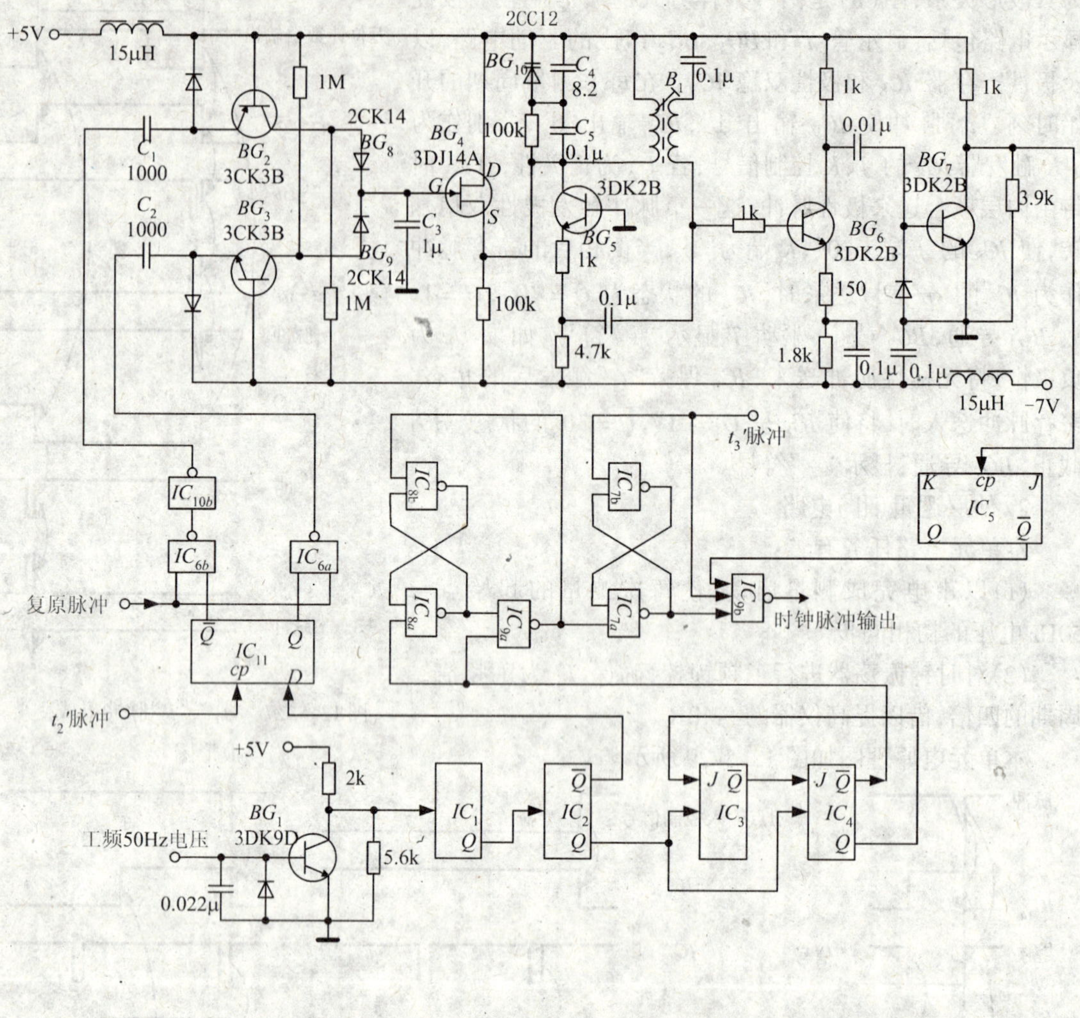

$IC_1 \sim IC_5$　J-K 触发器 7CS43B　$IC_6 \sim IC_{10}$　双与非门 7MY23　IC_{11}　D 触发器 7CY13B

图 12-5-29　外层逻辑（Ⅱ）电原理图

见，IC_{9a}输出的窄脉冲即测量的启动信号，整机的测量周期也即 240ms，而且，采样开始的时刻 t_1，与 50Hz 正弦信号的初相（$\phi = 0$）同步，波形关系如图 12-5-30 所示。

工频锁控的任务由压控振荡器及其控制电路完成。BG_5 和 C_4、B_1 等元件组成变压器耦合式 LC 振荡器，BG_5 为共基接法，振荡频率约为 1.5MHz，然后经 BG_6、BG_7 放大、整形后，送 J-K 触发器 IC_5 进行二分频，在其输出端可得到 $f_o = 750\text{kHz}$ 的时钟脉冲。f_o 值决定于振荡回路的 LC 值，电路中的 C 由 C_4 和变容二极管 BG_{10}的结电容 C_j 组成，$C \approx C_4 + C_j$，而 C_j 是 BG_{10}反向电压 U_D 的函数，$|U_D|$愈大，C_j 愈小，因而可用施加于 BG_{10}上的反向电压 U_D，控制 C_j，进而控制 f_o。控制 U_D 的电路由 IC_6、IC_{10b}、IC_{11} 和 $BG_2 \sim BG_4$ 组成；IC_{11} 为 D 触发器，以外层逻辑（Ⅰ）电路中的$\overline{Q_2}$为 D 控制信号，t_2' 信号为 CP 脉冲，“t_1”脉冲与$\overline{Q_2}$的跳变同时发生，$t_1 \sim t_2$ 为样时间 T_1，$T_1 = 60\,000\,\frac{1}{f_o}$，如 $f_o = 750\text{kHz}$，则 $T_1 = 80\text{ms}$，在工频为 50Hz 时，即周期 $T = 20\text{ms}$ $4T$，但实际电网上工频常有波动，若工频略高于 50Hz，即 $T < 20\text{ms}$，则 $T_1 > 4T$，D

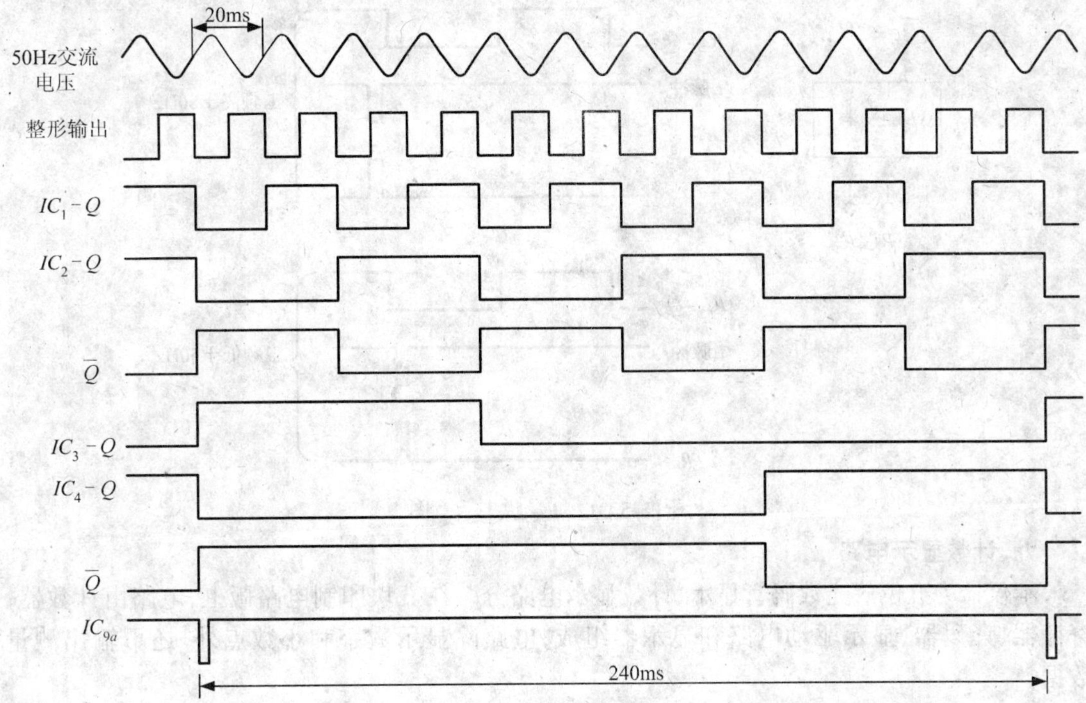

图 12-5-30　同步启动电路波形关系

触发器 IC_2 的输入信号将如图 12-5-31 所示，在 cp 触发下 IC_2 的 $Q=$“1”，$\overline{Q}=0$，此 $\overline{Q}$ 信号将使选通门 IC_{6b}关闭，而 Q 信号却使 IC_{6a}门打开，一旦复原脉冲送来，IC_{6a}便输出一负脉冲，并经 C_2 送往 BG_3 发射极，若工频略低于 50Hz 时，则 $T_1<4T$。此时 IC_{6a}关闭、IC_{6b}打开，当复原脉冲到来时，可由 IC_{10b}经 C_1 向 BG_2 发射极送入一正向窄脉冲。BG_2、BG_3 接成共基电路形式，无信号输入时都处于截止状态，只是在经 C_1 送来正脉冲时 BG_2 瞬时导通，当经 C_2 送来负脉冲时，BG_3 瞬时导通。BG_4 为结型场效应管，接成源极跟随器形式，源极电位的高低决定变容二极管 BG_{10}的反向电压。现以工频低于 50Hz 时为例，说明锁控过程，此时，出现 $T_1<4T$，并经 C_1 向 BG_2 发射极输入一正脉冲，因而 BG_2 瞬时通导，并经 BG_2、BG_8 向 C_3 充入电荷 Δq，C_4 电压上升 $\Delta U=\dfrac{\Delta q}{C_3}$，$BG_4$ 之源极电位随之上升 ΔU，变容二极 BG_{10}的反向电压因而下降 ΔU，故其 C_j 增大，致使振荡频率下降，f_o 随之下降，采样时间随之增大，使 T_1 接近 $4T$ 值，如此，经若干次调整可使 T_1 更趋近 $4T$，即 $T_1\approx4T$。如果工频偏高，将会产生与前述过程相反的调整结果，最终使时钟频率 f_a也随之提高，保待 $T_1\approx4T$。这种方法是把采样时间（T_1）与工频周期的整数倍（本机为 $4T$）的失步情况，以电压的形式记忆在电容 C_3 上，再经变容二极管调节振荡回路电容，从而控制振荡频率，使其跟踪工频变化，这种变化是一个随动过程，当工频发生 ΔF 变化时，时钟频率应有 Δf_O 的跟踪变化，并要满足 $\dfrac{750\times10^3+\Delta f_O}{50+\Delta F}=\dfrac{750\times10^3}{50}$ 的关系。

外层逻辑（Ⅱ）电路为提高电压表的抗干扰能力作出了贡献。工频同步作用使采样开始时刻与工频过零点同步，可望将工频干扰的平均值限制到很小。采用工频锁控时钟振荡器，实现 $T_1=4T$，进一步提高了电压表的 SMRR。

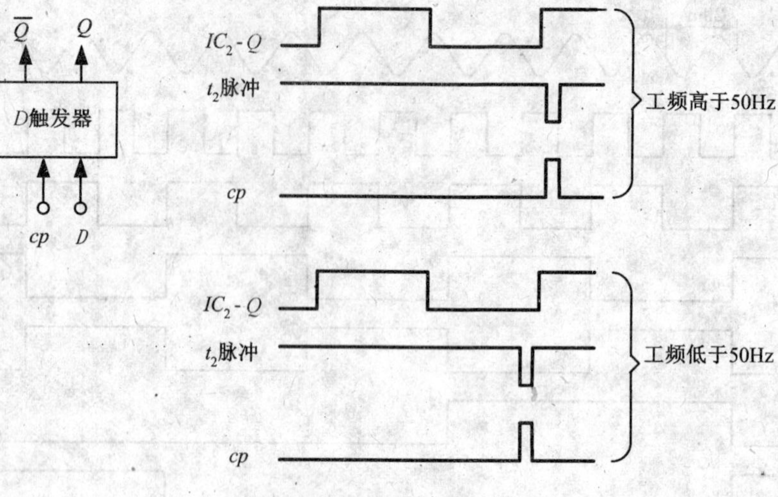

图 12-5-31　IC_2 状态示意图

九、计数显示电路

本仪器为五位辉光数码管显示，计数显示电路分装在五块印制电路版上，电路由计数器、寄存器、译码器、显示驱动电路和显示器组成，电路除显示数字和小数点外，还可输出测量数据。

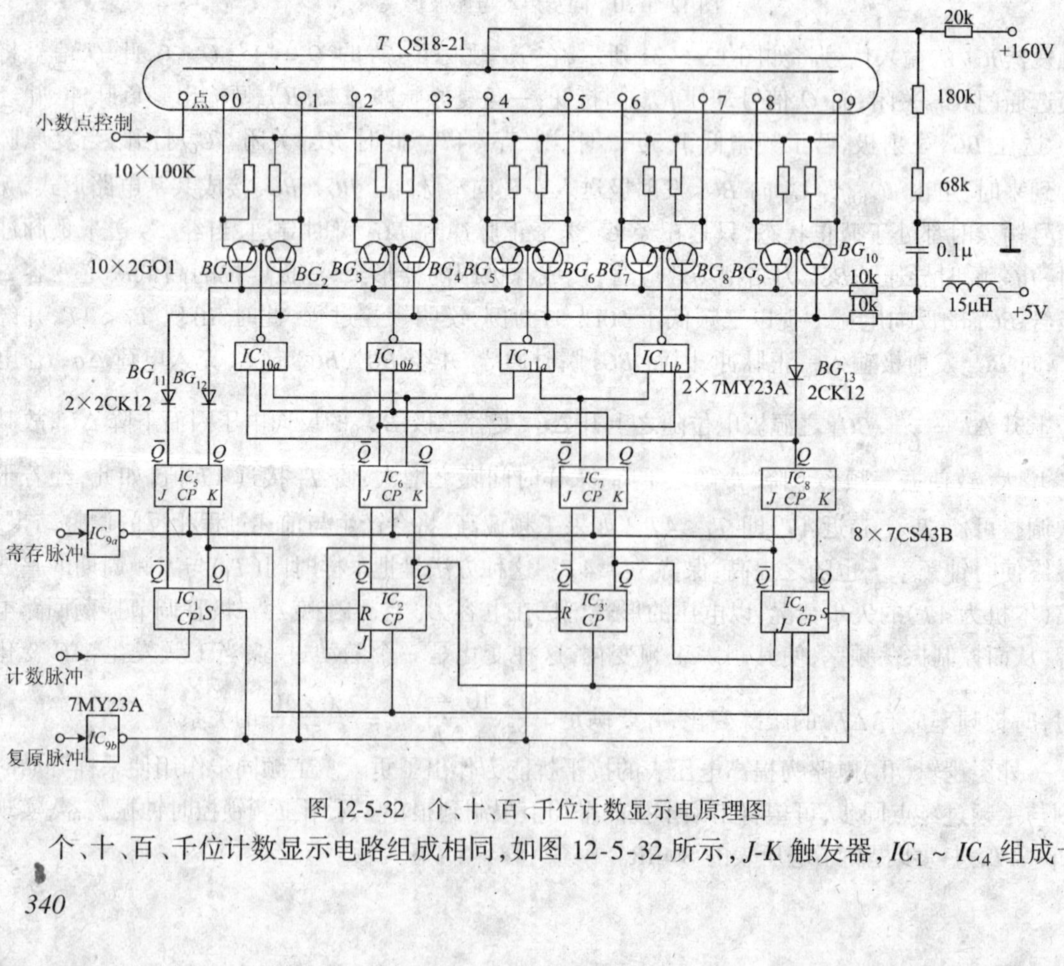

图 12-5-32　个、十、百、千位计数显示电原理图

个、十、百、千位计数显示电路组成相同，如图 12-5-32 所示，*J-K* 触发器，IC_1 ~ IC_4 组成十

进制计数器，每次测量结束计数器复位为 9；$IC_5 \sim IC_8$ 为寄存器；$BG_{11} \sim BG_{13}$和与非门 IC_{10}、IC_{11}组成译码器；$BG_1 \sim BG_{10}$组成显示驱动器，T 为辉光数码管；小数点指示由量程选择开关控制，小数点置于数码管左下端。

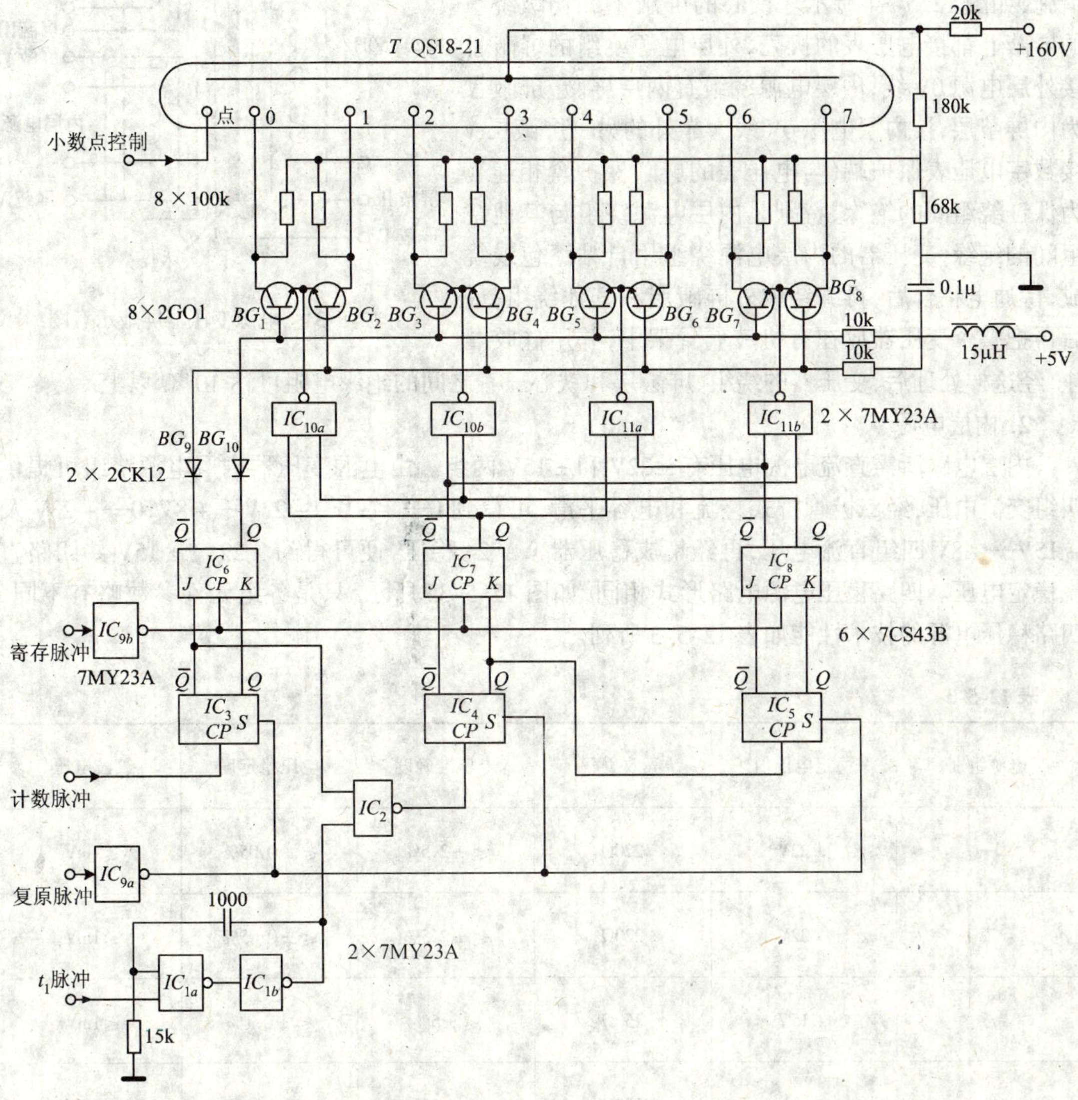

图 12-5-33　万位计数显示电原理图

万位计数显示电路与其余位略有不同，如图 12-5-33 所示，J-K 触发器 $IC_3 \sim IC_5$ 组成八进制计数器，每一测量周期之末计数器复位为 7，为保证采样期内计数容量 N_1 为 60000，在采样开始的 t_1 时刻，经 IC_1 组成的单稳电路，形成一窄脉冲，将万位计数器置为 2；$IC_6 \sim IC_8$ 为寄存器；BG_9、BG_{10}和 IC_{10}、IC_{11}为译码器；显示电路由 $BG_1 \sim BG_3$ 和 T 组成。

十、电源

包括电源变压器和内层电源、外层电源三大部分。

1. 电源变压器

由初级绕组和次级绕组组成,次级提供外层电源和内层电源所需的交流电压。为保证有较高的抗共态干扰能力,本机采用了双层屏蔽浮地输入的测量方式,电源变压器的铁心和绕组相应地采取多层屏蔽的措施,如图 12-5-34 所示。铁心的屏蔽Ⅰ和初级绕组的屏蔽Ⅱ都接电压表的机壳,外层电源绕组的屏蔽Ⅲ接外层电源 0V 线,内层电源绕组有两层屏蔽,屏蔽Ⅳ为内屏蔽层,接内层电源 0V 线。靠外的另一屏蔽层Ⅴ接数字电压表保护端(与电压表的屏蔽保护盒相连)。为保证绕组间的绝缘,特别是内层电源绕组与其他绕组间的绝缘,变压器的内层电源绕组用自粘漆包线绕成,待通电粘合后,再缠绕内外屏蔽层和其他绕组,最后再把整个变压器放在有机玻璃骨架中,并用硅胶灌注,经这样处理后,变压器的绕组、屏蔽层和铁心三者之间的绝缘电阻可达 $10^{10}\Omega$ 以上。

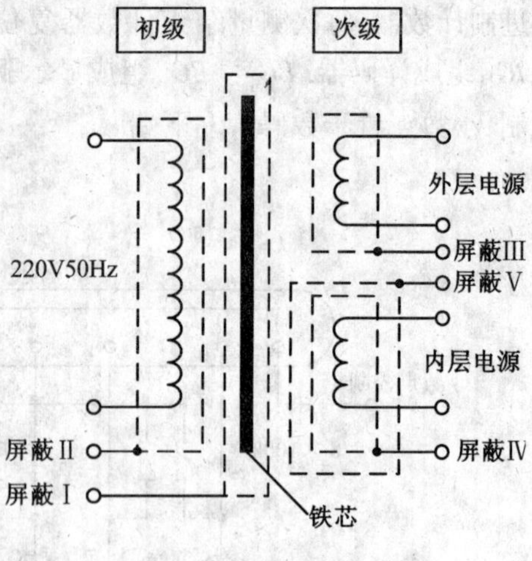

图 12-5-34 电源变压器屏蔽示意图

2. 内层电源

内层电路所需直流电源电压有 ±22V 和 ±15V 两组。由电源变压器内层电源绕组可提供四组交流电压,经二极管桥式整流和电容平滑,可得到 0—+30V、-22V—+8V、0—+23V 及 -15V—+8V 四组直流电压,再经集成稳压器 WA724 稳压,便可得到 ±22V、±15V 共四路直流稳定电压。四路稳压电源电路形式相同,如图 12-5-35 所示,只是各组元件参数略有不同,四路稳压电源的技术性能如表 12-5-3 所列。

表 12-5-3

电源组别	稳定电压值	等效负载	电压准确度	电压稳定度	纹波电压
一	±22V	220Ω	≤±2.5%	≤±0.05%	≤1mV
二	-22V	220Ω	≤±2.5%	≤±0.05%	≤1mV
三	+15V	150Ω	≤±5%	≤±0.1%	≤1mV
四	-15V	150Ω	≤±5%	≤±0.1%	≤1mV

3. 外层电源

外层电路要求电源提供三组直流电压:辉光放电数码管所用 160V 电压(不稳压);时钟振荡器用稳定电压 -7V;TTL 集成电路用稳定电压 +5V,此外,从变压器次级直接取出 50Hz 交流电压作为同步启动信号。外层电源的电原理图如图 12-5-36 所示。电源变压器的外层电源绕组有两组交流输出,一组经桥式整流形成 160V 直流电压,用于驱动辉光数码管,另一组交流电压经整流形成不稳定直流电压 +12V—-12V,再经集成稳压器 WA705,可得 +5V 和 -7V 两组稳定的直流电压，其中 + 5V 电源需驱动外层电路中的全部 TTL 电路和个别晶体管，要求该组电源电压标称值 + 5V，且在 + 4.5 ~ + 6V 间可调，电压稳定度优于 1%，纹波电压不大于 20mV，输出电流大于 500mA，为满足输出电流的要求，集成稳压器外接功率驱动管 DZ22 和 3DD15。

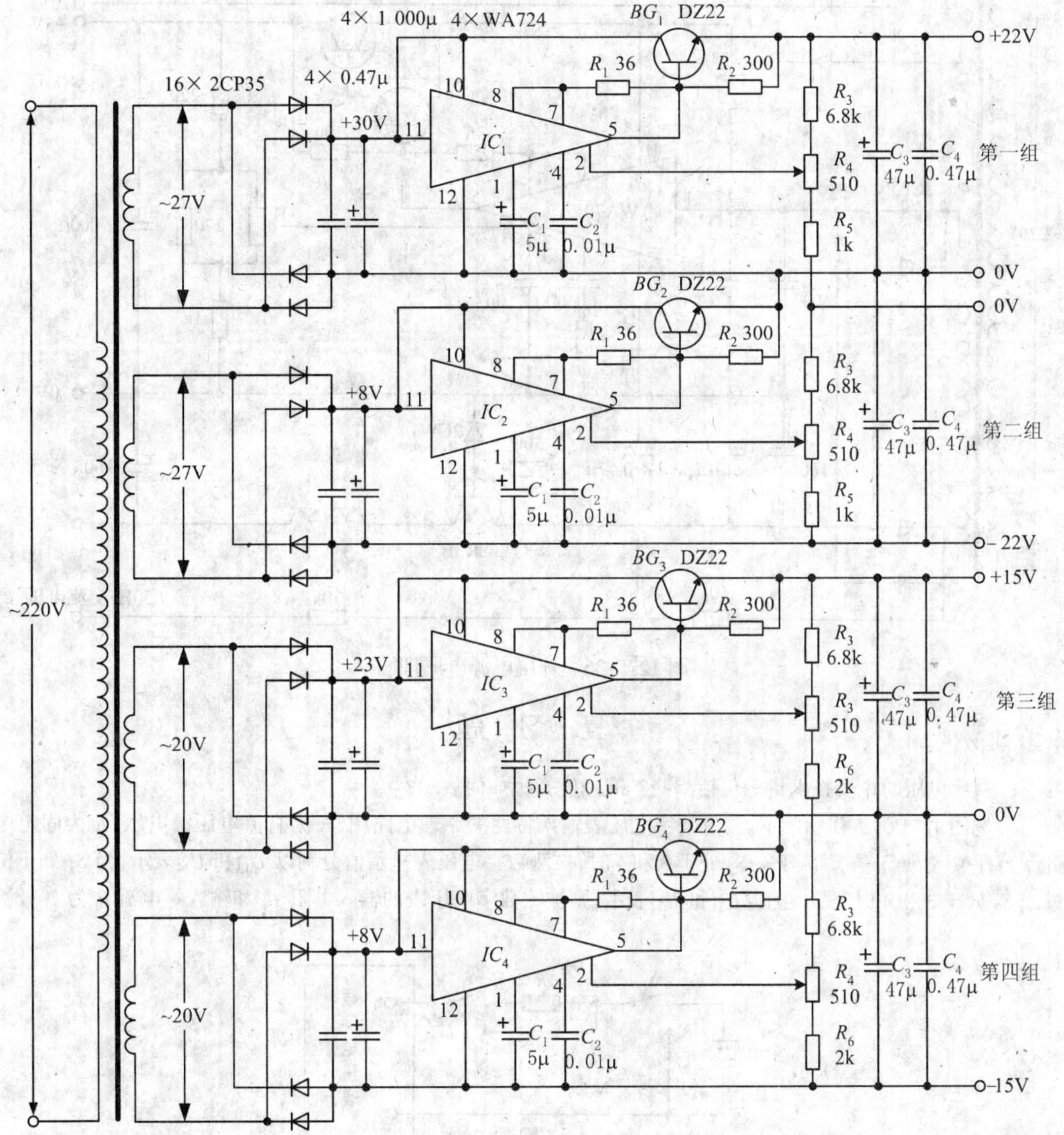

图 12-5-35　内层电源电原理图

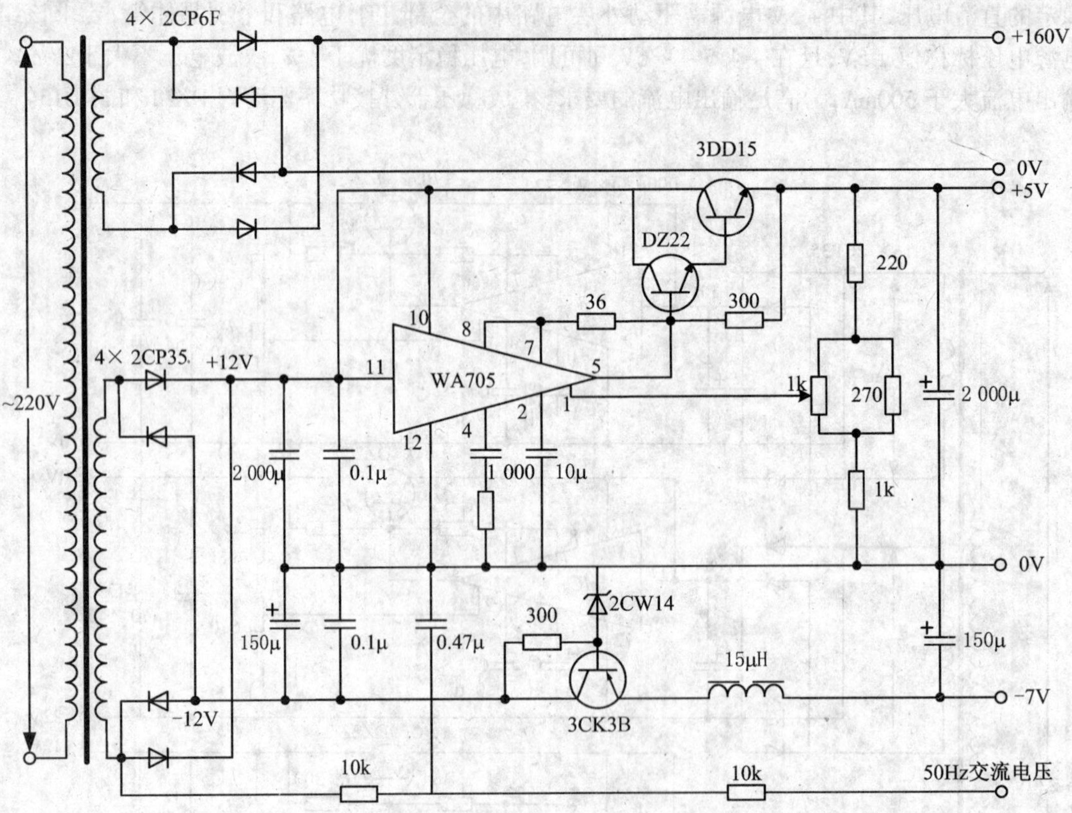

图 12-5-36　外层电源电原理图

复　习　题

1. 数字电压的主要技术指标包括哪些？准确度指标如何表示？

2. 题图 12-1 为工作状态下，测量数字电压表输入特性的原理电路图，E 为直流电压源电压，R 为固定电阻。当开关 S_1 处于位置 1，开关 S_2 处于 3 和 4 时，被测数字电压表显示值分别以 U_{13} 和 U_{14} 表示，当 S_1 处于位置 2，S_2 处于 3 和 4 时，显示值以 U_{23} 和 U_{24} 表示，则被测数字电压表的输入电阻 R_i 和输入零电流 I_0 为

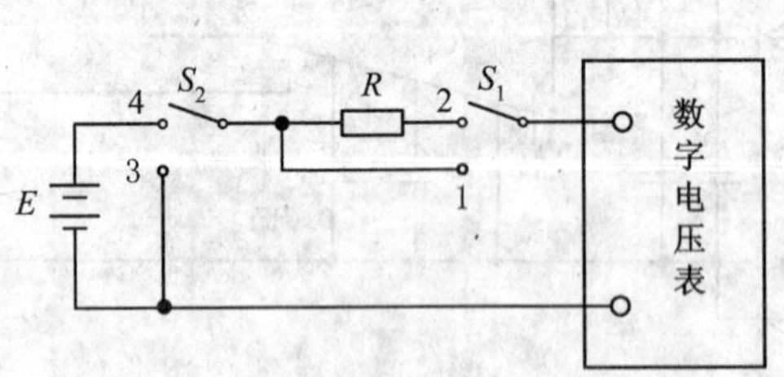

题图 12-1　测量输入特性电原理图

$$R_i = \frac{U_{24} - U_{23}}{\frac{U_{14} - U_{24}}{R} - \frac{U_{13} - U_{23}}{R}},\ I_0 = \frac{U_{23} - U_{13}}{R}$$

试根据 R_i、I_0 定义说明测试原理。

3. 某六位二进制数码的电压和解码网路如图 12-2-3 所示，若取 $E_r = +10\text{V}$，试求

(1)解码网路的分辨力。

(2)满标度输出电压。

(3)输入数码为“101001”时的输出电压。

4. 六位二进制数码的权电阻解码网路如图 12-2-4 所示,已知 $E_r = +6V$,$R = 1k\Omega$,$R_L = 32k\Omega$,试求

(1)解码网路的分辨力。

(2)满标度输出电压。

5. 试比较常见 D/A 转换电路的优缺点。

6. 参考图 12-3-2,当用 PZ-8 型电压表测量 $U_x = +1.2345V$ 电压时,试写出每一测量周期末,电路中 17 个数码寄存器的状态,并画出一个测量周期内 U_r 波形图。

7. 在图 12-3-5 所示电路中,若线性斜坡电压波形如题图 12-2 所示,又知时钟脉冲频率 $f_o = 1MHz$,试画出 $U_x = +2.1V$ 时,各主要单元电路波形示意图,并写出计数器的显示读数(五位数字显示)。

8. 试说明 U-f 型 A/D 转换的工作原理及基本电路形式。

9. 试说明双积分型 A/D 转换的基本工作原理,并说明其主要优缺点。

10. 试说明三相积分式 A/D 转换的基本工作原理和特点。

11. 试比较基本型双积分 A/D 转换与三斜式 A/D 转换在电路组成和工作过程的异同点。性能上三斜式有什么优点?

12. 试说明脉冲调宽式 A/D 转换原理和特点。

13. 两次采样式和三次采样式 A/D 转换器的基本组成方框如何? 各有何特点?

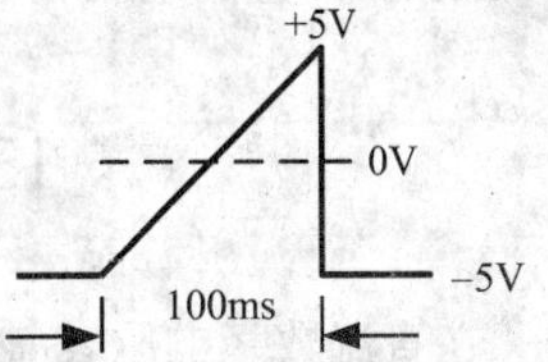

图 12-2　线性斜坡电压波形图

14. 怎样提高数字电压表的 SMRR?

15. 常见的共态干扰源有哪些? 为什么共态电压会引起电压表的测量误差?

16. 数字电压表中为提高 CMRR 常采取哪些措施? 为什么?

以下各题,结合 DS-14-1 型数字电压表电路及工作过程回答。

17. “内层”和“外层”各包括哪些单元电路? 四个脉冲变压器各传递什么信号?

18. 在一个测量周期内,各单元电路间如何配合工作? 参考图 12-5-2 画出 $U_x = +5V$ 时的主要工作波形。

19. 输入电路起什么作用? 宜如何组成? 本仪器所用的组成形式有何特点?

20. 输入放大器为什么采用双通道型运算放大器?

21. 分析输入放大器电路工作原理,指出各主要元器件的作用。

22. 对积分放大器应提出哪些要求? 为什么?

23. 积分放大电路如何组成? 第一级差分放大电路有什么特点? 试分析各级电路的工作原理。

24. 基准电压($+U_r$、$-U_r$)过高(或过低)或不稳,对整机工作有什么影响? 为什么?

25. 检零放大器起什么作用? 对它有什么要求? 为什么?

26. 试分析检零放大器工作原理,并说明电路中的二极管各起什么作用?

27. “内层逻辑”电路起什么作用? 试分析各控制信号的形成过程。

28. 外层逻辑(Ⅰ)电路的任务是什么? 试分析“t_1”、“t_2”脉冲和寄存、复原脉冲的形成。

29. 如何实现自动极性显示?

30. 外层逻辑(Ⅱ)电路的任务是什么? 为什么要采用工频锁控时钟振荡器? 怎样实现的?

31. 试比较五位计数显示电路,在组成形式、工作过程等方面有什么异同点?

32. 本电压表为提高抗干扰能力,在电路组成、工艺结构等方面都采取了哪些措施?

第十三章　数字繁用表

数字电压表的功能已发展为可以测量多种物理量，成了数字繁用表或称数字多(万)用表，现在，测直流电压、交流电压、电流、电阻已成为数字繁用表的基本功能，很多类型的数字繁用表还有测量信号频率、电路参数以及元件参数等更多的功能，甚至可以测量温度等非电参量。数字繁用表实际上是在直流数字电压表的输入端，附加一些转换电路构成的。本章将主要介绍交流电压、直流电流和电阻的基本转换电路，并介绍普及型数字繁用表的原理和特点。

§13-1　交流电压-直流电压转换

在直流数字电压表前面加入交流电压-直流电压转换器(简称交直流转换器)，便可测量交流电压，由于直流数字电压表的读数与被测电压呈线性关系，因此，要求同它配用的交直流转换器也应有线性的转换特性，即其输出直流电压值要与输入的被测交流电压成线性关系。交流电压的大小可以用峰值、平均值和有效值三个主要参量表征，与此相对应，存在着依据三个参量实现交直流转换的三种方式，实用中最多见的是平均值转换。

一、平均值交直流转换器

交流电压平均值定义为 $\overline{U}=\frac{1}{T}\int_0^T u(t)\mathrm{d}t$，式中 $\overline{U}$ 为交流电压 $u(t)$ 在 T 时间内的平均值，原则上讲 T 可为任意值，对周期性信号常取用信号的周期值，平均所讲的交流电压平均值，实际上是指交流电压的平均绝对值，即一个周期内交流电压绝对值的平均值，如果 $u(t)$ 为正负对称的交流电压，则一周期内的平均绝对值应为半周期内平均绝对值的两倍。用简单的二极管半波整流电路，便可得到半周期内的绝对值电压，以全波整流电路可取得全周期内的绝对值电压，然后，通过低通滤波器，其输出直流电压在数值上即与交流电压平均值成正比，从而实现平均值转换。几乎所有的平均值转换都是由二极管整流再经低通滤波而完成的，但是，由于二极管整流是非线性的，由它组成的简单整流电路存在着严重的非线性失真，在指针式电表中，可用非线性刻度补偿校正，然而，数字式电压表却要求交直流转换必须是线性的，故需要采用专门的电子线路，从根本上校正二极管整流中的失真，以实现线性整流。根据晶体管电路基本原理得知，放大电路中引入负反馈可有效地改善非线性失真，如将这种电路与二极管整流电路相结合，便可实现线性整流如图 13-1-1 所示，图(a)为引入电压串联负反馈的放大器组成图，基本关系式为 $U_o=\frac{K_o}{1+K_oF}U_i\approx\frac{1}{F}U_i=\frac{R_1+R_2}{R_2}U_i$，式中 K_o 为放大器开环增益，F 为反馈系数，$F=\frac{R_2}{R_1+R_2}$，最后结论是在 $K_oF\gg1$ 条件下得出的，它说明：由高增益放大器和深度负反馈电路组成的闭环放大电路，输出电压 U_o 与输入电压 U_i 的关系，仅决定于线性元件 R_1、R_2，与放大电路中其他非线性因素无关，将这种放大电路与二极管整流电路结合，可组成复合放大电路，使它既有单向导电的整流特性，又经负反馈放大器减小非线性畸变，实现线性整流，图 13-1-1(b)即为一种线性半波整流电路原理图，图(c)为其主要波形关系。图(b)与图(a)比较，在

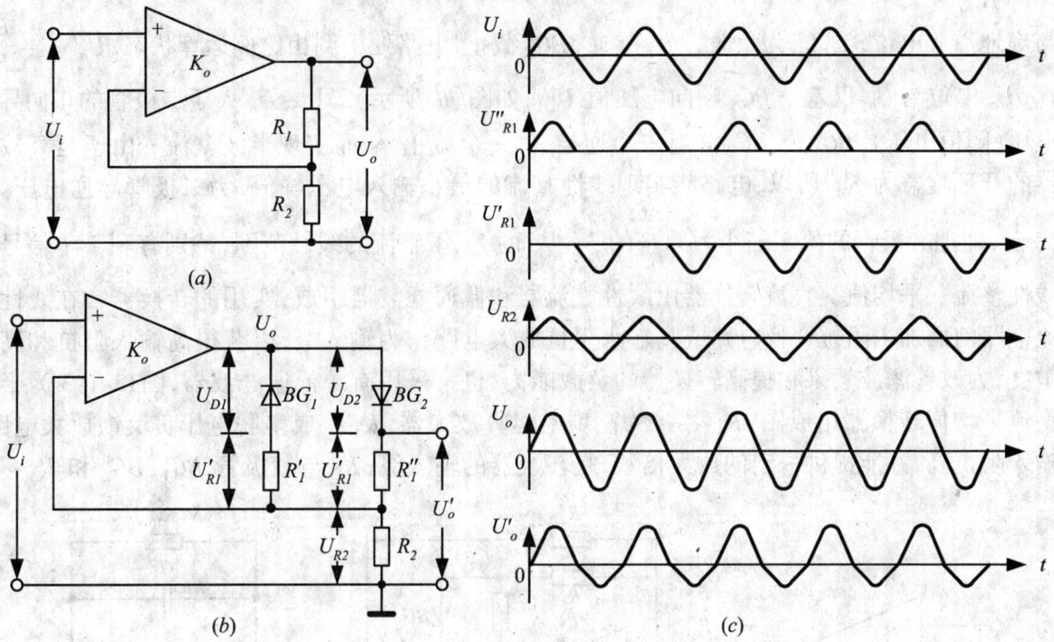

图 13-1-1　线性半波整流电原理图

反馈电路中接入整流管 BG_1、BG_2，反馈电阻 R_1 改为 R_1'、R_1''，如取 $R_1' = R_1'' = R_1$，且两整流管特性一致，则正负半周的整流、反馈和放大完全是对称的，在放大器 K_o 的输出端可得到线性放大的交流信号 U_o，在 R_1'' 和 R_1' 两端可分别得到正向和负向的半波整流电压，如将 U_o' 作整流输出信号，后面接上低通滤波器，便可得到 U_o' 电压的平均值，它也是 UR_1'' 的电压平均值。为使整流的线性度好，开环增益宜大；为使电路有足够宽的频率范围，应选用结电容小的高频整流二极管，和选用增益、带宽乘积大的放大器，在反馈电路中要采用纯电阻元件，排除电抗参数的影响。图 13-1-2 是用运算放大器组成的半波整流电路，(*a*)为电原理图，(*b*)为其转换特

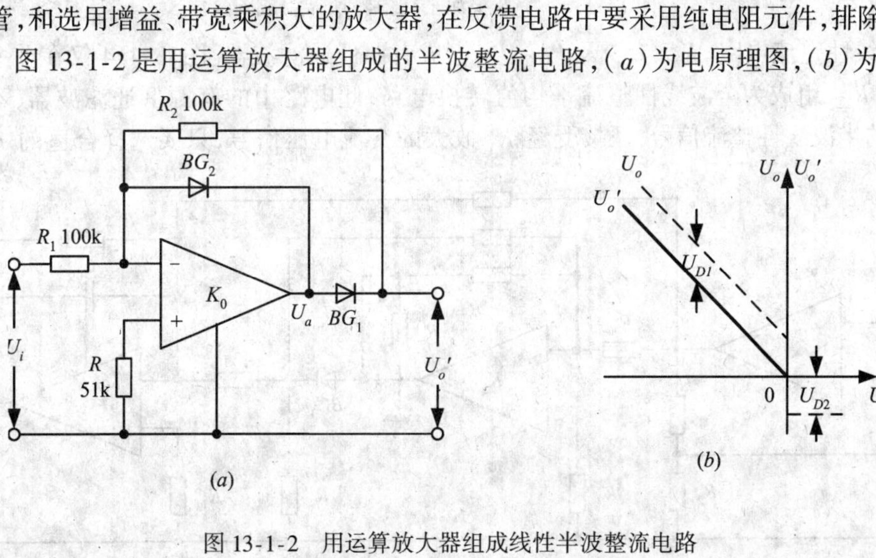

图 13-1-2　用运算放大器组成线性半波整流电路

性。图中 BG_1 为整流二极管，BG_2 为负向钳位二极管。当 U_i 为正时，放大器输出 U_o 为负，BG_2 导通，BG_1 截止，由于反相输入端为虚地点，故 BG_2 将 U_o 钳位在顺向电压 $-U_{o2}$处，而 U_o'

与虚地点等电位；当 U_i 为负时，BG_1 导通，BG_2 截止，电路处于倒相比例运算状态，$U_o' = -\frac{R_2}{R_1} \cdot U_i$，$U_o$ 电位与 U_o' 仅差一 BG_1 顺向电压值 U_{D1}，如图(b)所示。只要 U_o 大于二极管的正向导通电压(阈值电压)，BG_1 或 BG_2 必有一个通导，另一个截止，从而实现半波整流。由于运算放大器的开环增益为 K_o，所以，电路能实现线性整流的最小输入电压峰值，为二极管导通电压 U_D 的$\frac{1}{K_o}$，即把二极管的死区缩小为原来的$\frac{1}{K_o}$，从而扩大了整流的线性范围，特别有利于小信号的线性整流。平均值交直流转换器由线性整流器和低通滤波器组成，实用的转换器常在线性整流电路前面加入阻抗变换电路或高输入阻抗放大电路作为输入级，以获得高输入阻抗和高灵敏度，为改善滤波效果和提高转换器的负载能力，也常采用有源低通滤波器，图13-1-3 为半波整流平均值转换器组成图，$K_1 \sim K_3$ 为高增益运算放大器，K_1 接成串联电压负反馈放大电路，输入阻抗高，并能提供一定的放大倍数，是转换器的输入级；K_2 与二极管 BG_1、BG_2 和 $R_3 \sim R_8$

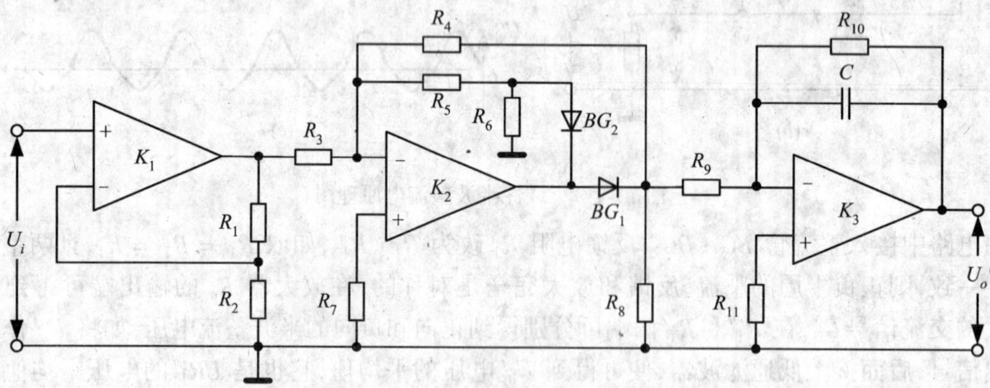

图 13-1-3　半波整流平均值转换器组成图

组成半波线性整流电路；K_3 与 C 及 $R_9 \sim R_{11}$组成有源低通滤波器。图13-1-4 仅在前一电路中增接电阻 R_{12}，组成为全波线性整流平均值转换电路，此电路中的有源低通滤波器，不仅接受来自 K_2 的半波线性整流信号，还接受经 K_1 放大的交流电压信号，只要选择合适的 R_3、R_4 及

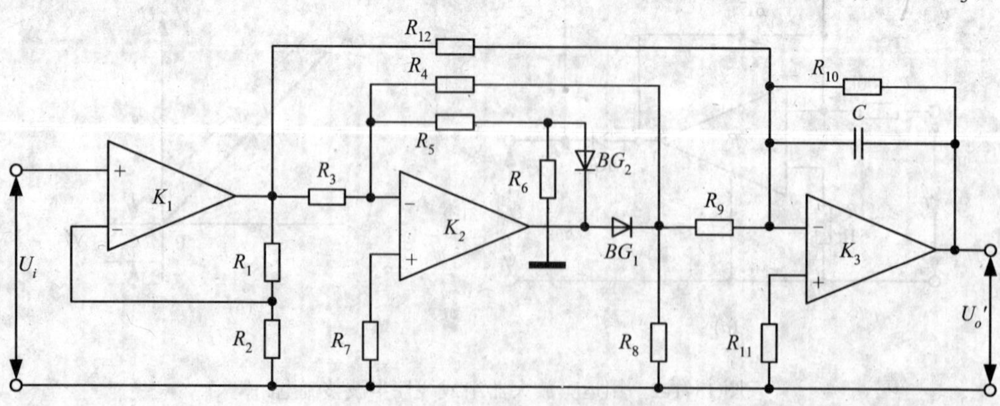

图 13-1-4　全波整流平均值转换器组成图

R_9、R_{10}、R_{12}等，就可以使交流电压与半波整流电压相加的结果相当于全波整流，然后，经低通

滤波,可得到与 U_i 平均值成比例的直流电压 U_o'。常用有效值表征交流电压,为使用方便起见,也可以把平均值转换器的输出电压值调整为输入交流电压的有效值,使测得的读数可以表示交流电压有效值,然而,不同波形的交流信号其平均值和有效值之间的比例关系不同,为取得统一,在用平均值转换器标定有效值时,一律用纯正弦波作标准。

二、有效值交直流转换器

交流电压在一个周期内通过某纯阻性负载时,所产生的热量若与一直流电压在同样负载下产生的热量相等,此直流电压值称为该交流电压的有效值,它等于交流电压的均方根值,即 $U=\sqrt{\frac{1}{T}\int_0^T u^2(t)\mathrm{d}t}$,有效值较之峰值和平均值更有实用意义,通常所说交流电压多少伏,就是指有效值而言。目前,有效值交直流转换器从原理上分为两类:一类称热量法,即将被测交流电压加在热耗电阻上,使之转换为热能,再用热偶或其他热敏元器件测量热能,从而得知交流电压有效值;另一类称电子运算法,即根据交流电压有效值定义,按数学关系式的要求组成电子线路,通过线路的运算,求交流电压有效值,现对两类转换方式各作原理性介绍。

1. 热偶或有效值转换器

属热量法的一种。测量交流电压的有效值,实际上是找出与被测交流电压有相同热功效果的直流电压值,利用热偶可进行这种测量。热偶,又称热电偶,由两种不同的导电材料组成,它是一种热电效应元件。用热偶测量电压的原理如图 13-1-5 所示,其中 CAD 为加热丝,它是电热转换元件,当被测交流电压 $u(t)$ 接入时,电流通过加热丝,并按焦尔 – 楞次定律产生热量;BAB' 为热电偶,BA 和 $B'A$ 为两种不同的金属,在 A 点与加热丝相连,A 点随加热丝温度变化而变化,热偶两端 BB' 间的电位差也随之变化,于是在串有灵敏电流表 M 的回路中,将产生直流电流 I,通过 M 的读数可得知 $u(t)$ 的有效值。但是,如图所示的转换法,要消耗被测信号的热量,而且转换是非线性的,不能直接与直流数字电压表配用;再者,环境温度会影响热偶的工作点,进而形成转换误差,因此,实际的热偶式转换器还必须采取一系列措施,以弥补上述之不足。图13-1-6是一种双热偶有效值转换器原理图,其中 CT_1 和 CT_2 为一对特性相同的热

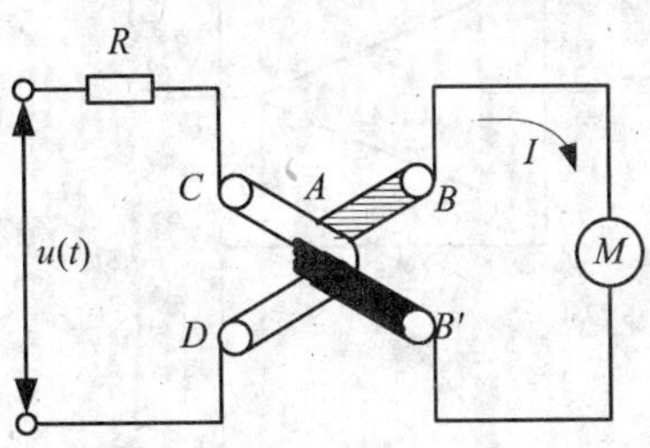

图 13-1-5 热偶式电压表原理图

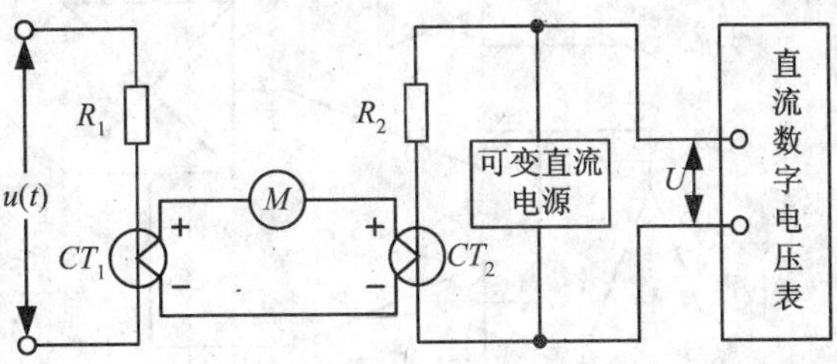

图 13-1-6 双热偶转换器原理图

偶,被测交流电压 $u(t)$ 经 R_1 对 CT_1 提供加热电流,CT_2 的加热电流则由可变直流电源提供,其电压值 U 可由直流数字电压表读出。CT_1 和 CT_2 的同极性输出端相连,并串入灵敏电流表 M,它的读数反映了 CT_1 和 CT_2 输出电位差的不一致程度,通过调节可变直流电源,使 M 指示为零,即 CT_1 与 CT_2 的输出相等,可认为此时两热偶加热电压的有效值相等,因而可用 U 表征 $u(t)$ 的有效值,由于两热偶特性一致,环境相同,且取 $R_1=R_2$,故直流数字电压表的读数即 $u(t)$ 的有效值。为了提高转换灵敏度和扩大测量范围,可将电路改进为图 13-1-7 的形式,与图13-1-6 比较,在 CT_1 输入回路中增加了 K_1、K_2 放大电路,调节 R_4、R_6 可改变转换器的量程;

在 CT_1、CT_2 输出回路中以 K_3 高灵敏度电压比较器代替电流表 M,可使转换灵敏度更高。从理论上讲,热偶式有效值转换法可以达到很高的精度,这是它的优点,但是,在制作转换器时却难以达到预想的要求,如实现热偶的配对运用很困难,此外,热偶元件本身的耐过载能力低,易被烧毁,造价也较高,在响应时间和稳定性方面也欠理想,因此,限制了这种方法的使用范围。

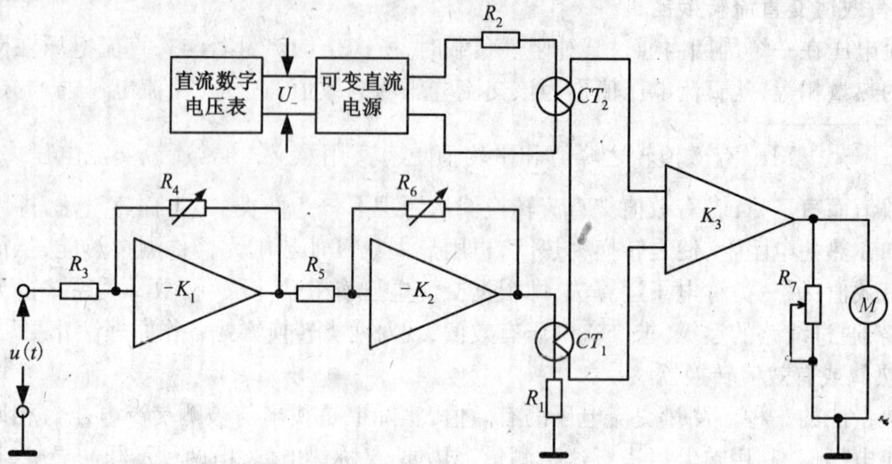

图 13-1-7　改进型双热偶转换器原理图

2. 电子运算法有效值转换器

根据定义,交流电压 $u(t)$的有效值即其均方根值,$U=\sqrt{\frac{1}{T}\int_0^T u^2(t)\mathrm{d}t}$,可组成实现上式运算的电子线路,完成交直流转换;根据转换精度、稳定度以及测量范围等多方面的要求,运算方案可有多种,现以一种平方差法为例,简 介 其 原 理 ,其组成如图 13-1-8 所示,图中 K_1、K_2

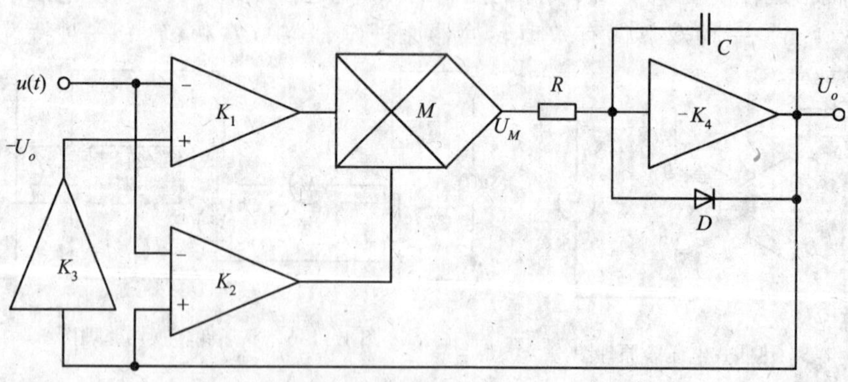

图 13-1-8　平方差法有效值交直流转换电原理图

为加法器,K_3 为倒相器,K_4 为积分器,M 为乘法器。K_1、K_2 的运算输出分别为 $-[U_o+u(t)]$ 和 $-[U_o-u(t)]$,经乘法器 M 将二者相乘,得 $U_M=k[U_o^2-u^2(t)]$,此处 k 为 M 的传输系数,对 U_M 分解,可得到不同频率的正弦谐波分量和直流分量,其 直 流 分 量 a_0 即 U_M 的平均值,$a_0=\frac{1}{T}\int_0^T k[U_o^2-u^2(t)]\mathrm{d}t=kU_o^2-\frac{k}{T}\int_0^T u^2(t)\mathrm{d}t$,式中$\frac{1}{T}\int_0^T u^2(t)\mathrm{d}t$ 就是$u(t)$有效值 U 的平方,故 U_M 平均值a_0 亦可表示为 $a_0=k(U_o^2-U^2)$。U_M 经积分器 K_4 积分,交流分量被滤除,

只是直流分量 a_0 起作用，因此，积分器输出 $U_o = -\frac{1}{RC}\int_0^T a_0\,dt = -\frac{1}{RC}\int_0^T k(U_o^2 - U^2)\,dt$。由于接入 D，积分器输出 U_o 为正极性电压，如果出现 $U_o > U$，则 $U_o^2 - U^2 > 0$，即送入积分器的 a_0 为正极性电压，经积分后，会使其输出 U_o 减小，当 U_o 减小而出现 $U_o < U$ 时，则 $U_o^2 - U^2 < 0$，又会使积分输出 U_o 增大，由于转换电路是一个引入负反馈的闭环系统，最终必然达到 $U_o \approx U$ 的平衡状态，即 $U_o^2 - U^2 \approx 0$，积分器输入为近于 0 的直流电压，其输出为稳定的直流 U_o，且数值上等于 $u(t)$ 的有效值 U。积分电路中接入反馈二极管 D，使 U_o 为正值，并保证整个系统处于收敛状态，以保持工作的稳定平衡。

三、峰值交直流转换器

这类转换器的输出直流电压与输入交流电压的峰值成正比。测量峰值电压常由专用的峰值电压表完成，数字式峰值电压表由峰值交直流转换器和直流数字电压表组合而成，将交流电压峰值转换为直流电压，常用二极管和保持电路来实现，图 13-1-9 所示为峰值转换原理图，

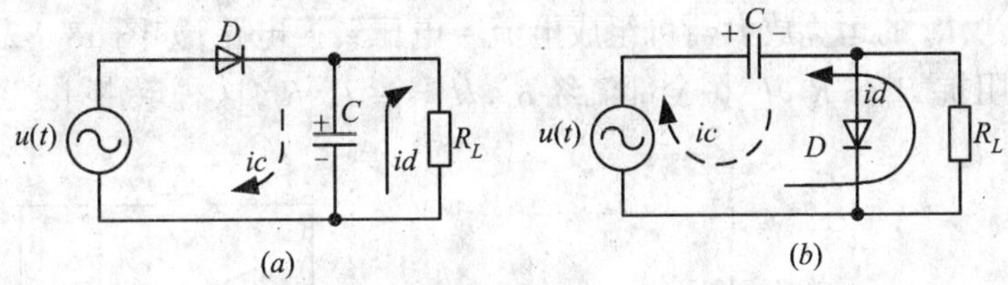

图 13-1-9　峰值转换原理图

(a) 为串联式，二极管 D 与负载 R_L 串接，(b) 为并联式，D 与 R_L 并接。图中 $u(t)$ 为被测交流电压，C 为电容，R_L 为等效负载，R_L 两端的直流电压与 $u(t)$ 峰值相等，i_C 为电容 C 的充电电流，i_d 为放电电流。从电路形式看，这种电路与半波整流式平均值转换电路相同，但从原理上讲，却处于完全不同的工作状态。在平均值转换电路中，要求充电回路和放电回路的时间常数相等，电容 C 上的平均电压等于被测交流电压的平均值，若 $u(t)$ 为对称性交流信号，电路中的二极管 D 是零偏压。而在峰值转换电路中，则要求 C 充电快而放电慢，即充电时间常数小，放电时间常数大，这样，电容 C 在放电期间便可保持住充电期间由 $u(t)$ 形成的电压最大值，C 两端电压近似等于被测电压 $u(t)$ 的峰值，二极管 D 上加有很大的负偏压。组成峰值转换电路时，元件的选取要满足以下条件：

$$R_d \cdot C \gg R_C \cdot C;\quad R_d \cdot C \gg T_m$$

式中 R_d 为放电回路等效电阻，$R_d \approx R_L$，常取 $10^7 \sim 10^8\Omega$ 左右；R_c 为充电回路等效电阻，$R_c \approx R_D$（二极管顺向电阻）；T_m 为被测信号周期的最大值，即频率最低时所对应的周期值。在图 13-1-9 所示两种电路中，其工作原理相同，但转换过程以及转换结果仍存在一些差别。

(1)被测电压 $u(t)$ 中含有直流成分时，串联式电路测得的是包含直流成分在内的总峰值电压，并联式电路中，由于 C 的隔直作用，所测为纯交流电压的峰值(振幅值)。

(2)串联式电路 R_L 上的压降即 C 的电压，它是一个与被测电压峰值近似相等的直流电压，仅有微小的波动成分；并联式电路的 R_L 上，除有上述直流电压外，还叠加有交流 $u(t)$ 值。

(3)串联式电路流经输入端的是单向脉冲电流，因而，总有直流电流分量通过输入端，故要求被测电路必须提供直流通路，在并联式电路中不存在这一问题。

§ 13－2　电流－电压转换

测量电流时，需先将其转换为电压，然后用电压表测出，不论直流或交流电流，其转换原理相同，电路也相近。实现电流－电压转换的基本方案是令被测电流 I_x 流经标准电阻 R_r，使产生电压降 U_o，再以 U_o 表示 I_x。实现 I_x—U_o 转换的电路主要有两类：

一、直接转换

如图 13-2-1 所示，图中 I_x 为被测直流电流，R_r 为标准电阻，U_o 接直流数字电压表输入端，由于数字电压表输入电阻 R_i 很大，$R_i \gg R_r$，故 I_x 几乎全部流过 R_r，因此，$U_o = I_x \cdot R_r$，R_r 常取值为 $10^n \Omega$（n 为整数），则 $I_x = 10^{-n} \cdot U_o$，可从数字电压表显示器上直读 I_x 值。为了扩展量程，R_r 可多组使用。作为电流表，其内阻为 $R_i /\!/ R_r \approx R_r$。

二、运算放大器转换

用开环增益为 K_o 的运算放大器可组成电流－电压转换电路，如图 13-2-2 所示，由于运算放大器开环输入阻抗 $R_{io} \gg R_r$，I_x 将全部流经 R_r，$U_o = -I_x \cdot R_r$，这种转换电路简单，而且电

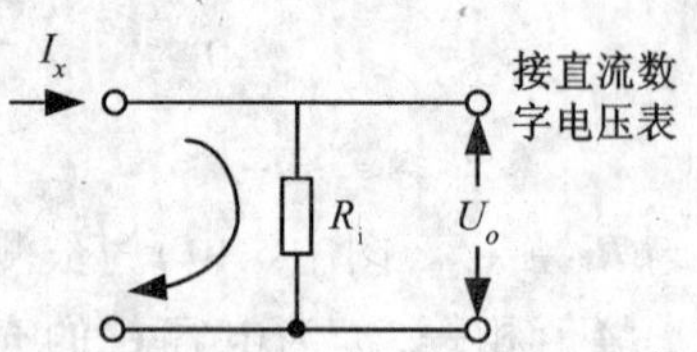

图 13-2-1　直接转换式原理图

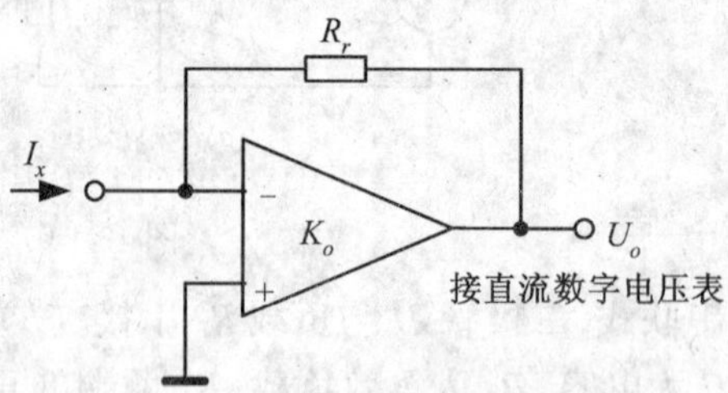

图 13-2-2　运算放大器转换原理图

流表内阻很小，仅为 $\frac{R_r}{1+K_o}$。由于 I_x 需流经运算放大器输出端，而运算放大器一般只允许通几十毫安，使测量大电流受限，为扩大测量电流的范围，可采用图 13-2-3 的形式，图中 R_4 相当于图 13-2-2 中的 R_r，$U_o = -I_x \cdot R_4$，本电路由于接入 R_1，使电流表的内阻增大，但当测量大电流时，可通过接入分流电阻 R_2、R_3 扩展量程，如当 S 接位置 2，而且 $R_2 = \frac{R_1}{9}$ 时，则流经 R_4 的电流为 $\frac{1}{10} \cdot I_x$，相当于电流表量程扩大 10 倍；如取 $R_3 = \frac{R_1}{99}$，当 S 接位置 3 时，电流表量程扩展为基本量程的100倍。从基本关系式看，R_1 取值对测量没有影响，但是，

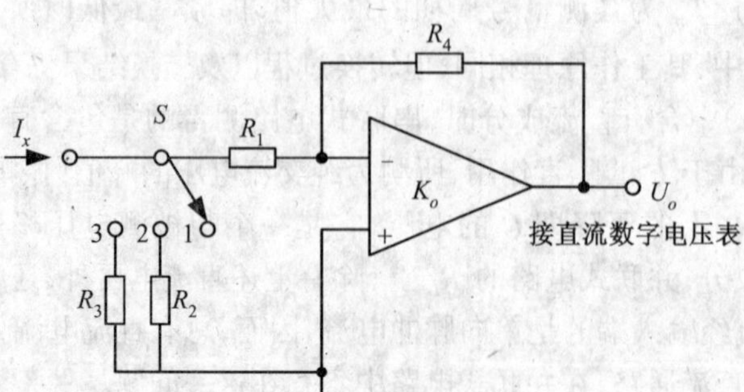

图 13-2-3　运算放大器转换另一形式

由于电流表的内阻近似为 R_1 值，故 R_1 宜取小阻值，然而，作为闭环放大器的一个电阻，而且闭环增益为 $-\frac{R_4}{R_1}$，从维持放大器工作稳定考虑，宜使$\frac{R_4}{R_1}$小些，即 R_1 取值大些为好，权衡两种不同的要求，一般取 $R_1 \approx \frac{R_4}{10}$。

§13－3 电阻－电压转换

用于数字繁用表中的电阻－直流电压转换器，多采用转换精度不高、结构简单的电路，较精密的电阻测量多采用专用的数字欧姆表，在自动控制系统中又常用到快速电阻检测，应用于不同场合的转换器各有特点。

一、比例运算法转换

用运算放大器接成比例运算电路，将被测电阻 R_x 作为反馈电阻接入，如图 13-3-1 所示，其中 E_r 为恒压基准源，R_r 为标准电阻，输出电压 $U_o = -\frac{E_r}{R_r}\cdot R_x$，则 $R_x = |\frac{R_r}{E_r}|\cdot U_o$，如选$\frac{R_r}{E} = 10^n$（$n$ 为整数），可用 U_o 值直接表征 R_x。E_r 确定后，选取不同的 R_r 可调节测量 R_x 的量程。转换的精度取决于标准电阻 R_r 和基准电压 E_r。

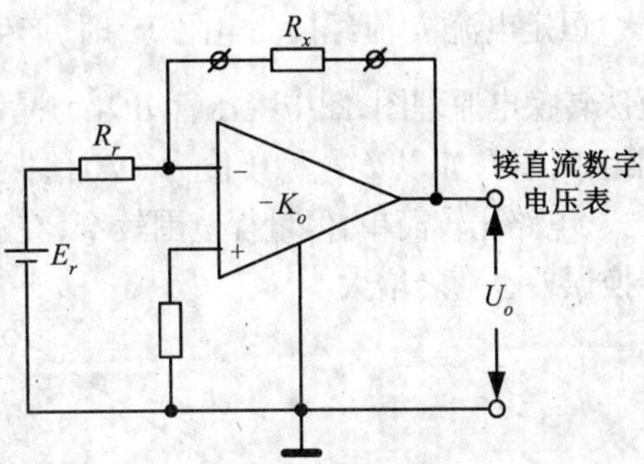

图 13-3-1　比例运算法转换原理图

如要进行精密测量，还需考虑引线电阻和测量夹具接触电阻的影响，此点在小阻值测量时尤为重要，当接入 R_x 时，实际测量电路可等效为图 13-3-2(a)的形式，其中 r_a 为等效引线电阻，r_b 为等效的测量夹具接触电阻，测量过程中 r_a、r_b 与 R_x 串联共同组成反馈电路，此时，$U_o = -\frac{E_r}{R_r}(R_x + r_a + r_b)$，由于 r_a、r_b 的压降很难与 R_x 的压降区分开，所以必然引入转换误差，特别是当 R_x 值较小时，r_a、r_b 的分压影响更不容忽视。为了消除或减小这种影响，可以采用四线制

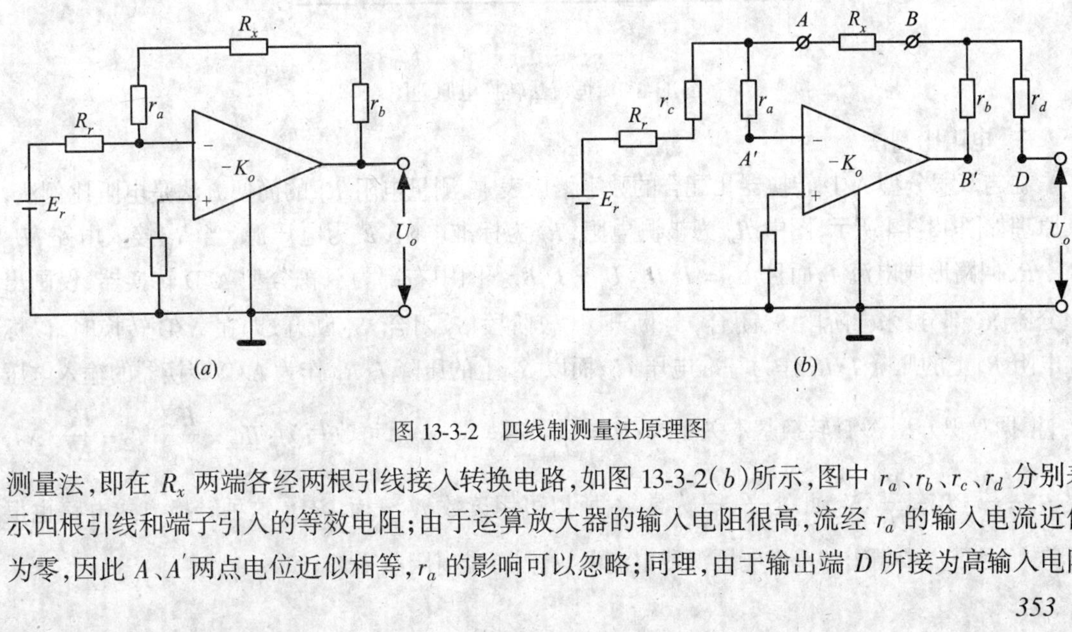

图 13-3-2　四线制测量法原理图

测量法，即在 R_x 两端各经两根引线接入转换电路，如图 13-3-2(b)所示，图中 r_a、r_b、r_c、r_d 分别表示四根引线和端子引入的等效电阻；由于运算放大器的输入电阻很高，流经 r_a 的输入电流近似为零，因此 A、A'两点电位近似相等，r_a 的影响可以忽略；同理，由于输出端 D 所接为高输入电阻

的直流数字电压表，故流经 r_d 的电流亦近似为零，B、D 两点电位近似相等，r_d 的影响也可忽略，因此，R_x 两端电压 $U_{AB} \approx U_{A'D} = U_o$；$r_b$ 的存在只相当于增大 K_o 的输出电阻，在闭环运用时串入的 r_b 影响很微弱；r_o 与 R_r 串联，且 $r_c \ll R_r$，通过调节 R_r 即可抵消 r_c 的影响。由此可见，四线制测量可以提高转换精度，特别适用于小电阻的精密测量。

比例运算法转换电路比较简单，调换 R_r 可改变测 R_x 的量程。

二、恒流转换法

恒定电流 I_r 流经被测电阻 R_x 时，产生压降 $U_o = I_r \cdot R_x$，则 $R_x = \frac{1}{I_r} \cdot U_o$，图 13-3-3 为一简单恒流法转换电原理图，图中稳压管 BG_2 与晶体管 BG_1，以及电阻 $R_1 \sim R_3$ 组成恒流源，本电路可切换四组恒流源，如以 BG_2 稳压值为 6V 计，四组恒定电流分别 1μA、10μA、0.1mA、1mA。这种转换方式，电路比较简单，但量程范围较窄，在进行高阻值测量时，建立小电流恒流源十分困难，而且转换误差也随之增大。

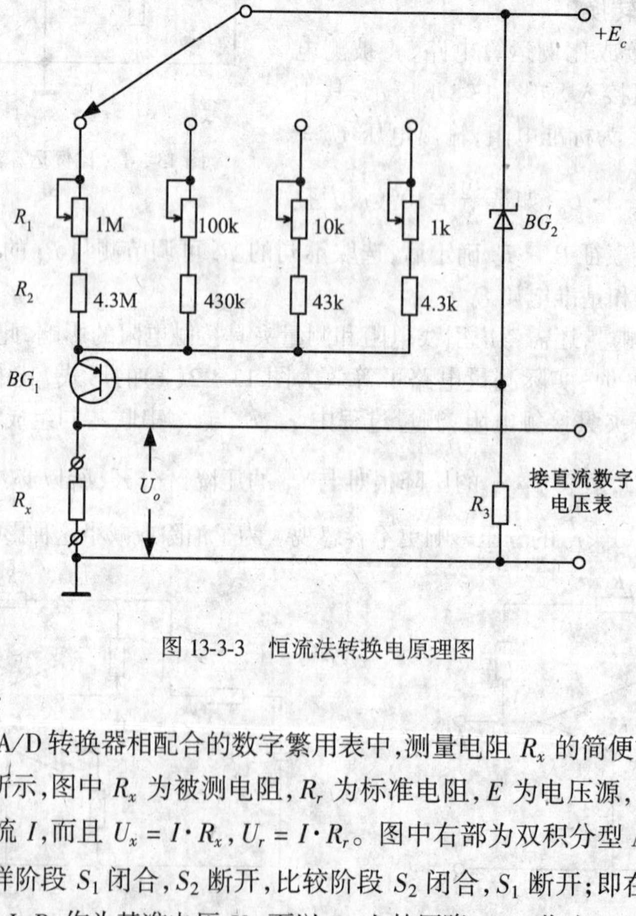

图 13-3-3　恒流法转换电原理图

三、电阻比例法

在与双积分型 A/D 转换器相配合的数字繁用表中，测量电阻 R_x 的简便方法是电阻比例法，其原理如图 13-3-4 所示，图中 R_x 为被测电阻，R_r 为标准电阻，E 为电压源，当 R_x 接入电路，E、R_x、R_r 回路形成电流 I，而且 $U_x = I \cdot R_x$，$U_r = I \cdot R_r$。图中右部为双积分型 A/D 转换器，仅画出积分器 K_o 部分，采样阶段 S_1 闭合，S_2 断开，比较阶段 S_2 闭合，S_1 断开；即在 A/D 转换时，以标准电阻 R_r 上的压降 $I \cdot R_r$ 作为基准电压 U_r，而以 R_x 上的压降 $I \cdot R_x$ 作为 A/D 转换器的输入电压 U_x，根据双积分型 A/D 转换基本关系式：$\bar{U}_x = \frac{U_r}{T_1} \cdot T_2 = \frac{U_r}{N_1} \cdot N_2$，可改写为：$IR_x = \frac{IR_r}{T_1} \cdot T_2 = \frac{IR_r}{N_1} \cdot N_2$，故 $R_x = \frac{R_r}{T_1} \cdot T_2 = \frac{R_r}{N_1} \cdot N_2$，此处$\frac{R_r}{T_1}$、$\frac{R_r}{T_1}$为常数，所以可用读数 N_2 表示 R_x。这种转换方式电路也很简单，而且不需要精密的基准电压源或电流源，只需标准电阻 R_r。

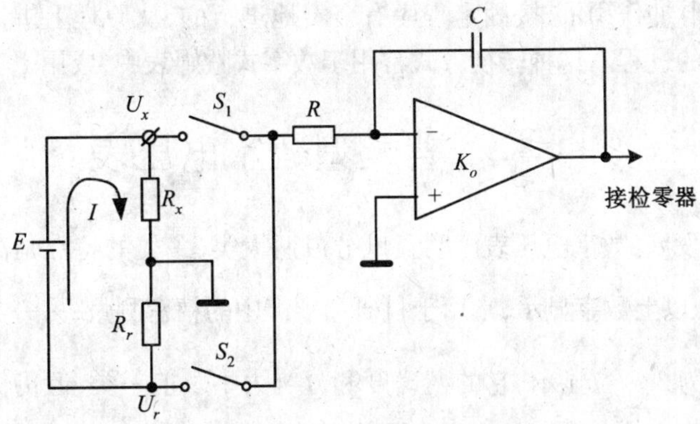

图 13-3-4　电阻比例法原理图

四、自动平衡电桥法转换

用电桥法测电阻，可以作到高精度、宽量程，其基本原理如图 13-3-5(a)，R_x 为被测电阻，R_2、R_3 为已知标准电阻，R_1 为可调电阻，E 为电源，G 为检流计；调节 R_1 使电桥平衡，即令 $U_{CD}=0$，

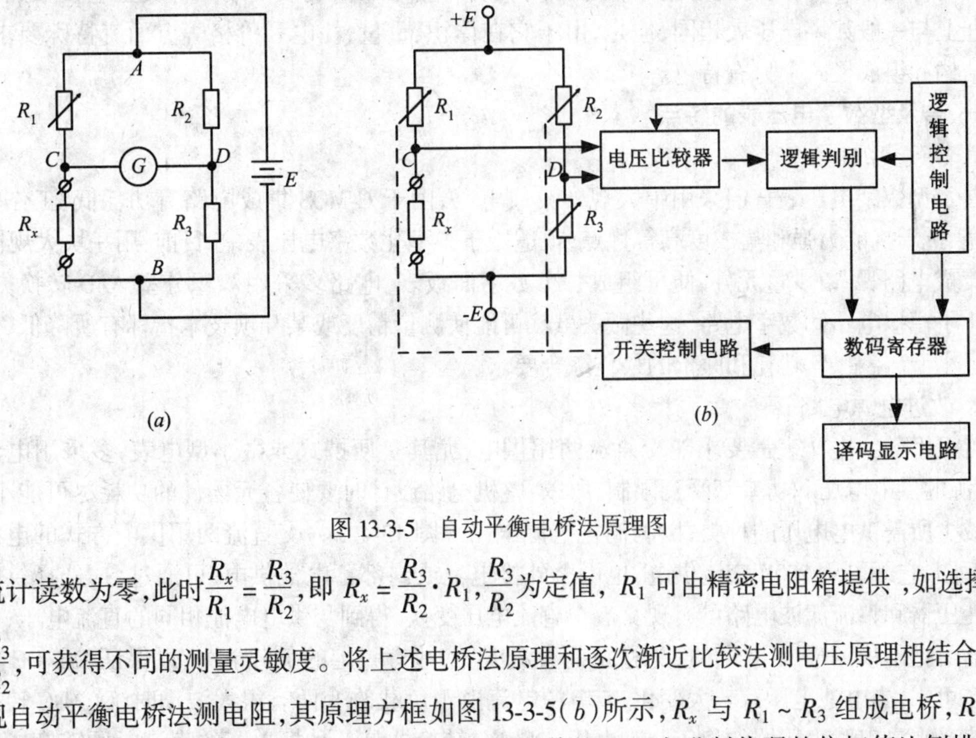

图 13-3-5　自动平衡电桥法原理图

检流计读数为零，此时$\frac{R_x}{R_1}=\frac{R_3}{R_2}$，即 $R_x=\frac{R_3}{R_2}\cdot R_1$，$\frac{R_3}{R_2}$为定值，$R_1$ 可由精密电阻箱提供，如选择不同的$\frac{R_3}{R_2}$，可获得不同的测量灵敏度。将上述电桥法原理和逐次渐近比较法测电压原理相结合，即可实现自动平衡电桥法测电阻，其原理方框如图 13-3-5(b)所示，R_x 与 $R_1\sim R_3$ 组成电桥，$R_1\sim R_3$ 各为一组电阻网路，由若干标准电阻组成，电阻的阻值按二—十进制代码的位权值比例排列，并用开关控制各电阻的接入或不接入，开关的状态又受数码寄存器的二—十进制输出代码控制，即开关状态决定于数码寄存器的输出状态。以高灵敏度的电压比较器代替了图(a)中的检流计 G，比较器的输出可反应电桥的失衡情况，根据电桥失衡的情况，经逻辑判别电路可判断需要对 $R_1\sim R_3$进行怎样的调节，以使电桥渐趋平衡，可用“1”表示需增大阻值，用“0”表示需减小阻值，并将此信号送入数码寄存器，然后驱动相应电阻网路中的开关，使接入的电阻符合电桥的平衡要求，经多次调整，直到电压比较器输出为零，这时 $R_x=\frac{R_3}{R_2}\cdot R_1$，经译码显示，可直接读出结果。整

个测量过程是在时钟脉冲作用下,按固定程序有节奏地进行的,从原理上讲,它的转换过程也就是逐次比较反馈编码的过程。这种转换方式常用于数字式欧姆表中,或用于实现自动检测时。

§13-4 普及型数字电压表

随着生产技术的发展,数字电压表已明显地分成两大类,一类的特点是高精确度、高分辨力和多功能,多属 $5\frac{1}{2}$ 位以上数字显示,常用于科研和生产中的精密测量;另一类的特点是小型、轻量、低耗电和廉价,多为 $3\frac{1}{2}$ 位显示,它的精确度和分辨力不及前一类,但仍优于指针式电压表,是一种普及型数字电压表。普及型数字电压表(包括繁用表,以下统称电压表),根据使用方式不同可分两种:面板式和手持式。面板式数字电压表一般只供单量程测量直流电压,可由用户根据需要附加转换器以扩展功能,它可镶嵌在各种面板上代替指针式电表的表头,因此也称为数字表头;手持式数字电压表包括便携式、袖珍式及以微型表,它不仅可用于实验室、车间等室内和固定放置的场合,也可由使用者随身携带,在野外、机动车船等工作现场使用。普及型电表虽然在工作原理上与一般数字电压表相同,但是,由于它在体积、重量、耗电和价格等方面有特殊要求,因而在结构和组成形式上另有特色。

一、普及型数字电压表的特点

1. 高度集成化

普及型数字电压表普遍采用中大规模集成电路,由于 C-MOS 集成电路有功耗低、工作电压范围宽、抗干扰能力强和集成度高等优点,很适用于小型化数字电压表中,目前,用一块大规模 C-MOS 集成电路,配以少量元件,便可组成一个数字面板表,电路多采用双积分型 A/D 转换方式,并简化了模拟电路和数字电路,这些做法虽然可能使测量精度或某几项技术指标有所降低,但却能满足小型、轻量、低功耗和廉价的最佳综合要求。

2. 改进电源电路

普及型数字电压表常要求能交直流两用供电,尤其是便携式或微小型电表,多采用电池供电,电源的供电电压和功率都受到限制,所以,整机电路设计时要使各元器件的功耗尽可能小,而且要减少所需供电电压的种类,以利简化电源电路。图 13-4-1 为交直流两用供电方式的电源组成方框图,它既可用 220V 交流供电,也可由外接电池或内部蓄电池供电,可通过 S_1 选择供电方式。变压器和整流滤波电路可实现交流—直流电压变换,得到与供电电池相同的直流电压;串联稳压器可把不稳的输入电压转换为稳定的直流电压,并有一定的负载能力,以保证 DC/DC 转换器工作可靠,当电池电压有较大变化,或电源电流由于负载改变而有很大波动时,DC/DC 转换器都能接受来自串联稳压器的稳定驱动电压;DC/DC 转换器是一种把单一的直流电压转换成若干种不同直流电压值的装置,通常由振荡器、变压器和整流滤波电路等部分组成,在串联稳压器输出的稳定直流电压驱动下,振荡器把输入的直流电压转换为频率达数千赫的交流电压,然后经变压器获得若干组交流电压,最后通过整流、滤波得到所需要的直流电压。

3. 采用低功耗显示器件

普及型数字仪器对显示部分的要求是:小型化、平面化、低电压、低电流(低功耗)、长寿命和高可靠性,目前普遍使用的是 LED 和 LCD 显示器件。

二、PF-32 型袖珍式数字繁用表电路分析

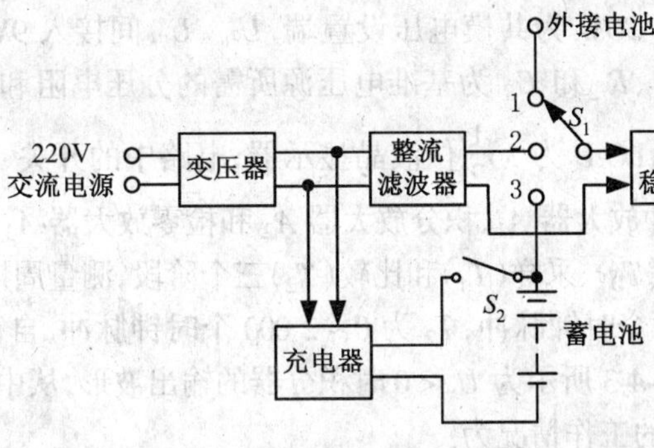

图 13-4-1　电源电路组成方框图

国产 PF-32 型数字繁用表采用 C-MOS 大规模集成电路 DG7126A/D 转换器，并配以 LC-D 显示器制成，$3\frac{1}{2}$位显示。

1. 主要技术指标

测试功能　如表 13-4-1 所列

表 13-4-1

测量功能	量　程　设　置	准　确　度	分辨力
直流电压	0.2V、2V、20V、200V、1 000V	±0.5%读数±0.1%满度	0.1mV
交流电压	200V、1 000V	45Hz～400Hz ±1%读数±0.5%满度	0.1V
直流电流	200μA、2mA、20mA、200mA	±0.5%读数±0.2%满度	0.1μA
	10A	±1.5%读数±0.2%满度	
电　阻	2kΩ、20kΩ、200kΩ	±0.5%读数±0.2%满度	1Ω
	2MΩ	±1%读数±0.2%满度	
晶体管放大倍数 h_{FE}	NPN 型、PNP 型 $I_b=10\mu A$,	$h_{FE}=0\sim1\ 000$ $U_{CE}=2.8V$	
二极管检测	鉴别二极管好坏，并测其顺向电压顺向电流 2mA　反向电压 2.8V		

输入阻抗　≈10MΩ(直流电压挡)

测量速率　3 次/秒

最大显示数　1 999 或-1 999

工作电压　用 9V 叠层电池，当电池电压≤7V 时，显示欠压符号"←"，需更换电池。

2.DG7126 型 A/D 转换器

DG7126 为 C-MOS 大规模集成电路，将 A/D 转换器的模拟和数字电路都集成在一块芯片上，包括双积分 A/D 转换电路、基准电路、时钟电路、计数译码电路和液晶显示驱动器等；电路采用三相积分式转换，故零点漂移很小，温漂≤1μV/℃；输入零电流≤10^{-11}A；功耗低，9V 电池供电时，电源电流≤100μA。图 13-4-2(a)为 DG7126 的原理方框图，图(b)为集成块管脚分布图。在图(a)中虚线框内为 DG7126 内部电路，框外为测量直流电压时必接的外部元件。集成电路的 HI、LO

端分别为被测信号 U_x 的高、低输入端，*COM* 为共模电压设置端，U_+、U_- 间接入 9V 电池，R、C 为积分元件，C_{AZ}为自校零记忆电容，R_{r1}、R_{r2}和 C_R 为基准电压源所需的分压电阻和基准电压记忆电容，R_0、C_0 为时钟振荡器定时元件，LC-D 为 $3\frac{1}{2}$位液晶显示器，电路中的开关 $S_1\sim S_{11}$受逻辑控制电路驱动，使被测电压 U_x 经缓冲放大器 A_1、积分放大器 A_2 和检零放大器 A_3 实现双积分 A/D 转换，每一测量周期包括自动校零(T_0)、采样(T_1)和比较(T_2)三个阶段，测量周期为 4 000 个时钟脉冲的时间，而且，T_1 固定为 1 000 个时钟脉冲，T_2 为 0 ~ 2 000 个时钟脉冲，自动校零期 T_0 为 3 000 ~ 1 000 个时钟脉冲时间。图 13-4-3 所示为 $U_x<0$ 时积分器的输出波形，从中可看出时间分配关系。每一转换周期内，三个阶段的工作情况为：

(1)自校零阶段(T_0)　$S_2\sim S_4$、S_{10}、S_{11}接通，其余开关均断开，$A_1\sim A_3$ 等效电路如图 13-4-4(a)所示，在电路稳定后将完成两项工作：一是记忆电容 C_{AZ}上记忆了系统自身的零点漂移电压，在以后的转换阶段，可补偿其影响；二是 C_R 上记忆了基准电压 U_r，以备在比较阶段(T_2)为积分器提供反向基准电压。

(2)采样阶段(T_1)　S_1、S_9 接通，其余开关断开，U_x 送入积分器，等效电路如图 13-4-4(b)所示，经 T_1 固定时间后，积分器输出$|U_c|=\frac{T_1}{RC}\cdot U_x$，$T_1$ 以 $N_1=1\ 000$ 个时钟脉冲定时。

(3)比较阶段(T_2)　S_5、S_8(或 S_6、S_7)、S_{10}接通，其余各开关断开，利用 C_R 接入与 U_x 极性相反的 U_r，等效电路如图 13-4-4(c)所示，积分器反向积分，直至 $U_c=0$，故$\frac{T_1}{RC}\cdot U_x-\frac{T_2}{RC}\cdot U_r=0$，$U_x=\frac{U_r}{T_1}\cdot T_2=\frac{U_r}{N_1}\cdot N_2$，本电路中 $N_1=1\ 000$，如取 $U_r=100\text{mV}$，则 $U_x=10^{-4}\cdot N_2(\text{V})$，若 $N_2=1\ 500$，则表示 $U_x=\cdot 1\ 500\text{V}$ 或 $150\cdot 0\text{mV}$。

电路内部的基准电路，可保证 U_+ 与 *COM* 端(即转换器的模拟地端)间有稳定的 2.8V 电压，这一电压再经外接电阻 R_{r1}、R_{r2}分压，可得到所需的基准电压 U_r，U_r 取满量程值的 1/2，如 200mV 量程时 $U_r=100\text{mV}$，2V 量程时取 $U_r=1\text{V}$。DG7126 电路的数字部分与模拟部分在电平上匹配恰当，内部电路使数字部分的 $U_{DD}=U_+$，而 U_{SS}保持比 U_+ 低 5V，这一电位即数字部分的信号低电平值，经一电阻由 *TEST* 端引出。DG7126 基准电路的设置实际是以 U_r 为参考点，使模拟部分的 U_r 及数字部分的 U_{DD}都有一稳定值，因此，对外供电电压(电池提供)的要求并不严格，电路按 9V 设计，但是，只要电池电压不低于某一设定值(本电路为 7V)，电路内部 U_r 及数字部分的电源电压都保持稳定，电路工作正常。

检零器的输出信号送往逻辑控制电路，使其不断重复地产生自校零、采样、比较三个阶段所需的开关控制信号，并且还控制计数显示电路的工作。计数显示电路由个、十、百、千位计数器，以及相对应的锁存器、译码器和 LCD 驱动器组成，其中千位只计数 0、1，显示器或不显，或显示 1。对 LCD 采用静态驱动方式，*BP* 端送出对称方波信号，接到 LCD 公共背极上，各数位的 $a\sim g$ 译码输出，接相应的笔划段电极。极性显示信号由逻辑控制电路提供。时钟振荡器的频率决定于外接 R_o、C_o 值，在本电压表中振荡频率约为 40 ~ 48kHz，这一信号经四分频形成 A/D 转换器的时钟(计数)脉冲，本电压表中为 10 ~ 12kHz，时钟脉冲再经 200 分频，形成显示驱动信号，送往显示驱动器和 LCD 的公共电极 *BP*，在本电路中其频率约为 50 ~ 60Hz。

3. 数字繁用表测量原理

繁用表的电原理图如图 13-4-5 所示。图中左端为各测量输入端。$S_1\sim S_8$ 为直键开关，其中

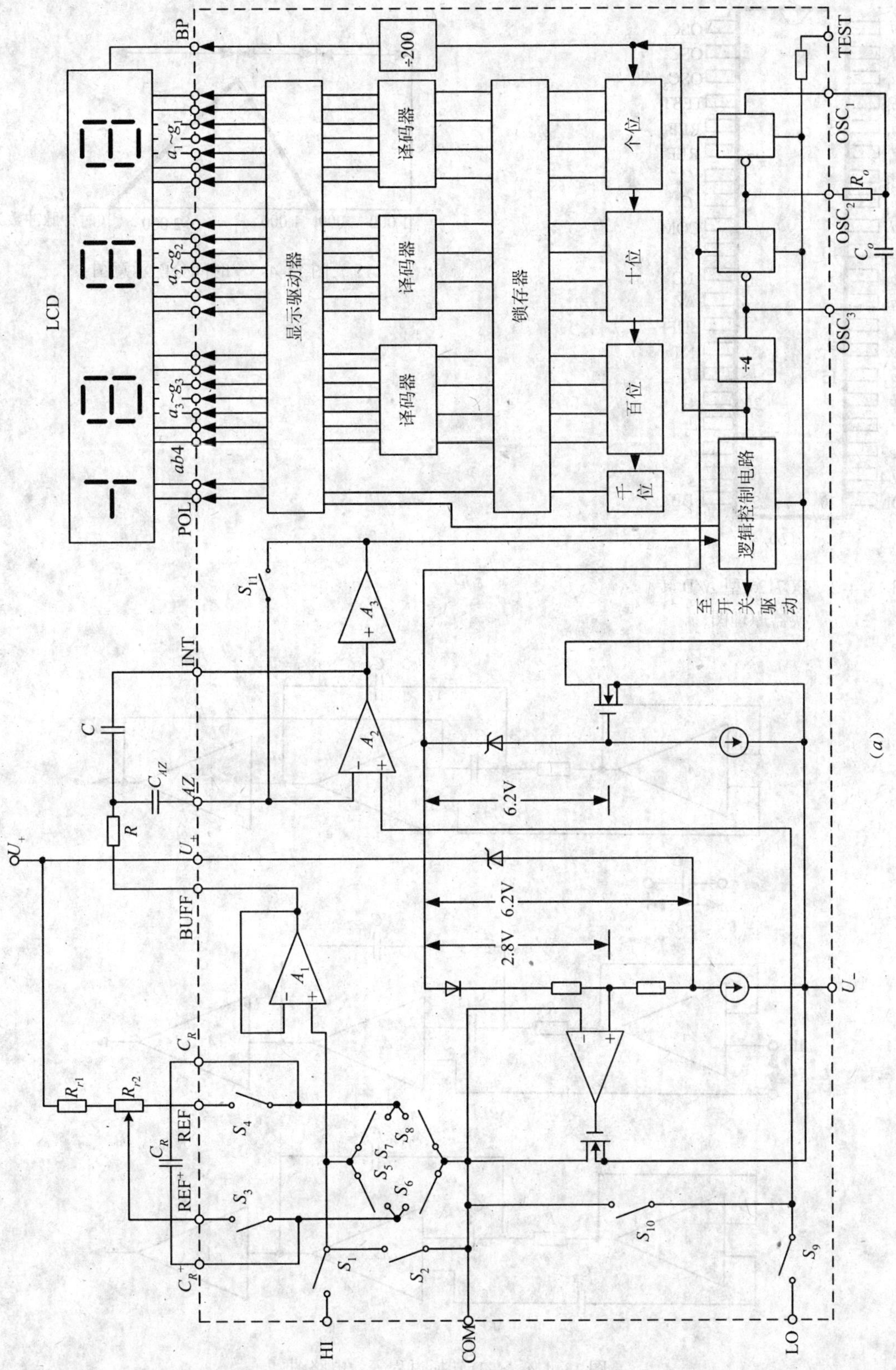
LCD
POL
ab4
a_3~g_3
a_2~g_2
a_1~g_1
BP
显示驱动器
译码器
译码器
译码器
÷200
锁存器
千位
百位
十位
个位
逻辑控制电路
至开关驱动
÷4
TEST
OSC_1
OSC_2
OSC_3
R_o
C_o
S_{11}
A_3
A_2
A_1
INT
AZ
U_+
U_-
$U_±$
BUFF
C
C_{AZ}
R
R_{r1}
R_{r2}
C_R
C_R^+
REF
REF⁺
S_1
S_2
S_3
S_4
S_5
S_6
S_7
S_8
S_9
S_{10}
6.2V
6.2V
2.8V
6.2V
HI
COM
LO
(a)

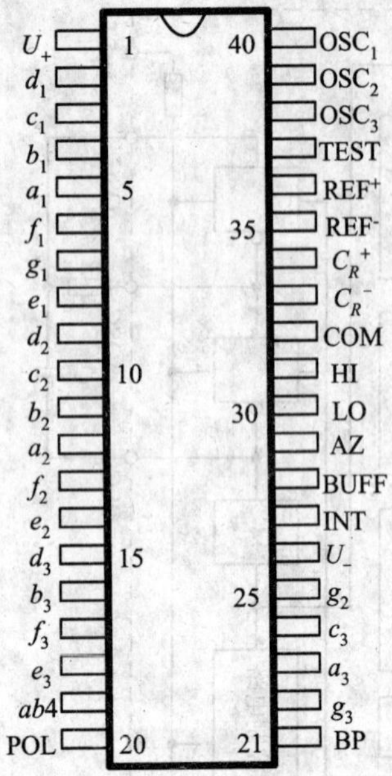

（b）

图 13-4-2　DG7126 型 A/D 转换器原理图

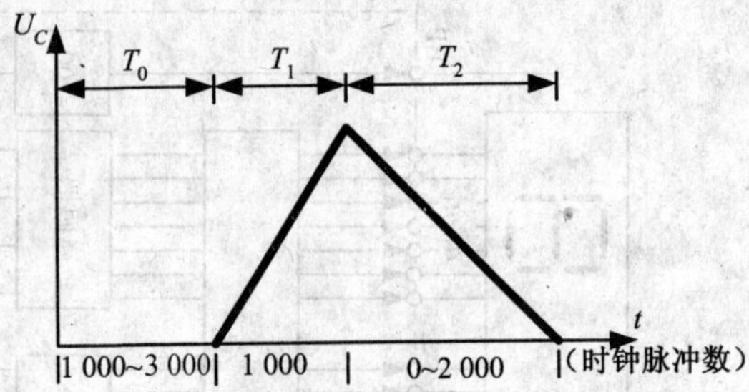

图 13-4-3　时间分配示意图

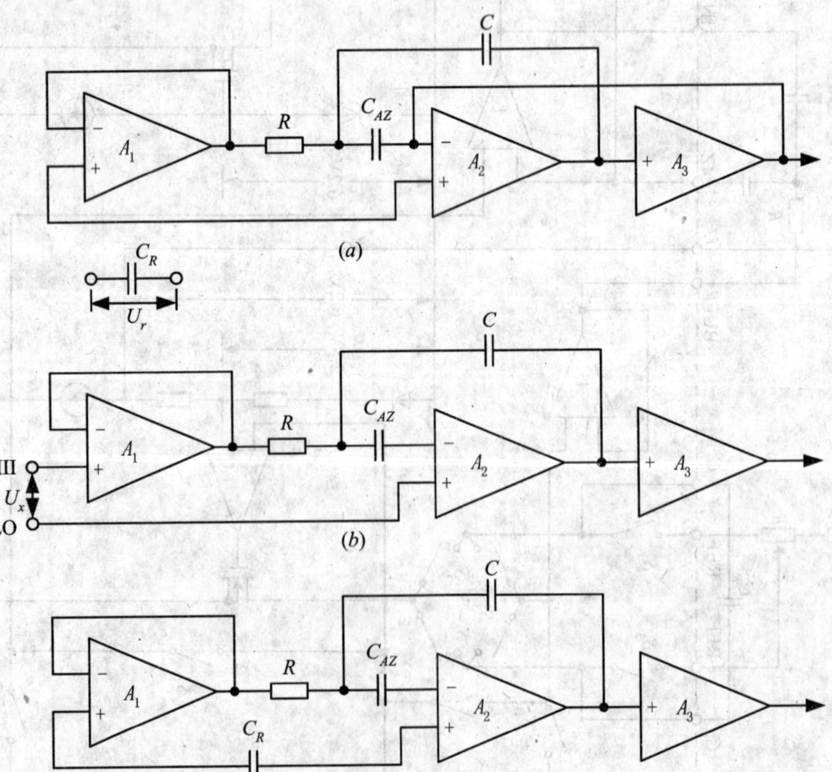

图 13-4-4　A/D 转换过程等效电路图

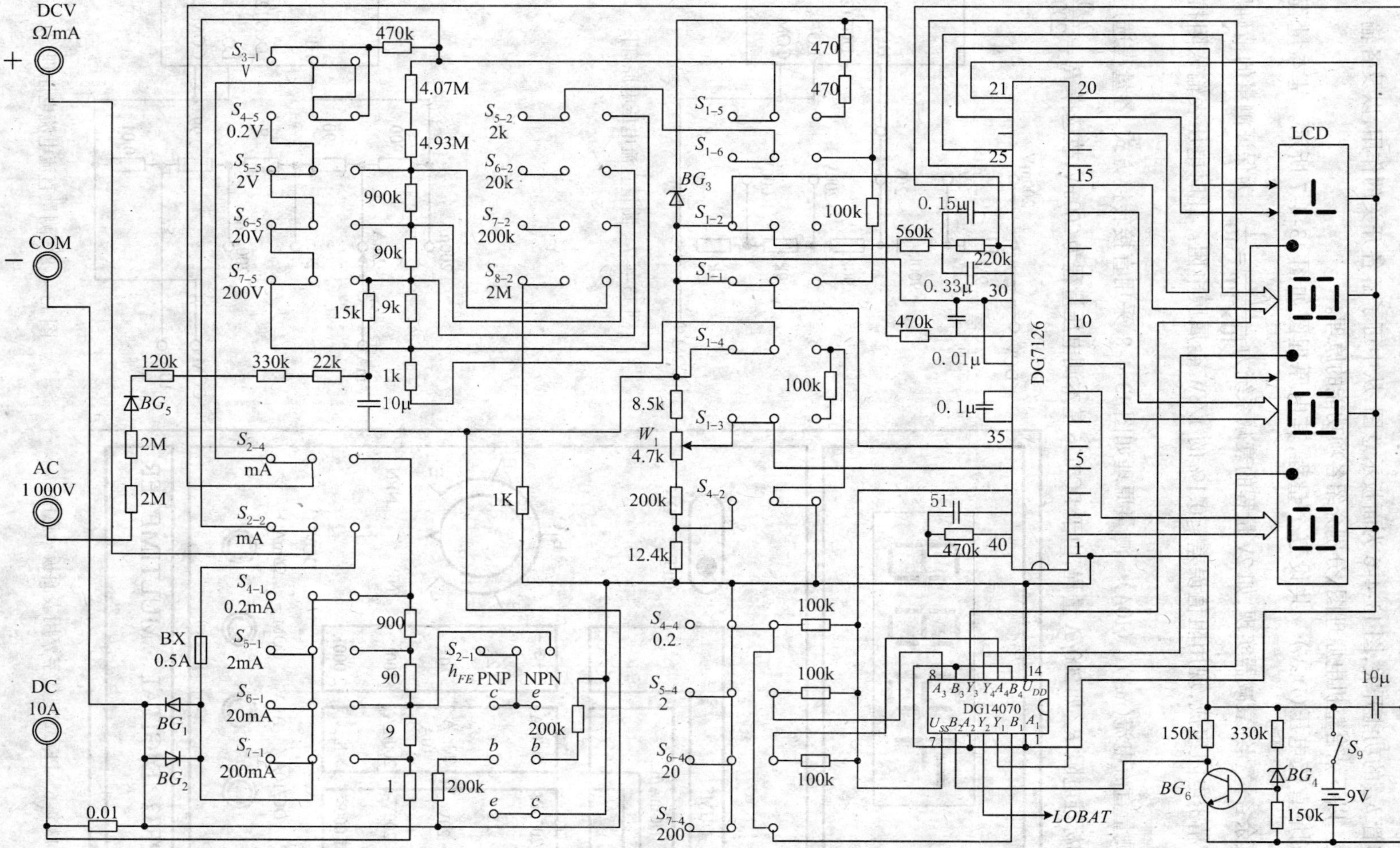

图 13-4-5　PF-32 型数字繁用表电原理图

$S_1 \sim S_3$ 为功能开关，$S_4 \sim S_8$ 为量程选择开关，S_9 为电源开关，S_4 和 S_8 还分别作为检测二极管和测试晶体管 h_{FE} 的功能开关，图 13-4-6 为面板示意图，从中可了解各开关的作用，以及各输入插孔的位置。以下结合整机电原理图，分别介绍各项功能的原理。

(1)测量直流电压(DCV)　共设五个量程，其电原理图如图 13-4-7 所示。基本量程为 200mV，其余各量程经衰减器实现，如 2V 量程的衰减系统为 $\frac{10^6}{10 \times 10^6} = \frac{1}{10}$。为保证测量的精确度，衰减器由精密电阻组成，现用阻值误差 $\leqslant 0.1\%$ 的 1/8W 金属膜电阻。此时电压表输入阻抗 $\approx$ 10MΩ。

(2)测量直流电流(mA)　(10A)　测量原理如图 13-4-8，采用直接转换方式，各量程选用不同阻值的标准电阻 R_r，如 200μA 量程，由于 DG7126 基本测电压量程为 200mV，故选择 $R_r = \frac{200\text{mV}}{200\mu\text{A}}$

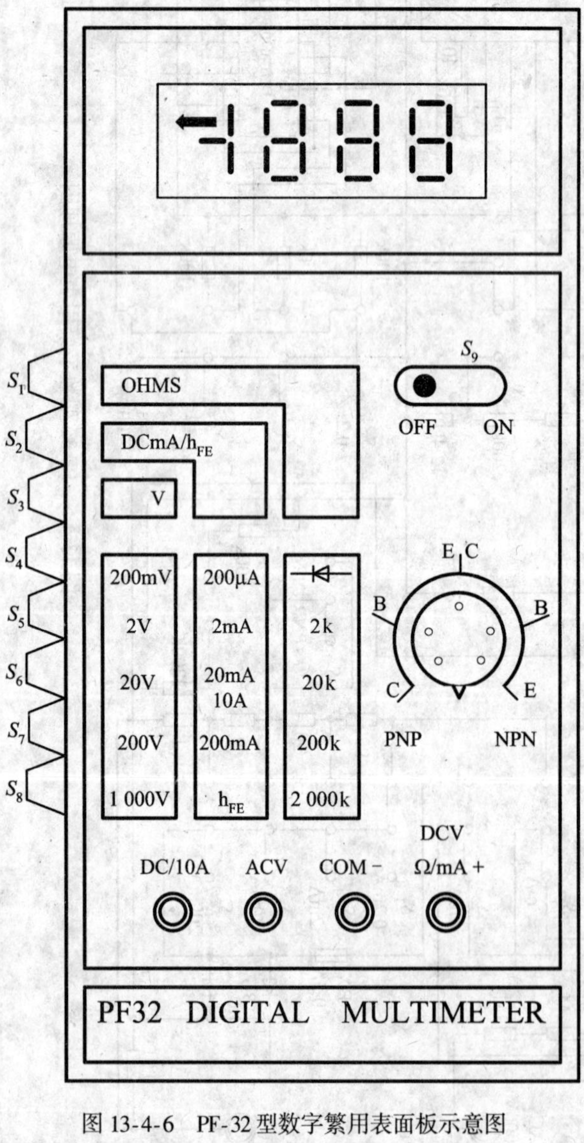

图 13-4-6　PF-32 型数字繁用表面板示意图

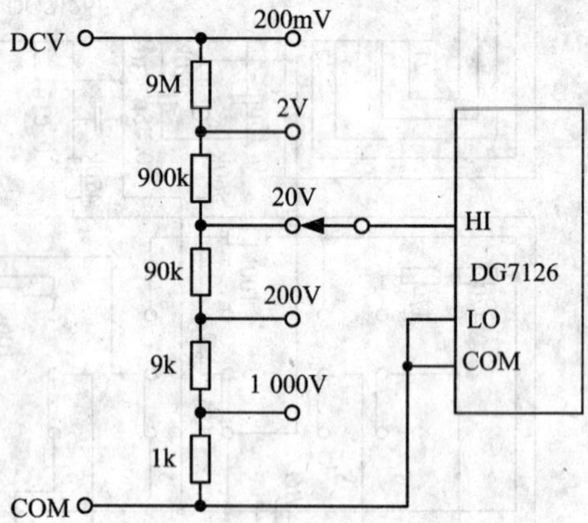

图 13-4-7　测量直流电压电原理图

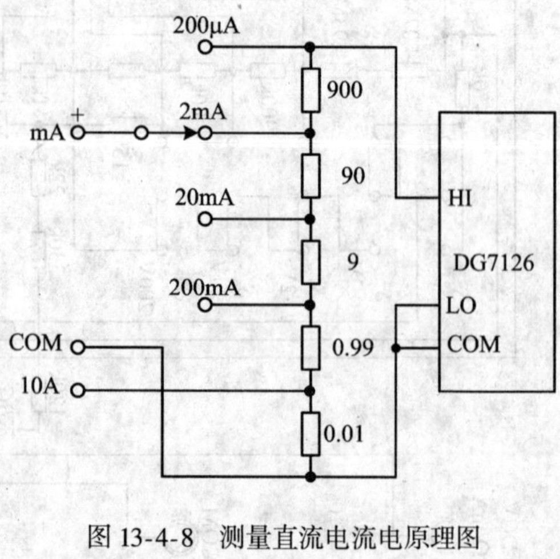

图 13-4-8　测量直流电流电原理图

$=1\ 000\Omega$,在电路中由五个电阻串联而成。为保证测量精确度,900Ω 和 90Ω 用误差$\leqslant 0.1\%$的1/8W金属膜电阻,其余小阻值电阻,还需考虑功耗要求,均采用误差$\leqslant$ 0.1%的1/4W精密线绕电阻。

(3)测量交流电压(AC) 共设置200V和1 000V两个量程。主要针对实用中测交流大信号情况设计,故采用简单二极管半波整流和 RC 滤波电路组成,如图13-4-9所示。

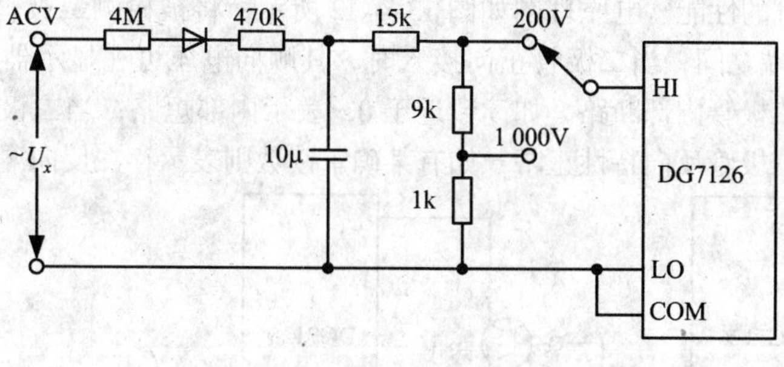

图13-4-9 测量交流电压电原理图

(4)测量电阻(Ω) 采用§13-3介绍的电阻比例法,接成如图13-4-10所示电路,(a)为原理示意图,以 R_x 上的电压 U_x 接入DG7126输入端,以标准电阻 R_r 上的电压作为双积分A/D转换的基准电压,实际上电压 E 即DG7126的内基准 U_r。图(b)为电路连接方法。根据电阻比例法基本关系式可知,繁用表读数 N_2 与 R_x 间的关系为 $R_x=\frac{R_r}{N_1}\cdot N_2$,本表中 $N_1=1\ 000$,故 $R_x=\frac{R_r}{1\ 000}\cdot N_2$,$R_r$ 取不同值,便可得不同的量程,如在2kΩ量程时,$R_r=1\text{k}\Omega$,则 $R_x=N_2$,若读数1 200,即表示 $R_x=1\ 200\Omega$。

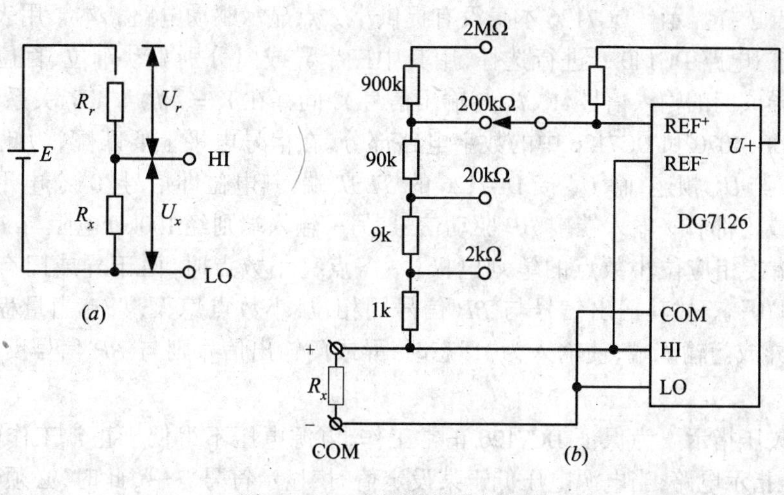

图13-4-10 测量电阻电原理图

(5)测量晶体管 $h_{FE}(\beta)$ 晶体管的直流放大系数 h_{FE} 是在共发射极电路中使晶体管处于放大状态下测得的。h_{FE} 定义为集电极电流 I_c 与基极电流 I_b 之比,$h_{FE}=\frac{I_c}{I_b}$。本繁用表测量 h_{FE} 的电原理图如图13-4-11所示,其中(a)为 NPN 型管测量电路,(b)为 PNP 型管测量电路。这是一种粗略测量 h_{FE} 的方法。现以 PNP 型晶体管为例说明其基本测量原理,在图(b)中,基流 $I_b=\frac{U_+-U_{eb}-U_{COM}}{R_b}$,集电极电流 $I_c=\frac{U_s}{R}$,式中 U_{COM} 为 COM(即 LO)端的直流电位,U_{eb} 为被测管的

eb 结电压，R_s 为集电极电阻，也是取样电阻，R_s 两端的电压 U_s 送入 DG7126 输入端，U_s 与读数 N_2 间的关系应为 $U_s=10^{-4}\cdot N_2(\mathrm{V})$，故 $I_c=\frac{N_2}{R_s}\cdot 10^{-4}$，由此可得 $h_{FE}=\frac{I_c}{I_b}=\frac{R_b\cdot 10^{-4}}{R_s\cdot(U_+-U_{eb}-U_{COM})}\cdot N_2'$，在本电压表中 $U_+-U_{eb}-U_{COM}\approx 2V$，$R_b=200\mathrm{k\Omega}$，$R_s=10\Omega$，代入上式后可得 $h_{FE}=N_2$，即可用电压表读数 N_2 表示 h_{FE} 值。*NPN* 型管的测量原理可用类似方法分析。

(6) 检测二极管的性能　电原理图如图 13-4-12 所示，将被检测二极管与电阻 *R* 串联后，跨接在 U_+ 与 *COM* 端之间，当二极管正向接入时，其顺向电压可在显示器上读出，如出现显示超量程，则表示二极管内部断路，如读数近于 0，表示内部短路；当二极管反接时，如出现超量程指示，表示二极管反向特性正常，如有某确定读数则表示存在反向漏电或穿通。

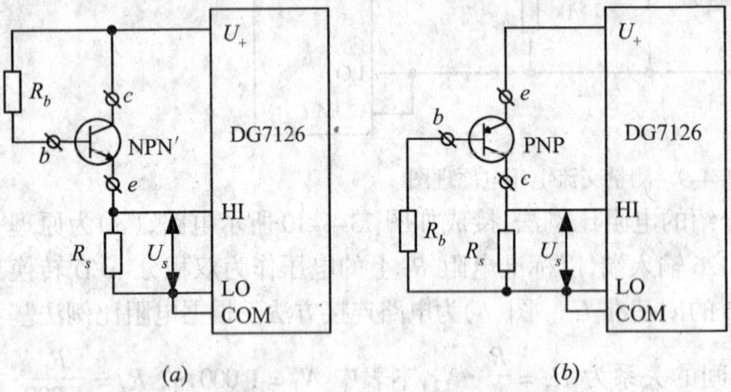

图 13-4-11　测量 h_{FE} 电原理图

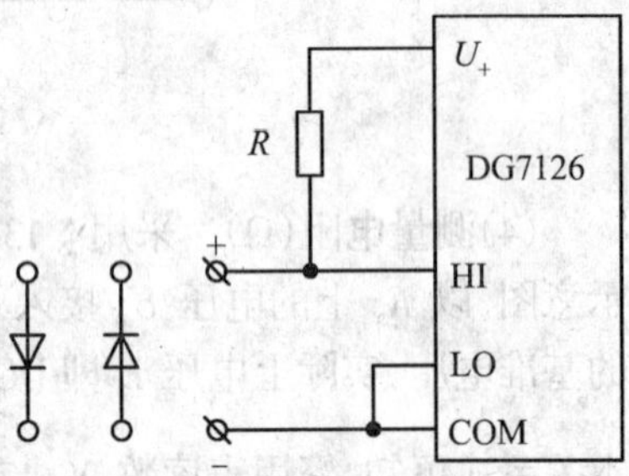

图 13-4-12　检测二极管电原理图

(7)小数点选择显示　DG7126 本身没有提供小数点显示驱动电路。本繁用表的小数点显示通过四异或门电路 DG14070 进行选择，用其中三个异或门分别驱动十位、百位和千位的小数点点亮，各异或门的输入信号 A_i、B_i 与输出信号 Y_i 间存在 $Y_i=A_i\bar{B}_i+\bar{A}_iB_i$ 关系，连线方法如图 13-4-13。DG14070 和 DG7126 中的数字电路部分，在信号电平上要匹配，为此，DG14070 接入电路时，U_{DD} 与 U_+ 相连，而 U_{SS} 接 DG7126 的 *TEST* 端，其电位即信号“0”态电平值。从图中可看到，各异或门都有一输入端接 *BP* 驱动信号，另一输入端则经 100kΩ 电阻与 *TEST* 相连，异或门的输出端接相应位小数点的笔划电极；不需点亮小数点时，由于异或门有一输入端为 *TEST* 电位，即“0”态，故其输出信号与 *BP* 信号同相位，小数点熄灭；只有当量程选择开关将 U_+ 电位加到异或门输入端，使输入为“1”态时，异或门输出信号则与 *BP* 信号反相，于是该小数点被点亮。

(8)电池欠压指示　为保证 DG7126 正常工作，电源电压不得低于正常工作的下限，为此设置电池欠压指示电路，当电源电压低于某设定值时，显示符号“←”，此时，必须更换新电池，以免读数不可靠。其电原理图如图 13-4-14 所示，图中的异或门即 DG14070 中的一个，异或门输出端接欠压指示符号电极(LOBAT)，输入之一为 *BP* 信号，另一输入信号为 BG_6 集电极电压，电路中 BG_4 为稳压管，选择其稳压值较正常工作电压下限稍低(本繁用表设定为 7V)，当电池电压较高时，工作正常，BG_4 被击穿而导通，BG_6 接受基极注入电流而通导，故送入异或门输入端为低电位，即逻辑“0”态，LCD 欠压符号熄灭，当电池电压过低时，BG_4 不被击穿，BG_6 随之截止，其集电极电位上升到“1”电平，异或门输出信号与 *BP* 反相，故欠压符号被点亮。

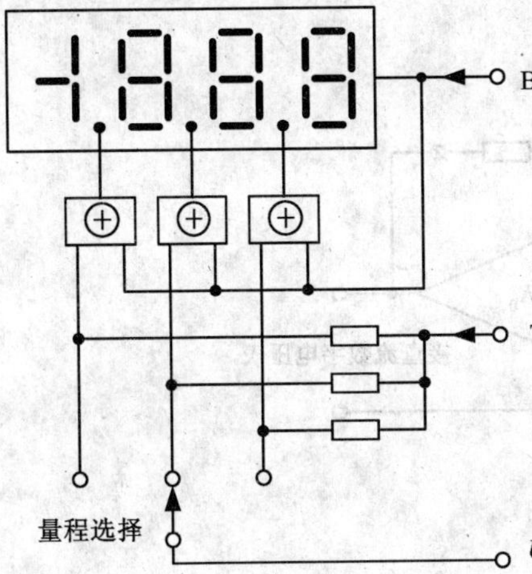

图 13-4-13　小数点选择显示示意图

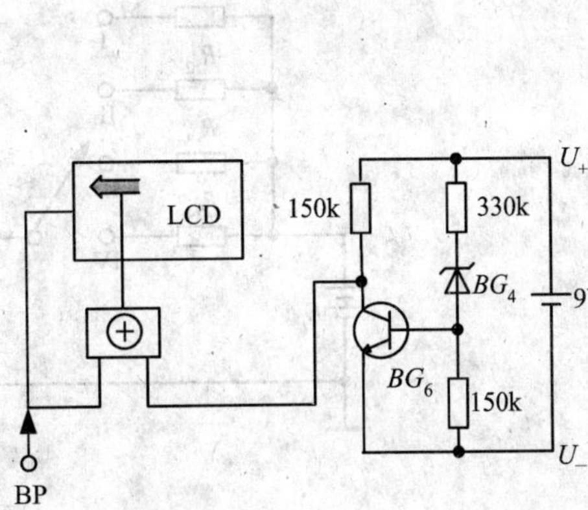

图 13-4-14　电池欠压指示电原理图

复　习　题

1. 怎样实现交流电压—直流电压转换？常见的电路形式有哪些？各有什么特点？

2. 在数字繁用表的平均值交直流转换器中为什么要求线性整流？如何实现线性整流？

3. 题图 13-1 中的电流-电压转换电路，已知直流数字电压表的测量范围为 0 ~ ±0.2V，试求各量程的直流电流范围，并说明保险丝 BX 和二极管 BG_1 ~ BG_4 起什么作用。

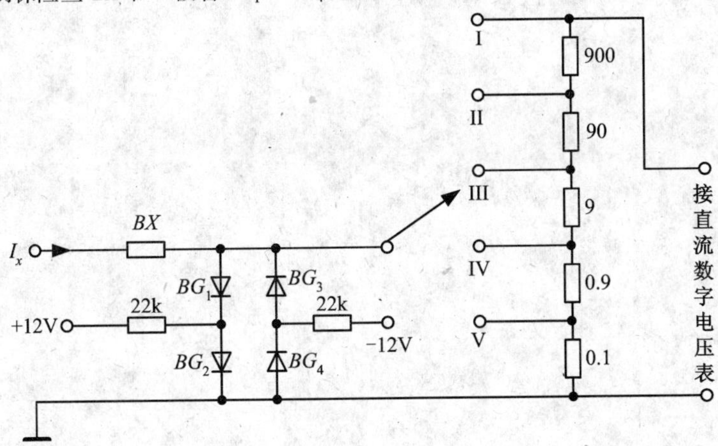

题图 13-1

4. 题图 13-2 为电阻—电压转换电原理图，已知基准电压 E_r = +6V，直流数字电压表的测量范围为 0 ~ -2V。为使测量电阻的量程范围为：

Ⅰ　0 ~ 200Ω

Ⅱ　0 ~ 2kΩ

Ⅲ　0 ~ 20kΩ

Ⅳ　0 ~ 200kΩ

试求 R_{r1} ~ R_{r4}的取值。

5. 说明以电阻比例法实现电阻-电压转换的原理及其特点。

6. 试说明 DG7126 型 A/D 转换器实现三相积分式转换的原理。

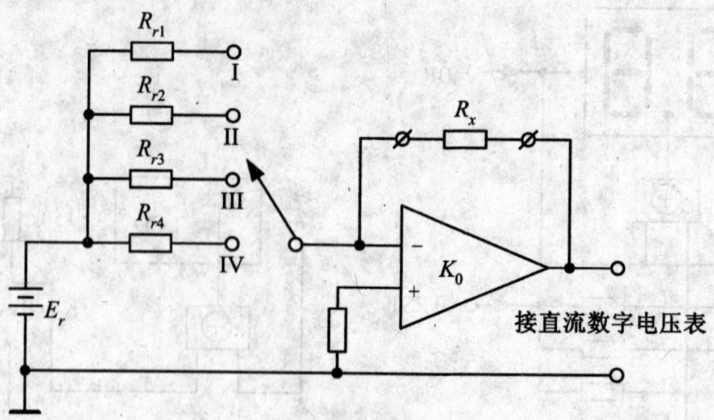

题图 13-2

7. 结合 PF-32 型数字繁用表,说明如何实现小数点选择显示。
8. 结合 PF-32 型数字繁用表电路,说明测量晶体管 h_{FE}的原理。其测量误差是怎样形成的?

第四篇　智能仪器与自动测试系统

引　言

自动化测试仪器和系统的出现与发展,反映了科学技术和现代化生产的需要,同时,自动化测试本身又是科学技术高度密集和新技术应用最敏感的领域,特别是电子测量技术与计算机的结合,以及计算技术和微电子学的进步,都加速了自动测试仪器和系统的发展进程,使它们的面貌不断改观。

通常把人工最少参与情况下能自动进行测量、数据处理,并以适当方式显示或输出测量结果的系统称为自动测试系统。早期的自动测试系统便运用了计算机,计算机作为系统的控制器通过接口与各种测试仪器及其他装备连为一体,由此组建的自动测试系统为电子测量带来了一系列优点,如:测量的高速度、高精确度、高分辨力、高重复性、多参数、多功能、大量程和具有分析、判断及数据处理能力,而且对测试系统能进行自校、自检、自诊断和自修复。随着标准化接口系统的出现,能用于自动测试系统的可程控仪器逐渐增多,目前可与 IEEE-488 标准接口系统兼容的电子测量仪器已逾 2 500 种。

微处理器和微型计算机的高速发展,将微处理机引入电子仪器内部,它不仅起控制作用,并具有一定的运算和数据处理能力,实现了单台仪器的自动化,常把这种带微处理机的仪器称为智能仪器。与此同时,自动测试系统也有新的发展,利用标准接口把某些智能仪器联起来,可以组建成性能更臻完善的“具有分布智能”的系统。此外,用计算机参与激励信号的形成和测试性能解析工作的自动测试系统也正在发展中。

近年兴起的个人计算机也已渗入自动测试技术中,出现了以个人计算机为基础的“个人仪器系统”,它由个人计算机和作为附件的专用插件板或插件卡组成,插件按测试要求设计制造,通过计算机内部的接口电路把计算机和插件联系起来,这种仪器系统大都不带机箱,它除了具有智能仪器的一般优点外,还有更大的灵活性,这是由于它的每个测试功能不是以整机的形式完成,而只需制成专用的测试插件,因而便于实现多功能测试。由此可见,个人仪器系统既可视为性能和功能更完善的智能仪器,也可认为是自动测试系统的发展。目前,它刚出现,仅处于低档、中档的测试水平。

电子测量的自动化和仪器的智能化是适应科学技术发展和现代化生产的必然途径。本篇仅介绍智能仪器和自动测试系统的基本知识。关于智能仪器,主要介绍微处理机引入仪器内所起的作用;关于自动测试系统,重点介绍标准接口系统。

第十四章 智 能 仪 器

§14-1 概 述

电子仪器中引入微处理机后,导致一代新型仪器的出现,与传统的仪器相比,这种内含微处理机的仪器增添了许多新功能,诸如实现功能自控、自动校正、自诊断故障以及数据处理和适当的运算等,仪器自身可以完成某些原来需依赖人的智力才能实现的工作,例如:判断、适度的思维推理和计算等,因此常称"智能仪器"。"智能仪器"的概念是相对的,不同仪器的智能水平有高有低,可能差异很大。这类仪器之所以具有一定的人工智能,是因为应用了微处理机,故也称 μP 化仪器。目前 μP 化已成为电子测量仪器的重要发展趋势,而且也已有电压表、电桥、计数器、频率计、示波器和信号源等多种产品,并出现了逻辑分析仪等新类型的仪器。

各类 μP 化仪器的原理和结构各不相同,但其基本组成形式大同小异,图 14-1-1 为一 μP 化数字电压表组成方框。仪器由微处理机及其外围设备组成,也可视为能独立工作的微计算机系统。图中 μC 部分由微处理机 μP、只读存贮器 ROM、随机存取存贮器 RAM 及其他有关辅

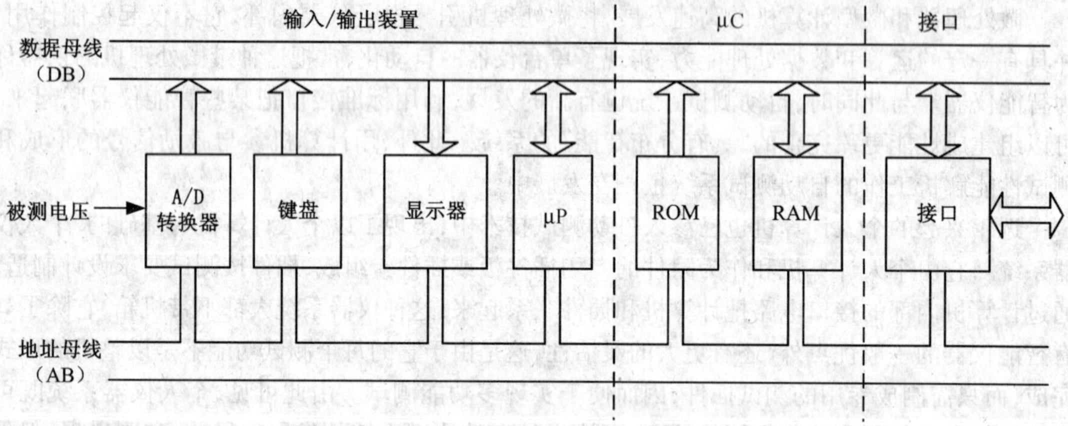

图 14-1-1 μP 化数字电压表组成方框

助器件组成,是仪器的主机。A/D 转换器、显示器及键盘都属输入/输出装置,它们要受到 μP 的程序控制,或者要与 μP 交换信息。此外,还有对外的接口电路。

微处理机的运用,使仪器从结构到电路(硬件)都发生了变革,与传统的电子仪器比较,有其独到之处。

一、结构方面

智能仪器是以微处理机为核心,反映在结构上的特点是:

(1)采用母线结构 仪器内部通过母线互连,对外也采用接口母线,常配有 GP-IB 接口(IEC-625,IEEE-488接口)。

(2)面板控制由键盘实现，输入方式多样化　智能仪器中以键盘代替传统仪器中的许多面板开关，键盘多由若干微动开关组成，一般分功能键和数字键两类。按某一按键，可启动一系列特定操作，这些动作由事先编排的程序所决定，它除可直接向微处理机输入数据或命令外，还可在编程软件控制下完成仪器面板上所规定的各项功能，通过标准接口也可接受外来的编程控制。有些仪器可通过电传打字机式键盘输入文字或数字信息。较长的程序或数据，可通过穿孔纸带、磁带或软磁盘等自动输入。

(3)输出形式多样化　常用指示灯和七段数码管显示数字，也可用矩阵式显示器显示数码、文字和符号，有的仪器可通过 CRT 屏幕显示文字和图形，也可配上小型打印机输出文字、数表和曲线等。输出信息也可通过对卡片和纸带穿孔而送出，或者录在磁带、磁盘上，还可带动记录仪，绘出曲线图表制成硬拷贝，甚至可利用光笔指向 CRT 显示出的曲线上某点，令仪器以文字显示出该点对应的具体数据，这种方法对于测量任意波形上任两点之间的时间间隔或电平差值，都很方便。

(4)硬件电路大为简化　利用软件控制技术不仅可代替繁杂的硬件逻辑电路，也可以代替若干模拟式硬件电路，如：以数字滤波过程代替模拟式滤波器，以软件与简单的硬件电路配合实现高精度的 A/D、D/A 转换等。此外，μC 或 μP 与适当的硬件配合，还可提高硬件的性能，从而降低了对硬件组成的要求，例如：通过仪器内部采用误差修正的方法，可扩展某些元器件的工作范围，降低或消除元器件漂移、噪声等的影响。

二、性能和功能方面

由于 μC 和 μP 具有很强的信息存贮、运算和处理的能力，使得智能仪器在测量性能和功能上与传统仪器比，大为改观。

(1)实现高度自动化　由于 μC 或 μP 的作用，可使传统仪器中的手动调节旋钮和人工对数据的计算实现自动化，如自动选量程、自动校准、自诊仪器内部故障等。仪器的高度自动化减少了人工控制工作量，因而有可能由非熟练人员，甚至非技术人员使用较复杂的电子设备，如遇操作有误，仪器可自动报警，必要时，仪器可用适当方式告知操作者发生了怎样的错误操作，以及应如何改正等。智能仪器的自动诊断功能也简化了维修工作。

(2)实现一机多能　充分利用 μC 的运算和存贮能力，可使一台智能仪器具有多种功能，仪器的直接测量功能可能为数不多，但是借助于间接测量，并充分发挥 μC 的作用，为智能仪器增添了对测量数据的检查、运算、分析和处理的能力，从而扩展了仪器的功能。例如，一台 μP 化示波器不仅具有传统示波器的功能，还可以利用平均技术从噪声中取出信号，并可进行快速傅立叶变换(FFT)，将时域信号变换为频域信号，如图 14-1-2(a)所示的矩形波信号，经上述示波器的 FFT 变换，可在示波器上直接观察到该信号的频率特性，如图 14-1-2(b)所示；此外，还可把所测得的信号转换为数字信息存贮起来，当需要再次观察时，只需用一条命令便可调出数据，重新显出波形来。

(3)提高测量性能　智能仪器的重大优点之一是测量精确度高。在传统的电子测量仪器中，由于受到外来的干扰、温度的变化或自身元器件特性的不稳，以及测量原理上引入的误差(如数字仪器的 ±1 个字计数误差)等因素，限制了仪器测量精确度的提高，但在智能仪器中，发挥了 μP 的作用，在短时间内可进行多次重复测量，并对所得数据进行处理，以减小随机误差影响；也可利用 μC 的存贮和运算功能，实现仪器的自动校准，以减小系统误差影响；在数字仪器中为减小 ±1 个字的计数误差，在第十一章曾介绍过几种实用的方法，如多周期同步测量

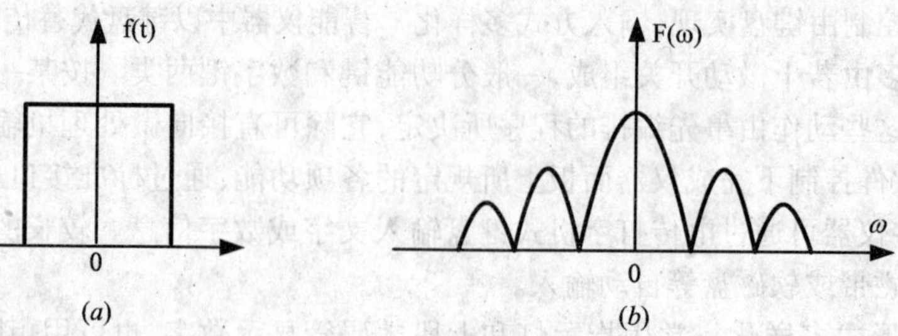

图 14-1-2　示波器 FFT 功能示意图

法、内插法和游标法等，这些在 μP 化仪器中已被广泛采用。由于传统仪器中的部分硬件功能可由软件实现，从而简化了硬件电路，使仪器的元器件数量和焊点数量大为减少，面板实现键盘化，也减少了电接触件的数量，这些都提高了仪器本身的可靠性。由于智能仪器具有自诊断故障、便于多次重复测量和操作简便等优点，也提高了测量数据的可靠性。μP 在仪器中的应用也给智能仪器带来了灵活性，当需要改造或提高仪器的某项性能，扩展或更换某些功能时，只要改变软件或某些附件便可实现，甚至只需要换几行程序。

§14－2　微处理机在智能仪器中的应用

智能仪器实际上是一个微处理机系统，由微处理机、存贮器及其他辅助电路组成主机，其余部分，如功能插件、硬件模块、以及面板键盘和显示(输出)装置系统属外围设备，主机和外设组成为统一体，装在同一机箱内。用于智能仪器中的微处理机可视为组成仪器的一个基本电路器件，一个具有独特性能的器件。在讨论问题时，"微处理机"有时泛指包括微处理机、ROM、RAM、时钟产生器、I/O 电路及某些接口集成片在内的整体，这种意义下的微处理机，其性能更完善，不仅有可编程的基本特点，而且有很大的存贮能力。智能仪器的种类很多，微处理机在其内部的应用方式灵活多样，且正处于不断发展中，本节仅就微处理机为改善仪器的某些性能而起的作用，进行原理性介绍，以期对微处理机在智能仪器中的应用有一初步了解。

一、提高测量精确度

用电子仪器测量时产生的误差主要有两类：随机误差和系统误差。对于前者，可用统计方法处理，以减少其影响；对于后者，可通过校准或修正技术以消除或减弱其影响。

1. 利用平均技术减小随机误差

随机误差是一种偶然误差，有时也称为噪声影响，一般可通过多次重复测量取平均值的办法，以削弱其影响，重复测量的次数 N 可在测量程序中预先设定，也可由操作者用键盘(专用键或数字键)输入 N 的数值，此外，编程时也可令 N 值随实际情况而自动变更，例如：在有自动量程转换的电压表或类似的仪器中，由小到大常设有几个量程，当工作于最低量程时，由于被测信号弱，噪声的相对影响大，需作多次重复测量再取平均值，方能削弱噪声引入的误差，故 N 取值宜大，在用高量程测量时，被测信号较低量程应用时强，对于同样的噪声，其相对影响稍弱，故重复测量次数可以减少。利用这种平均技术甚至可以测量出埋没在噪声中的被测量，重复测量的次数越多，噪声的残余影响越小，例如：μP 化的数字处理示波器，由于采用平均技术，对于如图 14-2-1(a)所示埋没在噪声中的脉冲信号，经过 $N=1\,000$ 的多次重复采样并取平均，可得到如图(b)中大为改善的脉冲波形。

2. 利用误差模型修正系统误差

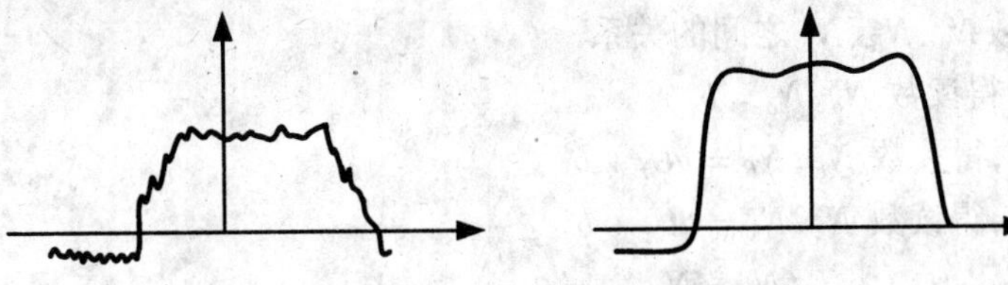

(a)　　　　　　　　　　(b)

图 14-2-1　利用平均技术消除噪声影响

系统误差常表现为有恒定值或按某种规律变化，但是，系统误差的来源一般比较复杂，难以用简单的方法消除。在智能仪器中可通过理论分析，建立该仪器的误差模型，由模型求得修正误差的数学表达式，式中将含有若干误差系数，可通过校正技术求得误差系数值，然后，经数据处理消除或削弱系统误差的影响。现以某数字电压表的输入放大器为例，说明修正系统误差的原理；由高增益运算放大器 K_o 和反馈电阻 R_1、R_2 组成的输入放大电路如图 14-2-2(a)所示，在理想条件下 $U_o = \frac{1}{F}U_x$，其中 $F = \frac{R_2}{R_1 + R_2}$，当 R_1、R_2 为稳值时，U_o 与 U_x 成正比，经 A/D 转换器可得电压表读数 N_x，设转换系数为 $a(a')$，则 $N_x = aU_o = a'U_x$，故可用 N_x 无误地表示 U_x 大小。但是，由于实用的运算放大器存在输入失调电压、失调电流、偏流，且有

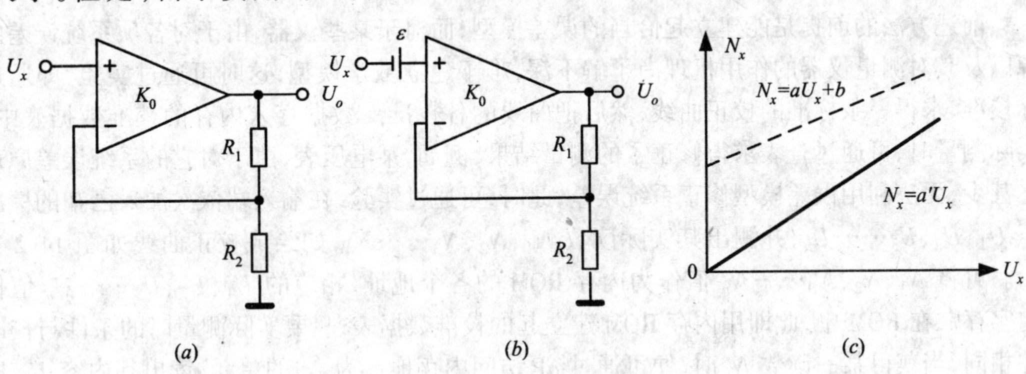

(a)　　　　　　(b)　　　　　　(c)

图 14-2-2　误差模型示意图

温漂和时漂，增益 K_o、共模抑制比和输入阻抗亦非无穷大，并不符合理想条件，此外，反馈电阻的准确度和稳定性也有限，因此，实际的 U_o 将偏离理论值，产生误差。可将运算放大器形成误差的诸因素等效为一输入端的误差电压 ε，而建立起误差模型，如图 14-2-2(b)所示，由模型可得：

$$U_o = K_oU_x + K_o\varepsilon - K_oFU_o$$

$$U_o = \frac{K_o}{1 + K_oF}U_x + \frac{K_o}{1 + K_oF}\varepsilon$$

$$N_x = aU_o = \frac{aK_o}{1 + K_oF}U_x + \frac{aK_o}{1 + K_oF}\varepsilon = aU_x + b$$

式中 a、b 即为误差系数，其中 b 为诸误差因素引入的绝对误差项，a 为相对误差项系数，图 14-2-2(c)为 N_x—U_x 关系曲线，实线为理想情况，虚线为实际情况，如能用适当方法求出误差系数，并从实测结果中扣除误差影响，便可达到修正误差的目的。可用自动校准技术实现误差修正，校准电路示意图如图 14-2-3，图中 U_r 为电压表的内基准电压，有极佳的长期稳定性。

校准时,开关 S 依次分别接地、U_r 和 U_x,取得读数 N_o、N_R 和 N_x,根据 $N_x = aU_x + b$ 基本关系式,找出 U_x 与读数 N_o、N_R、N_x 之间的关系。

当 S 接地时,得读数 N_o,$N_o = b$

当 S 接 U_r 时,得读数 N_R,$N_R = aU_r + b$

当 S 接 U_x 时,得读数 N_x,$N_x = aU_x + b$

将上三式整理,可得:$U_x = \frac{N_x - N_o}{N_R - N_o} \cdot U_r$,它表示被测电压 U_x 与各读数间的关系。电压表在正式测量前可先进行自动校准,取得 N_o、N_R,测量时按 $U_x = \frac{N_x - N_o}{N_R - N_o} \cdot U_r$ 处理数据,便可取得修正误差的效果;当仪器进入"自动校准"工作模式时,μP 根据程序编排,改变开关 S 的接通位置,测得 N_o、N_R 值,并存入指定的 RAM 中,通常间隔一定时间重复一次自校程序,使存贮在 RAM 中的 N_o、N_R 值不断更新,由于 μP 化仪器动作迅速,可以做到对测量结果进行近于实时的误差修正,只要误差系数不是快速变化,用这种方法可以取得良好的效果。上述举例为一简单的数学模型,只存在 a、b 两个误差系数,仅通过两次校准动作便可得到 No、N_R 值,对于复杂的情况,常需经过多次校准才能求得误差系数值,但就其处理的指导思想和基本方法,与所举例子相同。

3. 利用校正曲线由查表法修正系统误差

前述方法的前提是能建立起恰当的误差模型,而对于某些仪器,由于对各项系统误差的来源以及其对测量仪器的作用机理尚了解不深,难于建立数学模型,这时可通过实验,即通过实际校准,求得一条标准的校正曲线,然后把曲线的各校准点数据存入内存的校准数据表中,当实际测量时,可通过查表求得修正了的测量结果,例如,某电压表,由于对它的系统误差原理知之甚少,无法利用误差模型修正系统误差,此时,可通过实验,在输入端依次加入已知的标准电压 U_1、U_2、U_3…… U_n,并测出其实际读数 N_1、N_2、N_3…… N_n,如绘成校正曲线如图 14-2-4 所示。可将 N_1、N_2、N_3…… N_n 值作为内存 ROM 的各个地址,相应的 U_1、U_2、U_3…… U_n 值作为内容存贮在 ROM 中,此即用内存 ROM 建立起的校准数据表,只要实际测量时的条件与校准条件相同,当获得某一读数 N_i 时,便可通过 μP 访问内存地址为 N_i 的单元,读出其内容 U_i,即可认为这就是被测电压的真值。由于校准点的数目有限,实测值有可能介于两校准点之间,如:$N_{n-1} < N_i < N_n$,通过查表,若取其相近的 U_{n-1}或 U_n 值当作 U_i,势必存在误差,因此,为提高测量精确度,并不要设置过多的校准点(以节约内存),可在各校准点之间进行内插处理(§11-4 曾介绍一内插法实例)。此外,也可用某一解析函数拟合所得的校正曲线,写出函数表达式,定出其中必要的系数值,然后通过函数计算,求得精确的测量结果。

二、软件技术的应用

软件可代替某些硬件的功能,并且可以实现某些硬件难以完成的任务,因而,与传统仪器相比可简化硬件电路,并通过灵活的软件设计与硬件巧妙结合,使仪器的硬件电路突破了传统的方式,出现了一些新型电路。

利用图 14-2-3 电路实现自动校准后,可提高测量准确度,在一定程度上弥补了运算放大器参数不理想,以及反馈电阻不准确、不稳定等的不足。在利用校正曲线修正系统误差后,有可能做到不需对硬件提出苛刻要求,便可获得良好的整机性能,例如:在传统的高档数字繁用表中,标准电阻的精度要求在 10^{-6}量级,而在智能仪器中,只需用 10^{-3}量级的电阻便可达到相

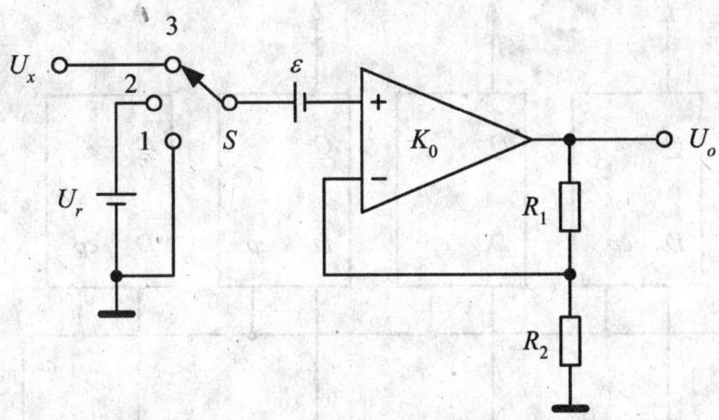

图 14-2-3 自动校准电路示意图

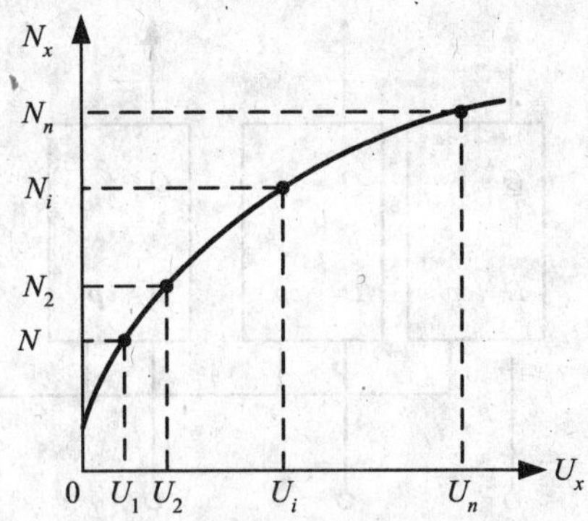

图 14-2-4 校正曲线示意图

同的,甚至更高的整机效果。

软件的灵活性,可使同一个硬件电路通过改变软件而赋予电路截然不同的性能,因而,有可能节省大量硬件电路,这一点对于解决复杂问题尤为明显,现仅举一例加以说明。若要求电路有如下功能:从 0 开始对一定频率的信号进行八位二进制加法计数,当达到设定值 D_1 时自动改为二进制减法计数。当计数减小到另一设定值 D_2($D_2<99$)时,电路自动改为二－十进制加法计数,即电路以与 D_2 等值的十进制数 D_2 开始进行 BCD 码加法计数。当达到设定值 D_3 时,电路要自动改为二－十进制减法计数。当计数减至设定值 D_4 时,电路要立即改变成左移移位寄存器,首先使该电路最低位为"1",其余各位为"0",然后,按一定频率左移位,经七次移位,"1"移至最高位,此后,电路自动改为右移移位寄存器,直至"1"又移回至最低位。至此,一个工作循环结束,电路复零,接着重复进行由二进制加法计数开始的下一个工作循环。如用硬件电路满足上述要求,至少需用八个触发器进行计数,还需另加触发器以实现六种工作方式,且各触发器的输入控制端都需用复杂的组合逻辑电路,以满足不同工作方式的要求,为了设置常数 $D_1\sim D_4$,并实现与其比较的功能,还需使用各种门电路,这样组成的电路不仅元器件多、电路复杂、成本高;而且调试也很困难,当需要更动常数 $D_1\sim D_4$ 时,则需另换一套电路。可是,如用软件控制实现该课题要求时,硬件部分可大为简化。软件控制下的硬件电路,只需八个 D 触发器和三个与非门电路即可,如图 14-2-5 所示,八个触发器的 D 控制端分别与数据总线 $D_0\sim D_7$ 相接,各 cp 端并联,接$(I/OW)\cdot A_0$ 信号,计数或移位的结果可由触发器 Q 端得到,设这八个触发器为 μC 的 01 号输出器件,通过适当安排的软件程序可以方便地实现课题要求,若这段程序命名为 PRO,PRO 可由 30 条 8080A 的指令组成,共需占用 61 个 ROM 单元,程序如下:

```
PRO  :  MVI  A,  OFFH  ;  A 内容为 11111111
BYAD:   1NR  A         ;  二进制加法循环
        OUT  01H       ;
        CPI  D1
        JNZ  BYAD
BYSB:   DCR  A         ;  二进制减法循环
        OUT  01H
        CPI  D2
        JNZ  BYSB
```

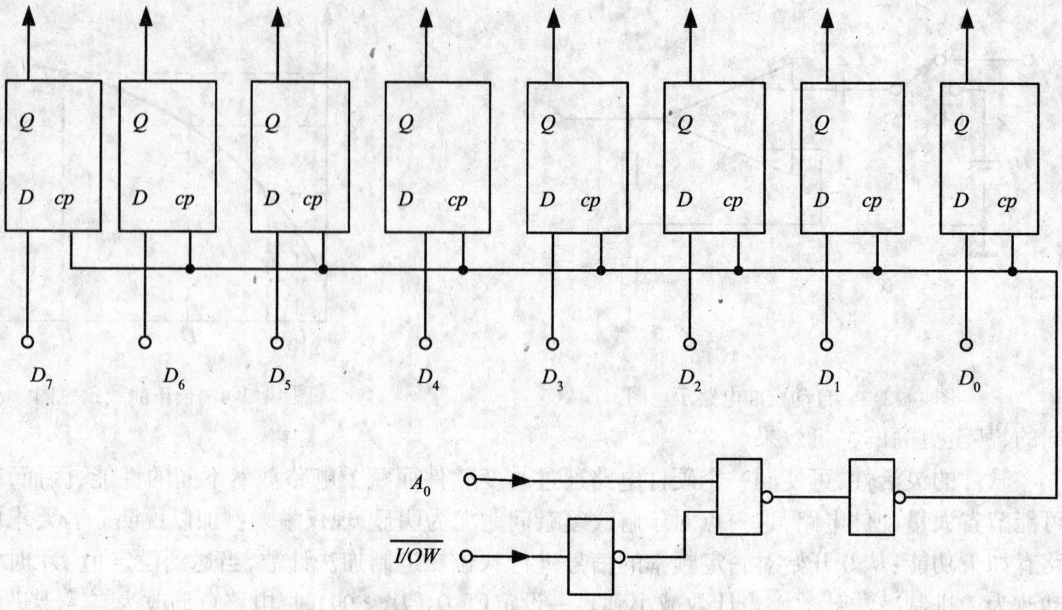

图 14-2-5　硬件电路举例示意图

```
          MVI   A, D2´
DECAD：   ADI   01H       ；  二－十进制加法计数循环
          DAA
          OUT   01H
          CPI   D3
          JNZ   DECAD
DECSB：   ADI   99H       ；  二－十进制减法计数循环
          DAA
          OUT   01H
          CPI   D4
          JNZ   DECSB
          MVI   A, 80H    ；  A 最高位置“1”,其余置“0”,
SHL：     RLC             ；  左移移位循环
          OUT   01H
          CPI   80H
          JNZ   SHL
SHR：     RRC             ；  右移移位循环
          OUT   01H
          CPI   01H
          JNZ   SHR
          JMP   PRO
```

对 PRO 程序稍加修改还可得到更多的逻辑功能，由此可了解以软件代替硬件的具体作法，在§4-2 中所举以 μP 构成的函数信号发生器的例子中，也可看出，在 μP 控制下，只需使用一般的 D/A 转换器，便可代替传统的信号发生器中繁杂的波形产生电路。

在智能仪器中软件的灵活应用，可降低对硬件的要求，而且有可能简化硬件电路，这些都使智能仪器的成本有下降的可能，并使设计制造工作简化。由于硬件的简化，仪器的可靠性也可进一步提高。

利用 μP 实现软件控制的优越性是显而易见的，但也应注意到，软件控制是通过逐条执行指令完成的，它的速度较用硬件实现慢得多，譬如在举例所述 PRO 程序中，完成一次 BY-AD 循环需用 32 节拍，以 8080A 时钟频率为 1 ~ 4MHz 计，一个 BYAD 循环需时 8 ~ 32μs，BYSB 循环与 BYAD 相同，而完成一个 DECAD 或 DECSB 循环各需 38 个节拍，需时 9.5 ~ 38μs，这样的速度对于测量仪器显然太低了，因此，仪器中的某些关键硬件，特别是某些高速部件（如 A/D 转换器）不但不能淘汰，而且要在软件配合下，不断改进提高和创新，把软件和硬件的优点在仪器中都发挥出来，现以 A/D 转换器为例说明这一问题。A/D 转换器几乎是各种 μP 化仪器和自动测试系统中不可缺少的关键部件，目前普遍运用双积分型 A/D 转换方式，可以通过自动校零技术提高转换精确度，也可以用增加显示位数实现高分辨力，但需用延长测量时间换取。例如，一个 $5\frac{1}{2}$ 位显示的电压表，测量速度可达 55 次/秒，若要得到 $6\frac{1}{2}$ 位显示，测量速率将降到近于 3 次/秒。为解决这一矛盾，出现了三斜式和多斜式 A/D 转换方式，在软件技术配合下可以做到兼顾分辨力和测量速率。关于三斜式积分型 A/D 转换的基本原理已在 § 12-3 中简要介绍过，在此，仅介绍一个用 U_r 和 $U_r/100$ 基准电压的四相三斜式 A/D 转换的过程。其电原理图如图 14-2-6(a)所示，(b)为其主要时间关系示意图。图(a)中 $S_1 \sim S_9$ 为开关，驱动信号为高电平时开关接通，低电平时开关断开。每一工作周期包括四个阶段。

(1)自动校零　即前次测量后的恢复期和本次测量采样前的自动校零期。开关 S_5、S_8、S_9 接通，积分器和比较器的等效失调电压 ε 经 S_9 存贮于修正电路的记忆电容中（硬件处理法），或者把 ε 存入内存，以备修正（软件处理法），以实现 A/D 转换器的零点校准。

(2)第一次积分（正向积分）　对被测电压 U_x 进行定时积分，此时，S_1、S_3、S_5、S_7 接通，固定时间(T_1)由计满高位计数器所用的时间来控制，设高位计数器总容量为 N_1，时钟信号周期为 τ，则 $T_1 = N_1\tau$，积分器在 T_1 结束时的输出电压值为：

$$U_{c1} = \frac{-1}{RC}\int_0^{T_1} U_x \mathrm{d}t = -\frac{N_1\tau}{RC}\cdot\overline{U}_x$$

(3)第二次积分（反向快速积分）　S_1 断开，S_2、S_3 接通，基准电压 $-U_r$ 接入积分器，使其快速反向积分。同时，S_5 断开，比较器的阈值电平由 0V 改为 $-U_r/100$。此时 S_7 仍接通，时钟信号经高位计数器进行计数，经 T_2 时间后，积分器输出变为 $-U_r/100$ 时本阶段结束，若计数器读数为 N_2，则 $T_2 = N_2\cdot\tau$，积分器输出电压为

$$U_{c2} = U_{c1} - \frac{1}{RC}\int_0^{T_2}(-U_r)\mathrm{d}t = \frac{-U_t}{100} \quad \text{或写成}$$

$$U_{c2} = -\frac{N_1\tau}{RC}\cdot\overline{U}_x + \frac{N_2\tau}{RC}\cdot U_r = \frac{-U_r}{100}$$

(4)第三次积分　（反向慢速积分）　基准电压仍接 $-U_r$，但积分时间常数增大至原来的 100 倍。此时，S_2、S_4 接通，S_1、S_3 断开，U_r 经 100R 送入积分器；同时，S_5 接通，比较器的阈值电平为 0V；本阶段内 S_7 断开，S_6 接通，时钟信号送入低位计数器，经 T_3 时间后，积分器输出电压返回 0V，相应读数为 N_3，则

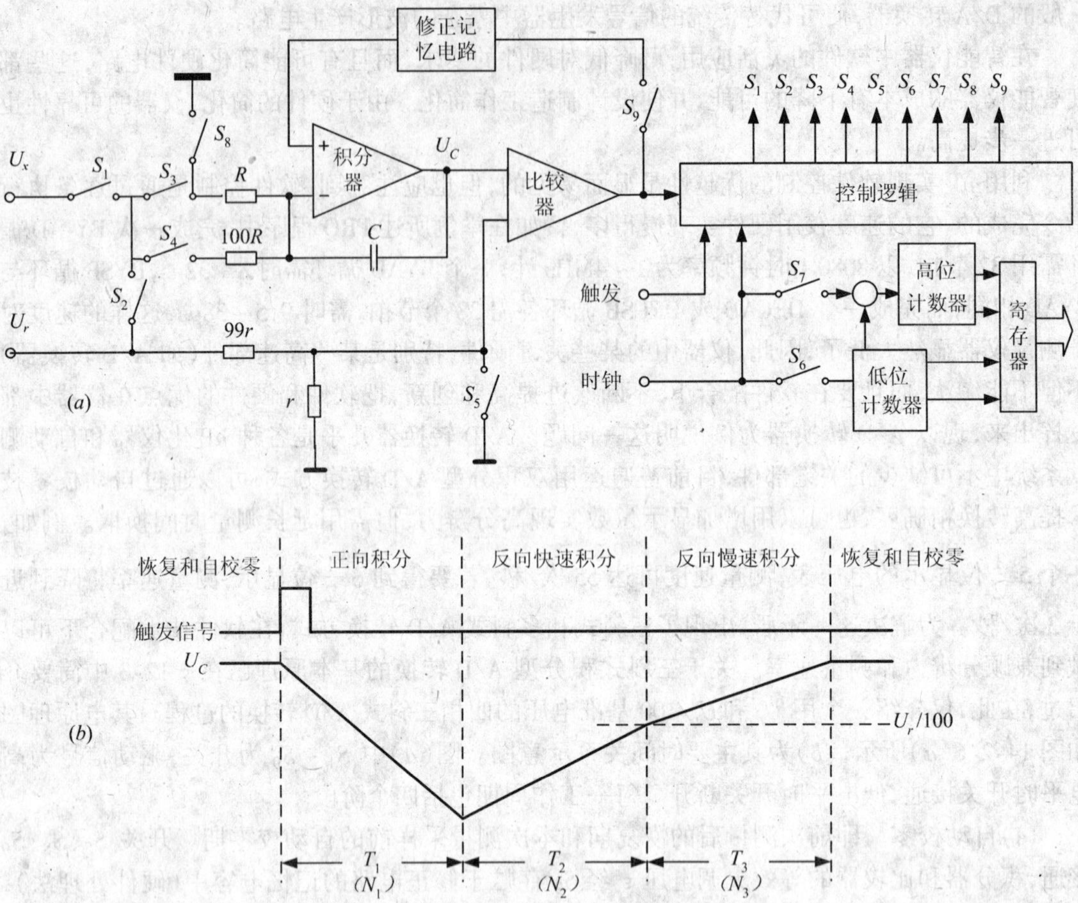

图 14-2-6　四相三斜式 A/D 转换原理图

$$U_{c3}=U_{c2}-\frac{1}{100RC}\int_0^{T_3}(-U_r)\mathrm{d}t=0$$

经简单运算可得

$$\overline{U}_x=\frac{U_r}{N_1}\left(N_2+\frac{N_3}{100}\right)$$

从式中看出，尾数的分辨力提高到原来的 100 倍。这一方案通过 μP 可实现各开关的动作配合，对测量结果也可轻而易举地完成数据处理，而且，通过把计数器分为高数位和低数位两部分使用，也可弥补软件速度低的缺陷。为了适应对小电压的测量，避免零区影响，可在正向积分结束时，先选用与 U_x 同极性的 U_r 接入一固定时间 T_c，使积分器避开零区工作范围，然后再按三斜式过程，进行反向积分，U_c 波形如图 14-2-7 所示，这种方式常称四斜式 A/D 转换，由于 T_c 为定值，可通过 μP 的数据处理，从测量结果 T_2 中扣除它的影响，其基本关系与三斜式 A/D 转换方式相同。

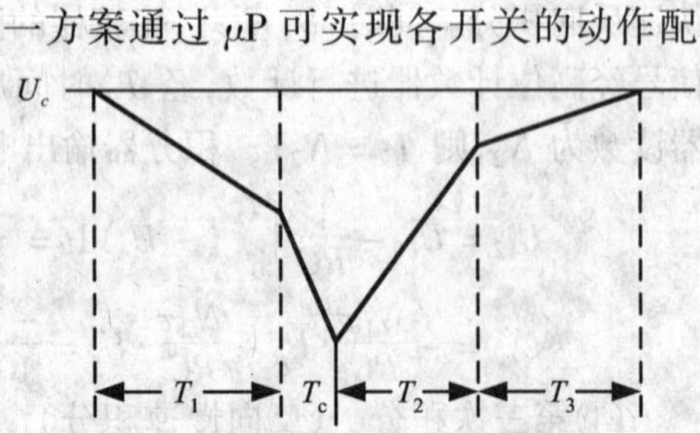

图 14-2-7　四斜式 A/D 转换波形示意图

§ 14－3　HG－1850 型微处理器电压表介绍

HG-1850 型微处理器电压表是以 8080A 微处理器为核心的智能仪器，可用于测量 10μV～1 000V的直流电压，由于充分发挥了 8080A 的功能，以软件控制代替某些传统的硬件逻辑电路，因此，简化了整机电路，并提高了可靠性。现仅简介其主要性能、功能和使用特点，并对其基本工作原理进行分析。

一、主要技术性能

(1)测量范围及分辨力　如表 14-3-1 所列。

表 14-3-1

量　　程	分 辨 力	20℃ ±1℃　24 小时　误差极限
1V	10μV	±0.007%(读数)±0.005%(满度)
10V	100μV	±0.003%(读数)±0.002%(满度)
100V	1mV	±0.007%(读数)±0.005%(满度)
1 000V	10mV	±0.01%(读数)±0.007%(满度)

(2)输入阻抗　1V、10V 量程为 5 000MΩ；100V、1 000V 量程为 10MΩ。

(3)抗干扰能力　SMRR > 60dB(50Hz ± 1%)；CMRR > 120dB(50Hz ± 1%)；CMRR > 130dB(直流)。

(4)显示　最大读数 101999。51/2 位显示时，测量速率为 2～3 次/秒；41/2 位显示时，测量速率为 6 次/秒。

(5)控制方式　面板键盘控制或外接遥控键盘。

(6)输出方式　显示数字和极性；后面板以 BCD 码输出测量数据、极性、小数点，并可打印输出。

(7)数据处理能力　有 +、－、×、÷、$\sqrt{\quad}$、lg、平均值、均方根、方差等共九种计算功能，用户可自编程，存贮于仪器内部，供操作者调用。

二、使用要点

前面板如图 14-3-1(*a*)所示，键盘由 24 个键式微动开关组成，在键盘控制下 HG-1850 能进入设定的各种工作模式。键盘组成如图 14-3-1(*b*)，各微动开关中都含有一个 LED 管，管点亮表示该键被“按下”，每一开关的上方和下方各有一字符；下字符表示“测量模式”中各键的意义，如：“0.1”、“1”、“10”等表示量程；“4×9”表示 4 ½位显示，快速测量；“5×9”则表示 5 ½位显示，慢速测量；上字符表示编制用户程序时各键的功能，按下“编程”，仪器便进入“编程序模式”，此时各键的功能即由上字符标明，如数字键 0～9，计算功能键“+”、“×”、“÷”、“$\sqrt{\quad}$”等，其中 R 表示本仪器直接测得的结果，“统计”表示如何统计数据，按一次表示不进行数据处理，按两次、三次、四次分别表示按平均值、均方根值、方差值进行统计。现举一例说明键盘编程的过程：若某传感器输入被测量 T_x 与其所产生的直流电压 U 之间存在如下关系：

$$T_x = 4.4 + 7.6U + 3.8U^2 + 0.2U^3$$

现用 HG-1850 可测得电压 U，如要从显示器直接读得 T_x 值，不要求进行数据统计，为编程方

便起见,可先将上式改写为

$$T_x = 0.2\{[(U+19)U+38]U+22\}$$

现列出按动键的顺序,以及按下各键时显示器出现的符号(如图 14-3-2 所示)。

"End"显示一秒后,HG-1850 返回测量模式,显示器可直接给出由 U 决定的 T_x 值。

三、整机工作流程

HG-1850 的主流程图如图 14-3-3 所示。通电后,微处理器将 HG-1820 置于自动量程和 5 ½位量程测量的初始状态。在 RAM 中辟有一个自校计数器 M,其最大容量为 511(即 1FFH),设置 M 的初始值为 1FFH。M 内容加 1,立即变为 0,经判别后 HG-1850 进入"自校准模

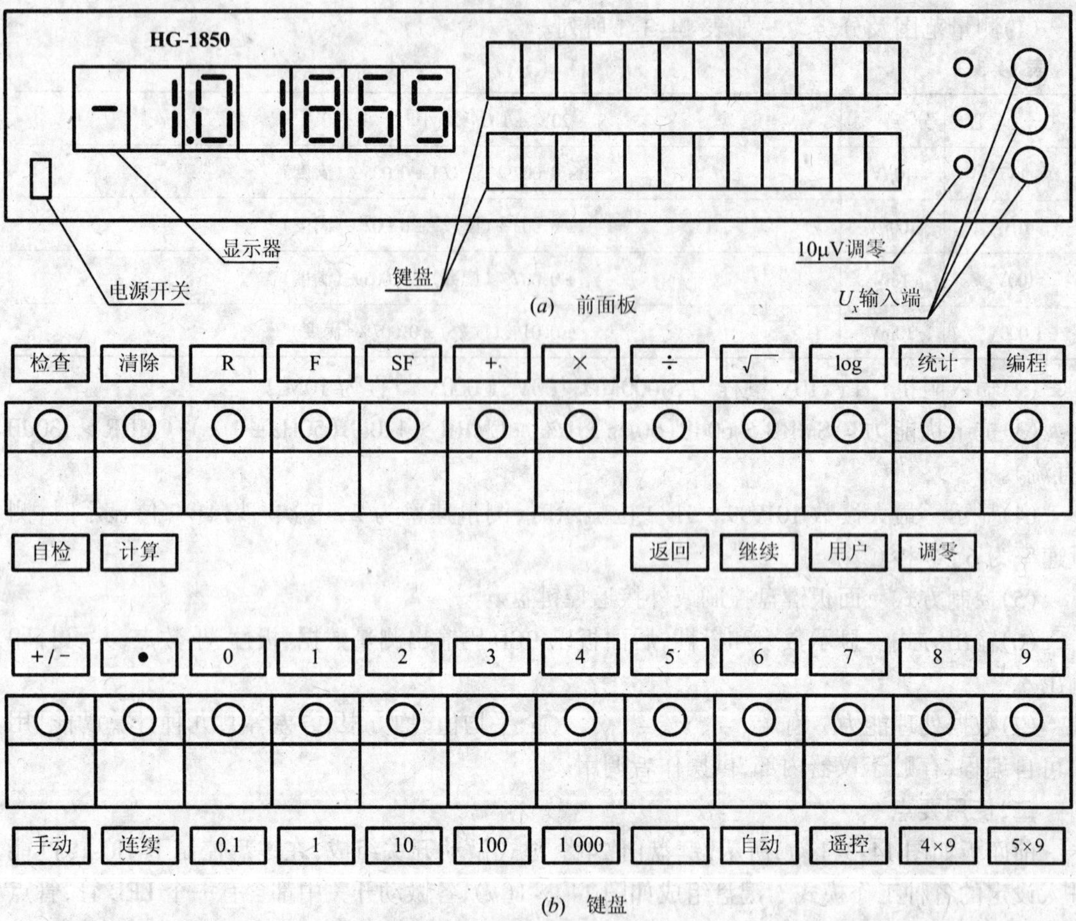

(b) 键盘

图 14-3-1 前面板及键盘示意图

按键	显示
编　程	*PrO*
R	*rES*
+	*Add*
1	1

键	显示
9	19
×	*HUL*
R	*rES*
+	*Add*
3	3
8	38
×	*HUL*
R	*rES*
+	*Add*
2	2
2	22
×	*HUL*
·	0.
2	0.2
统计	*StO*
编程	*Hi*
编程	*LO*
编程	*End*

图 14-3-2　各键与显示符号对应关系

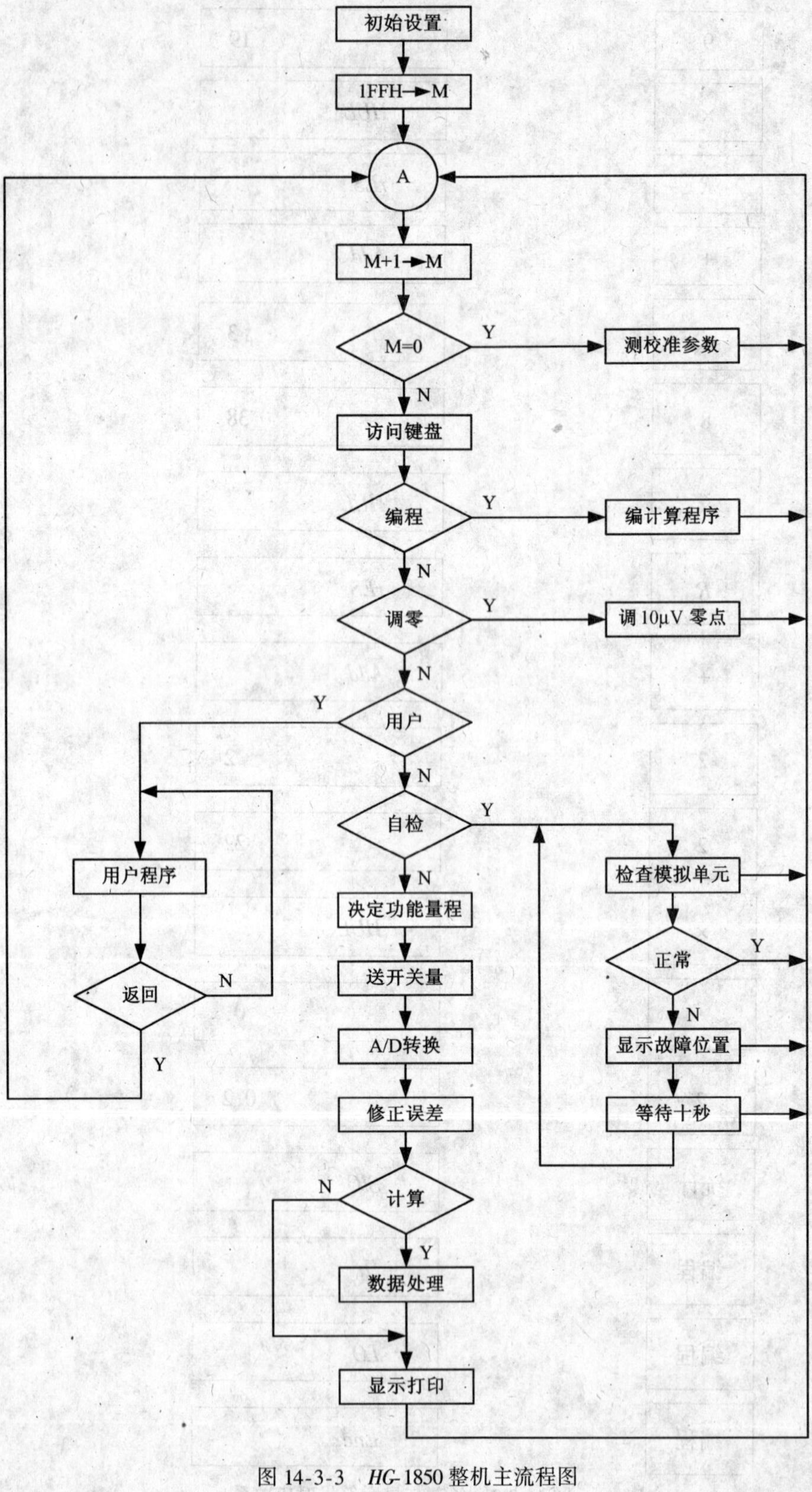

图 14-3-3 *HG*-1850 整机主流程图

式”，通过接入不同的开关，在各量程测出零点读数(N_0)和基准电压读数(N_R)，当测得全部校准参数并存入RAM中后，HG-1850自动返回A点；这时M再次增1，$M \neq 0$，故HG-1850访问键盘，如果此时操作者正按下“编程”键，便进入“编程序模式”，操作者经键盘编制计算程序，并设置上下限，操作者最后一次按“编程”键，HG-1850返回A点。若访问键盘时正好按下“调零”键，仪器进入“调零模式”，此时，可调面板上的10μV调零电位器，以调节1V量程的零点，经短时间后，仪器自动返回A点。若访问键盘时，正按下“用户”键，仪器即进入用户程序，用户程序是应用户要求专门设计的程序，可用以完成自动测量和数据处理等专门任务，一旦用户程序结束，按下“返回”键，仪器自动返回A点。若访问键盘时正按下“自检”键，仪器便进入“自检查模式”，仪器将依次检查模拟单元各部分是否工作正常，并检查显示器，若一切正常，显示“PASS”，随后返回A点，若某一部分工作不正常，将显示故障位置的编号，如“积分器工作不正常”时显示“Err6”，而“无源衰减器损坏”则显示“Err*C*”，然后等待10秒，再检查模拟单元，如此循环，直至故障被排除为止。当操作者既无编程要求，又无调零和自检要求时，仪器将根据面板上所选定的测量功能和量程，进入测量模式。这时，μP先根据功能和量程设置，送出一组开关量，使输入放大器接成不同的组态，然后完成A/D转换，同时μP根据不同量程的校准参数和数字模型修正误差，得出被测电压的准确读数，如要直接观察此电压值，可将“计算”键释放，从显示器上读取，如要进行数据处理，要按下“计算”键，仪器将按照操作者在“编程序模式”已编成的数字处理公式，对测量结果进行处理，并显示最后结果。至此，一次测量结束，程序返回A点，准备下一次测量。每经过A点一次，M内容增1，故测量512次后，M内容又成为0，于是仪器又进行一次自校准，所测得的N_0、N_R值送入RAM中，使校准参数值得到更新。HG-1850内部有8K字节的EPROM，其中6.3K字节用于仪器本身的控制和数据处理，另有1.7K字节留给用户，以满足用户的特殊需要。通过键盘编制的数据处理程序，由于RAM容量所限，允许计算步骤不超过32步，输入的常数不得超过8个，虽然有这些限定，仪器的计算功能仍很强，如，可计算到七次项泰勒展开式。

四、自校准输入单元工作原理

由于利用误差模型修正输入单元的系统误差，使仪器获得了高精确度，图14-2-2、图14-2-3所示的电路和所得关系式 $N_x = aU_x + b$ 以及 $U_x = \dfrac{N_x - N_o}{N_R - N_o} \cdot U_r$，即本机10V量程自校准的情况。本仪器输入单元电原理图如图14-3-4所示，其中 A_1、R_3、R_4 为输入放大器，A_2 及 R、R_1、R_2 组成有源衰减器，U_r 为高稳定度正基准电压。μP控制下可为输入单元提供不同的开关信号，$S_1 \sim S_{16}$状态不同可实现如表14-3-2所列的功能，在校准模式，可得各量程所需的误差系数，经数据处理实现误差修正。每一量程都可仿照10V量程那样，列出误差修正表达式，并在校准模式获得 N_o（如表中1V零点、100V零点）和 N_R（如表中1V增益、100V增益）。

五、A/D转换原理

HG-1850采用微处理器控制的四斜式A/D转换方式，其基本原理如§14-2中所述。为达到5½位数字显示，需用17bit的计数器，现由8080A内部的通用寄存器 *B*、*C*、*D* 承担，按图14-3-5所示连线，其中 *B* 为最低的8位。A/D转换器的硬件电路如图14-3-6(*a*)所示，控制五个开关可实现转换所需的逻辑动作，五个开关由五个D触发器控制，D触发器构成μP的01H输出部件，微处理器向它输送不同数据时，它可提供不同的输出信号以接通相应的开关。积分

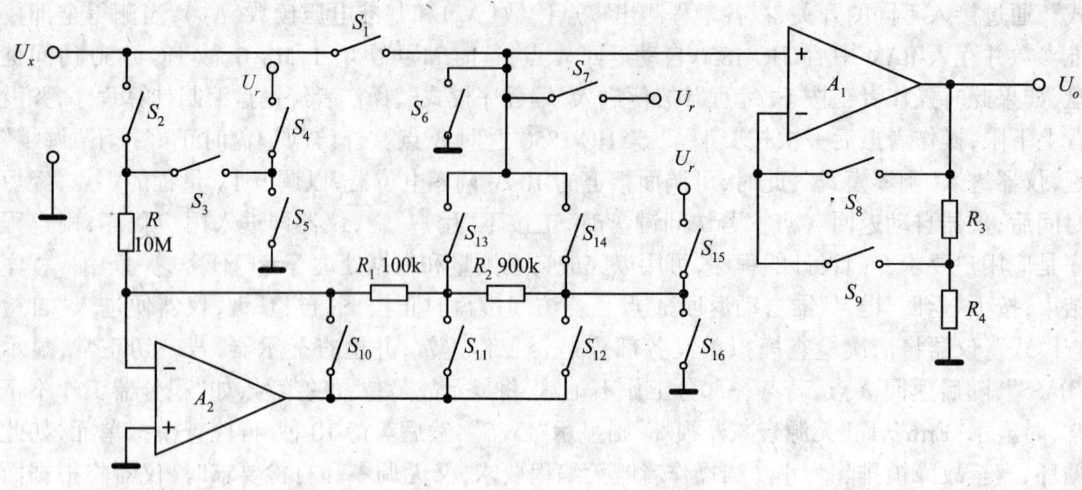

图 14-3-4 输入单元电原理图

表 14-3-2

量程 \ 开关状态 \ 开关名称		S_1	S_2	S_3	S_4	S_5	S_6	S_7	S_8	S_9	S_{10}	S_{11}	S_{12}	S_{13}	S_{14}	S_{15}	S_{16}
测量模式	1V	1	0	0	0	0	0	0	0	1	0	0	0	0	0	0	0
	10V	1	0	0	0	0	0	0	1	0	0	0	0	0	0	0	0
	100V	0	1	0	0	0	0	0	1	0	0	0	1	0	1	0	0
	1 000V	0	1	0	0	0	0	0	1	0	0	1	0	1	0	0	0
校准模式	1V 零点	0	0	0	0	0	1	0	0	1	0	0	0	0	0	0	0
	10V 零点	0	0	0	0	0	1	0	1	0	0	0	0	0	0	0	0
	100V 零点	0	0	1	0	1	0	0	1	0	0	0	1	0	1	0	0
	1 000V 零点	0	0	1	0	1	0	0	1	0	0	1	0	1	0	0	0
	1V 增益	0	0	0	0	0	0	0	0	1	1	0	0	1	0	1	0
	1V 增益零点	0	0	0	0	0	0	0	0	1	1	0	0	1	0	0	1
	10V 增益	0	0	0	0	0	0	1	1	0	0	0	0	0	0	0	0
	100V 增益	0	0	1	1	0	0	0	0	1	0	0	1	0	1	0	0
	100V 增益零点	0	0	1	0	1	0	0	0	1	0	0	1	0	1	0	0

注:表中"1"表示开关被激励;"0"表示未被激励。

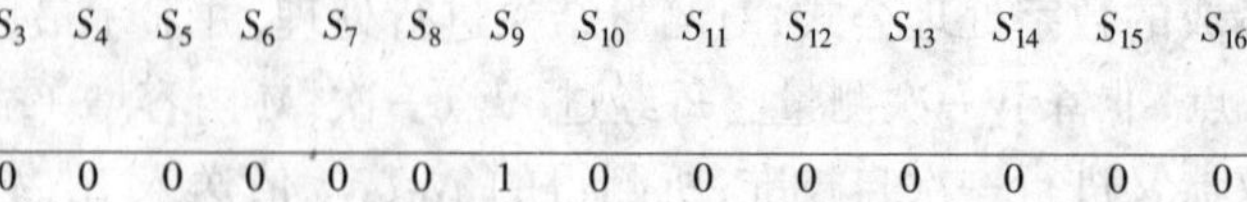

图 14-3-5　17bit 计数器示意图

器的输出 U_C 送入检零器 A_1,检出结果经三态门 I 加到数据总线 D_7 位,"1"表示 U_x 为负极性,"0"表示正极性;U_C 经绝对值放大器 A_3,使输出恒为正极性电压,然后由电压比较器 A_2 实现与阈值电压 U' 的比较,其结果经三态门Ⅱ加到数据总线 D_0,三态门Ⅰ和Ⅱ构成微处理器的 01H 输入部件,两个三态门的输出信号在执行输入指令时送往累加器 A,μP 对 A 的最高位 D_7 和最低位 D_0 进行判别,便可确定积分器的工作状态。μP 一方面控制开关动作,一方面经三态门随时检查 A/D 转换的进程,从而实现四斜

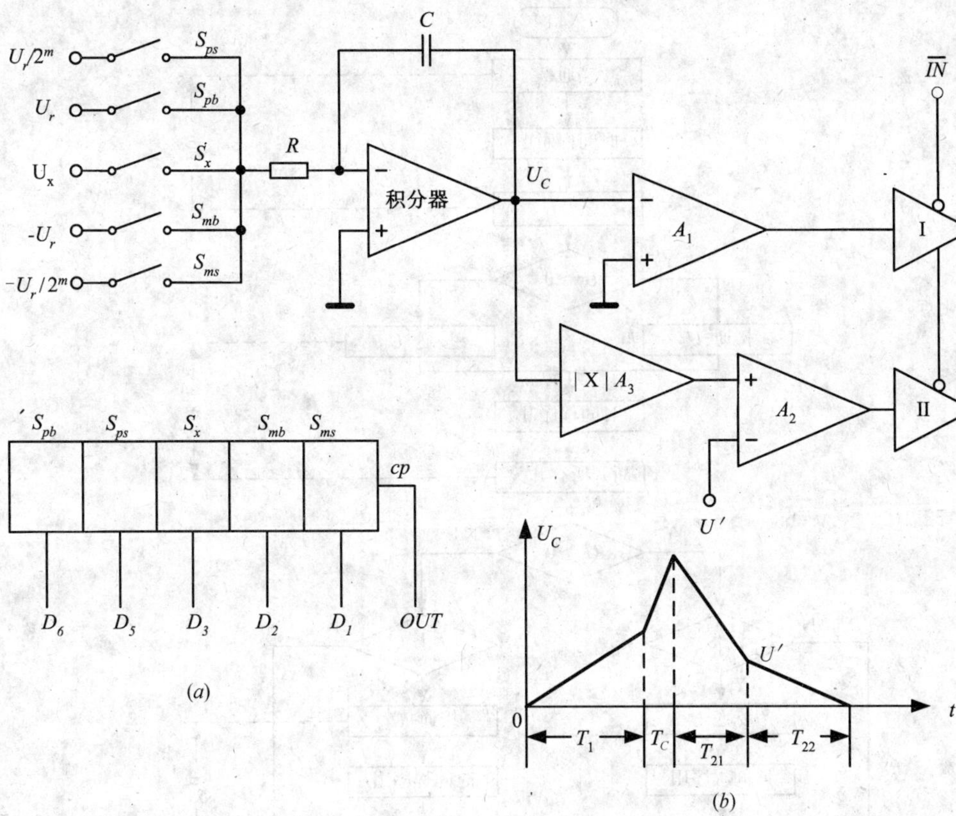

图 14-3-6　HG-1850A/D 转换示意图

式 A/D 转换，每一测量周期内，U_C 的波形如图 14-3-6(*b*)所示。实现转换的流程图如图 14-3-7。转换过程从接入 U_x 开始，由"时间程序Ⅰ"保证 $T_1 = 100\text{ms}$，然后由"时间程序Ⅱ"保证上冲时间 $T_C = 128\mu\text{s}$，此后，判断 $|U_C|$ 是否大于 U'，以决定反向积分接基准电压 U_r 或是 $U_r/2^m$，若 $|U_C| > U'$，理应进入快速反向积分阶段 T_{21}，但由于在进行高位计数时需执行调用子程序、返回主程序，以及子程序内部的反复计数等指令，为执行这些指令消耗了固定时间 $22\mu\text{s}$，它不应包含在 T_{21} 内，因此，在进入 T_{21} 前，先造成再一次的上冲，由"时间程序Ⅲ"保证其持续时间为 $22\mu\text{s}$，以补偿反向积分时 T_{21} 中多出的 $22\mu\text{s}$。此后，由"时间程序Ⅳ"确定每隔 $128\mu\text{s}$ 对高位(2^7)计数器完成一次计数，这种循环动作一直进行到 $|U_C| = U'$ 时，结束 T_{21} 阶段，进入慢速反向积分阶段 T_{22}，由"时间程序Ⅴ"保证对低位计数器计数时，每计一个数的时间为 $128\mu\text{s}$，直到 U_C 过 0V(极性变)为止；计数时，T_{21} 阶段从寄存器 B 的最高位(2^7)计数，在 T_{22} 阶段，从寄存器 B 的最低位(2^0)计数。

复　习　题

1. 智能仪器与传统的电子测量仪器相比，有什么特点？
2. 试说明在 μP 化仪器中为什么可以实现高精确度测量？
3. 举例说明仪器中软件可代替某些硬件功能，并可增加某些硬件自身难以完成的功能。
4. 结合图 14-3-4 和表 14-3-3 说明 HG-1850 型电压表在 1V 和 10V 量程实现自校准的过程。
5. 试说明 HG-1850 型电压表 A/D 转换的原理和工作过程。

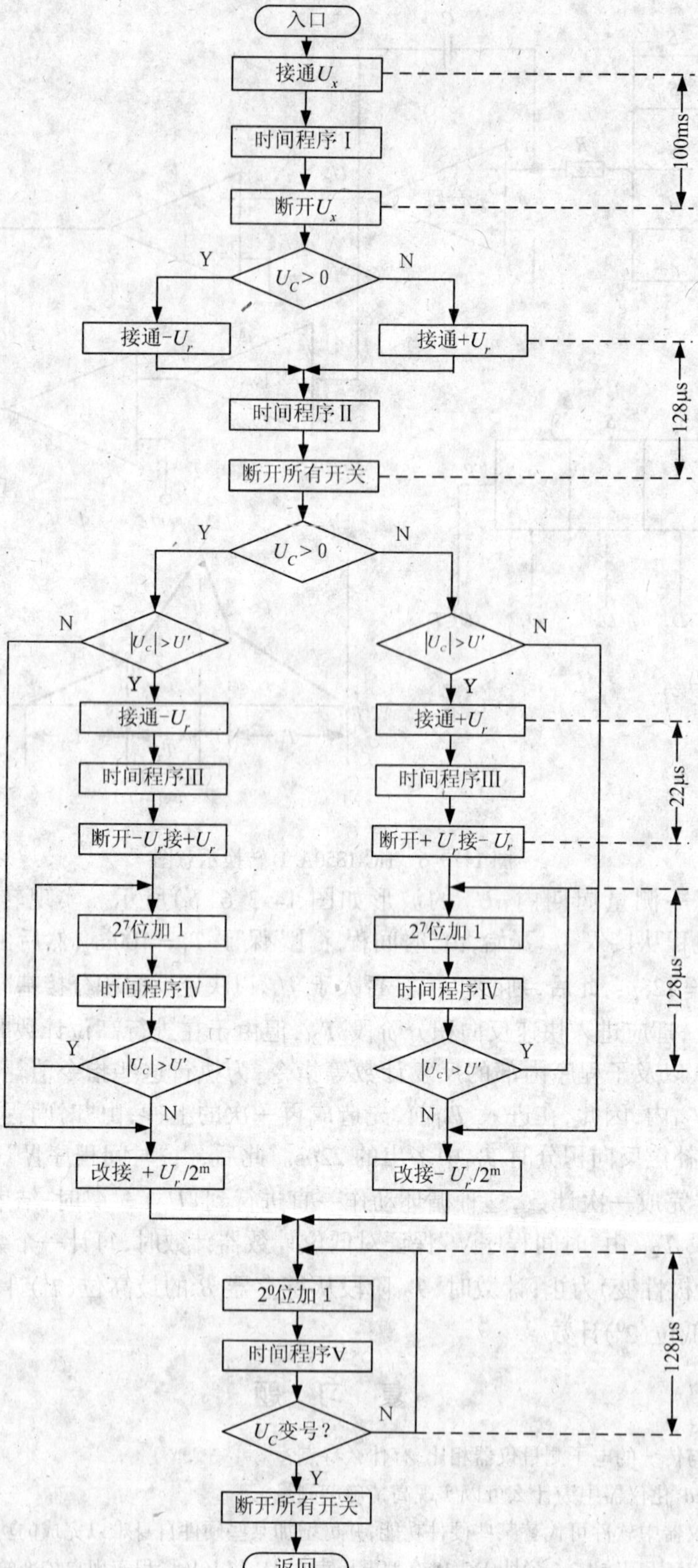

图 14-3-7　HG-1850A/D 转换流程图

第十五章　自动测试系统

§15－1　概　述

随着科学技术的飞速发展和生产的自动化与高效率，电子测量的对象更复杂，测量的工作量也更大，而且对测量速度、精确度等都提出了更高的要求，因此，发展自动化电子测量已是大势所趋。例如，在对大规模集成电路的测量中，由于电路构造复杂，功能多样，产量大，每一片电路需要测量的参数很多，而且，其中某些功能参数要在复杂的定时条件下，并加入多种信号方能测出。对于这类繁杂的、需多次重复的大工作量测量，如果不采取自动化手段，便无法进行正常的工作。尽管智能仪器与传统仪器比较，增加了记忆、判断、计算和控制等能力，但是，一台仪器的测量功能毕竟有限，实用的自动测试工作，仍需要通过多种测量仪器的特定组合才能完成。

自动测试系统的研制开始于五十年代，但是，真正构成比较完善的自动测试系统是在它采用电子计算机之后，因此，它是电子测量技术与电子计算机技术紧密结合的产物。就其发展过程而论，大体可分三代。第一代自动测试系统已采用计算机控制，与传统的电子测量仪器相比，在性能和功能方面都有发展，如自动数据采集系统，自动分析系统等，但当时没有解决仪器之间，以及仪器与计算机之间的接口标准化问题，因而系统比较复杂，费用较高，适应性也不强，主要用于专用测试。第二代自动测试系统应用了标准化的接口和母线，使测试系统中的各设备可按积木形式连接起，因而组成系统时不必自己设计接口电路，更改和增加测试内容也很灵活、方便。第一代和第二代自动测试系统中，电子计算机主要是对系统起控制器的作用，并完成某些数据处理的工作，计算机的作用尚未充分发挥。第三代自动测试系统则把电子计算机与测试系统更紧密地结合起来，以大量的软件代替硬件，以一种新的概念组成系统，在系统中计算机将参与激励信号的产生和调整，如在软件控制下产生复杂函数信号，并能调整信号的频率、电平等。计算机还参与测试性能的解析，如对模拟信号进行频谱、功率谱、失真度的分析，以及对被测信号进行统计分析等，较之第一、二代自动测试系统有更多的优点，如节省硬件，测试功能强，可靠性高，性能价格比高，维护操作简便等，这类自动测试系统现正处于研制和开始发展阶段。目前，大量应用的是第二代，因此，本章着重介绍第二代自动测试系统的有关知识。

第二代自动测试系统中的各组成部分，如计算机、测量仪器、可控开关等都可视为器件，各器件配以标准化的接口电路，通过无源母线电缆连接起来，可根据测试需要任意组合，也可随时拆散以建立另外的自动测试系统，组合起来灵活、方便。这类自动测试系统组成方框如图15-1-1，除电源和被测器件外，系统主要由电子计算机、测量与作用系统和接口、母线系统三大部分组成。系统中的被测器件即测试对象，要提供所需的信息，电子计算机常用小型或微型机，是系统的控制者，要向受控者发送信息，其控制作用要通过测量与作用系统配合而完成。测量与作用系统包括测量仪器、传感器、A/D 与 D/A 转换器以及可控开关等多种设备或部件，如在图 15-1-2 中，由于系统中各器件间通过母线传送各种数字信息，当被测器件向数据通道传送信息时，将如图所示方式，若被测器件给出的信息为数字量，可直接送至数据通道；如为模拟量，则需经 A/D 转换后送至数据通道；如为非电量，还需经传感器转换为电量；若要求以测量仪器检测被测器件时，还需先检测，然后再将检测信息进行处理，被测器件向数据通道传送测量信息便是通过由传感器、检测仪器和 A/D 转换器组成的测量与作用系统来完成的，又如计算机向受控对象发送的信息，也常需经过 D/A 转换器以及像同轴继电器、可控开关等执行系统，以实现对受控者的控制，这些同属于测量与作用系统范畴。标准化的接口、母线系统是第二代自动测试系统的主要标志，标准接口母线系统的建立提供了一种有效的通信联络手段，以使测试系统各部分之间能进行确定方式的信息传送。系统中各器件之间的通信内容主要是一些程控指令和测量数据，这些信息常称为器件消息，它们要通过器件的某个部分传送出来，这一部分常称为器件的接口，它实际上是一些逻辑电路，各器件的接口通过多芯的无源母线电缆互联起来；为了管理各接口之间的联系，还需用到接口消息，这类信息只关系到各接口的工作，与器件工作特性无关。

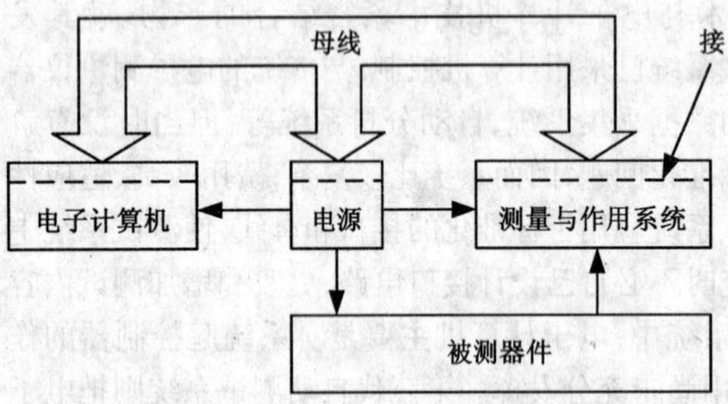

图 15-1-1　自动测试系统组成方框图

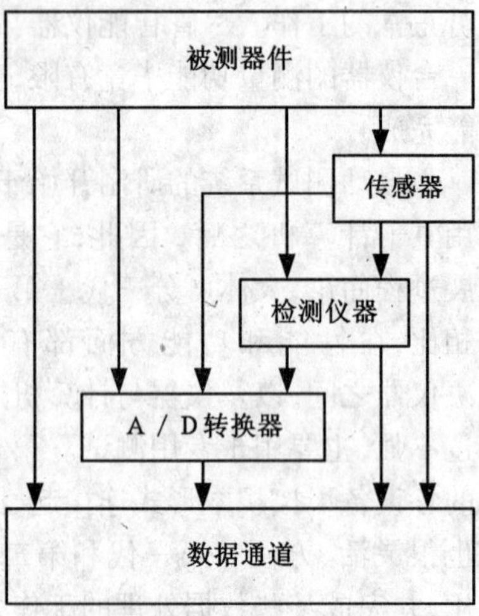

图 15-1-2　测量与作用系统示意图

§15－2　标准接口系统

在采用接口母线的自动测试系统中，实现复杂的测试功能，实际上是协调系统中“控者”、“讲者”和“听者”的工作。“控者”应能发出接口消息，以令某个器件为“讲者”或“听者”，或令其去执行某种特定动作；“讲者”应能根据接口消息，向另一器件发出器件消息，这就是“讲”；“听者”应能根据接口消息接收另一器件发来的器件消息；这就是“听”。系统应保证在任一时刻只允许有一个讲者在讲，而且还应确保该讲的器件一定要讲，不该讲的器件一定不讲，保证该听的器件一定听到，不该听的器件则不听，这种协调动作是靠三线挂钩技术完成的，它是通过发挥接口功能和母线作用才得以实现的，由此可见接口母线的重要作用，以及实现标准化的必要性，接口系统包括母线和接口两部分。母线专供传送信息(消息)，它实际上是一条多芯无源电缆线；接口则由各种逻辑电路组成，用于对信息进行发送、接收、编码或译码等。接口、母线的标准化工作最早开始于美国的 HP 公司，后经过改进，并陆续得到 IEEE 和 IEC 等国际专业组织的承认，HP 公司提出的这套接口系统定名 HP-IB，在美国常称 HP-IB 或 IEEE-488，在欧洲和日本等处又常称 GP-IB、IEC-IB 或 IEC-625，名称不同，基本内容一样；这套标准接口系统主要用于实验室条件下的台式测量装置，由于其通用性强，且对被联仪器没有过严的要求，因而得到了广泛的应用。此外，在核物理电子测量中还用到 CAMAC 系统（又称 IEEE-583），在程控仪器和 μC 机上有时用 RS-232 和 S-100 接口系统，自动测试系统中应用最广的是 IEC-IB（IEEE-488）接口系统，故本节仅介绍这一种。

一、标准接口系统的基本特性

(1)采用母线式连接，母线由 16 条信号线构成，可用母线互联若干个器件组成一个自动测试系统，系统中器件的数目最多只能 15 台。

(2)互联电缆的传送距离总长度不超过20m，或器件数与器件间距离的乘积不超过20m。

(3)数据传送采用并行比特(bit)、串行字节(byte)双向异步方式，最大数据速率不超过 1 兆字节/秒；异步传送方式使接口系统有广泛的适应性，不论对低速或高速器件，都能适应工作，而且能将高速和低速器件接在同一系统内工作。

(4)消息逻辑采用负逻辑，在母线上：

低电平($\leqslant +0.8$V)为“1”，即真态

高电平($\geqslant +2$V)为“0”，即假态

(5)一般情况下，一个系统内只有一个发送各种控制信息和进行数据处理的控制器，若系统内存在多个控制器，则在某一时间内只能有一个控制器起作用，称为负责控制器，其他控制器则必须处于空闲状态。

(6)适用于电气干扰较小的实验室或其他生产测试环境。

(7)有较好的兼容性和灵活性。

二、接口功能

自动测试系统中各器件与接口系统间的每一种相互作用都形成一种接口功能，它们由各器件内的接口逻辑电路来实现；HP-IB 接口系统共有十种接口功能，它是 HP-IB 接口系统的核心，也是自动测试系统运行时的关键功能，现分述如下。

(1)源挂钩功能（简称源功能，符号SH）　本功能赋予器件能保证正确发送多线消息的能力，与其他器件内的受者功能一起，共同进行三线连锁挂钩，以保证每一条多线消息的异步传送。

(2)受者挂钩功能（简称受者功能，符号 AH）　本功能赋予器件能保证正确接收多线消息的能力。

(3)讲者(T)或扩大讲者(TE)功能　这种功能可将器件的程控数据、测试数据或状态字节等，经接口系统发送给其他器件，但只有被寻址者为讲者（或扩大讲者）的那一器件在发送消息时才存在这种能力，具有这一功能的器件必须同时具有源功能。

(4)听者(L)或扩大听者(LE)功能　这种功能可赋予器件在接口系统上接收来自讲者或控者的多线消息的能力，且只在受者功能被激励时才存在。

(5)控者功能(C)　这一功能可使器件通过接口向其他器件发送各种接口消息，或对各器件进行点名，以确定哪一器件提出了服务请求。这一功能只有起控者作用的器件才有必要具备。

(6)服务请求功能(SR)　本功能赋予器件可请求自控者处得到异步服务的能力。

(7)远地/本控功能(RL)　本功能可使器件在远地和本地两输入消息中任选一个。

(8)并行点名功能(PP)　控者为了定期检查,并获得各器件的工作状态,向各器件发出并行点名的消息,以解决快速查询问题,它本身也是一种服务方式。

(9)器件触发功能(DT)　这一功能可使器件被启动。

(10)器件清除功能(DC)　其作用是将控者发出的清除命令变成清除信号,使器件恢复到起始状态。

三、母线结构

母线所含信号线的数目,以及每条线的作用,不仅与接口功能密切相关,还会影响程序的编写,因此,应了解母线的结构。

HP-IB 接口系统的母线是一条 24 芯(我国规定为25芯)无源电缆线,有 16 条信号线、8 条(我国规定9条)逻辑地线及屏蔽线,其中的 16 条信号线共分三组,其结构如图 15-2-1 所示。

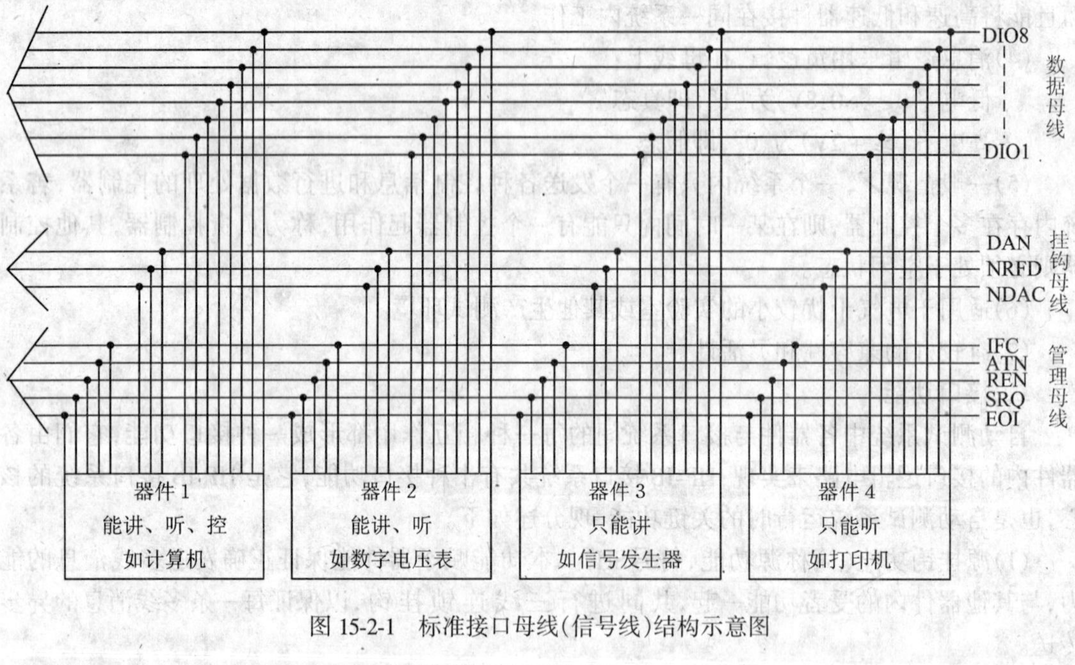

图 15-2-1　标准接口母线(信号线)结构示意图

1. 数据输入输出母线

简称数据母线,共 8 条,分别记为DIO_1 ~ DIO_8,用于传送 7 位或 8 位多线消息,它们可能是接口消息,也可能是器件消息。在自动测试系统中,多位信息都采用编码形式传送,最常使用的是ISO 646国际 7 位字符码,相当于我国电子工业部标准 SJ939 及美国的 ASCII 码,控者发出的各种命令、地址以及各器件间传送的数据等,都以编码形式在数据线上传送。

2. 数据传送控制母线

简称挂钩母线,共 3 条,通过它们的挂钩作用,可以使系统在利用数据母线传送多线信息进,能准确可靠地实现双向异步传送。3 条挂钩线为:

(1)数据有效信号线(DAV 线) 由讲者或控者的 SH 功能使用,发 DAV 消息,可向各听者表示诸 DIO 线上的消息是否有效,当 DAV 线上低电平("1"态、真值)时表示消息有效,听者可以,而且必须接收;当 DAV 线上高电平("0"态、假值)时表示消息无效或无消息,听者应拒绝接收。

(2)未准备好接收数据信号线(NRFD 线) 由听者的 AH 功能使用,用于表示各听者接收数据的准备情况,当 NRFD 线上低电平("1")时,各听者向讲者或控者表明:部分听者或全部听者还未准备好接收数据;当 NRFD 线上高电平("0")时,表明所有听者都已准备好接收数据,此时讲者才能发出数据,或宣布数据有效(DAV = "1")。

(3)未收到数据信号线(NDAC 线) 也由听者的 AH 功能使用。当 NDAC 线上低电平("1")时,表明部分听者或全部听者尚未接收完数据,讲者或控者要等待;当 NDAC 线上高电平("0")时,各听者向讲者或控者表示:所有的听者都已接收完数据。

3. 接口管理母线

简称管理母线,共 5 条,用于管理接口本身的工作。

(1)接口清除信号线(IFC 线) 由控者专用,当 IFC 线为"1"态时,表示控者通令有关接口功能回到初始状态;当 IFC 线为"0"态时,对各器件的接口功能无作用。

(2)注意信号线(ATN 线) 由控者使用,用于区别 DIO 线上的数据是接口消息还是器件消息。当 ATN 线上为"1"态时,表示 DIO 线上为接口消息,即由控者发出的通令、指令、地址等,所有器件都必须"听",只有控者"讲";当 ATN 线为"0"态时,表示 DIO 线上的数据是器件消息,受命为听者的器件必须接收,其他器件不准接收。

(3)远程可能信号线(REN 线) 由控者专用。控者使 REN 线为"1"态,并配合 ATN 线,器件便可接受远地程控(遥控)。

(4)服务请求信号线(SRQ线) 此线为系统内配置有 SR 功能的所有器件公用,当其中某一器件令SRQ 线为"1"态时,表示它向控者提出服务请求,即说明本器件出现了控者意料之外的情况,要求控者中断当前的工作,由请求者变为讲者,并报告情况,控者对此必须做出响应。

(5)"结束与识别"信号线(EOI线)也由控者使用,与 ATN 线配合,可起两个作用:

EOI 线为"1"态,ATN 线亦为"1"态时,表示控者执行并行点名,以识别哪些器件提出了服务请求。

EOI 线为"1"态,ATN 线为"0"态时,表示讲者已发完数据,即一串消息字节已结束。

四、三线挂钩技术

三线挂钩技术就是利用三条挂钩母线上的消息控制源与受者传送消息的每一个过程。在一般情况下,源就是讲者,受者就是听者,但在控者向讲者或听者发送程控数据或是经控者处理过的数据时,以及控者为讲者或听者寻址时,控者便是源,讲者或听者成了受者。三线挂钩的过程如图 15-2-2 所示,现简述其过程。当系统中的某个器件受命发送数据时,它就成了讲者,与此同时,在它的接口电路内便开始一个源挂钩过程;而受命接收数据的器件就成了听者,同时在它的接口电路内便开始一个受者挂钩过程,讲者首先检查挂钩线是否工作正常,可否进行发送数据,如有异常,停止工作,如工作正常即开始挂钩过程,将欲发送的数据放 DIO 线上。受者方面,先检查自身是否已准备好接收数据,如未准备好,继续等待,如已准备好,即令 NRFD 线为"0"态,表示并非未准备好,即经母线声明:我已准备就绪,

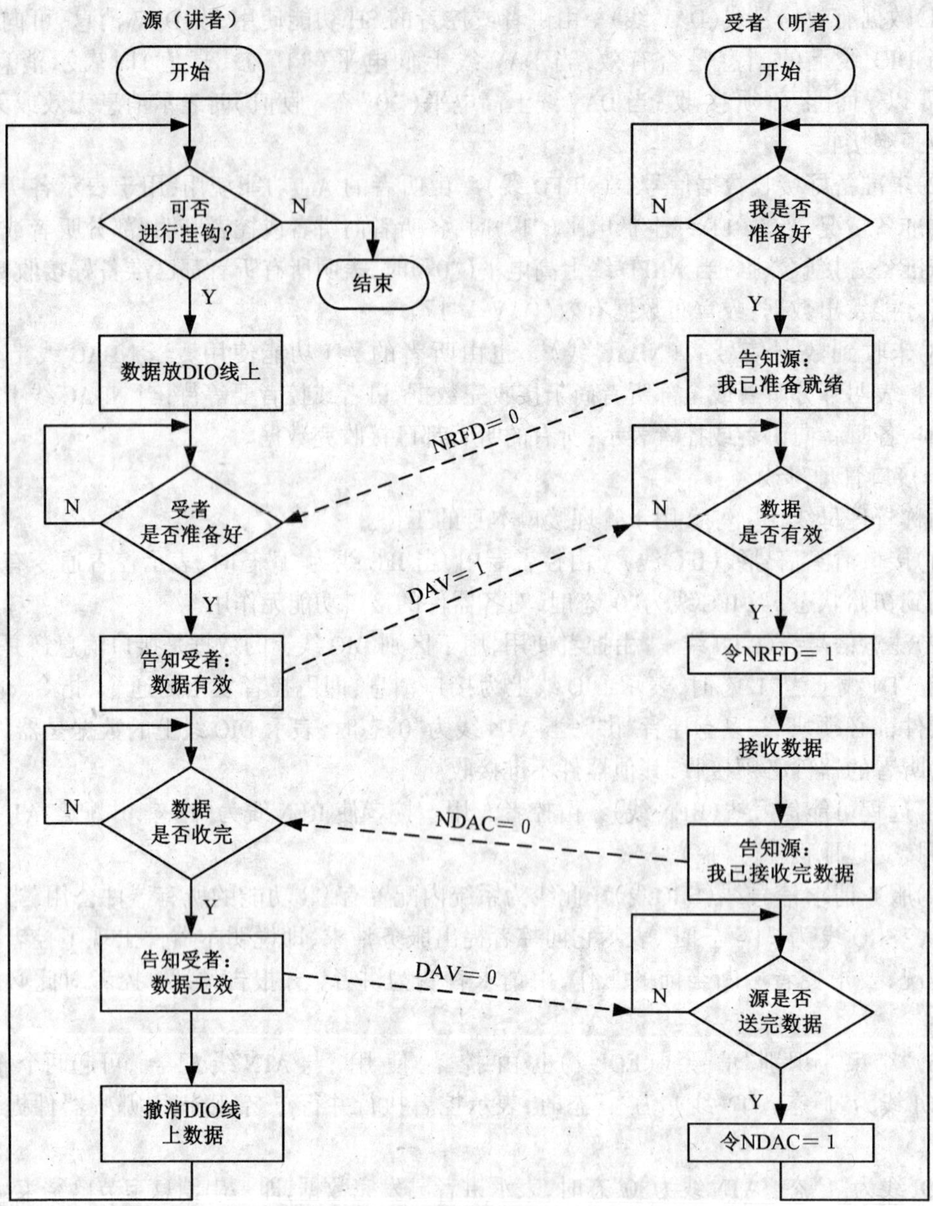

图 15-2-2　三线挂钩过程示意图

可以接收数据。在讲者方面，一旦发现NRFD线为“0”态，便知对方准备好，于是，令DAV线为“1”态(在此之前为“0”态)，通知对方：DIO 线上为有效数据，请接收。听者一旦发现DAV 线为“1”，便开始接收的过程，先令 NRFD 为“1”态，随后便开始接收 DIO 线上的数据，当接收完毕，令 NDAC 线由原来的“1”态变为“0”态，表示并非未收到数据，而是申明：我已接收完数据了。讲者发现 NDAC 线为“0”态，便知对方已接收完数据，于是立即令 DAV 线为“0”态，表示：DIO 线上数据无效，意思是说：尽管此时 DIO 线上仍有原数据存在，一旦 DAV =“0”，即表明这些数据不是我现在要送出的有效数据，避免听者误认为是讲者又发出了一个与前相同的数据。随后，讲者把 DIO 线上的数据撤掉。听者发现 DAV 线为“0”，便知道 DIO 线上已无可接收的有效数据，即令 NDAC 线由“0”变为“1”。至此，一个数据发送、接收完毕，NDAC 线和 NRFD

线均为“1”态，表明听者现在既未接收数据也不准备接收数据。若有另一个数据需要传送时，则又要重复如上的过程。这样，每传送一个数据，都要经过双方你问我答、我问你答、反复交换意见的互相挂钩过程，使传送工作非常可靠。即使讲者能够讲得很快，它也一定要等到听者作好接收准备之后，才把有效数据送出，并且一定要等听者确实接收完毕，才把这个数据从 DIO 线上撤掉，这样，尽管听者的响应速度可能较慢，但仍能确保接收到它该接收的数据，因此，利用三线挂钩技术，实现异步传送信号的方式，可以做到讲者和听者在发送和接收速度上的协调。在一个系统中，听者可能同时有几个，例如电压表同时向打印机和绘图机两个听者发送数据，在这种情况下，各接口电路中的 NRFD 线和 NDAC 线都要分别完成“或”运算，只要其中任一个已受命的听者未准备好接收(或未接收完毕)，NRFD 线 (或 NDAC 线)就仍处于“1”态，只有当听者中响应最慢的那一个也已准备好接收(或接收完毕)，NRFD 线(或 NDAC 线)才变为“0”态。因此，传送数据的速度取决于听者中响应最慢者。在一个系统中，某一时刻，只能允许一个讲者在讲，这点可在计算机控制下实现，一般用寻址的方法受命讲者(或听者)，为各器件都分配给不同的讲地址码，每一器件收到自身的讲地址码，即被寻址，便被受命为讲者，并开始“讲”，若不被寻址，便停止“讲”。

上述的挂钩过程是由 DAV、NRFD 和 NDAC 三条挂钩线完成的，故称“三线挂钩”，它是确保异步传送消息的重要手段。

§15－3　自动测试系统举例

以采用标准化接口母线为特征的自动测试系统，其组成可简可繁，形式和功能也多种多样。此类自动测试系统多用于如下情况。

(1)多重的或经常重复的测量；

(2)需进行实时数据处理和(或)判断的测量；

(3)激励响应测量；

(4)要求精确度高和重复性好的测量。

这类系统的基本组成应包括：电子计算机、可程控的电子仪器和一些外围设备，并用标准接口母线将其连接起来。图 15-3-1 所示为某自动测试系统的组成方框，系统中的所有仪器和装置应是可程控的，而且系统中的各个器件应和标准接口母线兼容。系统受电子计算机控制，每一器件都要预先规定好各自的地址码，然后，用 HP-IB 接口母线将各器件连接成为一整体。电子计算机主要作为系统的控者，也可为讲者或听者，在测试中它可以完成母线寻址、发出管理命令、对各器件编程、进行数据处理、安排测试顺序等多项任务。系统中的直流电源和信号源都是可程控的激励装置，本身只能受控作为听者，向被测器件提供激励信号，系统中的数字繁用表和数字频率计也是可程控仪器，它们既可作为听者，又可作为讲者，用于测量被测器件，并输出测量结果。打印机为听者，可对各源器件送来的数据进行打印记录。这一测试系统可有多种不同的工作方式，例如，由电子计算机对各器件进行程控，并对被测器件的某些电参数进行测量，测得的结果又送回计算机加以处理，然后将数据打印记录下来。为完成上述这一测量工作，系统在电子计算机(控者)控制下将按如下顺序动作。

(1)控者发出“接口清除”命令，使接口系统恢复到原始状态，准备开始工作。

(2)控者发出“器件清除”命令，使各器件恢复到原始状态或某一指定的状态。

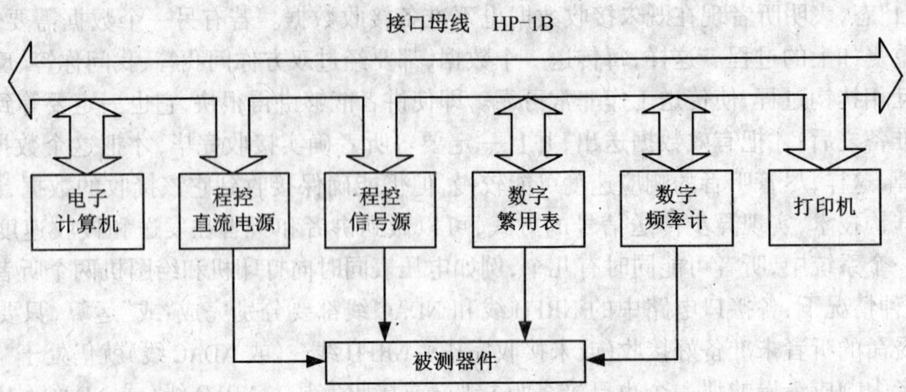

图 15-3-1　自动测试系统举例

(3)控者发出直流电源的听地址码,直流电源响应,被受命为听者,随后计算机向听者传送程控数据,使直流电源向被测器件提供某一指定的直流电压。

(4)控者发出"不听"命令,直流电源不再受命,控者随即发出信号源的听地址码,信号源受命为听者,然后,计算机发出程控数据,令信号源为被测器件提供某种设定的交流激励信号。

(5)参照步骤(4)的作法,直到本次测量所需的各器件都听取了程控数据为止,然后,控者发出"不听"命令。

(6)控者发出某仪器(如频率计)的讲地址码,数字频率计响应,受命为讲者;控者又发出另一听地址码(如计算机),使听者准备好从母线听取数据。

(7)受命为讲者的频率计在取得一个测量数据后,经母线向听者(计算机)送出,计算机听取此数据后,即按软件规定的程序完成数据处理。

(8)控者发出打印机的听地址码,随后打印机作为听者将接收处理好的测量数据,并完成打印记录动作。

复　习　题

1. 结合图 15-1-1 说明自动测试系统主要由哪几部分组成? 各起什么作用?
2. 说明 HP-IB 接口系统中的母线结构。
3. 试说明三线挂钩的过程。

附　录

一、电子测量仪器的调试、维修、使用

经过生产厂车间装配好的仪器，在调试以前，首先必须进行直观检查，检查可以从下列几方面进行：

(*a*)安装方面　零件是否有错装、漏装、螺钉是否有松动、螺钉、垫圈是否有漏上，螺钉头是否有起毛，若合格可通过。

(*b*)焊接方面　是否有错焊、漏焊、虚焊、线头是否烫伤，若合格，则通过。

(*c*)其他方面　漆层、镀层、机箱机壳吻合，有没有其他有碍美观的情况，如果合格，则通过。

以上通过外观检查后，则可进行仪器的整机调试。

1. 整机调试

(1)调试准备　任何一台仪器的整机调试，应在各个整件、部件都调试好，整机安装好后进行。对整机调试人员，应要求技术比较全面、熟悉该仪器的工作原理、性能指标和测试方法以及该仪器各个部件的调整方法、熟悉该仪器各个整件、部件的安装部位以及它们之间的连接关系，并且具有一定排除故障的能力。

(2)执行调试工艺做好记录　根据各种仪器各生产厂所规定的整机调试工艺和测试项目，按顺序逐项进行，并做好记录。

(*a*)整机初调　整机初调的目的是要使该仪器的各个整件、部件连接起来以后，通过调整，使仪器的各种功能基本正常，整机能正常工作，为以后各个工序的调整和测量创造良好条件。

(*b*)通电检查　在通电之前，首先必须检查该仪器 220V 电源进线插座，经过稳压电源以后的各组电压值，是否有短路现象、检查仪器整件和部件的插头座、按键开关、衰减器、转换开关等连线有无错焊、漏焊、断线或者短路现象，特别是各个部分的插头座中的直流供电进线应加以注意检查、不得短路，若有故障，必须首先排除，方可接通电源。

(*c*)整机调试　当电源供电正常后，方可按该仪器的测试项目逐项调整并均按技术条件进行。

(3)温度老化　温度老化包括二方面内容，即元、器件老化和仪器整机老化。仪器生产厂家为了保证产品质量，将生产前的电子器件特别是晶体管进行温度老化，一般晶体管失效范围分三个区域早期失效、偶然失效、老化失效、其曲线如图 $A=1$ 所示。元器件一般经过高温 +140℃～+150℃，低温 -40℃循环老化。至于具体老化时间、老化温度，湿度以及筛选情况直接与仪器使用条件有关，各厂均有元、器件老化筛选工艺，按工艺规则执行，其目的就是在装机前使元、器件跳出早期失效区 *A* 段，使仪器装机后整机性能稳定一些。

关于仪器的整机温度老化，应在生产车间末验合格后进行高温、低温循环老化，老化后整机经恢复后应重新复检一次，如果复检时性能指标有较大的变化，应重新细调一次，然后交厂检验科检验。整机老化进程一般规定如下：

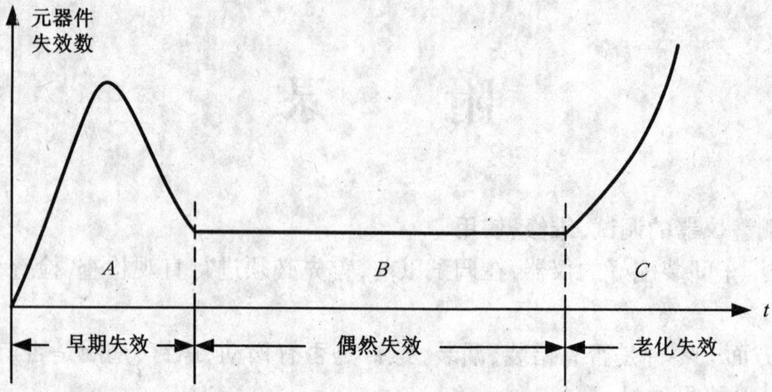

图 A-1　元、器件老化失效情况

(a)高温通电老化　温度+40℃,通电老化时间8小时,在老化过程中,每隔2小时对该仪器的各种功能进行一次检查,发现问题,应及时检查,查明原因、排除故障。

仪器通电老化恢复4小时后,进行低温老化。

(b)低温老化　低温老化应在低温室内进行。仪器电源开关置于断开状态。

温度-15℃,保持时间4小时,然后加电预热30分钟后,对仪器的主要性能指标进行检验,低温老化试验后,主要性能指标应符合技术条件要求,若仪器的性能指标不符合要求,应分析原因,提出改进措施。

仪器经高、低温老化试验后,应对全部性能指标进行复检,误差余量较小者应重新调整后交检验科检验。

(4)出厂检验　仪器整机调整好后,必须按技术条件的有关规定进行出厂检验。为了保证产品质量,对仪器的性能指标应进行严格的检验,在检验中为了缩短检验时间,减轻检验工作量,检验人员可以根据该批产品的质量情况,对有关项目进行抽样检验或者免检。

为了确保产品质量,保证产品在出厂时各性能指标有足够的余量,检验人员可按检验说明对产品进行出厂检验。

2. 仪器的一般修理方法

仪器的一般修理步骤和方法,可以用图 A=2 说明。首先必须具有晶体管电路知识、脉冲技术、逻辑电路和各种模拟电路与数字电路知识,然后再详细阅读被修仪器的说明书,掌握该仪器的工作原理、各单元电路原理、测试仪器的各测试点的工作电压与波形,上述是对维修仪器人员的基本要求,实践证明,只有维修人员电路熟悉,才能正确判断故障,维修工作效率才高。

(1)维修前的准备工作　仪器的线路复杂,种类繁多,所用元器件亦多,例如 PZ=8 数字电压表有近1 000只元件和近20个主要线路,往往同一类型的仪器各个生产厂家的具体线路差别较大或大同小异,所以必须要有说明书。说明书中应有详细的线路图、线路说明、结构布局和印刷电路板布线图等,维修人员在维修仪器之前必须仔细阅读、掌握说明书中的内容。为了观察主要测试点的工作电压和波形,以判断故障,需要准备万用表、示波器、烙铁等各种仪器和工具。

(2)仔细观察故障现象

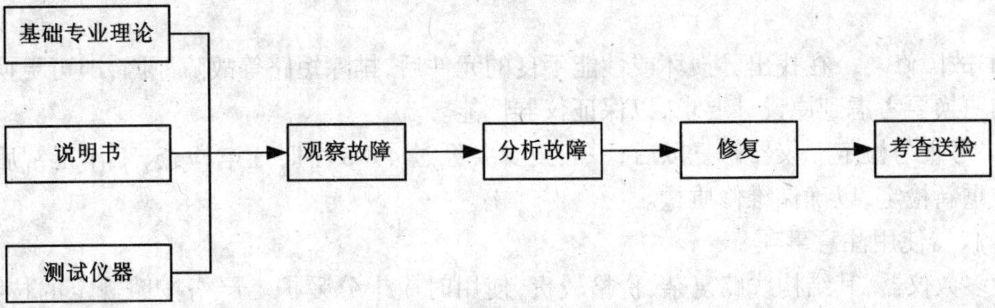

图 A-2　仪器的修理步骤和方法

(a)详细了解送修仪器的历史情况，即仪器出厂日期，损坏次数、损坏情况、修复情况、更换过那些部分的元件等，其目的在于了解维修人员对故障的判断情况及使用人员使用仪器的经验，并且对曾修理过的各部分要更加注意检查。特别要注意由于维修人员不熟练引起的人为故障，有的单位对每台仪器都有验收、修理、检定记录卡，对送修仪器可以进行查阅，这是十分可取的，对送修仪器应该有这样的资料，及时了解原始情况，提高维修效率。

(b)在初步判断交流电源电路工作正常后，在正确的温度、湿度和预调的工作条件下，可以通电观察故障现象，在多数情况下，一部送修仪器往往有几种故障现象，有时甚至要多次观察，进行分析，才能判断准确。并应及时作好详细记录。

(3)准确分析产生故障原因　准确分析产生故障原因，这是维修仪器的关键，主要是根据仪器基本线路工作原理来分析故障现象，然后进一步测试工作电压与波形，逐步缩小故障区域，最后准确地断定故障原因和找出故障点，具体过程如图 A-3 所示。

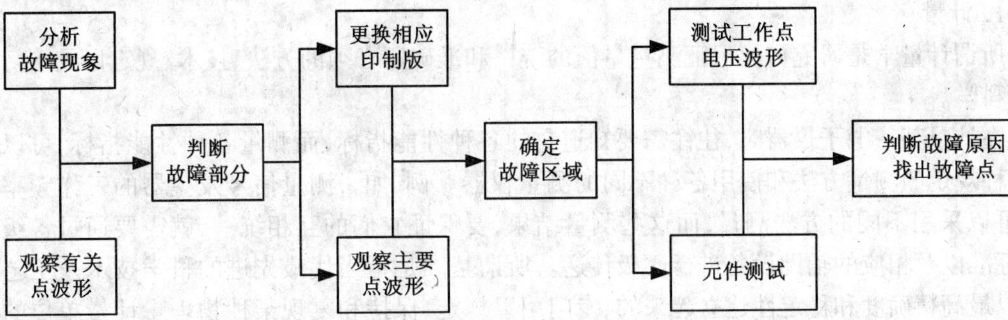

图 A-3　仪器修理过程

(a)故障现象分析　就故障性质来看，一般有两种情况：一种是由于元件损坏，造成仪器明显不能正常工作，另一种是由于元件性能不良造成仪器不能完全准确工作。在分析故障时，要根据工作原理，注意分析各电路之间的联系和互相影响，对于闭环电路，要想办法断开前级或后级的反馈联系，单独检查。

(b)逐步缩小故障区域　在初步判断故障的基础上，进一步确定故障区域(即有故障的工作单元和印刷电路板)。开机通电后，首先要检查内部电源，及时排除故障，因为电源是工作单元线路的基础，常采用的寻找故障的方法是观察主要测试点波形和更换相应印刷电路板或元件。

(c)最后断定故障原因　在缩小故障范围之后，需要进一步找到有故障的印刷电路板中已损坏或性能不良的元件(晶件管、继电器、电容、电阻等)，主要寻找故障 的方法是换上备份接插板，测试工作点电压和波形，并用万用表、电容测试仪、晶体管测试仪等，分别测试有关元件。

(4)故障修复　在找出已损坏或性能不良的元件后，排除短路等故障原因，即可更换元件。元件的更换要考虑到原设计要求，以保证仪器性能。

(5)考查与检定　仪器修复以后，一般至少要经过4~8小时通电检查，工作正常后，送检定单位重新检定，以确保维修质量。

3. 仪器使用注意事项

大多数仪器，其结构线路复杂，价格较贵，使用时应十分爱护。严格按照规定的技术条件进行操作，并要十分注意下列事项：

(1)外观检查　使用时要对仪器进行外观检查，看是否有损坏或缺少零部件，并应轻轻抖动和倾斜仪器，检查仪器内部有无零件脱落、碰撞。如有上述情况，则不可通电，应先排除故障和隐患。

(2)检查电源　输入的交流电压220V要正确。按要求接好相线、中线、地线。为了保证人身和设备安全，接好地线是很重要的。为了避免引入干扰，一般仪器的“地”要与被测电压源的“地”尽可能接近。

(3)检查使用环境　使用环境要符合技术条件要求，特别是温度和湿度两项条件要严格遵守，不然会造成很大误差，甚至仪器不能正常工作。

(4)使用量程检查　仪器的量程使用范围、种类要符合要求，特别要注意不要超量程。

(5)使用注意　对于精密仪器必须保证轻拿、轻放、保持清洁。

二、电子测量仪器的计量、检定与比对

1. 计量

所谓计量学是研究如何保证测量量值的统一和准确所必须的方法、技术、规定以及专门设备的科学。

在计量某一电子仪器时，往往需要知道它的各种性能指标，而测量各种性能指标，可以采用各种规定的测量方法和使用各种不同的测量仪器。例如，测量信号发生器的工作频率范围，可以采用不同的方法测量，而这些测量结果，要保证它们的互相统一，就需要通过各级基准、标准以及相应的辅助设备进行逐级传递。所谓基准是指当代最先进的科学技术及工艺水平，以最高精确度和稳定性建立起来的、专门用以规定、保持和复现某种物理量计量单位的特殊量具或仪器。为了保持基准的精确度和稳定度，往往不宜经常动用，一般根据基准复现制成各种不同等级、便于使用的各级标准向日常工作仪器传递。为了保证所有传递工作精确可靠互相统一，国家计量部门以法定形式制定出一套检定规程，包括检定方法、所用设备、对标准(或基准)及受检仪器的精度比的要求，操作步骤、以及给出误差方式等。检定规程的执行称为检定。

2. 检定

对于任何一台仪器，必须进行定期检定和校准，恢复仪器应有的精确度，对一般使用者来，说，仪器检定可分为周期检定、修理检定、验收检定。

(1)周期检定　周期检定是在基准条件下，定期对仪器的主要技术指标进行检定与测试，从而确保仪器在使用中准确、可靠。主要项目各仪器自有规定，检定周期视仪器不同种类而有所不同，一般为三个月到六个月，少数为一年，通常认为六个月较适宜。

(2)修理检定　修理检定是对修理后的仪器进行检定，如果修理了与误差无关的部件，则可只对所修理的部件进行观察和检查。

(3)验收检定　验收检定是用户对新出厂的仪器进行检定。这种检定是在条件允许的情况下,对仪器性能进行全面检查。如,固有误差、工作误差、短期稳定误差、长期稳定误差、影响误差等。对一台或一种类型仪器的性能了解得透彻,对于充分发挥它的作用是有利的。至于电子测量仪器误差的一般规定,有电子工业部部颁标准 SJ943-82 文件,规定如下。

本标准适用于测量电量的电子测量仪器。本标准中规定了电子测量仪器给出误差的原则,误差的表示方法及检验方法。

(1)术语及含义

(1·1)工作特性:用数值、公差、范围等来表征仪器性能的量。

(1·2)影响量:来自仪器外部,并可能影响仪器性能的量。

(1·3)影响特性:一个工作特性的变化影响到另一个工作特性时,前者称为影响特性。

(1·4)额定值:制造厂对仪器工作特性规定的量值。

(1·5)额定范围:制造厂对仪器工作特性规定的量值的范围。

(1·6)有效范围:在额定范围内保证误差极限的部分;不加说明时,有效范围等于额定范围。

(1·7)基准条件:为了进行比较试验和校准试验,对各影响量所规定的一组标明了公差的数值或范围;影响特性的基准条件为其额定值或有效范围。具体数值或范围由门类或产品标准统一规定。

(1·8)额定使用范围:是制造厂给一个影响量规定的数值范围,仪器在该范围内使用时,应保证规定误差极限的要求。

(1·9)额定工作条件:给定影响量的额定使用范围和给定工作特性的有效范围的综合,仪器在此条件下使用时,保证工作误差极限的要求。

(1·10)绝对误差:仪器的示值与比较值之差。

Δ(绝对误差)　$= A$(仪器的示值)$-A_o$(比较值)

注:比较值可以是真值、约定真值及溯源到国家标准或合同双方同意的量值。

(1·11)相对误差:绝对误差与比较值之比。

(1·12)固有误差:在基准条件下测定的某工作特性的误差。

(1·13)工作误差:在额定工作条件内任一点所测定的某工作特性的误差。

(1·14)第二工作误差:在额定工作条件内的一个窄范围内所测定的某工作特性的误差。

(1·15)影响误差:一个影响量在其额定使用范围内,或一个影响特性在其有效范围内取任一值,而其他影响量和影响特性均处在基准条件时所测定的误差。

(1·16)变动量:一个影响量偏离基准数值,在其额定使用范围内取任一值时,仪器指示值或供给量数值变化的增量。其他影响量和影响特性此时均处在基准条件下。

(1·17)稳定误差:仪器的示值在其他影响量、影响特性保持恒定的情况下,于规定的时间内所产生的误差极限。

(1·18)稳定度:仪器的示值在其他影响量、影响特性保持恒定的情况下,于规定的时间内保持不变的能力。

(1·19)误差极限:在规定条件下使用时,仪器示值误差的最大值,它由制造厂给定。

(2)给出误差的原则和误差的表示方法

(2·1)仪器的各项误差均应用误差极限给出。必须标明全范围(对应额定工作条件)的误差极限。固有误差、影响误差、变动量、稳定误差、稳定度、工作误差等可单独给出。也可同时给出、结合起来给出。如有必要还可以按影响量影响特性等不同范围分段给出。

(2·2)固有误差：

(a)可以给出固有误差及主要的变动量。

(b)在制造厂不特别指明时,影响量的基准条件应按下表规定,影响特性的基准条件为其额定值(在各门类或产品标准中统一规定)。

影响量	基准数值或范围	公差
环境温度	20℃	±2℃
相对温度	(45～75)%RH	
大气压强	(860～1 060)mbar	
交流供电电压	200V	±2%
交流供电频率	50Hz	±1%
交流供电波形	正弦波	$\beta^{*}=0.05$
直流供电电压的波纹		$\frac{\Delta V^{**}}{V_0}\leqslant 0.1\%$
外电磁场干扰	应避免	
通风	良好	
阳光照射	避免直射	
工作位置	按制造厂规定	±1*

* β为失真因子,即交流供电电压波形的失真应保持在$(1+\beta)A\sin\omega t$与$(1-\beta)A\sin\omega t$所形成的包络之内。

** ΔV为纹波电压的峰到峰值,V_0为直流供电电压的额定值。

(2·3)工作误差:可以给出工作误差极限。

(2·4)影响误差:当某一个影响量或影响特性起重要作用时,应该给出该项影响误差极限。

当影响量在其使用范围内或影响特性在其有效范围内,与影响误差之间基本上是线性关系时,可以用系数的形式表示影响误差。

(2·5)变动量:当某一影响量的变化所引起的指示值的相对变化在使用中起重要作用时,可以给出该影响量的变动量极限。

(2·6)稳定度:制造厂可以给出不超出工作误差极限的最大时间间隔,或者给出一定时间间隔的稳定误差极限。

时间间隔大于、等于15分钟者,应从下列数值中选取:

15分钟　30分钟　1小时　3小时　7小时　24小时　10天　30天　3个月　6个月　1年

时间间隔小于15分钟者,由门类标准规定。

(2·7)误差极限可以用绝对数值或相对数值表示,也可以用两项代数和的形式表示,其中一项是相对数值,而另一项是绝对数值。